物理奥林匹克竞赛大题典

（力学卷）

仝响　编著

内 容 简 介

本书包括两个部分:第一编是习题,第二编是答案.本书针对力学的知识精选了350道题,详细介绍了典型的解题方法,着力于提高学生的能力与科学素养,培养创新意识,使之发挥其主动性和创造性.本书的内容可有效地促进读者对知识的掌握与解题能力的提高.题目和答案是分开的,方便读者独立学习.

本书适合于高中学生、中学物理教师和物理竞赛培训人员参考使用.

图书在版编目(CIP)数据

物理奥林匹克竞赛大题典.力学卷/仝响编著.—
哈尔滨:哈尔滨工业大学出版社,2014.11(2019.4重印)
ISBN 978-7-5603-4662-5

Ⅰ.①物… Ⅱ.①仝… Ⅲ.①中学物理课-习题集
Ⅳ.①G634.75

中国版本图书馆CIP数据核字(2014)第058849号

策划编辑 刘培杰 张永芹
责任编辑 张永芹 齐新宇
封面设计 孙茵艾
出版发行 哈尔滨工业大学出版社
社　　址 哈尔滨市南岗区复华四道街10号 邮编150006
传　　真 0451-86414749
网　　址 http://hitpress.hit.edu.cn
印　　刷 哈尔滨圣铂印刷有限公司
开　　本 787mm×1092mm 1/16 印张23.5 字数609千字
版　　次 2014年11月第1版 2019年4月第2次印刷
书　　号 ISBN 978-7-5603-4662-5
定　　价 48.00元

(如因印装质量问题影响阅读,我社负责调换)

◎ 前言

本书是编者三十年以来不断地广泛收集和精心编创而成的，习题内容新颖、难度较大. 参考资料的来源较广、时间跨度较长. 习题主要来源于以下四个方面：①国外的中学物理习题集、竞赛培训题及竞赛题；②国内的中学物理习题集、竞赛培训题及竞赛题；③国内、外的普通物理习题集和其他的有关大学用书；④编者编创的部分习题.

本书源于高中教材，但高于高中教材，内容紧扣竞赛大纲. 选题以系统性、典型性和启发性为准绳，较为全面地收集了高中物理知识范围内，由浅入深全过程中的各类典型题和难题（但原则上过于偏、怪的习题不收编），而又不超出竞赛大纲所规定的知识范围，并逐题给予规范地解答，可以说是对迄今为止出现的高中物理知识范围内优秀习题的总结.

全书内容系统全面，每一小部分习题的编排则以由浅入深、分门别类为原则，因而有明显的梯度和类聚性.

题解注重原理分析和关键步骤，力求规范、简明和严密. 由于考虑到高中学生使用，所以解题所涉猎的物理和数学知识，均不超出高中学生的知识范围，即横向不拓宽（不超知识范围）、纵向可加深（难度加大）.

全书分四卷共960道习题，其中：力学卷350题、热学卷135题、电磁学卷295题、光学与近代物理卷180题，全书近100万字. 书中有部分题目之间是相互关联的，即某题或题解利用（或参考）到另一题的条件或题解的结论，具体见光学与近代物理卷末的“附录：前后相关题序号”. 为便于读者独立思考和查找习题，每卷分两编，第一编为习题，第二编为答案.

本书可供高中学生、中学物理教师和物理竞赛培训人员使用，也可供大学物理专业学生和其他学习普通物理的人员参考.

由于像这样分类详细、类型齐全、难题集中、解法规范的竞赛题解，在国内尚无出版先例，加之工程量较大、时间跨度较长、编者水平有限，所以存在缺点和错误在所难免，恳请读者批评指正！

全响

2014.01

目 录

CONTENTS

第一编 习 题

目录

CONTENTS

第二编 答 案

第一编

习　题

心得 体会 拓广 疑问

第1章 力 学

1.1 静力学

1.1.1 力

1.1 如图所示，将 A，B 两本书逐页交叉地叠放在一起，置于水平桌面上. 设每页书的质量为 $m=5$ g，每本书各有 200 页，纸与纸之间的静摩擦系数为 $\mu=0.3$，且 A 固定不动. 今用向右的水平力 F 把 B 书抽出，试求出 F 的最小值.

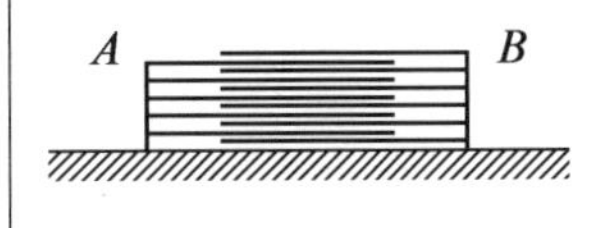

1.1 题图

1.2 有四块质量均为 m 的砖块，被夹在两块完全相同的竖直的木板之间，木板两边所受的水平压力为 F，都处在静止状态，如图所示. 试求砖 1 对砖 2 的摩擦力 f_{12} 和砖 3 对砖 2 的摩擦力 f_{32}.

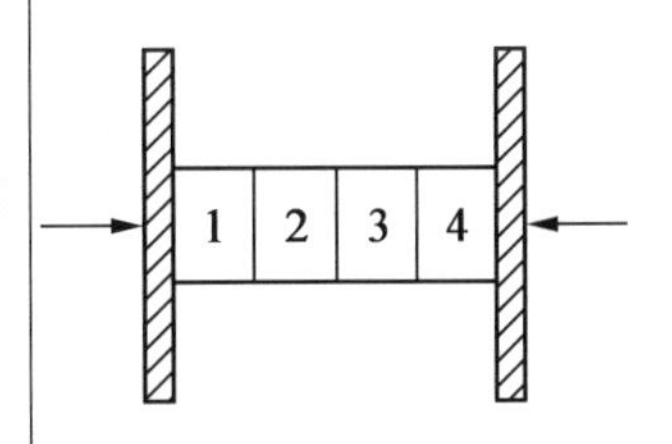

1.2 题图

1.1.2 在共点力作用下物体的平衡

1.3 如图所示，一线系于正方形均匀平板的一顶点，线和板的一边等长，其一端系在光滑竖直墙面. 求证在平衡时，除跟墙接触的点 A 外，B，C，D 各点距离墙的比为 1:4:3.

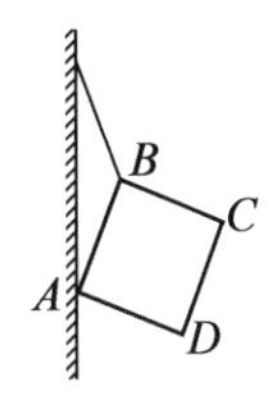

1.3 题图

1.4 如图所示，重量分别为 P 和 Q 的两个小环套在一个光滑的均匀大圆环上. 长为 l 的细绳（质量可略去不计）的两端分别拴住 P 和 Q，然后挂在光滑的钉子 O' 上，静止时 O' 在圆环中心的正上方，P 和 Q 到钉子的距离分别为 r 和 r'. 证明：r 和 r' 满足下式

$$\frac{r}{Q}=\frac{r'}{P}=\frac{l}{Q+P}$$

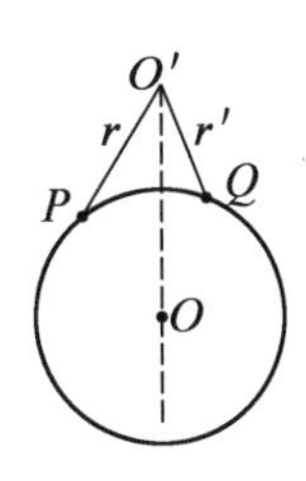

1.4 题图

心得 体会 拓广 疑问

1.5 山坡上两相邻高压塔 A,B 之间架有均质的铜质电缆,平衡式电缆呈弧形下垂,最低点为 C,如图所示. 已知弧线 BC 的长度是弧线 AC 的 3 倍. B 处电缆切线与竖直塔成角 $\beta=30°$,试求:A 处电缆所受的张力 T_A,B 处电缆所受的张力 T_B,C 处电缆所受的张力 T_C,以及 A 处电缆切线与竖直塔所成角 α 的大小.

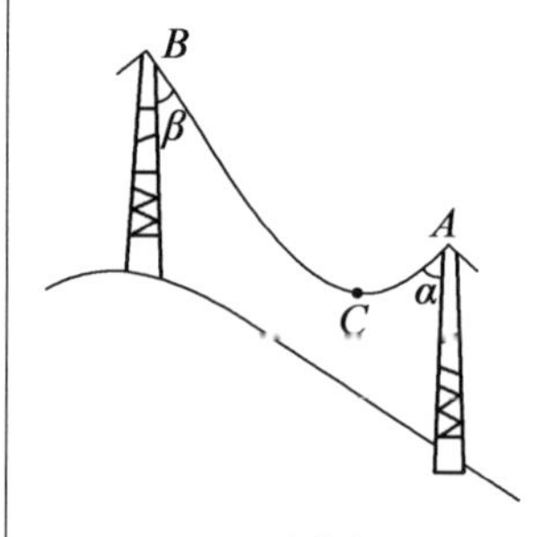

1.5 题图

1.6 一台碾机包括两个滚子,直径 R 为 50 cm,以相反的方向旋转,如图所示. 滚子间的距离 a 为 0.5 cm,若滚子与热钢间的摩擦系数为 $\mu=0.1$,试求钢板的厚度 b.

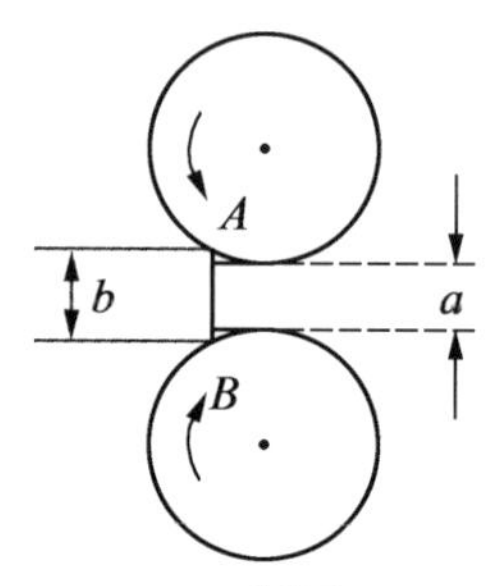

1.6 题图

1.7 有一个半径为 R 的圆柱体水平地横架在空中,有质量为 m_1 与 m_2($m_1=2m_2$)的两个质点,用长为$\frac{1}{2}\pi R$ 的轻质细线相连,如图所示. 细线与圆柱间无摩擦,质点与圆柱间摩擦系数为 $\mu<1$,试求质点向左滑落的条件.

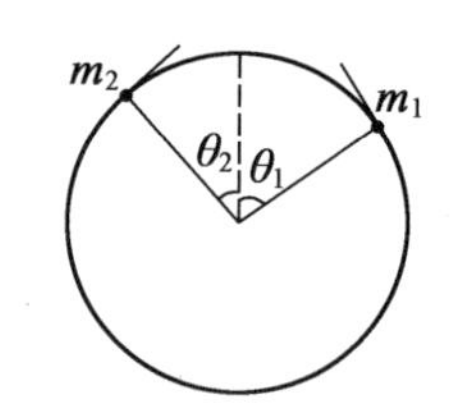

1.7 题图

1.8 一根长为 l 的细杆,质量可略去不计,两端固定着重量分别为 G_1 和 G_2 的两个小球,杆和球一起放在一个半径为 $R>\frac{l}{2}$ 的光滑的半球面内静止不动,如图所示. 试求:

(1)两小球对半球面的压力;

(2)杆所受的压力;

(3)杆与水平面的夹角.

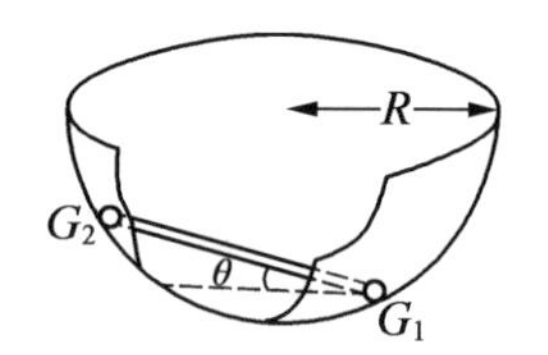

1.8 题图

1.9 两个表面光滑的均匀球,半径分别为 r_1 和 r_2,质量分别为 m_1 和 m_2,用两根细绳 AB 和 AC 挂在同一点 A 上,如图所示,其中 AB 长 l_1,AC 长 l_2,又 $l_1+r_1=l_2+r_2$,$\angle BAC=\alpha$. 试求:

(1)绳子 AC 与水平面之间的夹角 θ;

(2)绳中的张力 T_1;

(3)两球之间的压力 N.

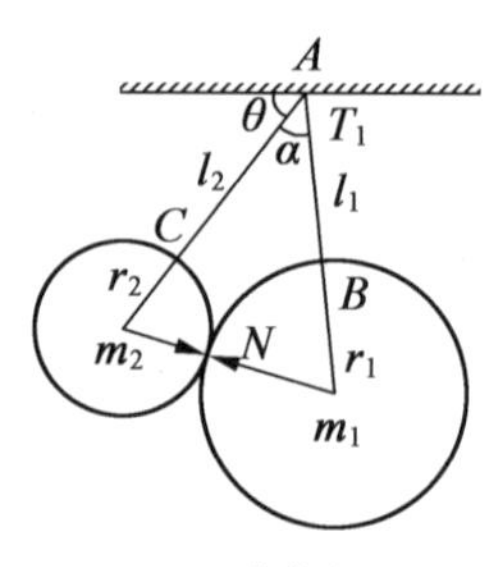

1.9 题图

心得 体会 拓广 疑问

1.10 用细绳把半径为 R，重为 G_1 的均匀球体和重量为 G_2 的物体挂在钉子 O 上，设球心到 O 的距离为 l，如图所示. 若绳子质量以及绳子和球面间的摩擦均略去不计，求 l 与竖直方向的夹角 φ.

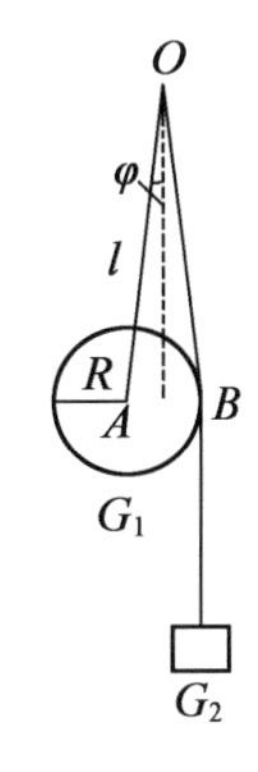

1.10 题图

1.11 如图所示，一个半径为 R 的 $\frac{1}{4}$ 光滑球面置于水平桌面上，球面上有一条光滑匀质铁链，一端固定于球面顶点 A，另一端恰好与桌面不接触，铁链单位长度的质量为 ρ，求铁链 A 端所受的拉力 T 及铁链所受球面的支持力 N.

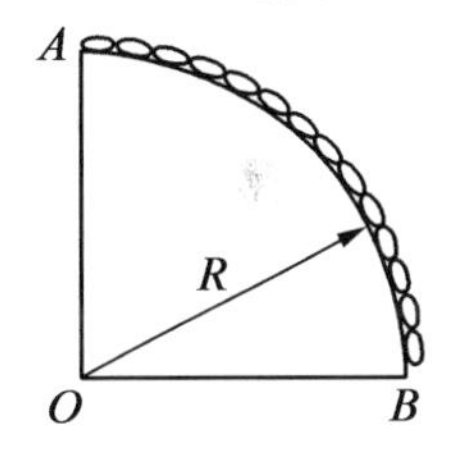

1.11 题图

1.12 三个半径为 r，质量相等的球放在一个半球形碗内，现把第四个半径也为 r，质量也相等的球放在这三个球的正上方，要使四个球能静止，大的半球形碗的半径应满足什么条件？不考虑各处摩擦.

1.13 两个质量相等而粗糙程度不同的物体 m_1 和 m_2，分别固定在一细棒的两端，放在一倾角为 α 的斜面上. 设 m_1 和 m_2 与斜面的摩擦系数为 μ_1 和 μ_2，并满足 $\tan\alpha=\sqrt{\mu_1\mu_2}$. 细棒的质量可略去不计，细棒不与斜面接触，如图所示. 证明：系统静止时，棒与斜面上最大倾斜线 AB 的夹角为

$$\theta=\arccos\left(\frac{\mu_1+\mu_2}{2\sqrt{2\mu_1\mu_2}}\right)$$

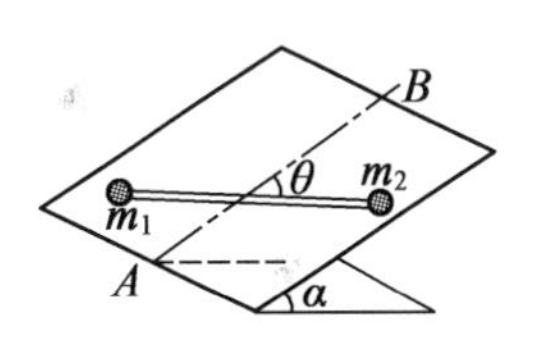

1.13 题图

1.1.3 在非共点力作用下物体的平衡

1.14 一匀质的铁丝折成等臂的“V”形，其悬点可以自由转动，如图所示. 在点 E 挂一重锤，铅垂线交 AF 于 D. 试证：$AD=\frac{1}{3}AF$.

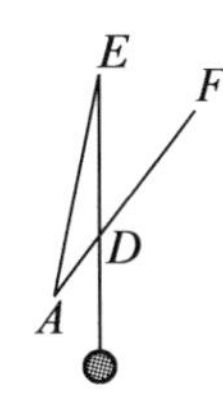

1.14 题图

1.15 有一个人站在天平的一个盘子上,他跟放在另一个盘子上的重物相平衡.在天平右臂的中点 C 系一根绳子,如图所示.假如站在天平右盘上的人开始用力 F 来拉绳子,绳子跟竖直方向成 α 角,那么天平还能保持平衡吗?人的体重是 G,横梁的长度 $AB=l$,天平的两臂相等,绳子的重量和横梁的重量均不计.

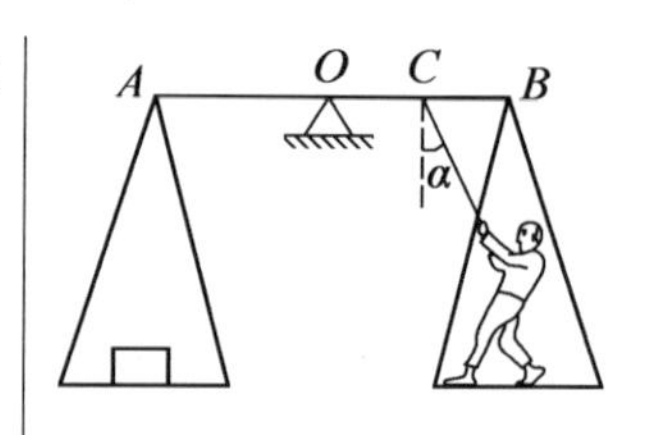

1.15 题图

1.16 如图所示,滑轮及绳子的质量和摩擦都不计,人和平板的重量分别为 G_1 和 G_2.若使平板处于平衡状态,试问:

(1)人需要用多大的力拉绳子?

(2)人应站在何处?

(3)人对平板的压力多大?

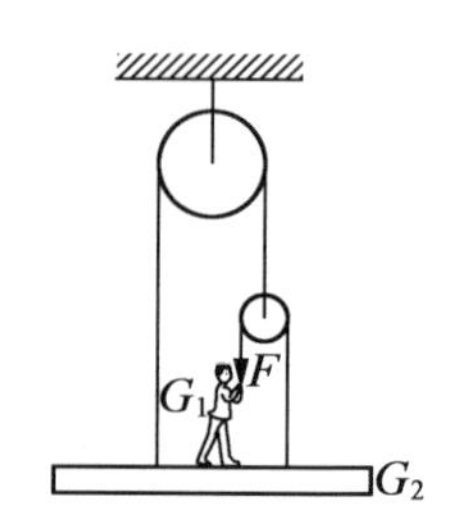

1.16 题图

1.17 有一均匀梯子,长为 l m,重为 G kg,一端 A 抵在水平面上,另一端 B 斜靠在墙面上,假定梯子与地面之间及梯子与墙面之间的摩擦系数分别为 μ_1,μ_2.求梯子能放置的最大倾斜度.

1.18 如图所示,在质量为 M 的一个圆板边缘上固定一个质量为 m 的小物体,设圆板静止在角为 α 的斜面上,联结小物体和圆板中心与竖直方向间的夹角为 θ,求 $\sin\theta$.

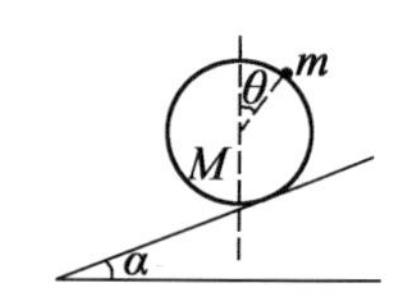

1.18 题图

1.19 如图所示,A,B 两球的质量都为 m,直径为 d,用一个质量为 M 的圆罩罩在光滑的水平桌上,圆罩直径为 D.已知,$d<D<2d$.求证:要使圆罩对桌面无直接压力,且圆罩和小球都保持平衡的条件为 $M=\dfrac{2(D-d)}{D}m$.

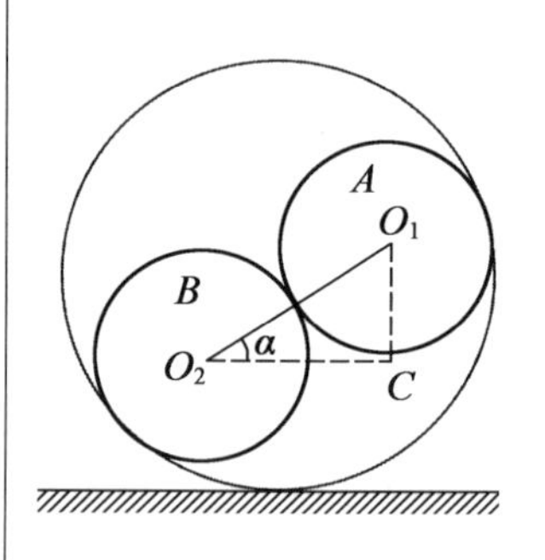

1.19 题图

1.20 有一块水平放置的三角形均匀钢板,重量为 G,三角形钢板的三边长度互不相等,现由甲、乙、丙三人各从一顶角抬起钢板,问他们各需用多大的力?

1.21 如图所示,等腰直角三角形的斜边长为 $2a$,如切去三角形 ABP 后,剩余的重心在点 P,试求 PD 的长.

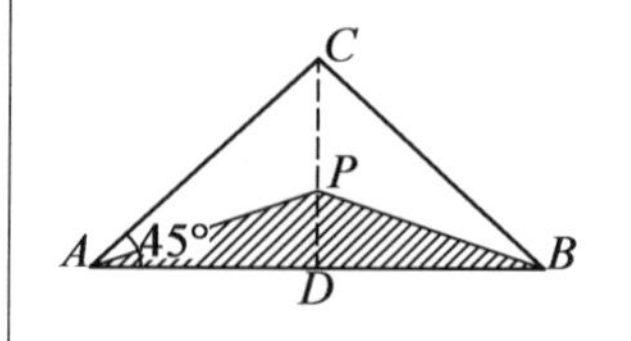

1.21 题图

心得 体会 拓广 疑问

1.22 在一块半径是 R 的均匀圆板上挖出一个半径为 r 的圆孔，如图所示. 求这块板的重心的位置.（圆孔的圆心离板的中心是$\frac{R}{2}$）

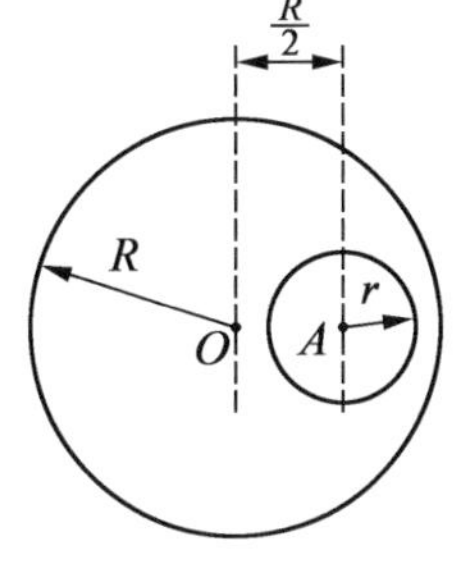

1.22 题图

1.23 有许多大小、形状都相同且质量均匀的砖，重量为 G，长度为 L，一个叠一个，使上面的砖向前伸出一点来，这样越叠越高，求每块砖能伸出的最大长度 l.

1.24 有一根一端固定在点 O 的很轻的棒可以在竖直面移动，如图所示. 在棒的另一端点 A 上系一根绳子，绳子跨过一个定滑轮，在绳子的另一端挂上一个重物 P，在棒的点 B 处挂一个重物 Q，棒的长度是 l，$OB=\frac{1}{3}l$. 当棒处于水平位置而绳子 AC 处在竖直位置时，这个系统呈平衡状态. 假定 P 的质量为 3 kg，棒的长度为 0.3 m，求重物 Q 的质量. 假如由于 A 端稍许向上或向下移动而使棒离开了平衡位置，那么这时棒将怎样运动？（棒、滑轮和绳子的质量以及摩擦力均不计）

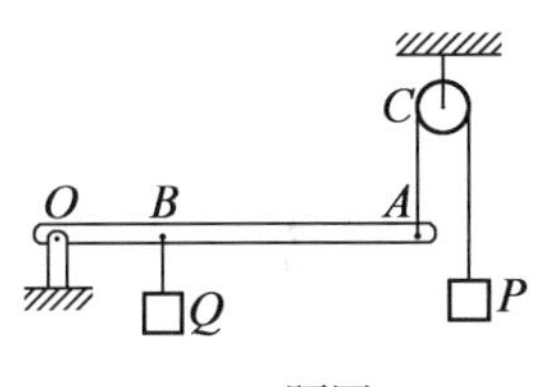

1.24 题图

1.25 如图所示，用两段直径 d 均为 0.02 m 且相互平行的小圆棒 A 和 B 水平地支起一根长为 0.64 m，质量均匀分布的木条 l. 设木条与两圆棒之间的静摩擦系数 μ_0 为 0.4，动摩擦系数 μ 为 0.2. 现使 A 棒固定不动，并对 B 棒施以适当外力，使 B 棒向左缓慢移动. 试分析木条的移动情况，并把它的移动情况表示出来.（设木条与圆棒 B 之间最先开始滑动）

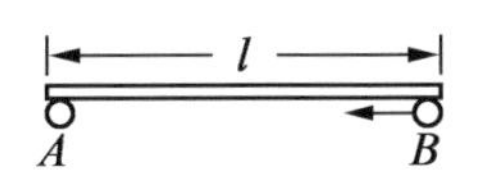

1.25 题图

1.26 在一些重型机械和起重设备上常用双块式电磁制动器，它的原理简化示意图如图所示. O_1 和 O_2 为固定铰链，在电源接通时，A 杆被往下压，通过铰链 C_1，C_2 使弹簧 S 被拉伸，制动块 B_1，B_2 与制动轮 D 脱离接触，机械得以正常转动；当电源被切断后，A 杆不再有向下的压力（A 杆与图中所有连杆及制动块所受重力皆忽略不计），于是弹簧回缩，使制动块产生制动效果，此时 O_1C_1 和 O_2C_2 处于竖直位置. 已知欲使正在匀速转动的 D 轮减速从而实现制动，至少需要 $M=1\ 100$(N·m)的制动力矩，制动块与制动轮之间的动摩擦系数 $\mu=0.40$，弹簧不发生形变时的长度为 $l=0.300$(m)，制动轮直径 $d=0.400$(m)，图示尺寸 $a=0.065$(m)，$h_1=0.245$(m)，$h_2=0.340$(m). 试求选用弹簧的劲度系数 k 最少

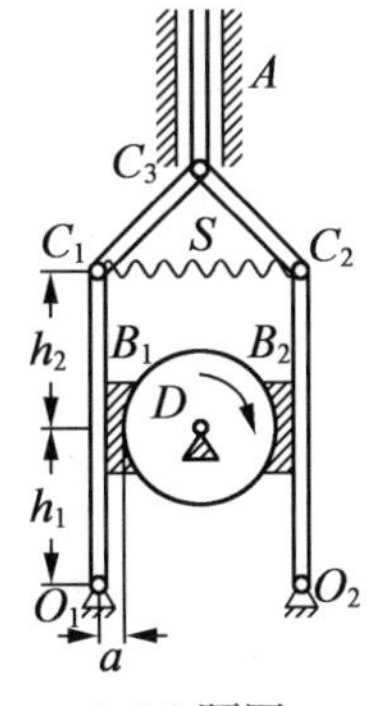

1.26 题图

心得 体会 拓广 疑问

要多大?

1.27 今用一均匀的、长为 l_2、重为 G_2 的撬棒把一块长为 l_1,重为 G_1 的均匀预制板支起达平衡位置,如图所示. 试问垂直作用于撬棒上端点的作用力 F 是多少? 假定预制板与撬棒的接触处是光滑的,地面是粗糙的,角 α 和 β 是已知的.

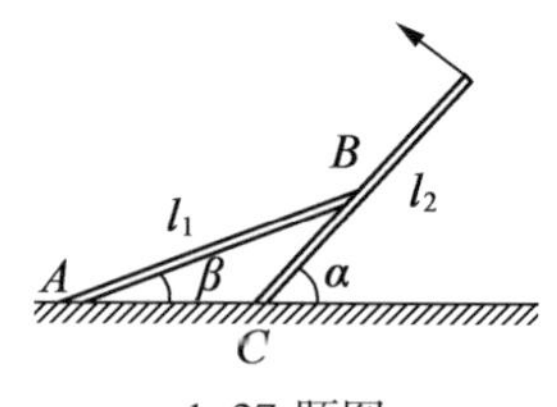

1.27 题图

1.28 内表面光滑的半球形碗的半径为 R,一根重为 G,长为 $l=\frac{4}{\sqrt{3}}R$ 的均匀直棒 AB,B 端搁在碗里,A 端露出碗外,如图所示. 求碗对棒的作用力及棒和水平间的夹角 θ.

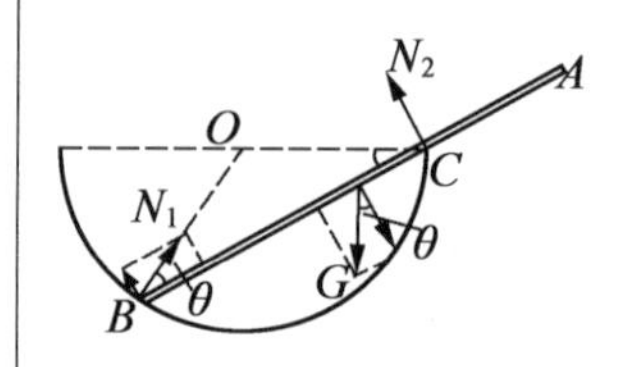

1.28 题图

1.29 粗细均匀的直棒 AB 放在一固定的空心圆柱体内,圆柱体轴线和水平面平行,棒所对的圆心角为 2α,棒和圆柱体间静摩擦系数为 μ,如图所示. 试求棒平衡时和水平方向的夹角(设这时棒两端的静摩擦力都达最大值).

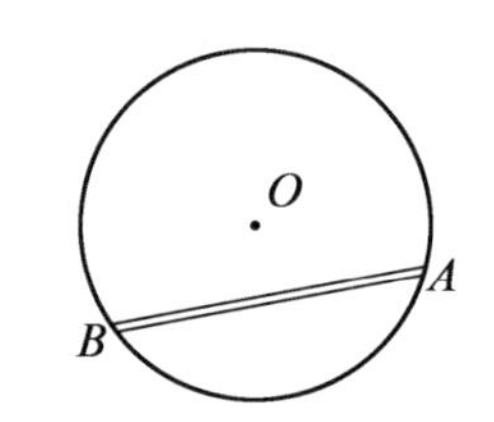

1.29 题图

1.30 有一水平放置的半径为 R 的圆柱形光滑槽面,其上放着两个半径均为 r 的光滑圆柱体 A 和 B,如图所示为其横截面,O 为圆柱槽面轴线所通过的点,A,B 的重量分别为 G_1,G_2,且 $G_1 < G_2$. 求圆柱体平衡时,OA 线与竖直线 OQ 间的夹角 α 是多少? 圆柱形光滑槽面对圆柱体 A,B 的正压力各为多少?

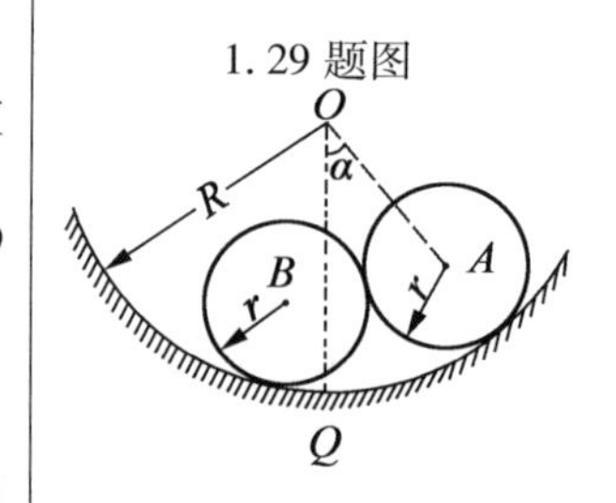

1.30 题图

1.31 如图所示,质量为 M 的圆柱体位于可动的平板车和倾角为 α 的斜面之间,圆柱体与小车之间的动摩擦系数为 μ_1,与斜面之间的动摩擦系数为 μ_2,要使小车向左匀速运动,必须对小车施加多大的水平推力?(地面与小车之间摩擦不计)

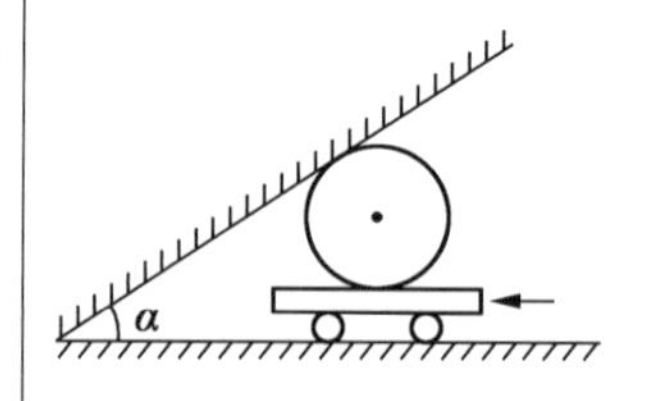

1.31 题图

1.32 有一木板可绕其下端的水平轴转动,转轴位于一竖直墙上,如图所示. 开始时木板与墙面的夹角为 15°,在夹角中放一正圆形木棍,截面半径为 r,在木板外侧加一力 F 使其保持平衡,在木棍端面上画一竖直向上的箭头,已知木棍与墙面之间和木棍与木板之间的动摩擦系数分别为 $\mu_1=1.00$,$\mu_2=\frac{1}{\sqrt{3}}=0.577$,若缓慢地减小所加的力 F,使夹角慢慢张开,木棍下落,问当夹角张到 60°时,木棍端面上的箭头指向什么方向?

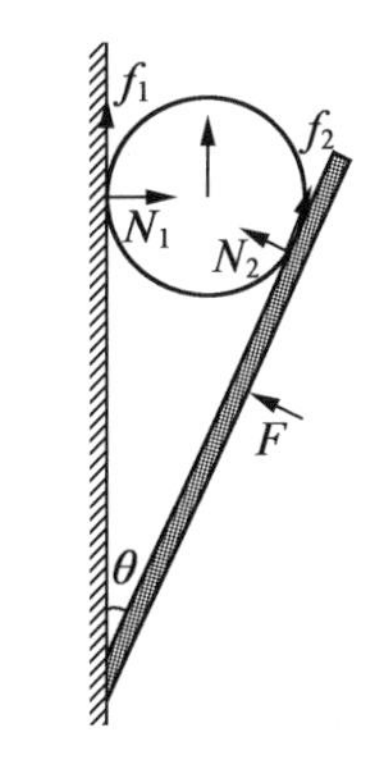

1.32 题图

1.33 如图所示,一块厚度为 d 的平板放在一个半径为 R 的固定圆柱上. 板的重心刚好在圆柱竖直轴的上方,柱面与板之间的滑动摩擦系数为 μ. 证明:当板的倾角小于 β 时,板处在稳定的平衡状态,β 满足两个条件:

(1) $\tan\beta<\mu$;

(2) $\tan\frac{\beta}{2}<\sqrt{1+\left(\frac{d}{2R\beta}\right)^2}-\frac{d}{2R\beta}$.

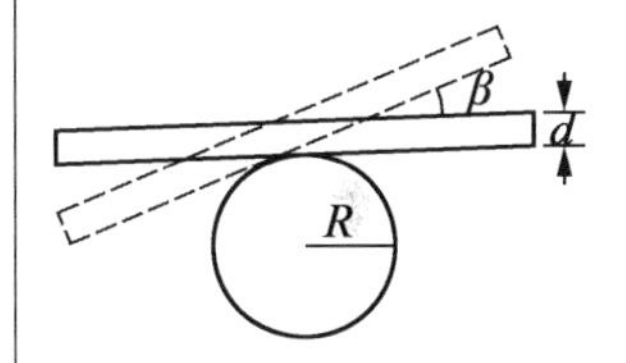

1.33 题图

1.34 如图所示,一个左右完全对称的熟鸡蛋,圆、尖端的曲率半径分别为 a,b,且长轴的长度为 c,蛋圆的一端刚好可以在不光滑的水平面上稳定的平衡. 证明:蛋尖的一端可以在一个半球形的碗内稳定的直立,并求该碗的半径.

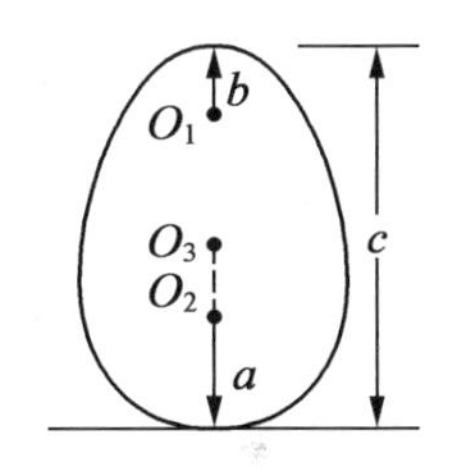

1.34 题图

1.35 如图所示,一轻质木板 EF 长为 l,E 端用铰链固定在竖直墙面上,另一端用水平轻绳 FD 拉住. 木板上依次放着 $(2n+1)$ 个圆柱体,半径均为 R,每个圆柱体的重力均为 G,木板与墙的夹角为 α,一切摩擦都可略去,求 FD 绳的张力 T.

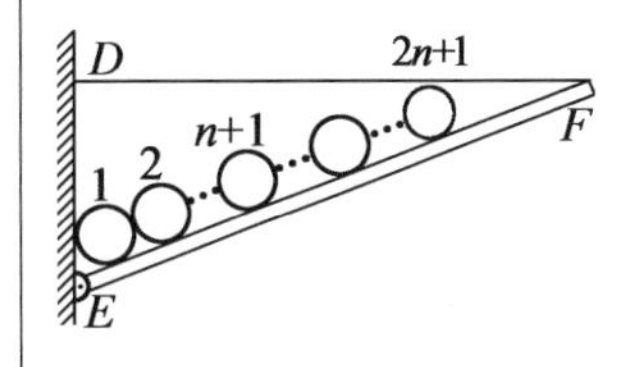

1.35 题图

1.36 空心环形圆管沿一条直径截成两部分,一半竖直在铅垂平面内,管口连线在同一水平线上,如图所示. 向管内装入与管壁相切的小滚珠,左、右侧第一个滚珠都与圆管截面相切,已知单个滚珠的重为 G,共 $2n$ 个. 求从左边起第 i 个和第 $i+1$ 个滚珠之间的相互压力 N_i.(假设系统处处无摩擦)

1.36 题图

1.37 如图所示,将三个完全相同的圆柱体堆放在水平面上. 要使它们处于平衡状态,问圆柱体与地面之间以及圆柱体相互之间的静摩擦系数 μ_1 和 μ_2 的最小值应为多少?

1.37 题图

心得 体会 拓广 疑问

1.38 四个相同的光滑圆球,同放在一光滑的球形碗底,它们的中心在一个水平面内,另一相同的圆球放在四球之上,它们之间刚好接触而不散开,如图所示. 若小球的半径为 r,试求球形碗底的半径 R,并讨论小球的平衡状况.

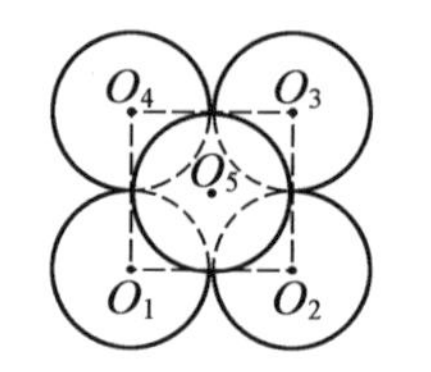

1.38 题图

1.39 一半径为 R 的圆柱 A 静止在水平地面上,并与竖直墙面相接触,现将另一个质量与 A 相同、半径为 r 的较细圆柱 B 放在 A 的上面,并使之与墙面相接触,如图所示. 已知圆柱 A 与地面之间的静摩擦系数为 $\mu_1=0.2$,两圆柱之间的静摩擦系数为 $\mu_3=0.3$. 若两圆柱体能保持图示的平衡,问圆柱 B 与墙面间的静摩擦系数 μ_2 和圆柱 B 的半径 r 的值各应满足什么条件?

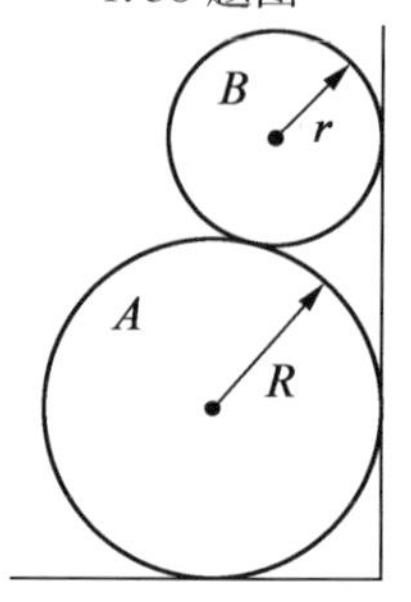

1.39 题图

1.40 半径为 r,质量为 m 的三个相同的球放在水平桌面上,两两互相接触,用一个高为 1.5 r 的圆柱形筒(上、下均无底)将此三个球套在筒内,圆筒的内半径取适当值,使得各球间以及球与筒壁之间均保持无变形接触,现取一质量亦为 m、半径为 R 的球,放在三球的上方正中. 设四个球的表面、圆筒的内壁表面均由相同物质构成,其相互间的最大静摩擦系数均为 $\mu=\dfrac{3}{\sqrt{15}}$(均等于 0.775). 试问 R 取何值时,用手轻轻竖直向上提起圆筒即能将四个球一起提起来,如图所示.

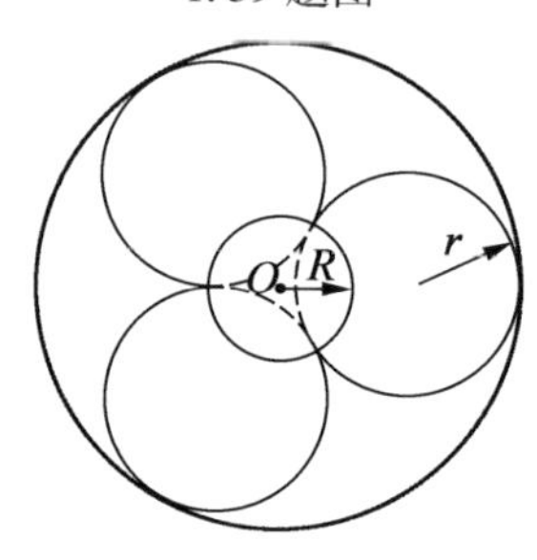

1.40 题图

1.2 运动学

1.2.1 匀速和匀变速直线运动

1.41 有一辆汽车以速度 v_1 在雨中行驶,雨滴落下的速度 v_2 与竖直方向偏前 α 角. 问车后的行李是否会被雨淋湿?(已知行李宽为 l,前端紧靠驾驶室车楼,车楼高出行李的部分为 h)

1.42 如图所示,在笔直的公路上,前后行驶着甲、乙、丙三辆汽车,速度分别为 $v_1=6(\text{m/s})$,$v_2=8(\text{m/s})$ 和 $v_3=9(\text{m/s})$,当甲与乙、乙与丙车之间相距为 $l=5(\text{m})$时,乙车驾驶员发现甲车开始以 $a_1=1(\text{m/s}^2)$的加速度做匀减速运动后,便同时也做匀减速运动,丙车发现后也同样处理,直到三辆车都停下来且都未发生撞车. 试问:丙车减速运动的加速度至少为多大?

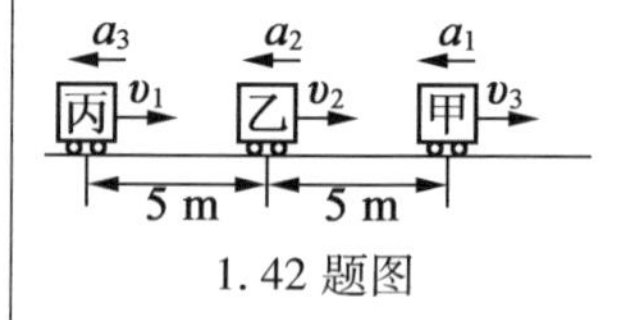

1.42 题图

1.43 如图所示,一个质点由 A 出发沿直线 AB 运动. 行程的第一部分是加速度为 a 的匀加速运动,接着以加速度 a' 做匀减速运动,抵达点 B 时恰好停止. 如果 AB 的长度是 s,试证明质点走完 AB 所花的时间为 $t=\sqrt{2s\dfrac{a+a'}{aa'}}$.

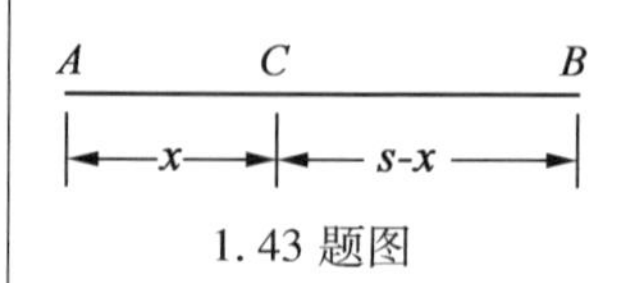

1.43 题图

1.44 要把小车在最短时间内由一个停放点转移到另一个停

心得 体会 拓广 疑问

放点,两点间距离为 l. 要求小车只能以同一加速度 a 做匀加速或匀减速运动,最终停下来. 为满足上述要求,小车前进的最大速度 v 应多大?

1.45 匀速前进的队伍长为 a,一通讯员用均匀速度从排尾走到排头,再回到排尾,此时队伍走过的路程为 $3a$,试求通讯员所走的路程.

1.46 一观察者站在列车的最前端,当列车由静止以匀加速直线轨道开动时,第一节车厢驶过其旁历时 4 s. 问第九节车厢驶过其旁需多长时间?

1.47 有一长度为 s 的物体,被分成 n 个等分,在每一部分的末端,质点的加速度增加$\frac{a}{n}$,若质点以加速度 a 由这一长度的物体的始端从静止出发,求它经过距离 s 后的速度为多少?

1.48 一质点以加速度 a 从静止出发做直线运动,在时刻 t,加速度变为 $2a$,在时刻 $2t$,变为 $3a$,……求在时刻 nt,质点的速度为多少? 所走过的总路程是多少?

1.49 一物体做匀加速直线运动,已知出发后第 k s 通过的距离为 s_1,第 l s 通过的距离为 s_2,第 m s 通过的距离为 s_3,求证:$s_1(l-m)+s_2(m-k)+s_3(k-l)=0$.

1.50 一个人坐船从点 A 出发横渡一条河,如图所示. 如果他保持与河岸垂直的方向,那么在他出发后 10 min 到达点 C,点 C 在点 B 下游 $s=120(\text{m})$ 处. 如果他保持与直线 AB(AB 垂直于河岸)成 α 角的方向逆流航行,那么经 12.5 min 到达点 B. 试求河宽 l,船对水的速度 u,水流速度 v 和在第二种情况下船航行的角度 α. 船对水的运动速度保持不变,而且在这两种情形下速度的量值是相等的.

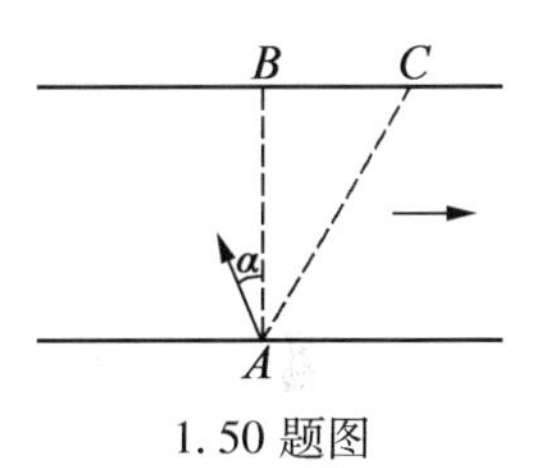

1.50 题图

1.51 有一汽艇在 A,B 两码头间来回航行,A 和 B 分别在河两岸. 在航行中汽艇始终都在 AB 线上,A,B 两码头间的距离 $s=1\,200(\text{m})$,水流速度是 $v_1=1.9(\text{m/s})$,而且整个河面的水流速度都相同,AB 线跟水流方向成 $\alpha=60°$的角. 要使汽艇用 $t=5(\text{min})$ 的时间从 A 到 B 再从 B 回到 A,那么汽艇应以多大的速度 v_2 航行? 航行方向应跟 AB 线成多大的角度β?(汽艇从 A 到 B 和从 B 到 A 航行时,β 角始终保持不变)

1.52 一辆小汽车停在十字路口等绿灯亮时,它以 $a=3(\text{m/s}^2)$的加速度开始行驶;另一辆载重汽车恰好在此时以 $v=15(\text{m/s})$的速度匀速驶过. 小汽车的速度增至 $v_t=20(\text{m/s})$后不再增加. 问小汽车能否赶上载重汽车? 如能赶上,离十字路口多远? 两车之间的距离如何随时间变化? 最大时间是多少?

1.53 有一队汽车,车宽为 b,车间距离为 a,行驶速度为 v,依次行驶.一人在车行驶时沿直线以速度 v_1 匀速穿过车队,求此人前进的最低速度和前进的方向.

1.54 两条互相正交的公路,交点为 C.一条公路上离点 C 距离为 a 处有一辆车以速度 v_A 匀速向 C 行驶,在另一条公路上离点 C 距离为 b 处有一辆车以速度 v_B 向 C 匀速行驶,如图所示.试问:

(1)什么时候两车相距最近?最近距离是多少?

(2)又经过多长时间,两车距离和开始时相同?

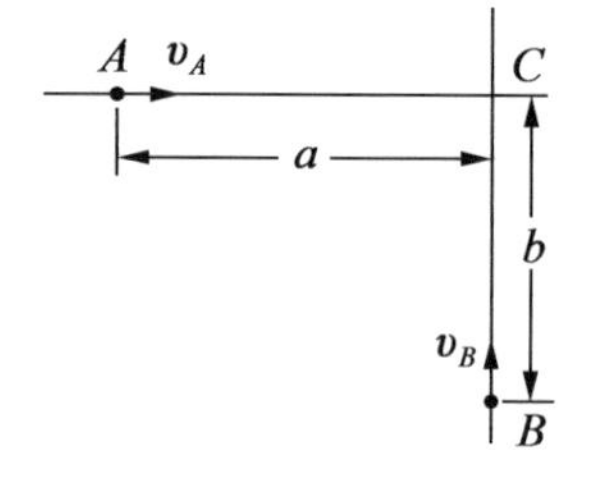

1.54 题图

1.55 如图所示,在平面直角坐标系 xAy 内,点 P_1 以速度 v_1 由 A 向 B 做匀速运动.同时点 P_2 以速度 v_2 由 B 向 C 做匀速运动,AB 间距离为 l,锐角 $\angle ABC=\alpha$,试问经过多长时间点 P_1 和 P_2 之间的距离 r 最短?并求该距离.

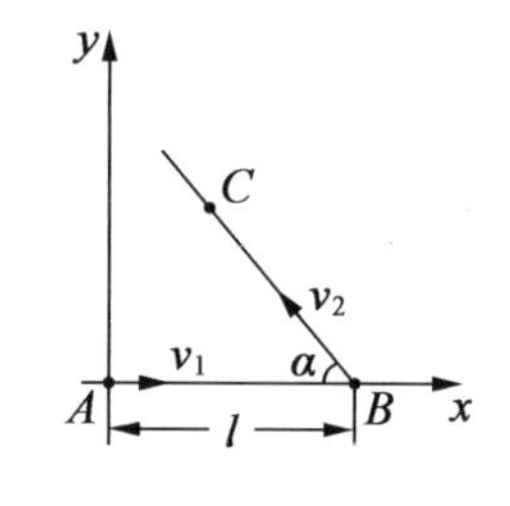

1.55 题图

1.56 河水流速 u 在岸边等于零,从河岸到河中心流速和离岸的距离成比例地增大.河中心流速等于 u_l,河宽为 $2l$.要使一艘船以对水的速度 v 从岸边出发,沿最短路线驶到出发点正对面河中心的浮标,问船头必须和水流成多大角度?

1.57 河边停放一条小船,由于缆绳突然断开而被风吹走,其速度为 $v=2.5(\text{km/h})$,v 与河岸成角 $\theta=15°$.同时,岸上一人以 $v_1=4(\text{km/h})$的速度沿河岸追赶一段时间后,又以 $v_2=2(\text{km/h})$的速度在水中追赶.试问船速必须不超过多少时人才能追上?现在这种情况能否追上?

1.58 A,B,C 三个芭蕾舞演员同时从边长为 l 的三角形顶点 A,B,C 出发,以相同的速度 v 运动,运动中始终保持 A 朝着 B,B 朝着 C,C 朝着 A.试问经多长时间三人相聚?每个演员跑了多少路程?

1.59 合页构件由三个菱形组成,其边长之比为 3:2:1(如图所示),顶点 A_3 以速度 v 沿水平方向向右移动.求当构件的所有角都为直角时,顶点 A_1,A_2,A_3 的速度.

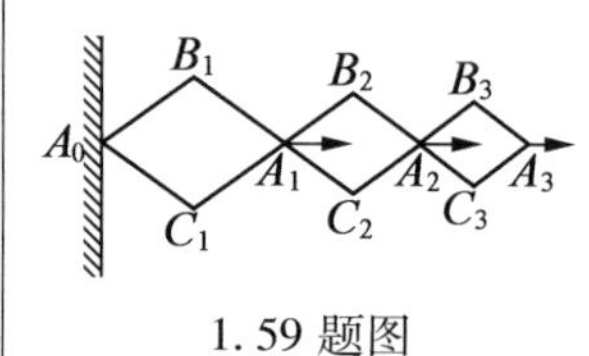

1.59 题图

1.60 某人在岸上用绳索跨过定滑轮以恒定的速度 v 拉湖上的小船靠岸,如图所示.设人距湖面为 h,求船在离岸边距离为 s 时的瞬时速度和瞬时加速度.

1.60 题图

1.61 一湖的南北两岸各有一码头 A 和 B,有甲、乙两船分别于 A 和 B 之间往返匀速穿梭航行,且每到一码头后立即返回(不计停靠码头时间).开始时,在同一时刻甲、乙两船分别自 A 和 B 出发,此后两船第一次相遇点距 A 为 $a=300(\text{m})$,第二次相遇点距 B 为 $b=200(\text{m})$,求湖的宽度,并问第一次相遇后,甲船至少还要航行多少航程两船才能在第一次相遇的位置同样地相遇?

1.62 在笔直的公路上,有甲、乙两辆汽车相向而行,开始时两车相距 $l_0=60(\text{km})$,有一只小鸟从甲车飞向乙车,小鸟到乙车后立即飞回甲车,此后就一直在两车之间来回飞行,直至两车相遇为止. 已知车速都为 $v_0=30(\mathrm{km/s})$, 小鸟的飞行速度为 $v=60(\mathrm{km/s})$. 试问:

(1)小鸟能够完成几次从一车到另一车的飞行?

(2)小鸟一共飞行了多少千米?

1.63 两只小环 O 和 O' 分别套在静止不动的竖直杆 AB 和 $A'B'$ 上,一根不可伸长的绳子,一端系在 A' 上,另一端穿过环 O' 系在 O 上,如图所示. 若环 O' 以恒定的速度 v' 沿杆向下运动. 当 $\angle AOO'=\alpha$ 时,试求环 O 的运动速度 v.

1.64 如图所示,一个半径为 R 的圆环 O_2 立于水平面上,另一个同样的圆环 O_1 以速度 v 从这个圆环旁通过. 试求两圆环交叉点 A 的速度 v_A 与圆环中心距 $d(0<d<2R)$ 的关系,圆环很薄,且两圆环在同一个平面内,第二个圆环紧傍第一个圆环通过.

1.65 如图所示, l_1, l_2 两直杆的交角为 θ, 交点为 O, $\theta<\frac{\pi}{2}$. 若两杆各以垂直于自身的速度 v_1 和 v_2 在该平面上做横向运动,试求交点相对于纸平面的速度及交点相对于每一直杆的速度.

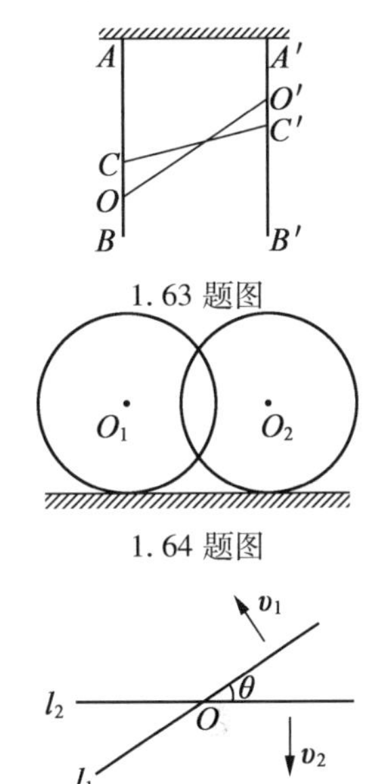

1.65 题图

1.2.2 落体运动和抛体运动

1.66 一个杯子的直径为 d, 高为 h, 今有一小球在杯口沿直径方向向杯内抛出, 到达杯底时的位置与抛出的位置在同一竖直线上,如图所示. 小球和杯壁的碰撞是完全弹性的,求初速度 v_0.

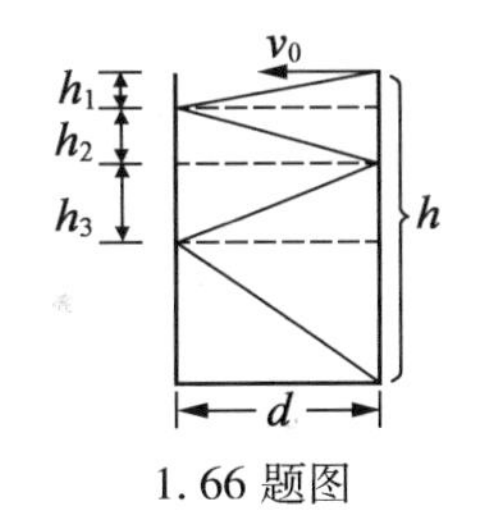

1.66 题图

1.67 有一个人以仰角 α, 速度 v 向空中抛出一块石头,问经过多长时间后,在同一地点又以仰角 α', 速度 v' 再抛出一块石头,使第二块石头击中第一块石头?(假定两块石头的运动轨迹在同一竖直平面内)

1.68 如图所示,一枪自同一点射出的两颗子弹的速度都为 v_0,发射的时间相隔 n s. 如果两颗子弹在同一平面内运动,则其相遇的条件为: $\dfrac{\sin\frac{1}{2}(\alpha_1-\alpha_2)}{\cos\frac{1}{2}(\alpha_1+\alpha_2)}=\dfrac{gn}{2v_0}$(空气阻力不计).

1.68 题图

1.69 如图所示,从原点以初速度 v_0 斜向上抛出一物体. 求:

(1)命中空中已知点 $P(x_0,y_0)$ 的投射角;

(2)命中点 P 的条件;

(3)证明:命中点 P 的两个投射角 α_1 和 α_2 满足关系式: $\alpha_1+\alpha_2=\beta+\frac{\pi}{2}$, 式中 β 为 OP 与水平方向的夹角(空气阻力不计);并求出这时的 x_0 和 y_0.

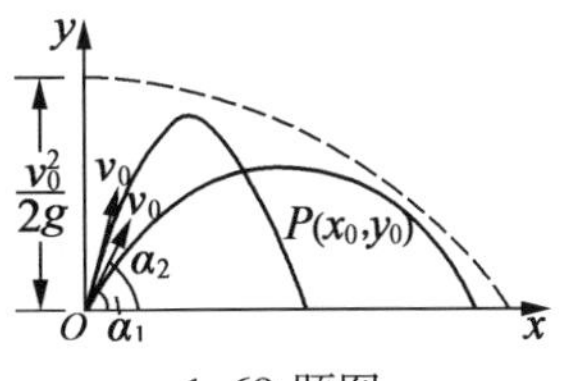

1.69 题图

1.70 如图所示,一飞机距离地面高度为 h, 以速度 v_1 做匀速水平飞行,今有一高射炮欲击中飞机,设高射炮炮弹的初速度为

心得 体会 拓广 疑问

v_0，和水平方向所成的角为 α，并设发射时飞机在炮的正上方. 试证明：$v_0^2 \geqslant v_1^2 + 2gh$，并说明：当 α 固定时，是否凡符合上述条件的初速度为 v_0 的高射炮都能击中飞机？（空气阻力不计）

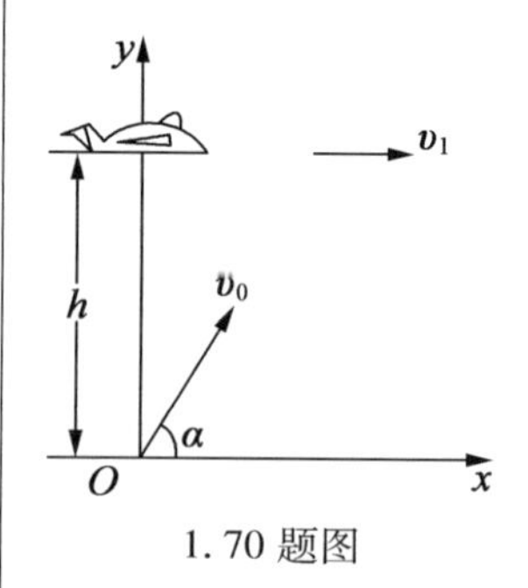

1.70 题图

1.71 一杆枪对一竖直靶瞄准，恰可垂直射入靶中. 如枪口离靶的水平距离为 s，子弹的出口速度为 v_0. 试证：

（1）枪的仰角应为 $\frac{1}{2}\arcsin\left(\frac{2sg}{v_0^2}\right)$；

（2）子弹击中靶处的高度恰为瞄准点高度的一半.

1.72 一杆枪口在点 O 的枪，瞄准前上方点 A 的靶子射击，在子弹发射的同时，靶子自由落下. 证明：子弹的出口速度大于某数值时，子弹总能在空中击中靶子.（空气阻力不计）

1.73 从直角坐标系的原点 O 以仰角 α 射出子弹，恰好通过空间一点 P，点 P 的坐标为 $P(h,k)$，如图所示. 设子弹落在 x 轴上的点 Q，水平射程为 l，从 O，Q 两点引到点 P 的直线和 x 轴所成的角度分别为锐角 θ 和 φ. 试证明：$\tan\alpha = \tan\theta + \tan\varphi$.

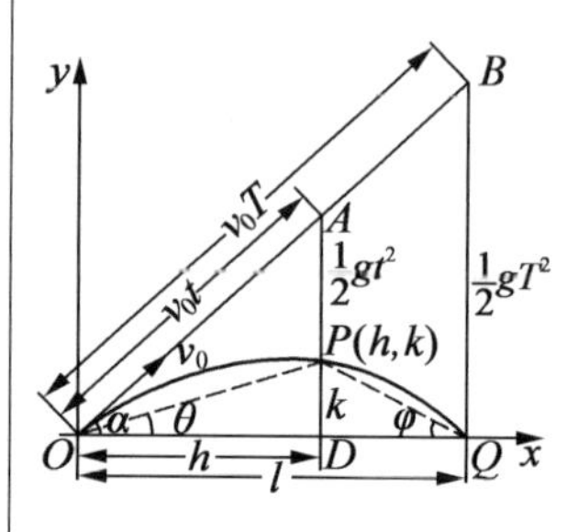

1.73 题图

1.74 从高为 H 处的一点 O 先后平抛小球 1 和小球 2，球 1 恰好直接越过竖直挡板落到水平地面上的点 B 处，球 2 则与地面上的点 A 处碰撞一次后，也恰好越过竖直挡板，而后也落到点 B，如图所示. 设球 2 与地面碰撞遵循类似光的反射定律，且反弹速度大小与碰撞前相同，求竖直挡板高度 h.

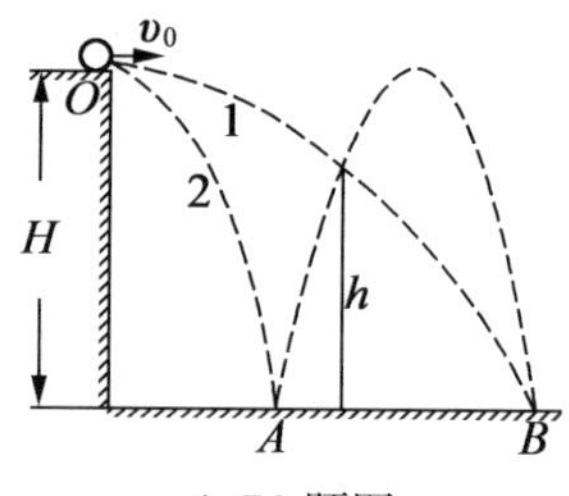

1.74 题图

1.75 如图所示，一击球手在 $t=0$ 时刻击出垒球，垒球以与地面夹角为 θ，大小为 v_0 的初速度飞离点 A，最终击中点 B. 在与点 B 相距 l 的点 C 上，站有一外野手，当球打出时即开始以匀速 v_1 向点 B 跑去，并与球同时到达点 B. 证明：对于奔跑的外野手来说，$\tan\alpha$ 随时间线性地增加，α 是他对球的仰角.

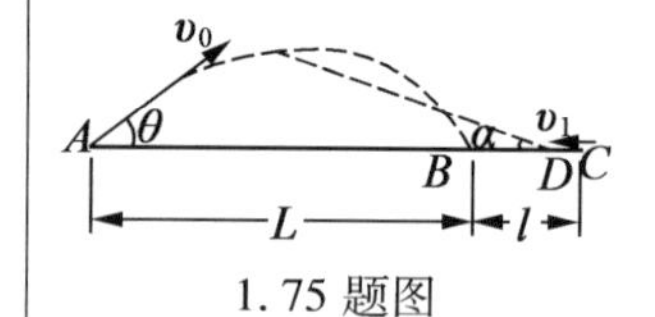

1.75 题图

1.76 如图所示，有一门迫击炮射击一个在山坡上的目标. 假设迫击炮弹的初速度是 v_0，山坡的倾斜角为 α，射击方向跟水平方向所成的角为 β. 试求：

（1）弹的落地距离 $l(l=AB)$？

（2）若 β 为变量，当 α，β 满足何关系时，l 有最大值？（忽略空气阻力）

（3）若目标距发射点的高度为 h，要击中目标，v_0 的最小值是多少？

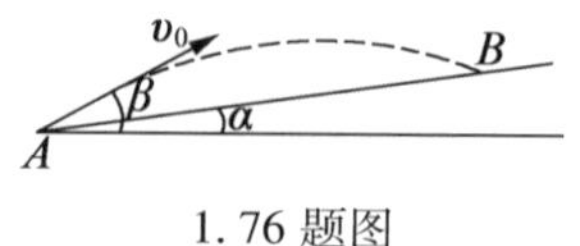

1.76 题图

1.77 在倾角为 θ 的山坡下有一门大炮，以初速度 v_0 沿和山坡成 β 角的方向射击山坡上一目标. 若使炮弹垂直于山坡方向击中目标，求证：

（1）β 与 θ 之间的关系为 $2\tan\theta\tan\beta = 1$；

（2）发出炮弹到击中目标所需的时间为 $t = \dfrac{2v_0}{g\sqrt{1+3\sin^2\theta}}$.

心得 体会 拓广 疑问

(空气阻力不计)

1.78 一个小球以速度 v_0 水平投射到一光滑的斜面上(斜面与水平成 θ 角),它与斜面发生弹性碰撞,求小球第二次与斜面碰撞点到第一次碰撞点间的距离 s.(空气阻力不计)

1.79 一个小球做自由落体运动,落下 $h=2(\mathrm{m})$ 时与斜面发生完全弹性反跳.求跳起后的小球再落于同一斜面上的地方与第一次落下的距离 s.(已知斜面固定且与水平面成 $\alpha=30°$的倾角)

1.80 在半径为 R 的水平圆板中心正上方高 h 处水平抛出一球.要使球只与板面碰撞一次,求抛出速度的范围.设球与板面碰撞后水平方向的分速度不变,竖直方向的分速度是碰撞前的$\frac{1}{2}$.

1.81 从原点在竖直平面内以相同的速度 v_0 向各个方向投射出若干个小球.试证:

(1)在运动的任意时刻 t,它们都位于同一个圆周上,这个圆的中心以自由落体加速度 g 向下落,圆的半径为 v_0t;

(2)它们的最高点位于同一椭圆上.(空气阻力不计)

1.82 在空中某点,同时以同样的速度 v_0 向各个方向把若干个小球抛出,空气阻力不计,证明:在运动的任意时刻 t,全部小球都位于半径为 v_0t 的球面上,且这个球的中心以自由落体加速度 g 向下落.

1.83 如图所示,有一完全弹性的光滑水平面,在该平面的点 A 处,以初速度 v_0 斜抛出一个完全弹性的小球.空气阻力不计,试讨论当抛射角 θ 满足什么条件时,都能使小球最后恰好落到与点 A 相距为 s 的小孔 B 中.

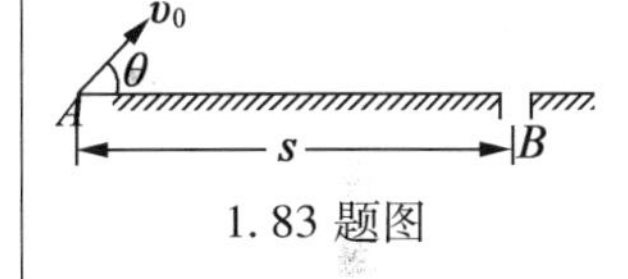

1.83 题图

1.84 在光滑平面上一点以速度 v 抛射一质点,v 的方向与水平面成 α 角.设质点与平面间的恢复系数为 e,试求质点停止反跳前经过的水平距离.

1.85 一个皮球从距地面 h 处自由落下,与地面发生非弹性碰撞,其恢复系数为 e.如忽略每次碰撞瞬时所需的时间,试求在小球开始下落,然后与地面相继碰撞到最后静止在地面上这段过程中:

(1)弹跳经历的总时间;

(2)皮球上、下往返的总路程.

1.86 一个倾角为 α 的光滑斜面,由斜面的下端 O 向上斜抛出一质点,质点的初速度为 v,抛射方向与斜面的夹角为 β($\alpha+\beta<\frac{\pi}{2}$),质点的运动轨迹在竖直平面内,如图所示.

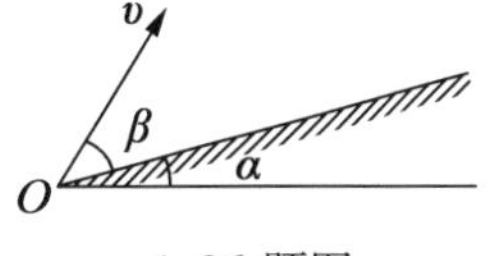

1.86 题图

(1)若质点与斜面之间的碰撞是完全弹性的,证明:如果 $\cot\alpha\cot\beta$为一整数,质点将逐点返跳到抛射点 O;

心得 体会 拓广 疑问

(2)若质点与斜面碰撞时的恢复系数为 e(即质点在每次与斜面碰撞时的速度在垂直于斜面方向上的分量,碰撞后是碰撞前的 e 倍,$e<1$),且质点与斜面发生第 n 次碰撞后刚好逐点返跳到抛射点 O,证明:$\cot\alpha\cot\beta=\dfrac{1-e^n}{1-e}$;

(3)在(2)中,若质点在第 $m(0<m<n)$ 次与斜面碰撞时,正好与斜面垂直相碰,证明:$e^n-2e^m+1=0$.

1.87 喷灌用的喷头如图所示,球面上分布有孔径相同的小孔,用以喷出水柱,球面半径为 r,小孔相对于对称轴的极角 θ 的分布范围为:$0\leqslant\theta\leqslant\theta_0=\dfrac{\pi}{4}$. 为使喷到大地的水柱能均匀分布,求喷头球面上单位面积小孔数的密度 n 的表达式(设喷头在球面上,但球面离地的高度可不计).

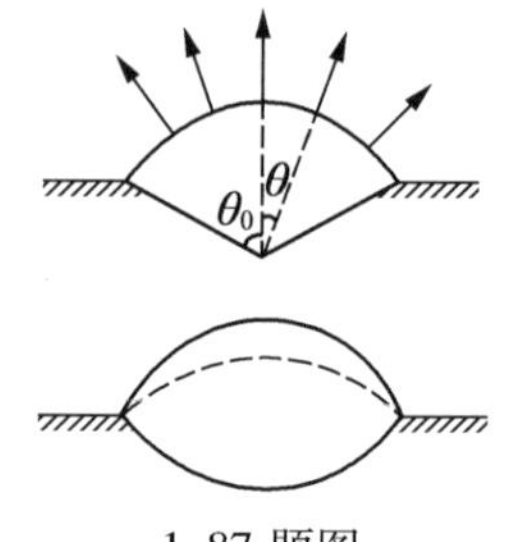

1.87 题图

1.2.3 匀速圆周运动

1.88 如图所示,一个人拿着直棒的一端,另一端水平地放在半径为 R 的圆筒上,然后靠棒和圆筒接触面间的摩擦使圆筒沿水平面向前做无滑动的滚动,且棒和筒的接触面间也无相对滑动,为了使棒长为 l 的各点都能被圆筒接触,问此人应向前走多远?

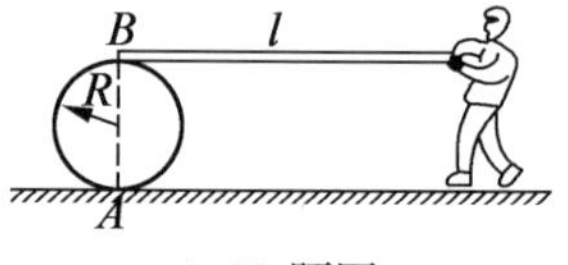

1.88 题图

1.89 有一缠绕着线的线轴放在水平的桌面上,线轴能沿着桌面做没有滚动的滑动.

(1)假如按如图(a)所示那样沿水平方向以速度 v 拉线的末端,求线轴移动的速度和方向,线轴中部的半径是 r,两端的半径是 R;

(2)如果线的缠绕法如图(b)所示,再解答上问.

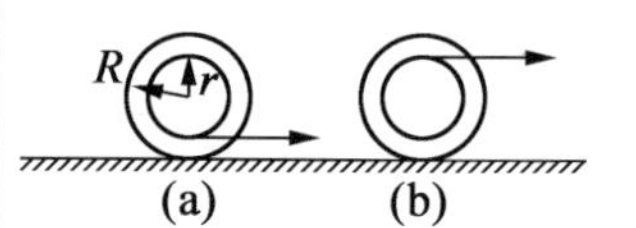

1.89 题图

1.90 质量为 m 的钢件架在两根完全相同、平行的长圆柱上,钢件左右受光滑导槽限制,使其不发生横向移动,如图所示. 钢件重心与两柱等距,两柱的轴线在同一水平面内. 圆柱的半径为 r,钢件与圆柱间的动摩擦系数为 μ,两圆柱各绕自己的轴线做转向相反的转动,角速度为 ω. 若沿平行于柱轴的方向施力推着钢件做速度为 v_0 的匀速运动,则推力是多大?

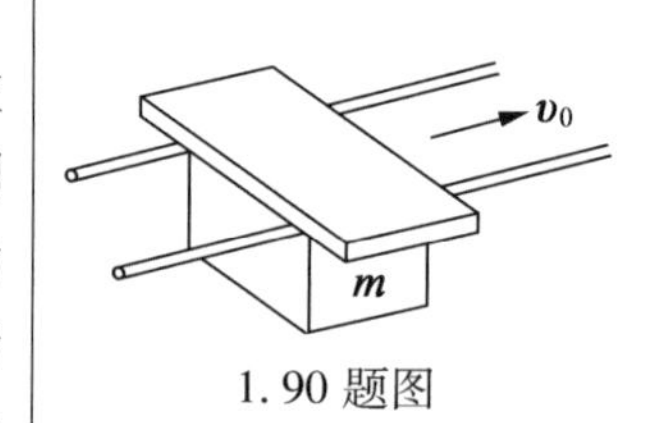

1.90 题图

1.91 教堂时钟的分针长度是时针长度的两倍,问在午夜后的哪个时间,分针末端远离时针末端的速度最快?

1.92 如图所示,半径为 R 的圆环绕垂直其所在平面的轴 O 以角速度 ω 匀速转动,质点在圆环的开口之一 A 处从静止出发沿直线 AO 做匀加速直线运动,圆环还有另一开口 B,OB 与 OA 垂直,问当质点的加速度 a 为多大时,它可不被圆环拦住而从点 B 运动到圆环外?

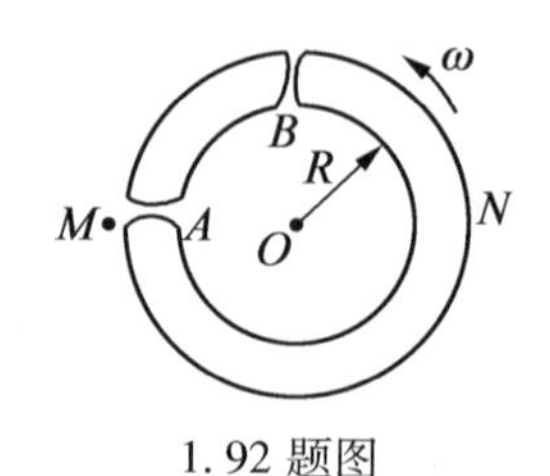

1.92 题图

1.93 图(a)中的黑色圆盘上有一白点 S,盘绕垂直于盘面的

心得 体会 拓广 疑问

中心轴以$f_0=50$(Hz)的频率旋转,如果用频率为f的频闪光去照射该盘,在盘上能稳定地出现如图(b)所示的三个白点,请算出两种可能的f值,其一大于f_0,其二小于f_0,又若取$f=51$(Hz),那么在盘上能观察到什么现象?

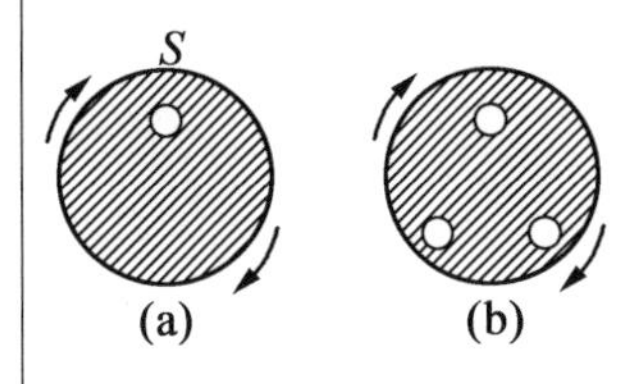

1.93 题图

1.94 如图所示,质量为M,半径为R的铁环放在光滑平面上,另有质量为m的小铁球以初速度v_0从O'出发且运动方向垂直于OO',而$OO'=\dfrac{R}{2}$,则经过多长时间小球将与铁环发生第N次弹性碰撞?

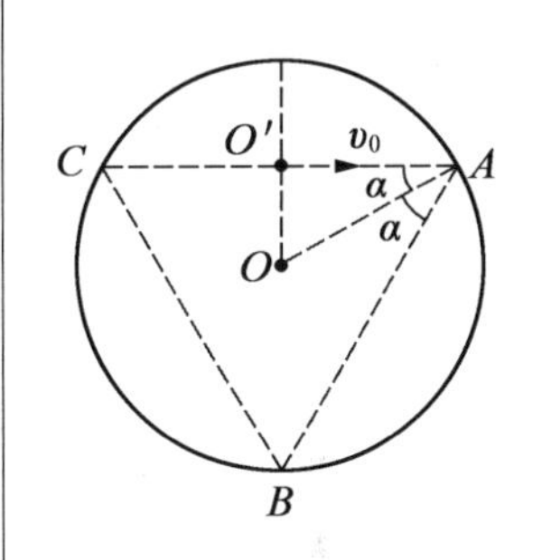

1.94 题图

1.95 若近似认为月球绕地球公转与地球绕太阳公转的轨道在同一平面内,且均为圆,又知这两种转动同向,如图所示. 月球相变化的周期为29.5天(如图是相继两次满月时,月球、地球、太阳相对位置的示意图). 求:月球绕地球转一周所用的时间T(因月球总是一面朝向地球,故T恰好是月球自转周期). (提示:可借鉴恒星月、太阳日的解释方法)

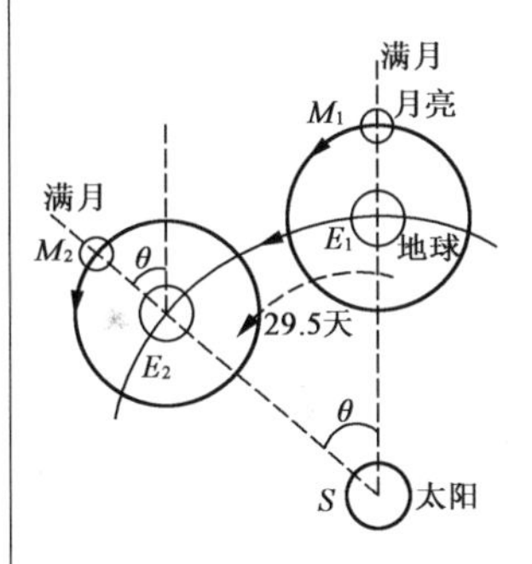

1.95 题图

1.96 如图所示,细杆ABC靠在固定的半圆环上,两者处于同一竖直平面内,杆的中点B恰好落在圆环上. 已知A端沿半圆直径方向移动的速度大小为v_A,试求C端的运动速度大小v_C.

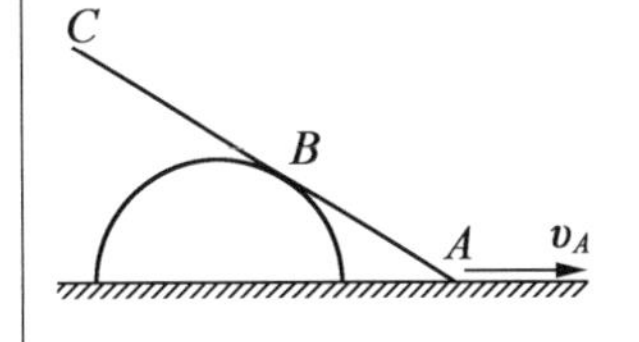

1.96 题图

1.97 如图所示,一根长为l的均匀细杆可以绕通过其一端的水平轴O在竖直平面内转动,杆最初处于水平位置,杆上距O为a处放有一质点B,杆与其上质点最初处于静止状态. 若此杆突然以角速度ω绕轴O匀速转动,问当ω取何值时质点与杆可能相碰?

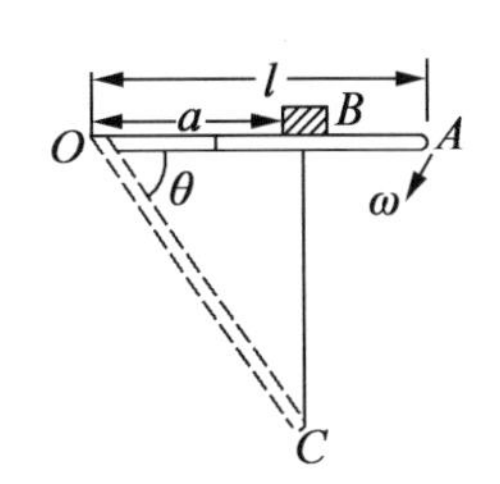

1.97 题图

1.98 如图所示,细杆AB长为l,端点A,B均被约束在x轴

心得 体会 拓广 疑问

和 y 轴上运动，杆上的点 P 与点 A 相距 $al(0<a<1)$. 试问：

（1）点 P 的运动轨迹如何？

（2）如果 θ 角和点 A 的速度 v_A 均为已知，那么点 P 在 x,y 方向上运动的分速度 v_{Px} 和 v_{Py} 分别为多少？

1.99 如图所示，一辆汽车沿水平公路以速度 v 无滑动地运动，如果车轮的半径为 R，试求车轮抛出水滴的最大高度和抛出点的位置.

1.100 一只狼沿半径为 R 的圆形岛边缘以逆时针方向匀速跑动，如图所示. 狼跑过点 A 时，一只猎犬以相同的速度从点 O 出发追击狼. 若追击过程中狼、犬、点 O 始终在同一直线上，则猎犬是沿什么轨迹运动的？它在何处能追上狼？

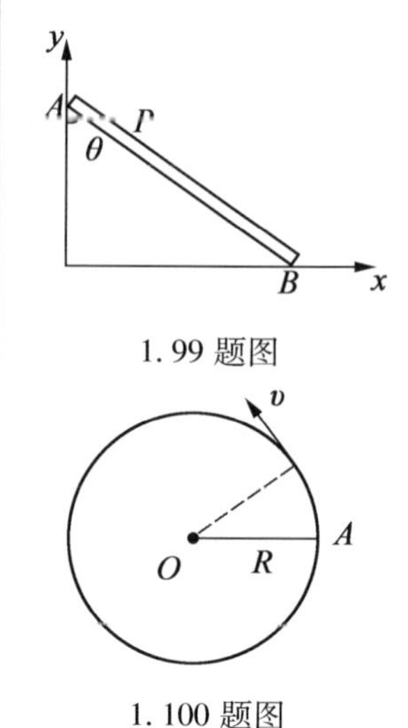

1.99 题图

1.100 题图

1.3 动力学

1.3.1 匀变速直线运动定律

1.101 如图所示，一个质量为 $m_1=20(\mathrm{kg})$ 的小车在水平面上做无摩擦运动，车上放着一个质量为 $m_2=2(\mathrm{kg})$ 的木块，木块和车接触面间的摩擦系数为 $\mu=0.25$. 加在车上平行于车的运动方向的水平力，第一次为 $F_1=2(\mathrm{N})$，第二次为 $F_2=20(\mathrm{N})$. 试求在上述两种情况下，木块和车运动的加速度各是多少？

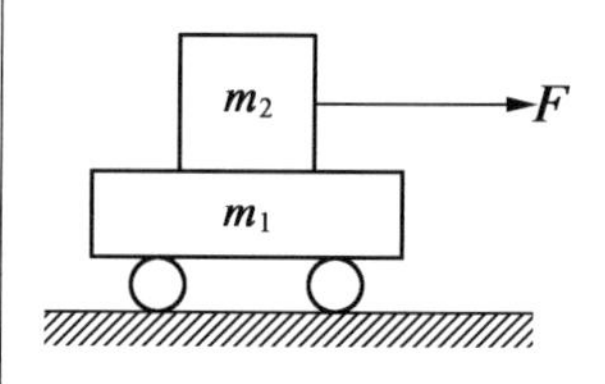

1.101 题图

1.102 如图所示，两个质量都为 M 的重物，挂在重量可忽略不计且不会伸长的绳子两端，此绳跨过一个定滑轮. 现在其中的一个重物上再放一个质量为 m 的物体，求重物 M 和轮轴所受的压力各是多少？

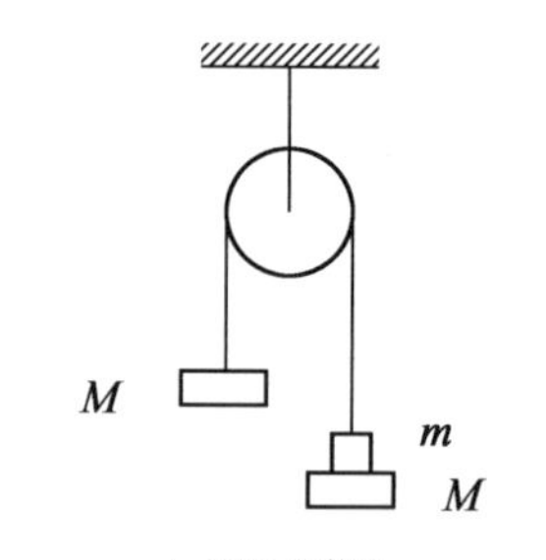

1.102 题图

1.103 质量分别为 m,M 的两个物体 A 和 B，它们之间用一个劲度系数为 k 的弹簧 S 接起来，把物体 A 和弹簧 S 放在水平桌面上，通过一段轻质绳子绕过一个固定在桌端的定滑轮，将物体 B 竖直悬挂着，如图所示. 当 S 伸长时，A,B,S 以同一加速度运动，若 A 和桌面间的动摩擦系数为 μ，绳和滑轮间的摩擦略去不计. 求：

（1）若弹簧的质量略去不计，求物体 A 的加速度 a 和弹簧的伸长量 x；

（2）若弹簧的质量为 m'，求作用在弹簧两端的力和这时弹簧的伸长量.

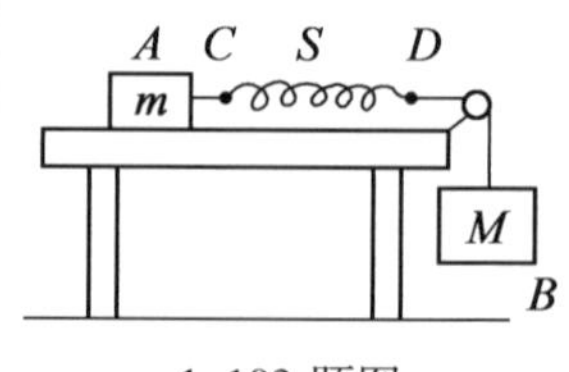

1.103 题图

心得 体会 拓广 疑问

1.104 如图所示,两个质量分别为 $m_1=2(\mathrm{kg})$ 和 $m_2=8(\mathrm{kg})$ 的物体叠放在水平桌面上,用一根细线通过一定滑轮联结起来,细线的质量忽略不计. 设 m_1 与 m_2 及 m_2 与桌面之间的摩擦系数均为 $\mu=0.1$,今用一与水平方向成 $\alpha=30°$角的力 $F=5(\mathrm{N})$ 拉 m_2,试求此系统的加速度 a 和线的张力 T.

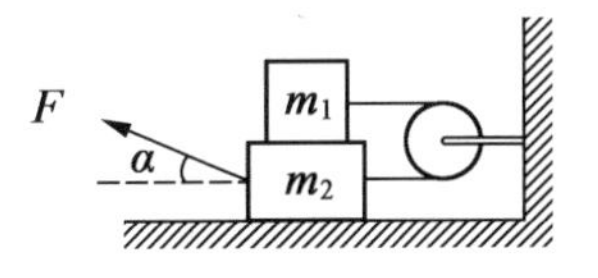

1.104 题图

1.105 倾角为 α 的斜面上有一水平直线 AB,长度为 s,如图所示. 某质点以一定的初速度从点 A 刚好沿此直线运动到点 B 停止,已知质点与斜面之间的动摩擦系数为 $\mu>\tan\alpha$,试求此段运动经过的时间 t.

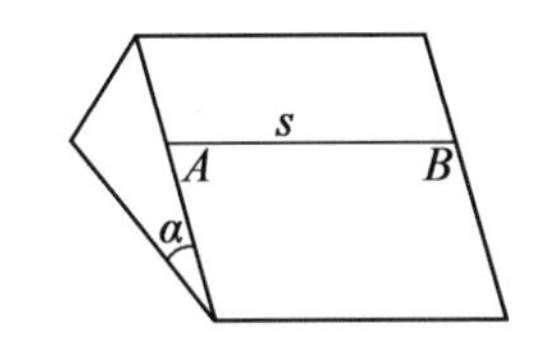

1.105 题图

1.106 在一个与水平面成 α 角的粗糙斜面上放着一个质点,它系于一根不伸长的绳子上,绳的另一端通过斜面上的一个小孔竖直穿过平面,然后慢慢拉动绳子,如图所示. 开始时绳子处于水平位置,在这个质点到达小孔的时候,质点在斜面上的轨迹正好是个半圆周,求动摩擦系数 μ.

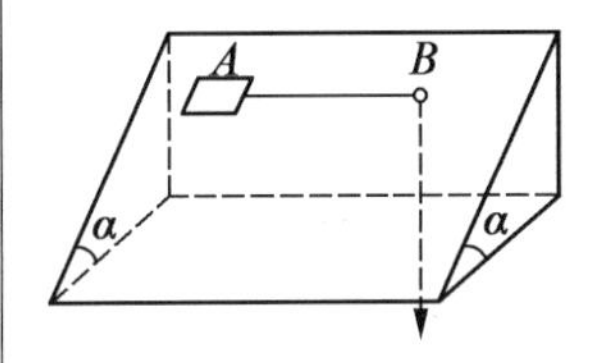

1.106 题图

1.107 在与平面成 α 角的粗糙斜面上放着一个物体,物体系于不可伸长的细绳上,绳的另一端通过斜面上的一个小孔 O 竖直穿过平面,如图所示. 开始时,绳子处在水平位置,物体在点 A 处,设物体与斜面间的摩擦系数满足 $\mu=\tan\alpha$,试求物体在缓慢拉动绳子的过程中的运动轨迹方程.

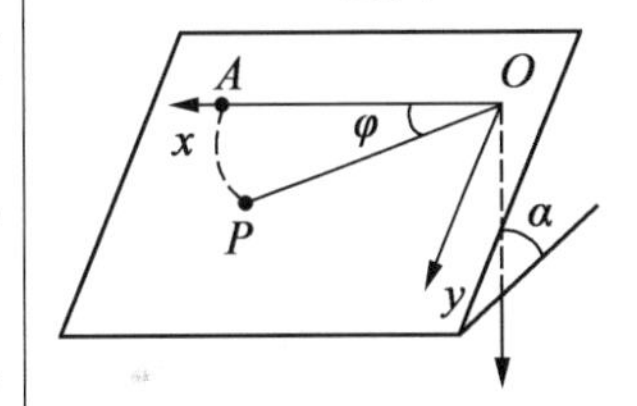

1.107 题图

1.108 有一个质量为 M,角度为 α 的斜面体 A 放在水平桌面上,斜面体 A 上又放有一个质量为 m 的物体 B,如图所示. 若 A,B 之间及 A 与平面间都无摩擦,问施加在斜面体 A 上的水平推力 F 必须为多大时,才能使 A 和 B 之间没有相对运动?

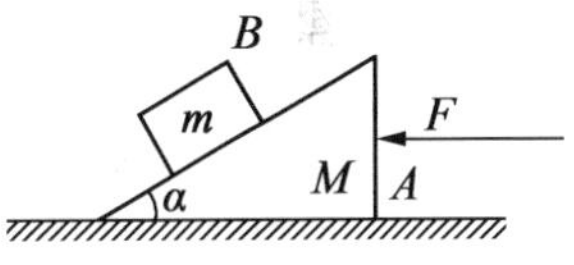

1.108 题图

1.109 在上题中,若物体 A 和物体 B 之间的摩擦系数为 μ,当推力 F 给定时,为使物体 B 与斜面 A 之间没有相对运动,求 μ 的范围.

1.110 如图所示,桌上有一质量为 M 的板,板上放一质量为 m 的物体. 物体和板之间的静摩擦系数为 μ_1,板和桌面之间的动摩擦系数为 μ_2,现在水平方向用力 F 拉板,要使板从物体下抽出,问 F 需多大?

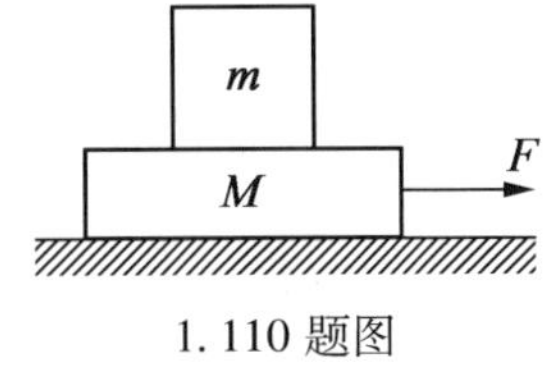

1.110 题图

1.111 质量为 m 的摆球用细线悬于架子上,架子固定在小车上,如图所示. 在下述诸情况中,求静止平衡时摆线的方向(即摆线与竖直线所成的角 α)和线中的张力 T.

(1)小车以加速度 a 匀加速沿水平直线运动;

(2)小车自由地从斜面上滑下,斜面的倾角为 θ;

(3)用与斜面平行的加速度 a 把小车沿斜面往上推;

(4)以同样大的加速度 a 把小车自斜面上推下来.

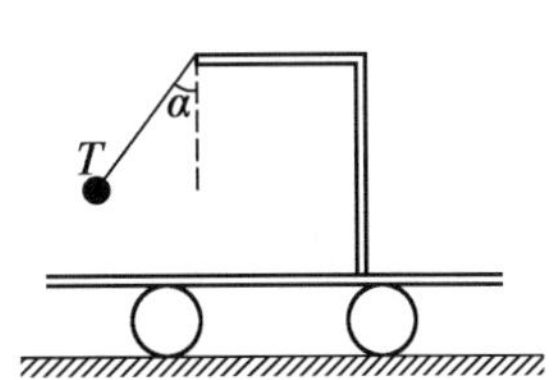

1.111 题图

心得 体会 拓广 疑问

1.112 一根不能伸长的绳子跨过一定滑轮,如图所示.绳子的一端挂有重物,其质量分别为 $m_1=0.9(\mathrm{kg})$ 和 $m_2=0.2(\mathrm{kg})$, m_1 与 m_2 之间,m_2 与地面之间的距离都为 $h=11\ (\mathrm{m})$,绳子的另一端系着一个放在地面上的重物,其质量为 $m_3=1(\mathrm{kg})$, 在重力的作用下整个系统会发生运动,并假定重物 m_2 接触地面时就会自动脱离绳子.求重物 m_3 从开始运动到完全停止所经历的时间.绳子重量和绳子与滑轮之间的摩擦力均不计.

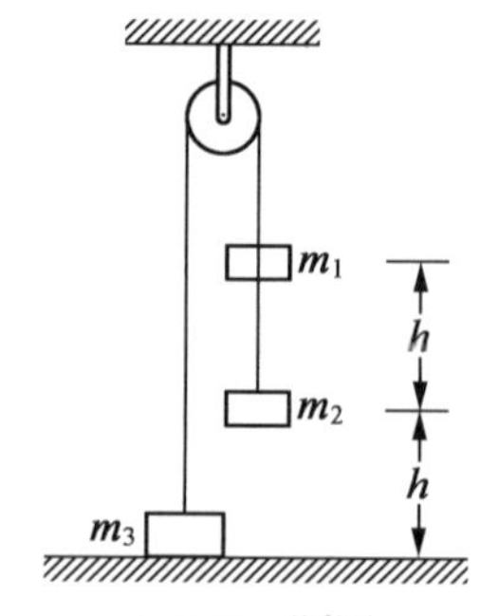

1.112 题图

1.113 有两个小球,其质量分别为 $m_1=10(\mathrm{kg})$, $m_2=30(\mathrm{kg})$,用长为 $l=2(\mathrm{m})$ 的轻质细线联结后放在离地高为 $h=1(\mathrm{m})$ 的水平桌面上.开始时用手拉住质点 m_1,使 m_2 恰好在桌的边缘,放手后使之运动.若 m_1 与桌面间的摩擦系数为 $\mu=0.4$,重力加速度 $g=10(\mathrm{m/s^2})$,求 m_1 的落地点离桌边的距离 s.绳子与桌子间的摩擦可忽略,球的直径很小可不计.

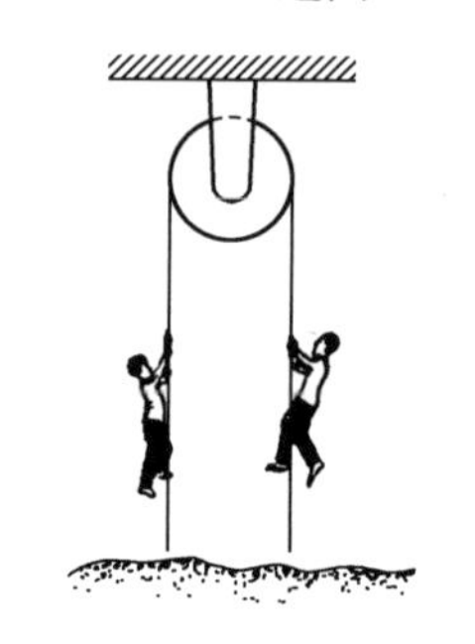
1.114 题图

1.114 质量分别为 M 及 $M+m$ 的两个人分别拉住挂在定滑轮两边的绳子往上爬,如图所示.开始时两人离滑轮的距离都是 h.设滑轮和绳子的质量、滑轮轴承的摩擦均可不计,绳子不能伸长.证明:若质量轻的人在 t s 到达了滑轮处,此时较重的人距滑轮的距离为 $\dfrac{m}{M+m}\left(h+\dfrac{gt^2}{2}\right)$.

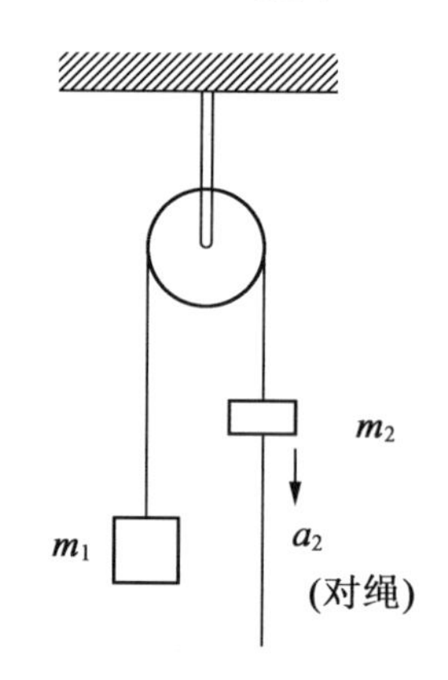

1.116 题图

1.115 用一根跨过定滑轮的绳子把重量分别为 m_1 和 m_2 的重物联结起来,最初,两个重物的重心位置在同一高度.若 $m_1>m_2$,求重物系统的重心沿竖直方向移动的加速度的大小和方向.

1.116 如图所示,绳与滑轮的质量、绳子与滑轮的摩擦力均不计,m_1 和 m_2 为已知,m_2 在绳子上滑下,且相对于绳子的加速度为 a_2,试求 m_1 的加速度 a_1 和 m_2 与绳子之间的摩擦力 f.

1.117 如图所示,滑轮和线的质量均略去不计,m_1, m_2 为已知,且 $m_2>m_1$,求 m_1 和 m_2 的加速度 a_1, a_2 以及线中的张力 T.吊着物体和滑轮的绳子互相平行且在同一竖直平面内.

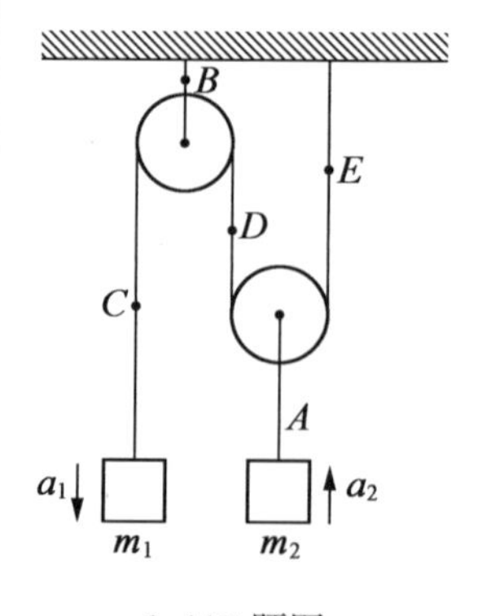

1.117 题图

心得 体会 拓广 疑问

1.118 如图所示,物体 m 和 m' 与水平桌面间的摩擦系数分别为 μ 和 μ',整个绳子在同一个竖直平面内,吊着动滑轮的两段绳子相互平行.若绳子和滑轮的质量及轮轴上的摩擦不计,求绳中的张力 T.

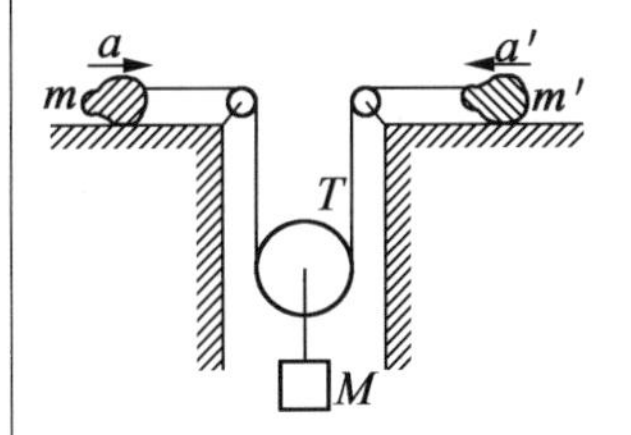

1.118 题图

1.119 如图所示,质量为 m_1,m_2 的两个物体分别系在一跨过动滑轮 A 的细绳的两端.定滑轮 A 又与质量为 m_3 的物体系于另一跨过定滑轮 B 的细绳的两端.设滑轮的质量、绳子的质量和滑轮轴承处的摩擦均略去不计,绳子长度不变,试求:

(1) m_3 相对地面的加速度;

(2)绳子的张力 T_1,T_2,T_3 和 T'_3;

(3)定滑轮 A 轮轴所受压力 N.

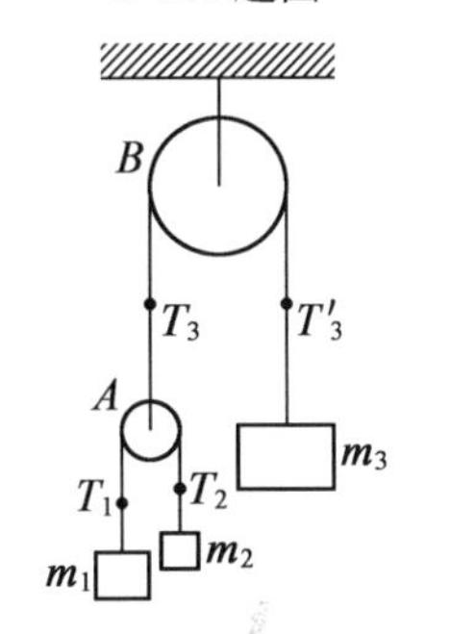

1.119 题图

1.120 如图所示,若所有物体的表面都是光滑的,外加一水平力以后,m_3 没有上、下运动.

(1)求 F,绳中张力 T,地面对 m_1 的支持力 N_1,m_1 对 m_2 的支持力 N_2,m_1 对 m_3 的正压力 N_3.

(2)若 $F=0$ 时,再解答(1),并求出 m_1,m_2 的加速度.

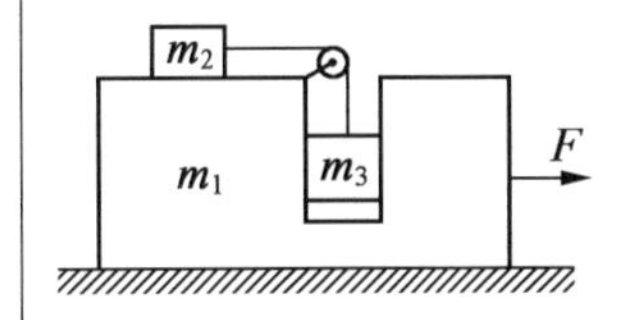

1.120 题图

1.121 有两个重物,质量为 $m_1=m_2=2(\text{kg})$,用一根轻质绳子跨过两个定滑轮悬挂在一个小车上,如图所示.如果小车以加速度 $a=g$ 沿水平方向向右运动,重物与车接触面之间的滑动摩擦系数 $\mu=0.2$,试求绳子的张力 T 和两重物相对于车的加速度的大小和方向.(滑轮的摩擦不计,取 $g=10(\text{m/s}^2)$)

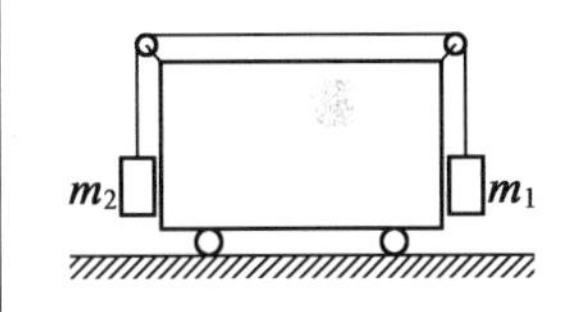

1.121 题图

1.122 如图所示,水平桌面上平放共计 54 张的一叠纸牌,每一张纸牌的质量相同.用一根手指以竖直向下的力压第一张牌,并以一定速度向右移动手指,确保手指与第一张牌之间有相对滑动.引入 $\alpha=\dfrac{N}{mg}$ 以表征手指向下压力的大小,其中 m 为每张纸牌的质量.设手指与第一张纸牌之间的摩擦系数为 μ_1,牌间摩擦系数均为 μ_2,第 54 张纸牌与桌面之间的摩擦系数为 μ_3,且有 $\mu_1>\mu_2>\mu_3$.

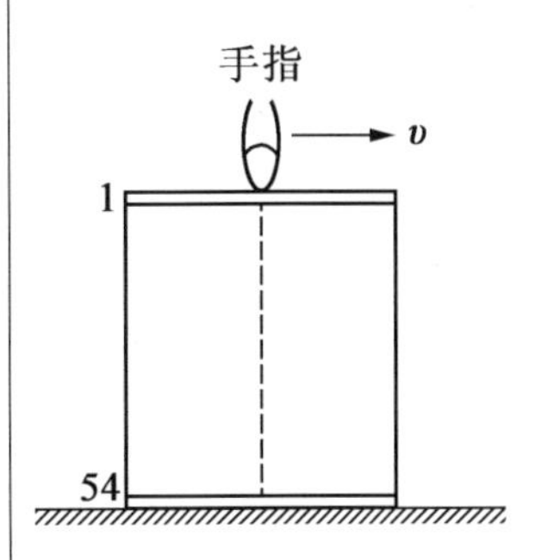

1.122 题图

(1)第 2 张纸牌到第 54 张牌之间是否可能发生相对滑动?

(2)当 α 很小时,54 张牌都不动,这是牌组的一种可能状态;当 α 稍大一些时,第 1 张纸牌向右加速,其余牌不动,这是牌组的

心得 体会 拓广 疑问

又一种可能的状态;……如果第1张纸牌向右滑动的加速度大于第2张到第54张纸牌共同向右滑动的加速度,试分析 α 与 μ_1,μ_2,μ_3 之间的关系.

1.123 如图所示,在一个与水平成 α 角的斜面上有一木板,质量为 m_1,板上放着一个质量为 m_2 的物体,设板与斜面及物体与板之间的摩擦系数分别为 μ_1,μ_2,试讨论在下列情况下,板与物体的加速度 a_1 和 a_2.

(1) $\mu_1>\tan\alpha>\mu_2$;

(2) $\mu_2>\tan\alpha>\mu_1$;

(3) $\tan\alpha>\mu_1>\mu_2$;

(4) $\tan\alpha>\mu_1=\mu_2$;

(5) $\tan\alpha>\mu_2>\mu_1$.

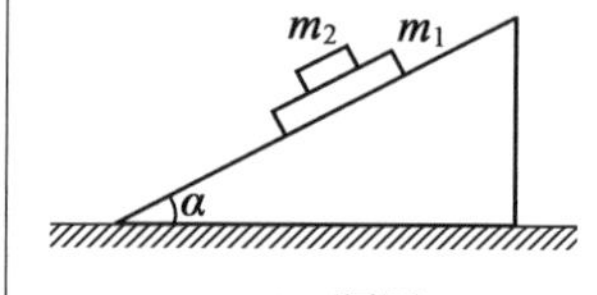

1.123 题图

1.124 如图所示,质量为 m 的重物从一个劈的斜面顶端无摩擦地滑下,这个劈放在平面上,劈和平面之间亦无摩擦,劈的质量为 M,劈的斜面跟水平面间的角度是 α. 求重物和劈相对于平面的加速度,重物作用在劈上的压力和平面对斜劈的支持力.

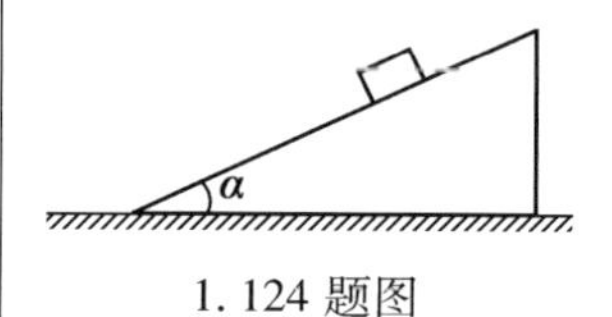

1.124 题图

1.125 在上题中,如果重物 m 与斜劈 M 间的摩擦系数为 μ,再解答上题.

1.126 在1.124题中,如果重物 m 与斜劈 M 间的摩擦系数为 μ_1,斜劈与平面间的摩擦系数为 μ_2,求劈的水平加速度,重物作用在斜劈上的压力和平面对斜劈的支持力.

1.127 如图所示,两个楔子的质量为 $m_1=m_2=m$,物体的质量为 M,作用在楔子 m_1 上水平方向的力为 F,m_2 与墙固定不动,并且所有接触面都是光滑的. 求:

(1) m_1 的加速度大小和方向;

(2) M 的加速度大小和方向;

(3) m_2 作用在 M 上力的大小和方向.

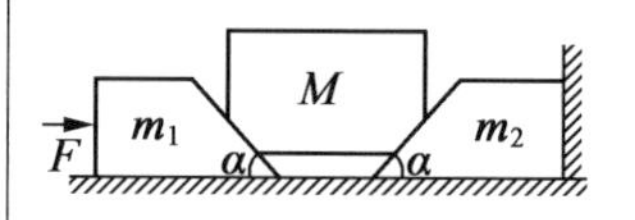

1.127 题图

1.128 在上题中,如果 m_2 不受墙的固定,即 m_1,m_2 都在水平面上运动,求 m_1,m_2 的加速度 a_1 和 a_2 的大小和方向.

1.3.2 匀速圆周运动定律

1.129 如图所示,已知弹簧原长为 l_0,上端固定,下端挂一质量为 m 的小球后弹簧的长为 l_1. 若用此弹簧拉该小球做圆锥摆运动,设弹簧不超过弹性限度,试求当弹簧与竖直线的夹角为 θ 时的小球的角速度 ω.

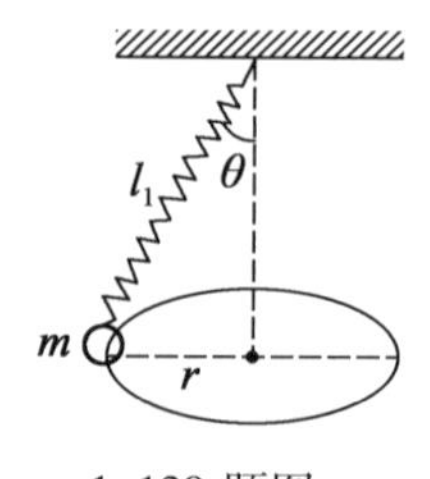

1.129 题图

心得 体会 拓广 疑问

1.130　在一水平放置的木板上放上砝码,砝码与木板间的静摩擦系数为μ,如果让木板在竖直平面内做半径为R的匀速圆周运动,如图所示.假如运动中木板始终保持水平,试问:匀速圆周运动的速度为多大时,砝码才能始终保持在木板上不滑动?

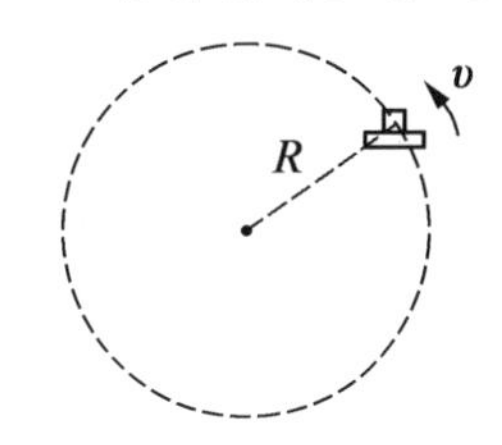

1.130 题图

1.131　如图所示,桌面钉有两枚铁钉A,B,相距$l_0=0.1(\mathrm{m})$,长为$l=1(\mathrm{m})$的柔软细线一端拴在A上,另一端拴住一个质量为$m=0.5(\mathrm{kg})$的小球,小球的初始位置在AB连线上A的一侧且细线伸直.现沿垂直于细线的方向给小球以水平的速度为$v=2(\mathrm{m/s})$,使它做圆周运动,由于钉子B的存在使细线逐步缠绕在A,B上.试问:

(1)如果细线不会断裂,从小球开始运动到细线完全缠绕在A,B上,需要多长时间;

(2)如果细线断裂所需张力为$T_0=7(\mathrm{N})$,从开始运动到细线断裂经历多长时间.

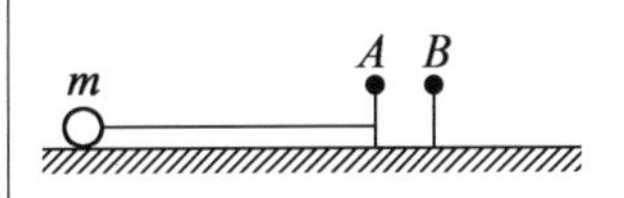

1.131 题图

1.132　如图所示,水平桌面上方固定一个轮轴A,轮的半径为r,其边缘绕有一根足够长的质量不计的细绳,绳端系住一放在桌面上的木块B.已知木块与桌面间的动摩擦系数为μ,当轮轴A开始以角速度ω匀速旋转时,木块被带动一起以相同的角速度旋转.

(1)此时木块B的旋转半径R为多大;

(2)当动摩擦系数μ和轮半径为定值时,欲保持稳定状态,则角速度ω必须满足什么条件.

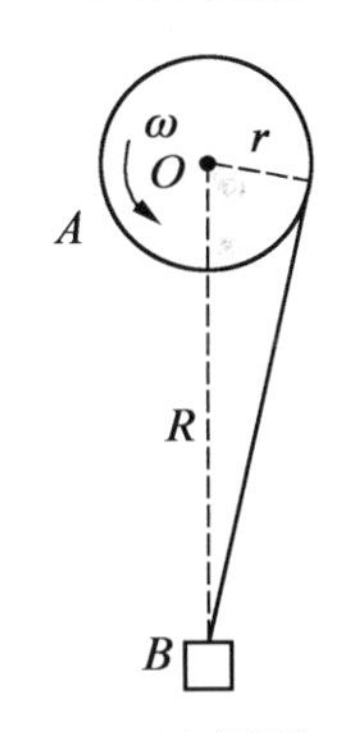

1.132 题图

1.133　长为l,质量为m的均匀链条套在一表面光滑,顶角为α的圆锥体上.当链条在圆锥体面上静止时,链条中的张力T为多大?如链条跟圆锥体以角速度ω匀速旋转时又怎样?

1.134　如图所示,有一个光滑的圆锥体固定在水平面上,在它顶点系着一根长为l的细线,另一端拴一个小物体A,使它贴着锥面做匀速圆周运动,当运动到图中位置时,从顶点O自由释放另一个小物体B,使它沿着跟OC对称的另一条母线下滑,要使A能与B相碰,则圆锥体的母线跟轴线之间的夹角θ应为多大?

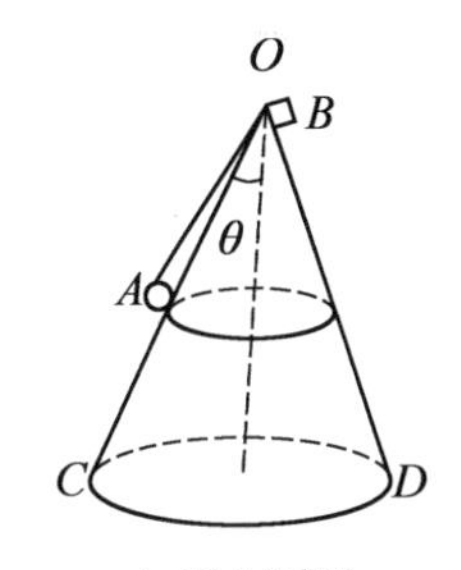

1.134 题图

1.135　如图所示,平面内有两杆AC和BD以相同的角速度ω分别绕固定点A和B做同方向匀速转动,A,B两点相距为l.小环M套在两杆上,当转至图示位置时,A,B两点与点M构成底角为θ的等腰三角形.试求点M在未落地前运动的任意时刻的速度和加速度.

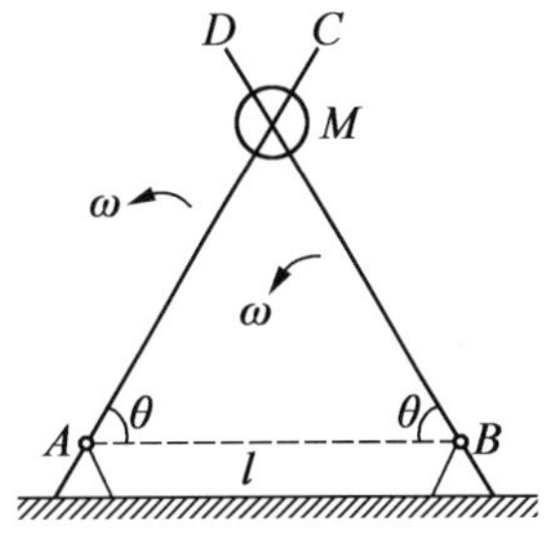

1.135 题图

心得 体会 拓广 疑问

1.136 如图所示,A,B 是两个连在一起的圆锥摆,其质量均为 m,摆长均为 l,O 固定在天花板上. 若在摆动的过程中,它们始终以相同的角速度 ω 转动,求 ω 的大小(设摆线与铅直方向的夹角甚小).

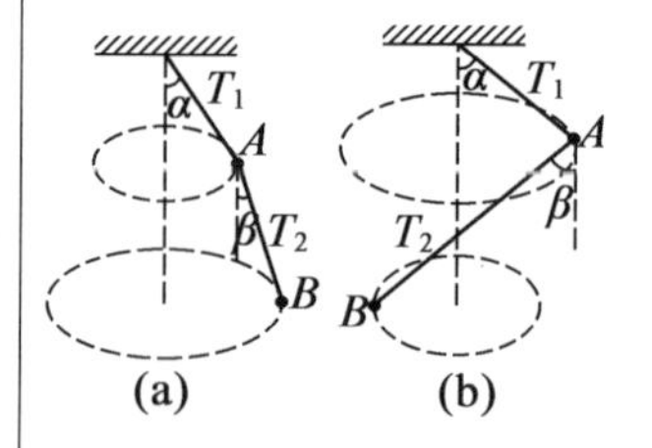

1.136 题图

1.137 在 xOy 平面上有一个圆心在点 O,半径为 R 的圆环,在 y 轴上放有一根与圆环相交且平行于 x 轴的轻质细杆,从 $t=0$ 开始细杆以速度 v_0 朝 x 轴的正方向均匀运动. 试求此细杆上与第一象限圆交点处的向心加速度与时间 t 的关系.

1.138 如图所示,一个半径为 R 的半圆柱体沿水平方向向右做加速度为 a 的匀加速运动,在半圆柱体上搁置一根竖直细杆,此杆只能沿竖直方向运动,当半圆柱体的速度为 v 时,杆与半圆柱体接触点 P 和柱心的连线与竖直方向的夹角为 θ,求此时竖直细杆运动的速度和加速度.

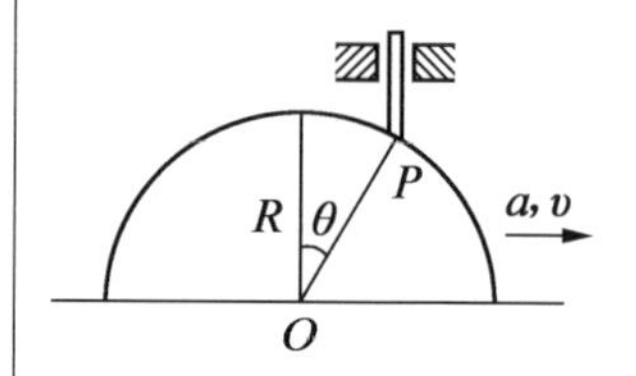

1.138 题图

1.139 如图所示,直线 AB 沿垂直于直线方向以恒定的速度 v_0 运动,在此运动平面内与一半径为 R 的固定圆相遇. 求此直线与圆周交点 P 处的速度和加速度.

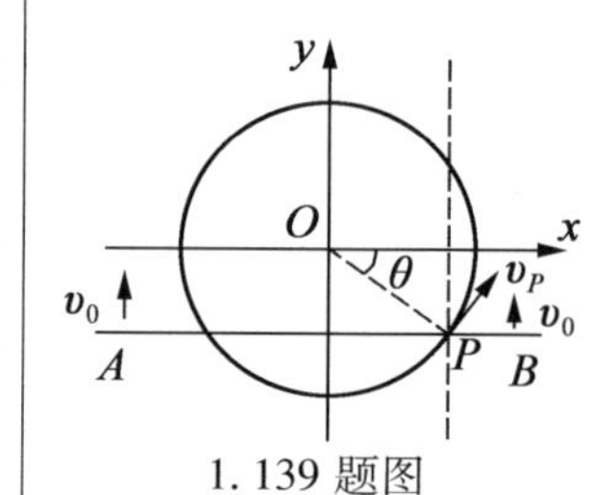

1.139 题图

1.140 如图所示,一只狐狸以速度 v_1 沿着直线 AB 逃跑,一只猎犬以速度 v_2 追击,$v_2>v_1$,猎犬的运动方向始终对准狐狸,某时刻狐狸在点 F 处,猎犬在点 D 处,$DF\perp AB$,且 $DF=l$. 试求:

(1)此时刻猎犬加速度的大小;

(2)猎犬追上狐狸所需的时间;

(3)在猎犬追上狐狸时,狐狸跑过的距离刚好也为 l,求这时 $\frac{v_2}{v_1}$ 的比值.

1.140 题图

1.141 1991 年 5 月,亚特兰蒂斯号航天飞船将进入环绕地球的轨道,设轨道是圆形的,并处在地球的赤道面上,在某一预定时刻,航天飞船放出一卫星 S,它们之间用一长为 l 的刚性棒相连,棒的质量可略去不计,并可以不考虑所有摩擦,令 α 为长棒与亚特兰蒂斯号到地心连线的夹角,如图所示,卫星 S 也处于地球赤道平面内,设卫星质量 m_2 远小于航天飞船的质量 m_1,且 l 远小于轨道半径.

(1)导出能使航天飞船、卫星的位置(相对于地球)保持不变的各 α 值. 换言之,即确定 α 取哪些值时它可保持不变.

(2)讨论每一种情况的平衡稳定性.

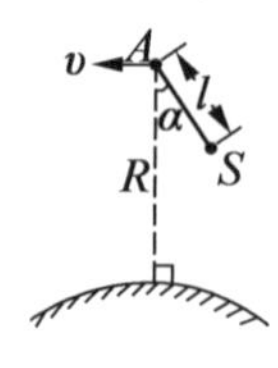

1.141 题图

心得 体会 拓广 疑问

1.142　细绳的一端系于点 A，绳上与 A 端距离为 l 处系一质量为 m 的小球 B，绳的另一端通过固定在点 C 的定滑轮，A，C 两点在同一水平面上. 某人握住绳的自由端以匀速 v 拉动，在某时刻绳子与天花板的夹角分别为 α，β，且 $\alpha+\beta\leqslant\frac{\pi}{2}$，如图所示. 不计绳和滑轮的质量以及滑轮的摩擦，试求此时 BC 段绳中的张力.

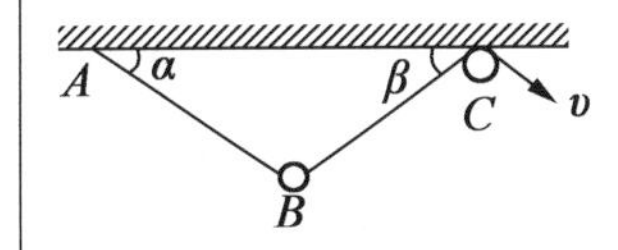

1.142 题图

1.143　如图所示，设赛车道在同一水平面上，车轮与地面间的静摩擦系数和滑动摩擦系数均为 μ. 问：

(1) 如图(a)，当赛车运动员驾车做 90°转弯时，应选择图中半径为 R_0 的圆弧外车道还是半径为 R_i 的圆弧内车道？

(2) 如图(b)，做 180°转弯时，又应选择图中的哪个车道？请作出必要的计算并据此得出结论. 为简化起见，可把赛车当作质点处理，且设赛车在刹车减速时四轮同时刹车，并假设赛车在加速过程和减速过程中加速度的绝对值相等，赛车在直道上高速行驶的速度 $v_1>\sqrt{\mu g R_0}$（空气阻力忽略不计）.

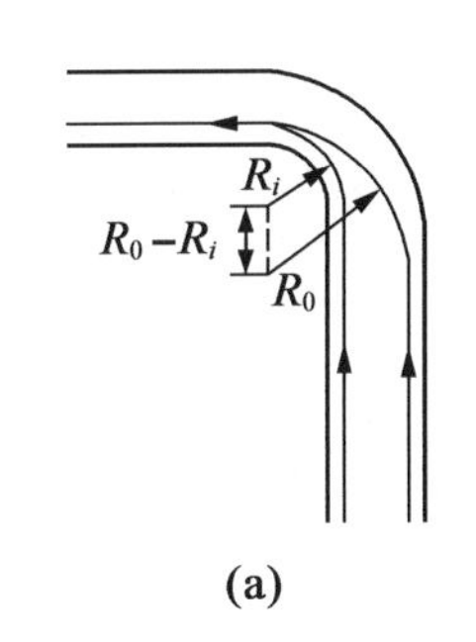

(a)

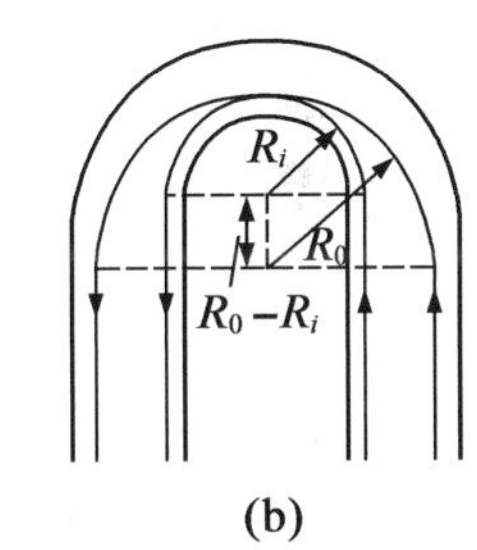

(b)

1.143 题图

1.144　一根不可伸长的细轻绳穿上一粒质量为 m 的珠子（视为质点），绳的下端固定在点 A 处，上端系在轻质小环上，小环可沿固定的水平细杆滑动，小环的质量及与细杆摩擦皆可忽略不计，已知绳与 A 在同一竖直平面内，如图所示. 开始时，珠子紧靠小环，细绳被拉直，已知绳长为 l，点 A 到杆的距离为 h，绳能承受的最大张力为 T_d，珠子下滑过程中到达最低点前绳子被拉断. 求细绳被拉断时珠子的位置和速度的大小（不计珠子与绳之间的摩擦）.

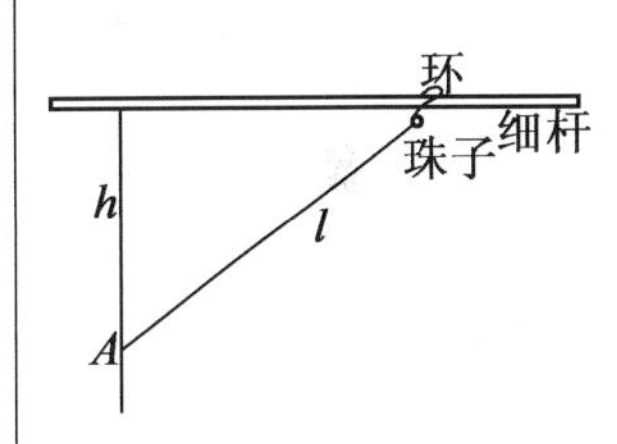

1.144 题图

1.4　万有引力

1.145　已知火星的半径是地球半径的一半，火星的质量是地球质量的$\frac{1}{10}$，如果地球上为 60 kg 的人到火星上去. 问：

(1) 在火星表面上此人的质量和重量各多大；

(2) 火星表面由于引力而产生的加速度多大；

(3) 设此人在地球上跳高为 1.6 m，他在火星上能跳多高；

(4) 这个人在地球上能举起质量为 60 kg 的物体，他在火星上用同样的力可举起质量为多少的物体；

(5) 此人在地球上可将手榴弹投 50 m 远，那么他在火星上用

心得 体会 拓广 疑问

相同的力和投射角可投多远；

(6)在火星表面发射一颗人造卫星，当卫星在离火星表面为3 200 km时环绕速度和运行周期多大.(地球半径取6 400 km，地球的质量取6×10^{24} kg)

1.146 如果将地球近似地看作一个各层均匀的球，则地球对物体的引力指向球心. 令 g_0 为不考虑地球自转的重力加速度，g 为考虑地球自转的重力加速度，R 为地球半径，ω 为地球自转的角速度，θ 为点 A 处的纬度，当$\frac{\omega^2R}{g_0}\ll1$ 时，试证：$g=g_0(1-\frac{\omega^2R}{2g_0})-\frac{1}{2}\omega^2R\cos 2\theta$.

1.147 试证：质量均匀、厚度均匀的球壳内一质点受到球壳的万有引力为零.

1.148 质量和粗细(截面积)都分布均匀的两个圆环在同一平面上相切，大、小圆环的半径分别为 R_1 和 R_2，大、小圆环的密度分别为ρ_1 和ρ_2，若在两环切点处放一质量为 m 的物体，它受大、小两圆环的万有引力的合力为零，试证明 $\frac{\rho_1}{\rho_2}=\frac{R_1}{R_2}$.

1.149 假如把某个物体从地球表面移动到地球中心去，那么，作用在物体上的引力跟地球中心离物体的距离之间的关系是怎样的？地球可以认为是一个圆球，并假定它的密度处处相同.

1.150 (1)三个质量均为 m 的质点 A,B,C 组成一边长为 a 的等边三角形，如图所示. 质点之间有万有引力的作用，为使此三角形保持不变，三个质点皆应以角速度 ω 绕通过它们的质心 O 并垂直于三角形平面的轴旋转. 试求此角速度的大小.(将结果用 m,a 以及万有引力常数 G 表示)

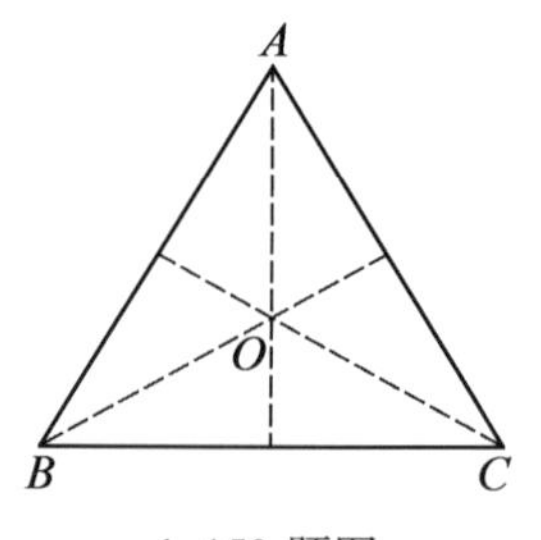

1.150 题图

(2)现将上述三个质量相同的质点换成质量分别为 $m_A,m_B,m_C(m_A\neq m_B\neq m_C)$的质点，如欲仍保持上述等边三角形不变，此时三个质点皆以角速度 ω'绕通过新的质心 O'并垂直于三角形平面的轴旋转，试求此角速度的大小.

1.151 我国第一颗人造地球卫星的近地点距离为 $h_1=439$(km)，远地点为 $h_2=238$(km)，卫星远行周期为 $T=114$(min)，地球半径为 $r=6\ 370$(km).

(1)求卫星运行轨道的离心率 e 以及在近地点、远地点的速度；

(2)假若此卫星原来是在距地面为 h_1 的高度处做圆周运动，

心得 体会 拓广 疑问

之后又改为做椭圆运动，试求原来做圆周运动的速度和周期.

1.152 1844 年，杰出的数学家和天文学家贝塞发现天狼星的运动偏离直线路径的最大角度 $\alpha=2.3''$，周期 $T=50$（年），且呈正弦曲线（与地球上观察者的运动无关），如图所示. 贝塞推测天狼星运动路线的弯曲是由于存在着一个较小的伴星（经过 18 年以后已通过直接观察所证实）. 如果天狼星自身的质量 $M=2.3M_{太}$（太阳质量），求它的伴星质量与 $M_{太}$ 之比. 已知从天狼星看地球轨道半径 R_0 的张角为 $\beta=0.376''$；可以把天狼星和它的伴星的轨道看作圆形，且轨道平面垂直于太阳系到天狼星的方向.

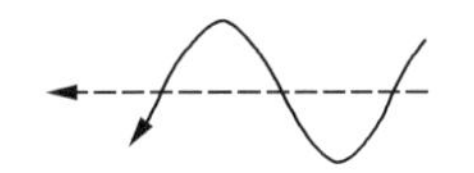
1.152 题图

1.153 经过用天文望远镜的长期观测，人们在宇宙中已经发现了许多双星系统，通过对它们的研究，使我们对宇宙中物质的存在形式和分布情况有了较深刻的认识. 双星系统由两个星体构成，其中每个星体的线度都远小于两星体之间的距离. 一般双星系统距离其他星体很远，可以当作孤立的系统处理.

现根据对某一双星系统的光度学测量确定，该双星系统中每个星体的质量都是 M，两者相距 l，它们正围绕两者连线的中点做圆周运动.

（1）该双星系统的运动周期 T_0；

（2）若实验上观测到的运动周期为 T，且 $\dfrac{T}{T_0}=\dfrac{1}{\sqrt{N}}(N>1)$，为了解释 T 和 T_0 的不同，目前有一种流行的理论认为，在宇宙中可能存在一种望远镜观测不到的暗物质，作为一种简化模型，我们假定在以这两个星体连线为直径的球体内均匀分布着这种暗物质，而不考虑其他暗物质的影响. 试根据这一模型和上述观测结果确定这种暗物质的密度.（不必考虑暗物质对星体运动的阻力）

1.5 非惯性参照系

1.154 一质量分布均匀的木杆长度为 l，用长为 d 的绳子系在车后，让车拖着它走. 车后绳子的系着点距地面的高度为 h，木杆下端放在水平路面上，如图所示，问车的加速度 a 为多大时，木杆下端有离地趋势？

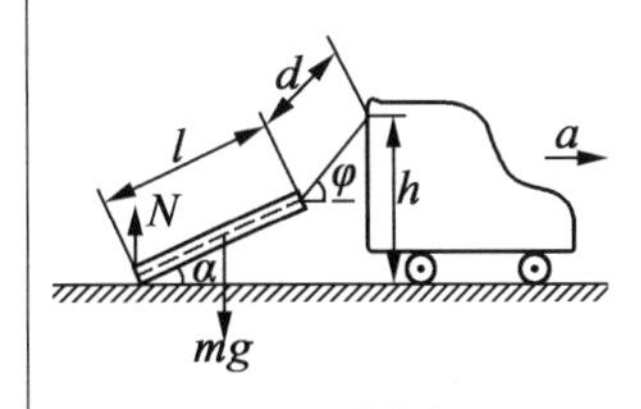

1.154 题图

1.155 如图所示，木柜宽为 $2l$，其重心高为 h，把木柜放在卡车上，卡车突然以加速度 a 启动，向前行驶，试求木柜在车上滑动或翻倒的条件.

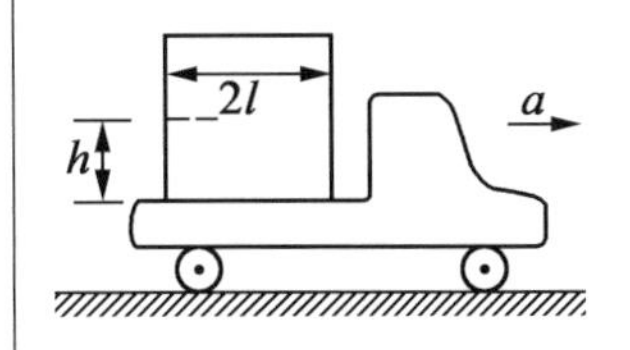

1.155 题图

心得 体会 拓广 疑问

1.156 如图所示,在一根不计质量的棒上固定了质量分别为 m_1 和 m_2 的两个小球,它们的间隔分别为 l_1 和 l_2,棒和垂直轴之间用活动的铰链联结. 如果轴以角速度 ω 转动,试求棒和竖直方向的夹角 θ.

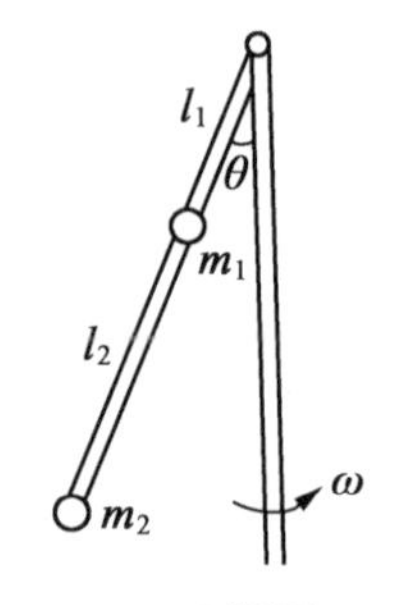

1.156 题图

1.157 将某一高速行驶的自行车紧急刹车,若自行车和人的总质量为 m,质心位置 C 离地面的高度为 h,离前、后轮的距离分别为 l_1 和 l_2,车轮与地面之间的摩擦系数为 μ,试求:

(1)对前、后轮同时刹车时,前、后轮所受的压力 N_1 和 N_2;

(2)只对前轮刹车时的刹车加速度和前、后轮所受的压力;

(3)只对后轮刹车时的刹车加速度和前、后轮所受的压力;

(4)为不使自行车向前翻倒时 h 和 l_1 之间的关系;

(5)在(1)的情况下,当 $N_1=N_2$ 时,μ 与 l_1,l_2,h 之间的关系.

1.158 如图所示,一个顶角为 $180°-2\alpha$ 的空心大圆锥体,底面向上倒置着,轴与地面垂直,锥体内表面的摩擦系数为 μ,若有一质量为 m 的小车以速度 v 在锥体内表面半径为 R 处做圆周运动,小车的质量中心的高度为 h,距两边车轮的距离都为 l,且 l,$h<R$. 若 $\mu<\tan\alpha$,求这时:

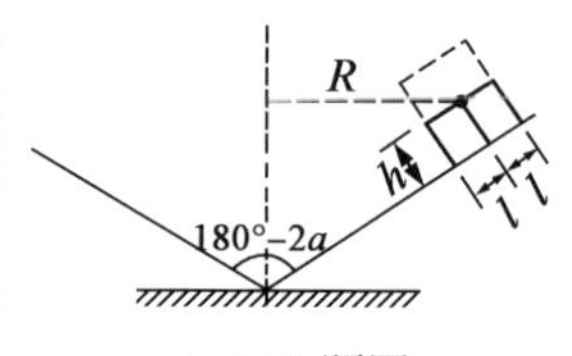

1.158 题图

(1)小车的最小速度 v;

(2)锥体内表面对小车两轮的支持力和摩擦力的大小;

(3)小车翻倒的条件.

1.159 在上题中,若 v 给定,且 $\mu<\tan\alpha$,$\dfrac{l}{h}>\tan\alpha$. 求这时:

(1)锥体内表面对小车两轮的支持力和摩擦力的大小;

(2)小车在锥体内表面做上、下滑动的条件及翻倒的条件.

1.6 功和能

1.160 在 1.124 题中,当 m 下滑到 h 高度时(h 为斜劈的高度),求:

(1)m 对 M 所做的功;

(2)当 m 刚刚下滑到平面上时,M 走了多远.

1.161 如图所示,绳的一端拴在滑轮正下方汽车的后挂钩上,另一端通过两个定滑轮拴在井里的重物上,重物的质量为 m,滑轮离车尾的高度为 l,汽车在点 A 由静止加速运动距离 l 处,至点 B 的速度为 v_B. 若绳子的伸长、绳子的质量及绳子与滑轮间的摩擦阻力均不计. 试求汽车由点 A 到点 B 的过程中,绳子拉力对重物所做的功.

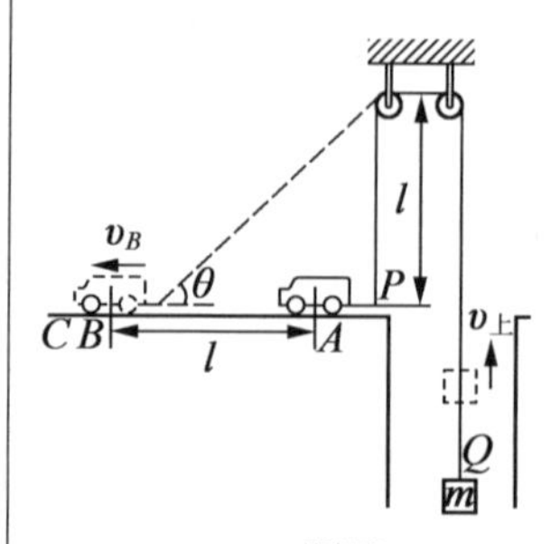

1.161 题图

1.162 求证:能将一质量为 m 的子弹射过一墙顶的最小能

心得 体会 拓广 疑问

量是$\frac{1}{2}mga\cdot\dfrac{1+\tan\frac{\theta}{2}}{1-\tan\frac{\theta}{2}}$,其中 a 为投射点到墙的距离,θ 为对墙顶的仰角.

1.163 如图所示,一轻质细绳绕过两个定滑轮 A 和 B,绳的两端各挂重量均为 G 的重物,在 AB 的中点 C 处挂一重为 Q 的圆球. 先用手托住圆球,使 AB 绳呈水平,然后突然放手,问圆球能下落的最大距离 h 为多少? 设 AB 间的距离为 $2l$,$Q<2G$(不计摩擦).

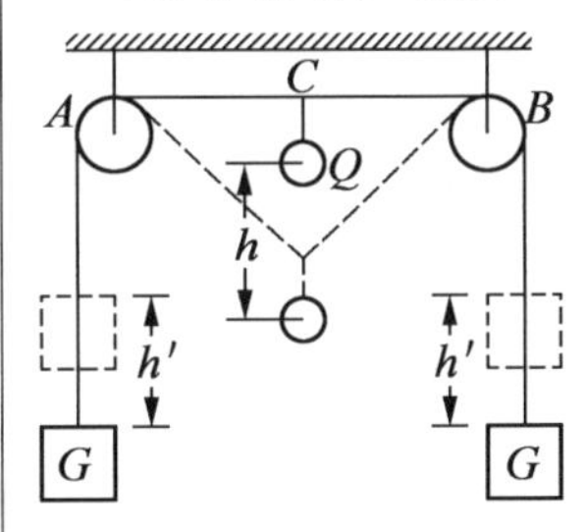

1.163 题图

1.164 倾角分别为 θ_1,θ_2 的两个固定斜面 A,B 相交于水平地面,相交处为一小的可忽略的圆弧. 小球 P 与 A,B 的摩擦系数分别为 μ_1,μ_2,且有 $\mu_1<\tan\theta_1$,$\mu_2<\tan\theta_2$,现将小球 P 置于 A 上方距水平面 h_1 处,而后自由下滑,如图所示. 试求小球 P 停止前通过的总路程 s.

1.165 如图所示,长为 l,质量为 m 的均质杆在水平面内以角速度 ω 绕通过杆端的竖直轴 O 转动,试求杆的动能.

1.166 如图所示,半径为 r 的半球形水池装满密度为 ρ 的水,问要将池内的水抽干至少要做多少功?

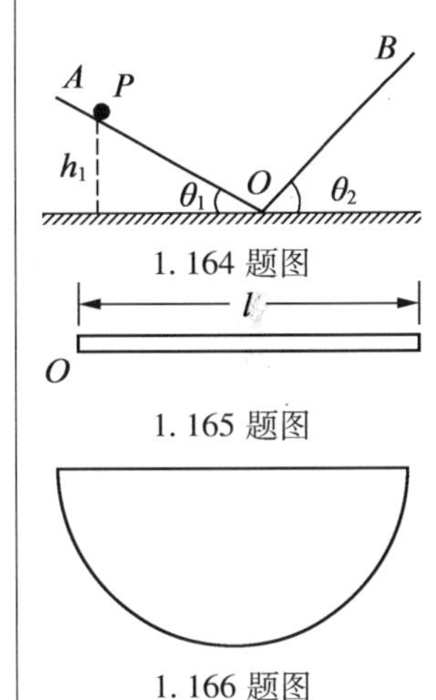

1.166 题图

1.167 用铁锤将一铁钉击入木板中,设木板对铁钉的阻力正比于铁钉进入木板的深度,且铁锤每次击铁钉时给予铁钉的能量均相等. 若第一次铁钉被击入的深度为 s,问第二次打击能把铁钉再击入多深?

1.168 一列质量为 M 的火车匀速地在水平轨道上行驶,质量为 m 的最后一节车厢因某种原因脱了钩,但司机在行驶了距离 l 后才发现并关闭动力. 若运动阻力是均匀的并正比于它的重量,机车的拉力是恒定的,问二者都静止时相距多远?

1.169 如图所示,有一根轻质的细棒长为 l,第一次在棒的末端挂上个质量为 $2m$ 的小球;第二次在棒的末端和中间各挂上一个质量为 m 的小球,棒可以在竖直平面上绕固定点 A 转动,问在两种情况中,要使棒摆到水平位置,需给棒末端 C 以多大的水平速度?

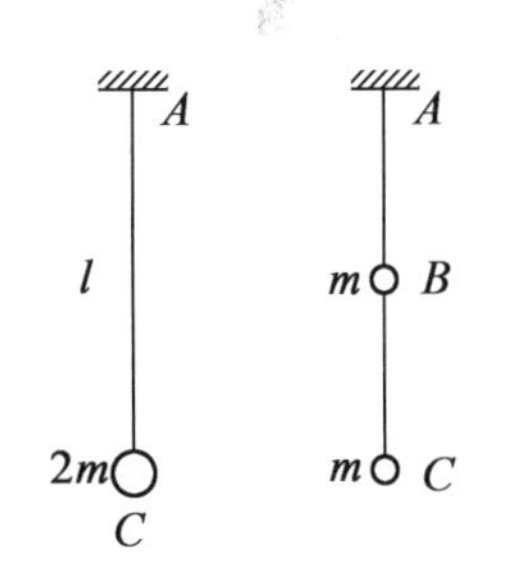

1.169 题图

1.170 如图所示,一个重锤的质量为 $M=2$(kg),落下时拉动一根绳,这绳子跨过一个定滑轮,绕在一个半径为 $r=0.5$(cm)的轴上,此轴上装有四根杆,每根杆上套着一个质量为 $m=0.1$(kg)的球子,球子离轴心的距离为 $R=10$(cm). 当重锤下落 $h=50$(cm)时,一端绕在轴上的绳就全部解开,若其他阻力和质量均不计. 试问:

(1)这时重锤的速度 v 是多少?

(2)球子的线速度 v_1 和角速度 ω 又各是多少?

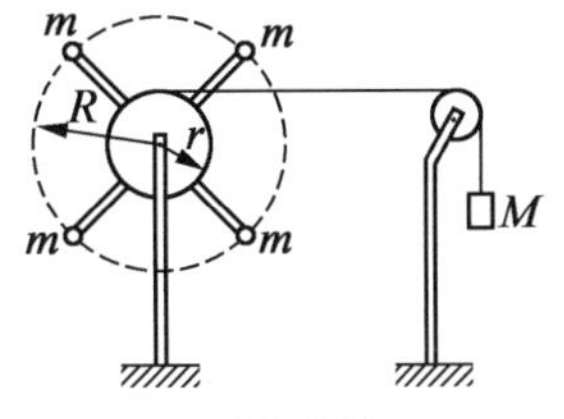

1.170 题图

1.171 如图所示,物体 M 的质量为 m,用线悬于固定点 O,线长为 l. 起始线与铅直线交成 α 角,重物初速度为零,在重物开始运动后,OM 碰到钉子 O_1. 已知钉子与重物运动的平面垂直. $OO_1=h$,OO_1 和铅垂线交角为 β. 问 α 角至少应多大方能使 OM 线碰到铁钉后绕过铁钉?(铁钉和物体的尺寸均忽略不计)并求线 OM 在碰到钉前一瞬间的张力的变化.

1.171 题图

1.172 如图所示,一根长为 l 的不可伸长的轻绳一端固定于点 O,另一端系一小球,将小球拉至水平状态后静止释放,当绳子摆至竖直位置时,绳被悬点正下方的一个小钉挡住,然后小球继续运动,并最后击中这个小钉. 问这个钉子应位于悬点下方多远处?

1.172 题图

1.173 如图所示,在圆柱形屋顶中心天花板上的点 O 处挂一根长为 $l=3(\mathrm{m})$ 的细绳,绳的下端挂一个质量为 $m=0.5(\mathrm{kg})$ 的小球. 已知绳子能承受的最大拉力为 $T=10(\mathrm{N})$,小球在水平面内做圆周运动,绳子断裂后,小球以速度 $v=9(\mathrm{m/s})$ 恰好落在墙脚边. 求这个圆柱形屋的高度 h 和半径 R(取 $g=10(\mathrm{m/s^2})$).

1.173 题图

1.174 如图所示,在固定于点 O 的一根长 $l=2h$ 的绳子上挂一个质量为 m 的小球,在点 O 的正下方 h 远处钉一个钉子 P. 把绳子拉到水平位置后放开,绳子在运动过程中碰到钉子 P 的时候,小球将怎样运动?小球通过平衡位置后所升到的最大高度是多少?

1.174 题图

1.175 一根长为 l 的轻质摆线上端固定于点 O,下端悬一小球,在点 O 下方与竖直线偏离 φ 角,且到点 O 距离为 a 处有一固定的钉子 A,如图所示. 现摆球在 OA 的竖直平面内拉离平衡位置使摆线与竖直线成 θ 角,然后由静止释放,当摆线与钉子 A 接触受阻后,摆球继续运动. 假设摆线被 A 阻挡后,A 与摆球间的摆线不

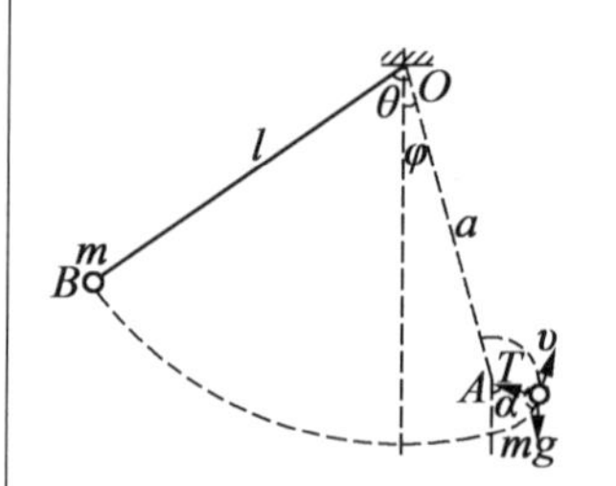

1.175 题图

心得 体会 拓广 疑问

弯曲，那么 θ 与 φ 间应满足什么关系？

1.176 小球沿如图所示的光滑弯曲轨道从静止滑下，轨道的圆环部分有一个对称于通过环体中心的竖直线的缺口 AB. 已知圆环的半径为 R，缺口的圆心角 $\angle AOB = 2\alpha$. 问：为使小球飞过缺口并重新回到圆环，小球无摩擦滑下的高度 h 为多少？小球在环轨缺口处的轨迹怎样？α 为多少时，h 有最小值？

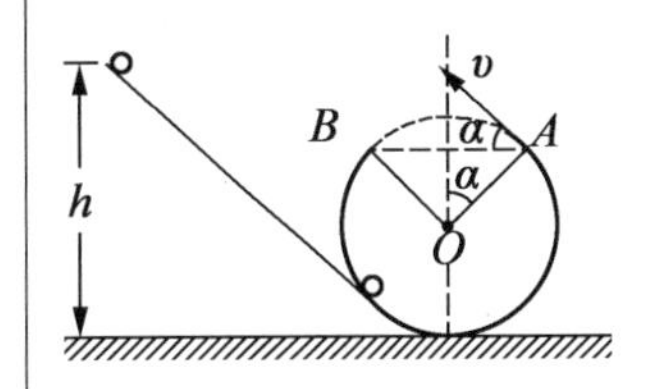

1.176 题图

1.177 如图所示，一个物体从半径为 R 的半球顶端滑下，若不计摩擦，试问物体离开顶点高度 h 为多大时，物体离开球面？物体离开球面后做什么运动？

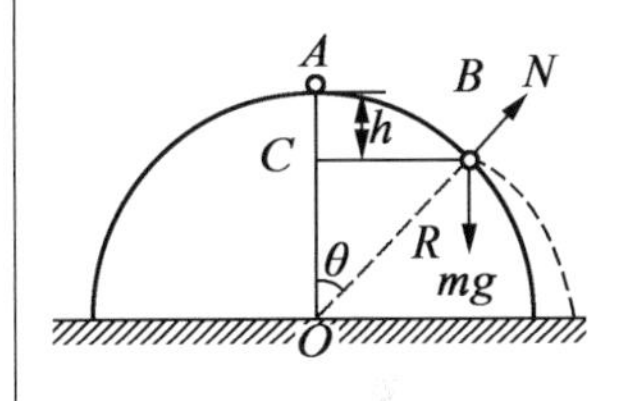

1.177 题图

1.178 质量很大的车厢以速度 v_0 匀速向右行驶，车厢内固定一个半径为 R 的光滑半圆柱面，半圆柱面顶部静止放置一个质量为 m 的小物块，如图所示. 试求在小物块下滑的过程中，圆柱面支持力对它所做的功.

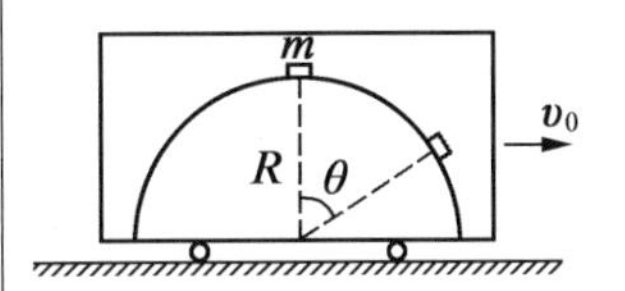

1.178 题图

1.179 如图所示，一个小物体处在半径为 R 的半球形圆拱上，若不计摩擦，问需给物体多大的初速度 v，才能使它落入拱顶的小孔内？

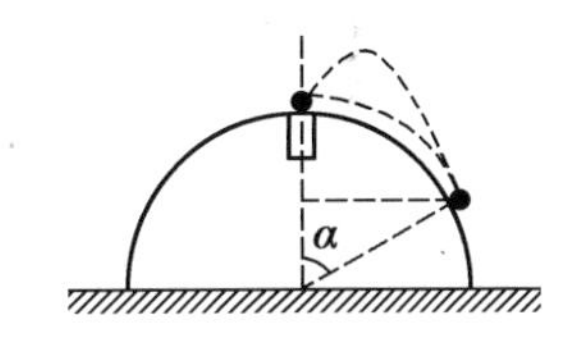

1.179 题图

1.180 有一长为 l，质量为 m 的铁链，质量是均匀分布的，开始时长为 x_0 的一段垂在桌面下，用手拉住 A 端使整个铁链静止不动，如所示，然后放手让它滑下. 如果在铁链两端各拴上一个质量为 M，直径极小的小球，再重复上述的做法. 问在上述两种情况下：

(1) 在铁链上端离开桌面时，其下落的速度哪个大；

(2) 链条滑动的加速度哪个大；

(3) 在第一种情况下，若铁链的 A 端刚好离开桌面时，经过 t s，铁链的 B 端刚好着地，试求桌面离地面的高度 h（摩擦阻力均不计）.

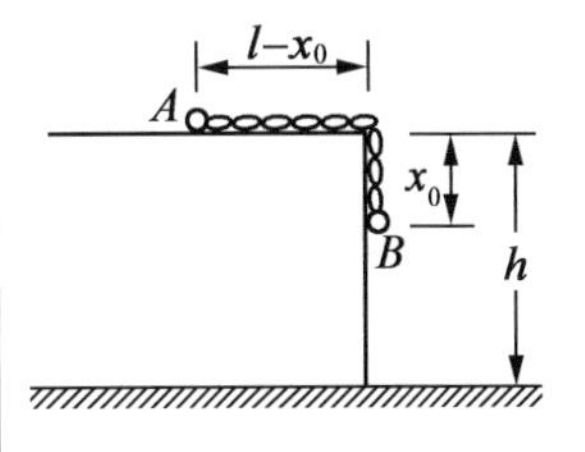

1.180 题图

1.181 在一个光滑的水平面上放有两个质量为 M 的正方体木块，在两木块之间放一个顶角为 2α，质量为 m 的等腰楔子，如图所示. 试求木块 M 的加速度（m 与 M 间的摩擦力不计）.

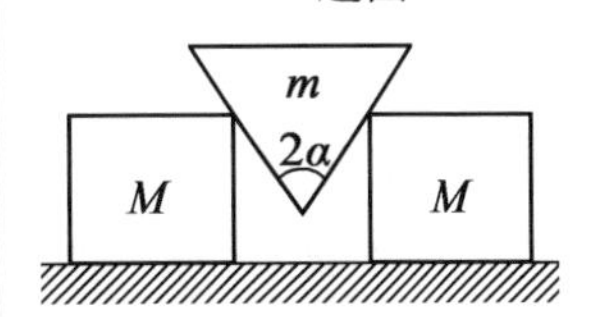

1.181 题图

心得 体会 拓广 疑问

1.182 如图所示，用弹簧把两块质量分别为 m_1 和 m_2 的板连起来，并竖直放置于地面上. 问在 m_1 上至少要加多大的竖直向下的力 F，才能使撤去力 F 后，上面的板 m_1 弹起后把下面的板 m_2 稍稍提起？（弹簧的质量不计）

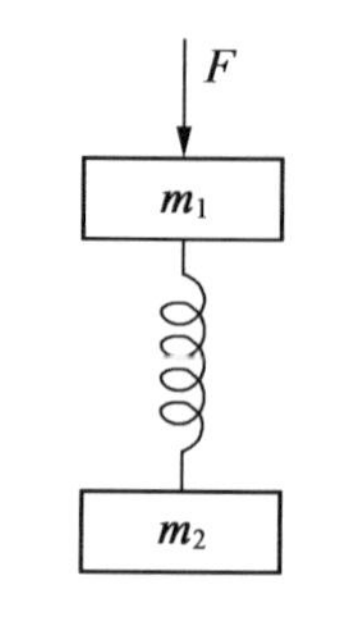

1.182 题图

1.183 如图所示，在倾角为 θ 的坡面上用长为 l 的细线系住一个质量为 m 的物体，用钉子将线的另一端固定在斜坡的上边 MN 的中央. 将物体从最高点 A 由静止释放，物体将沿斜坡滑下，在线拉力的作用下做圆弧运动，开始时速度很大，然后速度减小，最后停止在点 B 处，这时细线扫过的夹角为 φ，求物体与斜坡之间的动摩擦系数 μ.

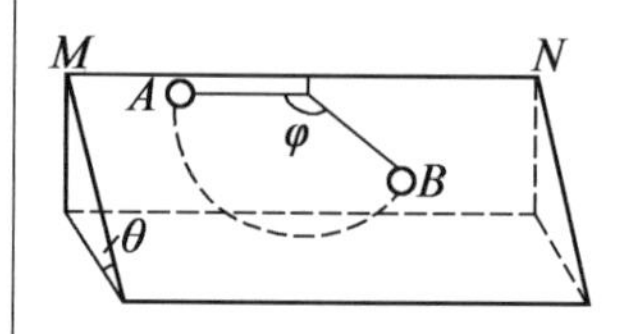

1.183 题图

1.184 平面 α 与水平面成夹角 φ，两平面交线为 AB，在平面 α 上有一个以 AB 为底，以 R 为半径的固定光滑半圆环，设环的一端 A 处有一小球以初速度 v_0 沿着环的内侧运动，如图所示. 若小球与环光滑接触，小球与平面 α 之间的动摩擦系数为 μ，试求能使小球在环的最高处继续沿着环内侧运动的速度 v_0 的取值范围.

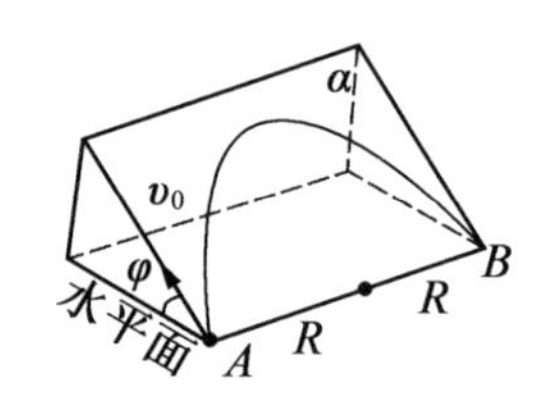

1.184 题图

1.185 在一个与水平方向成 φ 角的光滑斜面上，固定一个半径为 R 的光滑圆环，圆心为 O，AB 为直径，小球从 A 处沿切线方向射入并在环内运动，如图所示. 小球最后落在点 O，求在点 A 时的入射速度 v_0.

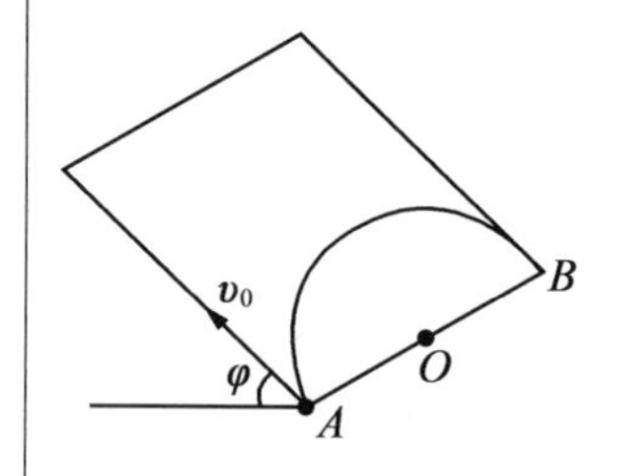

1.185 题图

1.186 在光滑水平面上放一质量为 m_1，高为 a 的长方体木块，长为 $l>a$ 的光滑轻杆斜靠在木块右上侧棱上，轻杆上端固定一个质量为 m_2 的小重物，下端点 O 用光滑小铰链连在地面上，通过铰链轻杆可自由转动. 开始时系统静止，而后轻杆连同小重物一起绕点 O 开始转动并将木块推向左方运动，如图所示. 试问木块是否会在未遇到小重物前便离开轻杆？为什么？

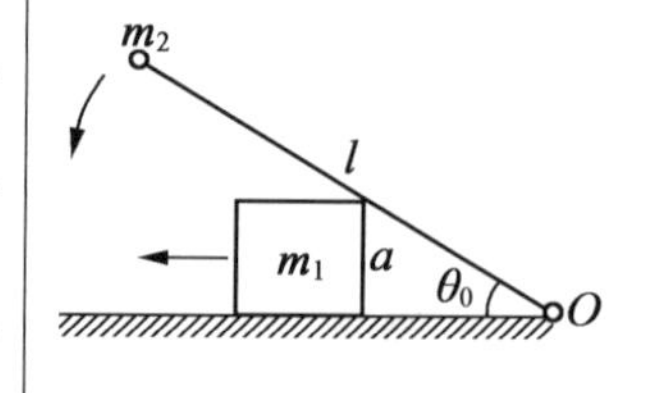

1.186 题图

心得 体会 拓广 疑问

1.187 如图所示,不计质量的轻杆的两端联结两小球 A,B,$OA=r$,$OB=2r$,A,B 两球质量均为 m,O 为固定转动轴. 自水平位置起放手,当杆转至竖直位置时,轴 O 受到的作用力是多大?

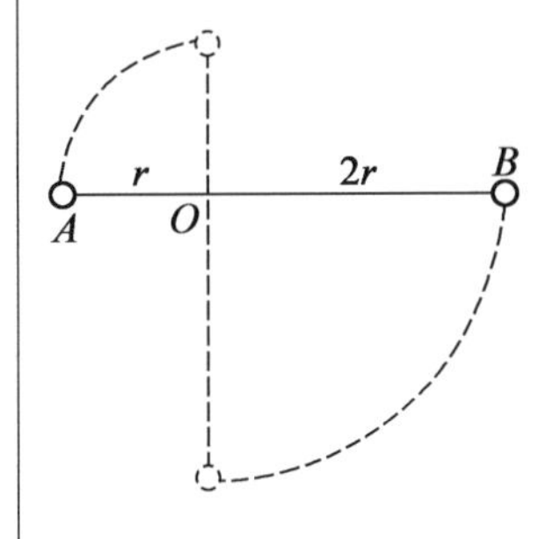

1.187 题图

1.188 如图所示,质量分别为 m 和 M 的两滑块($M>m$),通过一轻绳跨接在水平放置的半径为 R 的光滑圆柱体水平直径的两端. 当滑块 m 滑到圆柱面的顶端时,它对圆柱面的压力是多少?

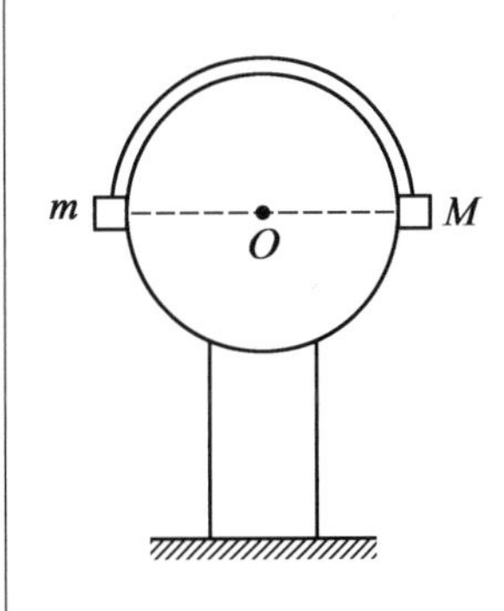

1.188 题图

1.189 质量为 m 的小车以恒定的速度 v 沿半径为 R 的竖直圆环轨道运动,已知动摩擦系数为 μ,试求小车从轨道最低点运动到最高点过程中摩擦力所做的功.

1.190 使半径为 R 的薄壁圆筒迅速旋转到角速度为 ω_0,然后把它放在倾角均为 45°的两斜面之间,如图所示,两斜面的动摩擦系数 μ 与滑动速度无关. 已知圆筒减速过程中其轴保持静止不动,求至转动停止时,圆筒转过的圈数.

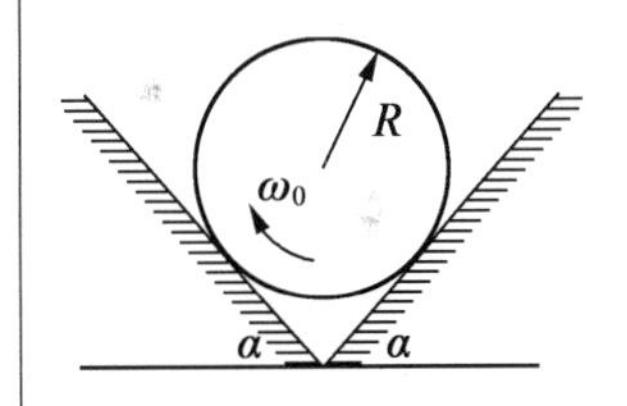

1.190 题图

1.191 如图所示,有两个质量分别为 m_1 和 m_2 的薄壁圆筒. 半径为 R 的圆筒绕其轴以角速度 ω 转动,而另一个圆筒静止,使两圆筒相接触并且它们的转轴平行,过一会儿,由于摩擦,两圆筒开始做无滑动的转动,问有多少机械能转换成内能?

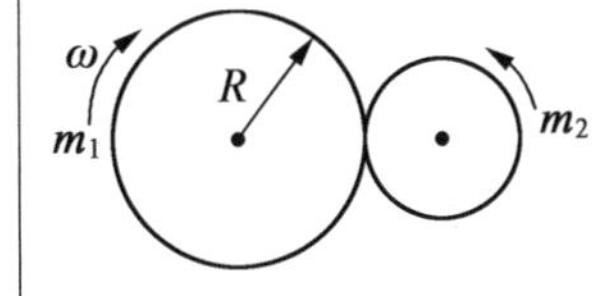

1.191 题图

1.192 如图所示,厚度不计的圆环套在粗细均匀、长度为 l 的棒的上端,两者的质量均为 m,圆环与棒间的最大静摩擦力等于滑动摩擦力,大小等于 $kmg(k>1)$. 棒能沿光滑的竖直细杆 AB 上、下滑动,棒与地碰撞时触地时间很短,且无动能损失. 设棒从其下端距地高度为 h 处由静止自由下落,与地经 n 次碰撞后圆环从棒上脱落.

(1) 分析说明在第二次碰地以前的过程中,环与棒的运动情况,并求出棒与环刚达到相对静止时,棒下端的距地高度.

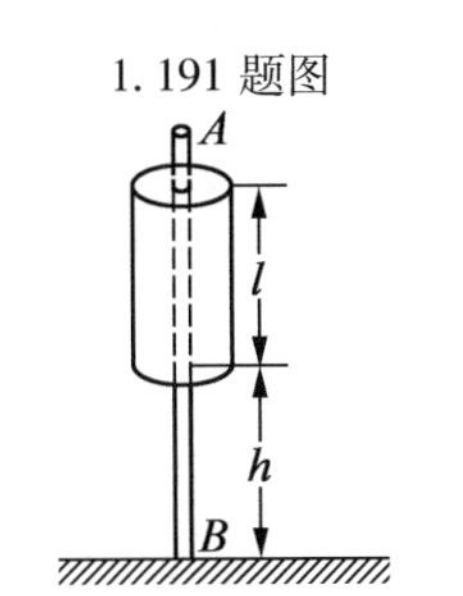

1.192 题图

心得 体会 拓广 疑问

(2)求出 n,k,l,h 之间应满足的关系.

1.193 劲度系数为 k 的水平轻质弹簧,左端固定,右端系一质量为 m 的物体.物体可以在有摩擦的桌面上滑动,如图所示.弹簧为原长时物体位于点 O,现在把物体沿弹簧长度方向向右拉到距离点 O 为 A_0 的点 P 按住,放手后弹簧把物体拉动.设物体第二次经过点 O 前,在点 O 左方停止.计算中可以认为动摩擦系数与静摩擦系数相等.

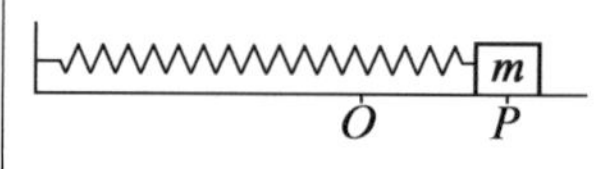

1.193 题图

(1)讨论物体与桌面间的摩擦系数 μ 的范围;

(2)求出物体停止点离点 O 距离的最大值,并回答:这是不是物体在运动过程中所能达到左方的最远点?为什么?

1.194 如图所示的曲柄连杆机械中,设曲柄端 A 上所受的竖直力为 Q,由活塞 D 上所受的水平力 P 维持平衡,图中 α,β 为已知.试用微元法求 P 与 Q 的比值.

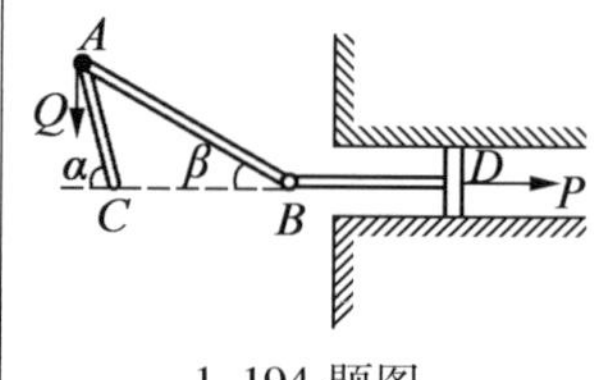

1.194 题图

1.195 质量为 M 的圆环竖直地立在地面上,两个相同的,质量为 m 的小串珠在大圆环的顶部,不计摩擦,若两小珠同时由静止开始滑下,如图所示.问圆环的质量和小珠的质量有什么关系时,圆环才可能从地面上跳起?求出圆环跳起时小珠的位置.

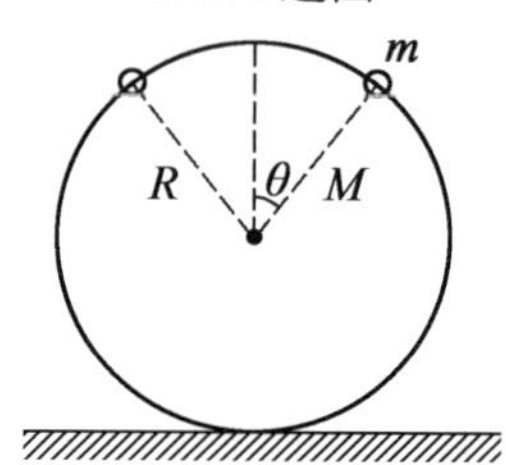

1.195 题图

1.196 假定地球是一个均匀的圆球,其上覆盖着海水.当地球以角速度 ω 自转时,海面将呈扁球形.试求海水在两极与赤道处深度差的表达式.假定忽略海水自身的引力,且海水的深度远小于地球的半径.

1.197 长 $2l$ 的轻质细线系住两个相同且表面光滑的小钢球,放在光滑的地板上,在线中央作用水平恒力 F,如图所示.求:

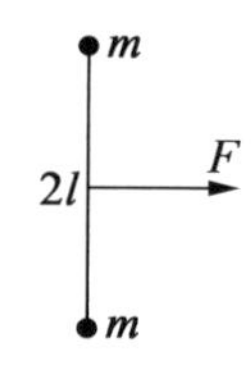

1.197 题图

(1)钢球第一次相碰时,在与 F 垂直的方向上钢球对地的速度;

(2)经若干次碰撞后,最后两球一直处于接触状态下运动,那么因碰撞而失去的总能量是多少.

1.198 三个半径同为 R,质量同为 m 的匀质光滑小球放在光滑的水平桌面上,用一根不可伸长的均匀橡皮筋把它们约束起来,如图所示.将一个半径也为 R,质量为 $3m$ 的匀质光滑小球放在上述3个小球中间的正上方,因受橡皮筋约束,下面3个小球并未分离.试求:

(1)放置上面的小球后,橡皮筋张力的增量 ΔT.

(2)将橡皮筋剪断后,上面的小球碰到桌面时的速度 v.

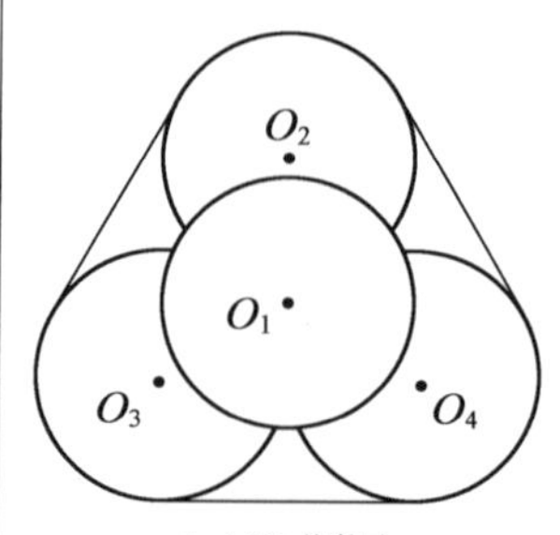

1.198 题图

1.199 质量为 m 的人造卫星绕半径为 r_0 的圆轨道飞行,地球质量为 M.

(1)试求卫星的总机械能 E.

(2)若卫星运动过程中受到微弱的摩擦阻力 f(常量),则将缓慢地沿一螺旋形轨道接近地球.因 f 很小,轨道半径变化非常缓慢，每周的旋转均可近似处理成半径为 r 的圆轨道运动，但 r 将逐周缩短. 试求在 r 轨道上旋转一周，r 的改变量 Δr 及卫星动能 E_k 的改变量 ΔE_k.

1.200　行星绕太阳做椭圆运动，已知轨道长半轴为 A，短半轴为 B，太阳质量记为 M.

(1) 试求行星在椭圆各顶点处的速度大小及各顶点处的曲率半径.

(2) 导出开普勒第三定律.

1.201　要发射一颗人造地球卫星，使它在半径为 r_2 的预定轨道上绕地球做匀速圆周运动，为此先将卫星发射到半径为 r_1 的近地暂行轨道上绕地球做匀速圆周运动，如图所示. 在点 A，实际上使卫星速度增加，从而使卫星进入一个椭圆的转移轨道上，当卫星到达转移轨道的远地点 B 时，再次改变卫星速度，使它进入预定轨道运行，试求卫星从点 A 到达点 B 所需的时间. 设万有引力的恒量为 G，地球质量为 M.

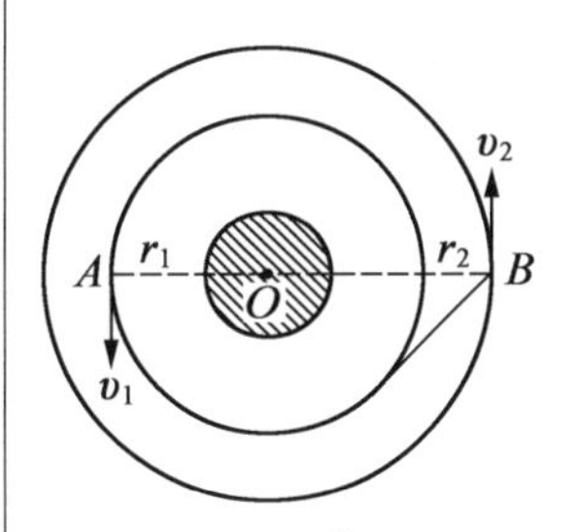

1.201 题图

1.202　宇宙飞船在距火星表面 H 高度处做匀速圆周运动，火星半径为 R，今设飞船在极短时间内向外侧喷气，使飞船获得一径向速度，其大小为原速度的 α 倍，因 α 很小，所以飞船新轨道不会与火星表面交会，如图所示，飞船喷气质量可忽略不计.

(1) 试求飞船新轨道的近火星点的高度 $h_{近}$ 和远火星点高度 $h_{远}$；

(2) 设飞船原来的运动速度为 v_0，试计算新轨道的运行周期 T.

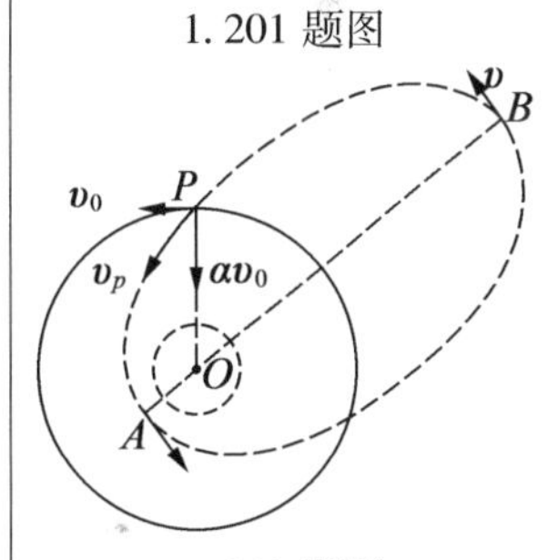

1.202 题图

1.203　设太阳固定不动，略去太阳系中其他星体间的相互作用，那么每颗小星体的轨道或为椭圆（包括圆），或为抛物线，或为双曲线，且太阳为这三种曲线中的一个焦点，小星体在距太阳某处的总机械能 E 由它在该处的引力势能和动能相加而成，且 E 为一守恒量. 已知 $E>0$，$E=0$，$E<0$ 中的每一种情况各对应椭圆、抛物线、双曲线中相应的一种轨道，反之一种轨道也只对应一种能量. 现请分析判定具体的对应关系.

1.204　从地球表面向火星发射火星探测器，设地球和火星都在同一平面上绕太阳做圆周运动，火星轨道半径 R_m 为地球轨道半径 R_0 的 1.500 倍. 简单而又比较节省能量的发射过程可分为两步进行：第一步，在地球表面用火箭对探测器进行加速，使之获得足够的动能，从而脱离地球引力作用成为一个沿地球轨道运行的人造卫星. 第二步是在适当时刻点燃与探测器连在一起的火箭发动机，在短时间内对探测器沿原方向加速，使其速度数值增加到适当值，从而使得探测器沿着一个与地球轨道及火星轨道分别在长轴两端相切的半个椭圆轨道正好射到火星上，如图(a)所示.

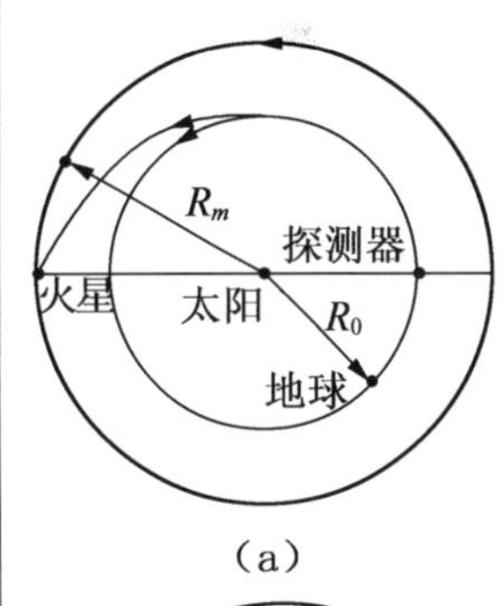

(a)

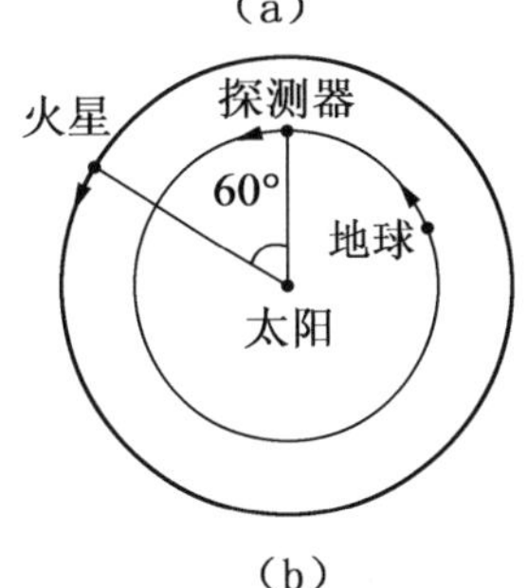

(b)

1.204 题图

(1)为使探测器成为沿地球轨道运行的人造卫星,必须加速探测器,应使之在地面附近获得多大的速度(相对于地球)?

(2)当探测器脱离地球并沿着地球公转轨道稳定运行后,在某年3月1日零时测得探测器与火星之间的角距离为60°,如图(b)所示.问应在何年何月何日点燃探测器上的火箭发动机方能使探测器恰好落在火星表面?(时间计算仅需精确到日)已知地球半径为$R_e=6.4\times10^6$(m),重力加速度可取$g=9.8$(m/s²).

1.7 动 量

1.205 质量为M的气球上有一质量为m的人,气球和人共同静止在离地面高为h的静止空气中.如果从气球上放下一架不计质量的软梯,以便让人能沿软梯安全地下降到地面.试问该软梯至少应为多长?

1.206 甲、乙两船在静水中依惯性相向而行,其质量分别为$M_1=500$(kg),$M_2=1\,000$(kg),当它们面面相对时,由每一只船上各交换$m=50$(kg)的麻袋到对面一只船上,结果使甲船停下来,而乙船以8.5 m/s的速度向原方向航行.问:

(1)在交换麻袋前两船的速度各是多少?

(2)在交换麻袋前两船的能量和与交换麻袋后两船的能量和是否有变化?试解释其道理(不计水的阻力).

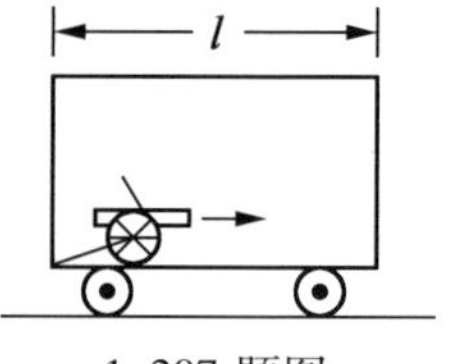

1.207 题图

1.207 如图所示,一尊炮及其备用炮弹装在一节封闭的车厢中,炮向右发射炮弹而车厢向左反冲,炮弹打在右端壁上后就沿壁向下滑落到车厢的地板上.试证明:不论怎样发射炮弹,车厢移动的距离都不能大于其自身的长度l.假设车厢由静止开始反冲.

1.208 假定左尔夫斯基的火箭飞船的喷气发动机每次喷出质量为$m=0.2$(kg)的气体,气体离开发动机喷气孔的速度为$v=1\,000$(m/s).而火箭的最初的质量为$M=300$(kg),最初的速度为零.若不计空气阻力,问:

(1)当第3批气体和第N批气体喷出后,火箭飞船的水平飞行速度各是多?

(2)假定发动机每秒钟内爆发20次,那么在运动的第4 s末火箭飞船的速度是多大?

1.209 一个具有迎面截面积$S=50$(m²)和速度$v=10$(km/s)的宇宙飞船,在航行中,与微流星的云状物发生碰撞,平均1 m³的空间内有一个微流星,每一个微流星的质量为$M=0.02$(g).为了使飞船的速度不发生变化,此时其发动机的牵引力F应增加多少?假定微流星与飞船的碰撞是完全弹性的.

1.210 一位宇航员连同身上必备的附属设备的总质量为M,

在相对于飞船 d 处保持相对静止. 它的贮气桶内装有质量为 m_0 的氧气($m_0 \ll M$),桶上装备一个喷嘴可使气体以平均速度 v_0 做一次性高速喷射,它必须放出氧气依靠反冲以推进返回飞船,还要用氧气来维持呼吸. 设宇航员呼吸氧气的速度为 v_1.

(1)宇航员一次性放出氧气的质量为 m,问宇航员将得到多大的速度 v? 需多长时间 t_1 才能使他到达宇宙飞船?

(2)剩下的氧气可供他维持呼吸的时间 t_2 为多少?

(3)若宇航员能够成功地返回宇宙飞船,他的呼吸时间与返回时间必须满足 $t_2 \geqslant t_1$,问 m 应满足什么条件?

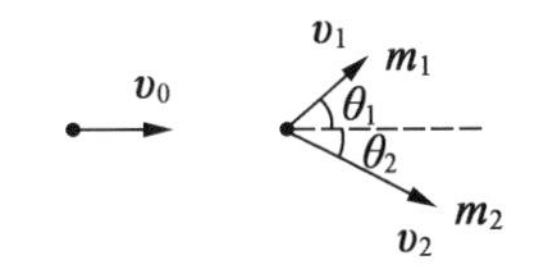

1.211 题图

1.211 质量为 m_1,速度为 v_0 的质点,与质量为 m_2 的静止质点做弹性碰撞,碰撞后 m_1 和 m_2 的运动方向与 v_0 方向形成的角分别为 θ_1 和 θ_2(如图所示),试证明:$\tan\theta_1 = \dfrac{\sin 2\theta_2}{\dfrac{m_1}{m_2} - \cos 2\theta_2}$.

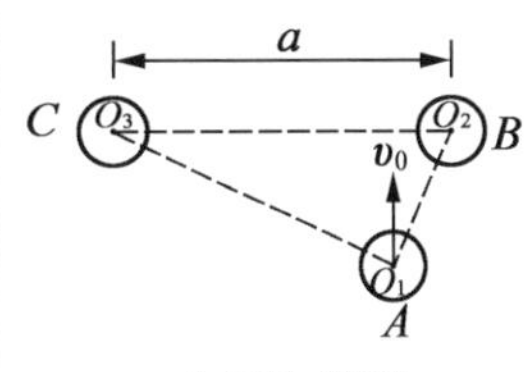

1.212 题图

1.212 三个完全相同的弹性光滑球,质量均为 m,半径均为 R. 放在同一光滑水平桌面上,BC 两球心间距离 $O_2O_3 = a$,A 球以速度 v_0 先与 B 球做弹性斜碰,然后又恰与 C 球做弹性正碰. 若 v_0 的方向垂直于 O_2O_3 的连线,且在 A 与 B 碰撞瞬时 O_1O_2 与 O_1O_3 垂直,求 C 球在碰撞后的速度,如图所示.

1.213 如图所示,打桩机锤头质量为 m ,在离桩高 h 处自由下落,打在质量为 M 的木桩上并随木桩一起运动,最后木桩深入泥土的深度为 s,试求泥土对木桩的平均阻力 F.

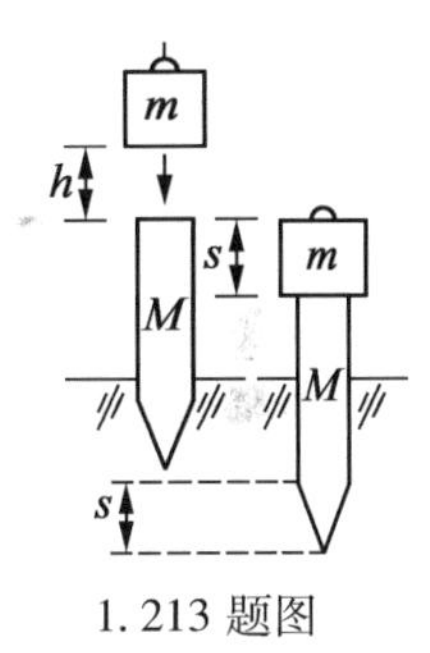

1.213 题图

1.214 用质量为 M 的铁锤沿水平方向将质量为 m,长为 l 的铁钉敲入木板,铁锤每次以相同的速度 v_0 击打,随即与铁钉一起运动并使钉进入木板一定距离. 在每次受击进入木板的过程中,钉所受的平均阻力为前一次受击进入木板过程中所受平均阻力的 k $(k>1)$倍. 求:

(1)若敲击三次后钉恰好全部进入木板,求第一次进入木板的过程中钉所受到的平均阻力;

(2)若第一次敲击使钉进入木板深度为 l_1,问至少敲击多少次才能将钉全部敲入木板? 并讨论要将钉全部敲入木板 l_1 必须满足的条件.

1.215 一个半径为 R,质量为 M 的半球形的光滑碗,放在水平光滑的地面上,如图所示. 在碗边上让一个质量为 m 的小滑块在碗内做往复运动. 求碗对地面正压力的最大值和最小值.

1.216 如图所示,跨过轻质定滑轮的绳子两端分别连着质量为 m 和 M 的物体,M 略大于 m,物体 M 静止在地面上,物体 m 停在距地面高 h_0 处,将物体 m 从原高度再用手举高 h_0,放手后物体 m 自由下落. 试就物体 m 碰地面与不碰地面两种情况,分别求出

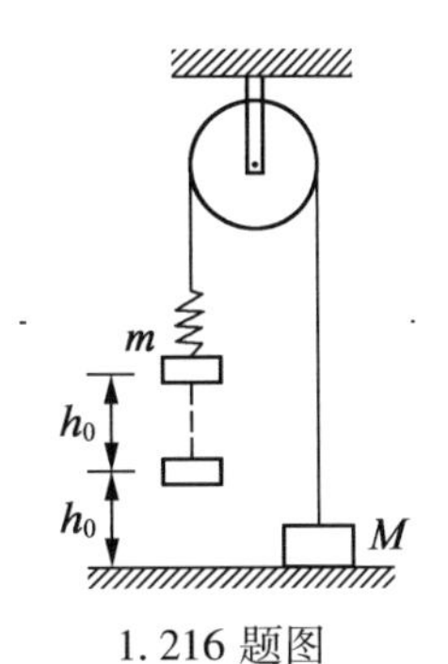

1.216 题图

物体 M 所能达到的最大高度 H(绳子、滑轮的质量、滑轮上的摩擦力、空气阻力及绳子的伸长均忽略不计).

1.217 A,B 两个物体的质量分别为 $m_A=5(\text{kg})$,$m_B=2(\text{kg})$,用细绳跨过滑轮联结,如图所示.绳中穿过一质量为 $m=1(\text{kg})$ 的滑块 C,已知物体 A 与桌面间的摩擦系数为 $\mu=0.2$,滑块与绳子间的摩擦力为 $f=4(\text{N})$,$h_1=2(\text{m})$,$h_2=4.75(\text{m})$,系统由图示位置开始运动.求物体 B 到达地面所需的时间(滑块 C 与物体 B 的碰撞为完全弹性的,并取 $g=10(\text{m/s}^2)$).

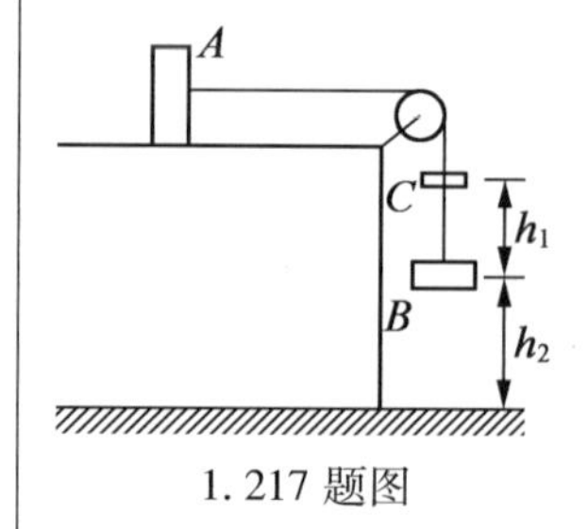

1.217 题图

1.218 如图所示,在水平桌面上放一个质量为 M,截面为直角三角形的物体 ABC,AB 与 AC 间的夹角为 θ,点 B 到桌面的高度为 h,在斜面 AB 上的底部 A 处放一个质量为 m 的小物体,开始时两者皆静止.现给小物体以沿斜面 AB 方向向上的初速度 v_0.如果小物体与斜面间以及 ABC 与水平桌面间的摩擦都不计,试求:为使小物体能滑出点 B,v_0 的最小值.

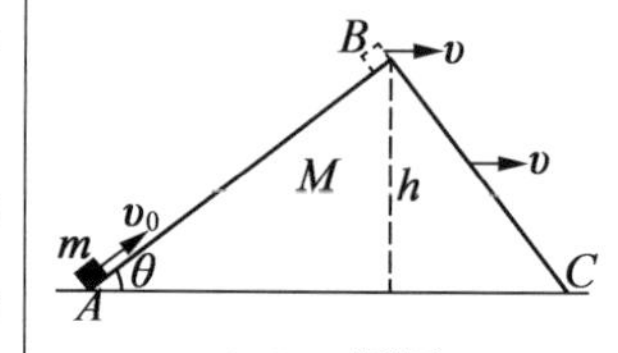

1.218 题图

1.219 如图所示,质量为 M,半径为 R 的光滑半球放在光滑的水平面上,质量为 m 的质点沿半球表面下滑,若质点的初始位置与铅垂线成 α 角,且是由静止开始下滑到此角度变为 θ 时($\theta>\alpha$),求:

(1)质点在这时绕球心 O 的角速度 ω 为多少?

(2)半球和质点在水平方向上的位移各为多少?

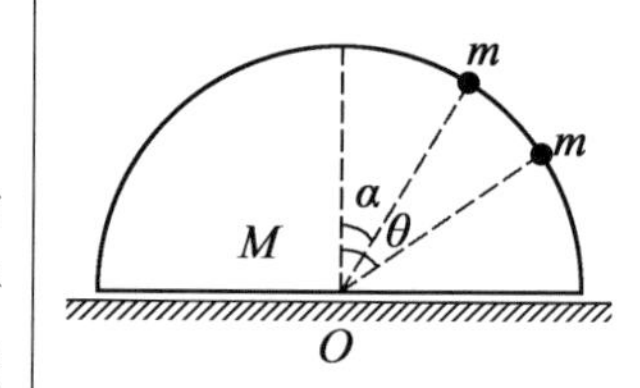

1.219 题图

1.220 如图所示,行车轨道上车的质量为 M_2,它下面用长为 l 的细绳系一个质量为 M_1 的砂袋.今有一质量为 m,速度为 v 的子弹水平射入砂袋内而未穿出,并和砂袋一起摆过角度 α.若不计摩擦和绳子的质量,试求 v 的大小.

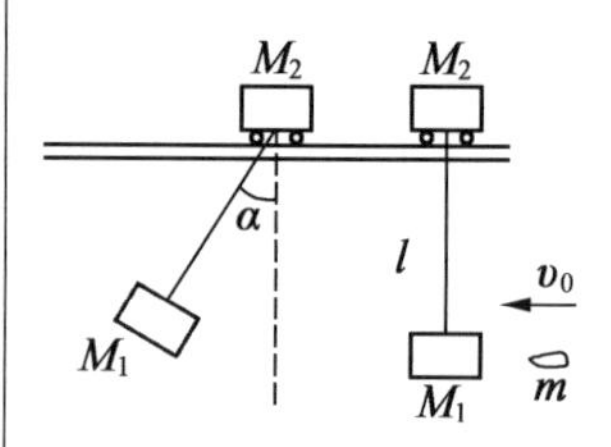

1.220 题图

1.221 有一个小孩,倚着木桩以速度 $v_1=5(\text{m/s})$ 水平抛出一块石头,石头和小孩的质量分别为 $m=1(\text{kg})$,$M=49(\text{kg})$.

(1)假如小孩穿着冰鞋站在光滑的冰面上,用原来那样大的力抛出石头,那么他能给石头多大的速度 v_2?

(2)在这两种情形中,小孩所发出的功率是否相同?

(3)第二种情形中,石头对小孩的速度 v 为多大?

1.222 如图所示,某人在地面上立定跳高,可使重心升高 H,现在让他和另一个质量相同的人分别站在轻质、轴处无摩擦的滑轮两边的秤盘中,盘的质量为 M,人的质量为 m.求原立定跳高者在盘中若同样起跳,重心将能升高多少?

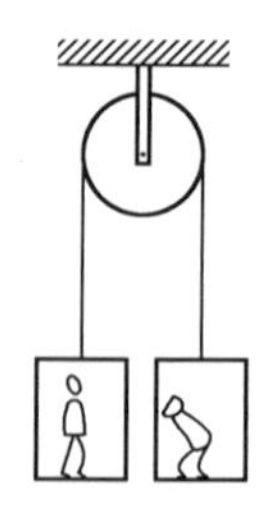
1.222 题图

1.223 一只质量为 m 的青蛙,站在长为 l,质量为 M 的木板 AB 的一端点 A 处,木板静止在平静的水面上.若不计木板和水之间的运动阻力,为使青蛙能跳到木板的另一端点 B 处,试求青蛙的最小起跳速度 $v_{0\min}$.

1.224 一质量为 M 的人,手上拿着一个质量为 m 的物体,此人以与地平线成 α 角的速度 v_0 向前跳出.当他到达最高点时,将物体以相对于人的速度 u 水平向后抛出. 问由于物体的抛出,人跳出的水平距离增加了多少?

1.225 从炮口以速度 v_0 并与水平成 α 角射出的炮弹,在轨迹的最高点爆炸成大小相等的两块碎片,爆炸以后,两块碎片速度是水平的且在一个轨道平面内飞行. 如果其中一块碎片落在离炮筒水平距离为 s 处,第二块碎片落得远一些,试求第二块碎片落地离炮筒的水平距离 L(空气阻力忽略不计).

1.226 炮弹沿抛物线飞行,并在轨道的最高点爆炸成大小相等的两块碎片. 第一块碎片竖直落下,第二块碎片落在离爆炸点水平距离为 s 处,已知爆炸点的高度为 h,第一块碎片竖直下落的时间是 t_0,求炮弹爆炸前的速度(空气阻力忽略不计).

1.227 一炮弹射出时的水平分速度及竖直分速度分别为 v_1 和 v_2. 当炮弹到达最高点时,其内部的炸药产生能量 E,使炮弹分成质量各为 m_1 和 m_2 的两部分. 假定分裂时,两者仍按原方向飞行,试求它们落地时相隔的距离 s(空气阻力忽略不计).

1.228 在光滑的水平轨道上有两个半径都是 r 的小球 A 和 B,质量分别为 m 和 $2m$,当两球心间的距离大于 $l(l\gg 2r)$ 时,两球之间无作用力;当两球心间的距离等于或小于 l 时,两球之间存在相互作用的恒定斥力 F. 设 A 球从远离 B 球处以速度 v_0 沿两球的连心线向原来静止的 B 球运动,如图所示. 欲使两球不发生接触,v_0 必须满足什么条件?

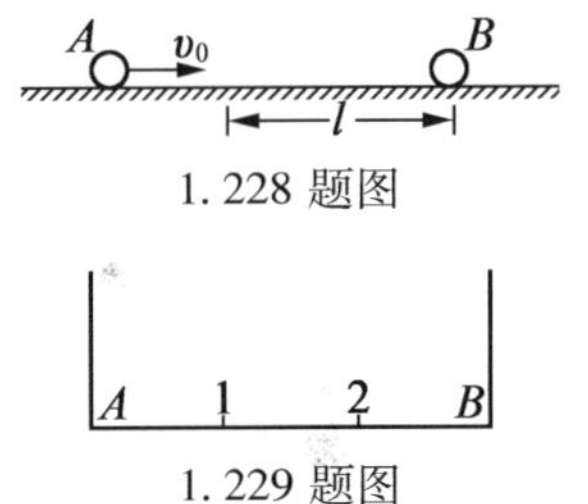

1.228 题图

1.229 题图

1.229 如图所示,有两个质量相同的小球 1,2(视为质点),在一光滑的水平直线滑槽 AB 内运动,滑槽两端有固定的墙壁. 两球相遇时发生的碰撞及小球与墙壁之间的碰撞都是完全弹性的. 开始时 1,2 两小球分别位于将滑槽 3 等分的两个分点处,两者运动方向同为向右,但速度大小不一定相同.

(1)如果两球之间的第 2 次碰撞是在滑槽中点迎面相碰,求两球初速度之比.

(2)如果两球之间的第 5 次碰撞是在滑槽中点迎面相碰,求两球初速度之比. 能满足要求的解有几组?

1.230 有一质量为 M,斜面倾角为 α 的尖劈放置在光滑的水平面上,又有一质量为 m 的小球从高 h 处落至该斜面上,与斜面发生完全弹性碰撞. 求小球第二次与该斜面碰撞点 B 与第一次碰撞点 A 之间在该斜面上的距离 s.

1.231 物体 A 的一端与弹簧相连放在与水平成 θ 角的光滑斜面上, 物体 B 系于绳的一端也放在这个斜面上,A,B 两物恰好刚刚接触,如图所示. 将物体 A 沿斜面向下推距离 s 然后放开,使 A,B 做完全弹性碰撞. 若 A,B 的质量均为 m,弹簧的劲度系数为 k,绳子是柔软但不能伸长的,绳子和弹簧的质量都忽略不计,试求

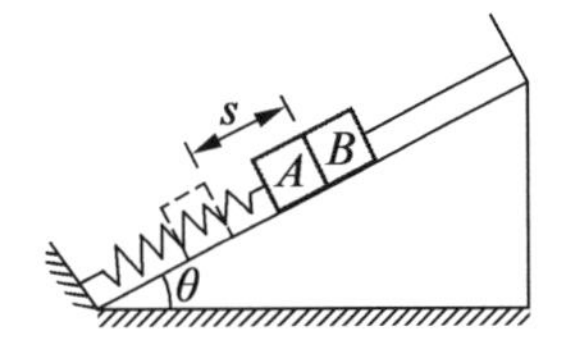

1.231 题图

在碰撞后物体 B 能沿斜面上升的最大距离 l.

心得 体会 拓广 疑问

1.232 一个质量为 m 的小球放在质量为 M 的大球顶上，让它们一起从高度 h 处自由落下，与地面发生碰撞，设所有碰撞中机械能没有损失，两球的密度相同，且按大球的球心测量，两球直径与 h 相比可忽略. 试证：若 $m \ll M$，则碰后小球弹起可升至的高度为 $9h$.

1.233 如图所示，质量为 m 的小球甲在光滑斜面上高为 h 的 A 处自静止滚下，在斜面底端水平面上的 B 处跟质量为 $2m$ 的小球乙发生碰撞. 碰撞后乙球在光滑水平面上运动位移为 s 后抵达墙壁 C 处，在这个过程中所用的时间为 t. 问：

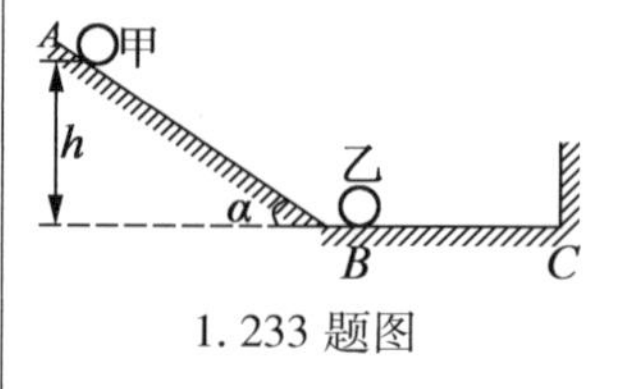

1.233 题图

(1)小球甲反弹后在斜面上回滚时离地的最大高度为多少？

(2)小球乙与墙壁碰撞后以原速度弹回，要使小球乙回到 B 处恰好与甲球再次相碰，则斜面的倾角 α 为多少？

(3)两球第二次碰撞后动量之和为多大？

1.234 重物 m_1 和 m_2 可沿光滑的表面 PQR 滑动，弹簧是固定的，而且 m_1 与弹簧之间是没有联结着的，弹簧的劲度系数为 k，如图所示. 先用 m_1 压缩弹簧，压缩长度为 x. 然后由静止释放，m_1 被弹出与静止在 Q 处的 m_2 发生完全弹性碰撞. 试问：

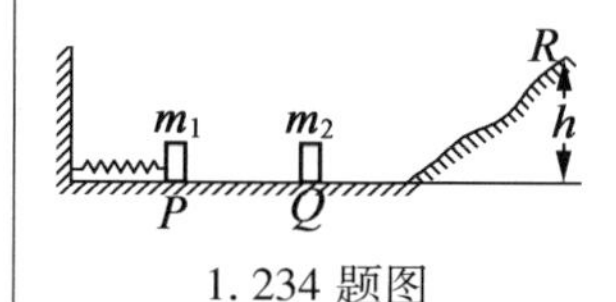

1.234 题图

(1)若 $m_1 \leq m_2$，在碰撞后，m_1 在第一次弹回能将弹簧压缩多大的距离？

(2)若 $m_1 > m_2$，最初 x_0 必须多大才能使 m_2 到达高为 h 的 R 处刚好静止？

1.235 如图所示，绳的两端分别系着质量为 m_1 和 m_2 的两个物体，此绳跨在双斜面顶部的滑轮上，双斜面的质量为 m，两斜面与水平面的夹角分别为 α_1 和 α_2. 开始时用手托住，使整个系统处于静止状态. 求放手后斜面和物体的加速度？使斜面保持静止的条件是什么？绳的质量和各摩擦均可忽略.

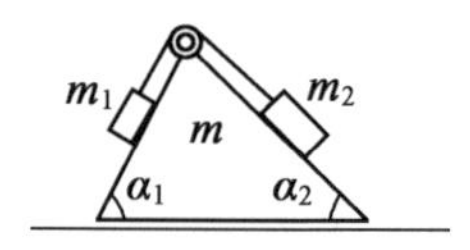

1.235 题图

1.236 如图所示，质量为 M_1 和 M_2 的两个物体由一个劲度系数为 k 的轻弹簧相连，竖直地放在水平桌面上，另有一质量为 m 的物体从距 M_1 为 h 的地方由静止开始自由落下，与 M_1 发生完全非弹性碰撞，并黏合在一起. 试问 h 至少多大才能使弹簧反弹起后使 M_2 脱离桌面？

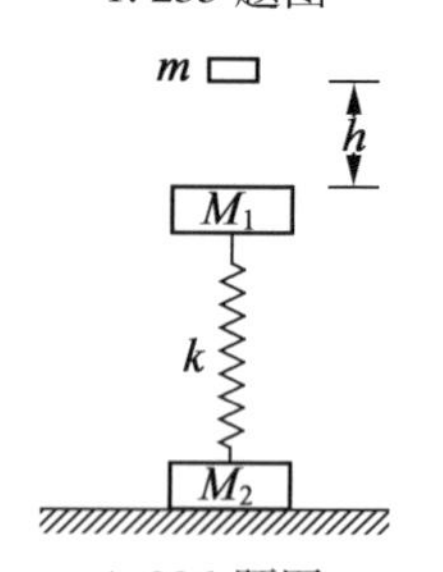

1.236 题图

1.237 如图所示，一轻质弹簧，其劲度系数为 k，竖直地固定在地面上，弹簧的上端放置一质量为 M 的平板，它们静止后，有一质量为 m 的小球在距此平板高 h 处开始由静止自由下落，且 $M > m$.

(1)若小球与平板的碰撞是完全弹性的，试求在碰撞后，小球从原来的平板位置能弹起的最大高度 H 是多少？在碰撞后，平板对弹簧进一步压缩的最大长度 x_1 是多少？

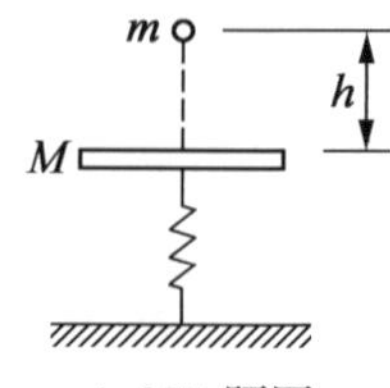

1.237 题图

心得 体会 拓广 疑问

(2)若碰撞为完全非弹性的,平板对弹簧进一步压缩的最大长度 x_2 是多少?在此碰撞过程中小球和平板的动能之和损失多少?

1.238 将一长度为 $PQ=l$,质量为 M 的平板放在劲度系数为 k 的弹簧的上端,弹簧的下端固定在地面上,待它们静止平衡后,在距平板上方 h 处以速度 v_0 水平抛出一质量为 m 的小球($M>m$),使小球与平板发生完全弹性碰撞,如图所示. 若不计弹簧的质量和摩擦阻力,试求:

(1)弹簧的最大压缩距离;

(2)若使小球与平板只有一次碰撞,则 v_0 应在什么范围内?

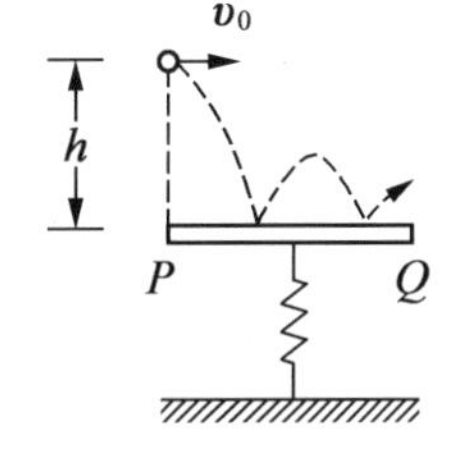

1.238 题图

1.239 如图所示,在两个质量分别为 m_1 和 m_2的小车之间放一个压缩的弹簧,它们都以 v_0 的速度做匀速直线运动. 证明:当弹簧放松而恢复原来状态的时候,它们的质心按 v_0 的速度做匀速直线运动(摩擦力和弹簧的质量均不计).

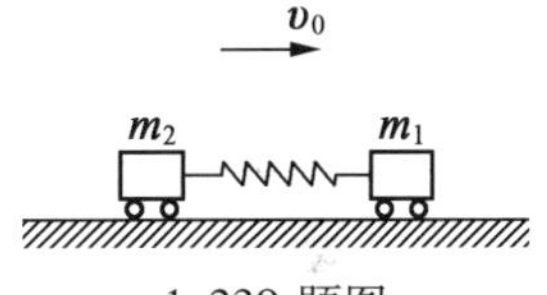

1.239 题图

1.240 如图所示,有一质量为 M 的平板,放在光滑的水平面上,板的左端放有一质量为 m 的小物体,物体与平板之间的摩擦系数为 μ,待它们静止后,突然有一子弹从左边射到物体上并被弹回,于是物体得到一个向右的速度 v_0,试问:

(1)若使物体不至滑出平板,则平板的长度 l 最小应为多少?

(2)在碰撞完成后,经 t 秒钟,物体前进的距离 s 为多少?

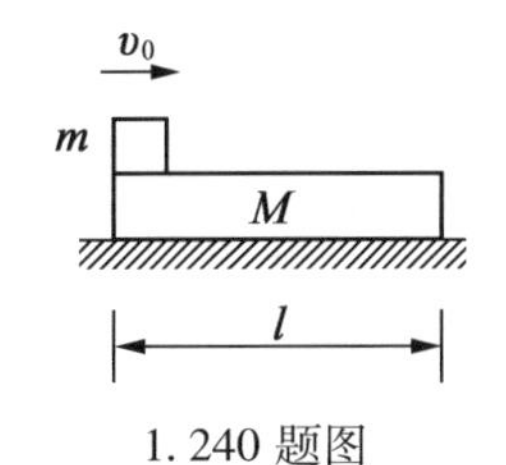

1.240 题图

1.241 如图所示,质量为 $M=1(\mathrm{kg})$ 的平板车左端放有质量为 $m=2(\mathrm{kg})$ 的铁块,铁块与车之间的动摩擦系数为 $\mu=0.5$,开始时车和铁块共同以速度 $v=6(\mathrm{m/s})$ 在光滑水平面上向右前进,并使车与竖直的墙壁发生正碰. 设碰撞时间极短且碰后的速度与碰前相等,假设车身足够长,使铁块不能与墙相碰,$g=10(\mathrm{m/s^2})$. 试求:

(1)铁块相对于小车的总位移 s;

(2)小车与墙第一次相碰后所走的总路程 S.

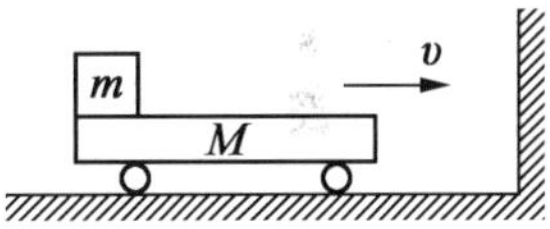

1.241 题图

1.242 在光滑的水平桌面上静止地放着以轻质弹簧联结在一起的木块 A 和 B,它们的质量分别为 m_A 和 m_B,弹簧的劲度系数为 k,一颗质量为 m 的子弹以速度 v_0 沿着 A,B 连线方向从左边水平地射入木块 A 内而未爆炸,并留于其中,如图所示,木块 A,B 便开始运动(弹簧始终在弹性限度内). 试求:

(1)子弹和木块 A,B 所组成的系统的质心的速度 v_P;

(2)在以后的运动过程中,木块 A 的最小速度 $v_{A_{\min}}$或最大速度 $v_{A_{\max}}$;木块 B 的最大速度 $v_{B_{\max}}$或最小速度 $v_{B_{\min}}$;

(3)弹簧的最大形变量 $x_{\max}$.

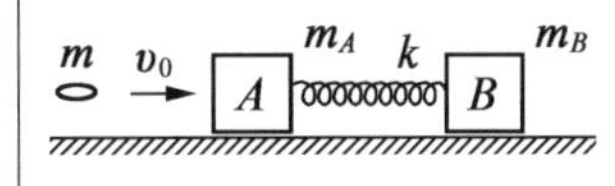

1.242 题图

1.243 有一质量为 M 的直角斜劈放在光滑的水平面上,斜劈的斜面与水平面成 α 角,斜劈的顶端离水平面的高度为 h,现有

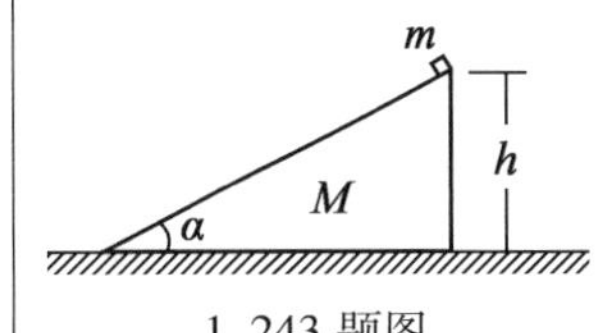

1.243 题图

心得 体会 拓广 疑问

一质量为 m 的质点放在斜面的顶端,如图所示. 当此质点滑动到斜面的底端时,求:

(1)斜劈移动的距离 l;

(2)斜劈这时的瞬时速度 v_0;

(3)质点在这时的瞬时速度 v 及 v 与水平方向的夹角 β(摩擦阻力忽略不计).

1.244 如图所示,在倾角为 θ 的光滑斜面上,将质量为 M 的物块用细绳悬挂于点 O,绳长 $OA=l$,物块静止于点 A. 今有一质量为 m 的子弹以水平速度 v_0 射入物块内而不穿出,问:

(1)v_0 至少多大才能使物块在斜面上做圆周运动;

(2)若子弹射入物块时细绳断开,物块落地时沿水平方向移动的距离为 s,求点 A 离水平面的高度 h.

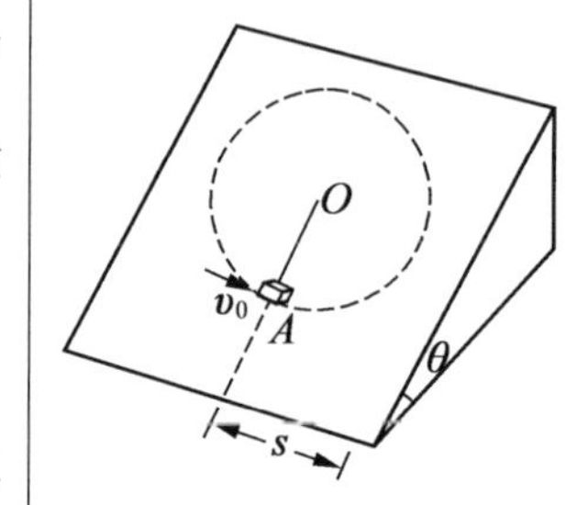

1.244 题图

1.245 如图所示,一质量为 m 的小球系在绳的一端,放在倾角为 α 的光滑斜面上,绳的另一端固定在斜面上的点 O 处,已知绳长为 l. 当小球在最低点 A 处时,在垂直于绳的方向上给小球以初速度 v_0(v_0 与斜面水平底边 MN 平行),使小球可以完成圆周运动. 试问:

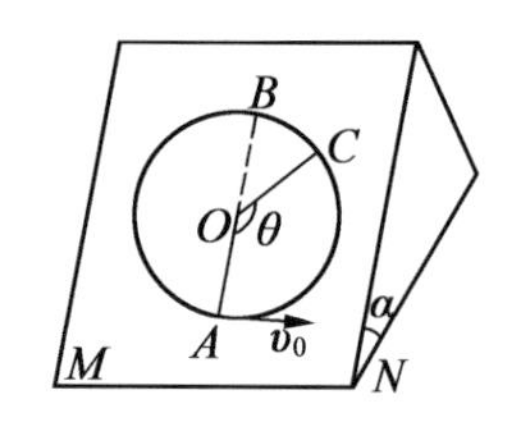

1.245 题图

(1)v_0 的大小;

(2)在最高点 B 处小球的速度和加速度;

(3)小球在任意位置 C 时绳中的张力 T,已知 $\angle AOC=\theta$;

(4)若将绳子用轻杆代替,其他条件不变,再求 v_0.

1.246 如图所示,质量为 M 的摆球,铅直地用细线悬挂着,在一定条件下,摆球能将细线拉直后在铅垂平面内做圆周运动. 另一质量为 m 的质点以水平速度 v_0 正碰在摆球上,并和摆球黏固在一起运动,已知摆线长为 l(视摆球为质点,空气阻力不计).

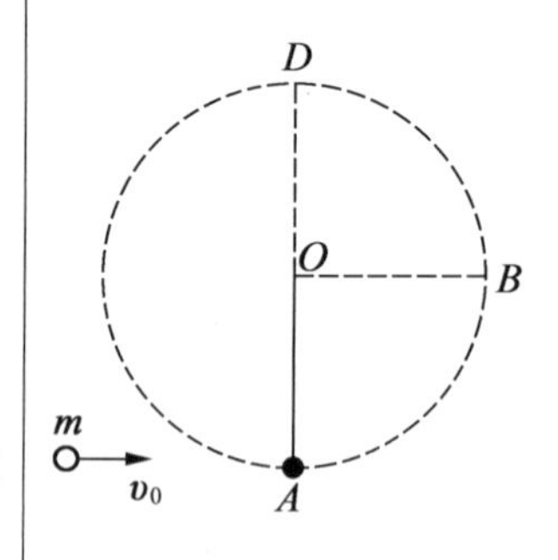

1.246 题图

(1)求摆球的速度 u 和绳中的张力 T.

(2)用计算分析讨论各种运动方式.

心得 体会 拓广 疑问

1.247　滑块置于光滑的水平面上，半径为 R 的圆环形刚性窄槽被固定在滑块上，它们的总质量为 M，另有一个质量为 m 的光滑小球沿此槽做无摩擦的滑动，开始时小球静止在该槽的最高点，如图所示，试求小球的运动轨迹和在 A，B 两点的曲率半径.

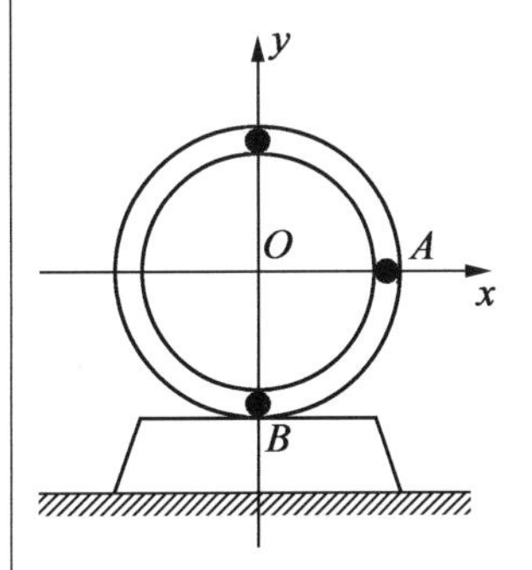

1.247 题图

1.248　如图所示，两个同心圆代表一个细面包圈形的刚性匀质环圈，它的质量为 m，内外半径几乎同为 R，环圈内点 A 处与其对称点 B 处分别放有两个质量也同为 m 的小球，它们与环圈内侧无摩擦. 现将系统置于光滑水平面上，设初始时刻环圈处于静止状态，两小球朝图中右侧正方向有相同的初速度 v，试求两小球第一次相距 R 时环圈中心速度的大小.

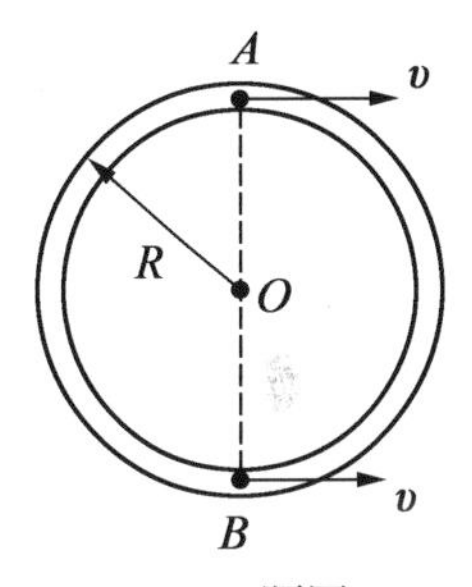

1.248 题图

1.249　甲、乙两人做抛球游戏，甲站在一辆平板车上，车与水平地面的摩擦不计，甲与车的总质量为 $M=100(\mathrm{kg})$，另有一质量为 $m=2(\mathrm{kg})$ 的球，乙固定站在车对面的地上，身旁有若干质量不等的球. 开始车静止，甲将球以速度 v 水平抛给乙，乙接球后马上将另一质量为 $m_1=2m$ 的球以相同的速度 v 水平抛给甲；甲接住后再以相同速度将此球抛回给乙，乙接住后马上将另一质量 $m_2=2m_1=4m$ 的球以速度 v 水平抛给甲，……这样往复抛接. 乙每次抛给甲的球的质量都是接到甲抛给他的球的质量的 2 倍，而抛球速度始终为 v（相对于地面水平方向）不变. 试求：

（1）甲第 2 次抛出（质量为 $2m$）球后，后退速度多大？

（2）从第 1 次算起，甲抛多少次后，将再不能接到乙抛来的球？

1.250　如图所示，一排人站在沿 x 轴的水平轨道旁，原点 O 两侧人的序号都记为 $n(n=1,2,3,\cdots)$. 每人只有一个沙袋，点 O 右侧的每个沙袋的质量为 $m=14(\mathrm{kg})$；点 O 左侧的每个沙袋的质量为 $m'=10(\mathrm{kg})$. 一质量为 $M=48(\mathrm{kg})$ 的小车以某初速度从原点出发向点 O 右侧方向滑行，不记轨道阻力，当小车每经过一人身旁时，此人就把沙袋以水平速度 v 迎面扔到车上，速度 v 的大小等于扔袋瞬时车速的 $2n$ 倍（n 是此人的序号数）. 问：

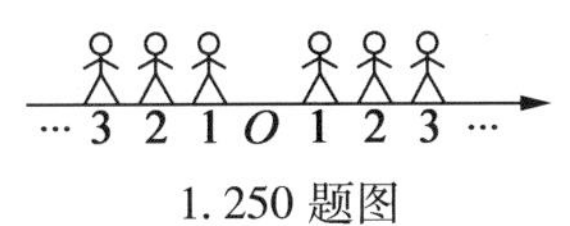

1.250 题图

（1）空车出发后，车上堆积了几个沙袋时车就反向滑行？

（2）最终车上共有大、小沙袋多少个？

1.251　如图所示，甲车质量为 $m_1=20(\mathrm{kg})$，车上有质量为 $M=50(\mathrm{kg})$ 的人，甲车连人从足够长的光滑斜坡上高为 $h=0.45(\mathrm{m})$ 处由静止向下运动，到达光滑水平面上，恰遇质量为 $m_2=50(\mathrm{kg})$ 的乙车以速度 $v_0=1.8(\mathrm{m/s})$ 迎面而来. 为避免两车相撞，甲车上的人以水平速度 v'（相对于地面）跳到乙车上，求 v' 的可取范围.（取 $g=10(\mathrm{m/s^2})$）

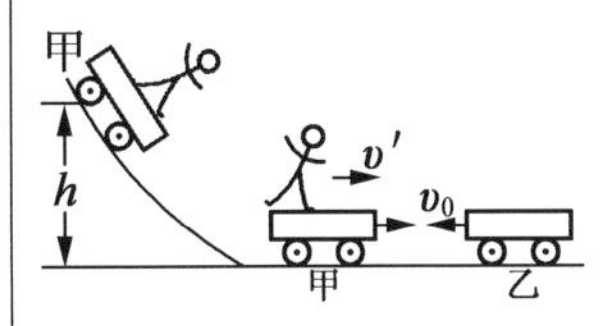

1.251 题图

心得 体会 拓广 疑问

1.252 在一光滑的水平面上,自左至右沿一直线等距离地依次放置质量为 $2^{n-1}m(m=1,2,3,\cdots,n)$ 的一系列物体 $D_1,D_2,D_3,\cdots,D_n$. 另有一质量为 m,动能为 E_{K0} 的物体 A 水平向右运动,如图所示. 若物体 A 跟上述一系列物体发生正碰,碰撞后都黏在一起,问该系统的末动能为多大?

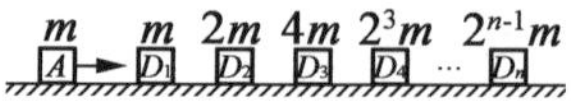

1.252 题图

1.253 在一光滑水平的长直轨道上等距离地排放着足够多的完全相同的质量为 m 的长方形木块,依次编号为 1,2,…,如图所示. 在木块 1 之前放一质量为 $M=4m$ 的大木块,大木块与木块 1 之间的距离及相邻各木块间的距离相同,均为 l. 现在所有木块都静止的情况下,以一沿轨道方向的恒力一直作用在大木块上,使其先与木块 1 发生碰撞,设碰撞后与木块 1 结合为一体再与木块 2 发生碰撞,碰后又结合为一体再与木块 3 发生碰撞,碰撞后又结合为一体,如此继续下去. 问大木块(以及与它结合为一体的各小木块)与第几个小木块碰撞之前的一瞬间,会达到它在整个过程中的最大速度? 此速度为多大?

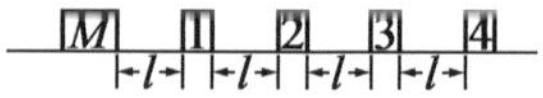

1.253 题图

1.254 一块足够长的木板放在光滑的水平面上,如图所示,在木板上自左向右放有序号为 1,2,3,…,n 的木块,所有木块的质量均为 m,木块与木板间的动摩擦系数均为 μ. 开始时,木板静止不动,第 1,2,3,…,n 号木块的初速度分别为 $v_0,2v_0,3v_0,\cdots,nv_0$,方向都向右. 木板的质量与所有木块的总质量相同,最终所有木块与木板以共同的速度运动,试求:

(1)第 n 号木块从开始运动到与木板速度刚好相等时的位移 s_n;

(2)第 $n-1$ 号木块在整个运动过程中的最小速度 v_{n-1}.

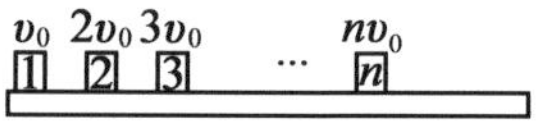

1.254 题图

1.255 如图所示,在光滑的水平面上,共有 n 个大小相同、质量均为 m 的弹性小球 $B,C,D,\cdots$,静止地排成一条直线,各球之间有一定的距离,大球 A 的质量为 $M(M>m)$. 现大球 A 沿各球心的连线以初速度 v_0 冲向 B 球,试求各球间不再发生相互作用时,各球的速度.

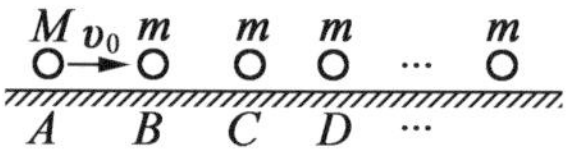

1.255 题图

1.256 如图所示,AB 段为光滑曲面,BC 段为光滑水平面. 一质量为 m 的质点 P 从 AB 段上的某一高度由静止下滑后,与静止在 BC 段上另一质量为 M 的质点 Q 做完全弹性碰撞,碰撞后 P 又沿原路返回至 AB 段上的某一点,再从曲面上滑下与 Q 做第二次碰撞. 问:

(1)第一次碰撞后,P 的速度是多少?

(2)如果它们能发生第二次碰撞,则 $\frac{m}{M}$ 必需满足什么条件?

(3)如果使 P 在第二次碰撞后的速度与碰撞前的速度方向相反,则 $\frac{m}{M}$ 又必需满足什么条件?

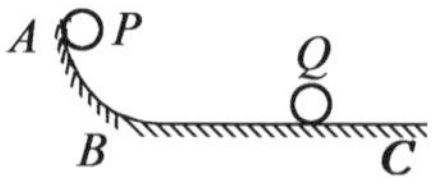

1.256 题图

心得 体会 拓广 疑问

1.257 光滑的水平地面上有两个质量分别为 m_1,m_2 的小球 A,B,在与右侧竖直墙垂直的水平面上前后放置着,如图所示. 设 B 球开始时处于静止状态,A 球以速度 v 正对着 B 球运动,设系统处处无摩擦,所有碰撞均无机械能损失. 如果两球能且仅能发生两次碰撞,试确定它们质量比 $\dfrac{m_1}{m_2}$ 的取值范围.

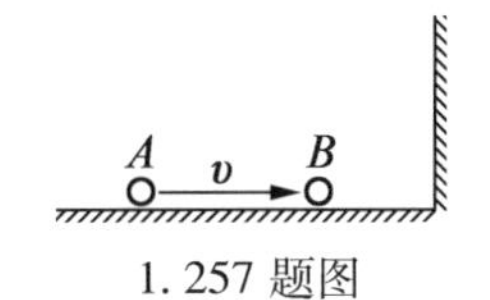

1.257 题图

1.258 10 个同样的扁长木块一个紧挨一个地放在水平地面上,如图所示. 每个木块的质量为 $m=0.4(\mathrm{kg})$,长为 $l=0.50(\mathrm{m})$,它们与地面的静摩擦和动摩擦系数均为 $\mu_2=0.10$. 原来木块处于静止状态,左方第一个木块的左端上方放一质量为 $M=1.0(\mathrm{kg})$ 的小铅块,它与木块间的静摩擦和动摩擦系数均为 $\mu_1=0.20$,现突然给铅块一向右的初速度 $v=4.3(\mathrm{m/s})$,使其在木块上滑行. 试问铅块最后的位置是落在地上还是停在了哪块木块上? 取重力加速度 $g=10(\mathrm{m/s^2})$,设铅块的长度与 l 相比可忽略.

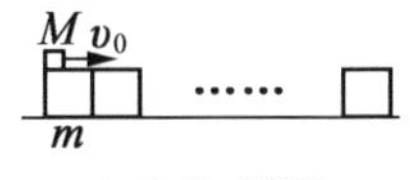

1.258 题图

1.259 有 5 个质量相同,大小可以忽略不计的小木块 1,2,3,4,5 等距离地依次放在倾角为 $\theta=30°$的斜面上,如图所示. 斜面在木块 2 以上的部分是光滑的,以下部分是粗糙的,5 个木块与斜面粗糙部分之间的静摩擦系数和动摩擦系数都是 μ,开始时用手扶着木块 1,其余各木块都静止在斜面上,放手后使木块 1 自然下滑与木块 2 发生碰撞,接着依次发生其他碰撞,假设各木块间的碰撞都是完全非弹性的,求 μ 取何值时木块 4 能被撞而木块 5 不能被撞.

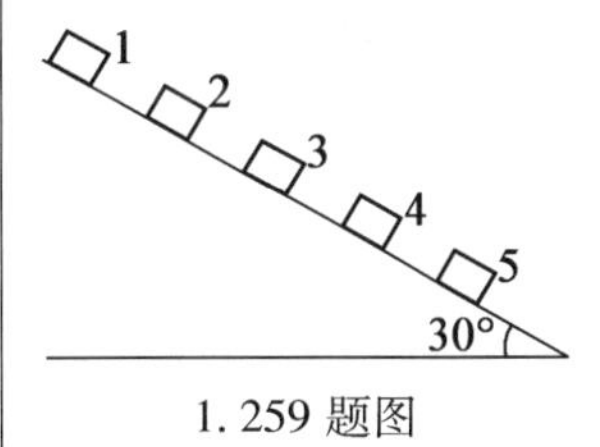

1.259 题图

1.260 一段凹槽 A 倒扣在水平长木板 C 上,槽内有一小物块 B,它到槽两内侧的距离均为 $\dfrac{l}{2}$,如图所示. 木板位于光滑水平的桌面上,槽与木板间的摩擦不计,小物块与木板间的动摩擦系数为 μ,A,B,C 三者质量相等,原来都静止,现使槽以大小为 v_0 的初速度向右运动,已知 $v_0<\sqrt{2\mu gl}$,当 A 和 B 发生碰撞时,两者速度互换,求:

(1) 从 A,B 发生第一次碰撞到第二次碰撞的时间内,木板 C 运动的路程;

(2) 在 A,B 刚要发生第四次碰撞时,A,B,C 三者速度的大小.

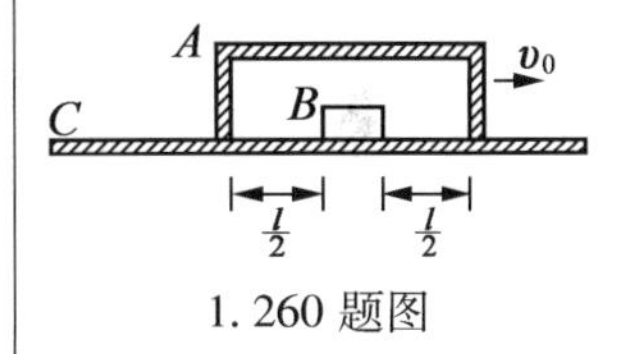

1.260 题图

1.261 如图所示,有一车厢静止在水平面上,车厢内中间处的底板上有一小球以初速度 v_0 向前方运动,并与车厢前壁发生碰撞,若车厢和小球的质量均为 m,碰撞恢复系数为 e,车厢的长度为 l,不计一切摩擦. 试求:

(1) 第 n 次碰撞后,小球与车厢的速度;

(2) 小球到第 n 次与车厢壁碰撞共经历的时间;

(3) 小球到第 n 次与车厢壁碰撞共损失的机械能.

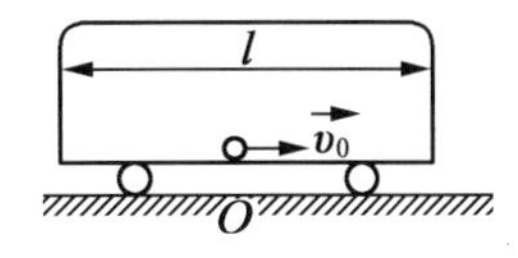

1.261 题图

心得 体会 拓广 疑问

1.262 如图所示,在水平桌面上放有长木板 C,C 上右端是固定挡板 P,在 C 上左端和中点处各放有小物块 A 和 B,A 和 B 的尺寸以及 P 的厚度皆可忽略不计,A 与 B 之间及 B 和 P 之间的距离均为 l. 设木板 C 与桌面之间无摩擦,A 与 C 之间,B 与 C 之间的静摩擦系数及动摩擦系数均为 μ;A,B,C(连同挡板 P)的质量相同. 开始时,B 和 C 静止,A 以某一初速度向右运动. 试问下列情况是否能发生? 要求定量求出能发生这些情况时物块 A 的初速度 v_0 应满足的条件,或定量说明不能发生的理由.

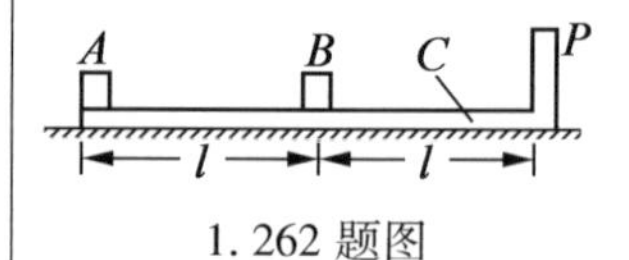

1.262 题图

(1)物块 A 与 B 发生碰撞;

(2)物块 A 与 B 发生弹性碰撞后,物块 B 再与挡板 P 发生碰撞;

(3)物块 B 与挡板 P 发生弹性碰撞后,物块 B 与 A 在木板 C 上再发生碰撞;

(4)物块 A 从木板 C 上掉下来;

(5)物块 B 从木板 C 上掉下来.

1.263 如图所示,在长为 $l=1(\mathrm{m})$,质量为 $m_B=30(\mathrm{kg})$ 的车厢 B 的右壁处,放一质量为 $m_A=20(\mathrm{kg})$ 的小物块 A(视为质点),车厢上作用一水平向右的拉力 $F=120(\mathrm{N})$ 使车厢从静止开始运动,车厢在最初 $t_0=2(\mathrm{s})$ 内移动的距离为 $s=5(\mathrm{m})$,且在这段时间内小物块未与车厢壁发生过碰撞. 假定小物块与车厢壁之间的碰撞是弹性的,不计车厢与地面间的摩擦,试求在车厢开始运动后 $t=4(\mathrm{s})$ 时,车厢与物块的速度.

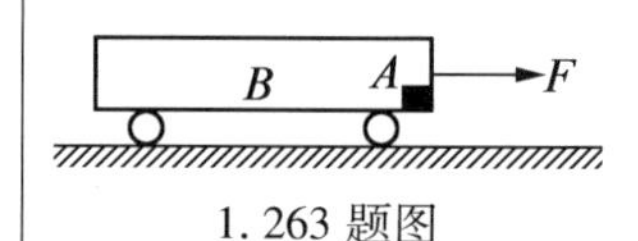

1.263 题图

1.264 同一水平面上放着两个质量相同的物体 A 和 B,物体 A 与物体 B 之间的距离为 l_1,物体 B 与另一端固定的轻质弹簧相连,弹簧处于自然状态,物体 A 和 B 都处于静止状态,如图所示. 现给物体 A 一个向左的初速度 v_0,使其与物体 B 相碰,但不粘连,最终物体 A 仍回到原位置并静止. 若两物体相碰后弹簧的最大压缩长度为 l_2,物体与水平面之间的摩擦系数为 μ,试求 v_0 的大小.

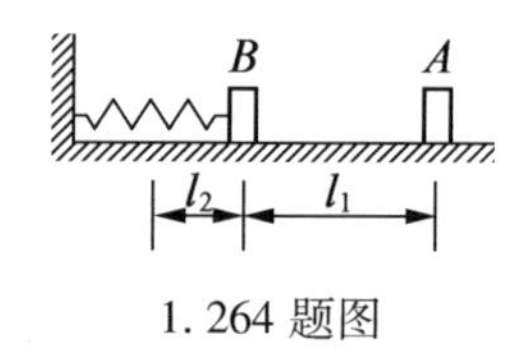

1.264 题图

1.265 质量为 m 的钢板与直立轻弹簧的上端相连,弹簧下端固定在地上,平衡时,弹簧的压缩量为 h_0,如图所示. 一物块从钢板正上方距离为 $3h_0$ 的 A 处自由落下,打在钢板上并立刻与钢板一起向下运动,但不粘连,它们到达最低点后又向上运动,已知物块质量也为 m 时,它们恰能回到点 O,若物块质量为 $2m$,仍从 A 处自由落下,则物块与钢板回到点 O 时还具有向上的速度,求物块向上运动到达的最高点与点 O 的距离.

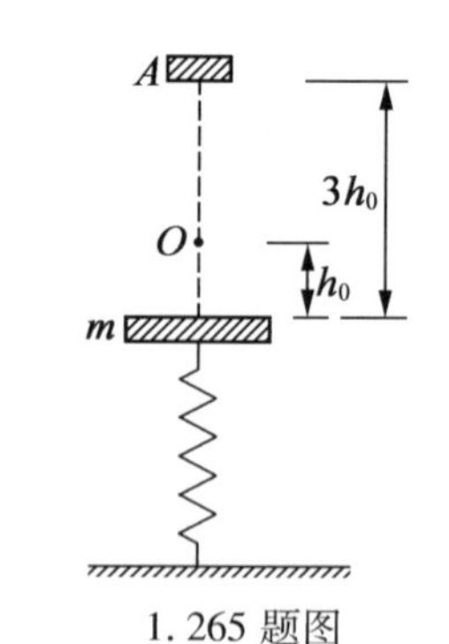

1.265 题图

1.266 如图所示,四个质量均为 m 的质点用同样长度且不可伸长的轻绳联结成菱形 $ABCD$,静止放在光滑的水平桌面上. 若突然给质点 A 一个历时极短且沿 CA 方向的冲击,当冲击结束时,质点 A 的速度为 v,其他质点也获得一定的速度,$\angle BAD=2\alpha$(α <

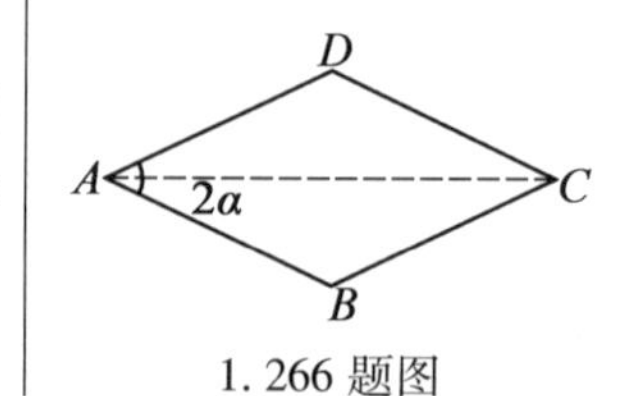

1.266 题图

$\frac{\pi}{4}$). 求此质点系统受冲击后具有的总动量和总能量.

1.267 如图所示,质量为 m 的小球 B 放在光滑的水平槽内,现有一长为 L 的细绳联结另一质量为 m 的小球 A,开始细绳处于松弛状态,A 与 B 相距为$\frac{l}{2}$,绳子不伸长,小球 A 以初速度 v_0 向右运动,试求细绳被拉紧时,B 球的速度 v_B.

1.268 质量分别为 m_1,m_2 和 m_3 的三个质点 A,B,C 位于光滑的水平面上,用已拉直的不可伸长的轻绳 AB 和 BC 联结,$\angle ABC$ 为 $\pi-\alpha$,α 为锐角,如图所示. 今有一冲量为 I 的冲击力沿 BC 方向作用于质点 C,求质点 A 开始运动时的速度.

1.269 四个等质量的小球 A,B,C,D 用 3 根不可伸长的轻绳依次相连,置于光滑水平面上,3 根绳子形成半个正六边形,如图所示. 今有一冲量作用在图中 A 球上,使 A 球获得沿绳延长方向的速度 v,求此瞬时 D 球的速度 v_D 及 C 球的速度 v_C.

1.270 四个质量相同的小球 A,B,C,D,用相同长度的轻质刚性细杆光滑地铰接成一个菱形,开始时菱形取正方形,在光滑的水平面上沿着对角线 AC 方向以速度 v 做匀速运动,如图所示. 在 AC 的前方有一与 v 方向垂直的黏性固体直壁,C 球与其相碰后立即停止运动. 试求碰后一瞬间 A 球的速度 v_A.

1.271 如图所示,由喷泉喷出的水柱把一个重量为 G 的垃圾桶倒顶在空中,水以速度 v_0,恒定的质量增率(即单位时间内喷出的质量)$\frac{\Delta m}{\Delta t}$从地下射向空中. 求垃圾桶可停留的最大高度. 设水柱喷到桶底后以相同的速度反弹.

1.272 线密度为 ρ,长度为 L 的链条,用手提着一头,另一头刚好触及地面,静止不动,如图所示. 突然放手,使链条自由下落. 求证:当链条的上端下落的距离为 s 时,链条作用在地面上的力为 $3\rho gs$.

心得 体会 拓广 疑问

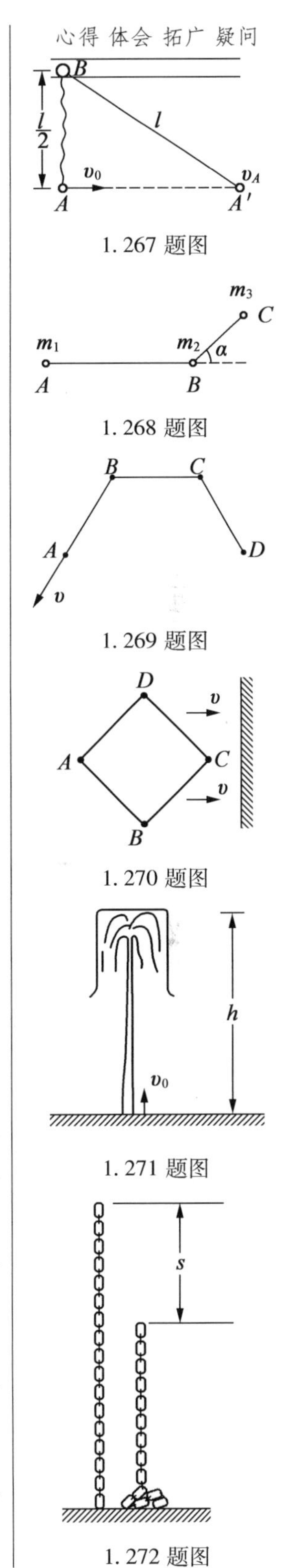

1.267 题图

1.268 题图

1.269 题图

1.270 题图

1.271 题图

1.272 题图

心得 体会 拓广 疑问

1.273 有一根均匀的且不能伸长的细线长为 l,质量为 M,开始时两端缚在两只彼此很靠近的钩子上,自由地挂着,如图(a)所示.然后释放线的一端,它将开始下落,如图(b)所示,每只钩子可承受的最大负荷 N 大于线的重力.为使第二只钩子不至于脱落,问 Mg 和 N 必须满足什么条件.设在下落过程中每一段线到达最后位置时,它就留在那里不动.

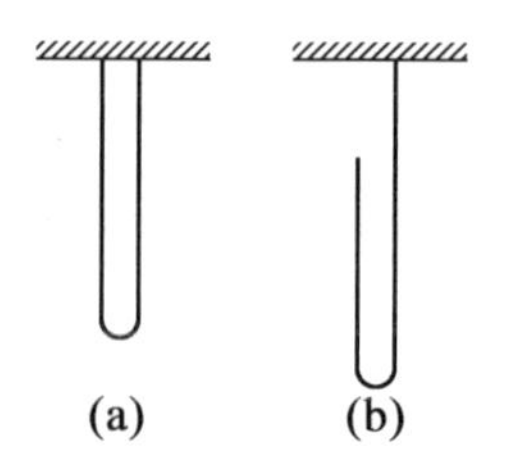

1.273 题图

1.274 质量分别为 m_1 和 m_2 的两个小球 A 和 B 分别系于细绳中的某点和一端,细绳的另一端悬挂于固定处,如图所示.已知上、下两段绳的长度分别为 l_1 和 l_2.在两球静止时,突然有质量也为 m_1 的另一小球 C 沿垂直于绳的方向上以速度 v 与 A 球相碰,碰撞是弹性的.试求在碰撞后瞬时上、下两段绳子的张力.

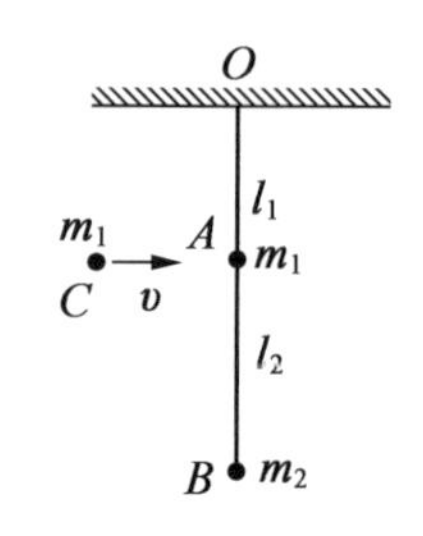

1.274 题图

1.275 长为 $2b$ 的轻绳两端各系一质量为 m 的小球,中央系一质量为 M 的小球,三球均静止于光滑的水平面上,绳处于拉直状态.今给小球 M 以一冲击,使它获得速度 v,v 的方向与绳垂直,如图所示.求在两端的小球发生互碰前的瞬间绳中的张力 T.

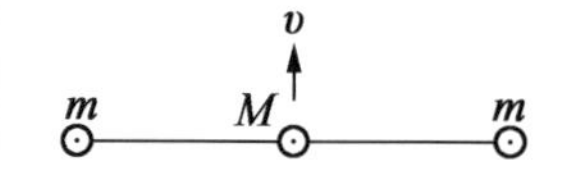

1.275 题图

1.276 长度为 l 的钢性轻杆 PA 的 P 端固定一个质量为 m 的小球,轻杆竖直放置,A 是轻杆的下端,都处于静止状态.开始时轻杆处于下列两种状态下,分别如图(a),(b)所示.

(1)点 A 是一个固定在质量为 M 的木板上的光滑转轴,$M > m$.木板静止放置于光滑的地面上;

(2)点 A 放置于足够粗糙的地面上.

受扰动后 P 端倒下,试求轻杆倒至于水平位置时小球的速度和杆中的张力.

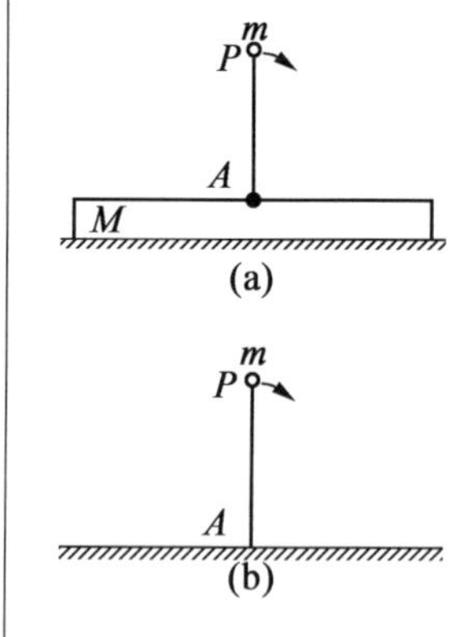

1.276 题图

1.277 水平桌面上叠放着 3 个圆柱体 A,B,C,它们的半径均为 r,质量为 $m_B = m_C = \frac{m_A}{2}$,先让它们保持如图所示的位置,然后从静止开始释放.若不计所有接触面间的摩擦,求圆柱体 A 触及桌面时的速度.

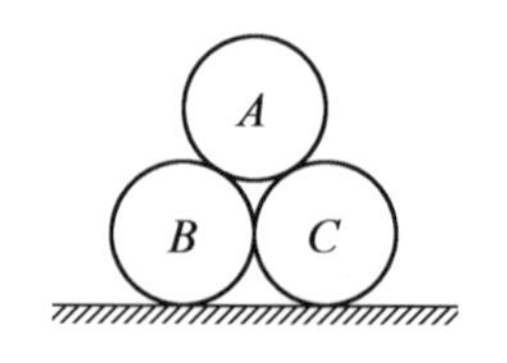

1.277 题图

心得 体会 拓广 疑问

1.278　如图所示，一质量为 m 的小球以入射角 θ 与粗糙的表面发生斜碰，已知小球与表面间的摩擦系数为 μ，恢复系数为 e. 求碰撞后小球的速度大小和方向.

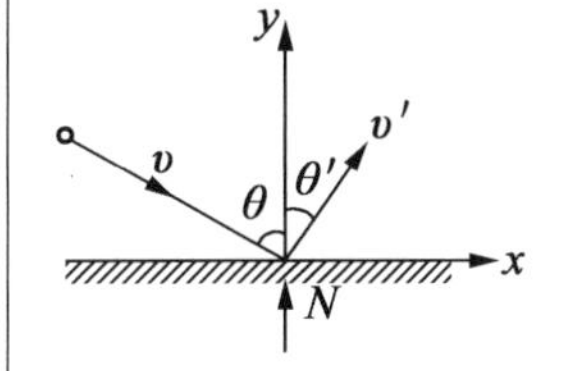

1.278 题图

1.279　一个人在离墙水平距离为 l 处以仰角 α 向墙投掷一球，如图所示. 欲使该球从墙上弹回后仍回到他手中，则他投球的初速度 v_0 需为多大？设在垂直墙的方向，球碰撞前速度与碰撞后速度之比为 2，并设摩擦系数为 μ，且 $\mu \leqslant \tan\alpha$.

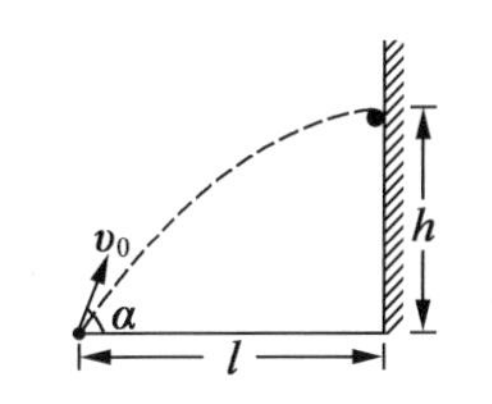

1.279 题图

1.280　军训中，战士距墙 s_0，以速度 v_0 起跳，如图所示，再用脚蹬墙面一次，使身体变为竖直向上的运动以继续升高. 墙面与鞋底之间的动摩擦系数为 μ. 求能使人体重心升高到最大高度的起跳角 θ.

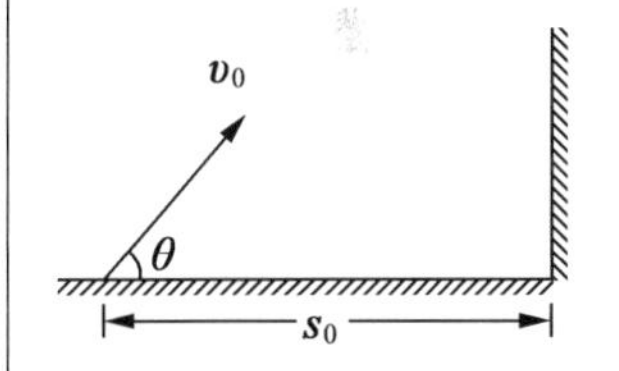

1.280 题图

1.281　三个球半径相同，质量不同，并排平行悬挂在长度都为 l 的绳子上，彼此相互接触，把质量为 m_1 的球拉开，上升到高 h 处再释放，如图所示. 要使第一个球与第二个球，第二个球再与第三个球碰撞后，三个球具有同样的动量，试问 m_2，m_3 应各为多少？它们上升的高度是多少？所有的碰撞都是完全弹性的，且 $h \ll l$.

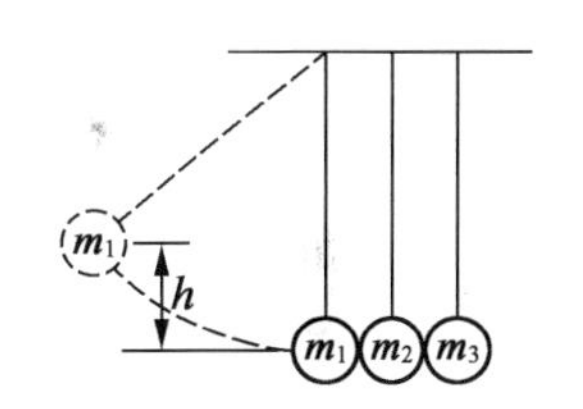

1.281 题图

1.282　如图所示，质量分别为 m_1 和 m_2 的两个小球系在长为 l 的不可伸长的轻绳两端，放置在光滑水平桌面上，初始时绳是拉直的，在桌面上另有一质量为 m_3 的光滑小球，以垂直于绳的速度 v 与小球 m_1 正碰，若恢复系数为 e，求碰后瞬时绳中的张力 T.

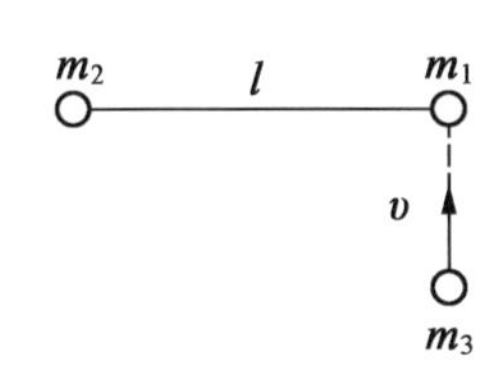

1.282 题图

1.283　如图所示，由绝对刚性轻杆联结两个很小的重球组成的“哑铃”以速度 v_0 沿垂直于静止不动的光滑的墙平动，并且“哑铃”的轴与墙面成 45°的角，试确定当“哑铃”与墙发生弹性碰撞后将做怎样的运动.

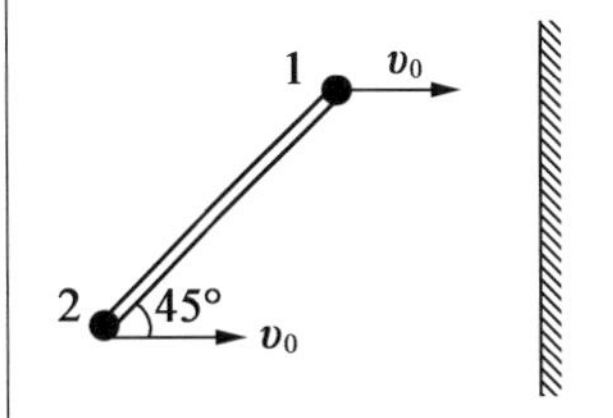

1.283 题图

心得 体会 拓广 疑问

1.284 如图所示,传送带向上传送砂石,料斗供给传送带砂石的速度为 u kg/s,两轮间传送带长为 l,传送带的倾角为 α,主动轮半径为 R. 求:

(1)为使传送带均匀向上传送砂石,发动机的最小转矩是多少?(空转时所加力矩不计)

(2)为匀速向上传送砂石,传送带的速度应为多大?并定性说明当速度偏大或偏小时,发动机将有较大的转矩.

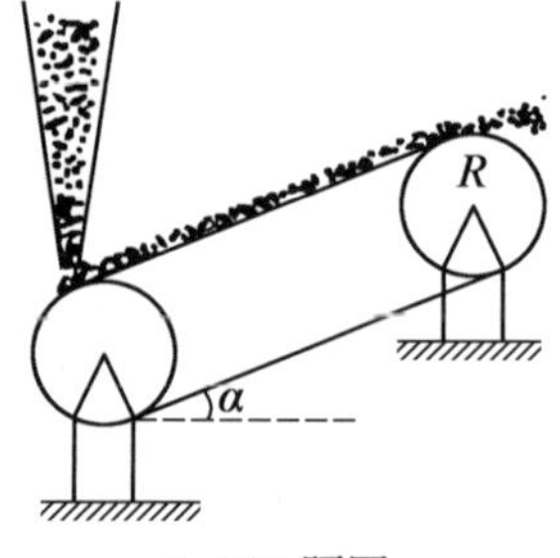

1.284 题图

1.285 如图所示,设有两部装运沙子的卡车 A 和 B 在水平面上向同一方向运动,卡车 B 的速度为 v_B,现从卡车 B 上以质量流运输量 k 将沙子抽至卡车 A 上,沙子从管子末尾出口竖直落下,卡车 A 的质量为 M. 问卡车 A 的速度 v_A 为何值时,k 的大小都不会影响卡车 A 的速度(即 v_A 为恒量)?(质量流运输量 k 的意义是:在单位时间内质量流通过空间某处的质量,即 $k=\dfrac{\Delta m}{\Delta t}$)

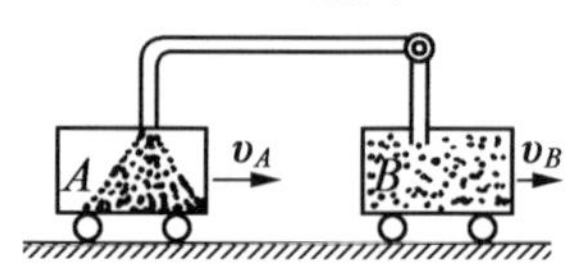

1.285 题图

1.286 如图所示,绳子的一端固定于点 M,另一端系一质量为 m 的质点以匀角速度 ω 绕竖直轴做匀速圆周运动,绳子与竖直轴之间的夹角为 θ. 已知 a,b 为直径上的两点,求质点从点 a 到点 b 时,绳中张力的冲量.

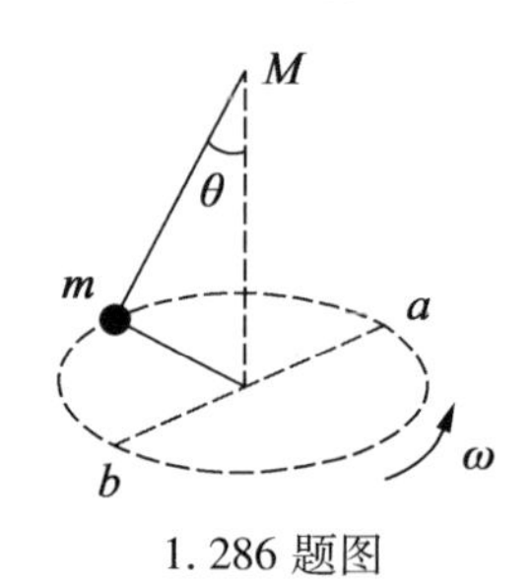

1.286 题图

1.287 有一个质量及线度足够大的水平板,它绕垂直于水平板的竖直轴以匀角速度 ω 旋转. 在板的上方 h 处有一群相同的小球(可视为质点),它们以板的转轴为中心,R 为半径均匀地在水平面内排成一个圆周(以单位长度内小球的个数表示其数的线密度). 现让这些小球同时从静止状态开始自由落下,设每个球与平板发生碰撞的时间非常短,而且碰撞前后小球在竖直方向上速度的大小不变,仅是方向相反;而在水平方向上则会发生滑动摩擦,动摩擦系数为 μ.

(1)试求这群小球第二次和第一次与平板碰撞时小球数的线密度的比值 σ_1;

(2)如果 $R<\dfrac{\mu g}{\omega^2}$($g$ 为重力加速度),且 $\sigma_1=\dfrac{1}{\sqrt{2}}$,试求这群小球第三次与平板碰撞时的小球数的线密度的比值 σ_2.

1.288 两艘相同的宇宙飞船分别用随飞船携带的火箭发动机从环绕地球运转的空间站发射出来,飞船 A 恰好能逃离太阳系,飞船 B 恰好能落向太阳的中心. 若火箭工作时间相同,试证飞船 B 比飞船 A 需要有更大功率的火箭. 假设地球围绕太阳运动的轨道为圆形,忽略空间站与地球的相对速度,忽略火箭喷发的燃料质量.

1.289 一架宇宙飞船的质量为 $m=1.2\times10^4$(kg),在月球上空 $h=1.0\times10^5$(m)处围绕月球的圆轨道上方旋转. 为了降落在月球表面上,喷气引擎在点 X 做了短时间发动. 从喷口射出高温气

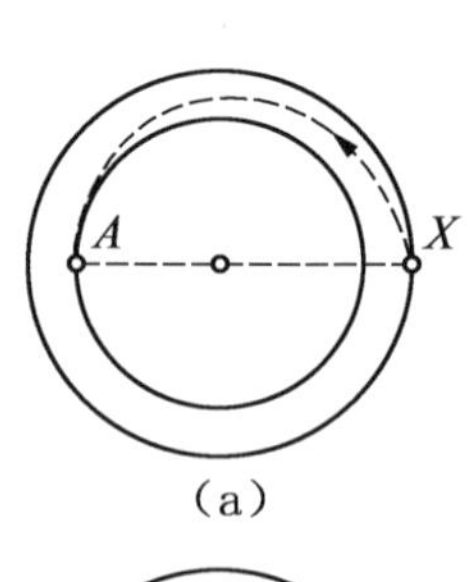

(a)

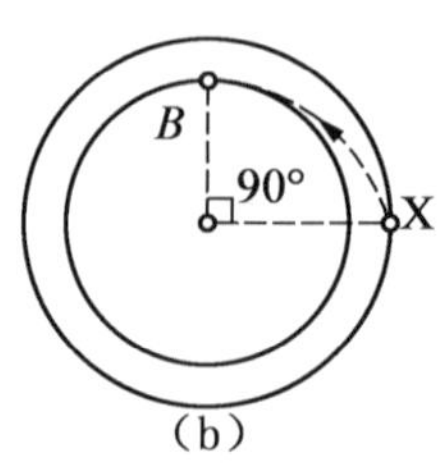

(b)

1.289 题图

心得 体会 拓广 疑问

体的速度相对宇宙飞船为 $v=1.0\times10^4$(m/s). 月球的半径为 $R=1.7\times10^6$(m),月球表面的重力加速度为 $g=1.7$(m/s)^2,飞船可以用两种不同的方式到达月球,如图(a),(b)所示. 试计算在以下这两种情况下所需的燃料量.

(1)到达月球的点 A,该点与点 X 正好相对;

(2)在点 X 给出一个向月球中心的动量后,与月球表面相切于点 B.

1.290　太阳系中小星体 A 做半径为 R_1 的圆周运动,小星体 B 做抛物线运动,B 在近日点处与太阳相距 $R_2=2R_1$,且两轨道在同一平面上,运动方向相同. 设 B 运动到近日点时,A 恰好运动到如图所示位置. A,B 随即发生某种强烈的相互作用而迅速合为一个新的星体,其间质量损失可忽略. 试证新星体绕太阳的运动轨道为椭圆.

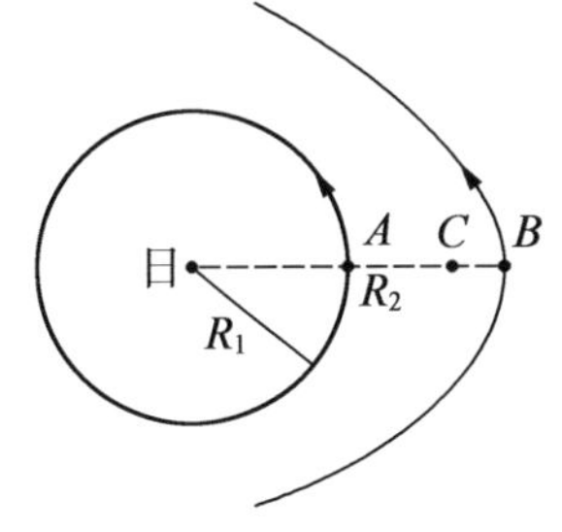

1.290 题图

1.291　质量为 M 的宇航站和质量为 m 的飞船对接后一起沿半径为 nR 的圆形轨道围绕地球运动,这里的 $n=1.25$,R 为地球半径. 而后飞船又从宇航站沿运动方向发射出去,并沿某椭圆轨道飞行,其最远点到地心的距离为 $8nR$,宇航站的飞行轨道也将为一椭圆. 如果飞船绕地球运行一周后恰好与宇航站相遇,则质量比 $\frac{m}{M}$ 应为何值?

1.292　质量为 m 的登月器联结在质量为 $M=2m$ 的航天飞船上一起绕月球做圆周运动,其轨道半径是月球半径 R_m 的 3 倍. 某一时刻,将登月器相对航天飞船向运动反方向射出后,登月器仍沿原方向运动,并沿如图所示的椭圆轨道登上月球表面,在月球表面逗留一段时间后,经快速发动沿原椭圆轨道回到脱离点与航天飞船实现对接,试求登月器在月球表面可逗留多长时间? 已知月球表面的重力加速度为 $g_m=1.62$(m/s^2),月球的半径 $R_m=1.74\times10^6$(m).

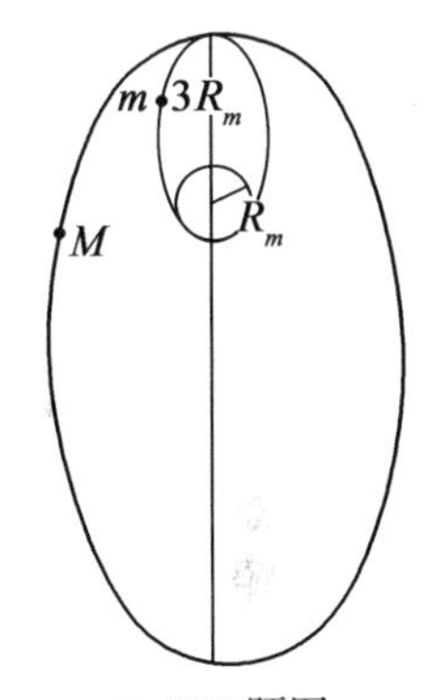

1.292 题图

1.8　机械振动

1.293　摆长为 l_1 的摆钟在一段时间内快了几分钟,若将摆长调到 l_2,则在相同的时间内又慢了几分钟,试求此摆钟的准确摆长 l_0.

1.294　在 1.231 题中,求从弹簧压缩距离 s 开始到 A,B 产生第一次碰撞所需的时间 t.

1.295　两个完全相同的弹性小球 A 和 B 分别挂在不会伸长的轻质绳子的一端,绳的上端固定,绳长分别为 l 和 $\frac{l}{4}$,两球的重

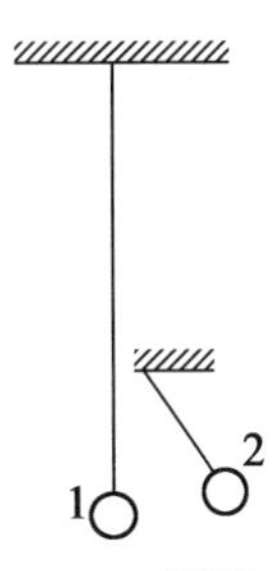

1.295 题图

心得 体会 拓广 疑问

心位于同一水平面上，且在静止时恰好接触，把 B 球拉开很小的距离释放，如图所示. 试问经过多长时间两球会发生第五次碰撞？

1.296 如图所示，一根长为 L 的轻质杠杆，一端 A 铰接在固定点上，另一端 B 用劲度系数为 k_1 且一端固定的弹簧联结而使其保持水平. 然后距 A 端 l 处的点 C 上挂一个劲度系数为 k_2 的弹簧，该弹簧的下端又挂上一个质量为 m 的物体. 试求物体做自由振动的周期.

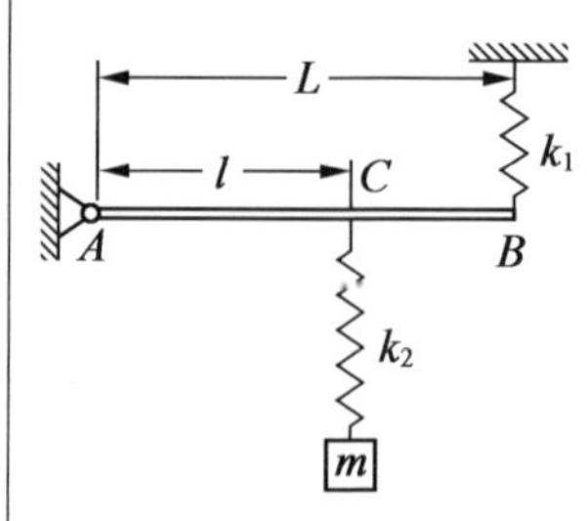

1.296 题图

1.297 如图所示，有一个单摆，其摆长为 l，在悬点的正下方有一个固定的钉子 A，若 $OA=h$，试求此摆的摆动周期（设摆角很小）.

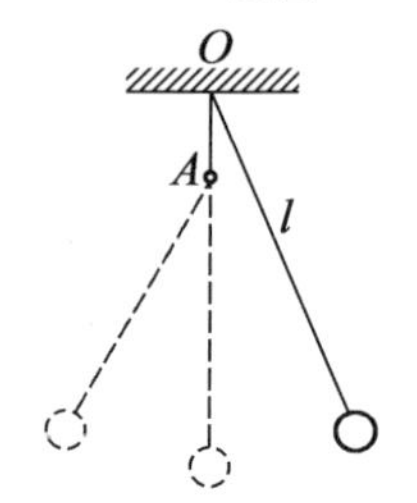

1.297 题图

1.298 如图所示，光滑斜面的倾角为 α，棒 AB 垂直于斜面固定，有一单摆上端固定于 AB 上，使摆线和斜面间的夹角为 θ，已知摆长为 l，试求该摆的摆动周期 T.

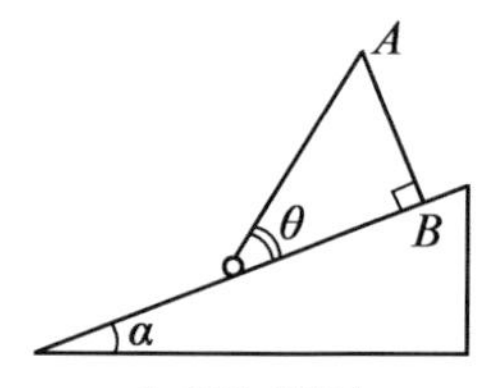

1.298 题图

1.299 在 1.111 题中，若摆线的长为 l，试求其几种情况下摆的摆动周期.

1.300 一个记录地震的水平摆，离开摆球稍远处有一根摇轴，摇轴跟竖直方向成一个小的夹角. 用图表示这种摆，可以看作是一个等边三角形，其中一个边是摇轴，而摇轴对面的顶点上固定着一个质量为 m 的物体，如图所示. 三角形各边的长度为 l，其重量忽略不计，试求这个小摆的振动周期.

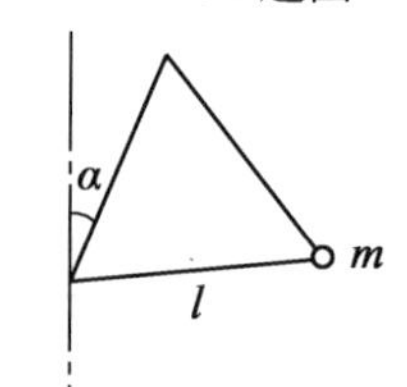

1.300 题图

1.301 三根长度为 $l=2.00(\text{m})$，质量均匀的直杆构成一个正三角形架 ABC，点 C 悬挂在一光滑水平转轴上，整个框架可绕转轴转动，杆 AB 作为导轨，一电动玩具松鼠可在导轨上运动，如图所示. 现观察到松鼠正在导轨上运动，而框架却静止不动，试论证松鼠的运动应是一种什么样的运动.

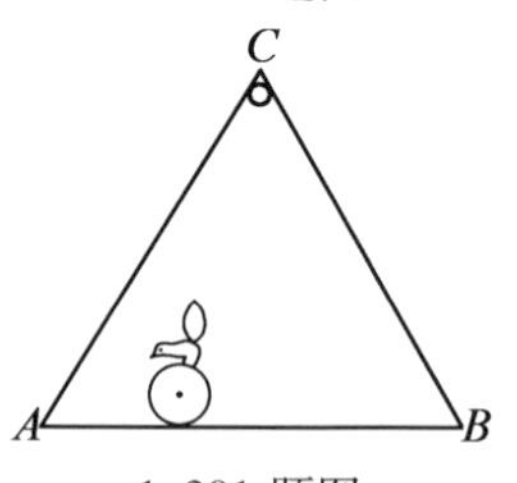

1.301 题图

1.302 如图所示，用三根竖直的长度相等不可伸长的细线将一圆环水平悬挂，环上的拴绳点彼此等间距，现借助于一些重量不计的辐条将一个与环等质量的重物固定在圆心处. 试求固定此重物的前后环做微小扭转振动的周期之比.

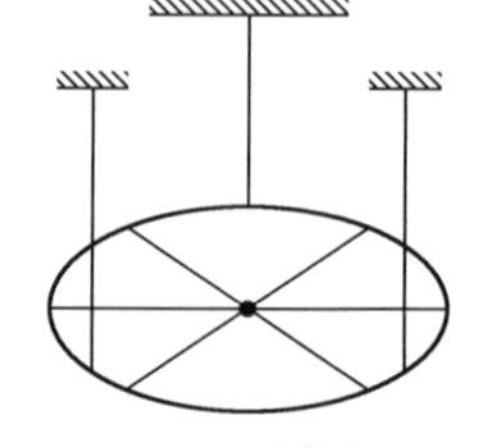
1.302 题图

心得 体会 拓广 疑问

1.303 如图所示,一水平放置的圆环形刚性窄槽固定在桌面上,槽内嵌放着三个大小相同的钢性小球,它们的质量分别为 m_1, m_2, m_3, 且 $m_2 = m_3 = 2m_1$,小球与槽的两壁刚好接触而它们之间的摩擦可忽略不计. 开始时三球处在槽中Ⅰ,Ⅱ,Ⅲ的位置,彼此间距离相等;m_2 和 m_3 静止,m_1 以初速度 $v_0 = \frac{\pi R}{2}$沿槽运动,R 为圆环的内半径与小球的半径之和,设各球之间的碰撞皆为弹性碰撞,求此系统的运动周期 T.

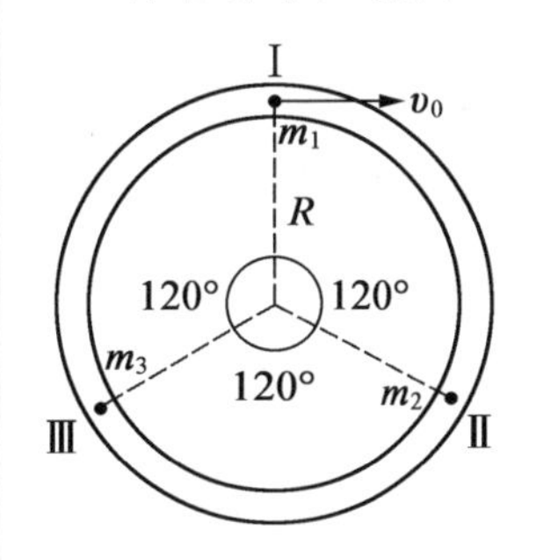

1.303 题图

1.304 A,B,C 是三个完全相同且表面光滑的小球,B,C 两球各被一长为 $l=2.00$(m)的不可伸长的轻线悬挂于天花板上,两球刚好接触,以接触点 O 为原点作一直角坐标系 $Oxyz$,z 轴竖直向上,Ox 轴与两球的连心线重合,如图所示. 今让 A 球射向 B,C 两球,并与两球同时发生碰撞,碰撞前 A 球的速度方向沿 y 轴正方向,其大小为 $v_{AO}=4.00$(m/s);相碰后,A 球沿 y 轴负方向反弹,速度大小为 $v_A=0.40$(m/s).

(1)求 B,C 两球被碰后偏离点 O 的最大位移量.

(2)讨论长期内 B,C 两球的运动情况(忽略空气阻力,取 $g=10$(m/s^2)).

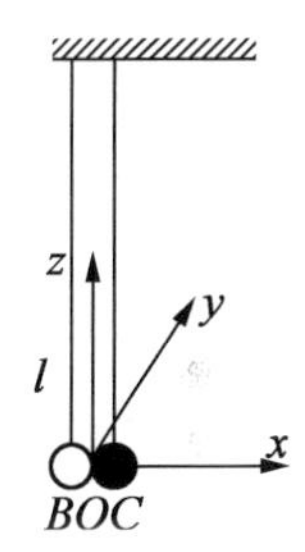

1.304 题图

1.305 质量为 m_1 和 m_2 的两个物体放在光滑的水平面上,m_1 和一端固定的弹簧相连,如图所示,弹簧的劲度系数为 k,如果把 m_2 和 m_1 从平衡位置 O 向左移动距离 x_0. 试问:

(1)放手后,m_1 的振幅有多大?

(2)若 m_2 离开 m_1 后继续向右滑动并与右侧的直立墙 B 发生完全弹性碰撞,那么 B 和 O 之间的距离 x 应满足什么条件才能使 m_2 在返回时恰好在平衡点 O 与 m_1 相遇?

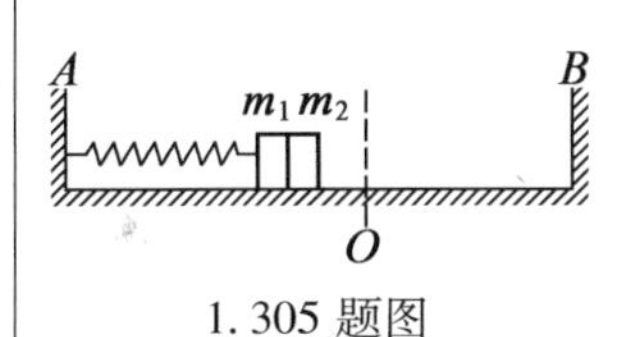

1.305 题图

1.306 有一个在光滑水平面上做简谐振动的弹簧振子,劲度系数为 k,物体质量为 m,振幅为 A. 当物体通过平衡位置时,有一质量为 m'的泥块由静止放在物体上并与之黏在一起,如图所示. 试求:

(1)系统的振动周期和振幅;

(2)振动总能量损失了多少;

(3)如果物体到达最大振幅 A 时,泥块由静止放在物体上,则系统的周期和振幅又是多少? 振动的总能量是否改变? 物体系统通过平衡位置时的速度又是多少?

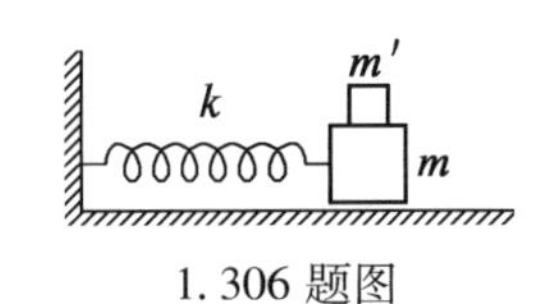

1.306 题图

1.307 如图所示,有一个质量为 m 的小车,从斜面上滑下高度 h 时与缓冲弹簧相撞,若弹簧的劲度系数为 k,斜面倾角为 α,求在小车碰撞后,弹簧做自由振动的周期和振幅. 摩擦力和弹簧的质量均不计.

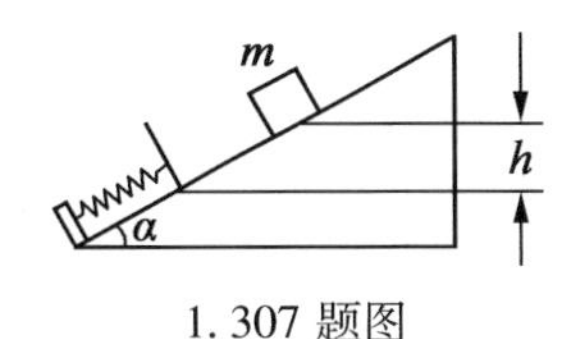

1.307 题图

心得 体会 拓广 疑问

1.308 如图所示，一只杯子挂在一个劲度系数为 k 的弹簧上，一质量为 m 的物体从高度 h 落入杯中，杯便开始振动，物体和杯子的碰撞可以看作是完全非弹性的. 试就下面两种情况求杯子的振幅：

(1)杯子的质量忽略不计；

(2)杯子的质量为 M.

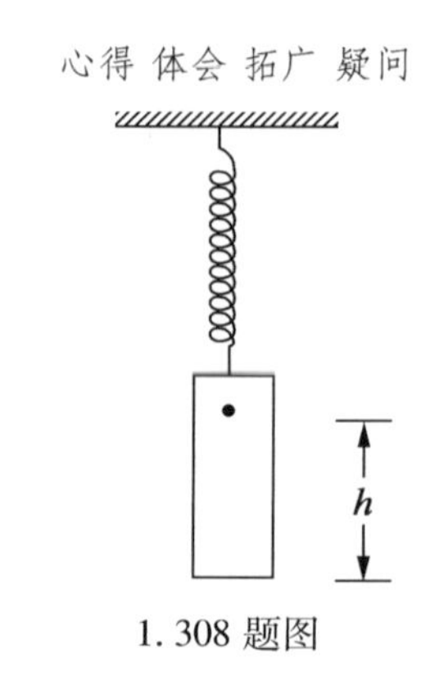

1.308 题图

1.309 在1.242 题中，试求：

(1)系统在开始运动后(子弹射入木块 A 中后)做自由振动的振动周期.

(2)当弹簧第一次恢复原长时，木块 A(包括子弹)、木块 B 和系统质心所前进的距离.

1.310 四个完全相同的物体1,2,3,4，质量均为 m，1 与 2 及 3 与 4 之间分别用劲度系数为 k 的弹簧相连，从而组成两个系统. 两系统均以匀速 v 相向运动，运动系统中弹簧保持自然长度，开始时，两系统的间距为 l，如图所示. 若碰撞是完全弹性且是瞬间完成的，试问经过多长时间后，两系统的间距又变为 l?

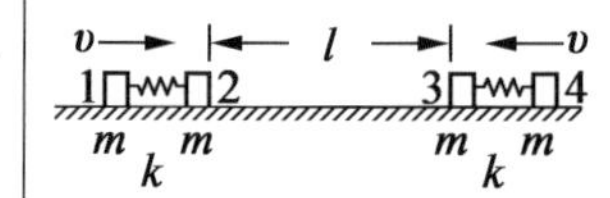

1.310 题图

1.311 如图所示，有一个在光滑水平面上做简谐振动的弹簧振子，质量为 m_1，其上放着一个质量为 m_2 的小物体，若两物体之间的静摩擦系数为 μ，为使两物体不致相对滑动，物体可具有的最大速度为多少? 已知弹簧的劲度系数为 k.

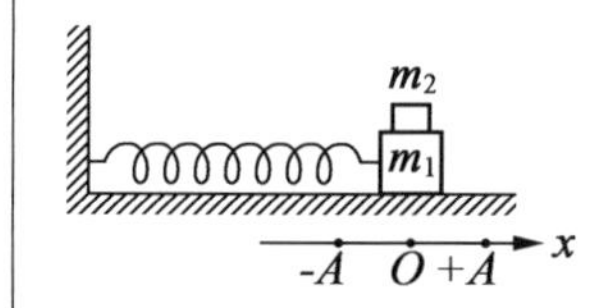

1.311 题图

1.312 如图所示，一个底端固定的竖直弹簧，上端联结着一块质量为 M 的薄板，板上放着一个质量为 m 的小物体，整个装置在竖直方向上做简谐振动的振幅为 A，试问如使小物体不致脱离薄板，弹簧的劲度系数应为多少?

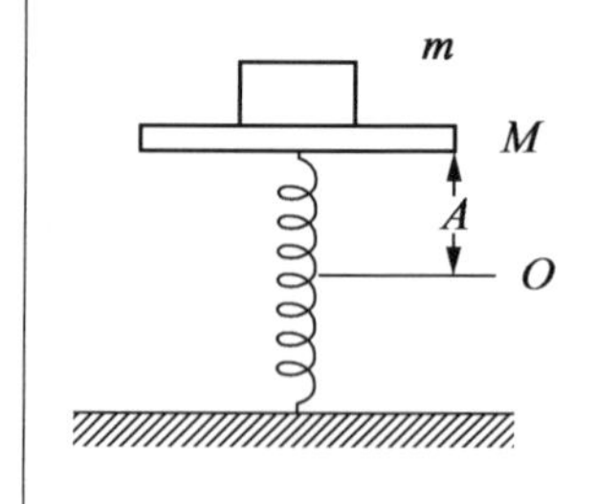

1.312 题图

1.313 如图所示，A，B 两轮的轴相互平行，相距 $2d$. 两轮的转速相同而转向相反. 将质量为 M 的一根均质木杆放在两轮上，木杆与轮的摩擦系数为 μ. 若木杆的质心 C 偏离两轴连线的中点 O 的距离为 l.

(1)试证明：木杆将在轮轴上做简谐振动；

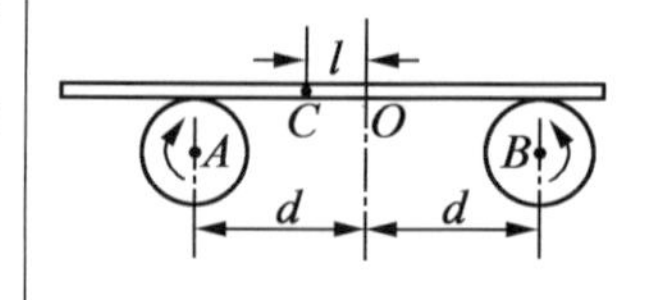

1.313 题图

心得 体会 拓广 疑问

(2)求木杆的振动周期;

(3)求木杆运动的最大速度;

(4)如在木杆上放一质量为 m 的小物体($m \ll M$),为使小物体不致在木杆上滑动,试求物体与木杆间的最小摩擦系数.

1.314 用长度分别为 l_0 和 $2l_0$ 的轻质杆组成“手风琴”式的结构,成为一个弹性系统,结合处为光滑铰接,中间联结一根轻质弹簧,底端挂上重物前后杆间的夹角分别为 α 和 β,如图(a),(b)所示. 求此结构的振动周期.

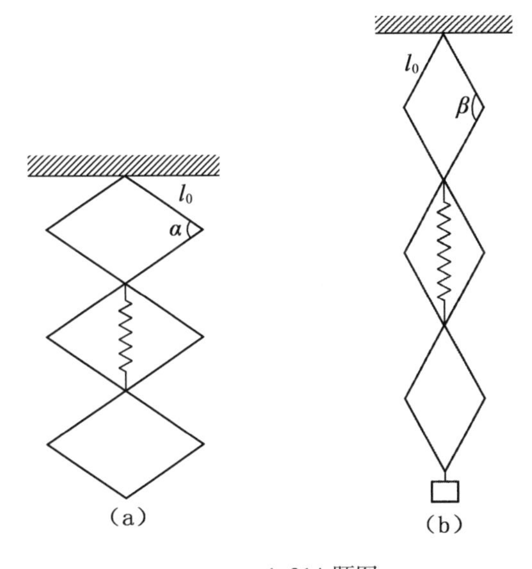

1.314 题图

1.315 有 5 根完全相同的弹簧联结成如图所示的弹性系统,联结处可自由转动,点 A 固定,点 B 联结一个质量为 m 的小振子,弹簧的劲度系数为 k. 开始时,各弹簧处于自由状态. 试求振子沿 x 方向做微小振动的周期.

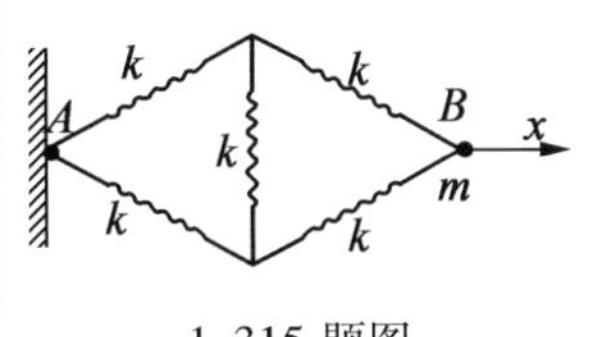

1.315 题图

1.316 如图所示,一根劲度系数为 k 的轻质弹簧,一端系在天花板上,另一端系一厚度为 b,质量为 M 的木块,竖直悬挂时的平衡位置在点 O. 有一质量为 m 的子弹以速度 v_0 竖直向上射入木块或穿透木块. 在子弹射入木块或穿透木块的过程中,受到木块的阻力为一常量 F. 试求木块第一次向上运动的过程中,速度可能达到的最大值以及相应的子弹速度 v_0 应满足的条件. 已知子弹进入木块内不会引起木块质量的变化,重力不计,且 $kb \geqslant 2F$, $\frac{m}{M} \geqslant \frac{5}{4}$.

1.316 题图

心得 体会 拓广 疑问

1.317 假设有一条穿过地心的平直隧道,一质点由地面落入此隧道内,其初速度为零,略去空气阻力和地转效应,如图所示.证明:

(1)该质点将以地心为平衡点做简谐振动;

(2)其振动周期与以第一宇宙速度沿地面运行的人造地球卫星的周期相同;并且该质点过地心时的速度等于第一宇宙速度.(提示:参见1.149题的结论)

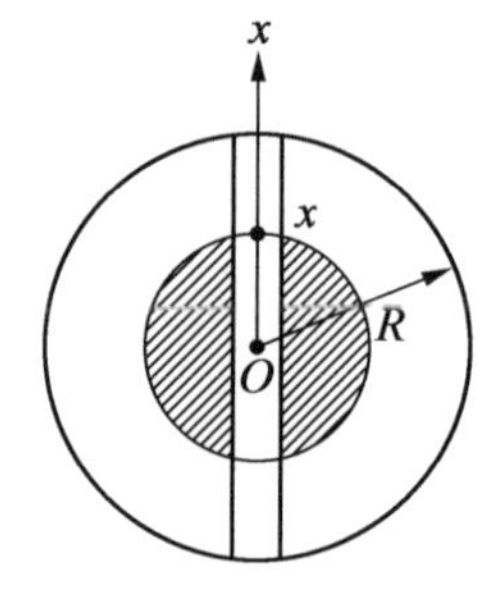

1.317 题图

1.318 有人提出了一种不用火箭发射人造地球卫星的设想,假设沿地球的一条弦挖一条光滑的通道,如图所示,在通道的两个出口A和B处,分别将质量为M的物体和质量为m的待发射卫星同时自由释放,使两物体间发生碰撞,碰撞后质量为m的待发射卫星就会从通道口B冲出通道.假设碰撞是弹性的,只要M比m足够大,设待发射卫星上有一种装置,在待发射卫星刚离开出口B时,立即把待发射的速度方向变为沿该处地球切线的方向,但不改变速度的大小,这样待发射卫星便有可能绕地心运动,成为一颗人造卫星.若人造卫星正好沿地球表面绕地心做圆周运动,则地心到该通道的距离为多少?已知$M=20(m)$,地球半径为$R_0=6.4\times10^6(\mathrm{m})$,假定地球是质量均匀分布的球体.

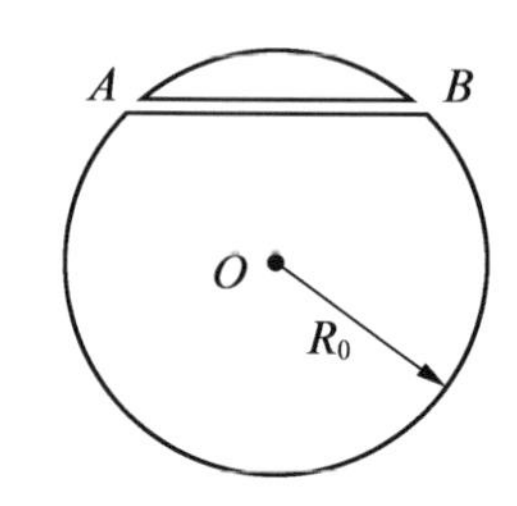

1.318 题图

1.319 如图所示,质量为$M=0.40(\mathrm{kg})$的靶盒位于光滑水平的导轨上,联结靶盒的弹簧的一端与墙壁固定,弹簧的劲度系数$k=200(\mathrm{N/m})$,当弹簧处于自然长度时,靶盒位于点O.P是一固定的发射器,它可根据需要瞄准靶盒,每次发射出一颗水平速度$v_0=50(\mathrm{m/s})$,质量$m=0.10(\mathrm{kg})$的球形子弹,当子弹打入靶盒后,便留在盒内(假定子弹与盒发生完全非弹性碰撞),开始时靶盒静止,今约定,每当靶盒停在或到达点O时,都有一颗子弹进入靶盒内.试问:

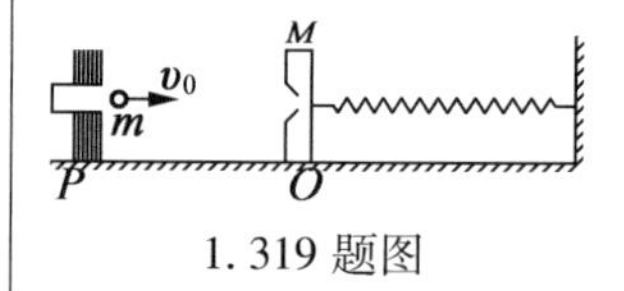

1.319 题图

(1)若相继有6颗子弹进入靶盒,问每一颗子弹进入靶盒后,靶盒离开点O的最大距离各为多少?它从离开点O到回到点O经历的时间各为多少?

(2)若点P到点O的距离为$s=0.25(\mathrm{m})$,问至少应发射几颗子弹后停止射击,方能使靶盒来回运动而不会碰到发射器?

1.320 如图所示,放置在水平面上的两根完全相同的轻质弹簧与质量为m的物体组成振子,每根弹簧的劲度系数均为k,弹簧的一端固定在墙上,另一端与物体相联结,物体与水平面间的静摩擦系数和动静摩擦系数均为μ.当两弹簧恰为原长时,物体位于点O.现将物体向右拉离点O至x_0处(不超过弹性限度),然后将物体由静止释放.设弹簧被压缩及拉长时其整体并不弯曲,一直保持在一条直线上.现规定物体从最右端运动到最左端(或从最左端运动到最右端)为一个振动过程.问:

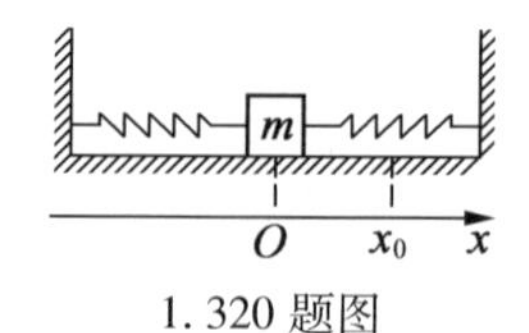

1.320 题图

(1)物体从释放到停止运动,共进行了多少个振动过程?

心得 体会 拓广 疑问

(2)物体从释放到停止运动,共用了多长时间?

(3)物体最后停止在什么位置?

(4)整个过程中物体克服摩擦力做了多少功?

1.321 在天花板上用两根长度同为 l 的轻绳悬挂一质量为 M 的光滑匀质平板,板的中央有一质量为 m 的光滑小球. 开始时系统处于静止的水平平衡状态,而后如图所示,使板有一水平方向的很小的初速度 v_0,此板便会做小角度摆动,试求其振动周期.

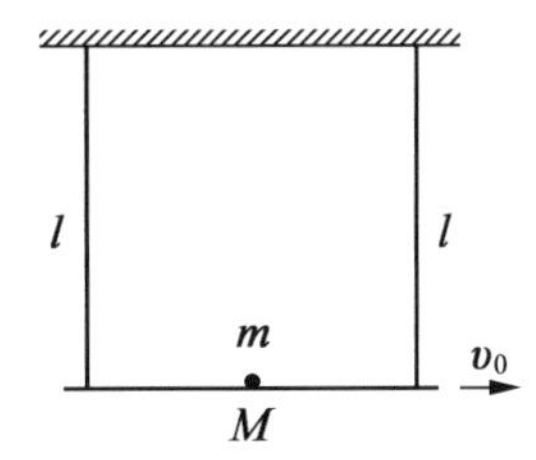

1.321 题图

1.322 一个半径为 R 的刚性轻质圆环,处在竖直的水平面内,环上一点悬挂在与环平面垂直的水平光滑轴 P 上,圆环只能在平面内绕点 P 摆动. 试求在下列两种情况下系统绕点 P 小角度摆动的周期(摆动中角的位置可用 θ 角表示).

(1)在对称于直径 PP' 两侧的圆环上的点 A 和点 B 处,各固定一个完全相同、质量为 m 的质点,$\angle AOP=\angle BOP=\varphi$,如图(a)所示;

(2)在与直径 PP' 成 φ 角的另一条直径 AB 的两端点 A 和点 B 处,各固定一个完全相同,质量为 m 的质点,如图(b)所示.

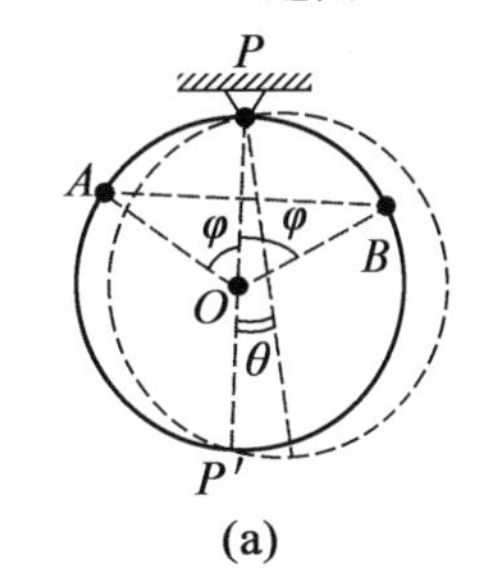

(a)

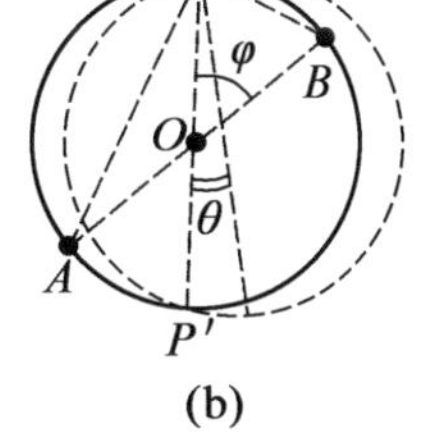

(b)

1.322 题图

1.323 半径为 R 的圆在直线 MN 上做纯滚动,圆上点 P 的轨迹为一滚线,取此滚线的顶点即最低点为坐标原点 O,建立如图所示的直角坐标系.

(1)试用圆滚动角表示出轨迹上任意点 P 的坐标.

(2)若用一金属线弯成图中滚线形状,并固定在竖直平面内,滚线上套上一个珠子,珠子可以在滚线上做无摩擦地滑动. 试证明:此珠子绕平衡位置点 O 的摆动是简谐振动,且珠子在摆动中离开点 O 的距离 s 不受小摆动限制,并求其振动周期. 这里给出的摆动被称为等时摆动. 它与单摆的等时性相比,此处不受摆幅大小的限制. 提示:$1-\cos\varphi=2\sin^2\dfrac{\varphi}{2}$,$\Delta\sin\varphi=\cos\varphi\Delta\varphi$,$\Delta\cos\varphi=-\sin\varphi\Delta\varphi$.

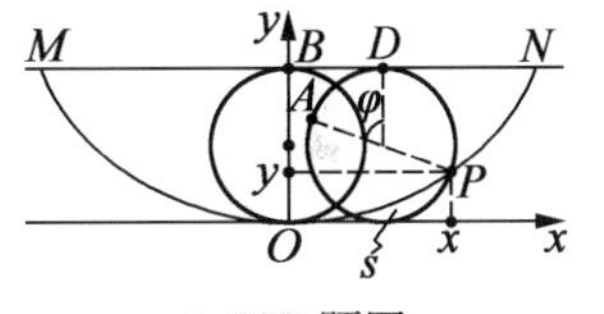

1.323 题图

1.324 如图所示,放在水平地面上方高 1 m 处的三角支架上有一固定的水平横杆,横杆下用细线悬挂一个小球 A,A 通过一根轻弹簧与另一个相同的小球 B 相连. B 静止不动时,弹簧伸长 0.3 m. 今将悬挂球 A 的细线烧断,A,B 便与弹簧一起往下运动. 假设 B 触及地面上的橡皮泥时,弹簧的伸长量正好也是 0.3 m,而后 B 即与橡皮泥发生完全非弹性碰撞. 考虑到 A 球将会继续朝下运动,试求弹簧相对其自由长度的最大压缩量 Δl.

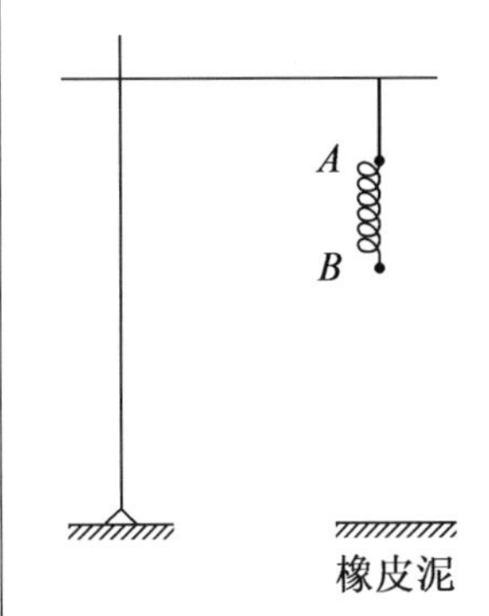

1.324 题图

心得 体会 拓广 疑问

1.325 如图所示，质量为 M 的箱子悬一劲度系数为 k 的弹簧，弹簧下端系一质量为 $m=M$ 的小球，弹簧原长为 l_0，箱子上、下底间距为 l，初始时箱底离地面高度为 h，系统静止. 小球在弹力和重力作用下达到平衡. 某时刻，箱子自由下落，落地时与地面做完全非弹性碰撞，设箱子着地时，弹簧长度正好与初始未下落时的弹簧长度相等. 求：

(1) h 的最小值；

(2) 在(1)的条件下，当箱子着地后，小球不会与箱底碰撞的最小 l 值.

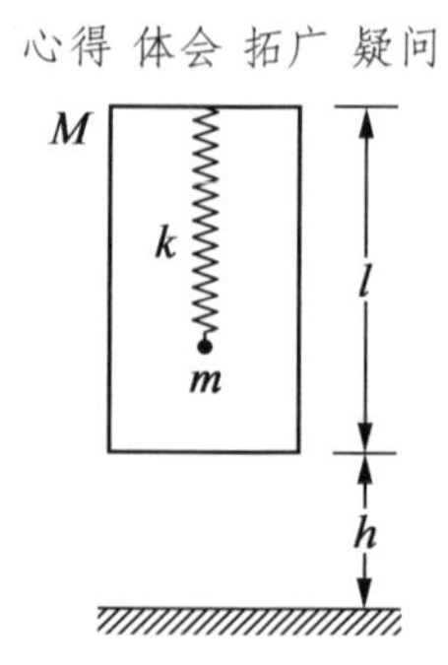

1.325 题图

1.326 一根自然长度为 l_0 的弹性线 AB（重量不计），上端固定，下端挂一重物. 在铅直平衡时，弹性线的净伸长为 d. 如从平衡位置再向下拉距离 c 然后放开，则重物绕其平衡位置上、下振动. 如图所示，若 $d(d+2l_0)>c^2>d^2$，试证重物回到它原来的放开位置所经历的时间应为 $2\sqrt{\dfrac{d}{g}}(\pi-\theta+\tan\theta)$，这里 $\cos\theta=\dfrac{d}{c}$（θ 为锐角）.

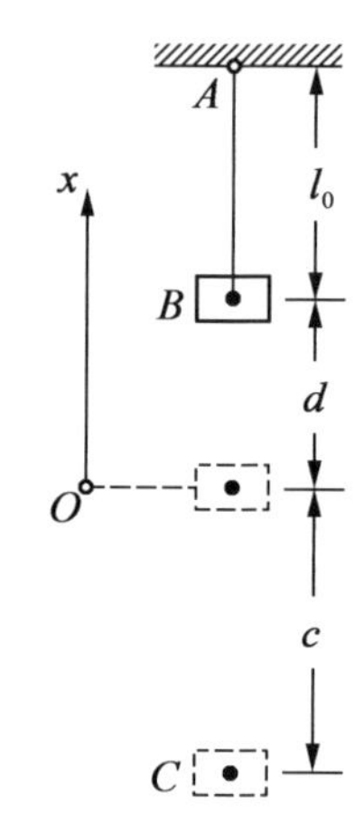

1.326 题图

1.327 在 1.307 题中，求小车和弹簧间两次碰撞的时间间隔 t.

1.328 如图所示，物体 A，B 用细绳相连悬挂于定滑轮 O 上. 物体 C 用劲度系数为 $k=\dfrac{mg}{l}$，原长为 l 的弹簧悬挂于 B 下，已知它们的质量关系为 $m_B=m_C=\dfrac{1}{2}m_A=m$. 开始时系统静止，且使弹簧保持原长释放. 若不计滑轮与绳的质量和摩擦，试求 C 相对于 B 的运动规律.

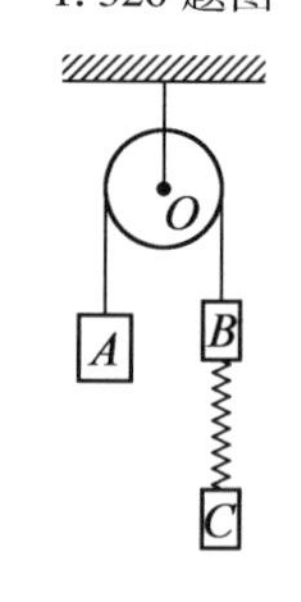

1.328 题图

1.329 如图所示，质量为 m 的圆盘，悬于劲度系数为 k 的弹簧下端，在距盘上方高 $h=\dfrac{mg}{k}$ 处有一质量也为 m 的圆环由静止自由下落，并与圆盘发生完全非弹性碰撞，碰撞时间很短，求圆环开始下落到圆盘向下运动至最低点所经历的时间.

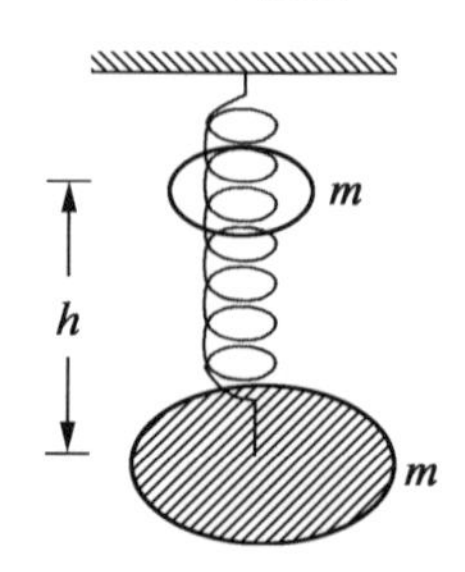

1.329 题图

心得 体会 拓广 疑问

1.330 如图所示,在水平桌面中心处有一光滑小孔 O,一条劲度系数为 k 的轻质弹性细线穿过小孔,线的一端系一质量为 m 的质点,弹性线的自然长度等于 OA,现将质点沿桌面拉至 B 处,并将质点沿垂直于 OB 的方向以速度 v 沿桌面抛出,试求:

(1)质点绕点 O 转过 90°至点 C 所需的时间;

(2)质点到达点 C 时的速度及点 C 至点 O 的距离.

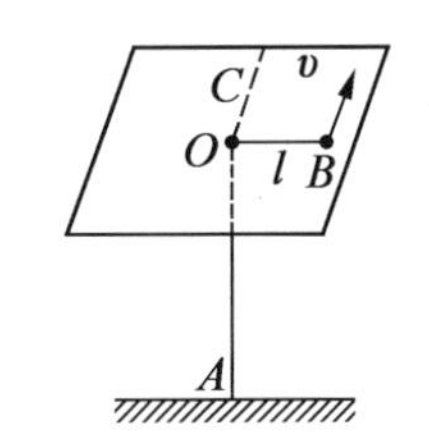

1.330 题图

1.331 位于铅垂平面内的"∠"形等截面弯管,两管与水平面夹角分别为 α 和 β,如图所示. 其内盛有长为 l,质量为 m 的液柱,受扰动后,液柱将沿管做往返振荡. 求振荡周期,设管壁无阻力.

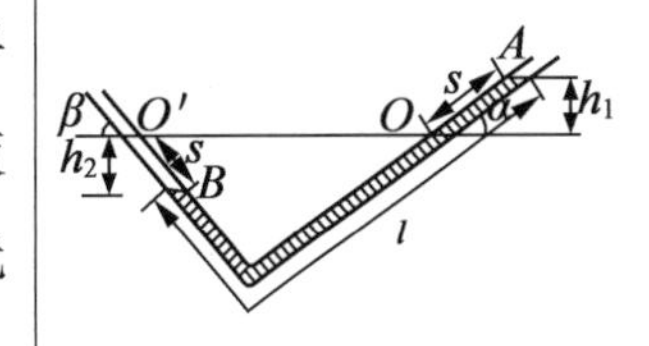

1.331 题图

1.332 一个原长为 l,劲度系数为 k 的轻质弹簧,一端悬挂在转轴上,另一端联结一个质量为 m 的球体,弹簧自水平、自然伸长状态释放,如图所示. 当弹簧到达竖直位置时,弹簧的长度是多少?(软弹簧意味着 $mg \gg kl$,因此弹簧内部的张力始终直接正比于其伸长量)

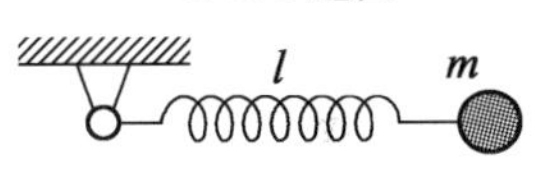

1.332 题图

1.333 如图所示,平台 A 的质量为 m,由劲度系数为 k 的弹簧来支持,物块 B 的质量也是 m ,自由地放在平台中心. 现以力 $F=\sqrt{4+2\pi^2}\,mg$把弹簧压下(假定仍在弹性限度以内),并在系统静止时撤去外力,求此后 A,B 的运动情况及两者到达的最大高度.

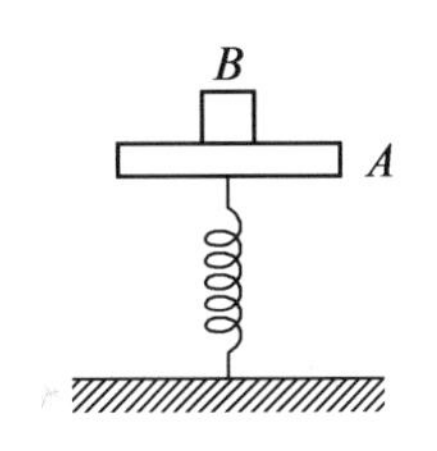

1.333 题图

1.334 如图所示,A 是某种材料制成的小球,B 为某种材料制成的均匀刚性薄球壳,假设 A 与 B 的碰撞是完全弹性的,B 与桌面的碰撞是完全非弹性的. 已知球壳的质量为 m, 内半径为 a,放置在水平的无弹性的桌面上,小球 A 的质量亦为 m,通过一自然长度为 a 的柔软的弹性轻绳悬挂在球壳内壁的最高处,且 $ka=\frac{9}{2}mg$,起初将小球拉到球壳内的最低点处,然后轻轻释放,试详细地、定量地讨论小球以后的运动.

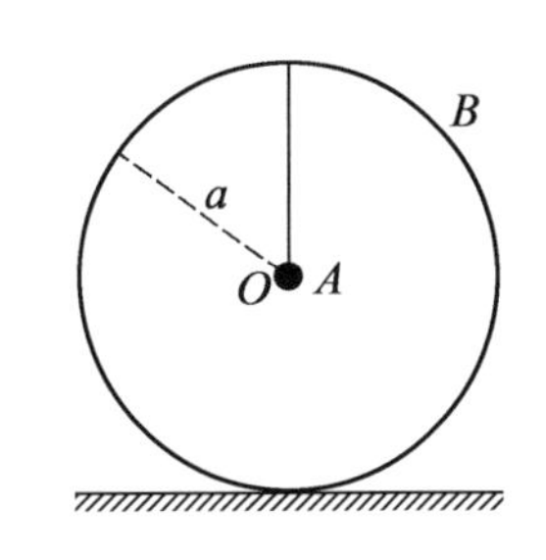

1.334 题图

1.9 流体力学

1.335 如图所示,一支 U 形管左管的截面积是右管的三分

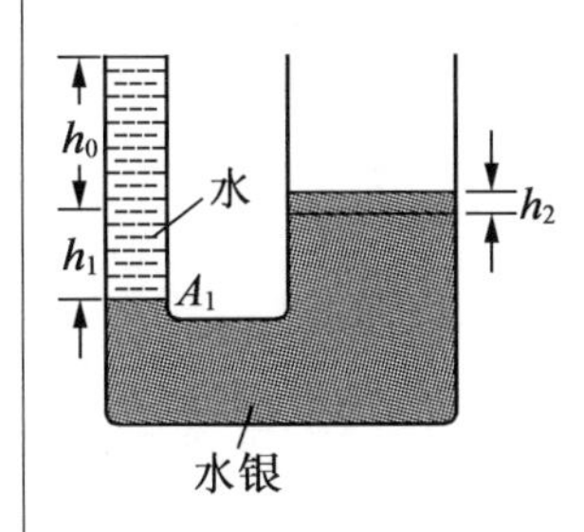

1.335 题图

心得 体会 拓广 疑问

之一，管内装有水银，细管中水银面距管的上端为 $h_0=30(\text{cm})$，如使左管的上部装满水，试求右管中水银面要上升的高度 h_2 和左管中水银面下降的高度 h_1.

1.336 有一个体积是 V 的均匀小球浮在两种不同的液体分界面上，如图所示. 上层液体的密度为 ρ_1，下层液体的密度为 ρ_2，球的密度为 $\rho(\rho_1<\rho<\rho_2)$.

(1)问此小球在上、下层液体中的体积 V_1，V_2 分别为多少？

(2)若上层为煤油，下层为水银，其密度分别为 $0.9\times10^3\ \text{kg/m}^3$ 和 $13.6\times10^3\ \text{kg/m}^3$，若使小球在分界面处上、下层液体内的体积相同，试求小球的密度.

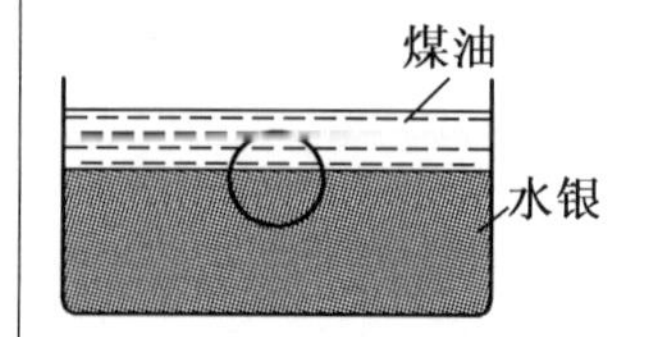

1.336 题图

1.337 有一块冰浮在盛满水的容器中，在下列情况下，当冰溶解时，水会不会从容器边缘溢出？

(1)冰的内部有铁块.

(2)冰内有气泡.

(3)冰内有一块软木.

1.338 如图所示，有一截面积为 S_1 的圆柱形桶，里面放有高度为 h 的水，若将一截面积为 S_2，高度为 h 的木块放入水中，待木块平衡后，用一细长的针压在木块的上端，使木块匀速降至桶底，若 $S_1=2S_2$，木块的密度为 ρ，水的密度为 ρ_0 且 $\rho=\frac{1}{2}\rho_0$. 试求在木块降至桶底的过程中，需要外力做多少功？

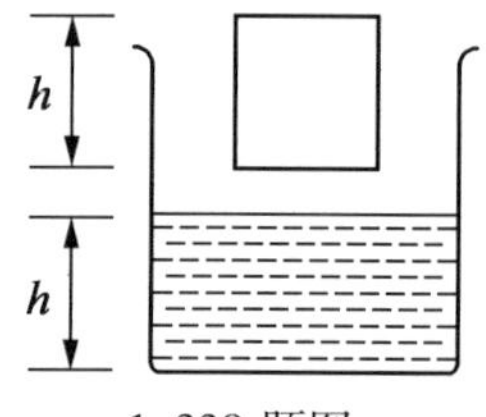

1.338 题图

1.339 以 $F=30(\text{N})$ 的力压在直径为 $d=2(\text{cm})$ 的注射器活塞上，若注射器是水平放着的，且不计活塞移动的摩擦，试求从注射孔内流出液体的速度 v，液体的密度为 ρ.

1.340 如图所示，一质量为 $m_1=0.1(\text{kg})$ 的小球 A，从半径为 $R=0.8(\text{m})$ 的 $\frac{1}{4}$ 圆形轨道自由落下，到该轨道的最低点时，与放置在该点的另一质量为 $m_2=0.4(\text{kg})$，密度为 $\rho=0.5\times10^3(\text{kg/m}^3)$ 的小球 B 发生完全弹性碰撞后，小球 B 落入河中而未到河底又浮上河面，若小球 B 最初距河面的距离为 $H=5(\text{m})$，水的密度为 $\rho_0=1.0\times10^3(\text{kg/m}^3)$，且 $g=10(\text{m/s}^2)$，不计一切摩擦，试求小球 B 浮出水面时离河岸的水平距离 s 和在水中下沉的最大深度 h.

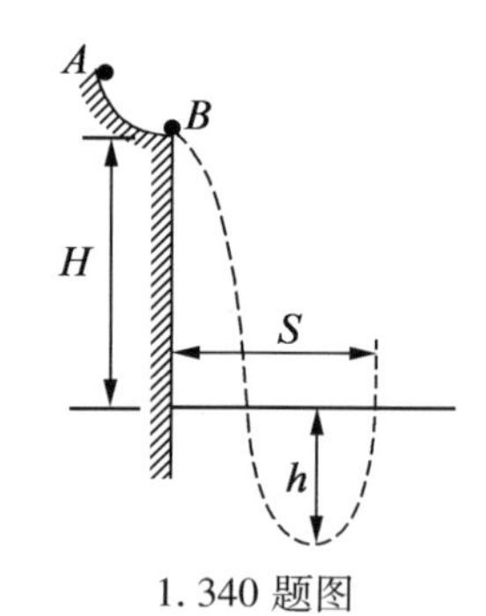

1.340 题图

1.341 将一半径为 $R=1\times10^{-3}(\text{m})$ 的钢球放入装有甘油的缸中，钢球和甘油的密度分别为 $\rho_1=8.5\times10^3(\text{kg/m}^3)$ 和 $\rho_2=1.32\times10^3(\text{kg/m}^3)$，甘油的粘度系数为 $\eta=0.83(\text{kg/m}\cdot\text{s})$.

(1)当钢球下落的加速度为 $\frac{g}{2}$ 时，试求钢球这时的速度 v.

(2)求钢球下落的最大速度 $v_{\max}$.

1.342　内半径都为 r 的 U 形管里面装有某种液体. 两竖直管相距为 l,如图所示. 试问当 U 形管做下列运动时,两管液面高度差有无变化?

(1) U 形管在水平方向以加速度 a 向右运动.

(2) 以 U 形管左侧为轴,以角速度 ω 旋转.

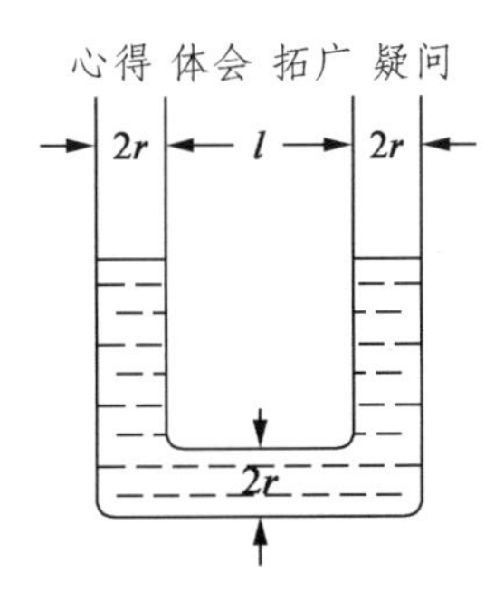

1.342 题图

1.343　有一个直口水桶,其中装有适量的水,当水绕中心轴旋转时,水的表面将成一曲面. 求证当转动的角速度为 ω 时,稳定后水的表面为一旋转抛物面.

1.344　如图所示,粗细均匀的 U 形玻璃管内装有某种液体,设法使一端的液面高于另一端液面,高度差为 $2x$,由此液面开始自由振动. 摩擦力不计.

(1) 试证明液体的振动为简谐振动.

(2) 若 U 形管内液体柱的总长度为 l,求液柱的振动周期.

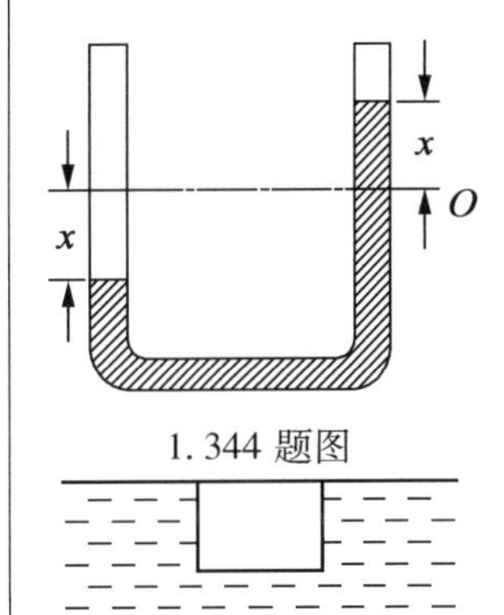

1.344 题图

1.345 题图

1.345　如图所示,有一质量为 M,水平面积为 S 的木块浮于水面,其截面积在高度方向上均匀. 今把木块完全压入水中并使上表面与水平面相平,然后突然放手,如不计水对木块的阻力,试问木块将做什么振动,并求其振动周期.

1.346　一只较浅的盛水大容器,底部有一小孔,距小孔下方为 $h=0.2(\mathrm{m})$ 处有一块水平放置的玻璃板,当打开小孔后,水柱均匀落到玻璃板后,以张角 $\alpha=120°$ 的漏斗状水花向四处溅出,如图所示. 若水花溅出的速度为 $v'=2.0(\mathrm{m/s})$,且水跟玻璃板接触的面积等于水柱的横截面积,试求刚开始放水时水柱对玻璃板的压强.

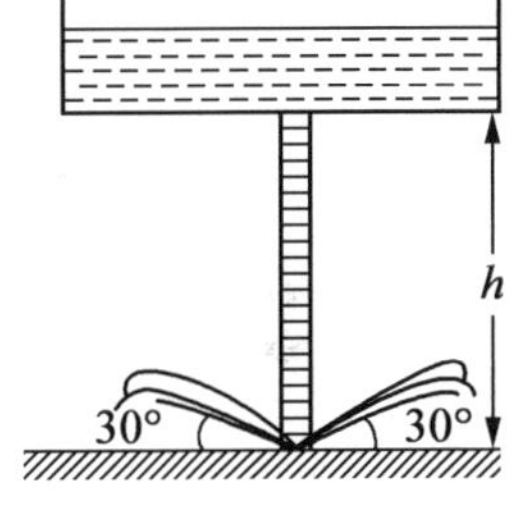

1.346 题图

1.347　如图所示,从喷嘴射出的稳定水流遇到挡板后分为两支水流,设单位时间内水的流量为 Q,密度为 ρ,速度为 v,水分开后的速度大小不变,挡板与水平方向的夹角为 θ. 已知挡板所受的支撑力 N 垂直于挡板,摩擦阻力不计,试求 N 的大小和两支水流的流量.

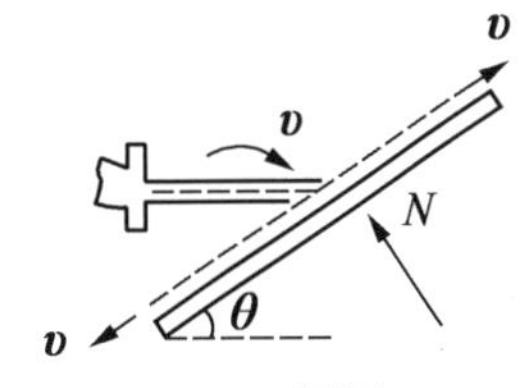

1.347 题图

1.348　截面为正方形的木棒水平地浮在水面上,为使木棒对于水平轴的扰动呈稳定平衡,木棒的密度与水的密度之比应为多大?

1.349　冰的密度记为 ρ_1,海水密度记为 ρ_2,有 $\rho_1<\rho_2$.

(1) 高为 H 的圆柱形冰块竖立在海水中,将其轻轻按下,直到顶部在水面下方 $h'=\dfrac{(\rho_2-\rho_1)H}{2\rho_2}$ 处,而后让其在竖直方向上自由运动. 略去运动方向上的所有阻力,试求冰块的运动周期 T_1.

(2) 金字塔形(正四棱锥形)的冰山漂浮在海水中,平衡时塔顶离水面高度为 h,试求冰山自身高度 H 和冰山在平衡位置附近做竖直方向小幅振动的周期 T_2.

1.350　一个大容器中装有互不相容的两种液体,它们的密度

分别为 ρ_1 和 $\rho_2(\rho_1 < \rho_2)$. 现让长度为 l,密度为$\frac{\rho_1+\rho_2}{2}$的均匀木棍竖直地放在上面的液体内,其下端离两液体分界面的距离为$\frac{3}{4}l$,由静止开始下落,试计算木棍到达最低处所需的时间. 假定由于木棍运动而产生的液体阻力可以忽略不计,且两液体都足够深,保证木棍始终都在液体内部运动,既未露出液面也未与容器底相碰.

心得 体会 拓广 疑问

第二编

答　案

第1章 力 学

1.1 静力学

1.1.1 力

1.1 每页书都是两边受到摩擦力的作用,如图所示.书 B 的第 i 页所受的摩擦力为其上面一页(书 A)对它的摩擦力 f_i'和下面一页(书 A)对它的摩擦力 f_i''之和,而书 B 第一页的上面不受摩擦力的作用,即 $f_1'=0$. 所以抽出 B 的第 i 页所需力则为

$$f_i=f_i'+f_i''$$

而
$$f_i'=(2i-2)\mu mg$$
$$f_i''=(2i-1)\mu mg$$

故得
$$f_i=(4i-3)\mu mg$$

从 f_i 的表达式可见,$f_1,f_2,\cdots,f_{200}$ 组成一等差数列,且

$$f_1=\mu mg$$
$$f_{200}=797\mu mg$$

从而求得把书 B 各页同时都拉出所需的力为

$$F=f_1+f_2+\cdots+f_{200}=\frac{f_1+f_{200}}{2}\times 200=79\ 800\mu mg$$
$$=79\ 800\times 0.3\times 0.005\times 9.8=1\ 173(\mathrm{N})$$

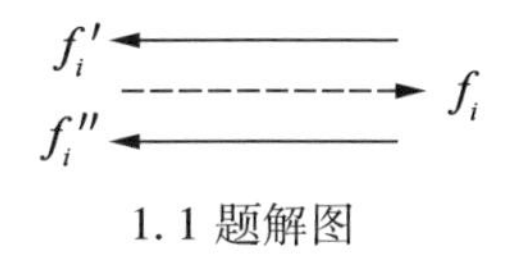

1.1 题解图

1.2 首先取四块砖为整体作为研究对象,设木板对砖 1 和 4 的摩擦力为 f,方向向上,如图(a)所示,则由竖直方向上的受力平衡有

$$2f=4mg$$

再取砖 1 和 2 为整体作为研究对象,设 f_{32} 的方向向上,两边所受水平方向上的压力分别为 N 和 N',如图(b)所示,则由竖直方向上的受力平衡有

$$f+f_{32}=2mg$$

最后取砖 2 为研究对象,设 f_{12} 的方向向上,两边所受水平方向上的压力分别为 N_1 和 N_1',如图(c)所示,则由竖直方向上的受力平衡有

$$f_{12}+f_{32}=mg$$

由以上各式可求得

$$f=2mg$$

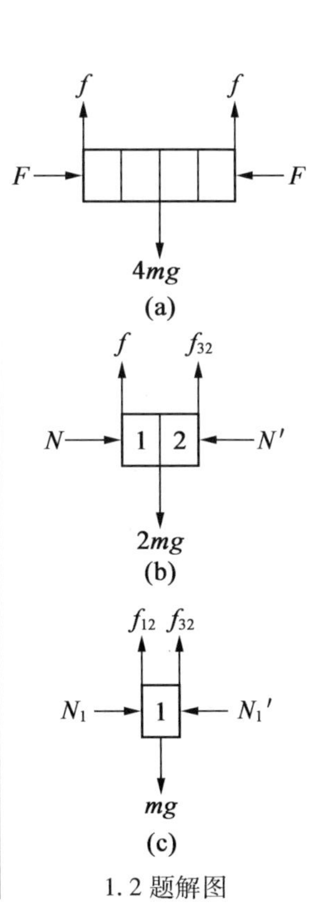

1.2 题解图

心得 体会 拓广 疑问

$$f_{12}=mg$$
$$f_{32}=0$$

1.1.2 在共点力作用下物体的平衡

1.3 通过 B,C,D 分别作墙的垂线，其垂足分别为 B',C' 和 D'. 平板受到三个力作用：重力 P，线的拉力 F 和墙对点 A 的弹力 N，如图所示. 这三个非平行力平衡时其作用线必交于一点 O. G 为平板重心的位置.

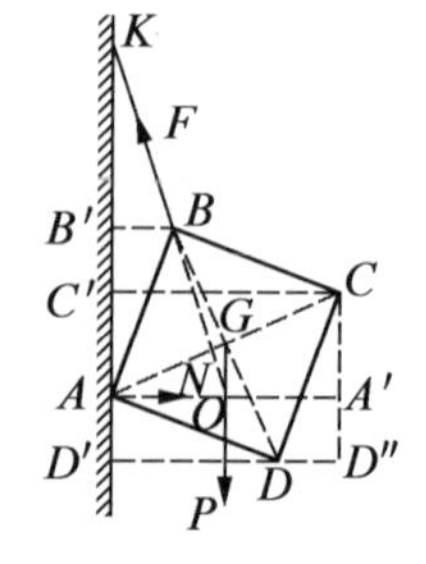

1.3 题解图

由几何知识和已知 $KB=AB$，易得

$$AO=2BB'$$

由于 G 为正方形的中心，故易知

$$A'A=2AO$$

由 $\triangle ABB'\cong\triangle CDD''$，易知

$$DD''=BB'$$

因此

$$CC'=A'A=2AO=4BB'$$
$$DD'=D'D''-DD''=CC'-BB'=3BB'$$

因而点 B,C,D 距离墙的比为 1:4:3.

1.4 此题可用三角法解题.

(1)先取重量为 Q 的小环为研究对象. 小环所受的力有：自身重力 Q，方向向下；大环的支持力 N_2，方向沿大环的法线方向；绳中张力 T，方向由 Q 指向 O'. Q 在这三个力的作用下平衡，受力如右图所示. 由相似三角形知

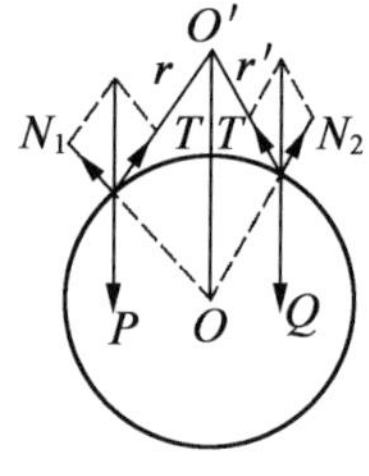

1.4 题解图

$$\frac{T}{r'}=\frac{Q}{OO'}$$

(2)同样道理再取重量为 P 的小环为研究对象可得

$$\frac{T}{r}=\frac{P}{OO'}$$

故得

$$\frac{r}{Q}=\frac{r'}{P}$$

由合比定理得

$$\frac{r}{Q}=\frac{r'}{P}=\frac{r+r'}{Q+P}=\frac{l}{Q+P}$$

1.5 设匀质的铜质电缆的总质量为 m. 先取 AC 段电缆为整体作为研究对象，它受三个力的作用：作用于点 A 的张力 T_A，与竖直塔所成角为 α；作用于点 C 的张力 T_C，沿水平方向向左；作用于 AC 段中点的重力 $\frac{1}{4}mg$，方向竖直向下；此三力作用线（或其反向延长线）必交汇于一点，如图所示. 建立以水平向右为 x 轴、竖直向上为 y 轴的直角坐标系，则由 x 和 y 方向上的受力平衡分别有

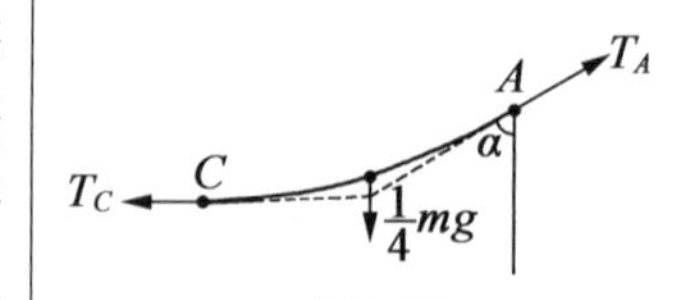

1.5 题解图

心得 体会 拓广 疑问

$$\sum F_x = T_A\sin\alpha - T_C = 0$$

$$\sum F_y = T_A\cos\alpha - \frac{1}{4}mg = 0$$

再取 AC 段电缆为整体作为研究对象,同上面的分析,则有

$$\sum F_x = T_C - T_B\sin\beta = 0$$

$$\sum F_y = T_B\cos\beta - \frac{3}{4}mg = 0$$

联立解以上四式可求得

$$T_A = 0.5mg$$

$$T_B \approx 0.866mg$$

$$T_C \approx 0.433mg$$

$$\alpha = 60°$$

1.6 如图所示,钢板在 A,B 两点所受的力为:滚子对它的法向压力 N 和摩擦力 f,由于 f 的作用才把钢板带入碾滚. 若使热钢匀速进入碾滚,则必须使热钢在水平方向所受合力为零,即

$$f\cos\alpha - N\sin\alpha = 0$$

而

$$f = \mu N$$

故由上两式得

$$\tan\alpha = \mu$$

从而求得

$$b = a + 2R(1-\cos\alpha) = a + 2R\left(1 - \frac{1}{\sqrt{1+\tan^2\alpha}}\right)$$

$$= a + 2R\left(1 - \frac{1}{\sqrt{1+\mu^2}}\right) = 0.75(\text{cm})$$

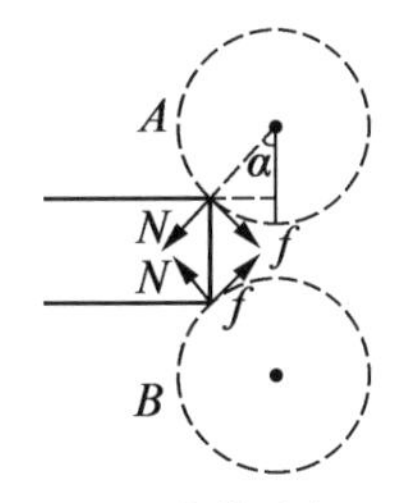

1.6 题解图

1.7 如图(a)所示,系统不向右下滑的条件为

$$m_1g\sin\theta_1 - m_2g\sin\theta_2 \leqslant \mu m_1g\cos\theta_1 + \mu m_2g\cos\theta_2 \quad ①$$

由于 $\theta_1+\theta_2=90°$,$m_1>m_2$,$\mu<1$,故由上式得

$$\tan\theta_1 \leqslant \frac{2\mu+1}{2-\mu} \quad ②$$

同样,如图(b)所示,系统不向左下滑的条件为

$$m_2g\sin\theta_2 - m_1g\sin\theta_2 \leqslant \mu m_1g\sin\theta_2 + \mu m_2g\cos\theta_2$$

即

$$\tan\theta_2 \leqslant \frac{2+\mu}{1-2\mu} \quad ③$$

(1) 当 $\mu<\frac{1}{2}$ 时,由式③知系统刚要向左滑落的角度为

$$\theta_{2左} = \arctan\frac{2+\mu}{1-2\mu},0°<\theta_{2左}<90°$$

(2) 当 $\mu=\frac{1}{2}$ 时,由式③知系统刚要向左滑落的角度为

心得 体会 拓广 疑问

$$\theta_{2左}=90°$$

(3) 当 $\mu>\frac{1}{2}$ 时,式③可写为

$$\tan\theta_2\geqslant\frac{2+\mu}{1-2\mu}$$

等式右边为负值.

就是说在0°~90°之间系统不会向左滑动,必须使 m_1 移动到左方,m_2 离开圆柱体而自由悬挂,见图(c),用 θ 表示系统的位置,则不向左滑落的条件为

$$m_1g\sin\theta+m_2g\leqslant\mu m_1g\cos\theta$$

即系统向左下滑的位置 $\theta_{左}$ 应满足

$$\sin\theta_{左}-\mu\cos\theta_{左}=-\frac{m_2}{m_1}=-\frac{1}{2} \quad ④$$

令 $\mu=\tan\varphi$,则式④可改写为

$$\frac{1}{\sqrt{1+\mu^2}}\sin\theta_{左}-\frac{\mu}{\sqrt{1+\mu^2}}\cos\theta_{左}=-\frac{1}{2\sqrt{1+\mu^2}}$$

$$\cos\varphi\sin\theta_{左}-\sin\varphi\cos\theta_{左}=-\frac{1}{2\sqrt{1+\mu^2}}$$

$$\sin(\theta_{左}-\varphi)=-\frac{1}{2\sqrt{1+\mu^2}}$$

$$\theta_{左}=\arctan\mu-\arcsin\frac{1}{2\sqrt{1+\mu^2}}$$

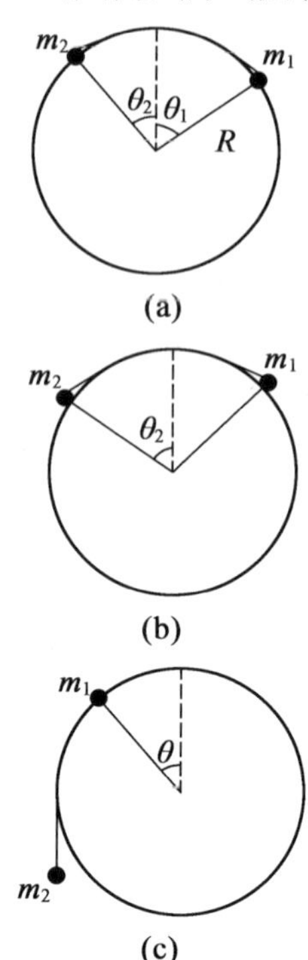

1.7 题解图

1.8 由于半球面光滑无摩擦,故此题可简化为小球和杆放在半径为 R 的半圆环内的情况,如右图所示.

解法一:建立沿细棒向右为 x 轴,垂直于细棒向上为 y 轴的直角坐标系,并用分离法解题,设 α 角如图所示.

(1)先取重量为 G_1 的小球为研究对象(见图(a)).

小球所受的力有:自身重力 G_1,方向向下;棒的压力 F,方向沿棒的方向向右;圆环的压力 N_1,方向指向环心. 由受力平衡条件有

$$\sum F_x=F+G_1\sin\theta-N_1\cos\alpha=0 \quad ①$$

$$\sum F_y=N_1\sin\alpha-G_1\cos\theta=0 \quad ②$$

(2)再取重量为 G_2 的小球为研究对象.

小球所受的力有:自身重力 G_2,方向向下;棒的压力 F,方向沿棒的方向向左;圆环的压力 N_2,方向指向环心. 由受力平衡条件有

$$\sum F_x=G_2\sin\theta+N_2\cos\alpha-F=0 \quad ③$$

$$\sum F_y=N_2\sin\alpha-G_2\cos\theta=0 \quad ④$$

由式②与式④得

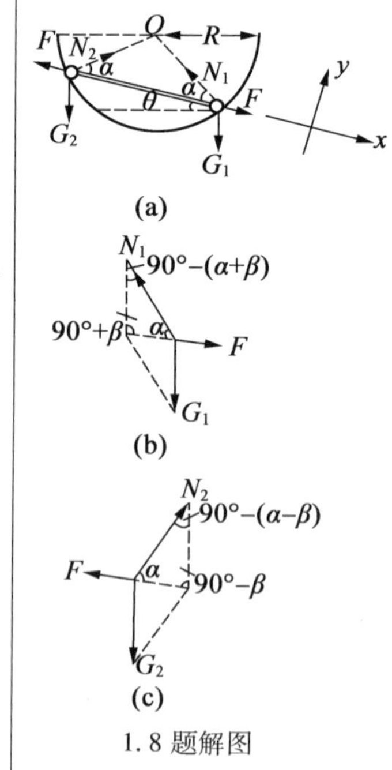

1.8 题解图

心得 体会 拓广 疑问

$$\frac{N_1}{N_2}=\frac{G_1}{G_2}$$

$$\cos\theta=\frac{N_1+N_2}{G_1+G_2}\sin\alpha$$

由式①与式③得

$$\sin\theta=\frac{N_1-N_2}{G_1+G_2}\cos\alpha$$

所以

$$\tan\theta=\frac{N_1-N_2}{N_1+N_2}\cot\alpha=\frac{G_1-G_2}{G_1+G_2}\cdot\frac{\frac{l}{2}}{\sqrt{R^2-(\frac{l}{2})^2}}$$

$$=\frac{G_1-G_2}{G_1+G_2}\cdot\frac{l}{\sqrt{4R^2-l^2}}$$

$$\cos\theta=\frac{1}{\sqrt{1+\tan^2\theta}}=\frac{(G_1+G_2)\sqrt{4R^2-l^2}}{2\sqrt{R^2(G_1+G_2)^2-l^2G_1G_2}}$$

$$\sin\theta=\sqrt{1-\cos^2\theta}=\frac{(G_1-G_2)l}{2\sqrt{R^2(G_1+G_2)^2-l^2G_1G_2}}$$

再由式②得

$$N_1=\frac{G_1}{\sin\alpha}\cos\theta$$

$$=G_1\cdot\frac{R}{\sqrt{R^2-(\frac{l}{2})^2}}\cdot\frac{(G_1+G_2)\sqrt{4R^2-l^2}}{2\sqrt{R^2(G_1+G_2)^2-l^2G_1G_2}}$$

$$=\frac{G_1}{\sqrt{1-\frac{G_1G_2}{(G_1+G_2)^2}(\frac{l}{R})^2}}$$

同理可得

$$N_2=\frac{G_2}{\sqrt{1-\frac{G-G_2}{(G_1+G_2)^2}(\frac{l}{R})^2}}$$

$$F=G_2\sin\theta+N_2\cos\alpha=\frac{2G_1G_2l}{2\sqrt{R^2(G_1+G_2)^2-l^2G_1G_2}}$$

$$=\frac{G_1G_2}{G_1+G_2}\cdot\frac{l}{R}\cdot\frac{1}{\sqrt{1-\frac{G-G_2}{(G_1+G_2)^2}\cdot(\frac{l}{R})^2}}$$

解法二:用三角法解题(参见解法一).

(1)对重量为 G_1 的小球,受力三角形如图(b)所示,由受力平衡条件有

心得 体会 拓广 疑问

$$\frac{G_1}{\sin\alpha}=\frac{N_1}{\sin(90°+\beta)}=\frac{F}{\sin[90°-(\alpha+\beta)]} \quad ⑤$$

(2)对重量为 G_2 的小球,受力三角形如图(c)所示,由受力平衡条件有

$$\frac{G_2}{\sin\alpha}=\frac{N_2}{\sin(90°-\beta)}=\frac{F}{\sin[90°-(\alpha-\beta)]} \quad ⑥$$

由式⑤得

$$F=\frac{G_1}{\sin\alpha}\cos(\alpha+\beta)$$

由式⑥得

$$F=\frac{G_2}{\sin\alpha}\cos(\alpha-\beta)$$

所以

$$G_1\cos(\alpha+\beta)=G_2\cos(\alpha-\beta)$$

化简后整理得

$$\tan\beta=\frac{G_1-G_2}{G_1+G_2}\cdot\cot\alpha$$

下同解法一:略.可见用三角法解题比用解析法解题要简单.

解法三:参见 1.30 题解,属非共点力平衡问题,但这种方法求不出 F,解法略.

1.9 建立以两球心连线向右为 x 轴,垂直于两球心连线向上为 y 轴的直角坐标系.用隔离法解题,分别取 m_1 和 m_2 为研究对象,见图(a).

解法一:(1)先取 m_1 为研究对象:

m_1 所受的力有:自身重力 m_1g,方向向下;绳子中的张力 T_1,方向沿绳子向上;来自 m_2 的正压力 N,方向由 m_2 球心指向 m_1 球心.由受力平衡条件有

$$\sum F_x=N-T_1\cos(90°-\frac{\alpha}{2})+m_1g\sin[\frac{\alpha}{2}-(\alpha+\theta-90°)]=0$$

$$\sum F_y=T_1\sin(90°-\frac{\alpha}{2})-m_1g\cos[\frac{\alpha}{2}-(\alpha+\theta-90°)]=0$$

(2)再取 m_2 为研究对象,并设绳 l_2 的张力为 T_2,同样道理可得

$$\sum F_x=T_2\cos(90°-\frac{\alpha}{2})+m_2g\sin[\frac{\alpha}{2}-(\alpha+\theta-90°)]-N=0$$

$$\sum F_y=T_2\sin(90°-\frac{\alpha}{2})-m_2g\cos[\frac{\alpha}{2}-(\alpha+\theta-90°)]=0$$

以上四式可化为

$$N_1-T_1\sin\frac{\alpha}{2}+m_1g\cos(\theta+\frac{\alpha}{2})=0 \quad ①$$

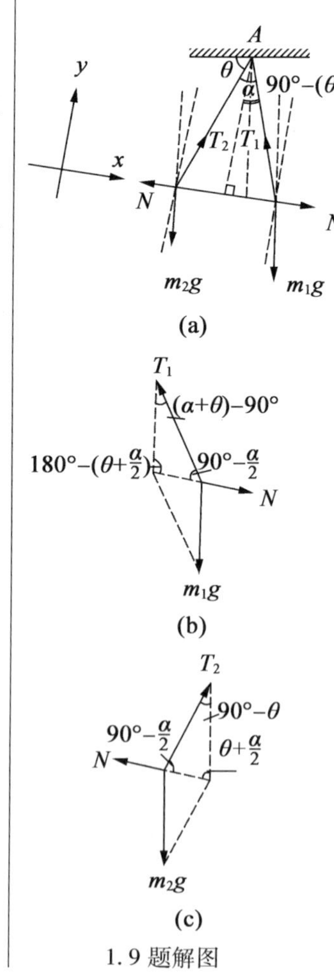

1.9 题解图

心得 体会 拓广 疑问

$$T_1\cos\frac{\alpha}{2}-m_1g\sin(\theta+\frac{\alpha}{2})=0 \quad ②$$

$$T_2\sin\frac{\alpha}{2}+m_2g\cos(\theta+\frac{\alpha}{2})-N=0 \quad ③$$

$$T_2\cos\frac{\alpha}{2}-m_2g\sin(\theta+\frac{\alpha}{2})=0 \quad ④$$

由式①+式③得

$$(T_1-T_2)\sin\frac{\alpha}{2}=(m_1+m_2)g\cos(\theta+\frac{\alpha}{2})$$

由式②-式④得

$$(T_1-T_2)\cos\frac{\alpha}{2}=(m_1-m_2)g\sin(\theta+\frac{\alpha}{2})$$

所以有

$$\tan(\theta+\frac{\alpha}{2})\cdot\tan\frac{\alpha}{2}=\frac{m_1+m_2}{m_1-m_2}$$

$$\frac{\tan\theta+\tan\frac{\alpha}{2}}{1-\tan\theta\tan\frac{\alpha}{2}}\cdot\tan\frac{\alpha}{2}=\frac{m_1+m_2}{m_1-m_2}$$

化简后整理得

$$\tan\theta=\frac{(m_1+m_2)-(m_1-m_2)\tan^2\frac{\alpha}{2}}{2m_1\tan\frac{\alpha}{2}}$$

$$=\frac{(m_1+m_2)-(m_1-m_2)(\frac{\sin\alpha}{1+\cos\alpha})^2}{2m_1\cdot(\frac{\sin\alpha}{1+\cos\alpha})}$$

$$=\frac{(m_1+m_2)+2(m_1+m_2)\cos\alpha+(m_1+m_2)\cos^2\alpha-(m_1-m_2)(1-\cos^2\alpha)}{2m_1\sin\alpha(1+\cos\alpha)}$$

$$=\frac{2m_2+2(m_1+m_2)\cos\alpha+2m_1\cos^2\alpha}{2m_1\sin\alpha(1+\cos\alpha)}$$

$$=\frac{m_1\cos\alpha+m_2}{m_1\sin\alpha}$$

$$T_1=\frac{m_1g\sin(\theta+\frac{\alpha}{2})}{\cos\frac{\alpha}{2}}=m_1g(\tan\frac{\alpha}{2}\cos\theta+\sin\theta)$$

$$=m_1g\cos\theta(\tan\frac{\alpha}{2}+\tan\theta)$$

$$=m_1g\frac{1}{\sqrt{1+\tan^2\theta}}(\frac{1-\cos\alpha}{\sin\alpha}+\tan\theta)$$

心得 体会 拓广 疑问

$$=m_1g\cdot\frac{1}{\sqrt{1+(\frac{m_1\cos\alpha+m_2}{m_1\sin\alpha})^2}}\cdot(\frac{1-\cos\alpha}{\sin\alpha}+\frac{m_1\cos\alpha+m_2}{m_1\sin\alpha})$$

$$=\frac{m_1(m_1+m_2)g}{\sqrt{m_1^2+m_2^2+2m_1m_2\cos\alpha}}$$

$$N=\frac{m_2g\cos\theta}{\cos\frac{\alpha}{2}}=\frac{m_2g\cdot\frac{1}{\sqrt{1+\tan^2\theta}}}{\cos\frac{\alpha}{2}}$$

$$=\frac{m_2g\cdot m_1\sin\alpha}{\cos\frac{\alpha}{2}\sqrt{m_1^2+m_2^2+2m_1m_2\cos\alpha}}$$

$$=\frac{2m_1m_2g\sin\frac{\alpha}{2}}{\sqrt{m_1^2+m_2^2+2m_1m_2\cos\alpha}}$$

解法二:用三角法解题(参见解法一).

(1)对 m_1,受力三角形如图(b)所示,由受力平衡条件有

$$\frac{T_1}{\sin[180°-(\theta+\frac{\alpha}{2})]}=\frac{m_1g}{\sin(90°-\frac{\alpha}{2})}=\frac{N}{\sin[(\alpha+\theta)-90°]} \quad ⑤$$

(2)对 m_2,受力三角形如图(c)所示,由受力平衡条件有

$$\frac{T_2}{\sin[\theta+\frac{\alpha}{2}]}=\frac{m_2g}{\sin(90°-\frac{\alpha}{2})}=\frac{N}{\sin(90°-\theta)} \quad ⑥$$

由式⑤得

$$N=-\frac{m_1g}{\cos\frac{\alpha}{2}}\cos(\alpha+\theta)$$

由式⑥得

$$N=\frac{m_2g}{\cos\frac{\alpha}{2}}\cos\theta$$

所以有

$$-m_1\cos(\alpha+\theta)=m_2\cos\theta$$

化简后整理得

$$\tan\theta=\frac{m_2+m_1\cos\alpha}{m_1\sin\alpha}$$

即

$$\theta=\arctan(\frac{m_1\cos\alpha+m_2}{m_1\sin\alpha})$$

下同解法一(略).

解法三:参见1.30题解,这种方法无法求 N. 将 m_1 和 m_2 两个

心得 体会 拓广 疑问

球看作一个整体，系统平衡时，其重心必通过悬挂点 A 的竖直线上，以点 A 为转轴取力矩，即可求得 θ，略.

1.10 解法一：设挂物体 G_2 的细绳与竖直方向间的夹角为 α，则有

$$\sin(\varphi+\alpha)=\frac{R}{l}$$

实际上，挂物 G_1 的绳子与圆球表面一段圆弧接触，现为解题方便，近似地视此接触为一点 B. 则球与绳子之间的正压力必在球心 A 和接触点 B 的连线上. 设挂球的绳子上的张力为 T，AB 与水平方向成 β 角. 建立以 AB 向右为 x 轴，垂直于 AB 方向为 y 轴的直角坐标系，并用隔离法解题，此系统受力图可简化为如图(a)所示.

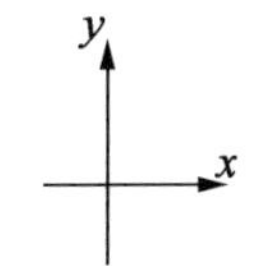

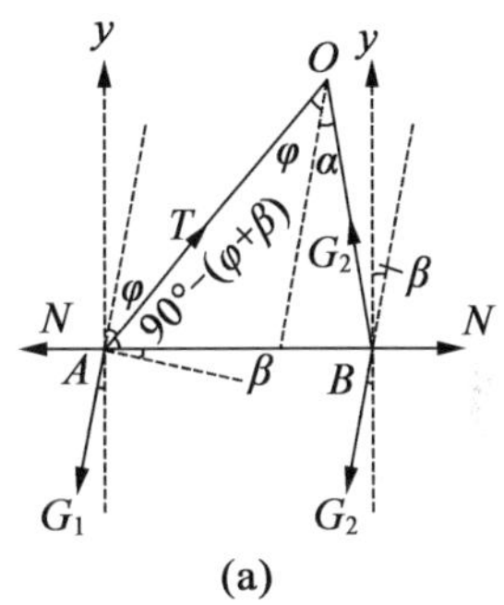

(a)

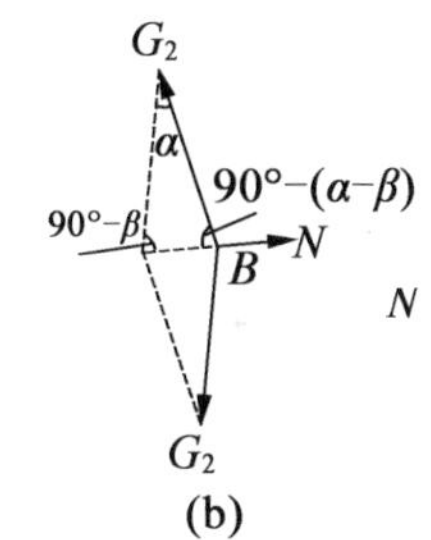

(b)

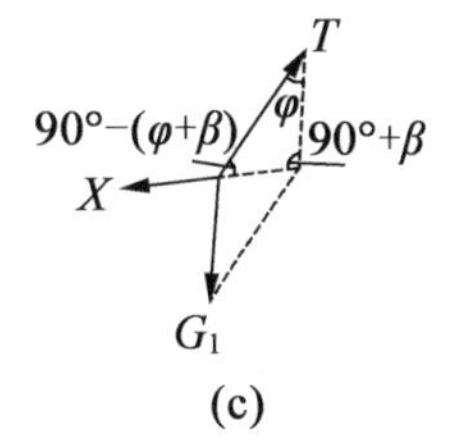

(c)

1.10 题解图

(1) 先取绳上的点 B 为研究对象.

由于绳子和球面间的摩擦略去不计，所以 OB 绳中张力为 G_2，由受力平衡条件有

$$\sum F_x=N-G_2\sin(\alpha-\beta)-G_2\sin\beta=0 \quad ①$$

$$\sum F_y=G_2\cos(\alpha-\beta)-G_2\cos\beta=0 \quad ②$$

(2) 再取球心 A 为研究对象，同样由受力平衡条件有

$$\sum F_x=T\sin(\varphi+\beta)-G_1\sin\beta-N=0 \quad ③$$

$$\sum F_y=T\cos(\varphi+\beta)-G_1\cos\beta=0 \quad ④$$

由式②得

$$\beta=\frac{\alpha}{2}$$

所以式① + 式③可化为

$$T\sin\left(\varphi+\frac{\alpha}{2}\right)=(G_1+2G_2)\sin\frac{\alpha}{2} \quad ⑤$$

式④可化为

$$T\cos\left(\varphi+\frac{\alpha}{2}\right)=G_1\cos\frac{\alpha}{2} \quad ⑥$$

再将式⑤除式⑥有

$$\sin\left(\varphi+\frac{\alpha}{2}\right)\cos\frac{\alpha}{2}=\frac{G_1+2G_2}{G_1}\cos\left(\varphi+\frac{\alpha}{2}\right)\sin\frac{\alpha}{2}$$

即

$$\sin(\varphi+\alpha)+\sin\alpha=\frac{G_1+2G_2}{G_1}[\sin(\varphi+\alpha)-\sin\varphi]$$

整理后有

$$\sin\varphi=\frac{G_2}{G_1+G_2}\sin(\varphi+\alpha)$$

即

心得 体会 拓广 疑问

$$\sin\varphi=\frac{G_1}{G_1+G_2}\cdot\frac{R}{l}$$

$$\varphi=\arcsin\left(\frac{R}{l}\cdot\frac{G_2}{G_1+G_2}\right)$$

解法二:用三角法解题.

(1)对于绳上的点 B,受力三角形如右图(b)所示,由受力平衡条件有

$$\frac{G_2}{\sin[90°-(\alpha-\beta)]}=\frac{N}{\sin\alpha}=\frac{G_2}{\sin(90°-\beta)} \quad ⑦$$

(2)对于球心点 A,受力三角形如右图(c)所示,由受力平衡条件有

$$\frac{G_1}{\sin[90°-(\varphi+\beta)]}=\frac{N}{\sin\varphi}=\frac{T}{\sin(90°+\beta)} \quad ⑧$$

由式⑦得

$$\beta=\frac{\alpha}{2}$$

$$N=2G_2\sin\frac{\alpha}{2}$$

由式⑧得

$$N=\frac{G_1}{\cos\left(\varphi+\frac{\alpha}{2}\right)}\sin\varphi$$

所以

$$2G_2\sin\frac{\alpha}{2}=\frac{G_1}{\cos\left(\varphi+\frac{\alpha}{2}\right)}\sin\varphi$$

$$G_2[\sin(\varphi+\alpha)-\sin\varphi]=G_1\sin\varphi$$

即

$$\sin\varphi=\frac{G_2}{G_1+G_2}\sin(\varphi+\alpha)$$

由于 $$\sin(\varphi+\alpha)=\frac{R}{l}$$

故 $$\varphi=\arcsin\left(\frac{R}{l}\cdot\frac{G_2}{G_1+G_2}\right)$$

解法三:参见 1.30 题解. 将 G_1 和 G_2 看作一个整体,系统平衡时,其重心必通过悬挂点 O 的竖直线上,以点 O 为转轴取力矩,即可求得 φ. 计算过程略.

1.11 取链条中的一小段微元作为研究对象,如图(a)所示,它和球心的连线与水平方向的夹角为 $\theta+\Delta\theta$,则其质量为

$$m=\rho R\Delta\theta g$$

如图(b)所示,由切线方向上受力平衡有

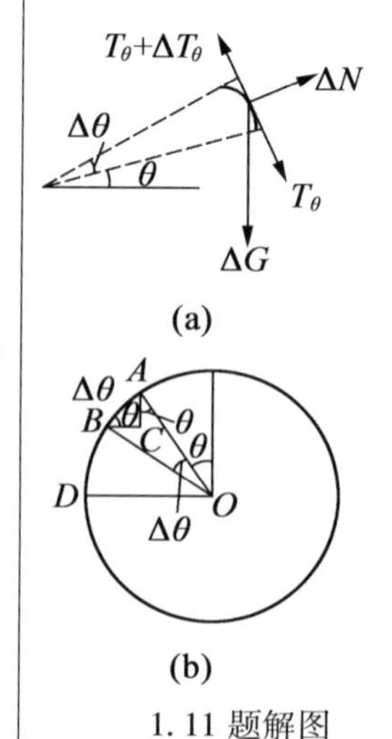

1.11 题解图

心得 体会 拓广 疑问

$$\sum F = T_\theta + \Delta T_\theta - mg\cos\theta - T_\theta = 0$$

由以上两式得

$$\Delta T_\theta = \rho g R\cos\theta \cdot \Delta\theta$$

由于

$$\sum_{\theta=0}^{\theta} \cos\theta \cdot \Delta\theta = \sin\theta$$

所以

$$T_\theta = \sum_{\theta=0}^{\theta} \Delta T_\theta = \rho g R \sum_{\theta=0}^{\theta} \cos\theta \cdot \Delta\theta = \rho g R\sin\theta$$

当 $\theta = \frac{\pi}{2}$时,T 水平向左,mg 竖直向下,则支持力为

$$N = \sqrt{(T_{\frac{\pi}{2}})^2 + (\rho \cdot \frac{\pi}{2} gR)^2} = \sqrt{(\rho gR)^2 + (\rho gR \cdot \frac{\pi}{2})^2}$$

$$= \rho gR\sqrt{1 + \frac{\pi}{4}}$$

1.12 若半球形碗的半径太大,第四个球放上去后会使下面三个球互相散开,因此,本题求碗半径的最大值,临界情况出现在放上第四个球后,下面三个球之间的弹力恰减为零.

把上面的球记为 A,下面三个球记为 B,C,D,则四个球的球心构成一个正四面体,正四面体的边长均为 $2r$,如图(a)所示,设 A,B 两球球心连线与竖直方向夹角为 α,则

$$\tan\alpha = \frac{BO'}{AO'} = \frac{BO'}{\sqrt{AB^2 - BO'^2}} = \frac{\frac{2}{3} \times \frac{\sqrt{3}}{2} \times 2r}{\sqrt{(2r)^2 - (\frac{2\sqrt{3}}{3}r)^2}} = \frac{1}{\sqrt{2}}$$

设 A,B 两球的作用力为 N,对 A 球由竖直方向上的受力平衡有

$$3N\cos\alpha - mg = 0 \quad ①$$

设半球形碗对 B 球的支持力为 F,如图(b)所示,由竖直方向和水平方向上的受力平衡分别有

$$F\cos\beta - mg - N\cos\alpha = 0 \quad ②$$

$$F\sin\beta - N\sin\alpha = 0 \quad ③$$

将式②,式③消去 F 得

$$\tan\beta = \frac{N\sin\alpha}{mg + N\cos\alpha} \quad ④$$

将式①代入式④得

$$\tan\beta = \frac{1}{4}\tan\alpha = \frac{1}{4\sqrt{2}}$$

于是在临界条件下球形碗的半径为

$$R = BO + r = \frac{BO'}{\sin\beta} + r = BO'\sqrt{1 + \cot^2\beta} + r = 7.633r$$

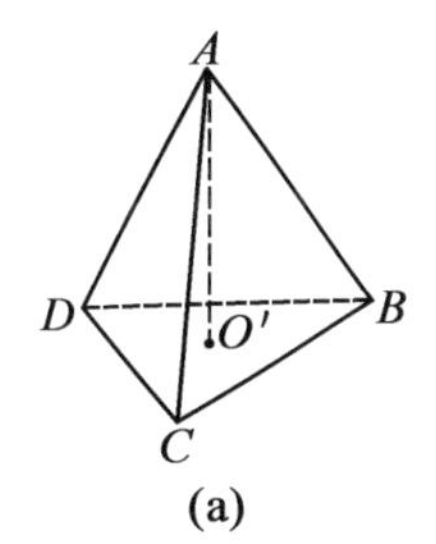

(a)

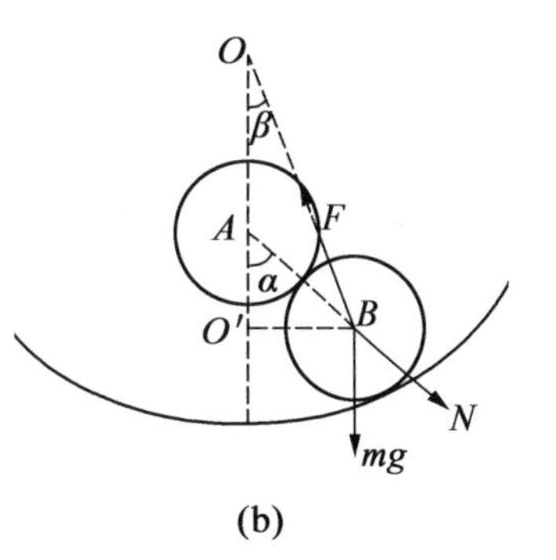

(b)

1.12 题解图

心得 体会 拓广 疑问

所以半球形碗的半径必须满足 $R\leqslant 7.633r$.

1.13 如图所示. 建立沿细棒指向 m_2 的方向为 x 轴,沿斜面并垂直于细棒向上为 y 轴,垂直于斜面向上为 z 轴的空间直角坐标系,并用隔离法解题. 分别取 m_1,m_2 为研究对象,设细棒所受压力的大小为 T,并用 m 表示 m_1,m_2 的质量.

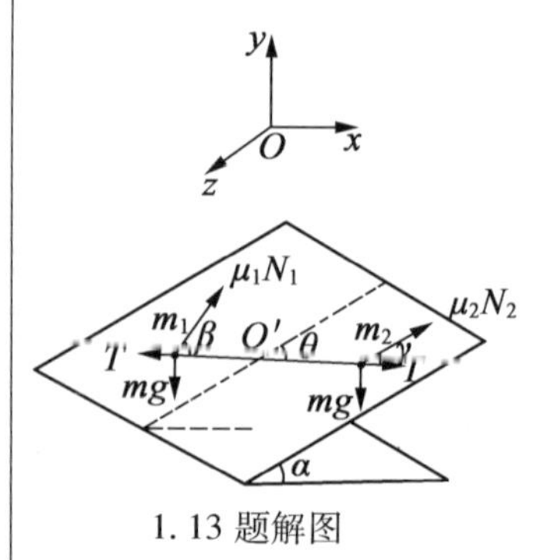

1.13 题解图

(1)先取 m_1 为研究对象. m_1 所受的力有:自身重力为 mg,方向指向地心;细棒的支撑力 T,方向沿细棒指向 m_1;斜面对 m_1 的支持力 N_1,方向垂直于斜面向上;斜面对 m_1 的静摩擦力 μ_1N_1,由于 m_1 固定在细棒上,所以 m_1 在斜面上既有下滑的趋势又有绕细棒上某点 O'转动的趋势,由此可知 μ_1N_1 的方向不确定,这里设 μ_1N_1 与 x 轴方向成 β 角并沿斜面偏向上方. 由于 m_1 在以上四种力的作用下平衡,故以上四力在空间直角坐标系三个坐标轴上投影的代数和均为零,即平衡条件为

$$\sum F_x=\mu_1N_1\cos\beta-mg\sin\alpha\cos\theta-T=0$$

$$\sum F_y=\mu_1N_1\sin\beta-mg\sin\alpha\sin\theta=0$$

$$\sum F_z=N_1-mg\cos\alpha=0$$

(2)再取 m_2 为研究对象. 同 m_1 的受力分析,并设 μ_2N_2 的方向与 x 轴的方向成 γ 角并沿斜面偏向上方,则在三个坐标方向上的受力平衡分别有

$$\sum F_x=\mu_2N_2\cos\gamma-mg\sin\alpha\cos\theta+T=0$$

$$\sum F_y=\mu_2N_2\sin\gamma-mg\sin\alpha\sin\theta=0$$

$$\sum F_z=N_2-mg\cos\alpha=0$$

联立解由以上6个式子组成的方程组,并将 $\tan\alpha=\sqrt{\mu_1\mu_2}$ 代入可得

$$N_1=N_2=mg\cos\alpha=\frac{mg}{\sqrt{1+\tan^2\alpha}}=\frac{mg}{\sqrt{1+\mu_1\mu_2}}$$

$$T=\frac{1}{2}mg\cos\alpha(\mu_1\cos\beta-\mu_2\cos\gamma) \quad ①$$

$$\sin\beta=\sqrt{\frac{\mu_2}{\mu_1}}\sin\theta \quad ②$$

$$\sin\gamma=\sqrt{\frac{\mu_1}{\mu_2}}\sin\theta \quad ③$$

$$\mu_1\cos\beta+\mu_2\cos\gamma=2\sqrt{\mu_1\mu_2}\cos\theta \quad ④$$

将式②,式③代入式④有

$$\mu_1\sqrt{1-\frac{\mu_2}{\mu_1}\sin^2\theta}+\mu_2\sqrt{1-\frac{\mu_1}{\mu_2}\sin^2\theta}=2\sqrt{\mu_1\mu_2}\cos\theta$$

即 $\sqrt{\mu_1^2-\mu_1\mu_2\sin^2\theta}+\sqrt{\mu_2^2-\mu_1\mu_2\sin^2\theta}=2\sqrt{\mu_1\mu_2}\cos\theta$

两边平方后整理得

$$2\sqrt{(\mu_1^2-\mu_1\mu_2\sin^2\theta)(\mu_2^2-\mu_1\mu_2\sin^2\theta)}$$
$$=4\mu_1\mu_2-\mu_1^2-\mu_2^2-2\mu_1\mu_2\sin^2\theta$$

两边再平方有

$$4\mu_1^2\mu_2^2-4\mu_1^3\mu_2\sin^2\theta-4\mu_1\mu_2^3\sin^2\theta+4\mu_1^2\mu_2^2\sin^4\theta$$
$$=16\mu_1^2\mu_2^2+\mu_1^4+\mu_2^4+4\mu_1^2\mu_2^2\sin^4\theta-8\mu_1^3\mu_2-8\mu_1\mu_2^3-$$
$$16\mu_1^2\mu_2^2\sin^2\theta+2\mu_1^2\mu_2^2+4\mu_1^3\mu_2\sin^2\theta+4\mu_1\mu_2^3\sin^2\theta$$

整理后得

$$\mu_1\mu_2 8(\mu_1^2+\mu_2^2-2\mu_1\mu_2)\sin^2\theta$$
$$=8\mu_1\mu_2(\mu_1^2+\mu_2^2)-(\mu_1^4+\mu_2^4+14\mu_1^2\mu_2^2)$$

即

$$8\mu_1\mu_2(\mu_1-\mu_2)^2\sin^2\theta=8\mu_1\mu_2(\mu_1-\mu_2)^2-(\mu_1^2-\mu_2^2)^2$$

故解得

$$\sin^2\theta=1-\frac{(\mu_1+\mu_2)^2}{8\mu_1\mu_2}$$

$$\cos^2\theta=1-\sin^2\theta=\frac{(\mu_1+\mu_2)^2}{8\mu_1\mu_2}$$

$$\theta=\arccos\left(\frac{\mu_1+\mu_2}{2\sqrt{2\mu_1\mu_2}}\right) \quad ⑤$$

由此可求得

$$\sin\beta=\sqrt{\frac{\mu_2}{\mu_1}}\sin\theta=\frac{\sqrt{6\mu_1\mu_2-\mu_1^2-\mu_2^2}}{2\sqrt{2}\mu_1}$$

$$\sin\gamma=\sqrt{\frac{\mu_1}{\mu_2}}\sin\theta=\frac{\sqrt{6\mu_1\mu_2-\mu_1^2-\mu_2^2}}{2\sqrt{2}\mu_2}$$

所以

$$\cos\beta=\sqrt{1-\sin^2\beta}=\frac{3\mu_1-\mu_2}{2\sqrt{2}\mu_1}$$

$$\cos\gamma=\sqrt{1-\sin^2\gamma}=\frac{3\mu_2-\mu_1}{2\sqrt{2}\mu_2}$$

即

$$\beta=\arccos\left(\frac{3\mu_1-\mu_2}{2\sqrt{2}\mu_1}\right) \quad ⑥$$

$$\gamma=\arccos\left(\frac{3\mu_2-\mu_1}{2\sqrt{2}\mu_2}\right) \quad ⑦$$

将式⑥,式⑦代入式①可得

$$T=\frac{1}{2}mg\cdot\frac{1}{\sqrt{1+\tan^2\alpha}}\left(\mu_1\cdot\frac{3\mu_1-\mu_2}{2\sqrt{2}\mu_1}-\mu_2\cdot\frac{3\mu_2-\mu_1}{2\sqrt{2}\mu_2}\right)$$

$$=\frac{\sqrt{2}}{2}\cdot\frac{\mu_1-\mu_2}{\sqrt{1+\mu_1\mu_2}}mg \tag{8}$$

讨论：

1. β，γ 和 θ 的关系.

由于

$$\sin(\beta+\gamma)=\sin\beta\cos\gamma+\cos\beta\sin\gamma$$
$$=\frac{\sqrt{6\mu_1\mu_2-\mu_1^2-\mu_2^2}}{2\sqrt{2}\mu_1}\cdot\frac{3\mu_2-\mu_1}{2\sqrt{2}\mu_2}+\frac{3\mu_1-\mu_2}{2\sqrt{2}\mu_1}\cdot\frac{\sqrt{6\mu_1\mu_2-\mu_1^2-\mu_2^2}}{2\sqrt{2}\mu_2}$$
$$=\frac{\mu_1+\mu_2}{4\mu_1\mu_2}\sqrt{6\mu_1\mu_2-\mu_1^2-\mu_2^2}$$

且

$$\sin 2\theta=2\sin\theta\cos\theta=\frac{\mu_1+\mu_2}{4\mu_1\mu_2}\sqrt{6\mu_1\mu_2-\mu_1^2-\mu_2^2}$$

所以

$$\beta+\gamma=2\theta$$

2. β，γ 分别与 θ 的关系.

由式②，式③与式⑥可知：

(1)当 $\mu_1\geqslant\mu_2$ 时，$\beta\leqslant\theta$，$\gamma\geqslant\theta$；

(2)当 $\mu_1<\mu_2$ 时，$\beta>\theta$，$\gamma<\theta$.

3. 压力 T 的方向.

由式⑧知：

(1)当 $\mu_1\geqslant\mu_2$ 时，$T\geqslant0$，即棒所受力为压力；

(2)当 $\mu_1<\mu_2$ 时，$T<0$，即棒所受力为张力.

4. 特殊情况，当 $\mu_1=\mu_2=\mu$ 时，由式⑤～⑧可知

$$\beta=\gamma=\theta=45°$$
$$T=0$$

1.1.3 在非共点力作用下物体的平衡

1.14 如图所示，设上臂 AE 的重心为 G，下臂 AF 的重心为 C，两臂各重为 P，下臂与水平方向的倾角为 α. 由于 $AG=GE$，$GB/\!/ED$，所以

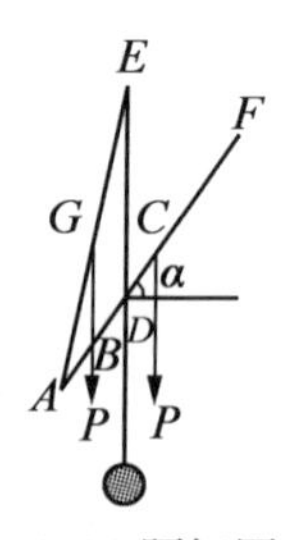

1.14 题解图

$$AB=BD$$

对点 E 取矩，由平衡条件有

$$\sum M_E=P\cdot DB\cos\alpha-P\cdot DC\cos\alpha=0$$

因而由上面两个式子得

$$AB=BD=DC$$

又由于 $$AB+BD+DC=\frac{1}{2}AF$$

心得 体会 拓广 疑问

故易得
$$AD=\frac{1}{3}AF$$

1.15 天平左臂上重物所产生的力矩 $M_1=G\cdot\frac{l}{2}$；人拉绳子所用的力 F 的力矩 $M_2=F\cdot\frac{l}{4}\cos\alpha$；人在天平盘上的压力是 $G-F\cos\alpha$，这个力的力矩 $M_3=(G-F\cos\alpha)\cdot\frac{l}{2}$；所以作用在天平右臂上的力矩和是
$$M_2+M_3=\frac{1}{4}Fl\cos\alpha+(G-F\cos\alpha)\cdot\frac{l}{2}=\frac{Gl}{2}-\frac{Fl}{4}\cos\alpha$$
显然
$$M_1>M_2+M_3$$
因此左边的天平盘子下降.

1.16 (1)设人拉绳子的力为 T，把人和平板作为整体，它受五个力的作用，如图(a)所示. 由平衡条件得
$$2T+T+T=G_1+G_2$$
$$T=\frac{1}{4}(G_1+G_2)$$

(2)设平板 AB 长为 l，人站的位置与点 A 相距 x. 故以 A 为转轴，由平衡条件得
$$\sum M_A=T\cdot l+T\cdot x-G_2\cdot\frac{l}{2}-G_1\cdot x=0$$
$$x=\frac{G_1-G_2}{3G_1-G_2}\cdot l$$

(3)以平板为研究对象，如图(b)所示，并设人对平板的压力为 N，由受力平衡得
$$2T+T-N-G_2=0$$
$$N=\frac{1}{4}(3G_1-G_2)$$

当 $G_2=3G_1$ 即 $N=0$ 时，人将脱离平板，此时 $T=G_1$，人的重力与绳中张力平衡；当 $G_2>3G_1$ 时，人将加速向上，平板将加速向下.

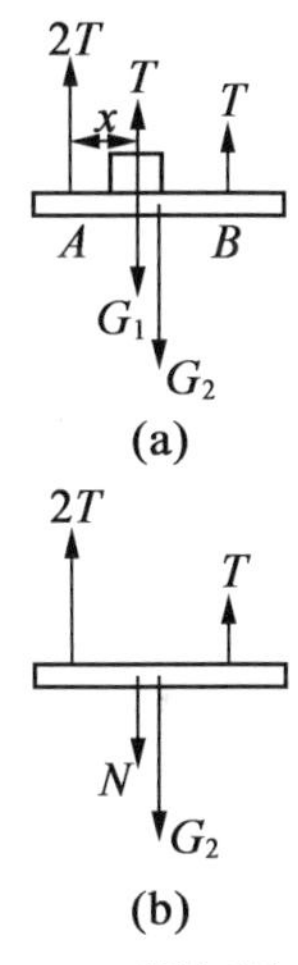

1.16 题解图

1.17 设梯子 A 端受地面的正压力和摩擦力分别为 N_1 和 f_1，B 端受墙的正压力和摩擦力分别为 N_2 和 f_2，各力方向如图所示. 建立如图所示的直角坐标系，则按照平衡条件有
$$\sum F_x=N_2-f_1=0$$
$$\sum F_y=f_2+N_1-G=0$$
$$\sum M_B=G\cdot\frac{l}{2}\sin\theta+f_1\cdot l\cos\theta-N_1\cdot l\sin\theta=0$$

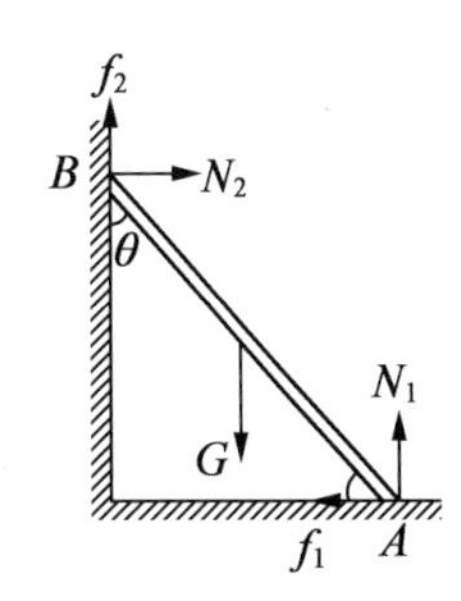

1.17 题解图

而

心得 体会 拓广 疑问

$$f_2 = \mu_2 N_2$$

$$f_1 \leqslant \mu_1 N_1$$

故解以上各式组成的方程组,消去 f_1, f_2, N_1, N_2 后得

$$\tan\theta \leqslant \frac{2\mu_1}{1-\mu_1\mu_2}$$

(1)若 $\mu_1 = \mu_2 = \mu$,则平衡时 $\tan\theta \leqslant \frac{2\mu}{1-\mu^2}$;

(2)若 $\mu_2 = 0, \mu_1 = \mu$,则平衡时 $\tan\theta \leqslant 2\mu$;

(3)若 $\mu_1 = 0$,则不论 μ_2 为多大,$\tan\theta \leqslant 0$,但 θ 不能为负角,所以平衡时 $\tan\theta = 0$,即 $\theta = 0$.

1.18 设圆板半径为 r,斜面倾角为 α,圆板受四个力的作用:自身重力 Mg,小物体的作用力 mg,垂直于斜面方向的弹力 N,沿斜面方向的摩擦力 f. 取坐标系的 x 轴平行于斜面,y 轴垂直于斜面,如图所示. 则由力的平衡有

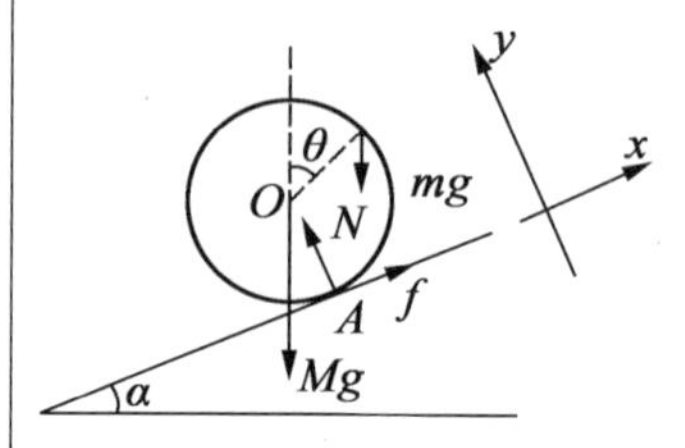

1.18 题解图

$$\sum F_x = f - Mg\sin\theta - mg\sin\theta = 0$$

$$\sum F_y = N - Mg\cos\theta - mg\cos\theta = 0$$

由对点 O 的力矩平衡有

$$\sum M_0 = f \cdot r - mg \cdot r\sin\alpha = 0$$

为使圆板能静止在斜面上,必须有

$$f < \mu N$$

式中 μ 为最大静摩擦系数.

由以上各式求得

$$\tan\theta < \mu$$

$$\sin\theta \leqslant \frac{m}{M+m}$$

1.19 建立如图所示的直角坐标系.

A,B 两球所受的力如图(a),(b)所示,受力平衡时:

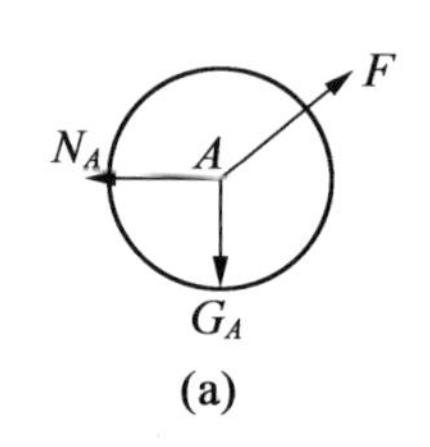

(a)

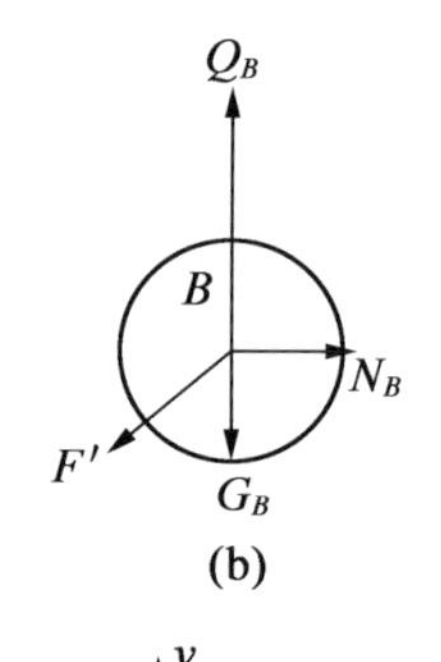

(b)

对 A 球,若 B 球对它的作用力为 F,则

$$\sum F_x = F\cos\alpha - N_A = 0$$

$$\sum F_y = F\sin\alpha - G_A = 0$$

对 B 球,若 A 球对它的作用力为 F',则

$$\sum F_x = N_B - F'\cos\alpha = 0$$

$$\sum F_y = Q_B - F'\sin\alpha - G_B = 0$$

圆罩的受力如图(c)所示,平衡时,对点 E 取力矩有

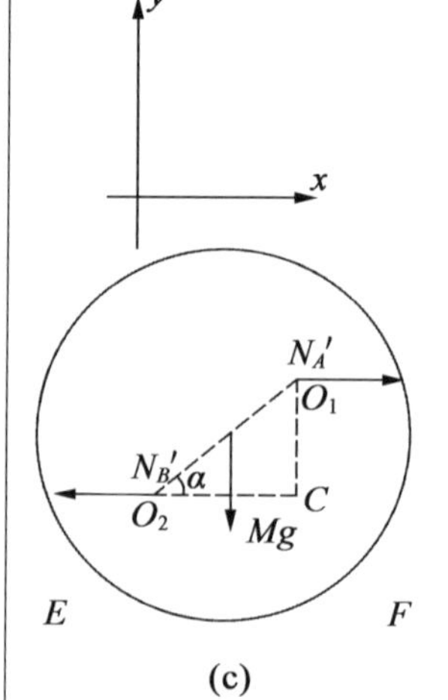

(c)

1.19 题解图

$$\sum M_E = N_B' \cdot \frac{d}{2} - Mg \cdot \frac{D}{2} - N_A'\left(O_2C \cdot \tan\alpha + \frac{d}{2}\right) = 0$$

心得 体会 拓广 疑问

而 $N'_A=N_A,N'_B=N_B,F'=F,O_2C=D-d$,故代入前四式得

$$N_A=N'_A=N_B=N'_B=\frac{mg}{\tan\alpha}$$

再代入第五式化简得

$$M=\frac{2(D-d)}{D}m$$

1.20 解法一:如图所示,$\triangle ABC$ 的重心位置用 O 表示,AO 的延长线与 BC 的交点为 D. 设人提 A,B,C 三端点的作用力分别为 F_A,F_B,F_C,BC 边上所受的合力为 F_{BC},则由同向平行力法则和竖直方向上的受力平衡分别有

$$F_{BC}=F_B+F_C$$
$$F_A+F_B+F_C=G$$

由于钢板相当于受 F_A,F_{BC} 及 G 三力的作用而平衡,所以同样由同向平行力法则知 F_{BC} 必在 AO 的延长线上,即在 BC 的中点 D 上,所以

$$AO=\frac{2}{3}AD$$

对点 A 取矩有

$$F_{BC}\cdot AD-G\cdot AO=0$$

故由以上各式易求得

$$F_A=\frac{1}{3}G$$

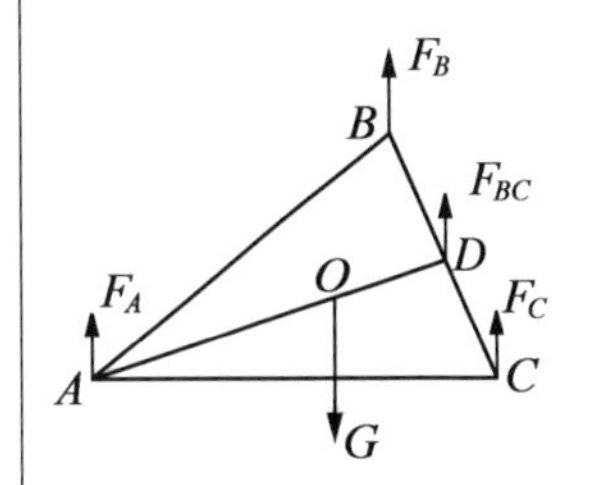

1.20 题解图

同样方法可求得

$$F_B=F_C=F_A=\frac{1}{3}G$$

解法二:均匀三角形钢板的重心在三条中线的交点 O 处,钢板在 F_A,F_B,F_C,G 四个力作用下平衡,若 AD 与 BC 的夹角用 α 表示,则以 BC 边为转轴取矩并由平衡条件有

$$G\cdot OD\sin\alpha-F_A AD\sin\alpha=0$$

而 $$AD=3OD$$

故得 $$F_A=\frac{1}{3}G$$

同理可求得

$$F_B=F_C=F_A=\frac{1}{3}G$$

1.21 设三角形的密度为 ρ,三角形 ABC 和三角形 ABP 的重心位置分别在点 P_0 和点 P' 处,则由于 $\angle CAD=45°$ 知

$$P'D=\frac{1}{3}PD,P_0D=\frac{1}{3}a$$

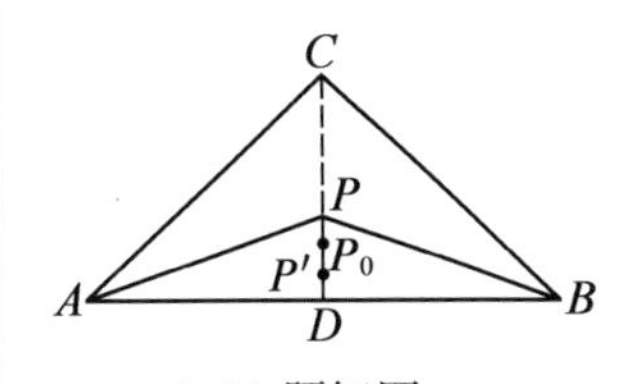

1.21 题解图

三角形 ABP 的重量为

心得 体会 拓广 疑问

$$G' = \frac{1}{2} \cdot 2a \cdot PD \cdot \rho$$

剩余部分的重量为

$$G = \frac{1}{2} \cdot 2a \cdot a \cdot \rho - \frac{1}{2} \cdot 2a \cdot PD \cdot \rho$$

而由同向平行力的合成法则知

$$G' \cdot P'D = G \cdot (PD - P_0D)$$

分别将 $P'D, P_0D, G', G$ 的值代入上式后可求得

$$PD = \frac{1}{2}a$$

1.22　解法一：由于圆板是均匀的，所以完整的圆板和挖去的圆板重力 G, G_1 分别作用在相应的中心 O, A 上，且重力与半径的平方成正比，故剩余部分的重力 G_2 为

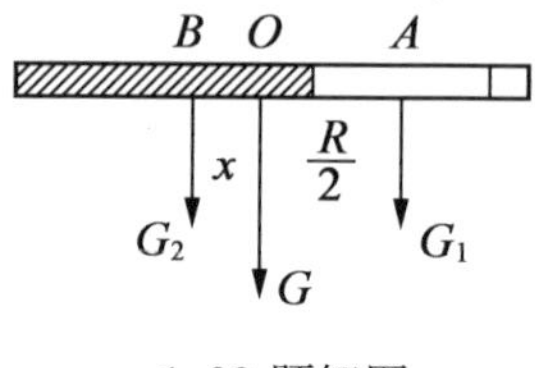

1.22 题解图

$$\frac{G_2}{G_1} = \frac{G - G_1}{G_1} = \frac{R^2 - r^2}{r^2}$$

$$G_2 = \frac{R^2 - r^2}{r^2} G_1 \qquad ①$$

将完整的圆板看作是由挖去部分和剩余部分所组成的，由同向平行力的合成法则知

$$G_2 \cdot x = G_1 \cdot \frac{R}{2} \qquad ②$$

其中 x 表示 G 与 G_2 之间的距离. 解由式①，式②组成的方程组得

$$x = \frac{Rr^2}{2(R^2 - r^2)}$$

解法二：用割补法解题. 假定在板上第一个孔的对称位置切去第二个孔，则最后剩下的部分板的重心将位于它的中心 O 处. 由解法一知，切去的第二个孔的重量为 $G_1' = \frac{r^2}{R^2}G$，其重心位于距点 O，$\frac{R}{2}$处(割去). 题中挖去第一个圆孔的剩余部分可看作由挖去两个圆孔部分后的剩余部分和第二个圆孔这两个部分所组成. 由同向平行力的合成法则或对点 B 取矩得

$$G_1' \cdot \left(\frac{R}{2} - x\right) = (G - 2G_1') \cdot x$$

$$x = \frac{Rr^2}{2(R^2 - r^2)}$$

1.23　因为砖是均匀的，所以每块砖的重力作用点都在砖的中点$\frac{L}{2}$处. 设从最上面的第一块砖到第 n 块砖，每块能伸出的最大长度分别为 $l_1, l_2, l_3, \cdots, l_n$；上面一块砖，上面两块砖，……，上面 n 块砖的共同重心位置分别是 $O_1, O_2, O_3, \cdots, O_n$. 现用隔离法解题

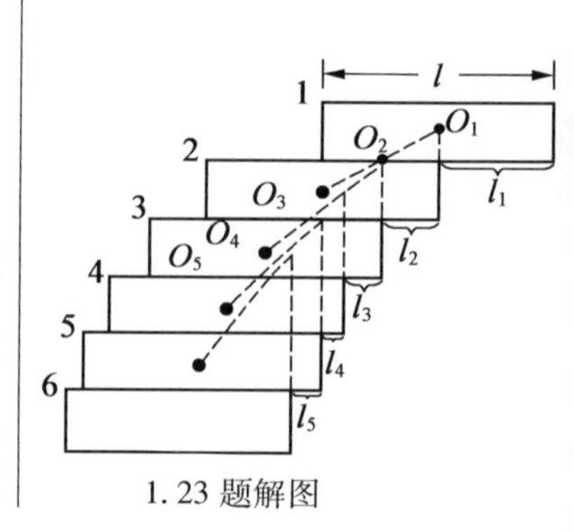

1.23 题解图

心得 体会 拓广 疑问

(如图所示).

(1)上面第一块砖:只受自身重力的作用而处于平衡状态,所以它的重心位置 O_1 不能超过第二块砖的右端点,即第一块砖能伸出的最大长度为

$$l_1=\frac{L}{2}$$

(2)第二块砖:受自身重力 G 和第一块砖重力 G 的作用而平衡,以第三块砖的右端点为支点,由平衡条件得

$$G(\frac{L}{2}-l_2)=G\cdot l_2$$

$$l_2=\frac{L}{4}$$

即前两块砖的共同重心位置 O_2 不能超过第三块砖的右端点.

(3)第三块砖:受自身重力 G 和前两块砖的共同重力 $2G$ 的作用而平衡,以第四块砖的右端点为支点,由平衡条件得

$$G\cdot(\frac{L}{2}-l_3)=2G\cdot l_3$$

$$l_3=\frac{L}{6}$$

(4)同样道理,对于第 n 块砖:受自身重力 G 和上面 $(n-1)G$ 的作用而平衡,以第 $n+1$ 块砖的右端点为支点,由平衡条件有

$$G\cdot(\frac{L}{2}-l_n)=(n-1)G\cdot l_n$$

$$l_n=\frac{L}{2n}$$

即第 n 块砖伸出的最大长度为$\frac{L}{2n}$.

1.24 要使系统处于平衡状态,必须使两个力 P 和 Q 的力矩相等,就是

$$M_1=Pl=M_2=Q\frac{l}{3}$$

由此得到

$$Q=3P=9(\text{kg})$$

假如棒稍稍向上移动一些,跟平衡位置交成很小的角 α(如图所示),那么 Q 和 P 的力矩的改变就不同,转动后,Q 的力矩是 $M_2'=Q\cdot\frac{l}{3}\cos\alpha$;当棒转成 α 角的时候,力 P 的方向也改变了 β 角,所以转动后,P 的力矩是 $M_1'=Pl\cos(\alpha+\beta)$.

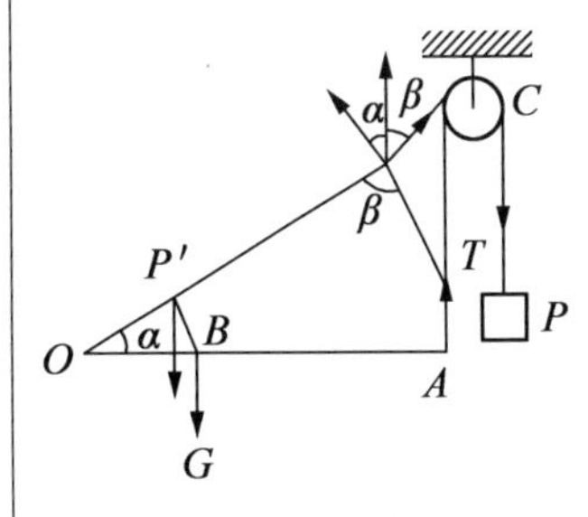

1.24 题解图

可以看出棒的转动使 M_2 减小,棒和绳子的转动都使 M_1 减小.而且,当棒转动的时候,M_1 总比 M_2 减小得快,这时

$M_2' - M_1' < 0$,而使棒转回原来的平衡位置.

同样可研究当棒向下转动一微小角度时,由于力矩 M_1 和 M_2 的变化,仍使棒转回原来稳定平衡的水平位置.

因此,系统是处于稳定平衡状态的.

1.25 由于移动是缓慢的,所以在移动的过程中木条始终处于平衡状态,木条与 A 棒之间的摩擦力和木条与 B 棒之间的摩擦力始终是大小相等、方向相反的. 随着 A,B 两棒相对于木条重心位置的变化,使它们对木条的支持力也相应变化,从而又使两棒与木条之间的摩擦出现静摩擦与动摩擦之间的转变,关键要找出此转变的临界位置. 设 A,B 两棒对木条的支持力分别为 N_A 和 N_B,木条的重心位置用 O 表示.

(1)当 B 棒受外力的作用有向左滑动的趋势开始到相对于木条滑动的这段时间内,木条与两棒接触点间的静摩擦力都由零逐渐增大,由于这时 $N_A = N_B = \frac{1}{2}mg$,所以摩擦力可增大到最大值 $\frac{1}{2}\mu_0 mg$. 木条受到的两个摩擦力大小相等、方向相反,因而处于平衡状态.

(2)B 棒开始滑动后,它与木条之间的摩擦力立即降至动摩擦力 μN_B,木条与 A 棒间的静摩擦力也立即由最大值降至 μN_B. 随着 B 棒向木条重心 O 处滑动,N_B 逐渐增大,N_A 逐渐减小,使 μN_B 相应增大,$\mu_0 N_A$ 相应减小. 设 B 棒与木条接触点移动到距木条中心 O 的距离为 x_1(临界位置)时,它对木条的动摩擦力等于 A 棒对木条的最大静摩擦力. 这时对木条由竖直方向上的受力平衡和对点 O 的力矩平衡分别有

$$\mu_0 N_{A1} - \mu N_{B1} = 0$$

$$N_{B1} \cdot x_1 - N_{A1} \cdot \frac{l}{2} = 0$$

由此求得

$$x_1 = \frac{1}{2} \times \frac{l}{2} = \frac{1}{4} l = 0.16(\mathrm{m})$$

(3)当 B 棒与木条的接触点从距木条中心 O 的距离为 x_1 处再向左滑动时,随 N_B 逐渐增大,N_A 逐渐减小,木条受到 B 棒的动摩擦力将大于受到 A 棒的最大静摩擦力,因而木条开始进入相对于 A 棒滑动的状态. 木条一旦相对于 A 棒滑动,木条与 A 棒间的最大静摩擦力突然变为滑动摩擦力 μN_A,为保持缓慢移动,作用于 B 棒的外力必须变小,否则木条将向左做加速运动,随着 B 棒与木条间的相对滑动消失,滑动摩擦力变为静摩擦力,结果木条随 B 棒一起向左运动. 木条向左运动,又导致 N_A 逐渐增大,N_B 逐渐减小. 设 A 棒与木条接触点移动到距木条中心的距离为 x_1'(又一个

临界位置)时,它对木条的动摩擦力等于 B 棒对木条的最大静摩擦力. 这时对木条由竖直方向上的受力平衡和对点 O 的力矩平衡分别有

$$\mu N'_{A1} - \mu_0 N'_{B1} = 0$$
$$N'_{B1} \cdot x'_1 - N'_{A1} \cdot x_1 = 0$$

由此求得

$$x'_1 = \frac{1}{2}x_1 = \frac{1}{8}l = 0.08(\mathrm{m})$$

(4)当 A 棒与木条的接触点从距木条中心 O 的距离为 x'_1 处再向左移动时,随 N_A 逐渐增大,N_B 逐渐减小,木条受 A 棒的动摩擦力将大于受 B 棒的最大静摩擦力,因而木条与 B 棒间将发生滑动,使最大静摩擦力突然减小为动摩擦力,木条将立即减速,当它的速度减为零时,木条与 A 棒间的摩擦力立即变为静摩擦力,其大小等于 B 处的动摩擦力,木条将保持静止不动. 接着 B 棒便继续向左滑动,而木条仍保持静止不动的状态,即重复上述(2)的过程,然后又重复上述(3)的过程,木条的运动将是静止不动与向左移动的交替过程,即整个运动的情况如下:

①木条不动,B 棒的支点距点 O 的距离由$\frac{l}{2}$到 x_1 为

$$x_1 = \frac{1}{2} \cdot \frac{l}{2} = \frac{l}{4} = 0.16(\mathrm{m})$$

②木条随 B 棒运动,A 棒的支点距点 O 的距离由$\frac{l}{2}$到 x'_1为

$$x'_1 = \frac{1}{2}x_1 = \frac{l}{8} = 0.08(\mathrm{m})$$

③木条不动,B 棒的支点距点 O 的距离由$\frac{l}{4}$到 x_2 为

$$x_2 = \frac{1}{2}x'_1 = \frac{l}{16} = 0.04(\mathrm{m})$$

④木条随 B 棒运动,A 棒的支点距点 O 的距离由$\frac{l}{8}$到 x'_2为

$$x'_2 = \frac{1}{2}x_2 = \frac{l}{32} = 0.02(\mathrm{m})$$

⑤木条不动,B 棒的支点距点 O 的距离由$\frac{l}{16}$到 x_3 为

$$x_3 = \frac{1}{2}x'_2 = \frac{l}{64} = 0.01(\mathrm{m})$$

⑥木条随 B 棒运动,A 棒的支点距点 O 的距离由$\frac{l}{32}$到 x'_3为

$$x'_3 = \frac{l}{64} = 0.02(\mathrm{m})$$

心得 体会 拓广 疑问

此时，A，B 两棒已互相接触，这时木条处于平衡状态，其中心点 O 正对 A，B 两棒的接触点，整个运动过程结束.

1.26 在制动轮制动的情况下，制动力矩是由制动块 B_1，B_2 对制动轮 D 的滑动摩擦力产生的. 设 B_1，B_2 对制动轮 D 的压力分别为 N_1 和 N_2，则滑动摩擦力分别为 μN_1 和 μN_2，如图(a)所示. 于是制动力矩为

$$M=\frac{\mu N_1 d}{2}+\frac{\mu N_2 d}{2} \quad ①$$

设弹簧的弹力为 T，左、右两杆受力如图(b)所示，则对左杆上点 O_1 取矩和对右杆上点 O_2 取矩并由力矩平衡分别有

$$N_1h_1+\mu N_1 a-T(h_1+h_2)=0 \quad ②$$

$$T(h_1+h_2)+\mu N_2 a-N_2h_1=0 \quad ③$$

对弹簧来说，由胡克定律有

$$T=k(d+2a-l) \quad ④$$

由式①～④联立解得

$$k=\frac{(h_1+\mu a)(h_1-\mu a)M}{\mu h_1 d(h_1+h_2)(d+2a-l)}=1.24\times10^4(\mathrm{N/m})$$

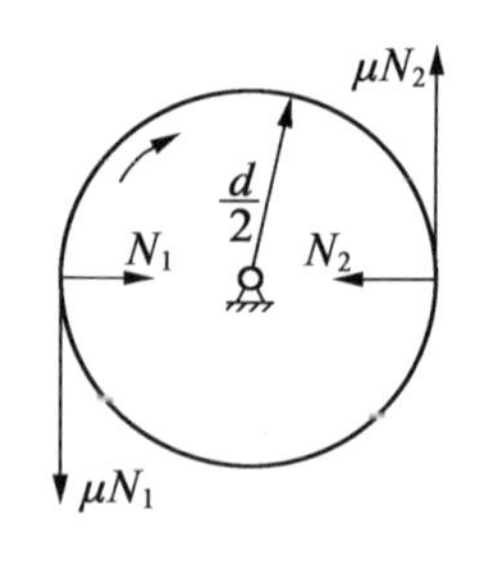

(a)

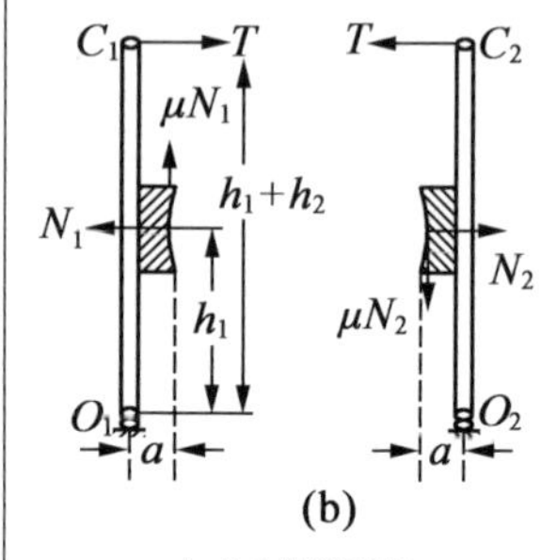

(b)

1.26 题解图

1.27 因为题设撬棒与预制板间无摩擦，撬棒对预制板的作用力与撬棒垂直，设为 F_1，并设预制板与撬棒接触点到底端的长为 l_2'. 现用分离法解题，分别以预制板和撬棒为研究对象，各力方向如图所示，设 $BC=l_2'$.

(1) 先取预制板为研究对象，对点 A 取矩，由平衡条件有

$$\sum M_A=F_1l_1\cos(\alpha-\beta)-\frac{1}{2}G_1l_1\cos\beta=0$$

(2) 再取撬棒为研究对象，对点 C 取矩，由平衡条件有

$$\sum M_B=Fl_2-\frac{1}{2}G_2l_2\cos\alpha+F_1'l_2'$$

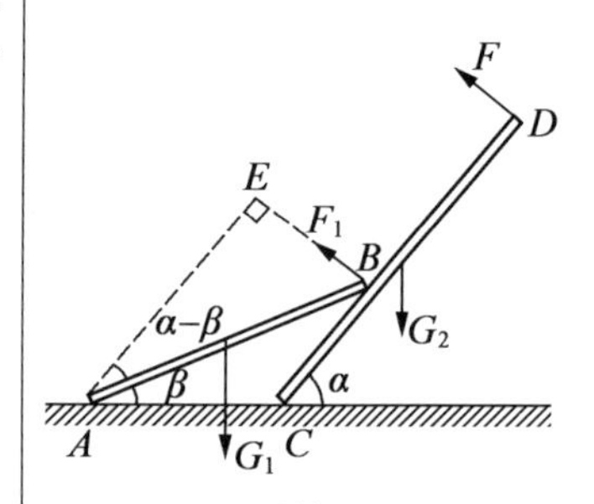

1.27 题解图

又在三角形 ABC 中，由正弦定理有

$$\frac{l_1}{\sin(\pi-\alpha)}=\frac{l_2'}{\sin\beta}$$

解以上三式组成的方程组，并将 $F_1'=F$ 代入得

$$l_2'=\frac{\sin\beta}{\sin\alpha}l_1$$

$$F_1=\frac{\cos\beta}{2\cos(\alpha-\beta)}G_1$$

$$F=\frac{1}{2}\left(G_2\cos\alpha+\frac{l_1\cos\beta\sin\beta}{l_2\cos(\alpha-\beta)\sin\alpha}G_1\right)$$

1.28 **解法一**：棒受以下三个力的作用：碗对 B 端的弹力指向碗的中心；碗边对点 C 的弹力垂直于 AB 向上；重力 G，作用在 AB 的中点 M 处. 建立如图所示的直角坐标系，由受力平衡有

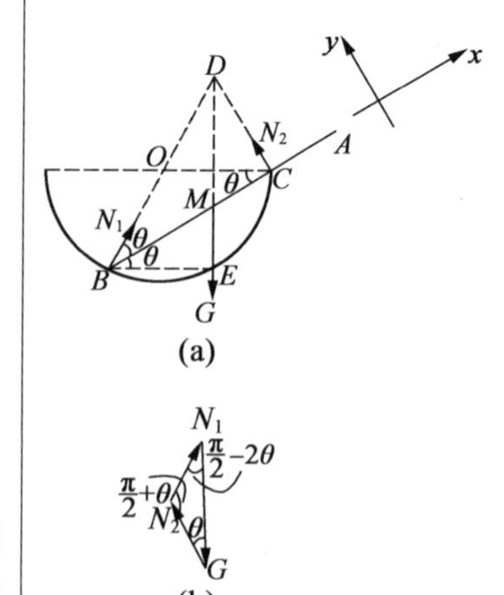

(a)
(b)
1.28 题解图

心得 体会 拓广 疑问

$$\sum F_x = N_1\cos\theta - G\sin\theta = 0 \qquad ①$$

$$\sum F_y = N_2 + N_1\sin\theta - G\cos\theta = 0 \qquad ②$$

以点 B 为转轴,平衡时有

$$\sum M_B = N_2 \cdot 2R\cos\theta - G\cos\theta \cdot \frac{l}{2} = 0 \qquad ③$$

将已知 $l=\frac{4}{\sqrt{3}}R$ 代入式③得

$$N_2 = \frac{Gl}{4R} = \frac{G}{\sqrt{3}} = \frac{\sqrt{3}}{3}G$$

将 N_2 的值代入式①,式②并消去 N_1 有

$$2\sqrt{3}\cos^2\theta - \cos\theta - \sqrt{3} = 0$$

从而解得 $\theta = \arccos\frac{\sqrt{3}}{2} = 30°$

故再由式①得

$$N_1 = G\tan\theta = \frac{G}{\sqrt{3}} = \frac{\sqrt{3}}{3}G$$

解法二:由于棒受三个力的作用,这三个力不是平行力,而是共点力,故它们相交于点 D,如图(a)所示,且三力矢量必组成封闭三角形,如图(b)所示. 过 B 作水平线 BE 交 DM 的延长线于 E,则易知 $\angle MBE=\theta$,所以在 $\triangle BED$ 中

$$BE = 2R\cos 2\theta$$

而在 $\triangle BED$ 中

$$BE = \frac{l}{2}\cos\theta$$

所以由以上两式得(注意 $\cos 2\theta = 2\cos^2\theta - 1$)

$$2\sqrt{3}\cos^2\theta - \cos\theta - \sqrt{3} = 0$$

求得 $\theta = 30°$

从图(b)中可由正弦定理得

$$\frac{G}{\sin\left(\frac{\pi}{2}+\theta\right)} = \frac{N_1}{\sin\theta} = \frac{N_2}{\sin\left(\frac{\pi}{2}-2\theta\right)}$$

从而求得

$$N_1 = G\tan\theta = \frac{\sqrt{3}}{3}G; N_2 = \frac{\cos 2\theta}{\cos\theta}G = \frac{\sqrt{3}}{3}G$$

1.29 设棒长为 l,棒重为 G,棒平衡时和水平面夹角为 θ,棒在点 A 受圆柱体的弹力 N_1 和最大摩擦力 μN_1,在点 B 受圆柱体弹力 N_2 和最大静摩擦力 μN_2,如图所示. 由于棒所对圆心角为 2α,OC 垂直于棒,所以由几何关系易知摩擦力与 AB 棒都成 α 角,取

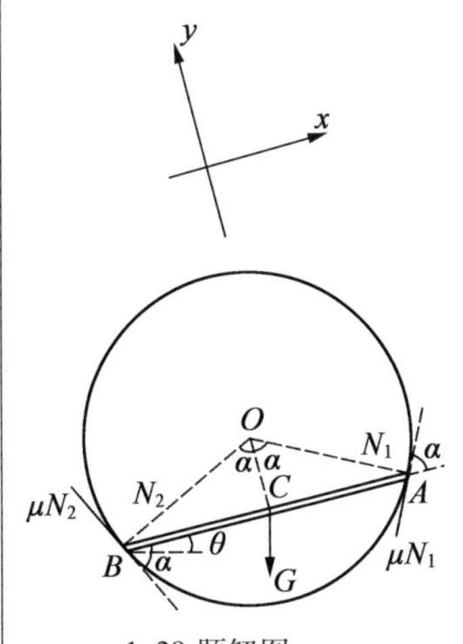

1.29 题解图

心得 体会 拓广 疑问

如图所示的直角坐标系,则由受力平衡有

$$\sum F_x = G\sin\theta + N_1\sin\alpha - N_2\sin\alpha - \mu N_2\cos\alpha - \mu N_1\cos\alpha = 0 \quad ①$$

$$\sum F_y = G\cos\theta - N_1\cos\alpha - N_2\cos\alpha + \mu N_2\sin\alpha - \mu N_1\sin\alpha = 0 \quad ②$$

分别对点 A 和点 B 取矩,平衡时有

$$\sum M_A = (N_2\cos\alpha - \mu N_2\sin\alpha)l - G\cos\theta\cdot\frac{l}{2} = 0 \quad ③$$

$$\sum M_B = (N_1\cos\alpha + \mu N_1\sin\alpha)l - G\cos\theta\cdot\frac{l}{2} = 0 \quad ④$$

由式①,式②得

$$\cot\theta = \frac{(N_1+N_2)\cos\alpha + \mu(N_1-N_2)\sin\alpha}{(N_2-N_1)\sin\alpha + \mu(N_1+N_2)\cos\alpha} \quad ⑤$$

由式③,式④得

$$N_1 = \frac{G\cos\theta}{2(\cos\alpha + \mu\sin\alpha)}$$

$$N_2 = \frac{G\cos\theta}{2(\cos\alpha - \mu\sin\alpha)}$$

代入式⑤后整理得

$$\theta = \mathrm{arccot}\left(\frac{\cos^2\alpha}{\mu} - \mu\sin^2\alpha\right)$$

1.30 取圆柱体 A 和 B 为一整体作为研究对象,则可把它们简化看作一直杆 AB(杆重忽略不计),AB 共受以下四个力的作用:A,B 的重力 G_1 和 G_2;圆柱槽面对 A,B 的正压力 N_1 和 N_2,如图所示.

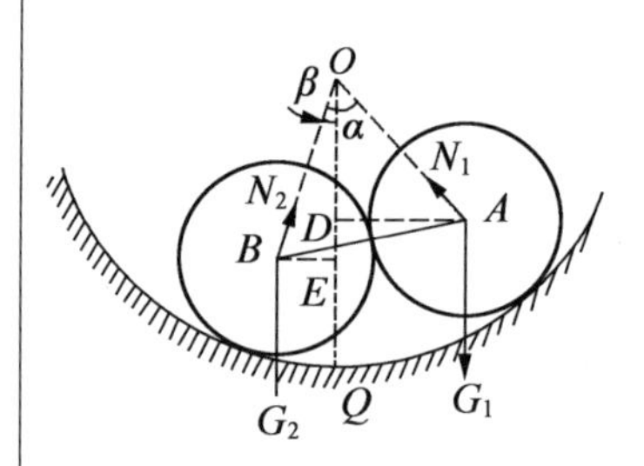

1.30 题解图

因圆柱面为光滑的,则 N_1 和 N_2 的作用线必通过圆柱轴线点 O,故将 AB 以点 O 为轴取力矩(这样可消去 N_1,N_2)有

$$\sum M_O = G_2\cdot(R-r)\sin\beta - G_1\cdot(R-r)\sin\alpha = 0 \quad ①$$

设 $\angle AOB = 2\theta$,则 $\theta = \arcsin\left(\frac{r}{R-r}\right)$ 为已知,且

$$\beta = 2\theta - \alpha \quad ②$$

将式②代入式①后化简求得

$$\tan\alpha = \frac{G_2\sin 2\theta}{G_1 + G_2\cos 2\theta}$$

即

$$\alpha = \arctan\frac{G_2\sin 2\theta}{G_1 + G_2\cos 2\theta}$$

再对点 B 为轴取力矩(这样可消去 N_2,G_2)有

$$\sum M_B = N_1\cdot AB\sin(90° - \theta) - G_1\cdot AB\sin\gamma = 0 \quad ③$$

而 $(90°-\theta)+\gamma+\alpha = 180°$,即

$$\gamma = 90° - (\alpha - \theta) \quad ④$$

故将式④代入式③后展开求得

$$N_1=\frac{\cos(\alpha-\theta)}{\cos\theta}G_1$$

同样道理对点 A 取矩可求得

$$N_2=\frac{\cos(\alpha-\theta)}{\cos\theta}G_2$$

此题也可用1.8题的方法来解，求解过程略.

1.31 由于 μ_1 与 μ_2 的数值不知道，因此当小车推进时会出现两种可能性：圆柱体转动，或圆柱体不转动.

先讨论一般情况：当小车推进时假设圆柱体有顺时针转动趋势，此时圆柱体受到的作用力有重力 Mg（图中未画出），支持 N_1 和 N_2，摩擦力 f_1 和 f_2，如图(a)所示.

以 O 为转动轴，由力矩平衡有

$$f_1R=f_2R$$

由水平和竖直方向受力平衡有

$$N_2\sin\alpha-f_2\cos\alpha-f_1=0 \quad ①$$

$$N_1-Mg-N_2\cos\alpha-f_2\sin\alpha=0 \quad ②$$

设水平推小车的外力为 F，当小车做匀速运动时应有

$$F=f_1=f_2$$

由式①可得

$$F=\frac{\sin\alpha}{1+\cos\alpha}N_2 \quad ③$$

将式③代入式②后得

$$N_1-Mg-N_2\cos\alpha-\frac{\sin^2\alpha}{1+\cos\alpha}N_2=0$$

$$N_1=Mg+N_2 \quad ④$$

当动摩擦系数 μ_1，μ_2 取值不同时可能出现两种情况：

(1)设 $\mu_1N_1>\mu_2N_2$，由式③知

$$F=N_2\frac{\sin\alpha}{1+\cos\alpha}=\mu_2N_2$$

即

$$N_2\left(\frac{\sin\alpha}{1+\cos\alpha}-\mu_2\right)=0 \quad ⑤$$

该式表明又有两种可能性：

①当 $\frac{\sin\alpha}{1+\cos\alpha}>\mu_2$ 时，则 $N_2=0$，$F=0$，这时做顺时针转动，摩擦力为零，小车前进不需要推力.

②当 $\frac{\sin\alpha}{1+\cos\alpha}<\mu_2$ 时，则式⑤无意义，即圆柱体被卡住，即使推力 F 趋于无穷大，小车也不会前进（这时如果 $\mu_1>\mu_2$，则条件

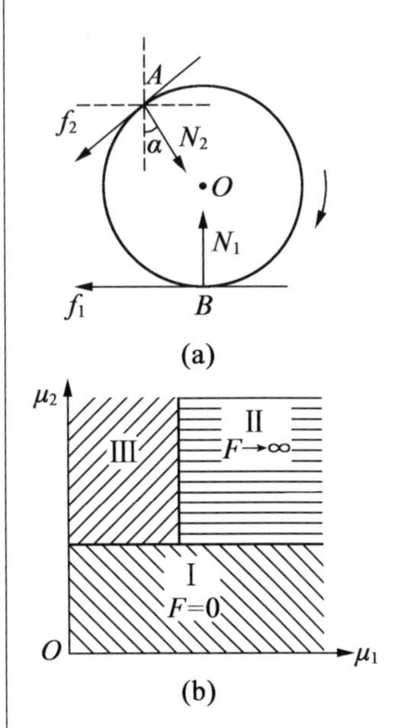

1.31题解图

心得 体会 拓广 疑问

$\mu_1 N_1 > \mu_2 N_2$ 成立).

(2)设 $\mu_1 N_1 < \mu_2 N_2$,这种情况下推进小车时圆柱体不发生转动,此时 $F=\mu_1 N_1$. 由式③,式④得到

$$\mu_1 N_1 = N_2 \frac{\sin \alpha}{1+\cos \alpha}$$

$$\mu_1 N_1 = \mu_1 (Mg + N_2) = N_2 \frac{\sin \alpha}{1+\cos \alpha}$$

由此得出

$$N_2 = \frac{\mu_1 Mg}{\frac{\sin \alpha}{1+\cos \alpha} - \mu_1}$$

这时又出现两种可能:

① $\mu_1 \geqslant \frac{\sin \alpha}{1+\cos \alpha}$,这时 N_2 变为负值,无意义. 这种情况下圆柱体同样被卡住,即使推力趋于无穷大,小车也不会前进(这时如果 $\mu_1 < \mu_2$,条件 $\mu_1 N_1 < \mu_2 N_2$ 成立).

② $\mu_1 < \frac{\sin \alpha}{1+\cos \alpha}$,则推力 F 可表示为

$$F = \frac{\mu_1 Mg}{1 - \frac{\mu_1 (1+\cos \alpha)}{\sin \alpha}}$$

当 $\mu_2 > \frac{\sin \alpha}{1+\cos \alpha}$ 时,条件 $\mu_1 N_1 < \mu_2 N_2$ 成立.

说明:上述结果可用 $\mu_1 - \mu_2$ 的图像形象地表示,如图(b)所示,图像纵轴为 μ_2,横轴为 μ_1,此平面分成三个区域,在区域Ⅰ内 $F=0$,圆柱体转动;在区域Ⅱ内 F 趋于无穷大,圆柱体被卡住;在区域Ⅲ内 $F = \frac{\mu_1 Mg}{1 - \frac{\mu_1 (1+\cos \alpha)}{\sin \alpha}}$,此时圆柱体不转动,小车被匀速推进.

1.32 当所加外力 F 逐渐减小时,球与板、墙接触处的摩擦力方向均向上,大小逐渐增加,当其中一方增大到最大静摩擦力后,再减小外力,平衡将被破坏,木棍将在这一方开始向下滑动,θ 角张大,而另一方则保持无滑动滚动.

设木棍的质量为 m,木板与墙面夹角为 θ,则由水平方向和竖直方向上受力平衡及对木棍中心取距平衡分别有

$$f_1 + N_2 \sin \theta + f_2 \cos \theta - mg = 0 \quad ①$$

$$N_1 - N_2 \cos \theta + f_2 \sin \theta = 0 \quad ②$$

$$f_2 R - f_1 R = 0 \quad ③$$

要使木棍在墙面上左滑,这时

心得 体会 拓广 疑问

$$f_1=f_{1\max}=\mu_1 N_1 \quad ④$$

$$f_2\leqslant f_{2\max}=\mu_2 N_2 \quad ⑤$$

由式③,左滑条件式④,式⑤可合写为

$$\mu_1 N_2\leqslant \mu_2 N_2 \quad ⑥$$

由式②~④得

$$N_1(1+\mu_1\sin\theta)=N_2\cos\theta \quad ⑦$$

由式⑥,式⑦得

$$\left(\frac{1}{\mu_2}\right)\cos\theta\leqslant\left(\frac{1}{\mu_1}\right)+\sin\theta$$

即

$$\sqrt{3}\cos\theta\leqslant 1+\sin\theta$$

由此可看出,当θ很小时此式无法满足,左滑在临界状态的角度θ_0时发生,θ_0必须满足方程

$$\sqrt{3}\cos\theta_0=1+\sin\theta_0$$

两边平方后消去$\cos^2\theta_0$得

$$2\sin^2\theta_0+\sin\theta_0+1=0$$

解得$\theta_0=30°$或$\theta_0=-90°$(不合题意,舍去). 因此,当$\theta_0=15°\sim30°$时右滑(在木板上滑动);当$\theta_0=30°\sim60°$时左滑(在墙面上滑动).

设张角为θ时,木棍中心的高度为h,由于

$$\frac{r}{h}=\tan\frac{\theta}{2}$$

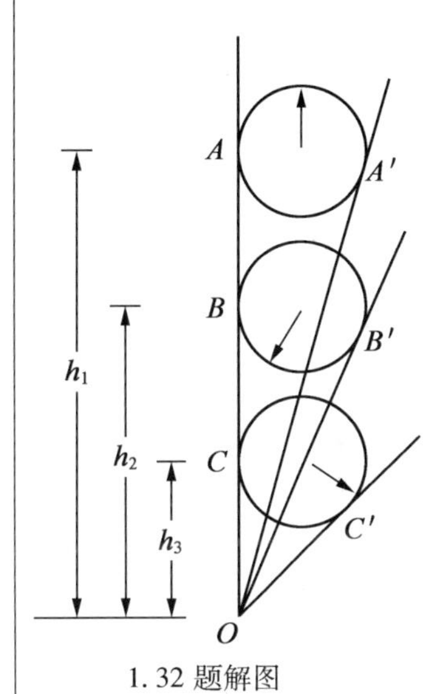

1.32 题解图

如图所示,可知

$$AO=A'O=h_1=r\cot 7.5°=7.57r$$

$$BO=B'O=h_2=r\cot 15°=3.73r$$

$$CO=C'O=h_3=r\cot 30°=1.73r$$

当木棍由A下落至B时,木棍顺时针转φ_1角

$$\varphi_1=\frac{h_1-h_2}{r}=220°$$

当木棍由B下落至C时,木棍相对于木板逆时针转φ_2角

$$\varphi_2=\frac{h_2-h_3}{r}=115°$$

而木板同时顺时针转$\varphi_3=30°$,所以,从A至C,木棍相对于地面顺时针转动的角度为

$$\varphi=\varphi_1-\varphi_2+\varphi_3=135°$$

1.33 设板的重心为O,圆柱的中心为O';板在水平时,板上点A与圆柱接触;板在倾斜角为β时,板上点B与圆柱接触. 为使板能保持稳定平衡,必须使板在倾角为β时满足两个条件:一是板不沿圆柱下滑;二是板能自动滚回原平衡位置. 如图所示,取板为

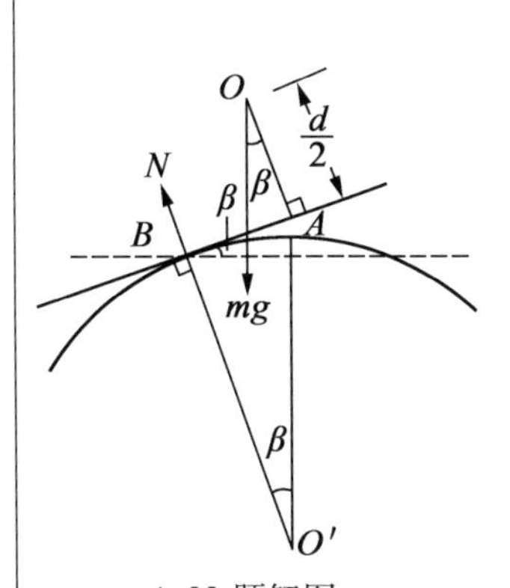

1.33 题解图

心得 体会 拓广 疑问

研究对象,板受自身重力 mg 和圆柱在 B 处对它的支持力 N 的作用.

(1)为使板不沿圆柱滑动必须有

$$mg\sin\beta < N\mu(\text{沿 } AB \text{ 方向})$$

而

$$N = mg\cos\beta(\text{垂直于 } AB \text{ 方向上})$$

故

$$\tan\beta < \mu$$

(2)为使板能沿圆柱自动滚回原平衡位置(水平位置),以点 B 为支点,必须使重力的作用线不超过支点 B,即

$$OA\tan\beta < AB$$

而

$$OA = \frac{d}{2}$$

$$AB = R\beta$$

$$\tan\beta = \frac{2\tan\dfrac{\beta}{2}}{1+\tan^2\dfrac{\beta}{2}}$$

故代入上式整理得

$$\tan^2\frac{\beta}{2} + \frac{d}{R\beta}\tan\frac{\beta}{2} - 1 < 0$$

解得

$$-\left[\sqrt{1+\left(\frac{d}{2R\beta}\right)^2} + \frac{d}{2R\beta}\right] < \tan\frac{\beta}{2} < \sqrt{1+\left(\frac{d}{2R\beta}\right)^2} - \frac{d}{2R\beta}$$

β 的负值表示倾斜方向与假设方向相反时的情况.

1.34 将蛋尖、蛋圆的曲率中心分别记为 O_1, O_2,由对称性知,鸡蛋的重心必在 O_1O_2 的连线上,设鸡蛋的重心 O_3 离蛋圆底端的距离为 d,如图(a)所示.现假设蛋圆绕其曲率中心偏过一个微小的角度 θ,则重心位置的变化为

$$\Delta h = d\cos\theta + a\theta\sin\frac{\theta}{2} - d$$

因 θ 很小,所以 $\sin\dfrac{\theta}{2}\approx\dfrac{\theta}{2}$, $\cos\theta = 1-2\sin^2\dfrac{\theta}{2}\approx 1-\dfrac{\theta}{2}^2$,于是由上式可得

$$\Delta h = \frac{\theta^2}{2}(a-d)$$

由题意

$$\Delta h = 0$$

故可得 $a = d$,即 O_2, O_3 共点.

再把球形碗的球心记为 O,假设蛋尖绕其曲率中心偏过一个

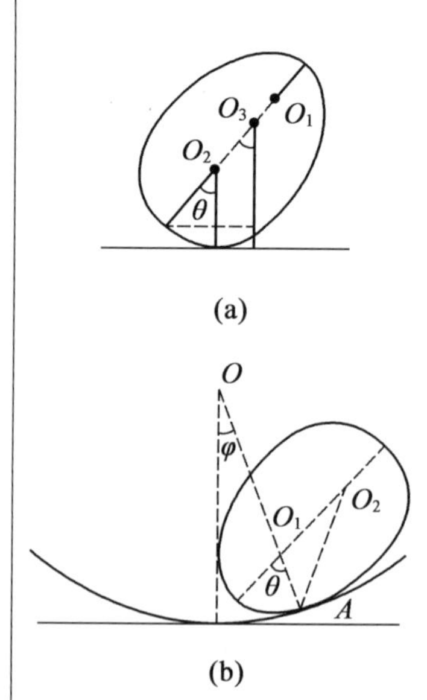

1.34 题解图

心得 体会 拓广 疑问

微小的角度 θ,蛋与碗的接触点为 A,设 OA 与竖直线的夹角为 φ,如图(b)所示. 这时重心 O_2 离蛋尖底为 $c-d$,由数学知识易知:O,O_1,A 三点共线,$\angle O_2=\theta-\varphi$(但 O_2A 的连线不一定竖直),且

$$r\varphi=b\theta$$

这时重心位置的变化可表示为

$$\Delta h_2=(c-d)\cos(\theta-\varphi)+r\varphi\sin\frac{\varphi}{2}+b(\theta-\varphi)\sin\frac{\theta-\varphi}{2}-b\varphi\sin\frac{\varphi}{2}-(c-d)$$

由于 θ,φ 都很小,所以同上面的方法代入 θ,φ 的关系并使 $\Delta h_2>0$ 化简后得

$$(r-b)[(c-d-b)r-b(c-d)]\frac{\varphi^2}{2}<0$$

因为 $r>b$,所以 $(c-b-d)r<b(c-d)$,故将 $d=a$ 代入得

$$r<\frac{b(c-a)}{c-b-a}$$

1.35 先取 $2n+1$ 个圆柱体组成的系统为研究对象,它受三个力的作用,如图所示. 重力大小为 $(2n+1)G$,作用在第 $n+1$ 个圆柱体的重心 C 上,方向竖直向下;墙的弹力 N_2 垂直于墙面,过第一个圆柱体的柱心水平向右,并与重力 $(2n+1)G$ 相交于点 A;木板对它的弹力 N,垂直于木板向上. 由竖直方向上的受力平衡有

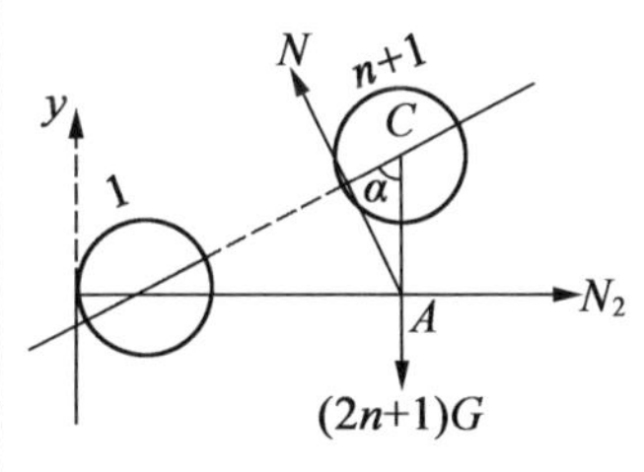

1.35 题解图

$$\sum F_y=N\sin\alpha-(2n+1)G=0$$

再取木板为研究对象,它也受三个力的作用. $2n+1$ 个圆柱体对它的正压力为 N',方向垂直于木板向下;铰链对它的约束力 N_1,方向不好确定;绳中张力 T,方向水平向左. 对铰链处取矩,由力矩平衡有

$$\sum M=Tl\cos\alpha+N'l'=0$$

其中力臂为

$$l'=R\cot\alpha+\frac{R}{\sin\alpha}+2nR\sin^2\alpha$$

由作用力与反作用力知

$$N'=-N$$

所以由以上各式联立解得

$$T=\frac{(2n+1)R}{l}\left(\frac{1}{\sin^2\alpha}+\frac{1}{\sin^2\alpha\cos\alpha}+2n\tan\alpha\right)G$$

1.36 解法一: 如图所示. 用 θ_i 表示第 i 个滚珠中心的位置,由图中的几何关系有

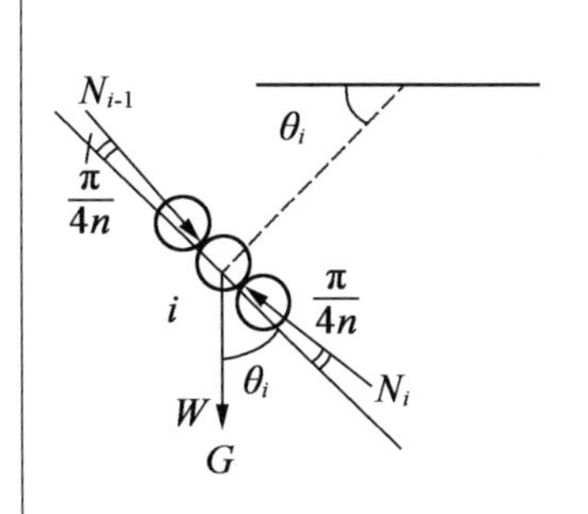

1.36 题解图

$$\theta_i=\frac{(i-1)\pi}{2n}+\frac{\pi}{4n}=\frac{i\pi}{2n}-\frac{\pi}{4n}$$

再由第 i 个滚珠沿切向的受力平衡有

心得 体会 拓广 疑问

$$\sum F = G\cos\theta_i + N_{i-1}\cos\frac{\pi}{4n} - N_i\cos\frac{\pi}{4n} = 0$$

即

$$G\cos\theta_i = (N_i - N_{i-1})\cos\frac{\pi}{4n}$$

将 $i=1,2,3,\cdots$ 分别代入上式可依次得出

$$G\cos\theta_1 = N_1\cos\frac{\pi}{4n}$$

$$G\cos\theta_2 = (N_2 - N_1)\cos\frac{\pi}{4n}$$

$$\vdots$$

将以上各式相加后得

$$G(\cos\theta_1 + \cos\theta_2 + \cdots + \cos\theta_i) = N_i\cos\frac{\pi}{4n}$$

因为

$$\begin{aligned}\cos\theta_1 + \cos\theta_2 + \cdots + \cos\theta_i &= \sum_{k=1}^{i}\cos\theta_k \\ &= \sum_{k=1}^{i}\cos\left(\frac{k\pi}{2n} - \frac{\pi}{4}\right) \\ &= \frac{\sum\limits_{k=1}^{i}\left[2\cos\left(\frac{k\pi}{2n} - \frac{\pi}{4n}\right)\sin\frac{\pi}{4n}\right]}{2\sin\frac{\pi}{4n}} \\ &= \frac{\sum\limits_{k=1}^{i}\left[\sin\frac{k\pi}{2n} - \sin\frac{(k-1)\pi}{2n}\right]}{2\sin\frac{\pi}{4n}} \\ &= \frac{\sin\frac{i\pi}{2n}}{2\sin\frac{\pi}{4n}}\end{aligned}$$

所以

$$N_i = \frac{\sin\frac{i\pi}{2n}}{\sin\frac{\pi}{2n}}\cdot G$$

解法二：分别用 R 和 r 表示环形圆管和滚珠的半径，考虑 1 至 i 号滚珠，取点 O 为转轴，对点 O 产生力矩得仅有 i 个球的重量以及 N_i，对点 O 取矩则由力矩平衡有

$$(Gx_1 + Gx_2 + \cdots + Gx_3) - N_i(R-r)\cos\frac{\theta}{2} = 0$$

而

$$x_1=(R-r)\cos\frac{\theta}{2}$$

$$x_2=(R-r)\cos\frac{3\theta}{2}$$

$$\vdots$$

$$x_i=(R-r)\cos\frac{(2i-1)\theta}{2}$$

下同解法一.

1.37 建立以水平向右为 x 轴,竖直向上为 y 轴的直角坐标系,用隔离法解题.

(1)先取第一个圆柱为研究对象(也可取第三个圆柱为研究对象),见图(a).该圆柱受以下五个力的作用而平衡:自身重力 G,地面的支持力 N_1,第二个柱的压力 N_2,地面和第二个圆柱给予的摩擦力 f_1,f_2.由 x,y 方向上的受力平衡和对柱的圆心取矩平衡分别有

$$\sum F_x=N_2\cos 60°-f_1-f_2\cos 30°=0 \quad ①$$

$$\sum F_y=N_1-N_2\sin 60°-f_2\sin 30°-G=0 \quad ②$$

$$\sum M_{01}=f_2R-f_1R=0 \quad ③$$

(2)再取第二个圆柱为研究对象,见图(b).该圆柱受以下五个力的作用而平衡:自身重力 G,第一和第三个圆柱给予的反作用力 N_2',N_2'';第一和第三个圆柱给予的摩擦力 f_2',f_2''.参见(1),由受力平衡条件有

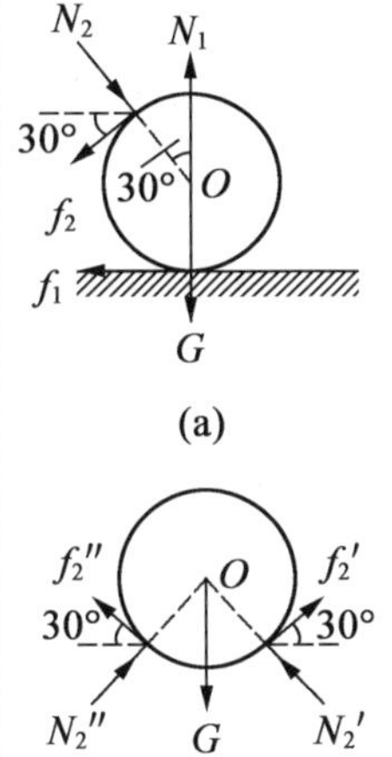

(a)

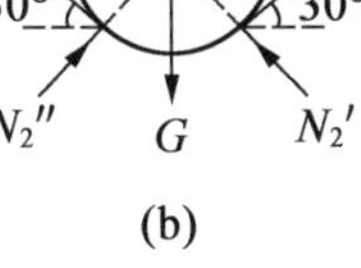

(b)

1.37 题解图

$$\sum F_x=f_2'\cos 30°-f_2''\cos 30°-N_2'\cos 60°+N_2''\cos 60°=0 \quad ④$$

$$\sum F_y=(f_2'+f_2'')\sin 30°+(N_2'+N_2'')\sin 60°-G=0 \quad ⑤$$

$$\sum M_{02}=f_2'R-f_2''R=0 \quad ⑥$$

又

$$f_1=\mu_1N_1 \quad ⑦$$

$$f_2'=f_2=\mu_2N_2 \quad ⑧$$

$$N_2'=N_2 \quad ⑨$$

$$f_2''=f_2'(\text{对称性}) \quad ⑩$$

$$N_2''=N_2'(\text{对称性}) \quad ⑪$$

故将式⑦~式⑪代入式①~式⑥后联立解得

$$\mu_2=\frac{\cos 60°}{1+\cos 30°}=2-\sqrt{3}\approx 0.27$$

$$\mu_1=\frac{\mu_2}{\sin 60°+\mu_2\cos 30°+2(\mu_2\sin 30°+\sin 60°)}$$

$$=\frac{2-\sqrt{3}}{3}\approx 0.09$$

1.38 小球的质量用 m 表示,设上面小球与下面四球中每一球间的正压力为 F,球形碗底对下面四个小球中每一小球的正压力为 N,球形碗底的中心为 O,如图(a),(b)所示. 则每个小球所受各力均通过自身的球心.

第一步,先分析上面小球的受力情况. 设小球受力 F 与铅垂方向成 α 角,如图(a)所示. 则由铅垂方向上的受力平衡有

$$\sum F=4\cdot F\cos\alpha-mg=0 \quad ①$$

第二步,再分析下面任一小球的受力情况. 在各小球刚好接触而不散开的临界状态下,下面四个小球之间刚好接触而不产生压力,如图(b)所示. 设小球受力 N 与铅垂方向成 β 角,则由铅垂方向上的受力平衡和对球形碗底中心位置 O 取矩分别有(当然,也可以对小球与球形碗底的接触点处取矩来求)

$$\sum F=N\cos\beta-mg-F\cos\alpha=0 \quad ②$$

$$\sum M_O=mg(R-r)\sin\beta-F(R-r)\sin(\alpha-\beta) \quad ③$$

当小球平衡不滚动时有

$$\sum M_O=0 \quad ④$$

第三步,然后分析五个小球之间的几何关系. 如图(c)所示,由于下面四个小球是紧密接触的,所以球心连线 $O_1O_2O_3O_4$ 为正方形,该正方形由对角线的连线$O_1O_3=O_2O_4=2\sqrt{2}r$ 组成.

过 O_5 作 O_1O_3 的垂线,则其交点必在 O_1O_3 与 O_2O_4 的交点 O' 上,所以有$O_1O'=O_1O_2\sin 45°=\sqrt{2}r$,从而得

$$\alpha=\arcsin\frac{O_1O'}{O_1O_5}=45°$$

将 $\alpha=45°$代入式①,式②后联立解得

$$F=\frac{\sqrt{2}}{4}mg \quad ⑤$$

$$N=\frac{5mg}{4\cos\beta} \quad ⑥$$

再将式④~式⑥及 $\alpha=45°$代入式③后求得

$$\cot\beta=5$$

因此

$$R=r+OO_1=r+\frac{O_1O'}{\sin\beta}=r+O_1O'\sqrt{1+\cot^2\beta}$$
$$=(2\sqrt{13}+1)r$$

第四步,最后分析五个小球之间的稳定状况. 由于五个小球之间的接触距离不变,所以 α 的值不变,由式⑤知 F 的大小和方向也不变. 当 R 减小时,β 角增大,由式③可知 $\sum M_O$ 增大,下面四

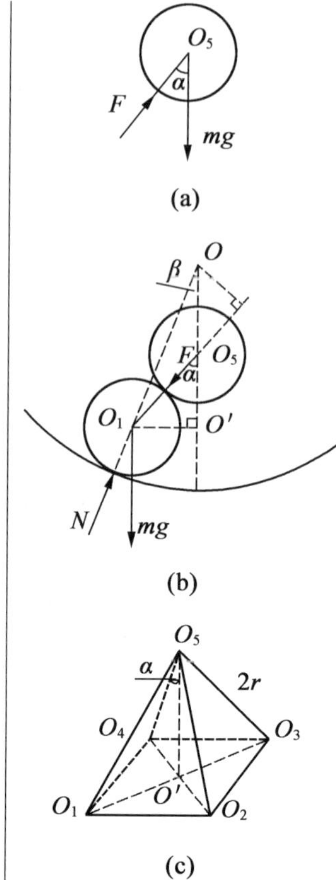

1.38 题解图

心得 体会 拓广 疑问

球有互相靠近的趋势，所以小球处于稳定平衡状态；当 R 增大时，同上面的分析可知，下面四球有向四处散开的趋势，所以小球处于不稳定平衡状态.

1.39 圆柱 B 有向下运动的趋势，对圆柱 A 和墙面有压力，圆柱 A 倾向于向左移动，对墙面没有压力. 平衡是靠各接触点的摩擦力维持的，现设系统处于平衡状态，圆柱 A 受地面的正压力为 N_1，水平摩擦力为 f_1；圆柱 B 受墙面的正压力为 N_2，竖直摩擦力为 f_2；圆柱 A 受圆柱 B 的正压力为 N_3，切向摩擦力为 f_3；圆柱 B 受圆柱 A 的正压力为 N_3'，切向摩擦力为 f_3'，如图所示，各力以图示方向为正方向.

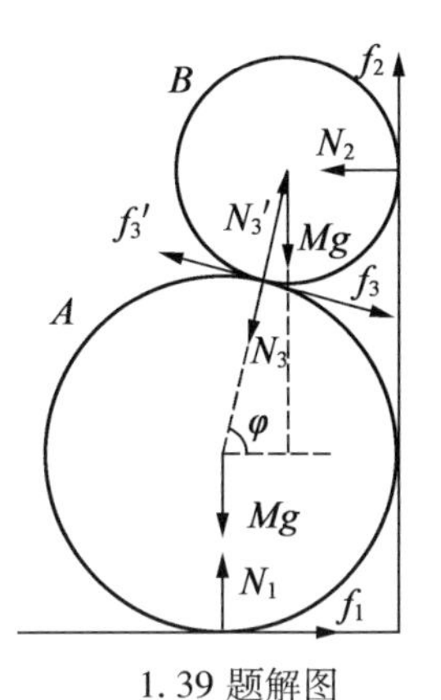

1.39 题解图

过两圆柱中轴的平面与地面的交角为 φ. 设两圆柱的质量均为 m，可分别列出两圆柱在水平方向和竖直方向的受力平衡以及力矩的平衡方程.

对圆柱 A

$$f_1 - N_3\cos\varphi + f_3\sin\varphi = 0 \quad ①$$

$$mg - N_1 + N_3\sin\varphi + f_3\cos\varphi = 0 \quad ②$$

$$f_1R - f_3R = 0 \quad ③$$

对圆柱 B

$$N_2 - N_3'\cos\varphi + f_3'\sin\varphi = 0 \quad ④$$

$$mg - f_2 - N_3'\sin\varphi - f_3'\cos\varphi = 0 \quad ⑤$$

$$f_2r - f_3'r = 0 \quad ⑥$$

而

$$N_3' = N_3 \quad ⑦$$

$$f_3' = f_3 \quad ⑧$$

由式③，式⑥，式⑧得

$$f_1 = f_2 = f_3 = f_3' \quad ⑨$$

将式⑦，式⑨代入式①～式⑤后联立解得

$$f_1 = f_2 = f_3 = f_3' = N_2 = \frac{\cos\varphi}{1+\sin\varphi+\cos\varphi}mg \quad ⑩$$

$$N_3 = \frac{1+\sin\varphi}{1+\sin\varphi+\cos\varphi}mg$$

$$N_1 = \frac{2+2\sin\varphi+\cos\varphi}{1+\sin\varphi+\cos\varphi}mg$$

现在讨论各点的平衡情况.

(i) 圆柱 B 与墙面之间，接触点不发生滑动的条件为

$$\mu_2 \geqslant \frac{f_2}{N_2} = 1$$

(ii) 圆柱 A 与墙面之间，接触点不发生滑动的条件为

$$\mu_1 \geqslant \frac{f_1}{N_1} = \frac{\cos\varphi}{2+2\sin\varphi+\cos\varphi}$$

由图中的几何关系有

$$\cos\varphi=\frac{R-r}{R+r}$$

$$\sin\varphi=\sqrt{1-\cos^2\varphi}=\frac{2\sqrt{Rr}}{R+r}$$

则代入上式可得

$$r\geqslant\frac{1}{9}R$$

(iii)两圆柱之间,接触点不发生滑动的条件为

$$\mu_3\geqslant\frac{f_3}{N_3}=\frac{\cos\varphi}{1+\sin\varphi}$$

将(ii)中求得的 $\cos\varphi$ 和 $\sin\varphi$ 的值代入可得

$$r\geqslant\left(\frac{7}{13}\right)^2R=0.29R$$

由于 $r\leqslant R$,所以结合以上的讨论知,平衡时 r 满足的条件为

$$R\geqslant r\geqslant0.29R$$

1.40 设圆筒对下球的正压力和摩擦力分别为 N_1 和 f_1,每一个下球对上球的正压力和摩擦力分别为 N_2 和 f_2,上球对一个下球的正压力和摩擦力分别为 N_2' 和 f_2',各力的方向如图(b)所示. 建立如图所示的直角坐标系,由上球的受力平衡有

$$\sum F_y=3f_2\cos\theta+3N_2\sin\theta-mg=0 \quad ①$$

由下球的受力平衡有(取下球中任一球为研究对象)

$$\sum F_x=N_2'\cos\theta-f_2'\sin\theta-N_1=0 \quad ②$$

$$\sum F_y=f_1-f_2'\cos\theta-N_2'\sin\theta-mg=0 \quad ③$$

由整体受力平衡有

$$\sum F_y=3f_1-4mg=0 \quad ④$$

对下球中任一球的球心取矩(现对 O_1 取矩),由力矩平衡有

$$\sum M_{O_1}=f_1r-f_2r=0 \quad ⑤$$

由作用力与反作用力知

$$f_2=f_2' \quad ⑥$$

$$N_2=N_2' \quad ⑦$$

将式⑥,式⑦分别代入式①~式⑤后联立解得

$$f_1=f_2=f_2'=\frac{4}{3}mg$$

$$N_1=\frac{1}{3}mg\cot\theta+\frac{4}{3\sin\theta}mg$$

$$N_2=N_2'=\frac{4}{3}mg\cot\theta+\frac{4}{3\sin\theta}mg$$

为使各球间不产生相对滑动，则必须使 F_1, F_2 均小于最大静摩擦力，即有

$$\frac{1}{\mu} \leqslant \frac{N_1}{f_1} = \frac{4+\cos\theta}{4\sin\theta} \quad ⑧$$

$$\frac{1}{\mu} \leqslant \frac{N_2}{f_2} = \frac{1+4\cos\theta}{4\sin\theta} \quad ⑨$$

由于 $4+\cos\theta > 1+4\cos\theta$，所以只要式⑨满足，式⑧必然也满足，这就是说，如果发生滑动，则首先在上、下球之间产生滑动，因此只要讨论式⑨就行了. 现讨论式⑨，当 θ 增大时，式⑨右边减小，所以式⑨取等号时，θ 达最大值 θ_{max}，这时将已知 $\mu = \frac{3}{\sqrt{15}}$ 代入式⑨得

$$128\cos^2\theta_{max} + 24\cos\theta_{max} - 77 = 0$$

从而求得 $\cos\theta_{max} = \frac{11}{16}$，也就是说

$$\cos\theta \geqslant \frac{11}{16}$$

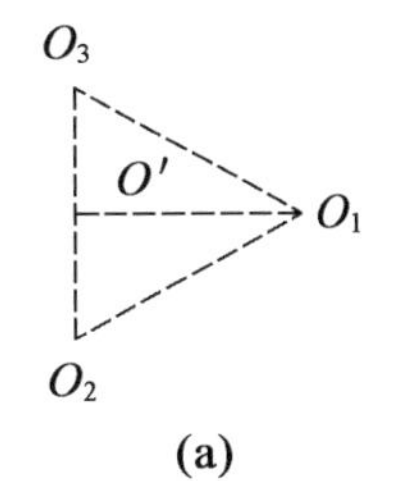

(a)

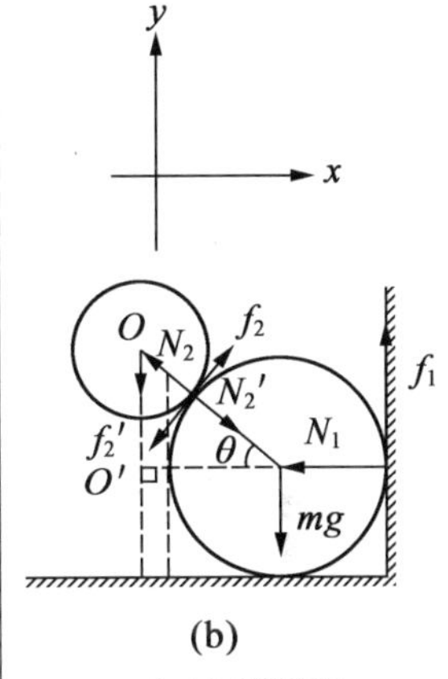

(b)

1. 40 题解图

再设下面三个球的球心分别为 O_1, O_2, O_3，从 O 向下作垂线与 $O_1O_2O_3$ 平面交于 O'，如图(a)，(b)所示，则

$$O_1O' = \frac{2}{3} \cdot O_1O_2\sin 60° = \frac{2}{3} \cdot 2r\sin 60° = \frac{2\sqrt{3}}{3}r$$

由图(b)有

$$O_1O' = (R+r)\cos\theta$$

故得

$$R = \frac{O_1O'}{\cos\theta} - r \leqslant \frac{O_1O'}{\cos\theta_{max}} - r = \left(\frac{32\sqrt{3}}{33} - 1\right)r$$

但 R 太小时，上球会从下三个球中间掉下，所以 R 必须大于一定值才不至从下三个球中间掉下，由图(b)中几何关系应有

$$R > O_1O' - r = \left(\frac{2\sqrt{3}}{3} - 1\right)r$$

从而求得结果

$$\left(\frac{2\sqrt{3}}{3} - 1\right)r < R \leqslant \left(\frac{32\sqrt{3}}{33} - 1\right)r$$

即

$$0.154\ 7r < R \leqslant 0.679\ 6r$$

心得 体会 拓广 疑问

1.2 运动学

1.2.1 匀速和匀变速直线运动

1.41 取车上行李前端的雨滴为研究对象,以行李为参照物,则雨滴相对于行李的速度在水平向后的分量为$(v_1-v_2\sin\alpha)$,竖直向下的分量为$v_2\cos\alpha$,下落高度h时所用时间设为t,则若使行李不被雨淋湿,应有

$$(v_1-v_2\sin\alpha)t>l$$

$$h=v_2\cos\alpha\cdot t$$

即$\dfrac{l}{h}<\dfrac{v_1-v_2\sin\alpha}{v_2\cos\alpha}$时,行李不会被淋湿.

同理,当$\dfrac{l}{h}>\dfrac{v_1-v_2\sin\alpha}{v_2\cos\alpha}$时,行李会被淋湿.

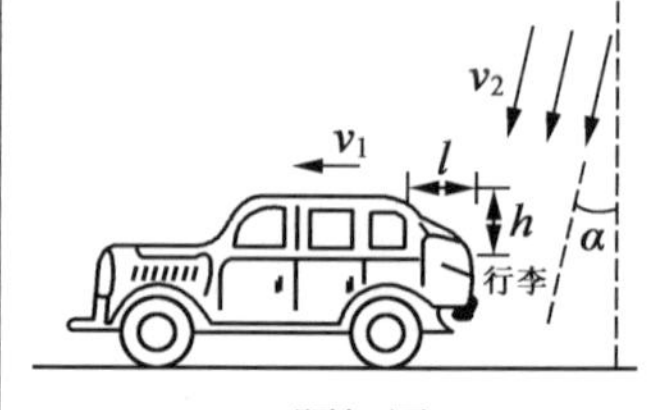

1.41 题解图

1.42 三车同时做减速运动,停车后三车之间都不碰撞,即三车都停下来时刚好接触在一起,设乙车和丙车减速运动的加速度分别为a_2和a_3,为使a_2和a_3最小,必须使各车减速运动的时间最长,即三车同时停下.这时乙车相对于甲车前进的距离为$l=5(\mathrm{m})$,丙车相对于甲车前进的距离为$2l=10(\mathrm{m})$.分析乙对甲、丙对甲的相对运动,由运动学公式分别有

$$(v_2-v_1)^2=2(a_2-a_1)l$$

$$(v_3-v_1)^2=2(a_3-a_1)\cdot 2l$$

由以上两式分别解得

$$a_2=a_1+\frac{(v_2-v_1)^2}{2l}=1.4(\mathrm{m/s^2})$$

$$a_3=a_1+\frac{(v_3-v_1)^2}{2\times 2l}=1.45(\mathrm{m/s^2})$$

1.43 设x为匀加速运动部分(AC)的路程,运动的时间为t',点C的速度为v.则

$$v^2=2ax$$

$$v=at'$$

$$0=v^2-2a'(s-x)$$

$$0=v-a'(t-t')$$

$$v^2=2ax=2a'(s-x) \quad ①$$

$$v=at'=a'(t-t') \quad ②$$

由式①消去x得

$$v^2\left(\frac{1}{a}+\frac{1}{a'}\right)=2s \quad ③$$

心得 体会 拓广 疑问

由式②消去 t' 得

$$v\left(\frac{1}{a}+\frac{1}{a'}\right)=t \quad ④$$

将式④平方后除以式③得

$$\frac{t^2}{2s}=\frac{1}{a}+\frac{1}{a'}$$

$$t=\sqrt{2s\frac{a+a'}{aa'}}$$

1.44　路程中先后经过匀加速、匀速及匀减速三种运动，设其所经过的时间分别为 t_1, t_2 及 t_3，则所经过的路程分别为

$$s_1=\frac{1}{2}at_1^2$$

$$s_2=vt_2$$

$$s_3=\frac{1}{2}at_3^2$$

而

$$v=at_1$$

由对称性可知

$$t_1=t_3,\ s_1=s_3$$

所以由题意有

$$l=s_1+s_2+s_3=\frac{1}{2}at_1^2+at_1t_2+\frac{1}{2}at_1^2$$

即

$$t_1(t_1+t_2)=\frac{l}{a} \quad ①$$

为定值.

由于总时间为

$$T=t_1+t_2+t_3=t_1+(t_1+t_2) \quad ②$$

故由式①，式②知，若使 T 有最小值，必须使 $t_1=t_1+t_2$，即 $t_2=0$，$t_1=\sqrt{\frac{l}{a}}$ 时，T 值最小为

$$T=2\sqrt{\frac{l}{a}}$$

这时最大速度为

$$v_{\max}=at_1=\sqrt{al}$$

1.45　**解法一**：如图所示，设队伍和通讯员的行走速度分别为 v_1 和 v_2，通讯员赶到排头时队伍所走过的路程为 x，则这时通讯员所走过的路程为 $x=a$，由于二者所用的时间相同，所以

$$\frac{x}{v_1}=\frac{x+a}{v_2}$$

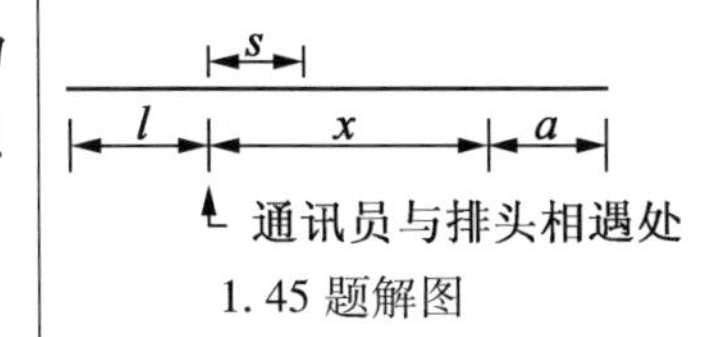

1.45 题解图

心得 体会 拓广 疑问

当通讯员回到排尾时，队伍又前进的路程为 $l=3a-x$，则通讯员走过的路程又为 $s=a-l=x-2a$，由于二者所用的时间相同，所以

$$\frac{3a-x}{v_1}=\frac{x-2a}{v_2}$$

将以上两式相除消去 v_1 和 v_2 后可得

$$2x^2-4ax-3a^2=0$$

解得 $x=\left(1+\frac{\sqrt{10}}{2}\right)a$（舍去负值）.

所以通讯员走过的路程为

$$L=(a+x)+s=(a+x)+(x-2a)=2x-a=(1+\sqrt{10})a$$

解法二：设队伍行进速度为 v_1，通讯员行走速度为 v_2，通讯员从排尾赶至排头所需时间为 t_1，回到排尾所需时间为 t_2，则可列出

$$v_2t_1=v_1t_1=a \quad ①$$

$$v_1t_2+v_2t_2=a \quad ②$$

$$v_1(t_1+t_2)=3a \quad ③$$

由式①，式②得

$$t_1=\frac{a}{v_2-v_1},t_2=\frac{a}{v_1+v_2}$$

代入式③有

$$3v_2^2-2v_1v_2-3v_1^2=0$$

解得

$$v_2=\frac{1+\sqrt{10}}{3}v_1\text{（舍去负值）}$$

设通讯员行走的路程为 L，则

$$\frac{L}{3a}=\frac{v_2t}{v_1t}=\frac{v_2}{v_1}=\frac{1+\sqrt{10}}{3}$$

即
$$L=(1+\sqrt{10})a$$

1.46 如图所示，第九节车厢经过所需时间 = 九节车厢全部通过所需时间（t_9）－八节车厢全部通过所需时间（t_8）.

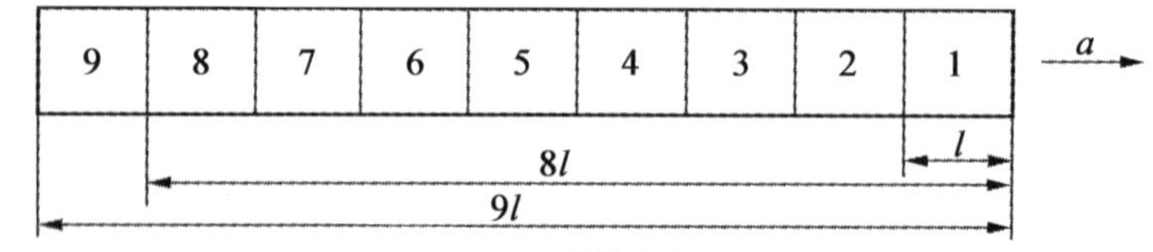

1.46 题解图

设每节车厢长为 l，n 节车厢全部通过的时间为 t_n，$n-1$ 节车厢全部通过的时间为 t_{n-1}，则有

$$l=\frac{1}{2}at_1^2 \quad ①$$

心得 体会 拓广 疑问

$$nl=\frac{1}{2}at_n^2 \qquad ②$$

$$(n-1)l=\frac{1}{2}at_{n-1}^2 \qquad ③$$

由式①,式②得

$$t_n=\sqrt{n-1}\,t_1$$

由式①,式③得

$$t_{n-1}=\sqrt{n-1}\,t_1$$

由此可知,第 n 节车厢驶过所需时间为

$$\Delta t_n=t_n-t_{n-1}=(\sqrt{n}-\sqrt{n-1})t_1$$

将已知 $t_1=4(\mathrm{s})$,$n=9$ 代入上式得

$$\Delta t_9=(\sqrt{9}-\sqrt{8})\times 4=0.688(\mathrm{s})$$

1.47 设质点从静止出发,经过距离 $\frac{s}{n},\frac{2s}{n},\frac{3s}{n},\cdots,s$ 后的速度为 $v_1,v_2,v_3,\cdots,v_n$,则有

$$v_1^2=2a\cdot\frac{s}{n}$$

$$v_2^2=v_1^2+2(a+\frac{a}{n})\frac{s}{n}$$

$$v_3^2=v_2^2+2(a+\frac{2a}{n})\frac{s}{n}$$

$$\vdots$$

$$v_n^2=v_{n-1}^2+2[a+\frac{(n-1)a}{n}]\frac{s}{n}$$

将上面 n 个等式相加后得

$$\begin{aligned}v_n^2&=\frac{2as}{n}[1+(1+\frac{1}{n})+(1+\frac{2}{n})+\cdots+(1+\frac{n-1}{n})]\\&=\frac{2as}{n}[\frac{2n}{2}+(n-1)\frac{1}{2}]\\&=as(3-\frac{1}{n})\end{aligned}$$

即

$$v_n=\sqrt{as(3-\frac{1}{n})}$$

1.48 令 $v_1,v_2,v_3,\cdots,v_n$ 为相继时间间隔 t 末的速度,于是有

$$v_1=at$$

$$v_2=v_1+2at$$

$$v_3=v_2+3at$$

$$\vdots$$

$$v_n=v_{n-1}+nat$$

将上面 n 个等式相加后得

心得 体会 拓广 疑问

$$v_n = at(1+2+3+\cdots+n) = \frac{n(n+1)}{2}at$$

同样令 $s_1, s_2, s_3, \cdots, s_n$ 为相继时间间隔 nt 内的距离，则有

$$s_1 = \frac{1}{2}at^2$$

$$s_2 = v_1 t + \frac{1}{2}\cdot 2at^2 = (at)t + at^2 = \frac{1}{2}\cdot 2^2 at^2$$

$$s_3 = v_2 t + \frac{1}{2}\cdot 3at^2 = (v_1 + 2at)t + \frac{3}{2}at^2$$

$$= (at+2at)t + \frac{3}{2}at^2 = \frac{1}{2}\cdot 3^2 at^2$$

$$\vdots$$

$$s_n = v_{n-1}t + \frac{1}{2}\cdot nat^2 = \cdots = \frac{1}{2}\cdot n^2 at^2$$

将上面 n 个等式相加后得总路程

$$s = s_1 + s_2 + s_3 + \cdots + s_n$$

$$= \frac{1}{2}at^2(1+2^2+3^3+\cdots+n^2)$$

$$= \frac{n(n+1)(2n+1)}{12}at^2$$

1.49 设物体运动的初速度为 v_0，加速度为 a，则物体在 t s 内通过的总位移为

$$S_t = v_0 t + \frac{1}{2}at^2$$

在 $(t-1)$ s 与 t s 的时间间隔内所通过的位移为

$$s = S_t - S_{t-1}$$

$$= \left(v_0 t + \frac{1}{2}at^2\right) - \left[v_0(t-1) + \frac{1}{2}a(t-1)^2\right]$$

$$= v_0 + at - \frac{a}{2}$$

分别将 $t=k, t=l, t=m$ 代入上式可得

$$s_1 = v_0 + ak - \frac{a}{2} \quad ①$$

$$s_2 = v_0 + al - \frac{a}{2} \quad ②$$

$$s_3 = v_0 + am - \frac{a}{2} \quad ③$$

式① - 式②得 $s_1 - s_2 = a(k-l)$

式② - 式③得 $s_2 - s_3 = a(l-m)$

式③ - 式①得 $s_3 - s_1 = a(m-k)$

故有

心得 体会 拓广 疑问

$$s_1(l-m)+s_2(m-k)+s_3(k-l)$$
$$=\frac{1}{a}[s_1(s_2-s_3)+s_2(s_3-s_1)+s_3(s_1-s_2)]$$
$$=0$$

原题得证.

1.50 在这两种情形中,船的运动是由船对水的运动和船、水共同对岸的运动所组成的.

第一种情形如图(a)所示,船沿河的运动速度 v_1,所以它在横渡的时间内所通过的沿河方向的路程是

$$s=v_1t_1 \quad ①$$

船横渡河流的速度是 v_2,所以船所通过的路程是

$$l=v_2t_1 \quad ②$$

第二种情形如图(b)所示,船沿河而下的运动速度是零,这时

$$v_2\sin\alpha-v_1=0 \quad ③$$

船横渡河流的速度是 $v_2\cos\alpha$,在横渡河流时间内所走的路程是

$$l=v_2\cos\alpha\cdot t_2 \quad ④$$

解式①~④所组成的方程组得

$$l=\frac{t_2s}{\sqrt{t_2^2-t_1^2}}=200(\text{m})$$

$$v_1=\frac{s}{t_1}=12(\text{m/min})$$

$$v_2=\frac{l}{t_1}=20(\text{m/min})$$

$$\alpha=\arcsin\frac{v_1}{v_2}=36°50'$$

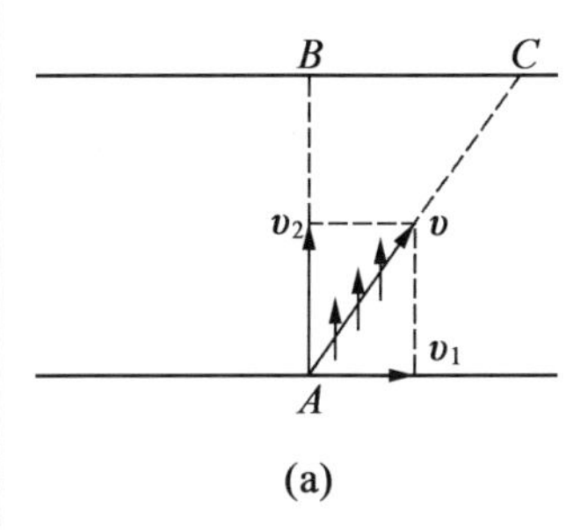

(a)

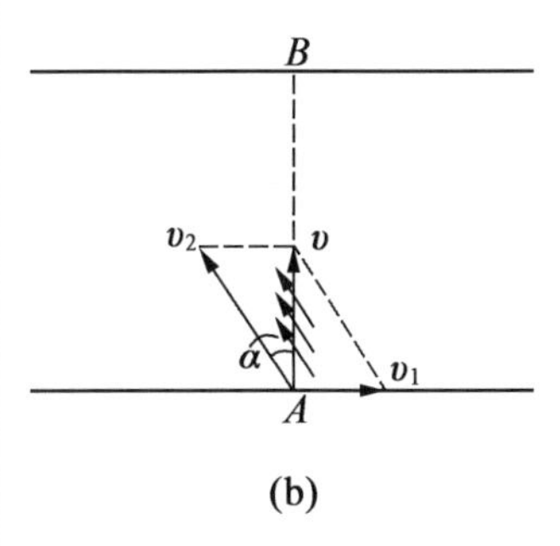

(b)

1.50 题解图

1.51 把水流速度和汽艇速度分解成沿 AB 线和垂直于 AB 线的分速度,见图(a),为了使汽艇在航行中始终在 AB 直线上,必须使汽艇相对于垂直 AB 的方向上的速度是零,这时

$$v_2\sin\beta-v_1\sin\alpha=0 \quad ①$$

当汽艇从 A 向 B 航行时,汽艇对岸的速度是 $v_2\cos\beta-v_1\cos\alpha$,所以航行时间 t_1 可从下式求出

$$s=(v_2\cos\beta+v_1\cos\alpha)t_1 \quad ②$$

同理可知,当汽艇从 B 回到 A 的时间 t_2 可从下式求出

$$s=(v_2\cos\beta-v_1\cos\alpha)t_2 \quad ③$$

按题意

$$t_1+t_2=t \quad ④$$

故解联立方程式①~式④便有(舍去负值)

$$\beta=\arccos\frac{s+\sqrt{s^2+v_1^2t^2\cos^2\alpha}}{v_1t\sin\alpha}\approx12°$$

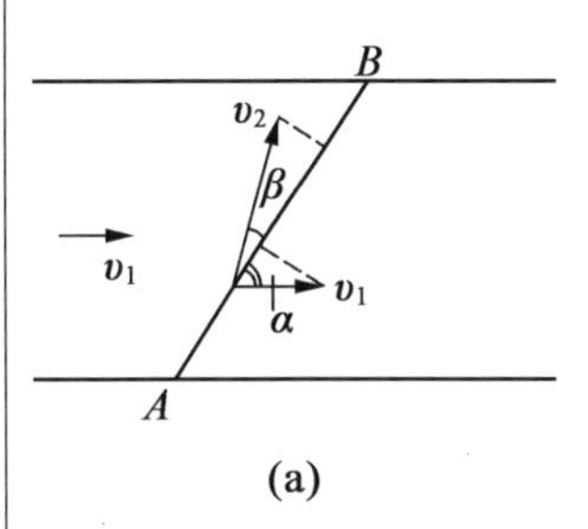

(a)

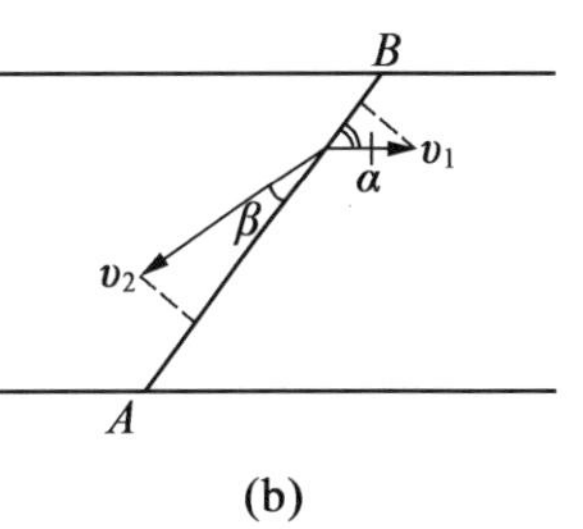

(b)

1.51 题解图

心得 体会 拓广 疑问

$$v_2 = v_1 \frac{\sin\alpha}{\sin\beta} \approx 8(\text{m/s})$$

1.52 小汽车赶上载重汽车时,两者所通过的路程相等且为s_1,设其所需的时间为t_1,小汽车速度增至 20 m/s 时所需时间为t_2,则由题意有

$$s_1 = vt_1 = \frac{1}{2}at_2^2 + v_t(t_1 - t_2)$$

通过上述方程可求得

$$t_1 = \frac{v_t^2}{2(v_t - v)a} = \frac{40}{3}(\text{s})$$

$$s_1 = \frac{v_t^2 v}{2(v_t - v)a} = 200(\text{m})$$

设两车之间的距离为x,若使x有最大值,则小汽车的速度不应大于载重汽车的速度,故所需时间t_x必须小于t_2,所以有

$$x = vt_x - \frac{1}{2}at_x^2 = -\frac{a}{2}(t_x - \frac{v}{a})^2 + \frac{v^2}{2a}$$

当$t_x = \frac{v}{a} = 5(\text{s})$时

$$x_{\max} = \frac{v^2}{2a} = 37.5(\text{m})$$

就是说两车之间的距离在前 5 s 内随时间的增加而增加,在5 s后,小汽车的速度大于载重汽车的速度,因此两者的距离随时间的增加减小,至$\frac{40}{3}$ s 后小汽车就超过载重汽车了.

1.53 如图所示,设人穿过车队所需时间为t,人从点A沿AB方向前进,当人到达点B时,后面一辆车的前端也应到达点B,这时有

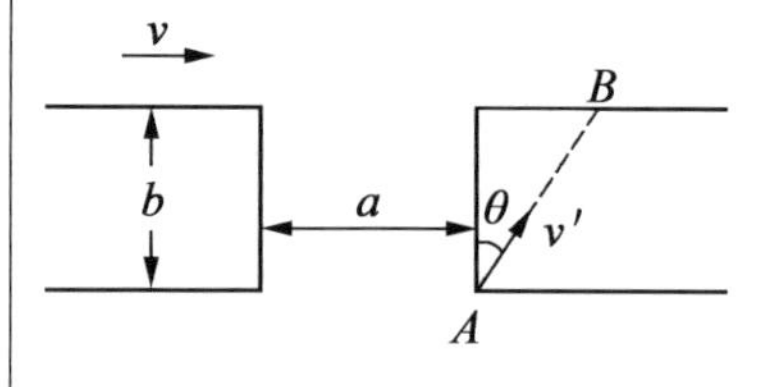

1.53 题解图

$$vt = a + v't\sin\theta$$

$$b = v't\cos\theta$$

由以上两式解得

$$v' = \frac{bv}{a\sin\theta + b\cos\theta} = \frac{bv}{\sqrt{a^2 + b^2}\sin(\theta + \arctan\frac{a}{b})}$$

故当$\theta + \arctan\frac{a}{b} = 90°$,即$\theta = 90° - \arctan\frac{a}{b}$时,$\sin(\theta + \arctan\frac{a}{b}) = 1$,$v'$有极小值为

$$v'_{\min} = \frac{bv}{\sqrt{a^2 + b^2}}$$

1.54 **解法一**:(1)根据题意,经时间t后A车离点C的距离为$a - v_At$,B车离点C的距离为$b - v_Bt$,两车间距离为

心得 体会 拓广 疑问

$$\begin{aligned} s^2 &= (a - v_A t)^2 + (b - v_B t)^2 \\ &= (v_A^2 + v_B^2)t^2 - 2(av_A + bv_B)t + a^2 + b^2 \\ &= (v_A^2 + v_B^2)\left[\left(t - \frac{av_A + bv_B}{v_A^2 + v_B^2}\right)^2 - \left(\frac{av_A + bv_B}{v_A^2 + v_B^2}\right)^2 + \frac{a^2 + b^2}{v_A^2 + v_B^2}\right] \end{aligned} \quad ①$$

故当 $t = \frac{av_A + bv_B}{v_A^2 + v_B^2}$时，$s$ 最小，其值为

$$s_{\min}^2 = -\frac{(av_A + bv_B)^2}{v_A^2 + v_B^2} + a^2 + b^2 = \frac{(av_B - bv_A)^2}{v_A^2 + v_B^2}$$

$$s_{\min} = \frac{|av_B - bv_A|}{\sqrt{v_A^2 + v_B^2}}$$

（2）要使两车距离和开始时相同，即 $s^2 = a^2 + b^2$，并设经过的总时间为 t，则代入式①得

$$(v_A^2 + v_B^2)t_1^2 - 2(av_A + bv_B)t_1 = 0$$

解得

$$t_1 = \frac{2(av_A + bv_B)}{v_A^2 + v_B^2}（舍去\ t_1 = 0）$$

又经过的时间为

$$t_1 - t = \frac{av_A + bv_B}{v_A^2 + v_B^2}$$

解法二：（1）设以 B 车为参照系，则 A 车相对于 B 车的速度为 v_{AB}，并设与 v_A 间的夹角为 θ，见图（a），则

$$v_{AB} = \sqrt{v_A^2 + v_B^2}$$

$$\cos\theta = \frac{v_A}{\sqrt{v_A^2 + v_B^2}}$$

$$\sin\theta = \frac{v_B}{\sqrt{v_A^2 + v_B^2}}$$

即在 B 车上观察 A 车沿 v_{AB}方向运动. 要求 A，B 两车的最近距离，可由点 B 作 v_{AB}方向上的延长线的垂线，垂足 D 到点 B 的距离即为最短距离（注意：相对运动图像并非是地面观察者所看到的实际运动图像，实际位置不是 B，D 处；但相对距离是对的）. 这时 A 相对 B 的位移是

$$s_{AB} = AD = v_{AB} \cdot t$$

而由图（a）中

$$\begin{aligned} s_{AB} &= AD = AB\cos(\theta - \beta) \\ &= \sqrt{a^2 + b^2}(\cos\theta\cos\beta + \sin\theta\sin\beta) \end{aligned}$$

由于

$$\cos\beta = \frac{a}{\sqrt{a^2 + b^2}}$$

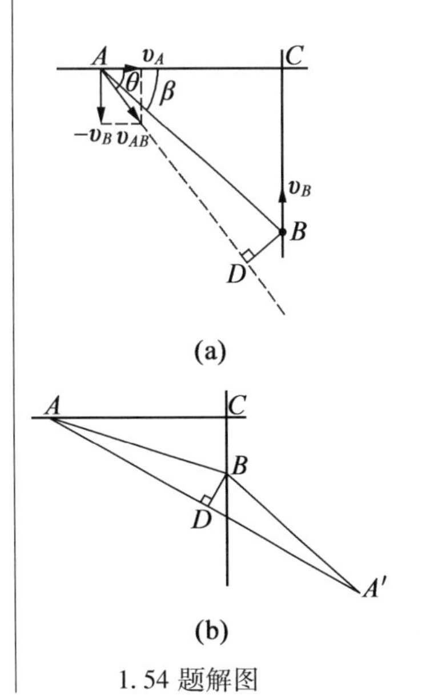

1.54 题解图

心得 体会 拓广 疑问

$$\sin\beta=\frac{b}{\sqrt{a^2+b^2}}$$

因此由以上各式求得

$$t=\frac{av_A+bv_B}{v_A^2+v_B^2}$$

最近的距离为

$$s_{\min}=BD=AB|\sin(\theta-\beta)|=\sqrt{a^2+b^2}|(\sin\theta\cos\beta-\cos\theta\sin\beta)|$$
$$=\frac{|av_B-bv_A|}{\sqrt{v_A^2+v_B^2}}$$

(2)由 BD 的对称关系可知,再经过相等的时间 t,A 车和 B 车相对距离 $A'B'$ 即和开始时相同,见图(b),因此所求时间为

$$t=\frac{av_A+bv_B}{v_A^2+v_B^2}$$

1.55 经过时间 t 后,点 P_1 和点 P_2 在平面直角坐标系中的坐标为

$$P_1(x_1=v_1t,y_1=0)$$
$$P_2(x_2=l-v_2\cos\alpha\cdot t,y_2=v_2\sin\alpha\cdot t)$$

因此,P_1 与 P_2 之间的距离为

$$r^2=(x_2-x_1)^2+(y_2-y_1)^2$$
$$=(v_1^2+v_2^2+2v_1v_2\cos\alpha)t^2-2l(v_1+v_2\cos\alpha)t+l^2$$

根据二次函数 $y=ax^2+bx+c$ 的性质,如果 $a>0$,当 $x=-\dfrac{b}{2a}$时,y 有极小值

$$y_{\min}=\frac{4ac-b^2}{4a}$$

因为$(v_1^2+v_2^2+2v_1v_2\cos\alpha)>0$,所以当

$$t=-\frac{-2l(v_1+v_2\cos\alpha)}{2(v_1^2+v_2^2+2v_1v_2\cos\alpha)}=\frac{l(v_1+v_2\cos\alpha)}{v_1^2+v_2^2+2v_1v_2\cos\alpha}$$

时,r^2 有极小值,即 r 最短,其值为

$$r_{\min}=\sqrt{\frac{4(v_1^2+v_2^2+2v_1v_2\cos\alpha)\cdot l^2-[2l(v_1+v_2\cos\alpha)]^2}{4(v_1^2+v_2^2+2v_1v_2\cos\alpha)}}$$
$$=\frac{lv_2\sin\alpha}{\sqrt{v_1^2+v_2^2+2v_1v_2\cos\alpha}}$$

1.56 设以河岸为原点,x 轴方向垂直于河岸由岸指向河中心,则由河岸到河心河水流速 u 的变化如下

$$u=\frac{x}{l}u_l$$

为使船由岸到浮标路线最短,必须使船沿 x 方向运动,而船对地的速度沿 x 方向. 由于水速方向是已知的,就可求出船相对水的速度

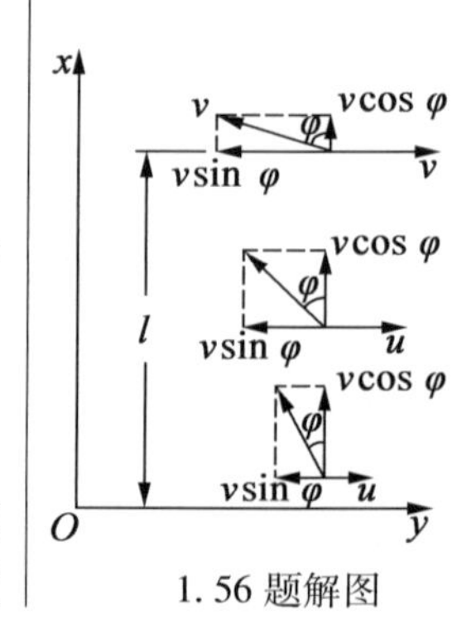

1.56 题解图

心得 体会 拓广 疑问

方向.而要保持垂直于岸边的直线,必须使船速在平行于岸方向的分量和河水的流速等值反向.

由于船速 v 不变,所以船行方向与 x 轴间的夹角 φ 是随 x 的增加而增加的,如图所示,在任何时刻都有

$$v\sin\varphi - u = 0$$

由上式得

$$\sin\varphi = \frac{u_l}{lv}x$$

可见当 $x=l$ 时,φ 角达到最大值,但如果 $u_l > v$ 时,小船不可能达到浮标.

1.57　解法一: 设人从追赶小船到追上小船所经历的时间为 t,在岸上奔跑的时间为 $kt(0<k<1)$,则人在水中游泳追赶的时间为 $(1-k)t$,运动路线如图(a)所示,则由余弦定理有

$$v_2^2(1-k)^2t^2 = v_1^2k^2t^2 + v^2t^2 - 2v\cdot v_1kt^2\cos\theta$$

将 v_1,v_2 的值及 $\cos 15° = \frac{\sqrt{6}+\sqrt{2}}{4}$ 代入上式并整理可得

$$12k^2 - [2(\sqrt{6}+\sqrt{2})v-8]k + v^2 - 4 = 0$$

若使 k 有实数解,则需使

$$\Delta = [2(\sqrt{6}+\sqrt{2})v-8]^2 - 4\times12\times(v^2-4) \geqslant 0$$

从以上一元二次不等式解得(舍去负值)

$$v \leqslant 2\sqrt{2}\ (\text{km/h})$$

即

$$v_{\max} = 2\sqrt{2}\ (\text{km/h})$$

解法二: 如图(b)所示,由正弦定理可得

$$\frac{vt}{\sin\beta} = \frac{v_1kt}{\sin(\beta-\theta)} = \frac{v_2(1-k)t}{\sin\theta}$$

联立解得

$$k = \frac{v}{v_1}\cdot\frac{\sin(\beta-\theta)}{\sin\beta}$$

$$1-k = \frac{v}{v_2}\cdot\frac{\sin\theta}{\sin\beta}$$

再由以上两式消去 k,并注意 $\frac{v_1}{v_2}=2$,化简整理后可得

$$v = \frac{v_1}{\cos\theta + \sin\theta\cdot\frac{2-\cos\beta}{\sin\beta}} \quad ①$$

令 $y=\frac{2-\cos\beta}{\sin\beta}$,可见如使 v 有最大值,必须使 y 有最小值,将 $y=\frac{2-\cos\beta}{\sin\beta}$ 两边平方后整理可得

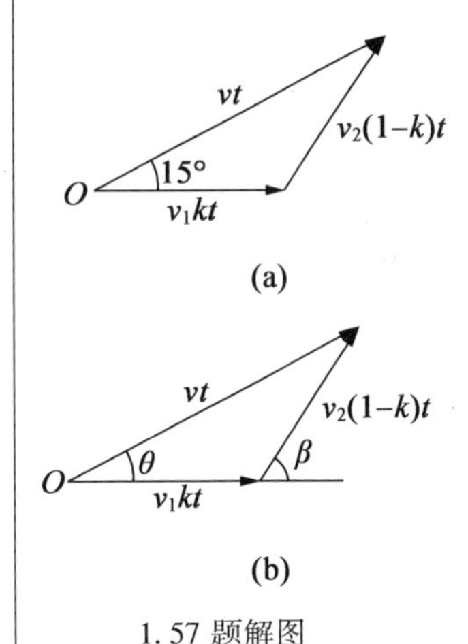

1.57 题解图

心得 体会 拓广 疑问

$$(y^2+1)\cos^2\beta-4\cos\beta-y^2=0$$

由于 $\cos\beta$ 定有实数解,故有

$$\Delta=4-4(y^2+1)(4-y^2)\geqslant0$$

从而求得 $y\geqslant\sqrt{3}$(舍去负值).

再将 y 值代入式①求得

$$v_{\max}=2\sqrt{2}\,(\mathrm{km/h})$$

本题中 $v<v_{\max}$,所以人能够追上小船.

1.58 据题意可知三个演员都做等速度曲线运动,而且任意时刻三个演员的位置都分别在一个正三角形的三个顶点上,但这个正三角形的边长不断缩小,如图所示. 现把从开始到追上目标的时间 t 分成 n 个微小时间间隔 $\Delta t(\Delta t\to0)$,在每个微小的时间间隔内,每个演员的运动近似为直线运动. 于是,第一个 Δt 内 A,B,C 的速度和位移以及第一个 Δt 末三者的位置 A_1,B_1 和 C_1 如图所示. 这样可依次作出以后每经 Δt,以三个演员为顶点组成的正三角形 $A_2B_2C_2$,正三角形 $A_3B_3C_3,\cdots$,设正三角形的边长分别为 $l_1,l_2,l_3,\cdots,l_n$,显然,当 $l_n\to0$ 时,三人相聚. 如果找出每隔 Δt 正三角形边长的减小与演员在此微小时间 Δt 内的路程 $v\Delta t$ 的关系,就可求出直到 $l_n\to0$ 时,演员跑过的全部路程.

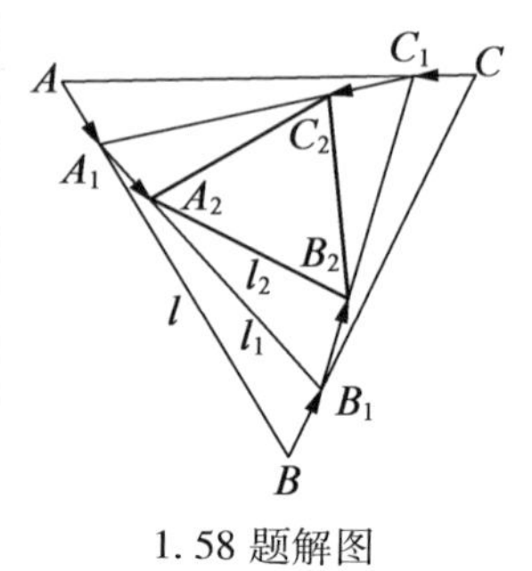

1.58 题解图

由以上分析,并根据小量近似有

$$l_1=l-AA_1-BB_1\cos60^\circ=l-\frac{3}{2}v\Delta t$$

$$l_2=l_1-\frac{3}{2}v\Delta t=l-2\times\frac{3}{2}v\Delta t$$

$$l_3=l_2-\frac{3}{2}v\Delta t=l-3\times\frac{3}{2}v\Delta t$$

$$\vdots$$

$$l_n=l-n\times\frac{3}{2}v\Delta t$$

所以

$$\frac{3}{2}vn\Delta t=l-l_n$$

以上各式中,$\Delta t\to0,n\to\infty$,并有 $n\Delta t=t,l_n=0$(三人相遇),所以,三人一起追到目标于原正三角形 ABC 的中心所需的时间为

$$t=n\Delta t=\frac{2l}{3v}$$

每个演员运动的路程为

$$s=vt=\frac{2}{3}l$$

1.59 如图所示,由几何关系可知

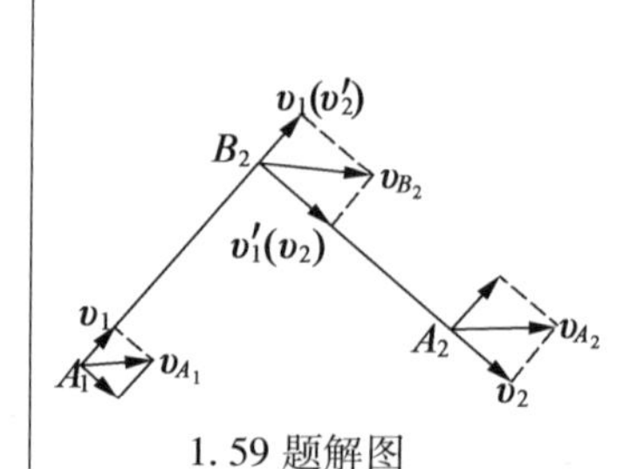

1.59 题解图

心得 体会 拓广 疑问

$$v_{A_1}:v_{A_2}:v_{A_3}=A_0A_1:A_0A_2:A_0A_3=3:5:6$$

即

$$v_{A_1}=\frac{v}{2}$$

$$v_{A_2}=\frac{5}{6}v$$

顶点 B_2 作为 B_2A_1 杆上的一点，其速度是沿 B_2A_1 杆方向的速度 v_1 与垂直于 B_2A_1 杆方向的速度 v_1' 的合成；同时作为杆 B_2A_2 上的一点，其速度又是沿 B_2A_2 杆方向的速度 v_2 与垂直于 B_2A_2 杆方向的速度 v_2' 的合成. 由于两杆互成直角，所以 $v_2=v_1'$，$v_1=v_2'$. 而

$$v_1=v_{A_1}\cos 45^\circ=\frac{\sqrt{2}}{4}v$$

$$v_2=v_{A_2}\cos 45^\circ=\frac{5\sqrt{2}}{12}v$$

所以顶点 B_2 的速度为

$$v_{B_2}=\sqrt{v_1^2+v_2^2}=\frac{\sqrt{17}}{6}v$$

1.60 设经过一段极短的时间 Δt，小船由 A 移到 B，靠近岸边的距离为 Δs，滑轮处的绳索移动了 Δl，即 AC，如图所示. 由于 Δs 极小，弧 BC 的长度可看作等于 BC 弦的长度，即 $\cos\theta=\frac{\Delta l}{\Delta s}$. 根据瞬时速度的定义，小船靠岸的瞬时速度为

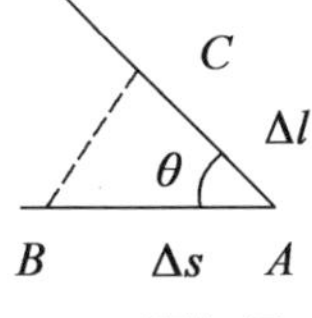

1.60 题解图

$$v'=\lim_{\Delta t\to 0}\frac{\Delta s}{\Delta t}=\lim_{\Delta t\to 0}\frac{\Delta l}{\Delta t\cos\theta}=\frac{v}{\cos\theta}$$

式中 v 为绳索移动的速度，即 $v=\lim_{\Delta t\to 0}\frac{\Delta l}{\Delta t}$，又由于 $\cos\theta=\frac{s}{\sqrt{s^2+h^2}}$，所以代入得

$$v'=\frac{\sqrt{s^2+h^2}}{s}v$$

同理，根据瞬时加速度的定义知小船靠岸的瞬时加速度为

$$a'=\lim_{\Delta t\to 0}\frac{\Delta v'}{\Delta t}=\lim_{\Delta t\to 0}\frac{\frac{v}{\cos(\theta+\Delta\theta)}-\frac{v}{\cos\theta}}{\Delta t}$$

$$=v\lim_{\Delta t\to 0}\frac{\cos\theta-\cos(\theta+\Delta\theta)}{\cos(\theta+\Delta\theta)\cos\theta\cdot\Delta t}$$

$$=v\lim_{\Delta t\to 0}\frac{2\sin\left(\theta+\frac{\Delta\theta}{2}\right)\sin\frac{\Delta\theta}{2}}{\cos(\theta+\Delta\theta)\cos\theta\cdot\Delta t}$$

由于当 $\Delta t\to 0$ 时，$\Delta\theta\to 0$，$\sin\left(\theta+\frac{\Delta\theta}{2}\right)=\sin\theta$，$\cos(\theta+\Delta\theta)=\cos\theta$，所以上式可变为

心得 体会 拓广 疑问

$$a' = \frac{2v\sin\theta}{\cos^2\theta}\lim_{\Delta t\to 0}\frac{\sin\dfrac{\Delta\theta}{2}}{\Delta t} = \frac{v\sin\theta}{\cos^2\theta}\lim_{\Delta t\to 0}\frac{\sin\Delta\theta}{\Delta t}$$

而式中 $\sin\Delta\theta$ 相当于在时间 Δt 期间绳索转过的小角，即等于

$$\frac{BC}{l} = \frac{AB\sin\theta}{l} = \frac{v'\Delta t\sin\theta}{l}$$

式中 $l = \sqrt{s^2 + h^2}$，代入前式得

$$a' = \frac{v\sin\theta}{\cos^2\theta}\cdot\frac{v'\sin\theta}{l} = \frac{v^2}{l}\tan^2\theta = \frac{h^2}{s^2\sqrt{s^2+h^2}}v^2$$

表明小船在靠岸的过程中加速度是逐渐增大的.

1.61 以 l 表示湖宽，分别用 v_1 和 v_2 表示甲船和乙船的速度. 设甲船和乙船在湖中往返航行一次所需时间分别为 t_1 和 t_2，由于两船的速度各自恒定，所以在同一时间内由两者的速度、时间、航程之间的关系有

$$\frac{t_1}{t_2} = \frac{v_2}{v_1} = \frac{l-a}{a} \qquad ①$$

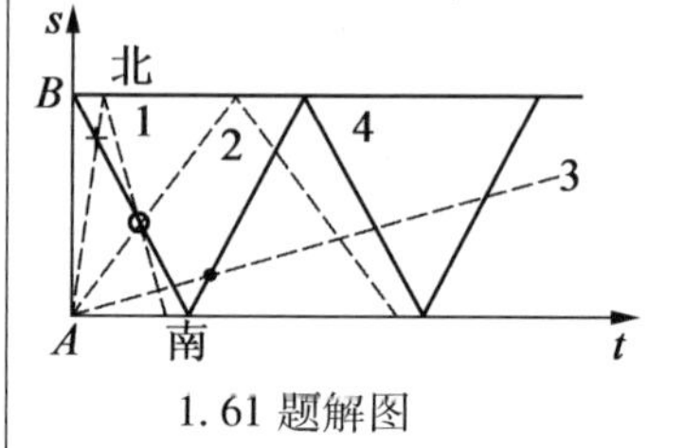

1.61 题解图

现分三种情况来讨论：

(1)第一种情况见图线 1，该图线表示甲船速度远大于乙船速度时的甲船位置——时间图线，此时两船的两次相遇都是在乙船尚未到达南岸时(相遇点在图中用"+"表示). 则此时有

$$\frac{a}{l+b} = \frac{l-a}{b}$$

即

$$l^2 - 100l - 120\ 000 = 0$$

解得

$$l = 400(\mathrm{m})$$

结合式①求得

$$\frac{t_1}{t_2} = \frac{1}{3}$$

可见，两者的最小公倍数为 3，即两船第一次相遇后，经过一段时间第二次在相同地点相遇时，甲船需再航行的距离为

$$s_1 = 3\times 2l = 2\ 400(\mathrm{m})$$

(2)第二种情况见图线 2，该图线表示两船速度相差不大时的甲船的位置——时间图线，此时两船的两次相遇都是在第一次到对岸又返航后才发生第二次相遇(相遇点在图中用"◦"表示). 则此时有

$$\frac{a}{l+b} = \frac{l-a}{2l-b}$$

即

$$l^2 - 700l = 0$$

解得

$$l=700(\mathrm{m})$$

结合式①求得

$$\frac{t_1}{t_2}=\frac{4}{3}$$

可见,两者的最小公倍数为3,即两船第一次相遇后,经过一段时间第二次在相同地点相遇时,甲船需再航行的距离为

$$s_1=3\times 2l=4\ 200(\mathrm{m})$$

(3)第三种情况见图线3,该图线表示甲船速度远大于乙船速度时的甲船位置——时间图线,此时两船的两次相遇都是在甲船尚未靠岸时(相遇点在图中用“.”表示).则此时有

$$\frac{a}{l-b}=\frac{l-a}{2l-b}$$

即

$$l^2-1\ 100l+120\ 000=0$$

解得

$$l=50(11+\sqrt{73})(\mathrm{m})$$

结合式①求得

$$\frac{t_1}{t_2}=\frac{5+\sqrt{73}}{6}$$

可见,两者的最小公倍数为无理数,即没有最小公倍数,所以两船第一次相遇后不可能再次在相同地点相遇.

1.62 (1)设第一次飞行需要的时间为 t_1,在第一次飞行的过程中,乙车前进的距离为 v_0t_1,所以有

$$vt_1=l_0-v_0t_1$$

得

$$t_1=\frac{l_0}{v_0+v_1}=\frac{2}{3}(\mathrm{h})$$

设第二次飞行需要的时间为 t_2,在第二次飞行开始时两车之间的距离为 $l_0-2v_0t_1$,第二次飞行过程中甲车前进的距离为 v_0t_2,所以有

$$vt_2=l_0-2v_0t_1-v_0t_2$$

得

$$t_2=\frac{l_0-2v_0t_1}{v_0+v}=\frac{1}{3}t_1=\frac{2}{3^2}(\mathrm{h})$$

等等.同样分析可知,第 n 次飞行需要的时间为

$$t_n=\frac{2}{3^n}(\mathrm{h})$$

从开始到两车相遇需要的总时间为

心得 体会 拓广 疑问

$$t=\frac{l_0}{2v_0}=1(\mathrm{h})$$

所以有

$$t_1+t_2+\cdots+t_n=t$$

即

$$\frac{2}{3}+\frac{2}{9}+\frac{2}{27}+\cdots+\frac{2}{3^n}=1$$

$$\frac{2}{3}\times\left(1+\frac{1}{3}+\frac{1}{3^2}+\cdots+\frac{1}{3^{n-1}}\right)=1$$

$$\frac{2}{3}\times\left[\frac{1-\left(\frac{1}{3}\right)^n}{1-\frac{1}{3}}\right]=1$$

$$\left(\frac{1}{3}\right)^n=0$$

从上式可看出 $n\to\infty$,实际上这是无法做到的,因为当距离小到一定时,小鸟就无法飞行.

(2)不论两车之间的距离如何变化,因为小鸟一直是以恒速飞行的,所以小鸟总共飞行的距离为

$$s=vt=60(\mathrm{km})$$

1.63 如图所示,经一段微小的时间 Δt,环 O'到达点 C',环 O 上升到点 C,由于 Δt 极小,所以 O'和 O 的移动速度可看作匀速运动.

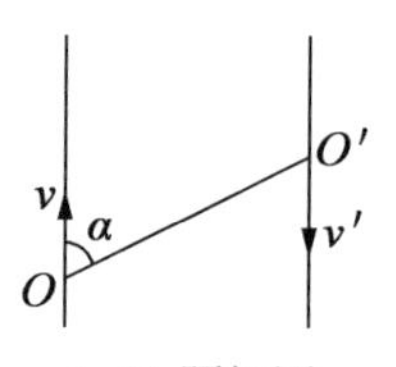

1.63 题解图

在 $O'O$ 方向上:O 向上运动使绳子在 $O'O$ 之间缩短的长度为

$$v\cos\alpha\cdot\Delta t$$

O'相对于绳子运动使绳子在 $O'O$ 之间缩短的长度为

$$v'\cos\alpha\cdot\Delta t$$

在 $A'O'$方向上:O'向下运动使绳子在 $A'O'$之间增加的长度为

$$v'\Delta t$$

由于绳子不可伸长,所以有

$$v'\cos\alpha\cdot\Delta t+v\cos\alpha\cdot\Delta t=v'\Delta t$$

得

$$v=\left(\frac{1}{\cos\alpha}-1\right)v'$$

1.64 用微元法求解,如图所示,设经过极短的时间 Δt,圆环 O_1 移动到图中虚线的位置,两圆的交点由图中的点 A 移至点 C,由于 $\Delta t\to 0$,所以

$$AD=v\Delta t,AC=v_A\Delta t$$

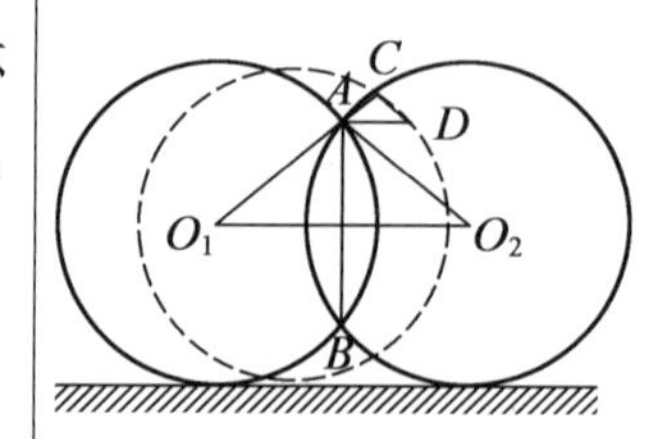

1.64 题解图

在$\triangle ACD$ 中

$$AD=2\,AC\cos\angle CAD$$

心得 体会 拓广 疑问

又因 $O_2A\perp AC$,所以

$$\angle CAD=\frac{\pi}{2}-\angle AO_2O_1$$

因此由上几式可求得

$$v_A=\frac{AC}{2AC\cos\angle CAD}v=\frac{v}{2\sin\angle AO_2O_1}=\frac{v}{2\times\frac{\sqrt{R^2-(\frac{d}{2})^2}}{R}}$$

$$=\frac{v}{\sqrt{4R^2-d^2}}$$

1.65 设两直杆原交点为 O,经过微小的时间间隔 Δt,直杆 l_1 移动间距 $v_1\Delta t$,两直杆交点从 O 移动到 O_1 位置;直杆 l_2 移动间距 $v_2\Delta t$,这又使两直杆的交点从 O_1 移动到 O_2. 所以

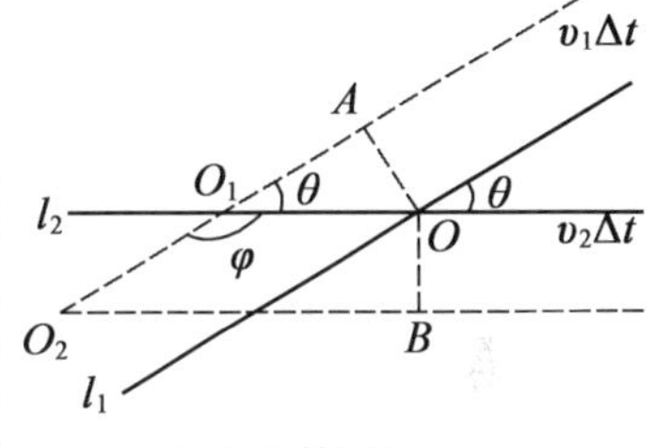

1.65 题解图

$$OO_1=\frac{v_1\Delta t}{\sin\theta} \quad ①$$

$$O_1O_2=\frac{v_2\Delta t}{\sin\theta} \quad ②$$

总效果是交点从 O 移动到 O_2,则由余弦定理有

$$OO_1^2=OO_1^2+O_1O_2^2-2OO_1\cdot OO_2\cos\varphi \quad ③$$

设交点相对于纸平面运动的速度为 v_0,则

$$v_0=\frac{OO_2}{\Delta t} \quad ④$$

而 $\varphi+\theta=\pi$,所以

$$\cos\varphi=-\cos\theta \quad ⑤$$

将式①,式②,式④,式⑤代入式③可求得

$$v_0=\frac{\sqrt{v_1^2+v_2^2+2v_1v_2\cos\theta}}{\sin\theta}$$

从图中还可看出,原交点在 l_1 上的位置从 O 移动到 A,在 l_2 上的位置从 O 移动到 B,而新交点位置 O_2 为 l_1 和 l_2 共同所有. 因此,交点相对于 l_1 是从 A 移动到 O_2,相对于 l_1 的运动速度则为

$$v_1'=\frac{AO_1+O_1O_2}{\Delta t}=\frac{v_1\Delta t\cot\theta+\frac{v_2\Delta t}{\sin\theta}}{\Delta t}=\frac{v_1\cos\theta+v_2}{\sin\theta}$$

交点相对于 l_2 是从 B 移动到 O_2,相对于 l_2 的运动速度则为

$$v_2'=\frac{OO_1+O_1O_2\cos\theta}{\Delta t}=\frac{\frac{v_1\Delta t}{\sin\theta}+\frac{v_2\Delta t}{\sin\theta}\cos\theta}{\Delta t}=\frac{v_1+v_2\cos\theta}{\sin\theta}$$

心得 体会 拓广 疑问

1.2.2 落体运动和抛体运动

1.66 解法一：设小球从抛出到第 n 次与杯壁碰撞时刚好到杯底的位置与抛出时的位置在同一竖直线上，则 n 为大于或等于2的偶数.

再设小球从抛出到第一次碰撞的过程中，所需时间为 t_1，下落高度为 h_1，末速度在竖直方向上的分量为 v_1. 从第一次到第二次与杯壁碰撞的过程中，所需时间为 t_2，下落高度为 h_2，末速度在竖直方向上的分量为 v_n.

由于小球在水平方向上无外力作用，所以每个碰撞过程中的水平速度一直为 v_0，在与杯壁碰撞时，由于碰撞是完全弹性的，所以小球在水平方向的速度在碰撞后与碰撞前等值反向. 易知

$$t_1 = t_2 = t_3 = \cdots = t_n = \frac{d}{v_0}$$

则有

$$v_1 = gt_1 = \frac{gd}{v_0}$$

$$v_2 = v_1 + gt_2 = 2\frac{gd}{v_0}$$

$$v_3 = v_2 + gt_3 = 3\frac{gd}{v_0}$$

$$\vdots$$

$$v_n = n\frac{gd}{v_0}$$

所以

$$h_1 = \frac{1}{2}gt_1^2 = \frac{1}{2}g(\frac{d}{v_0})^2$$

$$h_2 = v_1t_2 + \frac{1}{2}gt_2^2 = \frac{3}{2}g(\frac{d}{v_0})^2$$

$$h_3 = v_2t_3 + \frac{1}{2}gt_3^2 = \frac{5}{2}g(\frac{d}{v_0})^2$$

$$\vdots$$

$$h_n = \frac{(2n-1)}{2}g(\frac{d}{v_0})^2$$

由题意

$$\begin{aligned} h &= h_1 + h_2 + h_3 + \cdots + h_n \\ &= \frac{1}{2}g(\frac{d}{v_0})^2[1+3+5+\cdots+(2n-1)] \\ &= \frac{g}{2}(\frac{d}{v_0})^2 \cdot \frac{1+(2n-1)}{2}n \end{aligned}$$

$$=\frac{g}{2}\left(n\frac{d}{v_0}\right)^2$$

所以

$$v_0=n\sqrt{\frac{g}{2h}}\cdot d$$

解法二:参见解法一知,小球运动的总时间为

$$t_{总}=nt_1=n\frac{d}{v_0}$$

由质点在竖直方向上的位移公式知

$$\frac{1}{2}gt_{总}^2=h$$

因而由以上两式求得

$$v_0=nd\sqrt{\frac{g}{2h}}$$

1.67　令两块石头抛出的时间间隔为 T,第一块石头抛出时间 t 后被第二块石头击中,于是有:在 t 时刻第一块石头所通过的水平距离 s_1 和竖直距离 h_1,第二块石头在 $t-T$ 时刻所通过的水平距离 s_2 和竖直距离 h_2 有如下关系

$$s_1=s_2$$

$$h_1=h$$

$$s_1=v\cos\alpha\cdot t$$

$$h_1=v\sin\alpha\cdot t-\frac{1}{2}gt^2$$

$$s_2=v'\cos\alpha'\cdot(t-T)$$

$$h_2=v'\sin\alpha'\cdot(t-T)-\frac{1}{2}g(t-T)^2$$

解由以上各式组成的方程组可得

$$T=\frac{2vv'\sin(\alpha-\alpha')}{g(v\cos\alpha+v'\cos\alpha')}$$

1.68　建立以发射点为原点,水平向右为 x 轴,竖直向上为 y 轴的直角坐标系. 则两颗子弹的运动方程分别为

$$x_1=v_0\cos\alpha_1\cdot(t+n)$$

$$y_1=v_0\sin\alpha_1\cdot(t+n)-\frac{1}{2}g(t+n)^2$$

$$x_2=v_0\cos\alpha_2\cdot t$$

$$y_2=v_0\sin\alpha_2\cdot t-\frac{1}{2}gt^2$$

式中 t 为第二颗子弹在空中运行的时间.

两颗子弹相遇时有

$$x_1=x_2=x$$

$$y_1=y_2=y$$

解由以上各式组成的方程组可得

心得 体会 拓广 疑问

$$t=\frac{n\cos\alpha_1}{\cos\alpha_2-\cos\alpha_1}$$

$$\frac{gn}{2v_0}=\frac{\sin\alpha_1\cos\alpha_2-\cos\alpha_1\sin\alpha_2}{\cos\alpha_1+\cos\alpha_2}$$

$$=\frac{2\sin\frac{1}{2}(\alpha_1-\alpha_2)\cos\frac{1}{2}(\alpha_1-\alpha_2)}{2\cos\frac{1}{2}(\alpha_1+\alpha_2)\cos\frac{1}{2}(\alpha_1-\alpha_2)}=\frac{\sin\frac{1}{2}(\alpha_1-\alpha_2)}{\cos\frac{1}{2}(\alpha_1+\alpha_2)}$$

即两颗子弹相遇的条件为

$$\frac{\sin\frac{1}{2}(\alpha_1-\alpha_2)}{\cos\frac{1}{2}(\alpha_1+\alpha_2)}=\frac{gn}{2v_0}$$

1.69 (1)斜向上抛物体的运动方程为

$$x=v_0\cos\alpha\cdot t$$

$$y=v_0\sin\alpha\cdot t-\frac{1}{2}gt^2$$

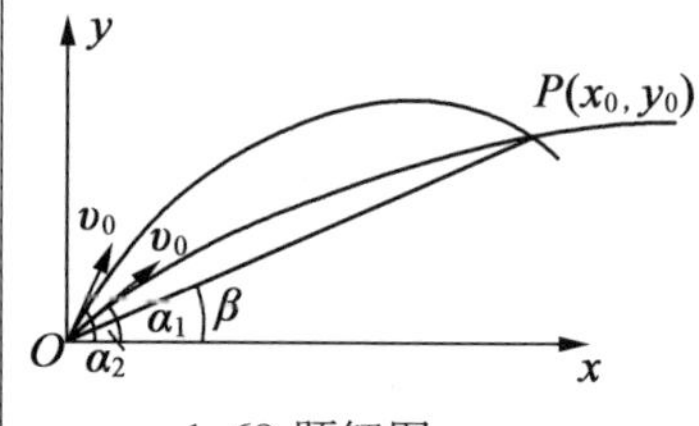

1.69 题解图

式中 α 为抛体与水平方向的夹角. 消去 t 得

$$y=x\tan\alpha-\frac{g}{2v_0^2\cos^2\alpha}x^2$$

如图所示,命中点 P 的条件为 $x=x_0,y=y_0$ 时,所以

$$y_0=x_0\tan\alpha-\frac{g}{2v_0^2\cos^2\alpha}x_0^2=x_0\tan\alpha-\frac{g}{2v_0^2}(1+\tan^2\alpha)x_0^2$$

即

$$\tan^2\alpha-\frac{2v_0^2}{gx_0}\tan\alpha+\frac{2v_0^2}{g}\cdot\frac{y_0}{x_0^2}+1=0$$

从而求得

$$\tan\alpha=\frac{1}{gx_0}(v_0^2\pm\sqrt{v_0^4-g^2x_0^2-2gv_0^2y_0})$$

(2)为了命中点 $P(x_0,y_0)$, $\tan\alpha$ 必须为实数,所以

$$v_0^4-g^2x_0^2-2gv_0^2y_0\geqslant0$$

$$[v_0^2-g(y_0+\sqrt{x_0^2+y_0^2})][v_0^2-g(y_0-\sqrt{x_0^2+y_0^2})]\geqslant0$$

由于 $v_0^2>0$,所以求得

$$v_0^2\geqslant\sqrt{g(y_0+\sqrt{x_0^2+y_0^2})}$$

同时,又由第一个不等式求得

$$y_0\leqslant-\frac{g}{2v_0^2}x_0^2+\frac{v_0^2}{2g}$$

也就是说点 $P(x_0,y_0)$ 要在抛物线 $y=-\frac{g}{2v_0}x^2+\frac{v_0^2}{2g}$ 内部,即在原题图中的虚线内部.

(3)从(1)中的二次方程根与系数关系知

$$\tan\alpha_1+\tan\alpha_2=\frac{2v_0^2}{gx_0} \quad ①$$

$$\tan\alpha_1\cdot\tan\alpha_2=1+\frac{2v_0^2y_0}{gx_0^2} \quad ②$$

所以

$$\tan(\alpha_1+\alpha_2)=\frac{\tan\alpha_1+\tan\alpha_2}{1+\tan\alpha_1\cdot\tan\alpha_2}=-\frac{x_0}{y_0}=-\frac{1}{\tan\beta}=\tan\left(\beta+\frac{\pi}{2}\right)$$

即

$$\alpha_1+\alpha_2=\beta+\frac{\pi}{2}$$

再由式①,式②联立求得

$$x_0=\frac{2v_0^2}{g}\cdot\frac{1}{\tan\alpha_1+\tan\alpha_2}$$

$$y_0=\frac{2v_0^2}{g}\cdot\frac{\cot(\alpha_1+\alpha_2)}{\tan\alpha_1+\tan\alpha_2}$$

1.70 解法一:炮弹的位置随时间 t 的变化关系为

$$x_1=v_0\cos\alpha\cdot t$$

$$y_1=v_0\sin\alpha\cdot t-\frac{1}{2}gt^2$$

飞机的位置随时间 t 的变化关系为

$$x_2=v_1t$$

$$y_2=h$$

炮弹击中飞机时的条件为

$$x_1=x_2$$

$$y_1=y_2$$

解以上各式组成的方程组可得

$$\cos\alpha=\frac{v_1}{v_0} \quad ①$$

$$t=\frac{1}{g}\left(v_0\sin\alpha\pm\sqrt{v_0^2\sin^2\alpha-2gh}\right)$$

因为 t 为实数,所以

$$v_0^2\sin^2\alpha-2gh\geqslant 0 \quad ②$$

由式①,式②得

$$v_0^2\geqslant v_1^2+2gh \quad ③$$

在 α 保持固定时,v_0 还必须满足 $\cos\alpha=\frac{v_1}{v_0}$时才能击中飞机,所以不是所有符合式③的 v_0 都能击中飞机,而必须满足式①,式③时的 v_0 才能击中飞机.

解法二:炮弹击中飞机必须满足的第一个条件为

$$v_0\cos\alpha-v_1=0 \quad ④$$

心得 体会 拓广 疑问

设炮弹所能达到的最大高度为 H,在 H 高度时,炮弹在 y 方向的分速度为 $v_y = v_0\sin\alpha \cdot t - gt = 0$,在 x 方向上的分速度为 $v_x = v_0\cos\alpha \cdot t$,由机械能守恒定律有

$$\frac{1}{2}mv_0^2 = mgH + \frac{1}{2}m(v_0\cos\alpha)^2$$

$$H = \frac{v_0^2\sin^2\alpha}{2g}$$

炮弹击中飞机的第二个条件是 $H \geqslant h$. 所以

$$h \leqslant \frac{v_0^2\sin^2\alpha}{2g} \quad ⑤$$

由式④,式⑤得

$$v_0^2 \geqslant v_1^2 + 2gh$$

说明 见解法一(略),但此解法要用到机械能守恒定律的知识.

1.71 (1)设击中靶子高度为 h,瞄准点的高度为 H. 枪弹垂直射入靶中,说明在击中靶时,枪弹竖直分速度为零,它已恰好达到斜抛运动的最高点,如图所示,因此有

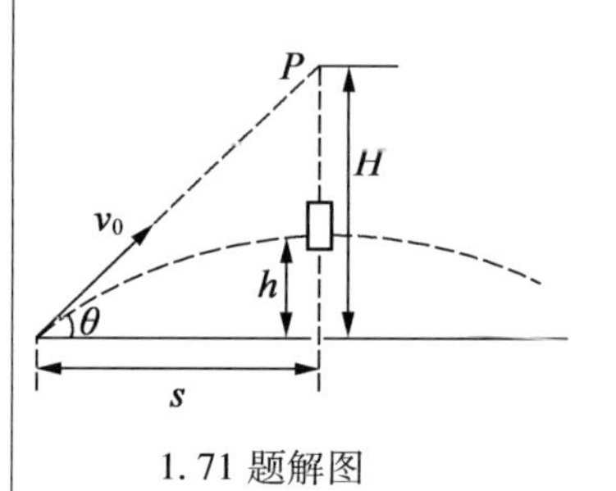

1.71 题解图

$$2s = \frac{v_0^2}{g}\sin 2\theta \quad ①$$

$$h = \frac{v_0^2}{2g}\sin^2\theta \quad ②$$

而由已知

$$H = s\tan\theta \quad ③$$

因此由式①得

$$\sin 2\theta = \frac{2sg}{v_0^2}$$

$$\theta = \frac{1}{2}\arcsin\left(\frac{2sg}{v_0^2}\right) \quad ④$$

(2)由式①,式③得

$$H = \frac{v_0^2\sin 2\theta}{2g} \cdot \tan\theta = \frac{v_0^2}{g}\sin^2\theta$$

结合式②知

$$h = \frac{H}{2}$$

1.72 **解法一**:在子弹运动轨道平面内,取枪口为直角坐标系的原点,水平向右为 x 轴,竖直方向为 y 轴的直角坐标系,如图所示. 则在任意时刻,子弹和靶子的坐标分别有:

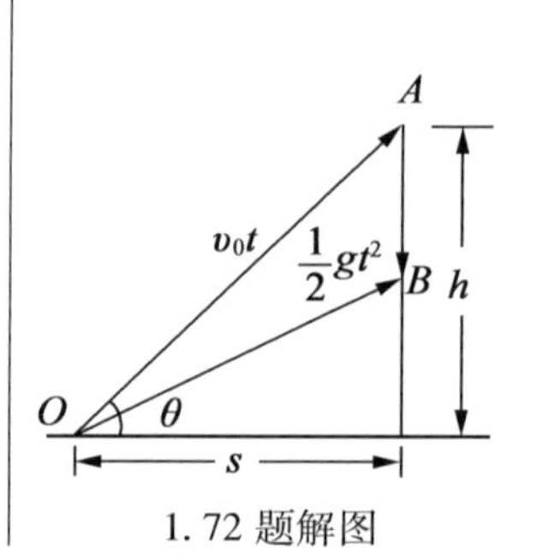

1.72 题解图

对子弹

$$x_1 = v_0\cos\theta \cdot t \quad ①$$

$$y_1 = v_0\sin\theta \cdot t - \frac{1}{2}gt^2 \quad ②$$

心得 体会 拓广 疑问

对靶子

$$x_2 = s(\text{为常数}) \tag{③}$$

$$y_2 = h - \frac{1}{2}gt^2 \tag{④}$$

而

$$h = s\tan\theta \tag{⑤}$$

当子弹击中靶子时有 $x_1 = x_2 = s, y_1 = y_2$，代入以上各式. 由式①，式③得

$$t = \frac{s}{v_0\cos\theta} \tag{⑥}$$

再由式②，式④，式⑤，式⑥得

$$y_1 = s\tan\theta - \frac{gs^2}{2v_0^2\cos^2\theta}$$

在空中击中靶子的条件是使子弹在靶子落到地面之前击中靶子，即 $y_1 > 0$，由此得

$$s\tan\theta - \frac{gs^2}{2v_0^2\cos^2\theta} > 0$$

即

$$v^2 > \frac{gs}{2\sin\theta\cos\theta} = \sqrt{\frac{g(s^2+h^2)}{2h}}$$

解法二：如图所示，要使子弹在靶子落到地面之前击中靶子，则必须有

$$\frac{1}{2}gt^2 < h$$

而在三角形 AOB 中

$$v_0 t = \sqrt{s^2+h^2}$$

即

$$t = \frac{\sqrt{s^2+h^2}}{v_0}$$

故由以上两式求得

$$v^2 > \sqrt{\frac{g(s^2+h^2)}{2h}}$$

1.73 斜抛运动可以看作以下两个运动的合成：沿抛出方向以 v_0 做匀速直线运动和竖直方向的自由落体运动，设在抛出后运动到点 P，点 Q 所需的时间分别为 t, T，则

$$OA = v_0 t,\ OB = v_0 T$$

$$AP = \frac{1}{2}gt^2,\ BQ = \frac{1}{2}gT^2$$

由相似三角形知

心得 体会 拓广 疑问

$$\frac{OA}{OB}=\frac{AP+PD}{BQ}$$

即

$$\frac{v_0t}{v_0T}=\frac{\frac{1}{2}gt^2+k}{\frac{1}{2}gT^2} \quad ①$$

而

$$T=\frac{2v_0\sin\alpha}{g}$$

$$t=\frac{h}{v_0\cos\alpha}$$

$$l=\frac{2v_0}{g}\sin\alpha\cos\alpha$$

故将 T,t,l 的值分别代入式①后整理可得

$$\frac{\frac{1}{2}gt^2}{h}=\frac{k}{l-h}$$

因此

$$\tan\alpha=\frac{\frac{1}{2}gt^2+k}{h}=\frac{k}{h}+\frac{k}{l-h}=\tan\theta+\tan\varphi$$

1.74 本题要从运动的独立性着手考虑,由斜上抛运动的特点,易得球2的运动时间是球1的3倍. 设球1,球2的运动时间分别为 t_1,t_2,则两球在水平方向有

$$v_2t_2=v_1t_1$$

因为 $$t_2=3t_1$$

所以 $$v_1=3v_2$$

又因两球飞过竖直挡板的水平位移相同,故它们过挡板的飞行时间满足

$$t_2'=3t_1'$$

设球2从第一次落地到飞至挡板顶端所用时间为 t,则有

$$\sqrt{\frac{2H}{g}}+t=3\sqrt{\frac{2(H-h)}{g}} \quad ①$$

球2落地时速度的竖直分量为

$$v_2'=\sqrt{2gH} \quad ②$$

到达挡板顶端时速度的竖直分量为

$$v_2''=\sqrt{2g(H-h)} \quad ③$$

两者满足

$$v_1'=v_2''+gt \quad ④$$

联立式①~式④解得

心得 体会 拓广 疑问

$$h=\frac{3}{4}H$$

1.75 设垒球和人到达点 B 所需时间为 T,则分别由斜抛运动和直线运动公式有

$$L=v_0\cos\theta\cdot T \quad ①$$

$$T=\frac{2v_0\sin\theta}{g} \quad ②$$

$$l=v_1\cdot T \quad ③$$

由式②,式③得

$$v_1=\frac{gl}{2v_0\sin\theta} \quad ④$$

再设在某一时刻 $0<t<T$ 时人跑至点 D,这时垒球与人之间的水平距离为 s,垒球抛出的高度为 h. 则结合式①~式③有

$$\begin{aligned}s&=L+l-v_0\cos\theta\cdot t-v_1t\\&=v_0\cos\theta\cdot T+v_1T-v_0\cos\theta\cdot t-v_1t\\&=(v_0\cos\theta+v_1)(T-t)\\&=\left(v_0\cos\theta+\frac{gl}{2v_0\sin\theta}\right)(T-t)\end{aligned}$$

结合式②知

$$h=v_0\sin\theta\cdot t-\frac{1}{2}gt^2=\frac{1}{2}gT\cdot t-\frac{1}{2}gt^2=\frac{1}{2}gt(T-t)$$

因此

$$\tan\alpha=\frac{h}{s}=\frac{gt}{2\left(v_0\cos\theta+\frac{gl}{2v_0\sin\theta}\right)}$$

由于 v_0,θ,l 都是定值,所以 $\tan\alpha$ 的值随 t 的增加而成线性增加.

1.76 (1)将炮弹的抛物运动分解为沿水平方向和竖直方向的两个直线运动,则其相应的位移为

$$s=v_0\cos\beta\cdot t \quad ①$$

$$h=v_0\sin\beta\cdot t-\frac{1}{2}gt^2 \quad ②$$

而炮弹落在点 B 时有

$$s=l\cos\alpha \quad ③$$

$$h=l\sin\alpha \quad ④$$

利用式③,式④解式①,式②联立的方程组得

$$l=\frac{2v_0^2}{g}\cdot\frac{(\sin\beta\cos\alpha-\cos\beta\sin\alpha)\cos\beta}{\cos^2\alpha}=\frac{2v_0^2}{g}\cdot\frac{\cos\beta\sin(\beta-\alpha)}{\cos^2\alpha}$$

(2)上式可进一步化为

$$l=\frac{v_0^2}{g\cos^2\alpha}\cdot[\sin(2\beta-\alpha)-\sin\alpha]$$

心得 体会 拓广 疑问

当 $2\beta-\alpha=90°$ 即 $\beta=45°+\dfrac{\alpha}{2}$ 时，$\sin(2\beta-\alpha)=1$，这时 l 有最大值为

$$l_{\max}=\frac{v_0^2}{g\cos^2\alpha}(1-\sin\alpha)=\frac{v_0^2}{g(1+\sin\alpha)}$$

(3)要找出炮弹击中目标的最小速度，必须使这个最小初速度在斜面上的最大射程等于发射点到目标的距离，满足 $l_{\max}=\dfrac{h}{\sin\alpha}$，再由(2)知这时

$$\frac{v_0^2}{g(1+\sin\alpha)}=\frac{h}{\sin\alpha}$$

从而得出初速度的最小值为

$$v_0=\sqrt{gh\left(1+\frac{1}{\sin\alpha}\right)}$$

1.77 以发射点为原点建立如图所示的直角坐标系. 则重力加速度在 x 轴和 y 轴上的分量分别为 $-g\sin\theta$，$-g\cos\theta$. 可把炮弹的运动在 x，y 轴上的分量看成是均减速直线运动. 设炮弹在 x 轴上的速度分量为 v_x，则在任一时刻 t 有

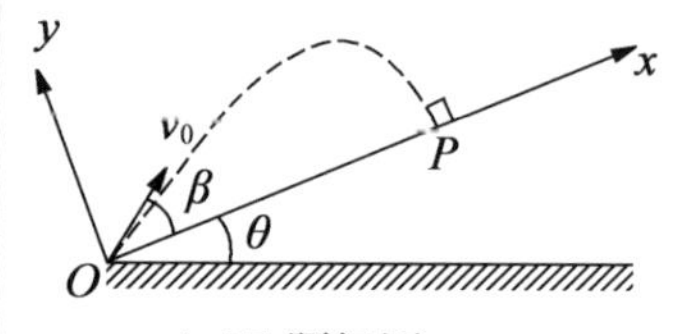

1.77 题解图

$$x=v_0\cos\beta\cdot t-\frac{1}{2}g\sin\theta\cdot t^2 \quad ①$$

$$y=v_0\sin\beta\cdot t-\frac{1}{2}g\cos\theta\cdot t^2 \quad ②$$

$$v_x=v_0\cos\beta-g\sin\theta\cdot t \quad ③$$

当炮弹以垂直于山坡的方向击中目标 P 时，炮弹在 x 轴上的速度分量为零，且点 P 为炮弹在 x 轴上所能达到的最远点，这时有

$$y_p=0, v_{xp}=0$$

将上式分别代入式②，式③有

$$t=\frac{2v_0\sin\beta}{g\cos\theta}\ (\text{舍去 } t=0) \quad ④$$

$$t=\frac{2v_0\cos\beta}{g\sin\theta}\ (\text{舍去 } t=0) \quad ⑤$$

(1)由式④，式⑤得：$2\tan\theta\tan\beta=1$.

(2)由式④，式⑤分别得

$$\sin\beta=\frac{gt}{2v_0}\cos\theta$$

$$\cos\beta=\frac{gt}{v_0}\sin\theta$$

利用 $\sin^2\beta+\cos^2\beta=1$ 和 $\sin^2\theta+\cos^2\theta=1$ 可得

$$1=\frac{g^2t^2}{4v_0^2}(1-\sin^2\theta)+\frac{g^2t^2}{v_0^2}\sin^2\theta$$

整理后得

心得 体会 拓广 疑问

$$t=\frac{2v_0}{g\sqrt{1+3\sin^2\theta}}$$

说明　此题也可以水平向右为 x 轴，竖直向上为 y 轴来建立直角坐标系，但这样不如上面方法简单.

1.78　以第一次碰撞点为原点建立如图所示的直角坐标系.则重力加速度在 x 轴和 y 轴上的分量分别为 $-g\sin\theta$，$-g\cos\theta$. 小球第一次与斜面碰撞向第二次碰点运动时，由于是弹性碰撞，所以返弹起的速度仍为 v_0，且 v_0 与 x 轴成 θ 角（如图所示），因而有运动方程

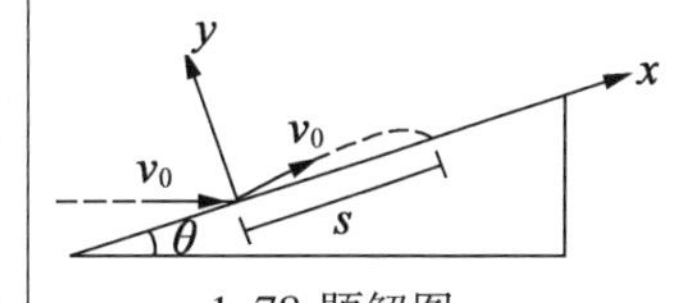

1.78 题解图

$$x=v_0\cos\theta\cdot t-\frac{1}{2}g\sin\theta\cdot t^2$$

$$y=v_0\sin\theta\cdot t-\frac{1}{2}g\cos\theta\cdot t^2$$

将 $y_0=0$ 时 $x_0=s$ 代入以上两式并联立解得

$$t=\frac{2v_0}{g}\tan\theta$$

$$s=\frac{2v_0^2}{g}\sin\theta(1-\tan^2\theta)$$

说明　此题也可以建立以水平方向为 x 轴，竖直方向为 y 轴的直角坐标系，但这样的解题过程比上面的方法复杂些.

1.79　设小球在与斜面碰撞前的瞬时速度为 v_0，在碰撞时，由于是弹性碰撞，能量没有损失，因此反跳速度的大小仍是 v_0. 在碰撞后，沿斜面方向上的速度分量将没有变化，在垂直于斜面方向上的速度分量将大小不变，但方向变为与碰撞前相反，即小球的入射角等于其反射角.

解法一：如图(a)所示，以第一次碰撞点为原点建立如图所示的直角坐标系. 则小球的运动方程为

$$x=v\sin\alpha\cdot t \qquad ①$$

$$y=v\sin\alpha\cdot t-\frac{1}{2}gt^2 \qquad ②$$

在第二次碰撞时，设其碰撞点的坐标为 $P(x_0,y_0)$，则有

$$\tan\alpha=\frac{|y_0|}{|x_0|}=\frac{-y_0}{x_0}(y_0<0) \qquad ③$$

而

$$v=\sqrt{2gh} \qquad ④$$

故将式③，式④代入式①，式②并联立解得

$$x_0=8h\sin\alpha\cos\alpha$$

$$y_0=-8h\sin^2\alpha$$

因此

心得 体会 拓广 疑问

$$s=\sqrt{|x_0|^2+|y_0|^2}=\frac{|x_0|}{\cos\alpha}=\frac{|y_0|}{\sin\alpha}=8h\sin\alpha=8(\text{m})$$

解法二:如图(b)所示,以第一次碰撞点为原点,建立如图所示的直角坐标系,则重力加速度在 x 轴,y 轴上的分量分别为 $g\sin\alpha$,$-g\cos\alpha$,则小球的运动方程为

$$x=v\cos(90°-\alpha)\cdot t+\frac{1}{2}g\sin\alpha\cdot t^2 \quad ⑤$$

$$y=v\sin(90°-\alpha)\cdot t-\frac{1}{2}g\cos\alpha\cdot t^2 \quad ⑥$$

在第二次碰撞时有

$$y_0=0 \quad ⑦$$

$$s=|x_0|=x_0 \quad ⑧$$

而

$$v=\sqrt{2gh} \quad ⑨$$

将式⑦~式⑨代入式⑤,式⑥后联立解得

$$t=\frac{2v}{g}=1.28(\text{s})$$

$$s=8h\sin\alpha=8(\text{m})$$

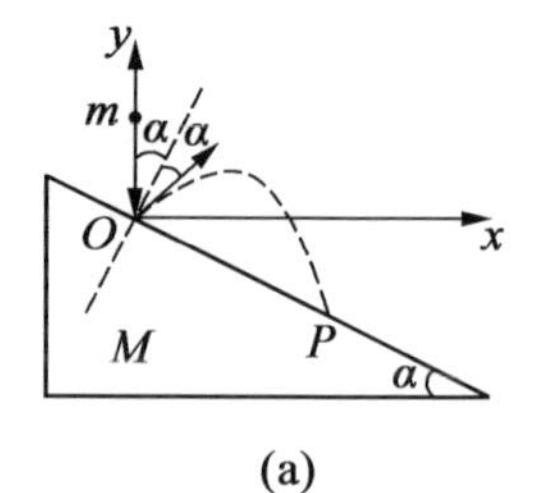

(a)

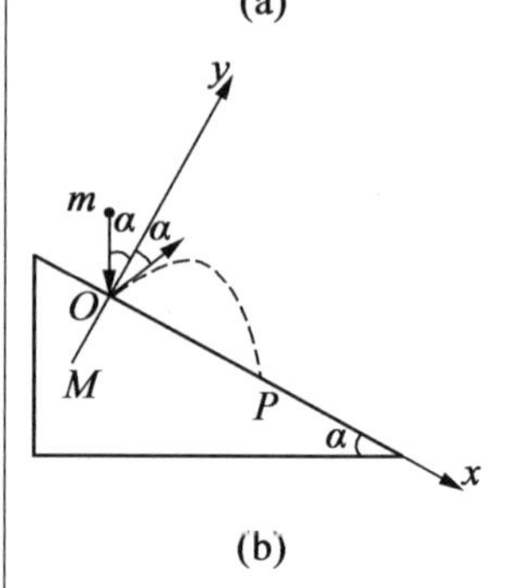

(b)

1.79 题解图

1.80 如图所示,设球从点 A 抛出的水平速度为 v_0,从抛出到与板碰撞的时间为 t_0,碰撞瞬时之前小球的竖直速度为 v_{y_0},因为小球的这一段运动是平抛运动,所以有

$$t_0=\sqrt{\frac{2h}{g}}$$

$$v_{y_0}=\sqrt{2gh}$$

由此得

$$OB=v_0t_0=v_0\sqrt{\frac{2h}{g}} \quad ①$$

设球第一次碰撞板上点 B 处反跳落至点 C 所需的时间为 t,从点 B 反跳时的竖直速度为 v_y. 则

$$v_y=\frac{1}{2}v_{y0}=\frac{1}{2}\sqrt{2gh}$$

$$t=2\cdot\frac{v_y}{g}=\sqrt{\frac{2h}{g}}$$

由此得

$$BC=v_0t=v_0\sqrt{\frac{2h}{g}} \quad ②$$

若使球只能与板碰撞一次,则必须使

$$OB\leqslant R \quad ③$$

$$OB+BC>R \quad ④$$

故由式①~式④可得

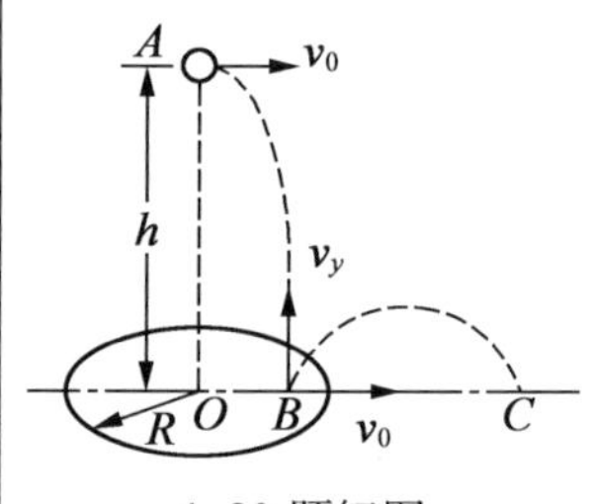

1.80 题解图

$$\frac{R}{2}\sqrt{\frac{g}{2h}}<v_0\leqslant R\sqrt{\frac{g}{2h}}$$

1.81 以抛出点为原点建立在竖直平面内以水平方向为 x 轴,竖直方向为 y 轴的直角坐标系,如图所示. 并设小球任意时刻的坐标为(x,y),小球在 t_1 时刻达到最高点(x_1,y_1),v_0 与 x 轴的夹角为 α.

心得 体会 拓广 疑问

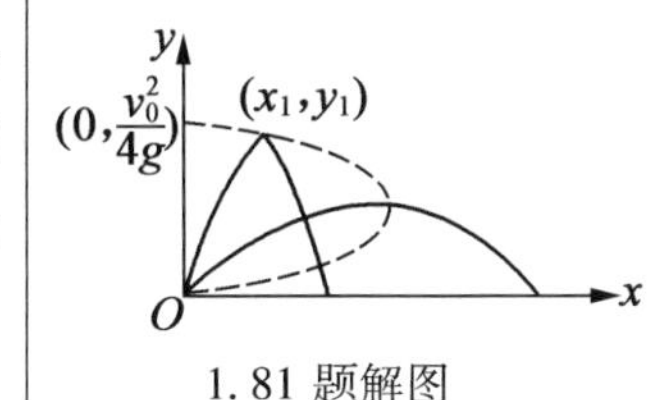

1.81 题解图

(1)小球的运动方程为

$$x=v_0\cos\alpha\cdot t$$

$$y=v_0\sin\alpha\cdot t-\frac{1}{2}gt^2$$

即

$$x=v_0\cos\alpha\cdot t \quad ①$$

$$y+\frac{1}{2}gt^2=v_0\sin\alpha\cdot t \quad ②$$

将式①,式②平方后相加可得

$$x^2+(y+\frac{1}{2}gt^2)^2=(v_0t)^2$$

可知它是一个圆的方程,其中心为$(0,-\frac{1}{2}gt^2)$,半径为 v_0t,圆心按自由落体的加速度下落.

(2)由运动方程知

$$t_1=\frac{v_0}{g}\sin\alpha$$

所以有

$$x_1=v_0\cos\alpha\cdot t_1=\frac{v_0^2}{2g}\sin 2\alpha$$

$$y_1=v_0\sin\alpha\cdot t_1-\frac{1}{2}gt_1^2=\frac{v_0^2}{4g}(1-\cos 2\alpha)$$

即

$$\frac{2gx_1}{v_0^2}=\sin 2\alpha$$

$$1-\frac{4gy_1}{v_0^2}=\cos 2\alpha$$

将上两式两边平方后相加并整理得

$$\frac{x_1^2}{(\frac{v_0^2}{2g})^2}+\frac{(y_1-\frac{v_0^2}{4g})^2}{(\frac{v_0^2}{4g})^2}=1$$

可知它是一个椭圆方程,中心为$(0,\frac{v_0^2}{4g})$,长轴为$\frac{v_0^2}{2g}$,短轴为$\frac{v_0^2}{4g}$,如

图中的虚线所示.

心得 体会 拓广 疑问

1.82 以抛出点为原点,竖直向上为 z 轴,建立如图所示的空间坐标系 $Oxyz$,考虑球 A 以初速度 v_0 沿任意方向抛出,所以设 v_0 与 x,y,z 三轴的交角分别为 α,β,γ.

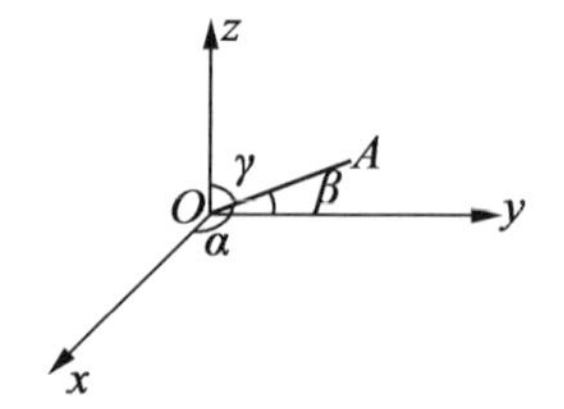

1.82 题解图

因为球 A 抛出后在 x,y 方向不受外力作用,在 z 方向受重力加速度 $-g$ 的作用,故球 A 的运动方程为

$$x=v_0\cos\alpha\cdot t$$
$$y=v_0\cos\beta\cdot t$$
$$z=v_0\cos\gamma\cdot t-\frac{1}{2}gt^2$$

以上三式可改写为

$$x=v_0\cos\alpha\cdot t$$
$$y=v_0\cos\beta\cdot t$$
$$z+\frac{1}{2}gt^2=v_0\cos\gamma\cdot t$$

将这三个式子平方后相加有

$$x^2+y^2+(z+\frac{1}{2}gt^2)^2=(v_0t)^2(\cos^2\alpha+\cos^2\beta+\cos^2\gamma)$$

由于 $\cos^2\alpha+\cos^2\beta+\cos^2\gamma=1$,所以有

$$x^2+y^2+(z+\frac{1}{2}gt^2)^2=(v_0t)^2$$

可知它是一个球面方程,其半径为 v_0t,球心为 $(0,0,-\frac{1}{2}gt^2)$,球心按自由落体的加速度 g 下落.

1.83 设小球落入 B 孔前与水平面发生碰撞的次数为 n,由题意可知小球每次碰撞后的抛射速度仍为 v_0,且抛射角仍为 θ,小球的运动轨迹是由 $n+1$ 个完全相同的抛物线所组成的,如图所示. 由斜抛运动方程知,每段抛物线的水平射程为

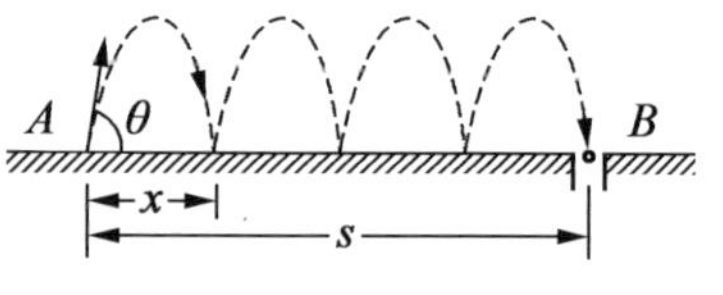

1.83 题解图

$$x=\frac{v_0^2}{g}\sin 2\theta$$

由于

$$s=(n+1)x$$

所以有

$$\sin 2\alpha=\frac{gs}{(n+1)v_0^2}$$

即抛射角应满足的条件为

$$\theta=\frac{1}{2}\arcsin\frac{gs}{(n+1)v_0^2}$$

$$\theta=\frac{\pi}{2}-\frac{1}{2}\arcsin\frac{gs}{(n+1)v_0^2}$$

式中 n 为大于 0 的整数,且应满足条件

$$\frac{gs}{(n+1)v_0^2}\leqslant 1$$

心得 体会 拓广 疑问

即
$$n \geqslant \frac{gs}{v_0^2} - 1$$
所以 n 的取值应为
$$\begin{cases} n > 0 \\ n \geqslant \dfrac{gs}{v_0^2} - 1 \\ n \text{ 取整数} \end{cases}$$

1.84 设质点在平面上反跳 n 次到第 $n+1$ 次落下时停下不再反跳. 小球运动的轨迹如图所示.

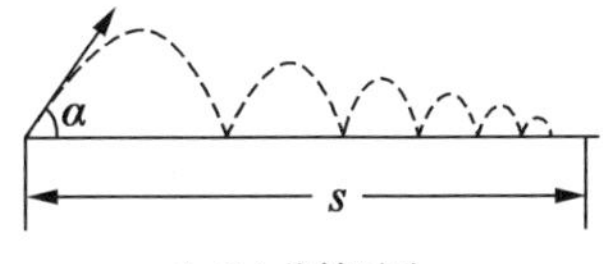

1.84 题解图

由于质点在水平方向无加速度作用,所以每次反跳前后的水平速度一直不变,都为 $v_x = v\cos\alpha$.

质点从抛射到第一次反跳的过程中:竖直方向的初速度为 $v_{y0} = v\sin\alpha$,则所经历的时间为
$$t_0 = \frac{2v_{y0}}{g} = \frac{2v\sin\alpha}{g}$$
质点从第一次反跳到第二次反跳的过程中:竖直方向的初速度为 $v_{y1} = ev_{y0}$,则所经历的时间为
$$t_1 = \frac{2v_1}{g} = \frac{2ev_{y0}}{g} = et_0$$
同样分析可知:质点从第二次到第三次反跳的过程中所经历的时间为
$$t_2 = e^2 t_0$$
等等.

质点从第 n 次反跳到第 $n+1$ 次落下停止时所经历的时间为
$$t_n = e^n t_0$$
再设质点在 $t_0, t_1, t_2, \cdots, t_n$ 时间内所经过的水平距离分别为 $x_0, x_1, x_2, \cdots, x_n$,则所求总距离
$$s = x_0 + x_1 + x_2 + \cdots + x_n = v_x(t_0 + t_1 + t_2 + \cdots + t_n)$$
$$= v_x t_0(1 + e + e^2 + \cdots + e^n) = v\cos\alpha \cdot \frac{2v\sin\alpha}{g} \cdot \frac{1 \cdot (1-e^n)}{1-e}$$
由于 $0 < e < 1, n \gg 1$,所以
$$s = \frac{v^2}{g} \cdot \frac{\sin 2\alpha}{1-e}$$

1.85 设皮球在平面上反跳 n 次,到 $n+1$ 次落下时停下不再反跳,由于皮球在水平方向的速度为零,所以小球在水平方向没有位移,只在竖直方向上上、下反复运动,为了明了起见,在题解图上假设在水平方向有微小的位移,但计算时不算入.

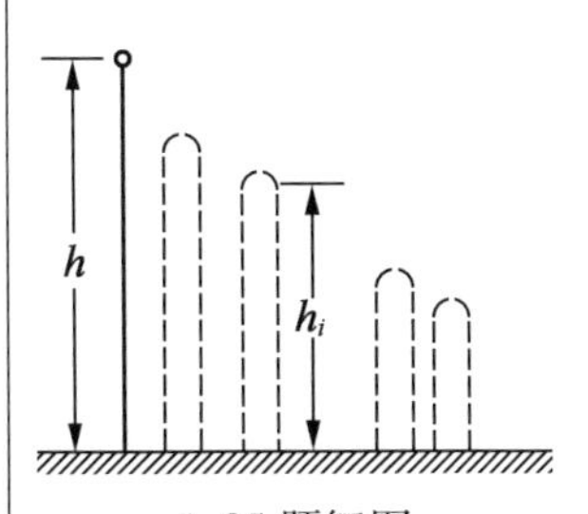

1.85 题解图

皮球从落下到第一次落地弹跳的过程中,由于落地速度为 $v_0 = \sqrt{2gh}$,所以经历的时间为

心得 体会 拓广 疑问

$$t_0=\frac{v_0}{g}=\sqrt{\frac{2h}{g}}$$

皮球从第一次反跳到第二次弹跳的过程中,由于跳起的初速度为 $v_1=ev_0$,所以皮球弹跳到最大高度时所经历的时间 t_1 和弹跳的最大高度 h_1 分别为

$$t_1=\frac{v_1}{g}=\frac{ev_0}{g}=et_0=e\sqrt{\frac{2h}{g}}$$

$$h_1=\frac{v_1^2}{2g}=\frac{e^2v_0^2}{2g}=e^2h$$

同样分析可知:皮球从第二次到第三次弹跳的过程中上升到最大高度所需时间 t_2 和上升到最大高度 h_2 分别为

$$t_2=e^2t_0=e^2\sqrt{\frac{2h}{g}}$$

$$h_2=e^4h$$

$$\vdots$$

皮球从第 n 次弹跳到第 $n+1$ 次落地停止弹跳的过程中所需的时间 t_n 和上升到最大的高度 h_n 分别为

$$t_n=e^nt_0=e^n\sqrt{\frac{2h}{g}}$$

$$h_n=e^{2n}h$$

因此:

(1)弹跳经历的总时间为

$$t=t_0+2t_1+2t_2+\cdots+2t_n=\sqrt{\frac{2h}{g}}+2\sqrt{\frac{2h}{g}}(e+e^2+\cdots+e^n)$$

$$=\sqrt{\frac{2h}{g}}[1+2\frac{e(1-e^n)}{1-e}]$$

由于 $0<e<1$,$n\gg1$,所以

$$t=\sqrt{\frac{2h}{g}}(1+\frac{2e}{1-e})=\frac{1+e}{1-e}\sqrt{\frac{2h}{g}}$$

(2)弹跳的总路程为

$$H=h+2h_1+2h_2+\cdots+2h_n=h+2(h_1+h_2+\cdots+h_n)$$

$$=h+2h(e^2+e^4+\cdots+e^{2n})=\left[1+2\frac{e^2(1-e^{2n})}{1-e^2}\right]h$$

由于 $0<e<1$,$n\gg1$,所以

$$H=(1+\frac{2e^2}{1-e^2})h=\frac{1+e^2}{1-e^2}h$$

1.86 建立以点 O 为原点,沿斜面向上为 x 轴,垂直于斜面向上为 y 轴的直角坐标系,如图所示. 则质点在 x 轴,y 轴上的分量分别为

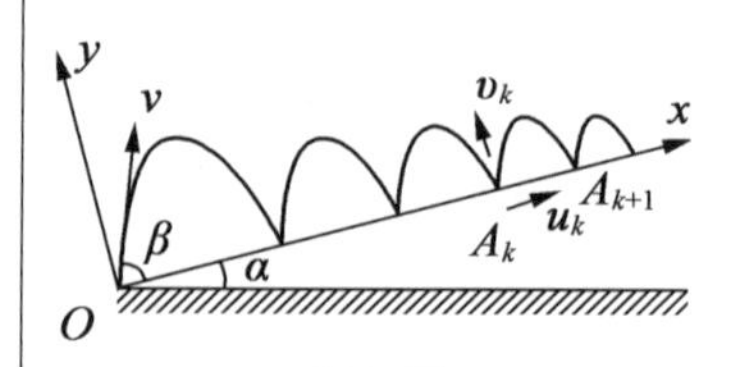

1.86 题解图

$$a_x = -g\sin\alpha$$

$$a_y = -g\cos\alpha$$

设质点第 k 次与斜面的碰撞点为 A_k,第 $k+1$ 次与斜面的碰撞点为 A_{k+1},并设质点自点 A_k 反弹起来时的速度沿 y 轴方向上的分量为 v_k,质点由点 A_k 运动到点 A_{k+1} 经历的时间为 t_{k+1},则由质点在 y 轴方向上的位移公式有

$$v_k t_{k+1} - \frac{1}{2}g\cos\alpha \cdot t_{k+1}^2 = 0$$

即

$$t_{k+1} = \frac{2v_k}{g\cos\alpha}$$

显然,若以 v_0 表示 v 沿 y 轴方向上的分速度,分别用 v_1,v_2,$\cdots$,v_k 依次表示质点与斜面第 1,2,$\cdots$,k 次碰撞后反弹起来的速度沿 y 轴方向上的分量,分别用 t_1,t_2,$\cdots$,t_k 依次表示质点与斜面第 1 次,第 1 次与第 2 次,……,第 $k-1$ 次与第 k 次碰撞所经历的时间. 则质点自点 O 到达点 A_k 所经历的总时间为

$$T_k = t_1 + t_2 + \cdots + t_k = \frac{2(v_0 + v_1 + v_2 + \cdots + v_{k-1})}{g\cos\alpha} \quad ①$$

(1)由于质点与斜面之间的碰撞是完全弹性的,所以每次碰撞后速度在 x 轴上的分量为

$$v_0 = v_1 = v_2 = \cdots = v_{k-1} = v\sin\beta$$

代入式①后求得

$$T_k = \frac{2kv\sin\beta}{g\cos\alpha}$$

若经过 n 次碰撞返跳回点 O,则用 n 代替 k,上式变为

$$T_n = \frac{2nv\sin\beta}{g\cos\alpha}$$

再由质点在 x 轴方向上的位移公式有

$$v\cos\beta \cdot T_n - \frac{1}{2}g\sin\alpha \cdot T_n^2 = 0$$

故由以上两式联立求得

$$\cot\alpha\cot\beta = n(n \text{ 为正整数})$$

(2)质点与斜面之间每次碰撞后,速度在 x 轴上的分量依次变为

$$v_0 = v\sin\beta, v_1 = ev\sin\beta, v_2 = e^2 v\sin\beta, \cdots, v_k = e^k v\sin\beta$$

代入式①后求得

$$T_k = \frac{2v\sin\beta \cdot (1-e^k)}{g\cos\alpha \cdot (1-e)} \quad ②$$

若经过 n 次碰撞返跳回点 O,则用 n 代替 k,上式变为

$$T_n = \frac{2v\sin\beta \cdot (1-e^n)}{g\cos\alpha \cdot (1-e)}$$

心得 体会 拓广 疑问

再由质点在 x 轴方向上的位移公式有

$$v\cos\beta\cdot T_n-\frac{1}{2}g\sin\alpha\cdot T_n^2=0$$

故由以上两式联立求得

$$\cot\alpha\cot\beta=\frac{1-e^n}{1-e} \qquad ③$$

(3)质点在与斜面第 m 次碰撞时与斜面垂直,即质点在水平方向上的分速度为零,即

$$v\cos\beta-g\sin\alpha\cdot T_m=0$$

即

$$T_m=\frac{v\cos\beta}{g\sin\alpha} \qquad ④$$

用 m 代替式②中的 k 后与式④联立解得

$$\cot\alpha\cot\beta=2\frac{1-e^m}{1-e} \qquad ⑤$$

解式③,式⑤联立的方程组得

$$e^n-2e^m+1=0$$

1.87 若喷头球面上小孔喷水的速度 v 保持稳定不变(由水压控制),则每一个孔喷出的水柱将按不变的抛物线行进,由于水柱喷向大地,喷头球面半径 r 很小,可以认为各小孔喷出的水柱均由球心 O 处发出. 另外,由于 $\theta_0=\frac{\pi}{4}$,所以不同水柱不会有相同的射程.

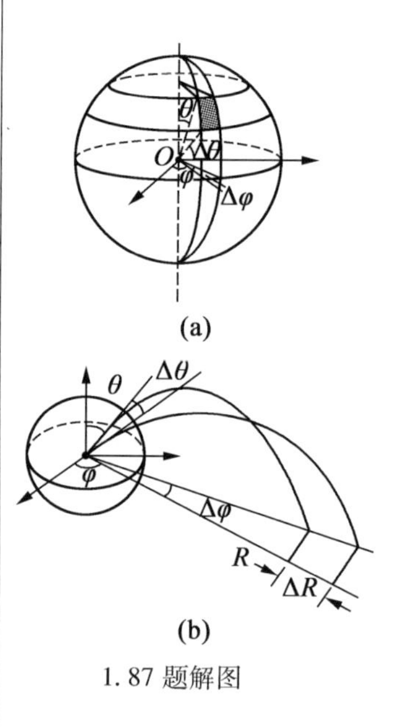

1.87 题解图

由于大地相对喷头对称轴具有轴对称性,为使大地得到均匀灌溉,喷头球面上小孔分布对此轴也应具有对称性. 因此,单位面积小孔数的分布将取决于极角 θ,与相对于对称轴的方位角 φ 无关.

设喷头球面上小孔数的密度为 $n(\theta)$,画出以 r 为半径的一个球面,球面上取一小面元,面元的位置在 $\theta\to\theta+\Delta\theta\left(0\leqslant\theta\leqslant\frac{\pi}{4}\right)$,$\varphi\to\varphi+\Delta\varphi(0\leqslant\varphi\leqslant 2\pi)$处,面元面积和此面元上小孔数分别为

$$\Delta S=r^2\sin\theta\cdot\Delta\theta\Delta\varphi \qquad ①$$

$$\Delta N=n(\theta)\Delta S \qquad ②$$

此处由于面元很小,所以近似用矩形表示,如图(a)所示.

如图(b)所示,水柱喷出的速度用 v 表示,则在 θ 处的小孔喷出的水柱射程为

$$R=\frac{2v^2\sin\left(\frac{\pi}{2}-\theta\right)\cos\left(\frac{\pi}{2}-\theta\right)}{g}=\frac{v^2}{g}\sin 2\theta \qquad ③$$

分布在 $\theta\to\theta+\Delta\theta$ 范围内的小孔,将把水柱喷到大地上距离

心得 体会 拓广 疑问

在 $R\to R+\Delta R$ 范围内，ΔR 的值可由式③得

$$\Delta R=\frac{v^2}{g}\Delta\sin 2\theta \quad ④$$

显然，在 $\Delta\varphi$ 内的水柱直至落到大地仍在 $\Delta\varphi$ 范围内，小面元 ΔS 上各水柱喷到大地上的面积 ΔA 为

$$\Delta A=R\Delta\varphi\cdot\Delta R$$

将式③，式④代入可得

$$\Delta A=\left(\frac{v^2}{g}\right)^2\sin 2\theta\cdot\Delta\sin 2\theta\cdot\Delta\varphi \quad ⑤$$

喷头球面面元 ΔS 上的全部小孔 ΔN 将喷射到大地 ΔA 面积内，根据要求，大地上每单位面积喷射到的水柱数应为常量，即

$$\frac{\Delta N}{\Delta A}=C_1\text{（为常数）}$$

将式①，式②，式⑤代入得

$$\frac{n(\theta)r^2\sin\theta\cdot\Delta\theta\Delta\varphi}{\left(\frac{v^2}{g}\right)^2\sin 2\theta\cdot\Delta\sin 2\theta\cdot\Delta\varphi}=C_1$$

由于 r,v,g 均为常量，$\sin 2\theta=2\sin\theta\cos\theta$，化简得

$$n(\theta)=C_2\cos\theta\frac{\Delta\sin 2\theta}{\Delta\theta}\text{（}C_2\text{ 为常数）} \quad ⑥$$

其中

$$\begin{aligned}\Delta\sin 2\theta&=\sin 2(\theta+\Delta\theta)-\sin 2\theta\\&=(\sin 2\theta\cos 2\Delta\theta+\cos 2\theta\sin 2\Delta\theta)-\sin 2\theta\end{aligned}$$

当 $\Delta\theta\to 0$ 时，有

$$\Delta\sin 2\theta=(\sin 2\theta+\cos 2\theta\cdot 2\Delta\theta)-\sin 2\theta=2\cos 2\theta\cdot\Delta\theta$$

把此结果代入式⑥得

$$n(\theta)=C_3\cos\theta\cos 2\theta\text{（}C_3\text{ 为常数）}$$

这就是喷头球面上小孔数密度随 θ 变化的分布函数，喷头上小孔总数越多，被喷洒的水在水柱范围内分布得越均匀.

1.2.3 匀速圆周运动

1.88 设在相同时间内，棒相对于圆筒向左的位移为 s_1，圆筒相对于地面向左的位移为 s_2，棒的末端或人相对于地面向左的位移为 s. 由于棒相对于地面的运动为前两种运动的合成结果，所以有

$$s=s_1+s_2$$

由于棒与圆筒表面接触，且做无滑动的滚动，所以有

$$s_1=s_2$$

当长为 l 的棒各点都能被圆筒接触，所以又有

$$l=s_1$$

心得 体会 拓广 疑问

解以上三式组成的方程组可得

$$s = 2l$$

1.89 (1)设线轴相对于地面的速度为 v_1,线相对于线轴的速度为 v_2,线的末端相对于地面的速度为 v. 由于 v 为 v_1 与 v_2 的合成结果,而 v_1 与 v_2 方向相反,所以有

$$v = v_1 - v_2$$

又由于 v_1,v_2 的角速度相同,所以有

$$\frac{v_1}{R} = \frac{v_2}{r}$$

解上两式组成的方程组得

$$v_1 = \left(\frac{R}{R - r}\right)v$$

由于 $R > r$,所以 $v_1 > v$,且 v_1 与 v 的方向都向左,即线轴的移动比线的末端移动得快.

(2)参见(1)的解,由于 v_1,v_2,v 的方向都向右,所以有

$$v = v_1 + v_2$$

再由 $\frac{v_1}{R} = \frac{v_2}{r}$,可得

$$v_1 = \left(\frac{R}{R + r}\right)v$$

即线轴的移动比线的末端移动得慢,两者的方向都向右.

1.90 设前进方向为 y 方向,由于圆柱的转动使钢件产生有向左(或向右)运动的趋势. 同时钢件又以速度 v_0 向正前方运动,因此钢件的合速度方向与 y 轴成 θ 角,这样钢件的正压力与动摩擦系数的乘积应是它纵向和横向的摩擦力之和,合摩擦力的方向应与合速度的方向相反,合摩擦力的大小为 μmg. 又由于钢件是匀速运动的,所以推力应等于前进方向上的摩擦力 $2f_y$,如图所示. 则

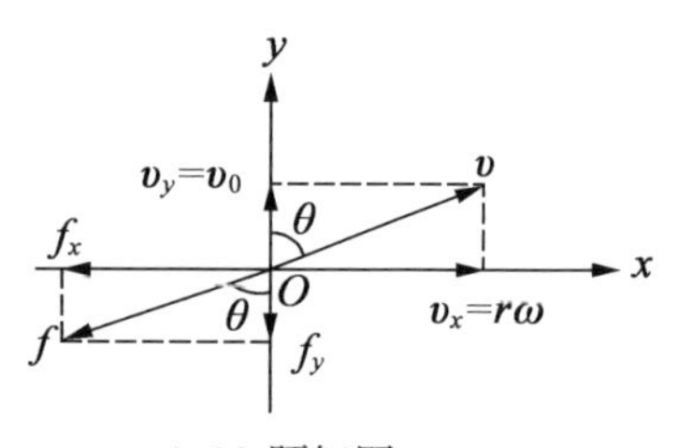

1.90 题解图

$$F = 2f_y = 2f\cos\theta \ (f \text{ 为单侧所受摩擦力的大小})$$

由 $\tan\theta = \frac{v_x}{v_y} = \frac{r\omega}{v_0}$ 求得

$$\cos\theta = \frac{1}{\sqrt{1 + \left(\frac{r\omega}{v_0}\right)^2}}$$

而

$$2f = \mu mg$$

故由以上几式解得

$$F = \frac{\mu mg}{\sqrt{1 + \left(\frac{r\omega}{v_0}\right)^2}}$$

1.91 取分针为参照物,这时时针相对于分针做逆时针转动.

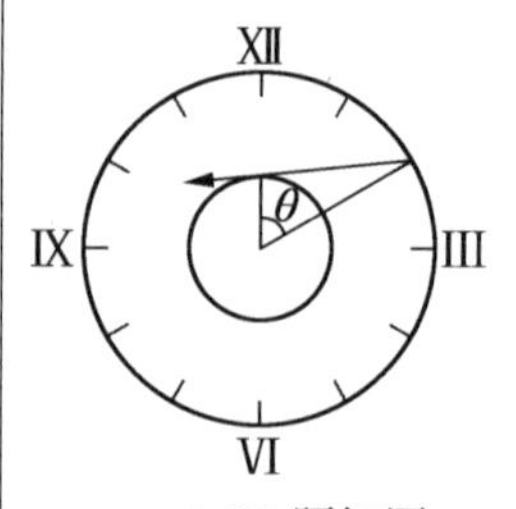

1.91 题解图

当时针末端线速度方向的反向延长线刚好通过分针末端时,时针末端的速度方向与两针末端连线间的夹角为零,这时时针末端与分针末端的相对速度最大,即时针臂、分针臂以及二者末端的连线构成直角三角形,如图所示. 若二针臂之间的夹角用 θ 表示,则由几何关系易知

$$\theta = \arccos\frac{1}{2} = \frac{\pi}{3}$$

由于分针的角速度是时针角速度的 12 倍,所以从 12 点两针重合时开始,到时针末端与分针末端的相对速度最大为止,若设时针转过的角度为 φ,则分针转过的角度为 12φ,这时分针相对于时针每分钟转过的角度为

$$12\varphi - \varphi = \theta$$

由以上两式得

$$\varphi = \frac{1}{11}\theta = \frac{\pi}{33}$$

所以分针转过的角度为

$$12\varphi = \frac{4}{11}\pi = 10.91 \times \frac{2\pi}{60}$$

也就是说,此时为午夜过后 10.91 分,即 10 分 55 秒. 这种情况每小时出现两次,但第二次两针成此夹角时,分针和时针的末端是以最快的速度靠近的.

1.92 圆环转动的周期为

$$T = \frac{2\pi}{w}$$

当经过时间 t,质点做直线运动的距离为 $2R$ 时,圆环的圆周刚好转过$\frac{3}{4}$圈,$\frac{7}{4}$圈,…这时质点可从开口点 B 运动到圆环外,即

$$t = \left(k + \frac{3}{4}\right)T$$

$$2R = \frac{1}{2}at^2$$

因而由以上三式解得

$$a = \frac{16R\omega^2}{(4k+3)^2\pi^2}\ (k = 1,2,3,\cdots)$$

1.93 (1)如图所示,将已被观察到的三个白点位置分别记为 A,B 和 C,圆盘的转动周期用 T_0 表示. 若 $t=0$ 时白点在 A 位置,那么白点在 B 或 C 位置的时刻应分别为

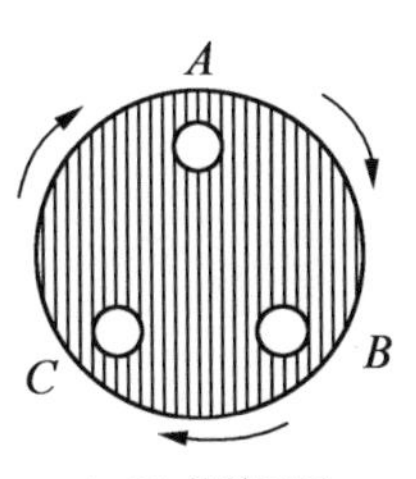

1.93 题解图

$$t_B = \left(k + \frac{1}{3}\right)T_0$$

$$t_C = \left(k + \frac{2}{3}\right)T_0\ (k = 0,1,2,3,\cdots)$$

心得 体会 拓广 疑问

而

$$T_0=\frac{1}{f_0}$$

假设 $t=0$ 时频闪光第一次照亮圆盘,即白点在 A 处,而后便有两种可能:

①频闪光第二次照亮时白点在 B 位置,则要求频闪周期 $T=\frac{1}{f}$满足

$$T=(k_1+\frac{1}{3})T_0(k_1=0,1,2,3,\cdots)$$

即
$$f=\frac{1}{T}=\frac{3}{3k_1+1}f_0$$

而后在 $t=2T=(2k_1+\frac{2}{3})T_0$ 照亮时,白点在 C 位置;在 $t=3T=(3k_1+1)T_0$ 照亮时,白点在 A 位置,如此重复下去即能在圆盘上稳定地出现题图(b)所示的三个白点.

②频闪光第二次照亮时白点在 C 位置,则 T 须满足

$$T=(k_2+\frac{2}{3})T_0(k_2=0,1,2,3,\cdots)$$

即
$$f=\frac{1}{T}=\frac{3}{3k_2+2}f_0$$

由类似分析知,这也能在圆盘上稳定地出现题图(b)所示的三个白点.

综上所述,全部可取的频闪光频率为

$$f:\ 3f_0,\frac{3}{4}f_0,\frac{3}{7}f_0,\cdots,\frac{3}{3k_1+1}f_0$$

或
$$f:\ \frac{3}{2}f_0,\frac{3}{5}f_0,\frac{3}{8}f_0,\cdots,\frac{3}{3k_2+2}f_0$$

其中大于 f_0 的 f 的解为 $3f_0,\frac{3}{2}f_0$,其余的解都小于 f_0,有无穷多个,实际上 f 太小时,“全黑”时间太长,故不宜取.

(2)若 f(例如 51Hz)稍大于 f_0,则 T 稍小于 T_0,白点在 A 位置被照亮后,经 T 时间转过$\frac{T}{T_0}$周,相当于逆时针偏转 $1-\frac{T}{T_0}$周时又被照亮. 因此,白点逆时针倒退一周所需时间便为

$$T'=\left(\frac{1}{1-\frac{T}{T_0}}\right)T=\frac{T_0T}{T_0-T}$$

倒退频率为

$$f_{逆}=\frac{1}{T'}=\frac{T_0-T}{T_0T}=f-f_0=1(\mathrm{Hz})$$

1.94 小球与铁环在点 A 相撞时,因小球与铁环相互作用力

心得 体会 拓广 疑问

在点 A 法线方向,即 AO 方向,而 v_0 不在 AO 方向,故属于弹性斜碰.但弹性碰撞中碰撞前后两物体相对速度大小不变、方向相反的结论成立,只是此时的相对速度指沿作用力方向的相对速度,即沿 AO 方向相对速度大小不变.

由几何关系易知 $\alpha=30°$,将小球在点 A 的速度分解

$$v_{01}=v_0\cos\alpha=\frac{\sqrt{3}}{2}v_0$$

$$v_{02}=v_0\sin\alpha=\frac{v_0}{2}$$

v_{01}便是两者在 OA 方向的相对速度,碰后 $v'=v_{02}$将反向沿 AO 方向,v_{02}因不受力而不变.结果以圆环为参照物,碰后小球的合速度沿 AB 方向,AB 方向满足

$$\angle O'AO=\angle OAB$$

即小球与环弹性碰撞时,在碰撞点小球的反射角等于入射角,于是

$$\angle O'AB=2\angle O'AO=2\alpha=60°$$

如此,小球在点 B 和圆环碰后,仍反射角等于入射角,碰后将沿 BC 方向运动,在点 C 碰后情况相类似,结果,小球以圆环为参照物,将在一个等边三角形 ABC 的三边上以初速 v_0 运动,从出发开始,经过

$$t_1=\frac{\frac{l}{2}}{v_0}$$

发生第一次相碰,式中 l 为三角形边长

$$l=2R\cos\alpha=\sqrt{3}R$$

由此可得第一次,第二次,……,第 N 次碰撞的时刻为

$$t_1=\frac{\sqrt{3}}{2v_0}R$$

$$t_2=t_1+\frac{l}{v_0}=\frac{\sqrt{3}R}{2v_0}+\frac{\sqrt{3}R}{v_0}=\frac{\sqrt{3}}{2}(2\times2-1)\frac{R}{v_0}$$

$$\vdots$$

$$t_N=\frac{\sqrt{3}}{2v_0}R(2N-1)$$

说明 铁环和小球的质量并未在答案中出现,质量只影响两者碰撞后的各自速度,却不影响相对速度.

1.95 解法一:本题所提供的天文现象可以从以下方面理解:(1)地球公转过 θ 角时,月球绕地球转过 $2\pi+\theta$;(2)一个月球相变化周期(t_1),等于月球绕地球一周(周期 T)又转过 θ 角的时间.

从角速度考虑求解.设地球公转的周期 $T_1=365$(天),月球相变化的周期为 $t_1=29.5$(天),则对于地球,其公转的角速度 $\omega_1=$

心得 体会 拓广 疑问

$\frac{\theta}{t_1}=\frac{2\pi}{T_1}$,所以

$$\theta=\frac{2\pi\times t_1}{T_1}=\frac{2\pi\times 29.5}{365} \quad ①$$

对于月球,绕地球运动的角速度

$$\omega=\frac{2\pi}{T}=\frac{2\pi+\theta}{t_1} \quad ②$$

解式①,式②联立的方程组得

$$T=\frac{2\pi\times t_1}{2\pi+\theta}=\frac{2\pi\times 29.5}{2\pi+\frac{2\pi\times 29.5}{365}}=27.3(\text{天})$$

解法二:从时间角度考虑求解. 设月球绕地球转过 θ 角所需的时间为 Δt,则在一个月球相变化周期 t_1 中,月球绕地球公转一周(周期 T)又转过 θ 角,则有

$$t_1=T+\Delta t$$

其中

$$\Delta t=\frac{\theta}{\omega}=\frac{\theta}{\frac{2\pi+\theta}{29.5}}=\frac{29.5\theta}{2\pi+\theta}$$

因为

$$\theta=\frac{2\pi\times 29.5}{365}=\frac{5}{6}\pi$$

所以

$$\Delta t=\frac{29.5\times\frac{5}{6}\pi}{2\pi+\frac{5}{6}\pi}=2.2(\text{天})$$

$$T=t_1-\Delta t=(29.5-2.2)=27.3(\text{天})$$

解法三:从数学比例法考虑求解. 由地球公转可知

$$\frac{\theta}{29.5}=\frac{2\pi}{365} \quad ③$$

由月球公转可知

$$\frac{2\pi+\theta}{29.5}=\frac{2\pi}{T} \quad ④$$

由式③ ÷ 式④并代入数据后解得

$$T=27.3(\text{天})$$

1.96 建立如图所示的直角坐标系,并且取细杆为研究对象来分析它相对于半圆环运动的情况. 设细杆上 B,C 两点相对于半圆环沿 x 方向上的运动分速度分别为 v_{B1},v_{C1},相对于半圆环沿 y 方向上的运动分速度分别为 v_{B2},v_{C2};点 A 相对于半圆环沿 x 和 y 方向上的运动分速度分别为 v_{A1},v_{A2};细杆绕半圆环转动的角速度

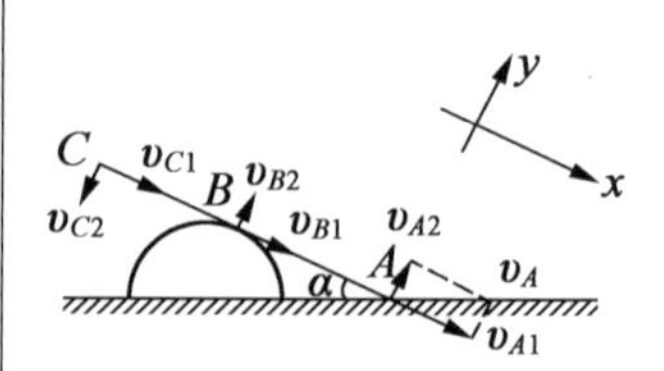

1.96 题解图

心得 体会 拓广 疑问

为 ω. 棒的长度用 $2l$ 表示，棒与地面之间的夹角用 α 表示，如图所示，则相对于半圆环在 y 方向上的圆周运动公式知对 A，C 两点分别有

$$v_{A2}=vA\sin\alpha=\omega l \quad ①$$

$$v_{C2}=\omega l \quad ②$$

而点 B 在 y 方向上无运动，所以

$$v_{B2}=0$$

在 x 方向上，由于细杆是不能伸长的，所以

$$v_{C1}=v_{B1}=v_{A1}=v_A\cos\alpha$$

由式①，式②得

$$v_{C2}=v_{A2}=v_A\sin\alpha$$

因此点 C 的速度为

$$v_C=\sqrt{v_{C1}^2+v_{C2}^2}=v_A$$

1.97 当杆转动后，质点 B 将沿竖直方向自由下落，若 B 与杆相碰，只能发生在 BC 段，对杆来说，就是发生在图中 θ 角以内，这可能有两种情况：

（1）杆的转速 ω 较小，B 追上杆. 设 t_1 为杆 B 下落到 C 所用的时间，t_2 为杆转到 θ 角所用的时间，若使它们相碰，t_1 和 t_2 应满足下列条件

$$t_1\leqslant t_2 \quad ①$$

由几何关系知

$$BC=\sqrt{l^2-a^2},\ l\cos\theta=a$$

因为

$$BC=\frac{1}{2}gt_1^2$$

$$\theta=\omega t_2$$

故由以上三式得

$$t_1=\left(\frac{2\sqrt{l^2-a^2}}{g}\right)^{\frac{1}{2}} \quad ②$$

$$t_2=\frac{1}{\omega}\arccos\frac{a}{l} \quad ③$$

将式②，式③代入式①解得

$$\omega\leqslant\sqrt{\frac{g}{2}}\cdot(l^2-a^2)^{-\frac{1}{4}}\cdot\arccos\frac{a}{l}$$

（2）杆转速 ω 较大，杆转一周后追上 B，设 t_3 为杆转 $2\pi+\theta$ 角所用的时间，若使它们相碰，t_3 和 t_1 必须满足下列条件

$$t_3\leqslant t_1 \quad ④$$

因为 $2\pi+\theta=\omega t_3$，所以

心得 体会 拓广 疑问

$$t_3=\frac{2\pi+\arccos\dfrac{a}{l}}{\omega} \quad ⑤$$

将式②,式⑤代入式④解得

$$\omega\geqslant\sqrt{\frac{g}{2}}\cdot(l^2-a^2)^{-\frac{1}{4}}\cdot\left(2\pi+\arccos\frac{a}{l}\right)$$

1.98 (1)如图所示,三点坐标可标注为 $A(0,y_A)$,$B(x_B,0)$,$P(x_P,y_P)$. 则由几何关系有

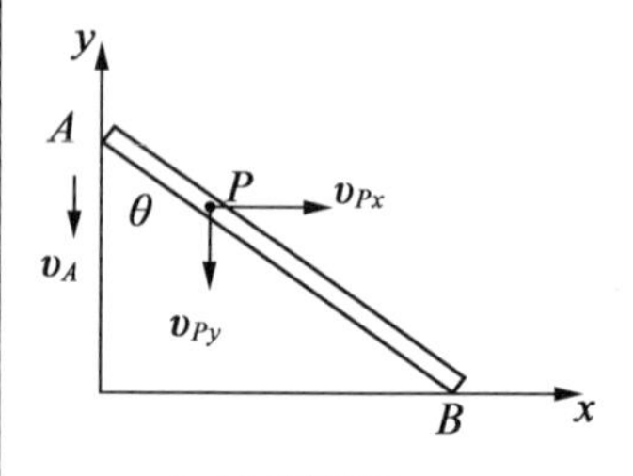

1.98 题解图

$$x_P=al\cos\theta$$
$$y_P=(1-a)l\sin\theta$$

由以上两式得

$$\frac{x_P^2}{(al)^2}+\frac{y_P^2}{[(1-a)l]^2}=1$$

可见这是一个椭圆方程,就是说点 P 的运动轨迹为椭圆.

(2)设在极短的时间 Δt 内,点 P 坐标的改变量为 Δx_P 和 Δy_P,则由几何关系有

$$\frac{\Delta x_P}{\Delta t}=a\frac{\Delta x_B}{\Delta t}$$
$$\frac{\Delta y_P}{\Delta t}=(1-a)\frac{\Delta y_A}{\Delta t}$$

当 $\Delta t\to0$ 时,此时 B 端的速度用 v_B 表示,则由速度的定义可将以上两式改写为

$$v_{Px}=av_B$$
$$v_{Py}=(1-a)v_A$$

由于杆不能伸长,所以

$$v_B\sin\theta-v_A\cos\theta=0$$

与以上两式联立解得

$$v_{Px}=av_A\cot\theta$$
$$v_{Py}=(1-a)v_A$$

1.99 汽车的速度就是车轮轴的速度,车轮边缘的速度是以下两种速度的合成:一是车轮做圆周运动的线速度,二是轮轴前进的速度. 设抛出点 A 离地高度为 h,由于车轮做匀速运动,在一定时间内车轮边缘沿地面前进的距离等于车轮轴前进的距离,即它做圆周运动的线速度与轮轴的速度 v 的大小相等. 因此,由水平方向和竖直方向上的速度关系分别有

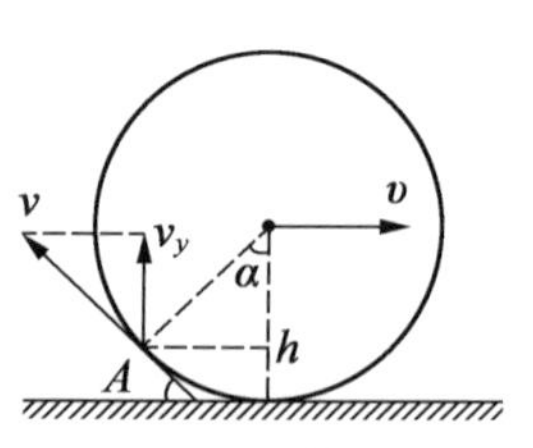

1.99 题解图

$$v-v_x=v\cos\alpha$$
$$v_y=v\sin\alpha$$

而

$$h=R(1-\cos\alpha) \quad ①$$

心得 体会 拓广 疑问

所以由以上几式易求得水滴上升的最大高度为

$$H=h+\frac{v_y^2}{2g}=R(1-\cos\alpha)+\frac{v^2}{2g}(1-\cos^2\alpha)$$

将上式整理可得

$$\frac{v^2}{2g}\cos^2\alpha+R\cos\alpha+(H-R-\frac{v^2}{2g})=0$$

解得

$$\cos\alpha=-\frac{Rg}{v^2}\pm\sqrt{(1+\frac{Rg}{v^2})^2-\frac{2gH}{v^2}} \quad ②$$

为使 $\cos\alpha$ 有意义,则必须使

$$(1+\frac{Rg}{v^2})^2-\frac{2gH}{v^2}\geqslant 0$$

从而求得

$$H\leqslant\frac{v^2}{2g}(1+\frac{Rg}{v^2})$$

当 H 取最大值 $H_{\max}=\frac{v^2}{2g}(1+\frac{Rg}{v^2})$ 时,代入式②得

$$\cos\alpha=-\frac{Rg}{v^2}$$

故代入式①可得

$$h=R(1+\frac{Rg}{v^2})$$

1.100 狼、犬和圆心 O 三点总在一条直线上,猎犬总可以追上狼,由于狼绕着圆周运动,故猎犬的速度方向需不断地变化,即猎犬运动的轨迹应为一条曲线. 图(a)是猎犬运动轨迹的大致形状,很难从直角坐标系中求出猎犬的运动轨迹方程,可以建立如图(b)所示的极坐标系,得到任意时刻猎犬所在位置. θ 是狼的位置与圆心连线随时间变化转过的角度,α 是猎犬速度方向随时间变化的角度. 当经过一段时间后猎犬和狼的位置如图(b)所示,此时猎犬的位置坐标为(ρ,θ),把猎犬的速度 v 分解为切向分量 v_n 和径向分量 v_r,v_n 起保证狼、猎犬和圆心三者在同一直线的作用,v_r 起使猎犬与狼之间径向距离缩小的作用. 则

$$v_r=v\cos\alpha$$

$$v_n=v\sin\alpha$$

由于猎犬和狼的位置在一条直线上,所以

$$\frac{v_n}{\rho}=\frac{v}{R}$$

得

$$\rho=R\sin\alpha \quad ①$$

把猎犬追上狼的时间分成无数相等的极小时间 Δt,则每经过

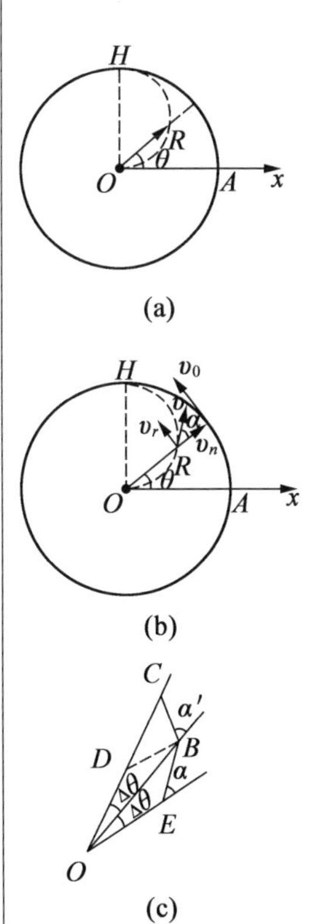

1.100 题解图

心得 体会 拓广 疑问

时间 Δt，θ 角的变化量均为 $\Delta\theta$，同时猎犬跑过相等的路程，在相邻两个 Δt 内 α 和 $\Delta\theta$ 的关系如图(c)所示，图中 $EB=BC$ 为每个 Δt 瞬间猎犬的位移，α 和 α' 分别为 Δt 瞬间前后猎犬速度方向与极径的夹角，作 $BD=BC$，则

$$\alpha'=\alpha+\Delta\theta$$

又由于在零时刻 $\alpha_0=\theta_0=0$，故任意时刻都有

$$\alpha=\theta \qquad ②$$

由式①，式②求得

$$\rho=R\sin\theta$$

可见，猎犬的运动轨迹是以图(b)中 OH 为直径的圆，OH 与 Ox 轴垂直，即猎犬在 H 处追上狼.

1.3 动力学

1.3.1 匀变速直线运动定律

1.101 木块与车子之间的最大静摩擦力为

$$f_p=\mu m_2 g=4.9(\mathrm{N})$$

第一次因 $F_1<f_p$，所以木块在小车上无相对滑动，木块和小车一起做加速运动，加速度为

$$a_1=\frac{F_1}{m_1+m_2}\approx 0.09(\mathrm{m/s^2})$$

第二次因 $F_1>f_p$，这时木块相对于小车做加速运动，其加速度为

$$a_2=\frac{F_2-f_p}{m_2}\approx 7.55(\mathrm{m/s^2})$$

而小车在摩擦力作用下做加速运动，故其加速度为

$$a_3=\frac{f_p}{m_1}\approx 0.245(\mathrm{m/s^2})$$

1.102 如图所示，整个系统在质量为 m 的物体的作用下做加速度为 a 的匀加速运动. 设质量为 m 的物体对右边质量为 M 的物体的正压力为 N，则作用在左边质量为 M 的物体上的力有重力 Mg 和绳子的张力 T，作用在右边质量为 M 的物体上的力有重力 Mg，质量为 m 的物体的正压力 N 和绳子的张力 T，作用在质量为 m 的物体上的力有重力 mg 和质量为 M 的物体对它的反作用力 N'.

用隔离法解题，分别取这三个物体为研究对象，如图(a)，(b)，(c)所示，则由运动定律有

$$T-Mg=Ma$$

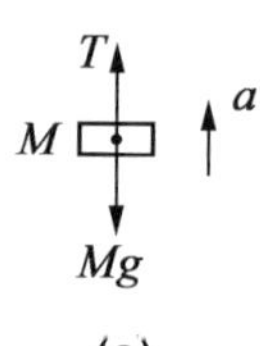

(a)

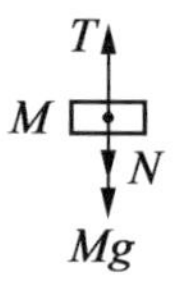

(b)

(c)

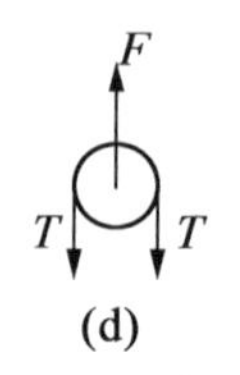

(d)

1.102 题解图

$$Mg + N - T = Ma$$

$$mg - N' = ma$$

而

$$N = N'$$

故解上面各式联立的方程组可得

$$a = \frac{m}{2M + m}g$$

$$T = \frac{2M(M + m)}{2M + m}g$$

$$N = N' = \frac{2Mm}{2M + m}g$$

如图(d)所示,作用在轮轴上的力为

$$F = 2T = \frac{4M(M + m)}{2M + m}g$$

1.103 (1)当弹簧伸长为 x 时,由于 S 的质量忽略不计,所以作用在弹簧两端的力大小相等,现设为 T,并设这时物体 A,B 的加速度为 a,则:

对物体 A

$$T - \mu mg = ma$$

对物体 B

$$Mg - T = Ma$$

由以上两式解得

$$a = \frac{M - \mu m}{M + m}g$$

$$T = (1 + \mu)\frac{Mm}{M + m}g$$

而这时绳的张力就是弹簧的弹力,因而

$$T = kx = (1 + \mu)\frac{Mm}{M + m}g$$

从而求得

$$x = \frac{1 + \mu}{k} \cdot \frac{Mm}{M + m}g$$

(2)当弹簧的质量不能忽略且为 m'时,所作用在弹簧两端的力大小不等,现设点 D,点 C 的张力分别为 T_D,T_C,并设 M,m,m'共同运动的加速度为 a',则:

对物体 A

$$T_C - \mu mg = ma'$$

对弹簧 S

$$T_D - T_C = m'a'$$

对物体 B

$$Mg - T_D = Ma'$$

心得 体会 拓广 疑问

解由以上三式组成的方程组可得

$$a' = \frac{M - \mu m}{M + m + m'}g$$

$$T_C = \frac{m[\mu m' + M(1 + \mu)]}{M + m + m'}g$$

$$T_D - \frac{M[m' + m(1 + \mu)]}{M + m + m'}g$$

若设这时弹簧的伸长为 x',则弹力就是 T_D 与 T_C 的差,即

$$T = kx' = T_D - T_C$$

将 T_D,T_C 的值代入上式则可求得

$$x' = \frac{(M - \mu m)m'}{k(M + m + m')}$$

1.104 建立如图(a)所示的直角坐标系.设细线中的张力为 T,m_1 与 m_2 之间的正压力和摩擦力分别为 N_1 和 f_1,m_2 与桌面间的正压力和摩擦力分别为 N_2 和 f_2 如图(b),(c)所示.

现用隔离法解题.对于 m_1,受力如图(b)所示,则其在水平方向和竖直方向上分别有

$$\sum F_x = T - f_1 = m_1 a$$

$$\sum F_y = N_1 - m_1 g = 0$$

同样,对于 m_2,受力如图(c)所示,则有

$$\sum F_x = T + f_1 + f_2 - F\cos\alpha = m_2(-a)$$

$$\sum F_y = N_2 + F\sin\alpha - N_1 - m_2 g = 0$$

而

$$f_1 = \mu N_1$$

$$f_2 = \mu N_2$$

故联立以上 6 个方程可解得

$$a = \frac{F(\mu\sin\alpha + \cos\alpha) - 3\mu(m_1 + m_2)g}{m_1 + m_2} \approx 3.12(\mathrm{m/s^2})$$

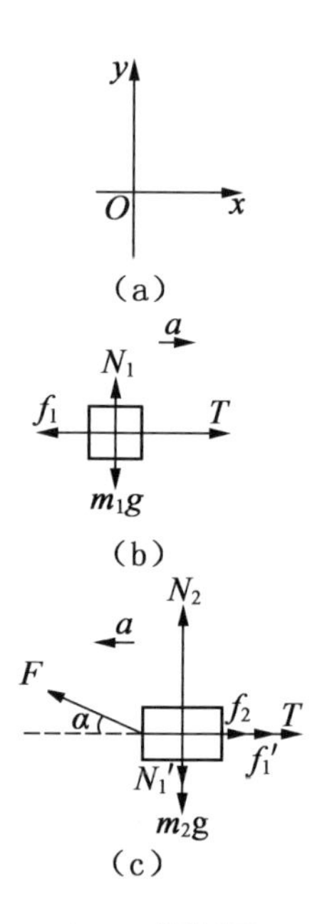

1.104 题解图

1.105 建立以 AB 方向向右为 x 轴,沿斜面向上并垂直于 AB 方向为 y 轴,垂直于斜面方向向上为 z 轴的空间直角坐标系,如图(a)所示.质点受以下几个力的作用:摩擦力 f 方向与运动方向相反,与 x 轴之间的夹角为 θ,重力沿斜面向下的分力为 $mg\sin\alpha$,方向沿斜面向下,斜面对它的正压力 N 的方向垂直于斜面向上,如图(b)所示.由 x 方向上的运动定律和 y,z 方向上的受力平衡分别有

$$\sum F_x = -f\cos\theta = ma \quad ①$$

$$\sum F_y = f\sin\theta - mg\sin\alpha = 0 \quad ②$$

$$\sum F_z = N - mg\cos\alpha = 0 \quad ③$$

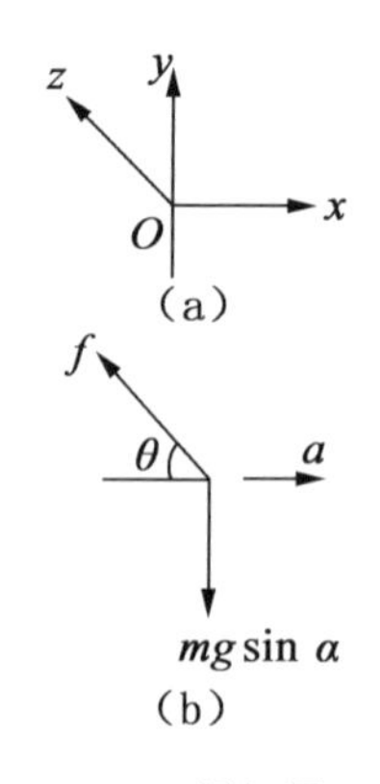

1.105 题解图

心得 体会 拓广 疑问

而

$$f=\mu N \qquad ④$$

$$s=\frac{1}{2}at^2 \qquad ⑤$$

故由式①,式②求得

$$f^2=m^2(a^2+g^2\sin^2\alpha) \qquad ⑥$$

将式③,式④代入式⑥得

$$a^2=g^2\cos^2\alpha(\mu^2-\tan^2\alpha) \qquad ⑦$$

由式⑤,式⑦联立求得

$$t=\sqrt{\frac{2s}{g\cos\alpha\sqrt{\mu^2-\tan^2\alpha}}}$$

$$a=g\cos\alpha\sqrt{\mu^2-\tan^2\alpha}$$

1.106 质点在斜面上的运动始终处于平衡状态,则在运动中的任意位置上质点所受的合力为零,现取特殊的最低位置点 C 来分析,如图所示. 建立以点 C 为原点,AB 方向向右为 x 轴,沿斜面向上并垂直于 AB 方向为 y 轴,垂直于斜面方向向上为 z 轴的空间直角坐标系,如图所示. 质点受以下几个力的作用:绳的拉力 T 方向由 C 指向 B,摩擦力 f 方向与运动方向相反,即沿水平方向向左,重力沿斜面向下的分力 $mg\sin\alpha$,方向沿斜面向下,斜面对它的正压力 N,方向垂直于斜面向上. 由牛顿第二定律有

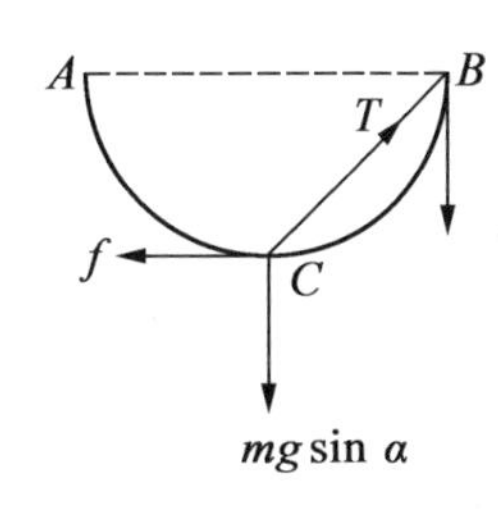

1.106 题解图

$$\sum F_x=T\sin 45^\circ-f=0$$

$$\sum F_y=T\cos 45^\circ-mg\sin\alpha=0$$

$$\sum F_z=N-mg\cos\alpha=0$$

而

$$f=\mu N$$

故由以上各式求得

$$\mu=\tan\alpha$$

$$f=\mu mg\sin\alpha$$

$$T=\sqrt{2}mg\sin\alpha$$

1.107 建立如图所示的直角坐标系,在缓慢拉绳的过程中物体始终处于平衡状态,如图所示. 物体在运动中受三个力作用达到平衡:重力沿 y 方向的分力 $mg\sin\alpha$,绳中张力 T 以及摩擦力 $f=\mu mg\cos\alpha=mg\sin\alpha$. 由在 x,y 方向力的平衡方程有

$$\sum F_x=f\cos\theta-T\cos\varphi=0 \qquad ①$$

$$\sum F_y=mg\sin\alpha-T\sin\varphi-f\sin\theta=0 \qquad ②$$

由于

$$f=\mu mg\sin\alpha \qquad ③$$

所以代入以上两式消去 θ 可得

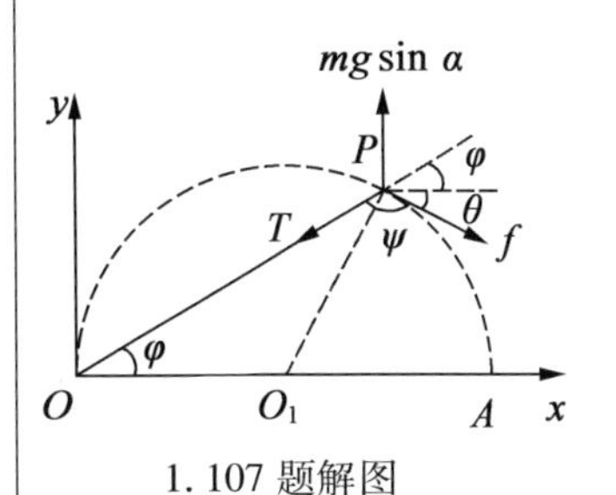

1.107 题解图

心得 体会 拓广 疑问

$$T(T-2mg\sin\alpha\sin\varphi)=0$$

而 $T\neq0$,因此

$$T=2mg\sin\alpha\sin\varphi \tag{4}$$

所以由式①,式③,式④得

$$\theta=\frac{\pi}{2}-2\varphi=\pi-(2\varphi+\frac{\pi}{2})$$

设 T 与 f 的夹角为 ψ,则

$$\theta=\pi-\varphi-\psi \tag{5}$$

联立式④,式⑤得

$$\psi=\frac{\pi}{2}+\varphi$$

因此,过物体所在 P 处作摩擦力 f 的垂线交 x 轴于点 O_1,则

$$\angle OPO_1=\varphi$$

所以

$$OO_1=O_1P \tag{6}$$

由于 P 为物体运动轨迹上任意一点,点 P 在刚开始运动时作为初始极限,式⑥成立,所以有

$$OO_1=\frac{1}{2}OA$$

这就是说,点 P 的轨迹是一条以 OA 中点 O_1 为圆心,以 $O_1P=\frac{1}{2}OA$ 为半径的半圆. 在 xOy 坐标下,半圆方程为

$$(x-\frac{1}{2}OA)^2+y^2=(\frac{1}{2}OA)^2$$

1.108 设地面对 A 的支持力为 N_0,斜面体 A 对物体 B 的支持力为 N,则 B 对 A 的正压力为 $N'=N$,并设它们具有相同的加速度 a,用隔离法解题. 分别画出 A,B 的受力图,如图(a),(b)所示,并建立如图所示的直角坐标系.

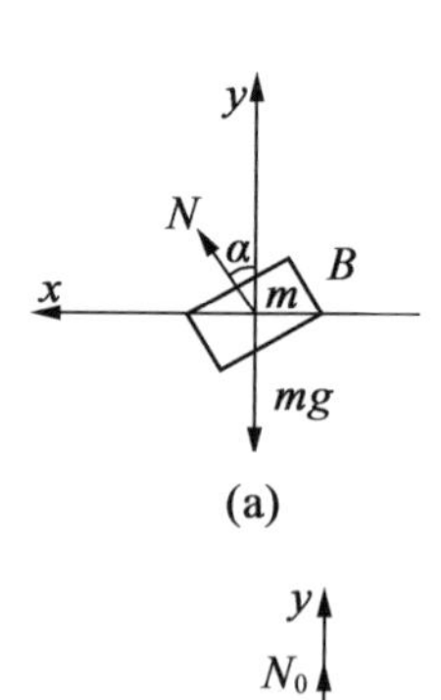

(a)

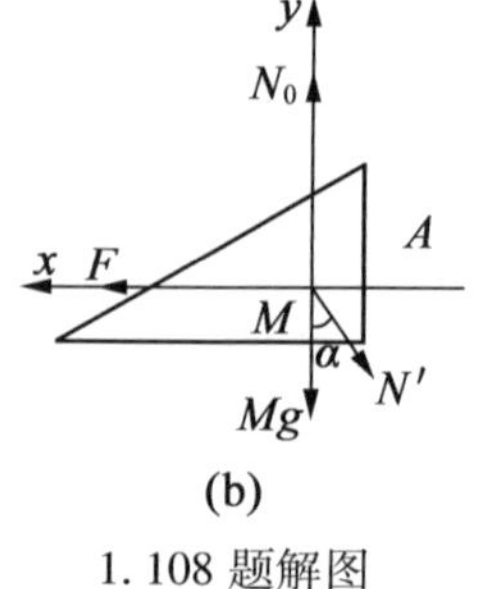

(b)

1.108 题解图

解法一:对于物体 B 有

$$\sum F_x=N\sin\alpha=ma$$

$$\sum F_y=N\cos\alpha-mg=0$$

对于物体 A 有

$$\sum F_x=F-N'\sin\alpha=Ma$$

$$\sum F_y=N_0-Mg-N'\cos\alpha=0$$

联立解上面四式得

$$a=g\tan\alpha$$

$$F=(M+m)g\tan\alpha$$

$$N=\frac{mg}{\cos\alpha}$$

心得 体会 拓广 疑问

$$N_0=(M+m)g$$

解法二:对原题分析可知,B 的加速度必须沿水平方向,所以它受的合力也只能沿水平方向,根据力的合成法可知,B 在水平方向受力为 $f=mg\tan\alpha$,由此求出 B 的加速度为 $a=g\tan\alpha$.

又由于 B,A 之间没有相对运动,因此二者可看作一个物体,可得

$$F=(M+m)a=(M+m)g\tan\alpha$$

1.109 设 A,B 间垂直于接触面方向的相互作用力为 N,地面对 A 的支持力为 N_0,A,B 间的摩擦力为 f,并建立如图所示的直角坐标系. 用隔离法解题.

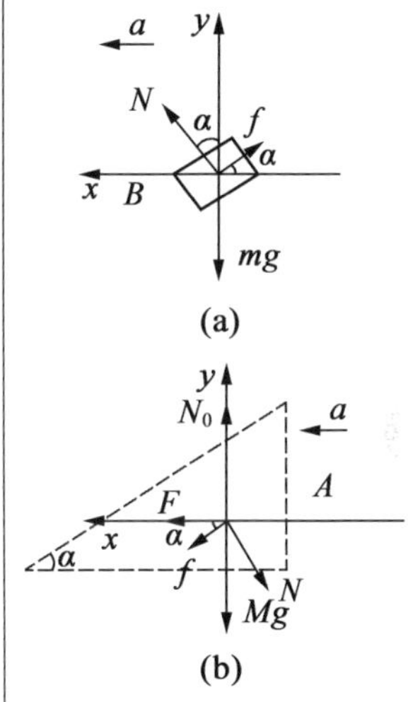

1.109 题解图

若使 B 有沿斜面下滑的趋势而不致下滑,则 f 的方向如图(a)所示,且

$$f\leqslant\mu N \quad ①$$

这时对于物体 B 有

$$\sum F_x=N\sin\alpha-f\cos\alpha=ma \quad ②$$

$$\sum F_y=N\cos\alpha+f\sin\alpha-mg=0 \quad ③$$

如图(b)所示,对于物体 A 有

$$\sum F_x=F-N\sin\alpha+f\cos\alpha=Ma \quad ④$$

$$\sum F_y=N_0-Mg-N\cos\alpha-f\sin\alpha=0 \quad ⑤$$

式中 a 为 A,B 共同向左的加速度.

由式②,式④得

$$a=\frac{F}{M+m} \quad ⑥$$

由式③,式⑤得

$$N_0=(M+m)g$$

由式②,式③得

$$f=m(g\sin\alpha-a\cos\alpha)$$

$$N=m(g\cos\alpha+a\sin\alpha)$$

将式①,式⑥代入以上两式后联立解得

$$\mu\geqslant\frac{(M+m)g\sin\alpha-F\cos\alpha}{(M+m)g\cos\alpha+F\sin\alpha}$$

同理可研究使 B 不致沿斜面上升时得

$$\mu\leqslant\frac{F\cos\alpha-(M+m)g\sin\alpha}{F\sin\alpha+(M+m)g\cos\alpha}$$

因此,使 B,A 之间没有相对运动时,μ 应满足下列条件

$$\frac{(M+m)g\sin\alpha-F\cos\alpha}{(M+m)g\cos\alpha+F\sin\alpha}\leqslant\mu\leqslant\frac{F\cos\alpha-(M+m)g\sin\alpha}{F\sin\alpha+(M+m)g\cos\alpha}$$

1.110 设物体与板间的正压力为 N_1,板与桌面间的正压力

心得 体会 拓广 疑问

为 N_2,若使木块从物体下抽出,则木板运动的加速度必须大于物体运动的加速度.

(1)取物体为研究对象,见图(a).

由于物体的运动加速度来自物体与板之间的静摩擦力的作用,在板能从物体下抽出时,此静摩擦力达到最大 f_1,加速度 a_2 也达到最大,这时由运动定律有:

在水平方向

$$f_1 = ma_2 \quad ①$$

在竖直方向

$$N_1 - mg = 0 \quad ②$$

(2)取板为研究对象,见图(b).

板在力 F 的作用下克服来自桌面对它的最大静摩擦力后开始以加速度 a_1 运动,这时它除克服来自桌面的动摩擦力 f_2 外,为了能从物体下抽出,还必须克服来自物体的最大静摩擦力 f_1,这时由运动定律有:

在水平方向

$$F - f_1 - f_2 = Ma_1 \quad ③$$

在竖直方向

$$N_2 - N_1 - Mg = 0 \quad ④$$

而由分析知

$$f_1 = \mu_1 N_1 \quad ⑤$$

$$f_2 = \mu_2 N_2 \quad ⑥$$

$$a_1 > a_2 \quad ⑦$$

故联立解式①~式⑥得

$$a_2 = \mu_1 g \quad ⑧$$

$$a_1 = \frac{1}{M}[F - (M+m)\mu_2 g + m\mu_1 g] \quad ⑨$$

再由式⑦~式⑨得

$$F > (M+m)(\mu_1 + \mu_2)g$$

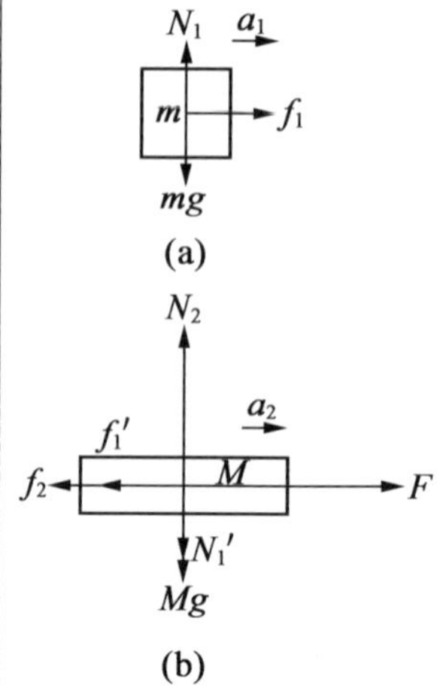

1.110 题解图

1.111 解法一:(1)小车以加速度 a 水平运动,摆球也以加速度 a 在水平方向做匀加速直线运动,m 在水平方向必受力的作用,而摆只受两个力的作用:一为自身重力,竖直向下;另一为细线的拉力,即细线中的张力,它必然与竖直方向成 α 角,如图(a)所示. 建立如图所示的直角坐标系,则有

$$\sum F_x = T\sin\alpha = ma$$

$$\sum F_y = T\cos\alpha - mg = 0$$

联立解以上两式可得

$$\alpha = \arctan\frac{a}{g};T = m\sqrt{a^2+g^2}$$

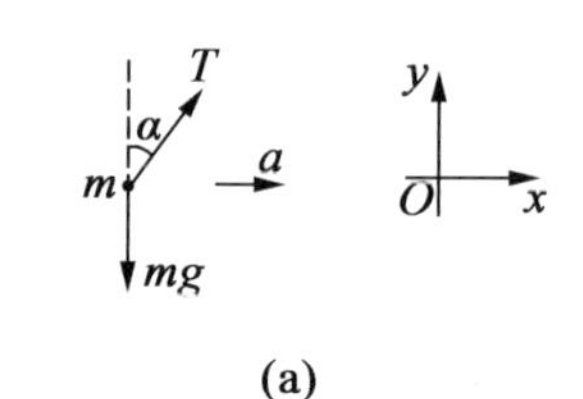

(a)

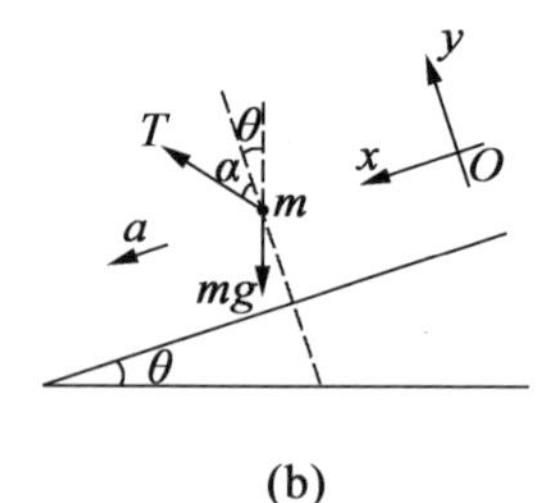

(b)

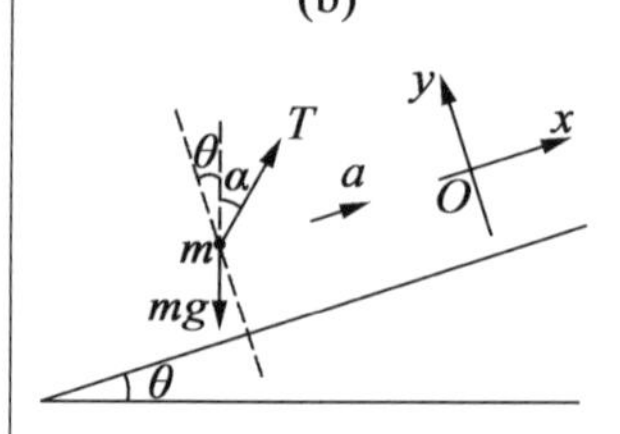

(c)

1.111 题解图

(2)建立如图所示的直角坐标系,小车自由地从斜面上滑下(斜面倾角为 θ),摆球只受重力沿斜面方向的分力作用而加速下滑,如图(b)所示.则有

$$\sum F_x = mg\sin\theta = mg\sin\theta + T\sin(\alpha-\theta) = ma$$

$$\sum F_y = T\cos(\alpha-\theta) - mg\cos\theta = 0$$

由第一式求得

$$\alpha = \theta$$

$$a = g\sin\theta$$

代入第二式后求得

$$T = mg\cos\theta$$

(3)建立如图(c)所示的直角坐标系,摆球受力情况如图所示,则有

$$\sum F_x = T\sin(\theta+\alpha) - mg\sin\theta = ma \quad ①$$

$$\sum F_y = T\cos(\theta+\alpha) - mg\cos\theta = 0 \quad ②$$

由以上两式得

$$\tan(\theta+\alpha) = \frac{a+g\sin\theta}{g\cos\theta}$$

即

$$\frac{\tan\theta+\tan\alpha}{1-\tan\theta\tan\alpha} = \frac{a+g\sin\theta}{g\cos\theta}$$

将上式化简后整理可得

$$\tan\alpha = \frac{a\cos\theta}{g+a\sin\theta}$$

所以

$$\alpha = \arctan\frac{a\cos\theta}{g+a\sin\theta}$$

将式①,式②移项后平方相加有

$$T^2\sin^2(\theta+\alpha) + T^2\cos^2(\theta+\alpha) = (ma+mg\sin\theta)^2 + (mg\cos\theta)^2$$

将上式展开后整理得

$$T = m\sqrt{g^2+a^2+2ag\sin\theta}$$

(4)摆球受力情况如图(b),并建立如图所示的直角坐标系,则有

$$\sum F_x = T\sin(\alpha-\theta) + mg\sin\theta = ma$$

$$\sum F_y = T\cos(\alpha-\theta) - mg\cos\theta = 0$$

参考(3)中的解法可得

$$\alpha = \arctan\frac{a\cos\theta}{g+a\sin\theta}$$

$$T = m\sqrt{g^2+a^2-2ag\sin\theta}$$

解法二:用解法一中的办法,先解出第(3)问的情况:

(3) $T=m\sqrt{g^2+a^2+2ag\sin\theta}$;$\alpha=\arctan\dfrac{a\cos\theta}{g+a\sin\theta}$.

(1)可视为(3)中 $\theta=0$ 的特殊情况,所以将 $\theta=0$ 代入以上两式即可得出答案.

(2)可视为(3)中 $a=-g\sin\theta$ 的特殊情况,所以将 $a=-g\sin\theta$代入以上两式即可得出答案.

(4)可视为(3)中 a 变为 $-a$ 的特殊情况,所以将 $-a$ 代替以上两式中的 a,即可得出答案. 注意这时得出的偏角 α 为负值,这是因为这时绳子偏过的方向与(3)中绳子偏过的方向相反.

1.112 本题可分为三个阶段来解.

第一阶段:由于 $m_1+m_2>M_3$,所以整个系统以加速度 a_1 开始运动,直致 m_2 落到地面,设这一过程所用时间为 t_1, m_2 刚好落地时系统的速度为 $\boldsymbol{v}_1$,则有

$$a_1=\frac{m_1+m_2-m_3}{m_1+m_2+m_3}g\approx 0.47(\mathrm{m/s^2})$$

$$h=\frac{1}{2}a_1t_1^2$$

所以

$$t_1=\sqrt{\frac{2h}{a_1}}\approx 6.9(\mathrm{m/s})$$

$$v_1=\sqrt{2a_1h}=\sqrt{\frac{2h(m_1+m_2-m_3)g}{(m_1+m_2+m_3)}}\approx 3.2(\mathrm{m/s})$$

第二阶段:在 m_2 脱离绳子后,由于 $m_1<m_3$,所以整个系统做加速度为 a_2 的匀减速运动. 设这一过程所用的时间为 t_2,m_1 下降或 m_3 上升的距离为 h_1,则有

$$a_2=\frac{m_3-m_1}{m_3+m_1}\approx 0.5(\mathrm{m/s^2})$$

$$h_1=\frac{v_1^2}{2a_2}=\frac{1}{2}a_2t_2^2$$

所以

$$h_1=\frac{v_1^2}{2a_2}\approx 10.2(\mathrm{m})$$

$$t_2=\frac{v_1}{a_2}\approx 6.4(\mathrm{s})$$

第三阶段:由于在前两个阶段中 m_3 上升的总距离为 $h_2=h+h_1=21.2(\mathrm{m})$. 而在前两个阶段结束后,由于 $m_3>m_2$,所以整个系统便开始以加速度 a_3 运动使 m_3 下降至地面,系统不再运动,设这一过程所用的时间为 t_3,则有

心得 体会 拓广 疑问

$$a_3=\frac{m_3-m_1}{m_3+m_1}g\approx0.5(\mathrm{m/s^2})$$

$$t_3=\sqrt{\frac{2h_2}{a_3}}=\sqrt{\frac{2\times21.2}{0.5}}\approx9.2(\mathrm{s})$$

经以上分步计算可知,整个过程所经历的时间为

$$t=t_1+t_2+t_3=22.5(\mathrm{s})$$

1.113 本题分三个阶段解题.

第一阶段:见图(a),在 m_2 的重力作用下系统开始以加速度 a_1 运动,直到 m_2 落到地面为止,这段过程中 m_1,m_2 向前运动的距离都为 h,设 m_2 刚好着地时 m_1 的速度为 $\boldsymbol{v}_1$,则

$$a_1=\frac{m_2g-m_1g\mu}{m_1+m_2}=6.5(\mathrm{m/s^2})$$

$$v_1=\sqrt{2a_1h}\approx3.6(\mathrm{m/s})$$

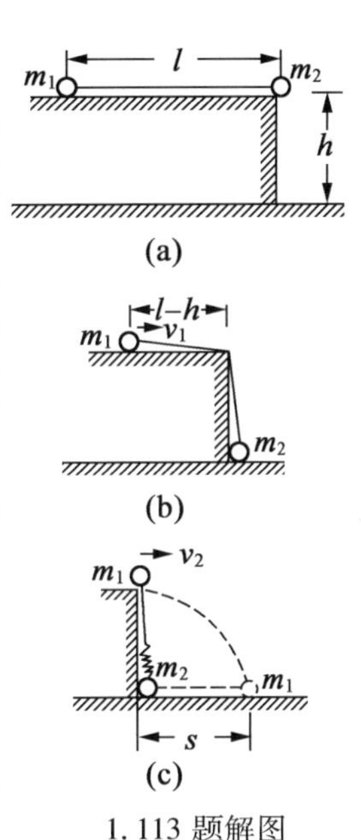

1.113 题解图

第二阶段:见图(b),m_2 落到地面后,绳中的张力变为零 ,m_1 只受桌面对它的摩擦力的作用而做加速度为 a_2 的匀减速运动,直到 m_1 运动到桌子边缘,这段过程中 m_1 又前进的距离为 $l-h$,设 m_1 到达桌子边缘的速度为 v_2,则有

$$a_2=\frac{m_1g\mu}{m_1}=\mu g=4(\mathrm{m/s^2})$$

$$v_2=\sqrt{v_1^2-2a_2(l-h)}\approx2.8(\mathrm{m/s})$$

第三阶段:见图(c),m_1 脱离桌子边缘后做平抛运动,设这一过程所用的时间为 t,由于 m_1 是做平抛运动的,所以有

$$t=\sqrt{\frac{2h}{g}}$$

$$s=v_2t=v_2\sqrt{\frac{2h}{g}}\approx1.25(\mathrm{m})$$

1.114 设绳中的张力为 T,较重的人和较轻的人向上爬的加速度分别为 a_1 和 a_2,经时间 t s 后,较重的人离滑轮的距离为 h_0,则由牛顿第二定律,对较重的人和较轻的人分别有

$$T-(M+m)g=(M+m)a_1 \quad ①$$

$$T-Mg=Ma_2 \quad ②$$

由运动学公式有

$$h-h_0=\frac{1}{2}a_1t^2 \quad ③$$

$$h=\frac{1}{2}a_2t^2 \quad ④$$

由式①,式②消去 T 可得

$$a_2=\frac{m}{M}g+\frac{M+m}{M}a_1 \quad ⑤$$

心得 体会 拓广 疑问

由式④,式⑤可得

$$a_1 = \frac{1}{M+m}(\frac{2Mh}{t^2} - m)$$

将 a_1 的值代入式③可求得

$$h_0 = \frac{m}{M+m}(h + \frac{1}{2}gt^2)$$

1.115 设系统的加速度为 a,系统重心的加速度为 a_0,由于 $m_1 > m_2$,所以经过时间 t,m_1 下降和 m_2 上升的距离均为 s,系统重心在 m_1 这一边向下移动的距离为 l,如图所示.

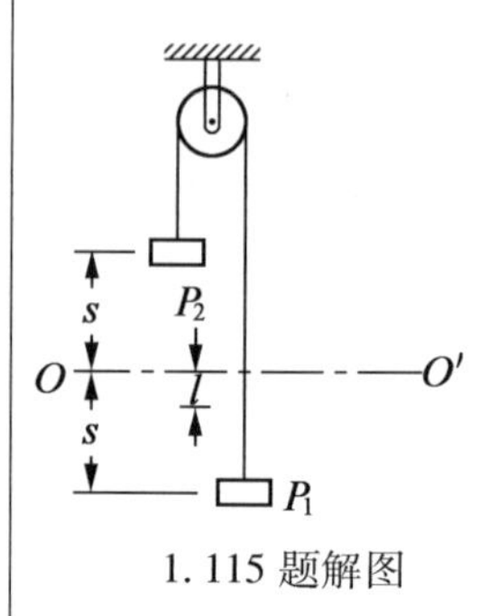

1.115 题解图

根据重心的定义知道,重物到系统重心的距离应该与重物的重量成反比,所以有

$$\frac{s+l}{s-l} = \frac{m_1}{m_2} \quad ①$$

而

$$s = \frac{1}{2}at^2 \quad ②$$

$$l = \frac{1}{2}a_0t^2 \quad ③$$

易知

$$a = \frac{m_1 - m_2}{m_1 + m_2}g \quad ④$$

故联立以上四式解得

$$a_0 = \frac{m_1 - m_2}{m_1 + m_2}a = (\frac{m_1 - m_2}{m_1 + m_2})^2 g$$

$$l = \frac{m_1 - m_2}{m_1 + m_2}s$$

可见系统重心的加速度小于系统中各个重物运动的加速度.

1.116 本题中绳子由于受 m_2 的摩擦力 f 而张紧,所以绳中的张力即为 f. 取地面为参照物.

(1)若 m_1 的加速度 a_1 的方向向上,则 m_2 的方向向下的加速度为$(a_1 + a_2)$,见图(a). 分别取 m_1 和 m_2 为研究对象,由运动定律分别有

$$f - m_1g = m_1a_1$$

$$m_2g - f = m_2(a_1 + a_2)$$

联立以上两式解得

$$a_1 = \frac{(m_2 - m_1)g + m_2a_2}{m_1 + m_2}$$

$$f = \frac{m_1m_2(2g + a_2)}{m_1 + m_2}$$

(2)若 m_1 的加速度 a_1 的方向向下,则 m_2 的方向向下的加速

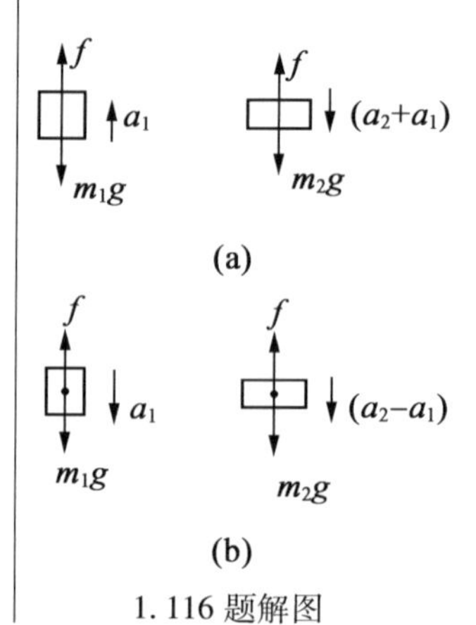

1.116 题解图

度为(a_2-a_1)，见图(b). 这时分别对 m_1 和 m_2 应用运动定律有

$$m_1g-f=m_1a_1$$

$$m_2g-f=m_2(a_2-a_1)$$

联立以上两式解得

$$a_1=\frac{(m_1-m_2)g-m_2a_2}{m_1+m_2}$$

$$f=\frac{m_1m_2(2g-a_2)}{m_1+m_2}$$

1.117 由于 $m_2>m_1$，所以 m_1 的加速度 a_1 方向向上，m_2 的加速度 a_2 方向向下，分别对 m_1，m_2 应用牛顿第二定律有

$$T-m_1g=m_1a_1$$

$$m_2g-2T=m_2a_2$$

在相同的时间 t 内，如果 m_2 下降的高度为 h 时，则 m_1 上升的高度为 $2h$，所以有（当然也可直接用 $a_1=2a_2$）

$$h=\frac{1}{2}a_2t^2$$

$$2h=\frac{1}{2}a_1t^2$$

由以上四式联立解得

$$a_1=2\frac{m_2-2m_1}{4m_1+m_2}g \text{（方向向上）}$$

$$a_2=\frac{m_2-2m_1}{4m_1+m_2}g \text{（方向向下）}$$

$$T=\frac{3m_1m_2}{4m_1+m_2}g$$

1.118 设 m，m'，M 都运动，它们的加速度分别为 a，a'，a_0，则分别对 m，m'，M 应用牛顿第二定律有

$$T-m\mu g=ma$$

$$T-m'\mu'g=m'a'$$

$$Mg-2T=Ma_0$$

而 $$a_0=\frac{1}{2}(a+a')$$

联立以上四式解得

$$T=\frac{2+\mu+\mu'}{\frac{1}{m}+\frac{1}{m'}+\frac{4}{M}}g$$

$$a=\frac{2+\mu'-\left(\frac{1}{m'}+\frac{4}{M}\right)m\mu}{1+\left(\frac{1}{m'}+\frac{4}{M}\right)m}g$$

心得 体会 拓广 疑问

$$a'=\frac{2+\mu-\left(\frac{1}{m}+\frac{4}{M}\right)m'\mu'}{1+\left(\frac{1}{m}+\frac{4}{M}\right)m'}g$$

$$a_0=\frac{\frac{M}{m}+\frac{M}{m'}-2(\mu+\mu')}{4+\frac{M}{m}+\frac{M}{m'}}g$$

可见:(i)若$\mu m>\mu'm'$,只有$\frac{1}{m'}+\frac{4}{M}<\frac{2+\mu'}{\mu m}$时,$a>0$,$m$才会运动;

(ii)若$\mu'm'>\mu m$,只有$\frac{1}{m}+\frac{4}{M}<\frac{2+\mu}{\mu'm'}$时,$a'>0$,$m'$才会运动;

(iii)若$\frac{M}{m}+\frac{M}{m'}\leqslant2(\mu+\mu')$时,$a_0\leqslant0$,系统处于静止状态.

1.119 设m_3相对于地面向下的加速度为a_3,m_1相对于滑轮A向下的加速度为a_1.则滑轮A相对于地面向上的加速度为a,m_2相对于滑轮A向上的加速度为a_1.

也就是说m_1相对于地面向下的加速度为a_1-a_3,m_2相对于地面向上的加速度为a_1+a_3.隔离各物体,受力如图(a),(b),(c),(d),(e)所示.取地面为参照系,则对m_1,m_2和m_3由牛顿第二定律分别有

$$m_1g-T_1=m_1(a_1-a_3)$$
$$T_2-m_2g=m_2(a_1+a_3)$$
$$m_3g-T_3'=m_3a_3$$

对滑轮A和B分别有

$$T_3=T_2+T_1$$
$$N=T_3+T_3'$$

由于滑轮无摩擦,所以又有

$$T_1=T_2$$
$$T_3=T_3'$$

故解以上各式联立组成的方程组则可求得

$$a_1=\frac{2m_3(m_1-m_2)}{m_3(m_1+m_2)+4m_1m_2}g$$

$$a_3=\frac{m_3(m_1+m_2)-4m_1m_2}{m_3(m_1+m_2)+4m_1m_2}g$$

$$T_1=T_2=\frac{4m_1m_2m_3}{m_3(m_1+m_2)+4m_1m_2}g$$

$$T_3=T_3'=2T_1=\frac{8m_1m_2m_3}{m_3(m_1+m_2)+4m_1m_2}g$$

$$N=2T_3=\frac{16m_1m_2m_3}{m_3(m_1+m_2)+4m_1m_2}g$$

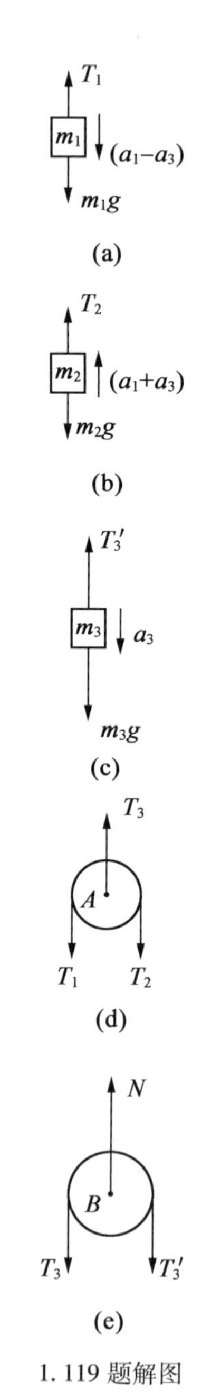

1.119 题解图

1.120　(1)各物体受力如图(a),(b),(c)所示,建立如图(d)所示的直角坐标系.

设 m_1 的加速度为 a_1,则由牛顿第二定律有:

对 m_2

$$\sum F_x = T = m_2 a$$

$$\sum F_y = N_2 - m_2 g = 0$$

对 m_3

$$\sum F_x = N_3 = m_3 a$$

$$\sum F_y = T - m_3 g = 0$$

对 m_1

$$\sum F_x = F - N_3 - T = m_1 a$$

$$\sum F_y = N_1 - m_1 g - N_2 - T = 0$$

解以上各式得

$$T = m_3 g$$

$$N_2 = m_2 g$$

$$N_3 = \frac{m_3^2}{m_2} g$$

$$N_1 = (m_1 + m_2 + m_3) g$$

$$F = (m_1 + m_2 + m_3) \cdot \frac{m_3}{m_2} g$$

(2)若 $F=0$,则 m_1, m_2, m_3 所组成的系统在水平方向的合外力等于零,因而 m_2 向右运动,m_1 就会同时向左运动,使系统的质心位置在水平方向不动. 设 m_2 相对于 m_1 向右的加速度为 a_2,m_1 相对于地面向左的加速度为 a_1,这时每个物体的受力如图(a),(b),(c)所示. 由牛顿第二定律有:

对 m_2

$$\sum F_x = T = m_2 (a_2 - a_1)$$

$$\sum F_y = N_2 - m_2 g = 0$$

对 m_3

$$\sum F_x = -N_3 = m_3(-a_1)$$

$$\sum F_y = T - m_3 g = m_3(-a_2)$$

对 m_1

$$\sum F_x = -T - N_3 = m_1(-a_1)$$

$$\sum F_y = N_1 - m_1 g - N_2 - T = 0$$

联立以上各方程解得

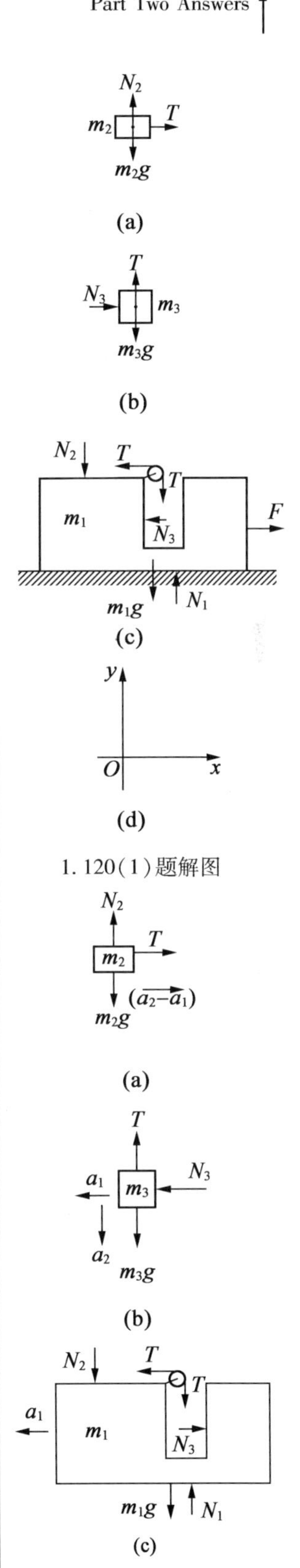

1.120(1)题解图

1.120(2)题解图

心得 体会 拓广 疑问

$$a_1=\frac{m_2m_3}{m_1m_2+m_1m_3+2m_2m_3+m_3^2}g$$

$$T=\frac{m_2m_3(m_1+m_3)}{m_1m_2+m_1m_3+2m_2m_3+m_3^2}g$$

$$N_2=m_2g$$

$$N_3=\frac{m_2m_3^2}{m_1m_2+m_1m_3+2m_2m_3+m_3^2}g$$

$$N_1=(m_1+m_2)g-\frac{m_2m_3(m_1+m_3)}{m_1m_2+m_1m_3+2m_2m_3+m_3^2}g$$

$$a_2=\frac{m_2m_3+m_1m_3+m_3^2}{m_1m_2+m_1m_3+2m_2m_3+m_3^2}g$$

1.121　解法一：先以地球为参照系，并建立以向右为 x 轴，向上为 y 轴的直角坐标系.

设绳中的张力为 T，m_1 相对于车子向上的加速度为 a'，当小车以加速度 a 向右运动时，重物 m_2 则被抛开，绳子与水平方向成 θ 角，而 m_1 紧靠车子向上运动. 设 m_1 与车子之间的正压力为 N，摩擦力为 f，则由牛顿第二定律有：

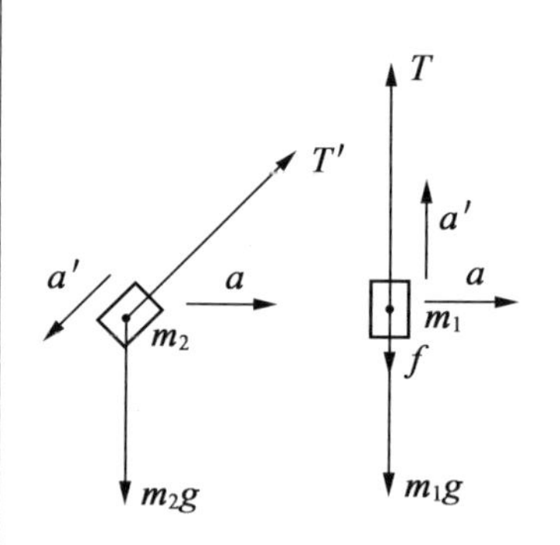

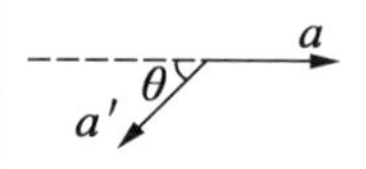

1.121 题解图

对于 m_1

$$\sum F_x=N=m_1a \quad ①$$

$$\sum F_y=T-m_1g-f=m_1a' \quad ②$$

对于 m_2

$$\sum F_x=T\cos\theta=m_2(a-a'\cos\theta) \quad ③$$

$$\sum F_y=T\sin\theta-m_2g=m_2(-a'\sin\theta) \quad ④$$

而

$$f=\mu N \quad ⑤$$

故由式③，式④消去 T 有

$$\tan\theta=\frac{g-a'\sin\theta}{a-a'\cos\theta}$$

从而求得

$$\tan\theta=\frac{g}{a}=1$$

即

$$\theta=45°$$

再将式①，式②，式⑤代入式③得

$$a'=\frac{m_2a-m_1(g+\mu a)\cos\theta}{(m_1+m_2)\cos\theta}=1.07(\mathrm{m/s^2})$$

最后由式①，式②得

$$T=m_1(g+a'+\mu a)=26.1(\mathrm{N})$$

解法二：用惯性力的概念，见本章 1.5 中的内容，这样解题比较简单. 取小车为参照系, m_1 和 m_2 除受解法一中所述的各力之外, 还受到惯性力的作用, 其大小分别为

$$F_1 = m_1 a$$

$$F_2 = m_2 a$$

由运动方程有(参照解法一的图和坐标系):

对 m_1

$$\sum F_x = N - F_1 = 0$$

$$\sum F_y = T - m_1 g - f = m_1 a'$$

对 m

$$\sum F_x = T\cos\theta - F_2 = m_2(-a'\cos\theta)$$

$$\sum F_y = T\sin\theta - m_2 g = m_2(-a'\sin\theta)$$

而
$$f = \mu N$$

解以上各式组成的方程组可得出答案(略).

1.122 (1)设手指与第1张纸牌之间的最大静摩擦力为 f_0; 产生相对滑动时, 第1张牌与第2张牌之间, 第2张牌与第3张牌之间, 第3张牌与第4张牌之间, ……, 第54张牌与桌面之间的滑动摩擦力(等于最大静摩擦力)分别用 $f_1, f_2, f_3, \cdots, f_{54}$ 表示, 各纸牌质量用 m 表示, 则

$$f_0 = \mu_1 N$$

$$f_1 = \mu_2(N + mg)$$

$$f_2 = \mu_3(N + 2mg)$$

$$\vdots$$

$$f_{54} = \mu_3(N + 54mg)$$

可以看出: $f_1 < f_2 < \cdots < f_{54}$, 第2张牌到第54张牌之间不会产生相对滑动, 只能出现以下几种情况:

①当 $f_0 < f_1 < f_{54}$ 时, 各纸牌都不动.

②当 $f_1 > f_0 > f_{54}$ 时, 各纸牌为一整体在桌面上滑动.

③当 $f_0 > f_1, f_1 < f_{54}$ 时, 第1张牌滑动, 其余各纸牌都不动.

④当 $f_0 > f_1 > f_{54}$ 时, 第1张牌滑动的加速度大于其余各纸牌为一整体在桌面上滑动的加速度.

(2) 这就是(1)中的最后一种情况. 设第1张牌的加速度为 a_1, 其余各纸牌共同滑动的加速度为 a_2, 则有

$$f_0 - f_1 = ma_1 \quad ①$$

$$f_1 - f_{54} = 53ma_2 \quad ②$$

由题意有

$$a_1 > a_2 \quad ③$$

$$a_2 > 0 \quad ④$$

将 f_0,f_1,f_{54} 及 N 的值代入式①,式②后与式③联立解得

$$\alpha > \frac{54(\mu_2-\mu_3)}{53\mu_1-54\mu_2+\mu_3} \quad ⑤$$

将 f_1,f_{54} 的值代入式②后与式④联立解得

$$\alpha > \frac{54\mu_3-\mu_2}{\mu_2-\mu_3} \quad ⑥$$

由于 $\mu_1>\mu_2>\mu_3$ 且 $\alpha>0$,所以由式⑤,式⑥分别得

$$\mu_2 < \frac{53\mu_1+\mu_3}{54} \quad ⑦$$

$$\mu_2 < 54\mu_3 \quad ⑧$$

①当 $\mu_1\leqslant 55\mu_3$ 时,由于式⑦ －式 ⑧ <0,所以只能取式⑦才能同时满足式⑦,式⑧,这时反推上去知

$$\mu_2 < \frac{53\mu_1+\mu_3}{54}$$

$$\alpha > \frac{54(\mu_2-\mu_3)}{53\mu_1-54\mu_2+\mu_3}$$

②当 $\mu_1>55\mu_3$ 时,由于式⑧－式⑦<0,所以只能取式⑧才能同时满足式⑦,式⑧,这时反推知

$$\mu_2 < 54\mu_3$$

$$\alpha > \frac{54\mu_3-\mu_2}{\mu_2-\mu_3}$$

1.123 建立以沿斜面向下为 x 轴,垂直于斜面向上为 y 轴的直角坐标系,并设板与斜面间的正压力为 N_1,物体与板间的正压力为 N_2.

用隔离法分别讨论 m_1 和 m_2 的受力情况. m_2 受三个力的作用:自重 m_2g,来自 m_1 的正压力 N_2 和摩擦力 μ_2N_2;m_1 受五个力的作用:自身重力 m_1g,来自 m_2 的正压力 N_2 和摩擦力 μ_2N_2,来自斜面的正压力 N_1 和摩擦力 μ_1N_1.

(1)由于 $\mu_1>\tan\alpha$,所以 m_1 沿斜面上滑,$a_1=0$,而 $\mu_2<\tan\alpha$,所以 m_2 沿斜面下滑,由牛顿第二定律有

$$\sum F_x = m_2g\sin\alpha-\mu_2N_2=m_2a_2$$

$$\sum F_y = N_2-m_2g\cos\alpha=0$$

以上两式联立解得

$$a_2=g\cos\alpha(\tan\alpha-\mu_2)$$

(2)由于 $\mu_1<\tan\alpha$,所以 m_1 能沿斜面下滑,而 $\mu_2>\tan\alpha$,所以 m_2 不能沿 m_1 下滑. 这样 m_1 和 m_2 一起相当于一个物体沿斜面下滑,由牛顿第二定律有

$$\sum F_x=(m_1+m_2)g\sin\alpha-\mu_1N_1=(m_1+m_2)a$$

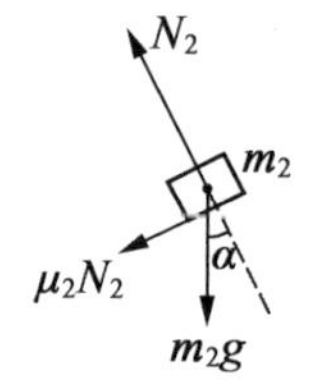

(a)

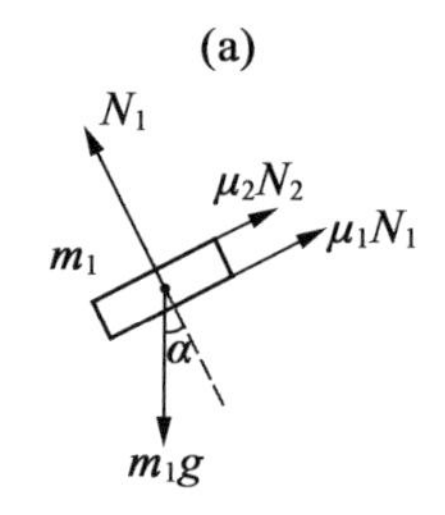

(b)

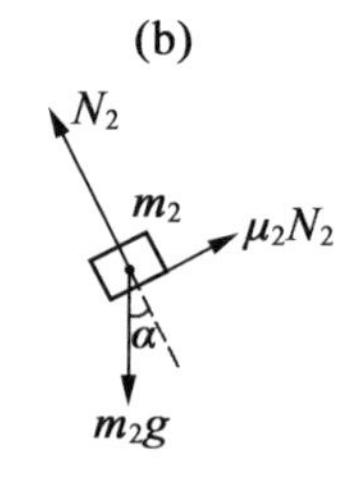

(c)

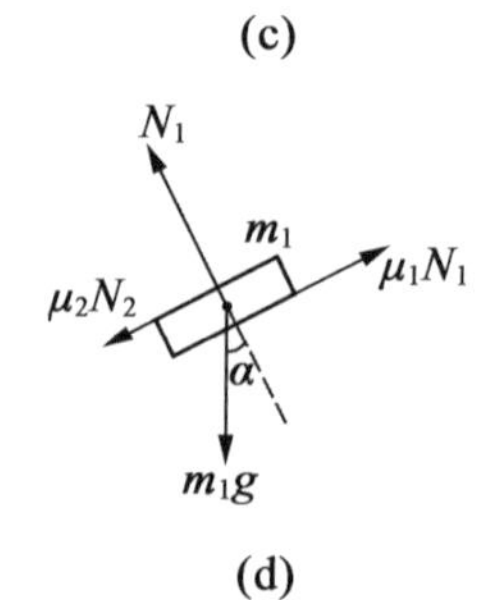

(d)

1.123 题解图

心得 体会 拓广 疑问

$$\sum F_y = N_1 - (m_1 + m_2) g\cos\alpha = 0$$

以上两式联立解得

$$a_1 = a_2 = a = g\cos\alpha(\tan\alpha - \mu_1)$$

(3),(4),(5)三种情况中都满足$\mu_1 < \tan\alpha$,$\mu_2 < \tan\alpha$这个条件,所以m_1能克服摩擦阻力沿斜面下滑,m_2也可能克服摩擦阻力沿m_1下滑,但两者加速度哪个大还不清楚. 现在证明不可能有$a_1 > a_2$.

设$a_1 > a_2$,这时m_2相对于m_1向上运动,m_2与m_1的受力如图(a),(b)所示,由牛顿第二定律有:

对于m_2

$$\sum F_x = m_2 g\sin\alpha + \mu_2 N_2 = m_2 a_2$$

$$\sum F_y = N_2 - m_2 g\cos\alpha = 0$$

对于m_1

$$\sum F_x = m_1 g\sin\alpha - \mu_2 N_2 - \mu_1 N_1 = m_1 a_1$$

$$\sum F_y = N_1 - N_2 - m_1 g\cos\alpha = 0$$

以上四式联立解得

$$a_2 = g\cos\alpha \cdot (\tan\alpha + \mu_2)$$

$$a_1 = g\cos\alpha \cdot \left[\tan\alpha - \mu_1 - \frac{m_2}{m_1}(\mu_1 + \mu_2)\right]$$

$$a_1 - a_2 = -g\cos\alpha \cdot (\mu_1 + \mu_2)\left(1 + \frac{m_2}{m_1}\right) < 0$$

由上式知,恒有$a_1 < a_2$,与题设不符,所以不可能有$a_1 > a_2$,只能有$a_2 \geqslant a_1$.

现在再来讨论$a_2 > a_1$的情况,即m_2相对于m_1向下运动,受力情况如图(c),(d)所示,由牛顿第二定律有:

对于m_2

$$\sum F_x = m_2 g\sin\alpha - \mu_2 N_2 = m_2 a_2$$

$$\sum F_y = N_2 - m_2 g\cos\alpha = 0$$

对于m_1

$$\sum F_x = m_1 g\sin\alpha + \mu_2 N_2 - \mu_1 N_1 = m_1 a_1$$

$$\sum F_y = N_1 - N_2 - m_1 g\cos\alpha = 0$$

以上四式联立解得

$$a_2 = g\cos\alpha \cdot (\tan\alpha - \mu_2)$$

$$a_1 = g\cos\alpha \cdot \left[\tan\alpha - \mu_1 + \frac{m_2}{m_1}(\mu_2 - \mu_1)\right]$$

$$a_2 - a_1 = g\cos\alpha \cdot (\mu_1 - \mu_2)\left(1 + \frac{m_2}{m_1}\right)$$

心得 体会 拓广 疑问

从以上各式知:只有在$\mu_1>\mu_2$时,才能保证$a_2>a_1$.

由以上两种讨论可知:在$\mu_1<\tan\alpha,\mu_2<\tan\alpha$时,只能有$a_2\geqslant a_1$两种情况.仅当$\mu_1>\mu_2$时才能有$a_2>a_1$;当$\mu_1\leqslant\mu_2$时,$a_2=a_1$,这时$a_2-a_1=0$用(2)的方法可求出,所以:

(3)$a_1=g\cos\alpha\cdot\left[\tan\alpha-\mu_1+\dfrac{m_2}{m_1}(\mu_2-\mu_1)\right]$,$a_2=g\cos\alpha\cdot(\tan\alpha-\mu_2)$.

(4),(5)$a_1=a_2=g\cos\alpha\cdot(\tan\alpha-\mu_1)$.

像这样在固定斜面上叠放两个物体的情况,两者的加速度问题可归纳总结如下:

①当$\mu_1>\tan\alpha,\mu_2>\tan\alpha$时,$m_1,m_2$都静止在斜面上.

②当$\mu_2>\tan\alpha>\mu_1$时,m_1与m_2两者相对静止,且一起以加速度$a=g\cos\alpha\cdot(\tan\alpha-\mu_1)$沿斜面下滑.

③当$\mu_1>\tan\alpha>\mu_2$时,m_1静止在斜面上,m_2沿m_1下滑,其加速度为$a_2=g\cos\alpha\cdot(\tan\alpha-\mu_2)$.

④当$\mu_1<\tan\alpha,\mu_2<\tan\alpha$时有两种情况:

1° 若$\mu_1>\mu_2$则

$$a_1=g\cos\alpha\cdot\left[\tan\alpha-\mu_1+\frac{m_2}{m_1}(\mu_2-\mu_1)\right]$$

$$a_2=g\cos\alpha\cdot(\tan\alpha-\mu_2)$$

且
$$a_2>a_1$$

2° 若$\mu_1\leqslant\mu_2$,则同②的情况,即m_1与m_2之间相对静止,且一起以加速度$a=g\cos\alpha\cdot(\tan\alpha-\mu_2)$沿斜面下滑.

1.124 如图所示,重物m受到两个力的作用:一个是重力mg,另一个是劈对它的支持力N;而劈受到三个力的作用:一个是其本身重力Mg,另一个是重物对它的压力N',再一个就是平面的支持力N_0.设劈在水平方向向右的加速度为a_1,重物m相对于劈水平向左的加速度为a_x,相对于劈竖直向下的加速度为a_y,则m相对于地面水平向左的加速度为(a_x-a_1),竖直向下的加速度为a_y,由牛顿第二定律有:

对于m:水平方向

$$N\sin\alpha=m(a_x-a_1)$$

竖直方向

$$mg-N\cos\alpha=ma_y$$

对于M:水平方向

$$N'\sin\alpha=Ma_1$$

竖直方向

$$Mg-N_0+N'\cos\alpha=0$$

而
$$N'=N$$

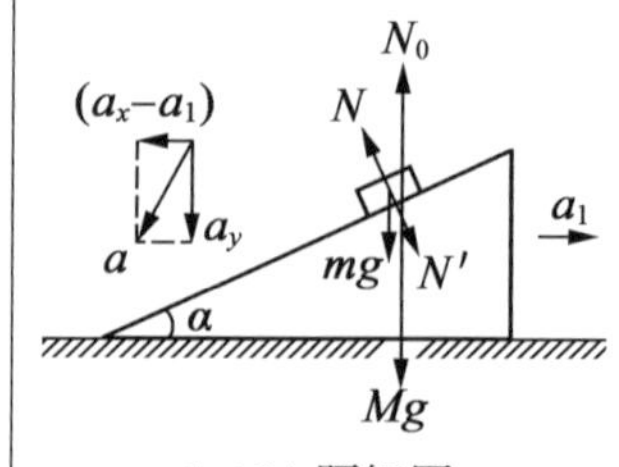

1.124 题解图

心得 体会 拓广 疑问

$$a_y = a_x \tan\alpha$$

故以上各式联立解得

$$N = \frac{mMg\cos\alpha}{M + m\sin^2\alpha}$$

$$a_1 = \frac{mg\sin\alpha\cos\alpha}{M + m\sin^2\alpha}$$

$$a_x = \frac{(M+m)g\sin\alpha\cos\alpha}{M + m\sin^2\alpha}$$

$$a_x - a_1 = \frac{Mg\sin\alpha\cos\alpha}{M + m\sin^2\alpha}$$

$$a_y = \frac{(M+m)g\sin^2\alpha}{M + m\sin^2\alpha}$$

$$N_0 = \frac{M(M+m)g}{M + m\sin^2\alpha}$$

重物 m 相对于地面的加速度为

$$a = \sqrt{(a_x - a_1)^2 + a_y^2} = \frac{\sqrt{M^2 + (2M+m)m\sin^2\alpha}\cdot g\sin\alpha}{M + m\sin^2\alpha}$$

1.125 建立如图所示的直角坐标系,并利用上题图,N,N_0,a_1,a_x,a_y 的意义同上题. m 与 M 间除受 N 作用外,还受摩擦力 μN 的作用,对于 m 来说 μN 方向沿斜面向上,对 M 来说 μN 方向沿斜面向下,由牛顿第二定律有:

x y

1.125 题解图

对于 m

$$\sum F_x = N\sin\alpha - \mu N\cos\alpha = m(a_x - a_1) \quad ①$$

$$\sum F_y = mg - N\cos\alpha - \mu N\sin\alpha = ma_y \quad ②$$

对于 M

$$\sum F_x = \mu N'\cos\alpha - N'\sin\alpha = M(-a_1) \quad ③$$

$$\sum F_y = Mg + N\cos\alpha + \mu N\sin\alpha - N_0 = 0 \quad ④$$

而

$$N' = N \quad ⑤$$

$$a_y = a_x\tan\alpha \quad ⑥$$

故将式⑤,式⑥代入式① + 式③得

$$a_x = \frac{M+m}{m}a_1 \quad ⑦$$

将式⑥,式⑦代入式②得

$$N(\cos\alpha + \mu\sin\alpha) = mg - (M+m)a_1\tan\alpha \quad ⑧$$

将式⑤代入式⑧ ÷ 式③后整理得

$$a_1 = \frac{m\cos\alpha(\sin\alpha - \mu\cos\alpha)}{M + m\sin\alpha(\sin\alpha - \mu\cos\alpha)}g$$

再由式⑦得

心得 体会 拓广 疑问

$$a_x=\frac{m\cos\alpha(\sin\alpha-\mu\cos\alpha)}{M+m\sin\alpha(\sin\alpha-\mu\cos\alpha)}g$$

由式③得

$$N=\frac{Ma_1}{\sin\alpha-\mu\cos\alpha}=\frac{Mm\cos\alpha}{M+m\sin\alpha(\sin\alpha-\mu\cos\alpha)}g$$

因而由式④可得

$$N_0=Mg+N(\cos\alpha+\mu\sin\alpha)=\frac{M(M+m)}{M+m\sin\alpha(\sin\alpha-\mu\cos\alpha)}g$$

由以上各式易知

$$a_x-a_1=\frac{m\cos\alpha(\sin\alpha-\mu\cos\alpha)}{M+m\sin\alpha(\sin\alpha-\mu\cos\alpha)}g$$

$$a_y=a_x\tan\alpha=\frac{(M+m)\sin\alpha(\sin\alpha-\mu\cos\alpha)}{M+m\sin\alpha(\sin\alpha-\mu\cos\alpha)}g$$

$$a=\sqrt{(a_x-a_1)^2+a_y^2}$$

$$=\frac{(\sin\alpha-\mu\cos\alpha)\sqrt{M^2+m^2\sin^2\alpha+2Mm\sin^2\alpha}}{M+m\sin\alpha(\sin\alpha-\mu\cos\alpha)}g$$

1.126 建立如图所示的直角坐标系,N,N_0,a_1,a_x,a_y 的意义同1.124题.与1.124题相比,还有下面两个力,m 与 M 间的摩擦力和 M 与平面之间的摩擦力的方向都与运动方向相反,参照上两题的解,由牛顿第二定律有:

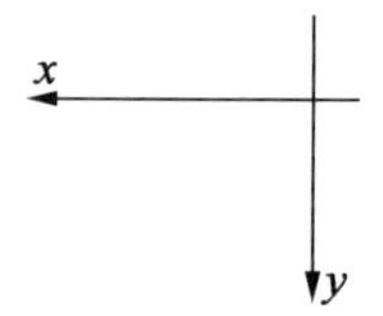

1.126题解图

对于 m

$$\sum F_x=N\sin\alpha-\mu_1N\cos\alpha=m(a_x-a_1)$$

$$\sum F_y=mg-N\cos\alpha-\mu_1N\sin\alpha=ma_y$$

对于 M

$$\sum F_x=\mu_2N_0+\mu_1N'\cos\alpha-N'\sin\alpha=M(-a_1)$$

$$\sum F_y=Mg+N'\cos\alpha-\mu_1N'\sin\alpha-N_0=0$$

由于

$$N'=N$$

$$a_x=a_y\tan\alpha$$

所以以上四式可化简为

$$N\sin\alpha-\mu_1N\cos\alpha=m(a_x-a_1) \quad ①$$

$$mg-N\cos\alpha-\mu_1N\sin\alpha=ma_x\tan\alpha \quad ②$$

$$N\sin\alpha-\mu_1N\cos\alpha-\mu_2N_0=Ma_1 \quad ③$$

$$Mg+N\cos\alpha+\mu_1N\sin\alpha=N_0 \quad ④$$

式①-式③得

$$\mu_2N_0=ma_x-(M+m)a_1 \quad ⑤$$

联立解式②,式④,式⑤并整理可得

$$a_1=\frac{m}{M+m}(1+\mu_2\tan\alpha)a_x-g\mu_2 \quad ⑥$$

心得 体会 拓广 疑问

由式①得

$$N(\sin\alpha-\mu_1\cos\alpha)=m(a_x-a_1) \quad ⑦$$

由式②得

$$N(\cos\alpha+\mu_1\sin\alpha)=m(g-a_x\tan\alpha) \quad ⑧$$

由式⑦÷式⑧并整理可得

$$\frac{a_x}{\cos\alpha}=g(\sin\alpha-\mu_1\cos\alpha)+a_1(\cos\alpha+\mu_1\sin\alpha)$$

将式⑥代入上式后整理可得

$$a_x=\frac{(M+m)\cos\alpha\cdot[\sin\alpha-(\mu_1+\mu_2)\cos\alpha-\mu_1\mu_2\sin\alpha]}{M+m\sin\alpha\cdot[\sin\alpha-(\mu_1+\mu_2)\cos\alpha-\mu_1\mu_2\sin\alpha]}g$$

将 a_x 的值代入式⑥可求得

$$a_1=\frac{m\cos\alpha\cdot[\sin\alpha-(\mu_1+\mu_2)\cos\alpha-\mu_1\mu_2\sin\alpha]-M\mu_2}{M+m\sin\alpha\cdot[\sin\alpha-(\mu_1+\mu_2)\cos\alpha-\mu_1\mu_2\sin\alpha]}g$$

$$a_x-a_1=\frac{M\cos\alpha\cdot[\sin\alpha-(\mu_1+\mu_2)\cos\alpha-\mu_1\mu_2\sin\alpha]+M\mu_2}{M+m\sin\alpha\cdot[\sin\alpha-(\mu_1+\mu_2)\cos\alpha-\mu_1\mu_2\sin\alpha]}g$$

再将 a_x-a_1 的值代入式⑦可求得

$$N=\frac{Mm\cos\alpha\cdot[\sin\alpha-(\mu_1+\mu_2)\cos\alpha-\mu_1\mu_2\sin\alpha]+M\mu_2}{M+m\sin\alpha\cdot[\sin\alpha-(\mu_1+\mu_2)\cos\alpha-\mu_1\mu_2\sin\alpha]}g\cdot\frac{1}{\sin\alpha-\mu_1\cos\alpha}$$

再将 N 的值代入式④有

$$N_0=Mg+\frac{Mm\cos\alpha\cdot[\sin\alpha-(\mu_1+\mu_2)\cos\alpha-\mu_1\mu_2\sin\alpha]}{M+m\sin\alpha\cdot[\sin\alpha-(\mu_1+\mu_2)\cos\alpha-\mu_1\mu_2\sin\alpha]}\cdot\frac{\cos\alpha+\mu\sin\alpha}{\sin\alpha-\mu\cos\alpha}g$$

可见前两题分别为本题中 $\mu_1=\mu_2=0$ 和 $\mu_2=0$ 的两种特殊情况. 同样也可求出当 $\mu_1=0,\mu_2\neq0$ 时的情况,只要把 $\mu_1=0$ 代入所求结果即可.

1.127 建立如图所示的直角坐标系,并设地面对 m_1 的支持力为 N_1,对 m_2 的支持为 N_4,墙对 m_2 的正压力为 N_5,M 与 m_1,m_2 之间的正压力分别为 N_2,N_3,如图(a),(b),(c)所示. 再设 M 相对于水平向左和竖直向下的加速度分别为 a_x,a_y,则由对称性可知 M 相对于 m_1 斜面水平向右和竖直向下的加速度分别为 a_x 和 a_y,因而 m_1 相对于 m_2 水平向左的加速度为

$$a_1=a_x+a_x=2a_x$$

而 m_2 是固定的,所以由牛顿第二定律有:

对于 m_1,如图(a)所示

$$\sum F_x=N_2\sin\alpha-F=m_1a_1 \quad ①$$

$$\sum F_y=N_1-m_1g-N_2\cos\alpha=0 \quad ②$$

对于 M,如图(b)所示

$$\sum F_x=N_3\sin\alpha-N_2\sin\alpha=Ma_x \quad ③$$

$$\sum F_y=N_2\cos\alpha+N_3\cos\alpha-Mg=M(-a_y) \quad ④$$

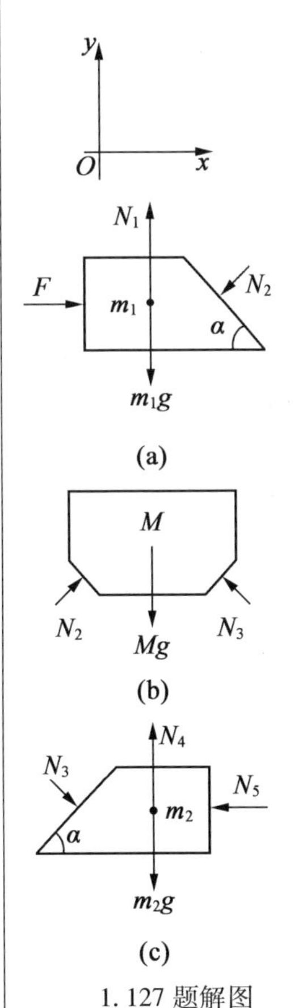

1.127 题解图

心得 体会 拓广 疑问

对于 m_2,如图(c)所示

$$\sum F_x = N_5 - N_3\sin\alpha = 0 \quad ⑤$$

$$\sum F_y = N_4 - N_3\cos\alpha - m_2 g = 0 \quad ⑥$$

由于

$$a_y = a_x\tan\alpha \quad ⑦$$

$$a_1 = 2a_x \quad ⑧$$

所以将式⑦,式⑧代入式③,式④后联立解得

$$2N_2 = \frac{Mg}{\cos\alpha} - \frac{Ma_1}{2\sin\alpha\cos^2\alpha} \quad ⑨$$

将式⑦,式⑧代入式①后并注意到 $m_1 = m_2 = m$,有

$$N_2 = \frac{F + ma_1}{\sin\alpha} \quad ⑩$$

由式⑨,式⑩联立解得

$$a_1 = 2\cdot\frac{Mg\tan\alpha - 2F}{4m + \dfrac{M}{\cos^2\alpha}}$$

将 a_1 的值代入式⑩后求得

$$N_2 = \frac{FM\cos^2\alpha + 2Mmg\sin\alpha\cos\alpha}{4m\cos^2\alpha + M}$$

再将 a_1 的值代入式⑧后得

$$a_x = \frac{Mg\tan\alpha - 2F}{4m + \dfrac{M}{\cos^2\alpha}}$$

可见,当 $F < \frac{M}{2}g\tan\alpha$ 时,a_1, a_x, a_y 均为正值,即 a_1, a_x, a_y 与题中所设相同;当 $F > \frac{M}{2}g\tan\alpha$ 时,a_1, a_x, a_y 均为负值,即与题中所设方向相反;当 $F = \frac{M}{2}g\tan\alpha$ 时,系统处于静止平衡状态.

1.128 建立同上题相同的直角坐标系,并利用上题解图,a_x,a_y,N_1,N_2,N_3,N_4 的意义同上题,并注意这时 $N_5 = 0$. 设 m_2 水平向右的加速度为 a_2,则由上题分析知 m_1 相对于 m_2 水平向左的加速度为

$$a_1 - (-a_2) = 2a_x$$

即

$$a_2 = 2a_x - a_1 \quad ①$$

由牛顿第二定律有:

对于 m_1

$$\sum F_x = N_2\sin\alpha - F = ma_1 \quad ②$$

心得 体会 拓广 疑问

$$\sum F_y = N_1 - mg - N_2\cos\alpha = 0 \qquad ③$$

对于 M

$$\sum F_x = N_3\sin\alpha - N_2\sin\alpha = M(a_x - a_2) \qquad ④$$

$$\sum F_y = N_2\cos\alpha + N_3\cos\alpha - Mg = M(-a_y) \qquad ⑤$$

对于 m_2

$$\sum F_x = -N_3\sin\alpha = m(-a_2) \qquad ⑥$$

$$\sum F_y = -N_3\cos\alpha + N_4 - mg = 0 \qquad ⑦$$

而

$$a_y = a_x\tan\alpha \qquad ⑧$$

故由式②得

$$N_2 = \frac{F + ma_1}{\sin\alpha} \qquad ⑨$$

由式①,式⑥得

$$N_3 = \frac{M(2a_x - a_1)}{\sin\alpha} \qquad ⑩$$

将式①,式⑧~式⑩代入式④,式⑤后联立解得

$$a_x = \frac{Mg\tan\alpha - F}{M\tan^2\alpha + 2m}, a_1 = a_x - \frac{F}{M + 2m}$$

所以

$$a_1 = \frac{M(M+2m)g\tan\alpha - F[M(1+\tan^2\alpha) + 4m]}{(M+2m)(M\tan^2\alpha + 2m)}$$

将 a_x, a_1 的值代入式①可求得

$$a_2 = \frac{M(M+2m)g\tan\alpha + FM(\tan^2\alpha - 1)}{(M+2m)(M\tan^2\alpha + 2m)}$$

可见当 $F=0$ 时

$$a_1 = a_2 = a_x = \frac{M\tan\alpha}{M\tan^2\alpha + 2m}g(a_1\text{ 向左}, a_2\text{ 向右})$$

$$a_y = a_x\tan\alpha = \frac{M}{M + 2m\cot^2\alpha}g(a_y\text{ 向下})$$

M 相对于地面的水平加速度为

$$a_x - a_2 = a_1 - a_x = 0$$

说明 此题与 1.181 题类似,可参见 1.181 题解.

1.3.2 匀速圆周运动定律

1.129 建立如图所示的直角坐标系,设弹簧的劲度系数为 k,小球和弹簧一起做圆锥摆运动时弹簧的拉力为 T,弹簧的长度为 l,小球的受力情况如图所示,则由牛顿第二定律有

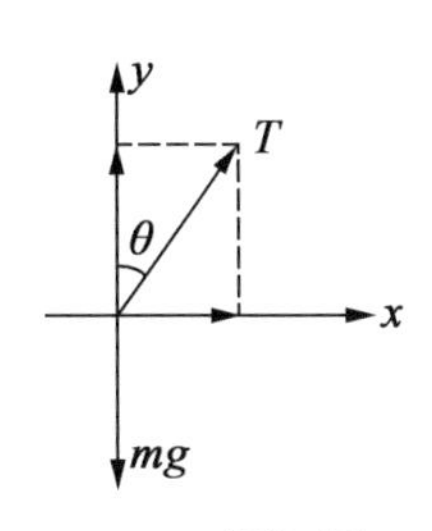

1.129 题解图

$$\sum F_x = T\sin\theta = m\omega^2(l\sin\theta) \qquad ①$$

心得 体会 拓广 疑问

$$\sum F_y = T\cos\theta - mg = 0 \quad ②$$

又由胡克定律可得

$$mg = k(l_1 - l_0) \quad ③$$

$$T = k(l - l_0) \quad ④$$

由式③,式④得

$$T = \frac{l - l_0}{l - l_1}mg \quad ⑤$$

由式②,式⑤得

$$l = \frac{l_1 - l_0 + l_0\cos\theta}{\cos\theta}$$

将上式代入式①可求得

$$\omega = \sqrt{\frac{g}{l_1 - l_0 + l_0\cos\theta}}$$

1.130 砝码做匀速圆周运动的向心力由下面三个力的合力提供:自身重力 mg,木板对它的支持力 N,以及木板对它的摩擦力 F. 设圆周运动的线速度为 v,建立如图所示的直角坐标系,则在 x 轴和 y 轴方向上分别有

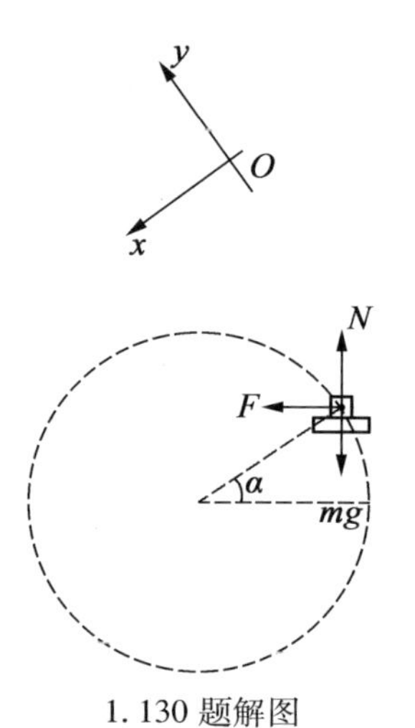

1.130 题解图

$$\sum F_x = mg\sin\alpha - N\sin\alpha + F\cos\alpha = m\frac{v^2}{R}$$

$$\sum F_y = N\cos\alpha + F\sin\alpha - mg\cos\alpha = 0$$

若使砝码静止在木板上,则必须使

$$F \leqslant \mu N$$

由以上三式联立求得

$$v \leqslant \sqrt{\frac{\mu Rg}{\cos\alpha + \mu\sin\alpha}}$$

令 $\tan\varphi = \mu$,则

$$v \leqslant \sqrt{\frac{1}{\sqrt{1+\mu^2}} \cdot \frac{\mu Rg}{\cos(\alpha - \varphi)}}$$

所以 v 的最大值为

$$v_{\max} = \sqrt{\frac{\mu Rg}{\sqrt{1+\mu^2}}}$$

1.131 设在第 1,2,3,…,n 个半圆内,细线的张力分别为 $T_1, T_2, T_3, \cdots, T_n$,所用的时间分别为 $t_1, t_2, t_3, \cdots, t_n$,则由圆周运动定律和运动学公式分别有

$$T_1 = m\frac{v^2}{l}, t_1 = \frac{\pi l}{v}$$

$$T_2 = m\frac{v^2}{(l - l_0)}, t_2 = \frac{\pi(l - l_0)}{v}$$

心得 体会 拓广 疑问

$$T_3=m\frac{v^2}{(l-2l_0)},t_3=\frac{\pi(l-2l_0)}{v}$$

$$\vdots$$

$$T_n=m\frac{v^2}{[l-(n-1)l_0]},t_n=\frac{\pi[l-(n-1)l_0]}{v}$$

已知 $n=\frac{l}{l_0}=10$.

(1)所求时间为

$$\begin{aligned}t&=t_1+t_2+t_3+\cdots+t_n\\&=\frac{\pi}{v}\{nl-[1+2+3+\cdots+(n-1)]l_0\}\\&=\frac{\pi}{v}[nl-\frac{1}{2}n(n-1)l_0]=8.6(\text{s})\end{aligned}$$

(2)设在第 x 个半圆内运动时 $T_x=7(\text{N})$,则由 $T_x=m\frac{v}{[l-(x-1)l_0]}$,求得 $x=8$. 故参照(1),所经历的时间为

$$t'=\frac{\pi}{v}[xl-\frac{1}{2}x(x-1)l_0]=8.2(\text{s})$$

1.132 (1)木块也做角速度为 ω 的匀速圆周运动,细绳与轮轴相切. 设绳与竖直方向的夹角为 θ,如图所示,由于摩擦力的方向与木块的运动方向相反,木块做半径为 R 的圆周运动,所以由水平方向的受力平衡和圆周运动定律分别有

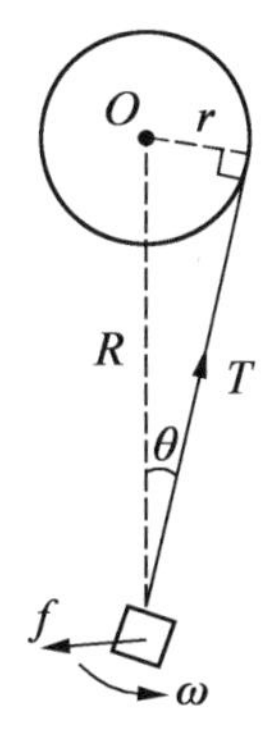

1.132 题解图

$$T\sin\theta-\mu mg=0,T\cos\theta=m\omega^2R$$

由几何关系知

$$\tan\theta=\frac{r}{\sqrt{R^2-r^2}}$$

由以上三式求得

$$R=\frac{\mu gr}{\sqrt{(\mu g)^2-(\omega^2r)^2}}$$

(2)由于 R 为实数,所以

$$(\mu g)^2-(\omega^2r)^2>0$$

得
$$\omega<\sqrt{\frac{\mu g}{r}}$$

1.133 建立如图(a)所示的空间直角坐标系,设链条的线密度为 ρ,取微小的一段长为 Δl 的 A 为研究对象,它对圆锥体所张的圆心角为 $\Delta\theta$,则 A 受到重力 mg,圆锥面的支持力 N 和链条中的张力 T 的作用. A 的质量为

$$\Delta m=\rho\Delta l=\rho r\Delta\theta \quad ①$$

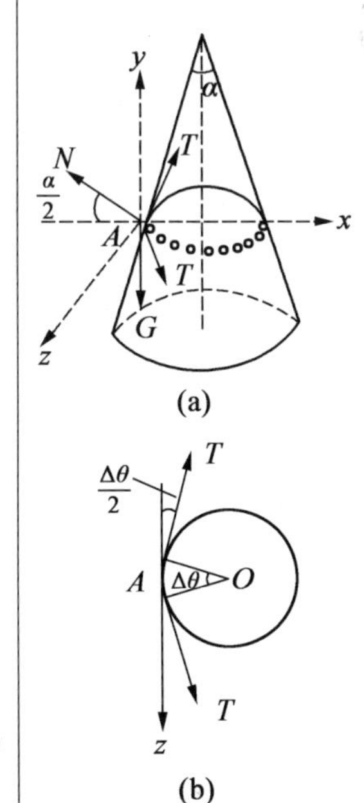

1.133 题解图

由于 T 与 z 轴方向的夹角为$\frac{\Delta\theta}{2}$,如图(b)所示,所以由 x 轴,y 轴上

心得 体会 拓广 疑问

的受力平衡分别有

$$\sum F_x = 2T\sin\frac{\Delta\theta}{2} - N\cos\frac{\alpha}{2} = 0 \quad ②$$

$$\sum F_y = N\sin\frac{\alpha}{2} - \Delta mg = 0$$

因为当 $\Delta l \to 0$ 时,$\Delta\theta \to 0$,这时

$$\sin\frac{\Delta\theta}{2} \approx \frac{\Delta\theta}{2}$$

而

$$\rho = \frac{m}{2\pi r}$$

故由以上几式联立求得

$$T = \frac{mg}{2\pi}\cot\frac{\alpha}{2}$$

在匀速转动时,设链条中的张力为 T',则由匀速圆周运动定律有

$$2T'\sin\frac{\Delta\theta}{2} - N\cos\frac{\alpha}{2} = \Delta m\left(\frac{l}{2\pi}\right)\omega^2 \quad ③$$

联立式①~式③解得

$$T' = \frac{m}{2\pi}\left(g\cot\frac{\alpha}{2} + \frac{l}{2\pi}\omega^2\right)$$

1.134 A 做匀速圆周运动,B 做匀加速直线运动. B 的位移即为细线长 l,在经过此位移所需的时间里,A 可能转过$\frac{1}{2}$周,$1\frac{1}{2}$周,$2\frac{1}{2}$周,$3\frac{1}{2}$周,……,$n+\frac{1}{2}$周($n=0,1,2,3,\cdots$)时,都能与 B 相碰.

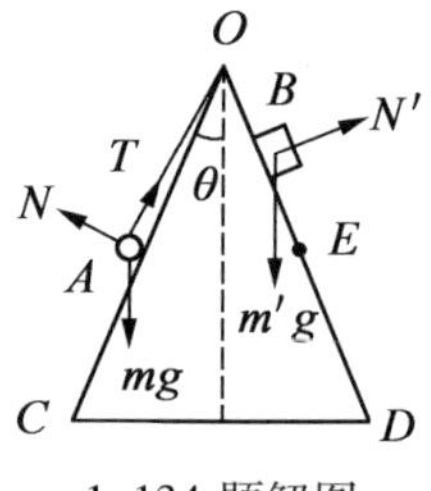

1.134 题解图

取 A 为研究对象,A 受重力 mg,绳的拉力 T 和锥面的支持力 N 三个力的作用,贴着圆锥面做匀速圆周运动,如图所示. 则由水平方向的圆周运动定律和竖直方向上的受力平衡分别有

$$T\sin\theta - N\cos\theta = m\omega^2 l\sin\theta$$

$$T\cos\theta + N\sin\theta - mg = 0$$

由以上两式得

$$N = mg\sin\theta - m\omega^2 l\sin\theta\cos\theta \geqslant 0$$

解得

$$\cos\theta \leqslant \frac{g}{l\omega^2} \quad ①$$

再取 B 为研究对象,它在锥面上做匀速直线运动的加速度为

$$a = g\cos\theta$$

两物在 E 处相碰时,A 刚好转过$n+\frac{1}{2}$周($n=0,1,2,3,\cdots$),历时

心得 体会 拓广 疑问

为

$$t=\left(n+\frac{1}{2}\right)\cdot\frac{2\pi}{\omega}=\frac{(2n+1)\pi}{\omega}$$

而

$$l=\frac{1}{2}at^2$$

由以上三式可得

$$\cos\theta=\frac{2l\omega^2}{(2n+1)^2\pi^2 g} \qquad ②$$

联立式①,式②解得

$$\theta\geqslant\arccos\frac{\sqrt{2}}{(2n+1)\pi}(n=0,1,2,3,\cdots)$$

1.135 开始时,$\triangle AMB$ 为等腰三角形,它的外接圆如图中虚线所示,圆心为 O. 设 $\angle AMB=\alpha$,则

$$\alpha=\pi-2\theta$$

因此在 $\mathrm{Rt}\triangle AEO$ 中

$$\angle OAE=\frac{\pi}{2}-\angle AOE=\frac{\pi}{2}+(\angle OAM+\angle AMO)$$

$$=\frac{\pi}{2}-2\times\frac{\alpha}{2}=-(\frac{\pi}{2}-2\theta)$$

外接圆的半径为

$$R=OA=\frac{AE}{\cos\angle OAE}=\frac{\frac{l}{2}}{\sin 2\theta}=\frac{l}{2\sin 2\theta}$$

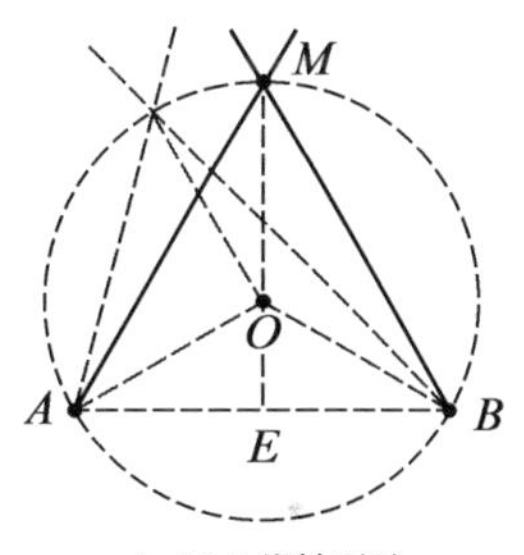

1.135 题解图

由于 AC 和 BD 两杆以相同的角速度 ω 同向转动,所以在转动的过程中$\angle A$ 增加的度数恰好等于$\angle B$ 减少的度数,因而$\angle AMB=\pi-2\theta$ 不变,也就是说 M 一直在外接圆的圆周上. 由几何知识易知,在一定时间内点 M 绕 O 转过的角度为杆绕点 A 转过角度的 2 倍(二者为圆心角与圆周角的关系),即点 M 绕 O 做匀速圆周运动的角速度为 2ω. 因此任意时刻线速度的大小均为

$$v=2\omega R=\frac{\omega l}{\sin 2\theta}$$

向心加速度的大小恒为

$$a=(2\omega)^2R=\frac{2\omega^2 l}{\sin 2\theta}$$

1.136 建立如图所示的直角坐标系,用隔离法解题. 先取圆锥摆 A 为研究对象,它受重力 mg 和两摆线中张力 T_1,T_2 的作用,其做圆周运动的半径为 $r_1=l\sin\alpha$,所以有

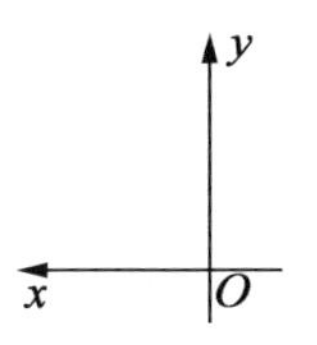

1.136 题解图

$$\sum F_x=T_1\sin\alpha-T_2\sin\beta=m\omega^2 l\sin\alpha \qquad ①$$

$$\sum F_y=T_1\cos\alpha-T_2\cos\beta-mg=0 \qquad ②$$

再取圆锥摆 B 为研究对象. 它受重力 mg 和摆线中张力 T_2 的作用,其做圆周运动的半径为 $r_2 = l\sin\alpha + l\sin\beta = l(\sin\alpha + \sin\beta)$,所以有

$$\sum F_x = T_2\sin\beta = m\omega^2 l(\sin\alpha + \sin\beta) \quad ③$$

$$\sum F_y = T_2\cos\beta - mg = 0 \quad ④$$

由式③,式④消去 T_2 得

$$g\tan\beta - \omega^2 l(\sin\alpha + \sin\beta) = 0 \quad ⑤$$

由式①,式②,式④消去 T_1,T_2 得

$$2g\tan\alpha - \omega^2 l\sin\alpha - g\tan\beta = 0 \quad ⑥$$

由于 α,β 甚小,所以

$$\tan\alpha \approx \sin\alpha \approx \alpha$$

$$\tan\beta \approx \sin\beta \approx \beta$$

因此式⑤,式⑥可分别改为

$$l\omega^2\alpha + (l\omega^2 - g)\beta = 0 \quad ⑦$$

$$(l\omega^2 - 2g)\alpha + g\beta = 0 \quad ⑧$$

由式⑧得

$$\beta = \frac{2g - l\omega^2}{g}\alpha \quad ⑨$$

将式⑨代入式⑦后化简得

$$-\alpha(l^2\omega^4 - 4gl\omega^2 + 2g) = 0$$

由于 $\alpha \neq 0$,所以

$$l^2\omega^4 - 4gl\omega^2 + 2g = 0$$

即

$$[l\omega^2 - (2+\sqrt{2})g][l\omega^2 - (2-\sqrt{2})g] = 0$$

由 $l\omega^2 - (2+\sqrt{2})g = 0$ 解得

$$\omega_1 = \sqrt{(2+\sqrt{2})\frac{g}{l}}$$

由 $l\omega^2 - (2-\sqrt{2})g = 0$ 解得

$$\omega_2 = \sqrt{(2-\sqrt{2})\frac{g}{l}}$$

所以此题中的 ω 有两个解为

$$\omega_{1,2} = \sqrt{(2\pm\sqrt{2})\frac{g}{l}}$$

将 ω_1,ω_2 的值分别代入式⑨得

$$\beta_1 = -\sqrt{2}\alpha$$

$$\beta_2 = \sqrt{2}\alpha$$

这两个解就是题图中的两种情况,所以 α 与 β 之间也随之有两种关系,即

心得 体会 拓广 疑问

$$\beta_{1,2}=\mp\sqrt{2}\alpha$$

1.137 如图所示，取细杆与圆环交点处的 A 为研究对象，点 A 的运动速度总是与半圆环相切的，即点 A 相对于圆环做圆周运动的速度为绝对速度，设此切向速度为 v，向心加速度为 a，v_0 与 v 之间的夹角为 θ. 点 A 沿 x 轴方向的运动速度 v_0 为牵连速度. 点 A 沿细杆方向的运动速度为相对速度. 则

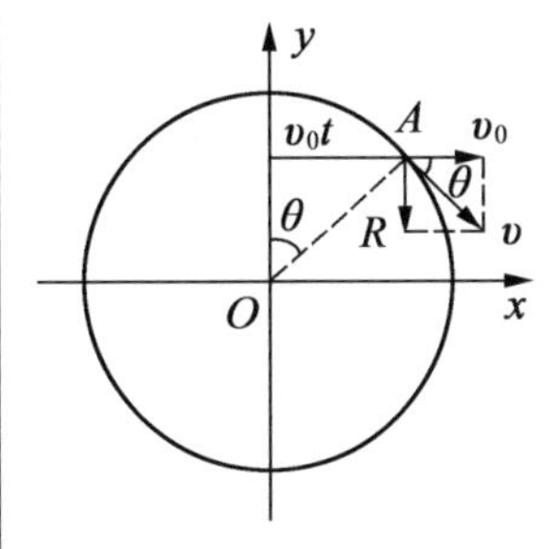

1.137 题解图

$$v=\frac{v_0}{\cos\theta}$$

由图中的几何关系知

$$\cos\theta=\frac{\sqrt{R^2-(v_0t)^2}}{R}$$

所以由圆周运动公式求得

$$a=\frac{v^2}{R}=\frac{R}{\sqrt{R^2-(v_0t)^2}}v_0^2$$

1.138 取半圆柱体为参照系，竖直细杆上的点 P 是相对于半圆柱体做圆周运动的.

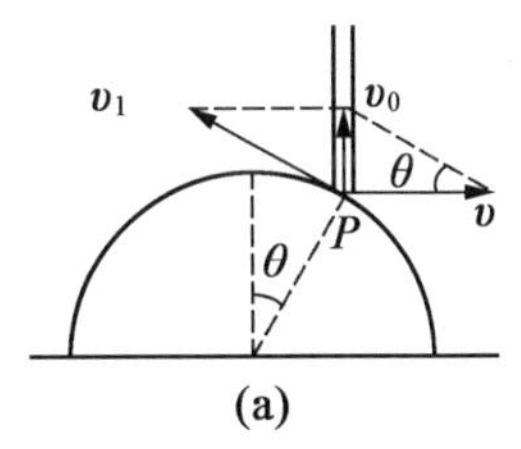

(a)

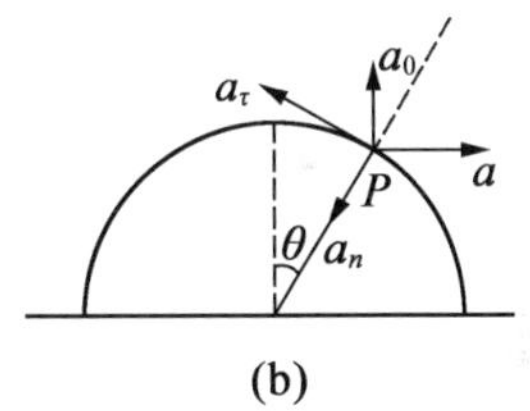

(b)

1.138 题解图

(1)设点 P 竖直向上的绝对速度为 v_0，相对于半圆柱体沿切线方向向上的相对速度为 v_1，而半圆柱体向右的速度 v 是牵连速度，v_1 与 v_2 之间的夹角为 $\pi-\theta$，如图(a)所示. 所以由速度矢量关系有

$$v_0=v_1\sin\theta$$
$$v=v_1\cos\theta$$

即

$$v_0=v\tan\theta$$
$$v_1=\frac{v}{\cos\theta} \qquad ①$$

(2)设点 P 方向向上的绝对加速度为 a_0，相对于半圆柱体运动的加速度有两个：向心加速度 a_n 和法向加速度 a_τ，而牵连加速度 a 是向右的，如图(b)所示. 所以在点 P 与柱心连线方向上和在点 P 的切线方向上由加速度矢量合成分别有

$$a_0\cos\theta+a\sin\theta=a_n \qquad ②$$
$$a_0\sin\theta+a_\tau=a\cos\theta$$

由圆周运动公式又有

$$a_n=\frac{v_1^2}{R} \qquad ③$$

故由式①～式③联立解得

$$a_0=-a\tan\theta+\frac{v^2}{R\cos^3\theta}$$

1.139 以圆心 O 为原点建立如图所示的直角坐标系，PO 与

心得 体会 拓广 疑问

x 轴的夹角为 θ. 点 P 做圆周运动的速度 v_P 为绝对速度；直线 AB 沿 y 轴方向的运动速度 v_0 为牵连速度；点 P 沿 AB 方向的运动速度为相对速度. 由图中的几何关系有

$$v_0 = v_P\cos\theta$$

点 P 的向心加速度和切向加速度分别用 a_n 和 a_τ 表示，由于它在 x 轴方向有加速度，而在 y 轴方向上没有加速度，所以在 y 轴方向上有

$$a_n\sin\theta + a_\tau\cos\theta = 0$$

而

$$a_n = \frac{v_P^2}{R}$$

所以由以上几式求得

$$v_P = \frac{v_0}{\cos\theta}$$

$$a_n = \frac{v_0^2}{R\cos^2\theta}$$

$$a_\tau = \frac{v_0^2\sin\theta}{R\cos^3\theta}$$

由此求得点 P 的加速度为

$$a_P = \sqrt{a_n^2 + a_\tau^2} = \frac{v_0^2}{R\cos^3\theta}$$

1.140 因为狐狸是做直线运动的，而猎犬的运动方向始终要对准狐狸，所以猎犬在做匀速曲线运动，但是该曲线运动加速度的大小和方向都随狐狸的运动而在不断变化，所以从整个运动来分析猎犬的运动是很复杂的. 把整个追逐时间分成 n 等分，每段时间为 Δt，在第 i 段时间内，v_2 与 DF 之间的夹角为 θ_i，可以认为 $D'F'$ 的方向不变，如图所示. 由于 Δt 很小，猎犬运动的轨迹可近似看作一段小圆弧.

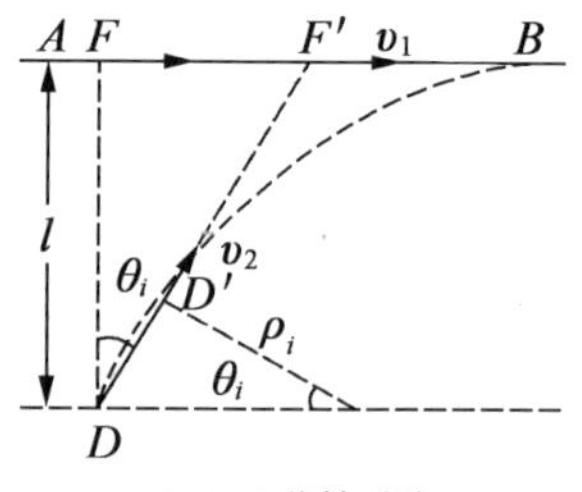

1.140 题解图

(1) 在第 i 段时间内，设向心加速度为 a_i，其轨迹的曲率半径用 ρ_i（ρ_i 为变量）表示，如图所示. 由于 $\Delta t\to 0$，所以猎犬运动方向转过的角度和狐狸运动的距离分别近似为

$$v_2\Delta t \approx \theta_i\rho_i$$

$$v_1\Delta t \approx \theta_i l$$

由圆周运动公式知

$$a_i = \frac{v_2^2}{\rho_i}$$

故由以上三式求得

$$a_i = \frac{v_2^2}{\rho_i} = \frac{v_1 v_2}{l}$$

心得 体会 拓广 疑问

由于 v_1,v_2 和 l 都是恒量,所以 a_i 也为恒量.

(2)在第 i 段时间内,两者相对缩短的距离为

$$\Delta l_i=\sum_{i=1}^{n}(v_2-v_1\sin\theta_i)\cdot\Delta t$$

在水平方向上两者相对缩短的距离为

$$(\Delta l_i)_x=\sum_{i=1}^{n}(v_2\sin\theta_i-v_1)\cdot\Delta t$$

所以若设从初始直到猎犬追上狐狸所需的总时间为 t,则两者相对缩短的总距离和两者在水平方向上相对缩短的总距离分别为

$$l=\sum_{i=1}^{n}(\Delta l_i)=v_2\sum_{i=1}^{n}\Delta t-v_1\sum_{i=1}^{n}\sin\theta_i\cdot\Delta t \quad ①$$

$$0=\sum_{i=1}^{n}(\Delta l_i)_x=v_2\sum_{i=1}^{n}\sin\theta_i\cdot\Delta t-v_1\sum_{i=1}^{n}\Delta t \quad ②$$

注意到

$$\sum_{i=1}^{n}\Delta t=t \quad ③$$

故将式③代入式①,式②后联立解得

$$\sum_{i=1}^{n}\sin\theta_i\cdot\Delta t=\frac{v_1 l}{v_2^2-v_1^2}$$

$$t=\frac{v_2 l}{v_2^2-v_1^2}$$

(3)设$\frac{v_2}{v_1}=k$,同时注意到

$$v_1\sum_{i=1}^{n}\Delta t=l \quad ④$$

参考(2)的分析可知,猎犬在水平方向上跑过的总距离为

$$l=\sum_{i=1}^{n}v_2\sin\theta_i\cdot\Delta t=v_2\sum_{i=1}^{n}\sin\theta_i\cdot\Delta t \quad ⑤$$

则将 $v_2=kv_1$ 代入式①,式⑤后再将式④代入可得

$$k^2-k-1=0$$

解此一元二次方程并取其正根得

$$k=\frac{1+\sqrt{5}}{2}\approx 1.618$$

这个就是与斐波那契数列相关的著名的“黄金分割”法.

1.141 (1)因 $m_2\ll m_1$,亚特兰蒂斯号以一恒定速度绕地球运动,卫星的运动是亚特兰蒂斯号绕地球做圆周运动与卫星相对亚特兰蒂斯号(可能发生的)做圆周运动的合成,如图(a)所示.设刚性棒对卫星的拉力为 F,它在竖直方向和垂直于刚性棒方向上的分力分别为 F'和 F'',如图(a)所示.

对 m_1,由于它绕地球做圆周运动,所以由圆周运动定律有

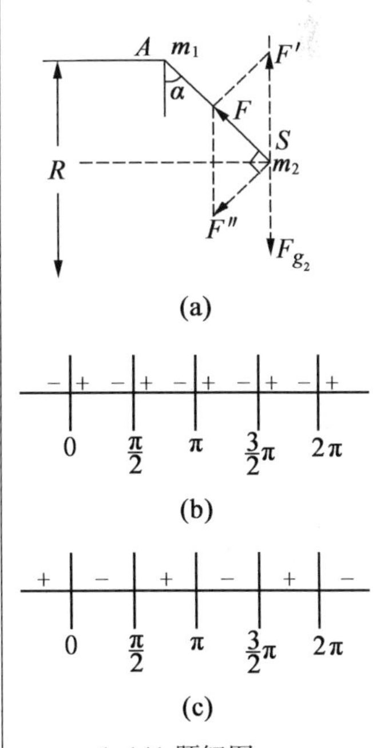

1.141 题解图

$$G\frac{m_1 m_e}{R^2}=m_1\omega^2 R$$

故

$$\omega^2=\frac{Gm_e}{R^3} \quad ①$$

对 m_2,则要从两个方面考虑.

(i)与 m_1 一起围绕地球的运动,所以由圆周运动定律有

$$F_{g_2}-F'=m_2\omega^2(R-l\cos\alpha) \quad ②$$

而

$$F'=\frac{F}{\cos\alpha} \quad ③$$

故

$$F_{g_2}=\frac{Gm_e m_2}{(R-l\cos\alpha)^2}=\frac{Gm_e m_2}{R^2\left(1-\frac{l}{R}\cos\alpha\right)^2}$$

由于 $l\ll R$,所以

$$\frac{1}{\left(1-\frac{l}{R}\cos\alpha\right)^2}\approx\frac{1}{1-2\frac{l}{R}\cos\alpha}\approx\frac{1+2\frac{l}{R}\cos\alpha}{1-\left(2\frac{l}{R}\cos\alpha\right)^2}\approx 1+2\frac{l}{R}\cos\alpha$$

代入上式得

$$F_{g_2}=\frac{Gm_e m_2}{R^2}\left(1+2\frac{l}{R}\cos\alpha\right) \quad ④$$

因此由式①~式④联立求得

$$F=3m_2\omega^2 l\cos^2\alpha \quad ⑤$$

(ii)它又围绕亚特兰蒂斯号运动. 在切线方向,设角的加速度为 β,则

$$-F''=m_2 l\beta \quad ⑥$$

而

$$F''=F\tan\alpha \quad ⑦$$

所以由式⑤~式⑦得

$$\beta+3\omega^2\sin\alpha\cos\alpha=0$$

若 α 为常量,则 $\beta=0$;

若 $\sin\alpha=0$,则 $\alpha_0=0$ 或 $\alpha_0=\pi$;

若 $\cos\alpha=0$,则 $\alpha_0=\frac{\pi}{2}$ 或 $\alpha_0=\frac{3\pi}{2}$.

(2)若力矩 $M=-F\tan\alpha\cdot l$ 的正负号的改变与 $\alpha-\alpha_0$ 的正负号的改变相反,则属稳定平衡.

$\alpha-\alpha_0$ 的正负号如图(b)所示.

M 的正负号如图(c)所示.

心得 体会 拓广 疑问

当角 α 取 0 与 π 时为稳定平衡，当角 α 取$\frac{\pi}{2}$与$\frac{3\pi}{2}$时为不稳定平衡.

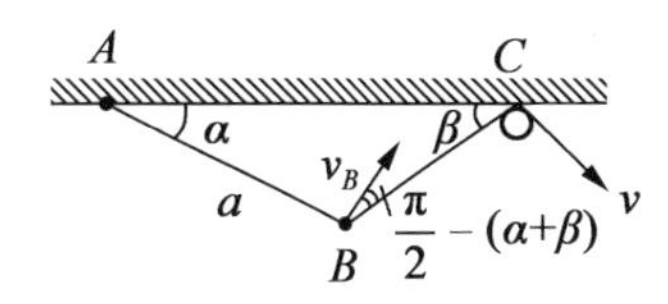

1.142 题解图

1.142 如图所示，在拉绳子的过程中，小球 B 始终做以点 A 为圆心，l 为半径的圆周运动，故其运动速度 v_B 始终垂直于绳子 AB. 到图示位置时，由几何关系知 v_B 的方向与 BC 之间的夹角为 $\frac{\pi}{2}-(\alpha+\beta)$. 设绳子 AB 段和 BC 段对小球的拉力分别为 T_A 和 T_C，则由圆周运动定律有

$$T_A - T_C\cos(\alpha+\beta) - mg\sin\alpha = m\frac{v_B^2}{l}$$

v_B 沿 BC 方向上的分量也就是拉绳的速度 v，即

$$v_B\cos\left[\frac{\pi}{2}-(\alpha+\beta)\right] = v$$

v_B 垂直于 BC 方向上的分量也就是此瞬间小球 B 绕点 C 做圆周运动的速度，其大小为

$$v_{B\perp} = v_B\sin\left[\frac{\pi}{2}-(\alpha+\beta)\right]$$

所以由圆周运动定律有

$$T_C - T_A\cos(\alpha+\beta) - mg\sin\beta = m\frac{v_{B\perp}^2}{BC}$$

在$\triangle ABC$ 中，由正弦定理有

$$\frac{BC}{\sin\alpha} = \frac{l}{\sin\beta}$$

故由以上各式联立解得

$$T_C = \frac{mg\cos\alpha}{\sin(\alpha+\beta)} + \frac{mv^2\cos(\alpha+\beta)}{l\sin^4(\alpha+\beta)}\left[1+\frac{\sin\beta\cos(\alpha+\beta)}{\sin\alpha}\right]$$

1.143 (1)求赛车沿圆弧轨道运动的最大速度.

赛车沿圆弧运动时所需的向心力由摩擦力提供，与最大静摩擦力相应的运动速度就是允许的最大速度，如果速度再提高，所需向心力就大于地面可能提供的摩擦力，而赛车不可能沿圆弧运动而发生侧向滑动. 沿圆弧运动的最大速度 v_2 与圆半径 R，摩擦系数 μ 之间有下列关系

$$\mu mg = m\frac{v_2^2}{R}$$

即

$$v_2 = \sqrt{\mu gR} \qquad ①$$

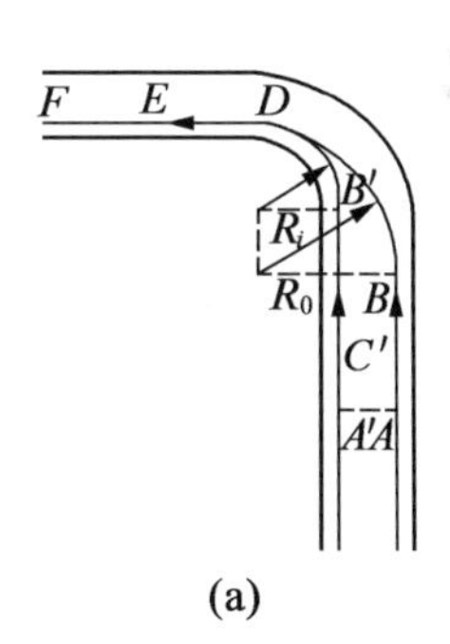

(a)

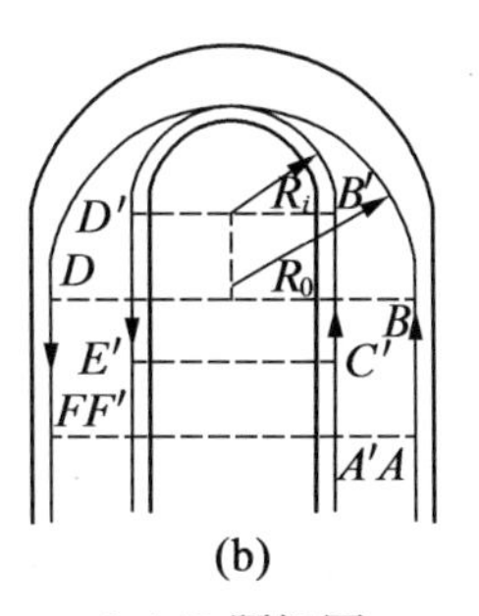

(b)

1.143 题解图

(2)求赛车沿直轨道加速行驶或减速行驶时的加速度，所用时间及行驶距离.

设赛车在直道高速行驶的速度为 v_1，在进入圆弧轨道前要将

车速 v_1 降至式①中的速度 v_2. 刹车后,赛车在地面与车轮之间的滑动摩擦力作用下减速,赛车的加速度为

$$a=-\frac{\mu mg}{m}=-\mu g \quad ②$$

赛车自圆弧轨道终点处开始加速,则其加速度为

$$a'=\mu g \quad ③$$

赛车速度由 v_2 增至 v_1 后,即以速度 v_1 匀速行驶. 由运动学公式知,加速过程和减速过程所用时间 t_1 及行驶的距离 s 分别为

$$t_1=\frac{v_1-v_2}{\mu g}=\frac{v_1}{\mu g}-\sqrt{\frac{R}{\mu g}} \quad ③$$

$$s=\frac{v_1^2-v_2^2}{2\mu g}=\frac{v_1^2}{2\mu g}-\frac{R}{2} \quad ④$$

(3)根据以上分析我们可以比较沿内道和外道所用时间的长短.

(i)90°转弯时如图(a)所示. 内道和外道的圆弧半径分别为 R_i 和 R_0,沿圆弧轨道对应的最大速度分别为

$$v_i=\sqrt{\mu gR_i}$$

$$v_0=\sqrt{\mu gR_0}$$

赛车沿外道行驶时,由 $A\to B$ 为减速过程;由 $B\to D$ 为沿半径为 R_0 的$\frac{1}{4}$圆周的匀速圆周运动;由 $D\to E$ 为加速过程;由 $E\to F$ 为匀速直线运动,F 为赛车沿内道运动加速到速度为 v_1 时的位置. 因而由 $A\to F$ 所需的时间为

$$t_0=2\left(\frac{v_1}{\mu g}+\sqrt{\frac{R_0}{\mu g}}\right)+\frac{\pi R_0}{2v_0}+\frac{EF}{v_1}=\frac{2v_1}{\mu g}-\left(2-\frac{\pi}{2}\right)\sqrt{\frac{R_0}{\mu g}}+\frac{EF}{v_1} \quad ⑤$$

减速过程的距离 AB 和加速过程的距离和 DE 均为

$$s_0=\frac{v_1^2}{2\mu g}-\frac{R_0}{2}$$

赛车沿内道行驶时,由 $A'\to C'$ 为匀速过程;由 $C'\to B'$ 为减速过程;由 $B'\to D$ 为沿半径为 R_i 的$\frac{1}{4}$圆周的匀速圆周运动;由 $D\to F$ 为加速过程. 因而由 $A'\to F$ 所需的时间为

$$t_i=2\left(\frac{v_1}{\mu g}+\sqrt{\frac{R_i}{\mu g}}\right)+\frac{\pi R_i}{2v_i}+\frac{A'C'}{v_1}$$

$$=\frac{2v_1}{\mu g}-\left(2-\frac{\pi}{2}\right)\sqrt{\frac{R_i}{\mu g}}+\frac{A'C'}{v_1} \quad ⑥$$

减速过程的距离 $C'B'$ 和加速过程的距离和 DF 均为

$$s_i=\frac{v_1^2}{2\mu g}-\frac{R_i}{2}$$

心得 体会 拓广 疑问

由几何关系及 s_0, s_i 可得

$$EF = DF - DE = s_i - s_0 = \frac{1}{2}(R_0 - R_i)$$

$$A'C' = AB + R_0 - C'B' - R_i = \frac{1}{2}(R_0 - R_i)$$

所以以上两式代入式⑤,式⑥解得

$$t_0 = \frac{2v_1}{\mu g} - (2 - \frac{\pi}{2})\sqrt{\frac{R_0}{\mu g}} + \frac{R_0 - R_i}{2v_1}$$

$$t_i = \frac{2v_1}{\mu g} - (2 - \frac{\pi}{2})\sqrt{\frac{R_i}{\mu g}} + \frac{R_0 - R_i}{2v_1}$$

$$t_0 - t_i = (2 - \frac{\pi}{2})\frac{\sqrt{R_i} - \sqrt{R_0}}{\sqrt{\mu g}} < 0$$

可见沿外跑道所用的时间较少.

(ii) 180°转弯时如图(b)所示. 赛车沿外道行驶时,由 $A \to B$ 为减速过程,由 $B \to D$ 为匀速过程,由 $D \to F$ 为加速过程. 赛车沿内道行驶时,由 $A' \to C'$ 为匀速过程,由 $C' \to B'$ 为减速过程,由 $B' \to D'$ 为匀速过程,由 $D' \to E'$ 为加速过程,由 $E' \to F'$ 为匀速过程. 根据(i)中得到的关系式可求得沿外道行驶所需的时间为

$$t_0' = \frac{2v_1}{\mu g} + (\pi - 2)\sqrt{\frac{R_0}{\mu g}}$$

$$t_i' = \frac{2v_1}{\mu g} + (\pi - 2)\sqrt{\frac{R_0}{\mu g}} + \frac{2A'C'}{v_1}$$

而

$$A'C' = AB + R_0 - C'B' - R_i = s_0 - s_i + R_0 - R_i = \frac{1}{2}(R_0 - R_i)$$

因而由以上三式求得

$$t_0' - t_i' = (\sqrt{R_0} - \sqrt{R_i})(\frac{\pi - 2}{\sqrt{\mu g}} - \frac{\sqrt{R_0} - \sqrt{R_i}}{v_1})$$

当 $v_1 > \frac{\sqrt{\mu g R_0} + \sqrt{\mu g R_i}}{\pi - 2}$ 时,即 $v_1 > \frac{v_0 + v_i}{\pi - 2}$ 时,$t_0' > t_i'$,应选择图(b)中的内跑道.

当 $\sqrt{\mu g R_0} < v_1 < \frac{\sqrt{\mu g R_0} + \sqrt{\mu g R_i}}{\pi - 2}$,即 $v_0 < v_1 < \frac{v_0 + v_i}{\pi - 2}$ 时,$t_0' < t_i'$,应选择图(b)中的外跑道.

当 $v_1 = \frac{\sqrt{\mu g R_0} + \sqrt{\mu g R_i}}{\pi - 2}$,即 $v_1 = \frac{v_0 + v_i}{\pi - 2}$ 时,$t_0' = t_i'$,选择图(b)

中的内、外跑道均一样.

1.144 (1)求珠子的运动轨迹. 如图(a)所示,建立如图所示的直角坐标系,以过点 A 的竖直线与细杆相交处为原点 O,沿细杆向右为 x 轴,沿 OA 向下为 y 轴,当珠子运动到点 N 处且绳子未断时小环在点 B 处,BN 垂直于 x 轴,所以珠子的坐标为

$$x = PN$$

$$y = BN$$

则在 Rt$\triangle APN$ 中

$$(h-y)^2 + x^2 = (l-y)^2$$

即

$$x^2 = -2(l-h)y + (l^2 - h^2)$$

这是一条以 y 轴为对称轴,顶点位于 $y = \frac{1}{2}(l+h)$ 处,焦点与顶点的距离为$\frac{1}{2}(l-h)$的抛物线,图中 $H = \frac{1}{2}(l+h)$,A 为焦点.

(2)求珠子在点 N 处的运动方程. 忽略绳子的质量,则珠子受到三个力的作用:重力 mg;两边绳子对珠子的两个拉力,它们分别沿 NB 和 NA 方向,这两个拉力大小相等均为 T. 点 N 两边绳子之间的夹角用2α 表示. 因为 AN 是焦点至 N 的连线,$BN /\!/ y$ 轴,根据抛物性质可知点 N 的法线是$\angle ANB$ 的角平分线,故两个拉力合力的方向与点 N 的法线方向一致.

珠子在点 N 沿抛物运动的轨迹可近似看作一段小圆弧,设它在此点的轨迹的曲率半径为 ρ(为变量),速度为 v,则由圆周运动定律有

$$2T\cos\alpha - mg\cos\alpha = m\frac{v^2}{\rho} \quad ①$$

而由运动学公式有

$$v = \sqrt{2gy} \quad ②$$

(3)求曲率半径 ρ. 如图(b)所示,作一条与小珠轨迹相同且与 x 轴对称的抛物线,可以看出这是一个平抛物体的运动轨迹,N' 与 N 对称. 现设从抛出至最低点时的速度为 v,所用的时间为 t,则由运动学公式知

$$vt = \sqrt{l^2 - h^2} \quad ③$$

$$\frac{1}{2}(l+h) = \frac{1}{2}gt^2 \quad ④$$

设物体在 N'处的速度为 u,则参考(2)有

$$mg\cos\alpha = m\frac{u^2}{\rho} \quad ⑤$$

$$u^2 = v^2 + 2g(H - BN') \quad ⑥$$

心得 体会 拓广 疑问

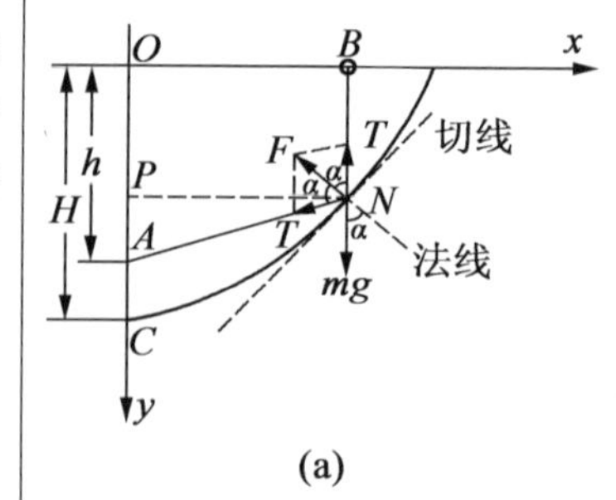

(a)

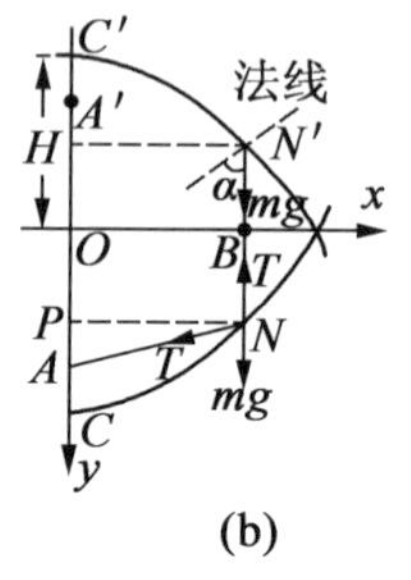

(b)

1.144 题解图

心得 体会 拓广 疑问

而珠子在最低点时

$$H=\frac{1}{2}(l+h) \quad ⑦$$

由式③～式⑤联立解得

$$\rho=\frac{2(l-BN')}{\cos\alpha}=\frac{2(l-y)}{\cos\alpha} \quad ⑧$$

(4)求绳被拉断时小球的位置和速度的大小. 设绳子被拉断时珠子的位置坐标为(x_d, y_d),这时

$$T=T_d \quad ⑨$$

将式②,式⑧,式⑨代入式①可得

$$y_d=l\left(1-\frac{mg}{2T_d}\right)$$

代入(1)中的抛物线方程可求得

$$x_d=\sqrt{-2(l-h)y_d+(l^2-h^2)}=\sqrt{mgl\left(\frac{l-h}{T_d}\right)-(l-h)^2}$$

再由式②知,绳子断时珠子的速度大小为

$$v_d=\sqrt{2gy_d}=\sqrt{2gl\left(1-\frac{mg}{2T_d}\right)}$$

1.4 万有引力

1.145 设地球半径为R,火星半径$r=\frac{R}{2}$. 地球质量为$M_{地}$,火星质量为$M_{火}=\frac{M_{地}}{10}$,人的质量为m.

(1)人在地面上的重量为

$$P_{地}=mg_{地}=G\frac{mM_{地}}{R^2} \quad ①$$

人在火星上的重量为

$$P_{火}=mg_{火}=G\frac{mM_{火}}{r^2} \quad ②$$

由式①,式②得

$$P_{火}=\frac{M_{地}\,r^2}{M_{火}\,R^2}\cdot P_{地}=\frac{2}{5}P_{地}=24(\mathrm{N})$$

(2)由(1)中式①,式②得

$$g_{火}=\frac{M_{地}\,r^2}{M_{火}\,R^2}\cdot g_{地}=\frac{2}{5}g_{地}=3.92(\mathrm{m/s^2})$$

(3)由于人在地面上和火星表面上跳高时所做的功是相同的,所以有

$$mg_{地}\,h_{地}=mg_{火}\,h_{火}$$

$$h_{火}=\frac{g_{地}}{g_{火}}h_{地}=\frac{5}{2}h_{地}=4(\mathrm{m})$$

(4)由于在两种情况下,人举起物体所做的功相同,所以由

$$m_{地}\,g_{地}\,h=m_{火}\,g_{火}\,h$$

得
$$m_{火}=\frac{g_{地}}{g_{火}}m_{地}=\frac{5}{2}\times 60=150(\mathrm{kg})$$

(5)设两种情况下投手榴弹的初速度为 v_0,投射角为 θ,则

$$s_{火}=\frac{v_0^2}{g_{火}}\sin\theta\cos\theta$$

$$s_{地}=\frac{v_0^2}{g_{地}}\sin\theta\cos\theta$$

所以

$$\frac{s_{火}}{s_{地}}=\frac{g_{地}}{g_{火}}$$

$$s_{火}=\frac{g_{地}}{g_{火}}\cdot s_{地}=125(\mathrm{m})$$

(6)在火星表面发射的人造卫星质量为 m,在高 $h=3\ 200(\mathrm{km})$处以“环绕速度”做匀速圆周运动时的向心力由火星对它的万有引力所提供,所以

$$G\cdot\frac{M_{火}\,m}{(r+h)^2}=m\frac{v_{火}^2}{r+h}$$

从而解出

$$v_{火}=\sqrt{\frac{GM_{火}}{r+h}}=\sqrt{\frac{GM_{地}}{10(\frac{R}{2}+h)}}=\sqrt{\frac{6.67\times 10^{-11}\times 6\times 10^{24}}{10\times 6\ 400\times 10^{3}}}$$
$$=2.5(\mathrm{km/s})$$

卫星在火星表面 3 200 km 高处运行的周期为

$$T=\frac{2\pi(\frac{R}{2}+h)}{v_{火}}=\frac{2\times 3.14\times 6\ 400\times 10^{3}}{2.5\times 10^{3}}=16\ 076.8(\mathrm{s})$$
$$\approx 4.47(\mathrm{h})$$

1.146 设地球上某物体的质量为 m,地球上的静止物体的重量为 G,物体随地球做圆周运动的向心力为 F_n,G_0 是 G 和 F_n 的合力,如图所示,由题意得

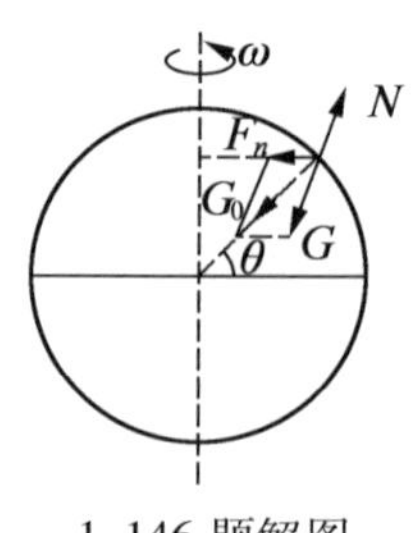

1.146 题解图

$$G=mg$$

$$G_0=mg_0$$

$$F_n=m\omega^2R\cos\theta$$

由余弦定理有

$$G=\sqrt{G_0^2+F_n^2-2G_0F_n\cos\theta}$$

心得 体会 拓广 疑问

将前三式代入上式得

$$g^2=g_0^2(1-\frac{2\omega^2R\cos^2\theta}{g_0}+\frac{\omega^4R^2\cos^2\theta}{g_0^2})$$

因为$\frac{\omega^2R}{g_0}\ll 1$，所以

$$g\approx g_0\sqrt{1-\frac{2\omega^2R\cos^2\theta}{g_0}}$$

当$A\to 0$时，利用数学公式$(1+A)^n\approx 1-nA$，可将上式变为

$$g\approx g_0(1-\frac{1}{2}\times\frac{2\omega^2R\cos^2\theta}{g_0})\approx g_0\left[1-\frac{\omega^2R}{2g_0}(\cos 2\theta+1)\right]$$

$$\approx g_0(1-\frac{\omega^2R}{2g_0})-\frac{1}{2}\omega^2R\cos 2\theta$$

1.147 设球壳单位面积的质量为ρ，壳内点P处有一质点的质量为m，如图(a)所示，在球壳上取一小面圆ΔS_1，距P为r_1，过此面圆边界与点P联结并延长至球壳上，又取下对应面圆ΔS_2，距P为r_2，可得ΔS_1与ΔS_2对质点m的万有引力分别为

$$F_1=G\frac{m\rho\Delta S_1}{r_1^2}$$

$$F_2=G\frac{m\rho\Delta S_2}{r_2^2}$$

因此质点m受到ΔS_1与ΔS_2的合万有引力为

$$F_i=F_1-F_2=G\rho m(\frac{\Delta S_1}{r_1^2}-\frac{\Delta S_2}{r_2^2}) \quad ①$$

从图(b)可以看出

$$\frac{\Delta S_1'}{r_1^2}=\frac{\Delta S_2'}{r_2^2} \quad ②$$

因为ΔS_1和ΔS_2都很小，所以

$$\Delta S_1=\Delta S_1'\cos\theta \quad ③$$

$$\Delta S_2=\Delta S_2'\cos\theta \quad ④$$

将式②，式④代入式③得

$$\frac{\Delta S_1}{r_1^2}=\frac{\Delta S_2}{r_2^2} \quad ⑤$$

再将式⑤代入式①可得

$$F_i=0$$

由此可推出质点受到整个球壳的合万有引力为

$$F=\sum F_i=0$$

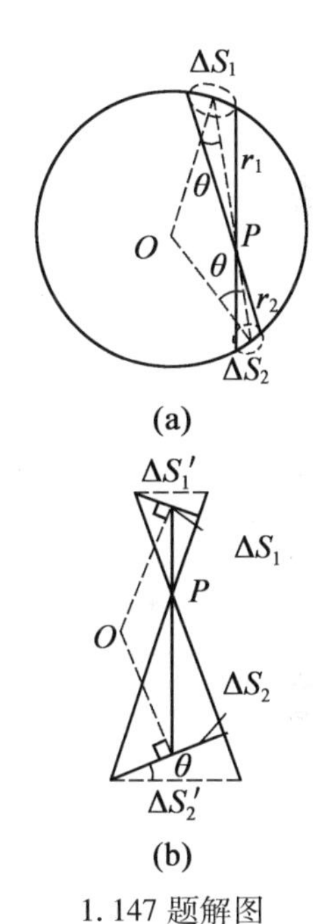

1.147 题解图

1.148 如图所示，过切点作夹角α为极小的两条直线，在大、小两圆环上截得的长度分别为l_1和l_2，其中一条直线与两圆环连

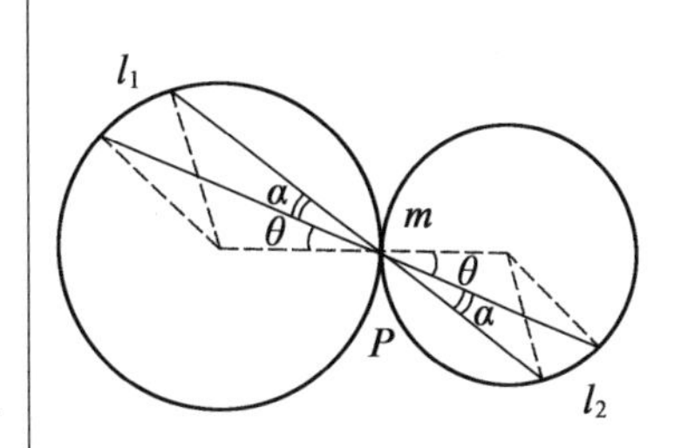

1.148 题解图

心得 体会 拓广 疑问

心线所成的角为 θ，则 l_1 段和 l_2 段对 m 的万有引力分别为

$$F_1 = G\frac{m \cdot \rho_1 l_1 S}{(2R_1\cos\theta)^2} = \frac{Gm\rho_1(2R_1\alpha)S}{(2R_1\cos\theta)^2}$$

$$F_2 = G\frac{m \cdot \rho_2 l_2 S}{(2R_2\cos\theta)^2} = \frac{Gm\rho_2(2R_2\alpha)S}{(2R_2\cos\theta)^2}$$

式中 S 为两圆环的截面积，并注意圆心角与圆周角的关系. 而由题意有 $F_1 - F_2 = 0$，因而求得

$$\frac{\rho_1}{\rho_2} = \frac{R_1}{R_2}$$

由于圆的对称性，同样可以找出大、小圆环上关于切点对称的其他微圆弧与质点 m 的合引力为零，从而使本题得证.

1.149 地球的半径用 R 表示，当物体处在距地球中心为 r(r 小于 R)的地方时，地球作用在物体上的引力可以看成是下列两个力的合力：半径是 r 的球所产生的引力和半径分别是 r 和 R 的两个球面所包含的球层所产生的引力，见图(a).

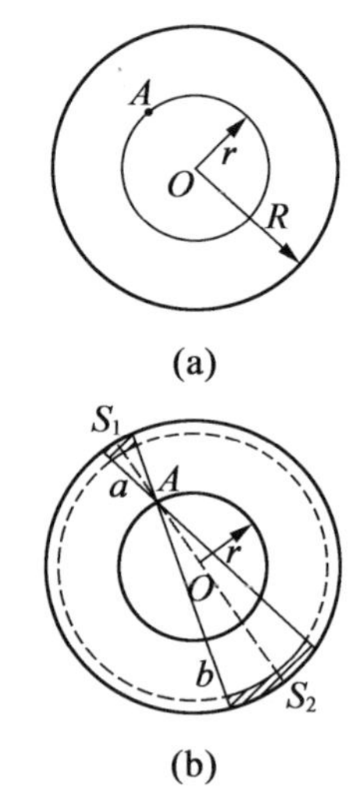

1.149 题解图

在点 A 处作两个顶角很小的圆锥体，对应于地球表面的部分分别为 S_1 和 S_2；再作一球面使其与地球表面所成的球层厚度 h 极微小，与 S_1 和 S_2 所对应部分截成两个球台，分别为 $S_{1台}$ 和 $S_{2台}$，如图(b)所示，由球台的体积公式知 $S_{1台}$ 的体积为

$$V_1 = \frac{\pi h}{6}[3a^2 + 3(a-h)^2 + h^2]$$

由于 $a = R - r$，$h \ll a$，所以

$$V_1 = \pi h(R-r)^2$$

分别用 m 和 ρ 表示点 A 处物体的质量和地球的密度，则 $S_{1台}$ 部分对 m 的引力为

$$f = G\frac{m \cdot \rho V_1}{(R-r)^2} = \pi mG\rho h$$

同样方法可求出 $S_{2台}$ 部分对 m 的引力为

$$f' = \pi mG\rho h$$

因此 $f = f'$，而 f 与 f' 的方向相反，所以 $S_{1台}$ 和 $S_{2台}$ 对 m 产生的合引力为零.

以此类推可以证明：在整个厚度为 $R - r$ 的地球层内，地球对点 A 处物体的合引力为零. 所以作用在 m 上的引力只有半径为 r 的地球对物体产生的引力，其大小为

$$F = G\frac{m \cdot \frac{4}{3}\pi\rho r^3}{r^2} = \frac{4}{3}\pi G\rho mr$$

就是说，当物体从地面移向地球中心的时候，作用在物体上的引力跟物体离地球中心的距离成正比.

心得 体会 拓广 疑问

1.150 (1)质点 B,C 对 A 的万有引力大小均为 $F_{AB}=\frac{Gm^2}{a^2}$ 和 $F_{AC}=\frac{Gm^2}{a^2}$，方向分别指向 B,C，质点 A 受到的总作用力为

$$F_A=F_{AB}\cos 30°+F_{AC}\cos 30°=\frac{\sqrt{3}gm^2}{a^2}$$

方向沿 AO.

因为三者质量相同，它们的质心位于 $\triangle ABC$ 的重心 O 处，所以

$$R_{AO}=\frac{2}{3}a\cos 30°=\frac{\sqrt{3}}{3}a$$

质点 A 绕 O 旋转所需的向心力由 F_A 提供，则

$$\frac{\sqrt{3}Gm^2}{a^2}=m\omega^2\frac{\sqrt{3}}{3}a$$

解得 $\omega=\sqrt{\frac{3Gm}{a^3}}$.

对其他两质点也得出同样的 ω.

(2)如图(a)所示，以 D 表示 m_B 和 m_C 的质心，则

$$BD=\frac{m_C}{m_B+m_C}a,\ DC=\frac{m_B}{m_B+m_C}a$$

$$\begin{aligned}AD^2&=AB^2+BD^2-2AB\cdot BD\cos 60°\\&=a^2+\left(\frac{m_Ca}{m_B+m_C}\right)^2-\frac{m_Ca^2}{m_B+m_C}\\&=\frac{m_B^2+m_C^2+m_Bm_C}{(m_B+m_C)^2}a^2\end{aligned}$$

以 O' 表示 m_A,m_B,m_C 的质心，则点 O' 在 AD 上，且

$$r_A=AO'=\frac{m_B+m_C}{m_A+m_B+m_C}\cdot AD=\frac{\sqrt{m_B^2+m_C^2+m_Bm_C}}{m_A+m_B+m_C}a \quad ①$$

同理得

$$r_B=BO'=\frac{\sqrt{m_A^2+m_C^2+m_Am_C}}{m_A+m_B+m_C}a \quad ②$$

m_B,m_C 对 m_A 的作用力分别是

$$f_{AB}=\frac{Gm_Am_B}{a^2}$$

和

$$f_{AC}=\frac{Gm_Am_C}{a^2}$$

由图(b)知

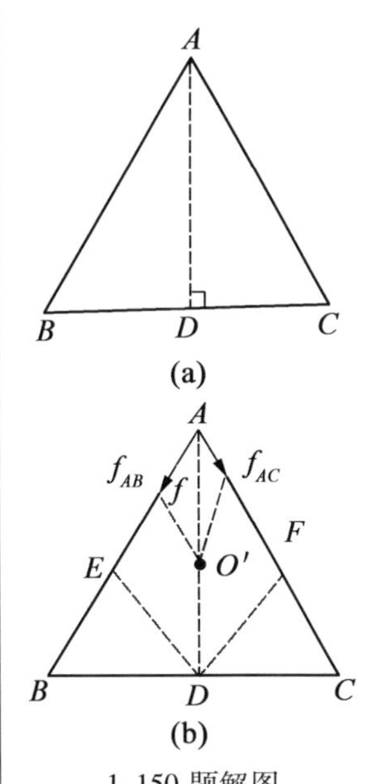

1.150 题解图

心得 体会 拓广 疑问

$$\frac{f_{AB}}{f_{AC}}=\frac{m_B}{m_C}=\frac{DC}{BD}=\frac{AE}{AF}$$

即f_{AB},f_{AC}的合力f_A的作用线通过质心O',其值为

$$f_A=\sqrt{f_{AB}^2+f_{AC}^2+2f_{AB}\cdot f_{AC}\cos 60^\circ}=\frac{Gm_A}{a^2}\sqrt{m_B^2+m_C^2+m_Bm_C} \quad ③$$

同理,f_B的作用线也通过质心O',且

$$f_B=\frac{Gm_B}{a^2}\sqrt{m_A^2+m_C^2+m_Am_C} \quad ④$$

由式①~式④得

$$\frac{f_A}{m_Ar_A}=\frac{f_B}{m_Br_B}=\frac{G}{a^3}(m_A+m_B+m_C) \quad ⑤$$

同理可得

$$\frac{f_C}{m_Cr_C}=\frac{f_B}{m_Br_B}=\frac{G}{a^3}(m_A+m_B+m_C) \quad ⑥$$

即

$$\frac{f_A}{m_Ar_A}=\frac{f_B}{m_Br_B}=\frac{f_C}{m_Cr_C}=\frac{G}{a^3}(m_A+m_B+m_C)$$

所以,m_A,m_B,m_C的相对位置不变且绕通过质心O'并垂直于三角形平面的轴做匀速圆周运动,其角速度为

$$\omega=\sqrt{\frac{G(m_A+m_B+m_C)}{a^3}}$$

1.151 (1)如图所示,卫星做椭圆运动.O为椭圆的中心,a为长轴,b为短轴,地心N为椭圆的一个焦点.则

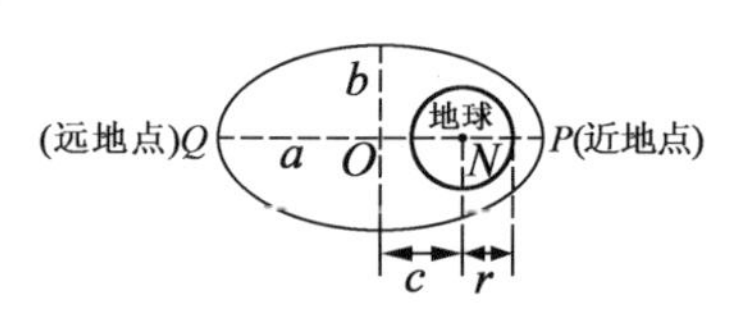

1.151题解图

$$a=\frac{1}{2}(h_1+h_2+2r)=7\ 781.5(\text{km})$$

$$c=a-(r+h_1)=972.5(\text{km})$$

离心率e为

$$e=\frac{c}{a}=0.125$$

由开普勒第二定律可知,从点N至卫星所引的矢径在单位时间内扫过相等的面积.在近地点单位时间矢径所扫过的面积是

$$\frac{1}{2}v_{近}PN=\frac{\pi ab}{T}$$

$$v_{近}=\frac{2\pi ab}{T\cdot PN}=\frac{2\pi ab}{T(a-c)}=\frac{2\pi ab}{Ta(1-\frac{c}{a})}=\frac{2\pi b}{T(1-e)}$$

又$b=a\sqrt{1-e^2}$,故求得

$$v_{近}=\frac{2\pi a\sqrt{1-e^2}}{T(1-e)}=\frac{2\pi a}{T}\sqrt{\frac{1+e}{1-e}}\approx 8.11(\text{km/s})$$

在远地点,单位时间矢径所扫过的面积为

心得 体会 拓广 疑问

$$\frac{1}{2}v_{远}(a+c)=\frac{\pi ab}{T}$$

故同样可求得

$$v_{远}=\frac{2\pi ab}{T(a+c)}=\frac{2\pi\sqrt{a^2-c^2}}{T(1+e)}=\frac{2\pi a\sqrt{1-e^2}}{T(1+e)}$$

$$=\frac{2\pi a}{T}\sqrt{\frac{1-e}{1+e}}\approx 6.74(\mathrm{km/s})$$

(2)若设卫星原来做圆周运动时的速度为 v_0,周期为 T_0,则由开普勒第二定律有

$$\frac{(r+h_1)^3}{T_0^2}=\frac{a^3}{T^2}$$

从而求得

$$T_0=(\frac{r+h_1}{a})^{\frac{3}{2}}\cdot T\approx 93.3(\mathrm{min})$$

故得

$$v_0=\frac{2\pi}{T_0}(r+h_1)\approx 7.64(\mathrm{km/s})$$

这时$\frac{v_0}{v_{近}}=\sqrt{(\frac{a}{r+h_1})\cdot(\frac{1-e}{1+e})}\approx 0.943$. 就是说:卫星在距地球表面 h_1 处以速度 v_0 做圆周运动,速度增为 $v_{近}$ 后运动的轨道将变为椭圆形,这时卫星的速度大于第一宇宙速度. 若速度再增加到大于第二宇宙速度时,则其运动轨道为抛物线或双曲线,这里不做详细介绍了.

1.152 解法一:如图所示,设 $M,m,M_{太},m_{地}$ 分别为天狼星、伴星、太阳、地球的质量,r 为天狼星与伴星之间的距离,r_1,r_2 分别为天狼星和伴星到它们质心 C 之间的距离,ω 为天狼星绕质心 C 做圆周运动的角速度,ω_0 为地球绕太阳做圆周运动的角速度,地球的运动周期 $T_0=1$(年),由圆周运动定律有

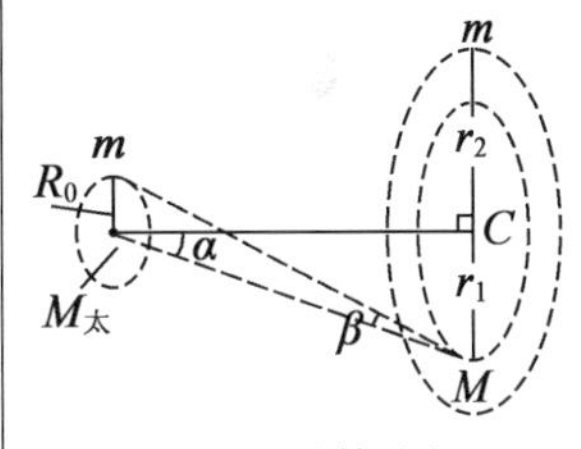

1.152 题解图

$$G\frac{Mm}{r^2}=M\omega^2 r_1 \quad ①$$

$$G\frac{M_{太}\,m_{地}}{R_0^2}=m_{地}\,\omega_0^2R_0 \quad ②$$

由质心定理知

$$\frac{r_1}{r_2}=\frac{M}{m} \quad ③$$

而

$$\omega=\frac{2\pi}{T} \quad ④$$

$$\omega_0=\frac{2\pi}{T_0} \quad ⑤$$

$$r=r_1+r_2 \quad ⑥$$

由于 α,β 均很小,所以由图中几何关系有

$$\frac{r_1}{\sin\alpha}=\frac{R_0}{\tan\beta}$$

即

$$\frac{r_1}{\alpha}=\frac{R_0}{\beta} \quad ⑦$$

由式①,式②,式④,式⑤有

$$\frac{m}{M_{太}}=\frac{T_0^2}{T^2}\cdot\frac{r^2r_1}{R_0^3} \quad ⑧$$

由式③,式⑥有

$$r=(1+\frac{M}{m})r_1 \quad ⑨$$

将 $M=2.3M_{太}$ 代入式⑨后与式⑦,式⑧联立解得

$$\left(\frac{m}{M_{太}}\right)^3=\left(\frac{m}{M_{太}}+2.3\right)^2\cdot\left(\frac{T_0}{T}\right)^2\cdot\left(\frac{\alpha}{\beta}\right)^3$$

再将 T,T_0,α,β 的值代入上式得

$$\left(\frac{m}{M_{太}}\right)^3-0.091\ 55\left(\frac{m}{M_{太}}\right)^2-0.421\ 2\frac{m}{M_{太}}-0.484\ 3=0$$

解此以$\frac{m}{M_{太}}$为元的一元三次方程得:$\frac{m}{M_{太}}=0.999\approx1.$

解法二:参见解法一,由开普勒第三定律的普遍形式有

$$\frac{T^2(M+m)}{T_0^2(M_{太}+m_{地})}=\frac{r^3}{R_0^3}$$

由于 $m_{地}\ll M_{太}$,$M=2.3M_{太}$,且由解法一知

$$r=(1+\frac{M}{m})r_1,\frac{r_1}{\alpha}=\frac{R_0}{\beta}$$

因此可得

$$\left(\frac{m}{M_{太}}\right)^3=\left(\frac{m}{M_{太}}+2.3\right)^2\cdot\left(\frac{T_0}{T}\right)^2\cdot\left(\frac{\alpha}{\beta}\right)^3$$

下同解法一.

1.153 (1)双星均绕它们的连线中点做圆周运动,其向心力由它们之间的万有引力所提供,设其运动速度为 v,则有

$$G\frac{M^2}{l^2}=M\frac{v^2}{\frac{l}{2}}$$

即

$$v=\sqrt{\frac{GM}{2l}} \quad ①$$

周期为

心得 体会 拓广 疑问

$$T_0 = \frac{2\pi\left(\frac{l}{2}\right)}{v} = \pi L\sqrt{\frac{2l}{GM}} \quad ②$$

(2)据观察结果,星体的运动周期为

$$T = \frac{T_0}{\sqrt{N}} < T_0 \quad ③$$

这说明双星系统中受到的向心力大于本身的引力,也就是说它还受到其他指向中心的作用力.依题意,这一作用力来源于均匀分布的暗物质,均匀分布在球体内的暗物质对双星系统的作用,等同于一质量等于球内暗物质的总质量M',且位于中点处的质点对双星系统的作用.设由于暗物质的作用,所观察到的双星速度为$v_{观}$,则有

$$G\frac{M^2}{l^2} + G\frac{MM'}{\left(\frac{l}{2}\right)^2} = M\frac{v_{观}^2}{\frac{l}{2}}$$

即

$$v_{观} = \sqrt{\frac{G(M+4M')}{2l}} \quad ④$$

因在轨道一定时,周期和速度成反比,故由式③得

$$\frac{1}{v_{观}} = \frac{1}{\sqrt{N}} \cdot \frac{1}{v} \quad ⑤$$

将式①,式④代入式⑤后求得

$$M' = \frac{N-1}{4}M$$

设所求暗物质的密度为ρ,则

$$\frac{4}{3}\pi\left(\frac{l}{2}\right)^3\rho = M'$$

即

$$\rho = \frac{6M'}{\pi l^3} = \frac{3(N-1)M}{2\pi l^3}$$

1.5 非惯性参照系

1.154 建立如图(a)所示的直角坐标系,设木杆与地面间的摩擦系数为μ,取木杆为研究对象,木杆所受的力有:绳子的拉力T,自重mg,惯性力F',地面的支持力N和地面的摩擦力μN,如图(b)所示.由木杆AB在x,y方向上的受力平衡和以B为支点的平衡条件分别有

$$\sum F_x = T\cos\varphi - F' - \mu N = 0 \quad ①$$

$$\sum F_y = T\sin\varphi - mg - N = 0 \quad ②$$

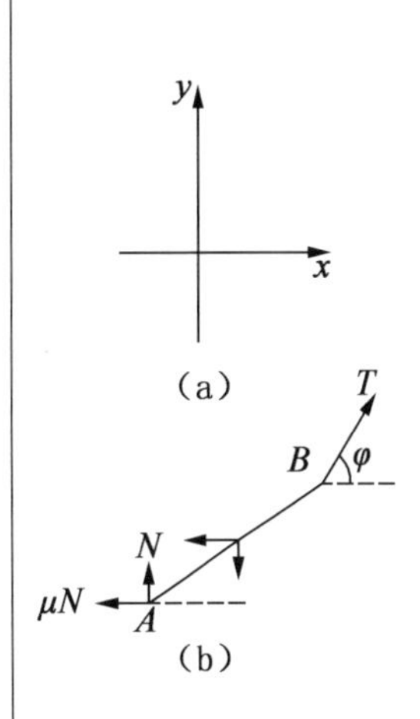

1.154 题解图

心得 体会 拓广 疑问

$$\sum M_B = mg \cdot \frac{l}{2}\cos\alpha - Nl\cos\alpha - \mu Nl\sin\alpha - F' \cdot \frac{l}{2}\sin\alpha = 0 \quad ③$$

而

$$F' = ma \quad ④$$

$$l\sin\alpha + d\sin\varphi = h \quad ⑤$$

在木杆有离地趋势时

$$N = 0 \quad ⑥$$

联立解式①,式②,式④,式⑥得

$$\tan\varphi = \frac{g}{a} \quad ⑦$$

联立解式③,式④,式⑥得

$$\tan\alpha = \frac{g}{a} \quad ⑧$$

由式⑤,式⑦,式⑧得

$$(l+d)\sin\alpha = h$$

$$(l+d)\sqrt{\frac{1}{1+\frac{1}{\tan^2\alpha}}} = h$$

$$(l+d)\sqrt{\frac{1}{1+\frac{a^2}{g^2}}} = h$$

即

$$a = \frac{\sqrt{(l+d)^2 - h^2}}{h}g$$

1.155 木柜受以下各力的作用而平衡:后边受车厢的支持力 N_1 和摩擦力 f_1,前边受车厢的支持力 N_2 和摩擦力 f_2,质心处受惯性力F'和自重 mg,如图所示. 建立如图所示的直角坐标系,由 x,y 方向上的受力平衡和以 A 为支点的平衡条件分别有

$$\sum F_x = f_1 + f_2 - F' = 0 \quad ①$$

$$\sum F_y = N_1 + N_2 - mg = 0 \quad ②$$

$$\sum M_A = F'h - mgl + N_2 \cdot 2l = 0 \quad ③$$

而

$$F' = ma \quad ④$$

故联立式②~式④解得

$$N_1 = \frac{m}{2}\left(g + \frac{h}{l}a\right)$$

$$N_2 = \frac{m}{2}\left(g - \frac{h}{l}a\right)$$

可见当 a 增大时,N_1 增大,N_2 减小. 在柜子翻倒时有 $N_2 = 0$,

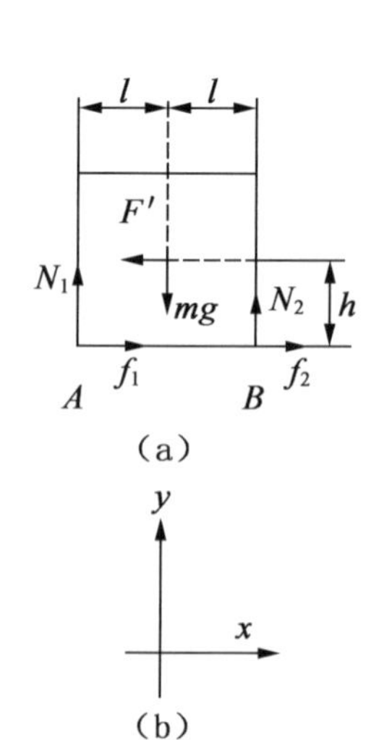

1.155 题解图

心得 体会 拓广 疑问

故解得

$$a=\frac{l}{h}g$$

由于滑动时

$$f_1+f_2=\mu(N_1+N_2) \quad ⑤$$

故联立式①,式②,式④,式⑤解得

$$a=\mu g$$

综合上面的结果,可以写出:当 $a \geqslant \mu g$ 时,柜子滑动;当 $a \geqslant \frac{l}{h}g$时,柜子翻倒.

(1)如果 $\mu>\frac{l}{h}$,则当$\frac{l}{h}g<a<\mu g$ 时,柜子翻倒;当 $a>\mu g$ 时,柜子既滑动又翻倒.

(2)如果 $\mu<\frac{l}{h}$,则当 $\mu g<a<\frac{l}{h}g$ 时,柜子滑动;当 $a>\frac{l}{h}g$ 时,柜子既滑动又翻倒.

1.156 取转动系统为参照物,两个小球的受力情况如图所示. m_1 受点 O 的拉力 T_1,下棒的拉力 T_2,惯性力 F_1 和自身重力 m_1g 的作用;m_2 受棒的拉力 T_2',惯性力 F_2 和自身重力的作用. 棒随系统转动,在非惯性系中处于相对静止状态. 取 O 为转轴,由平衡条件有

$$\sum M_0=m_1gl_1\sin\theta+m_2g(l_1+l_2)\sin\theta-F_1l_1\cos\theta-F_2(l_1+l_2)\cos\theta=0$$

而

$$F_1=m_1\omega^2l_1\sin\theta$$

$$F_2=m_2\omega^2(l_1+l_2)\sin\theta$$

从而求得

$$\theta=\arccos\frac{g}{\omega^2}\cdot\frac{m_1l_1+m_2(l_1+l_2)}{m_1l_1^2+m_2(l_1+l_2)^2}$$

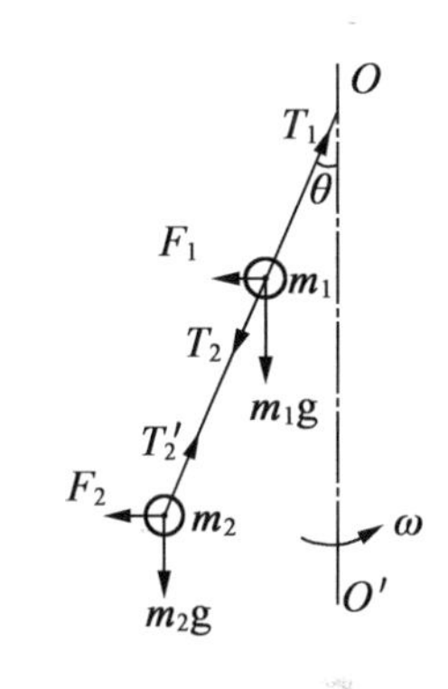

1.156 题解图

1.157 (1)设惯性力为 F',前、后轮所受的摩擦力分别为 f_1 和 f_2,如图所示(a),并建立如图(b)所示的直角坐标系,则由平衡条件有

$$\sum F_x=f_1+f_2-F'=0$$

$$\sum F_y=N_1+N_2-mg=0$$

对质心 C 取矩,由平衡条件有(也可对前轮或后轮与地面的接触取矩并应用平衡条件)

$$M_C=f_1h+f_2h+N_2l_2-N_1l_1=0$$

而

$$F'=ma$$

$$F_1=\mu N_1$$

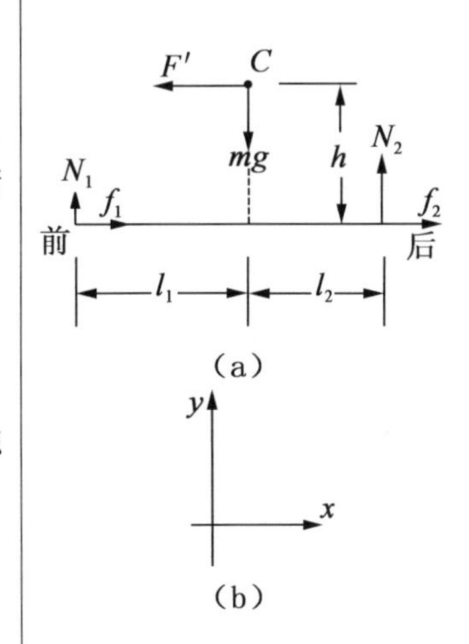

1.157 题解图

心得 体会 拓广 疑问

$$F_2 = \mu N_2$$

故联立以上各式解得

$$a = \mu g$$

$$F' = \mu mg$$

$$N_1 = \frac{l_2 + \mu h}{l_1 + l_2} mg$$

$$N_2 = \frac{l_1 - \mu h}{l_1 + l_2} mg$$

$$f_1 = \frac{l_2 + \mu h}{l_1 + l_2} \mu mg$$

$$f_2 = \frac{l_1 - \mu h}{l_1 + l_2} \mu mg$$

(2)只对前轮刹车时,滑动摩擦只发生在前轮与地面之间,而后轮与地面之间只有正压力而不产生摩擦力,即 $f_2 = 0$. 参照(1)的解,由平衡条件有

$$\sum F_x = f_1 - F' = 0$$

$$\sum F_y = N_1 + N_2 - mg = 0$$

$$\sum M_{前} = N_2(l_1 + l_2) + F'h - mgl_1 = 0$$

而

$$F' = ma$$

$$f_1 = \mu N_1$$

故联立以上各式解得

$$a = \frac{l_2}{l_1 + l_2 - \mu h} \mu g$$

$$N_1 = \frac{l_2}{l_1 + l_2 - \mu h} mg$$

$$N_2 = \frac{l_1 - \mu h}{l_1 + l_2 - \mu h} mg$$

$$F' = f_1 = \frac{l_2}{l_1 + l_2 - \mu h} \mu mg$$

(3)参照(2)的解,并注意到这时 $f_1 = 0$,$f_2 \neq 0$,从而求得

$$a = \frac{l_1}{l_1 + l_2 + \mu h} \mu g$$

$$N_1 = \frac{l_2 + \mu h}{l_1 + l_2 + \mu h} mg$$

$$N_2 = \frac{l_1}{l_1 + l_2 + \mu h} mg$$

$$F' = f_2 = \frac{l_1}{l_1 + l_2 + \mu h} \mu mg$$

(4)若不使自行车向前翻倒,必须使 $N_2 > 0$,而在解(3)中总

心得 体会 拓广 疑问

有 $N_2>0$,所以只要使(1),(2)两解中的 $N_2>0$ 即可,即

$$\frac{l_1-\mu h}{l_1+l_2}mg>0$$

$$\frac{l_1-\mu h}{l_1+l_2-\mu h}mg>0$$

为使上式同时成立必须有

$$l_1-\mu h>0$$

$$l_1+l_2-\mu h>0$$

从而得到公共解为

$$\mu<\frac{l_1}{h}$$

(5)由解(1)中 $N_1=N_2$ 可求得

$$\mu=\frac{l_1-l_2}{2h}$$

1.158 (1)此题可简化为小车在与水平面成 α 角的水平面上运行的情形,如图(a)所示. 小车在质心处受惯性力 F' 和自重 mg 的作用,在 A 轮处受支持力 N_1 和摩擦力 f_1 的作用,在 B 轮处受支持力 N_2 和摩擦力 f_2 的作用,各力方向如图所示. 建立如图(b)所示的直角坐标系,由 x,y 方向上的受力平衡和以 A 为支点的平衡条件分别有

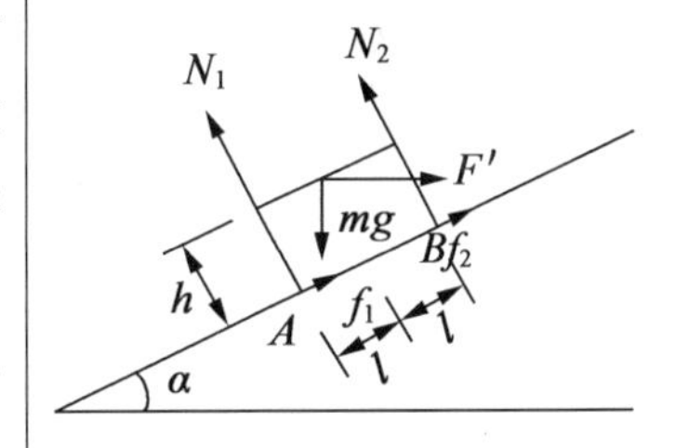

(a)

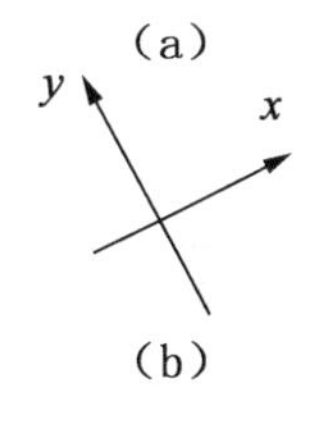

(b)

1.158 题解图

$$\sum F_x=F'\cos\alpha+(f_1+f_2)-mg\sin\alpha=0 \qquad ①$$

$$\sum F_y=F'\sin\alpha-(N_1+N_2)+mg\cos\alpha=0 \qquad ②$$

$$\sum M_A=F'(l\sin\alpha+h\cos\alpha)-N_2\cdot 2l+mg(l\cos\alpha-h\sin\alpha)=0 \qquad ③$$

而

$$F'=m\frac{v^2}{R} \qquad ④$$

$$f_1=\mu N_1 \qquad ⑤$$

$$f_2=\mu N_2 \qquad ⑥$$

故将式④~式⑥代入式①,式②后联立解得

$$v=\sqrt{\frac{\sin\alpha-\mu\cos\alpha}{\cos\alpha+\mu\sin\alpha}Rg}=\sqrt{\frac{\tan\alpha-\mu}{1+\mu\tan\alpha}Rg} \qquad ⑦$$

由式⑦知,必须有 $\mu<\tan\alpha$,这时,当 $v=0$ 时,车在斜面上下滑,当 v 从 0 增至式⑦中的值时,车便在斜面上半径为 R 处平衡,当 v 再增加超过一定范围时,车便会沿斜面上滑(下一题将详细讨论这一情况). 而当 $\mu>\tan\alpha$ 时,v 不存在,即不论 v 为何值,车都不会沿斜面下滑.

(2)联立式③,式④,式⑦解得

心得 体会 拓广 疑问

$$N_2=\frac{mgh\left(\frac{l}{h}-\mu\right)}{2l\cos\alpha(1+\mu\tan\alpha)} \quad ⑧$$

将式④,式⑦,式⑧代入式②可解得

$$N_1=\frac{mgh\left(\frac{l}{h}+\mu\right)}{2l\cos\alpha(1+\mu\tan\alpha)}$$

由此得

$$f_1=\mu N_1=\frac{mgh\mu\left(\frac{l}{h}+\mu\right)}{2l\cos\alpha(1+\mu\tan\alpha)}$$

$$f_2=\mu N_2=\frac{mgh\mu\left(\frac{l}{h}-\mu\right)}{2l\cos\alpha(1+\mu\tan\alpha)}$$

$$F'=m\frac{v^2}{R}=\frac{\tan\alpha-\mu}{(1+\mu\tan\alpha)}mg$$

(3)由于恒有 $N_1>0$,所以小车不会沿斜面向上翻. 若使小车沿斜面向下翻,须使 $N_2<0$,从而解得

$$\frac{l}{h}<\mu$$

1.159 参见上题解. 由于小车在 y 轴上无相对运动,且车子没有翻倒,所以车子在 y 轴上受力平衡且所受各力矩也是平衡的. 因此有

$$\sum F_y=(N_1+N_2)-F'\sin\alpha-mg\cos\alpha=0$$

$$\sum M_A=N_2\cdot 2l-F'(l\sin\alpha+h\cos\alpha)-mg(l\cos\alpha-h\sin\alpha)=0$$

易知

$$F'=m\frac{v^2}{R}$$

(1)联立以上三式解得

$$N_1=\frac{mh\cos\alpha}{2l}\left[g\left(\frac{l}{h}+\tan\alpha\right)+\frac{v^2}{R}\left(\frac{l}{h}\tan\alpha-1\right)\right]$$

$$N_2=\frac{mh\cos\alpha}{2l}\left[g\left(\frac{l}{h}-\tan\alpha\right)+\frac{v^2}{R}\left(\frac{l}{h}\tan\alpha+1\right)\right]$$

所以求得

$$f_1=\mu N_1=\frac{mh\mu\cos\alpha}{2l}\left[g\left(\frac{l}{h}+\tan\alpha\right)+\frac{v^2}{R}\left(\frac{l}{h}\tan\alpha-1\right)\right]$$

$$f_2=\mu N_2=\frac{mh\mu\cos\alpha}{2l}\left[g\left(\frac{l}{h}-\tan\alpha\right)+\frac{v^2}{R}\left(\frac{l}{h}\tan\alpha+1\right)\right]$$

(2)若使小车沿斜面下滑,则 $\sum F_x<0$,且这时 f_1,f_2 的方向沿斜面向上,所以

$$\sum F_x=F'\cos\alpha+f_1+f_2-mg\sin\alpha<0$$

心得 体会 拓广 疑问

$$m\frac{v^2}{R}\cos\alpha+(mg\cos\alpha+m\frac{v^2}{R}\sin\alpha)\mu-mg\sin\alpha<0$$

$$m\cos\alpha[g(\mu-\tan\alpha)+\frac{v^2}{R}(\mu\tan\alpha+1)]<0 \quad ①$$

即 $$v<\sqrt{\frac{\tan\alpha-\mu}{1+\mu\tan\alpha}Rg}$$

这里必须有 $\mu<\tan\alpha$，否则当 $\mu>\tan\alpha$ 时，由式①可知 $\sum F_x>0$，与所设情况相矛盾，即车不会沿斜面下滑. 可见，$\mu<\tan\alpha$ 是保证小车能沿斜面下滑的条件之一.

若使小车沿斜面上滑，则 $\sum F_x>0$，且这时 f_1,f_2 的方向沿斜面向下，所以

$$\sum F_x=F'\cos\alpha-f_1-f_2-mg\sin\alpha>0$$

$$m\frac{v^2}{R}\cos\alpha-(mg\cos\alpha+m\frac{v^2}{R}\sin\alpha)\mu-mg\sin\alpha>0$$

$$m\cos\alpha\cdot[\frac{v^2}{R}(1-\mu\tan\alpha)-g(\tan\alpha+\mu)]>0 \quad ②$$

即 $$v>\sqrt{\frac{\tan\alpha-\mu}{1+\mu\tan\alpha}Rg}$$

这里必须有 $\mu\tan\alpha<1$，即 $\tan\alpha<\frac{1}{\mu}$，由于已给定 $\mu<\tan\alpha$，所以有 $\mu<\tan\alpha<\frac{1}{\mu}$，可求得 $\mu<1$，但这时只有当 $\alpha\leqslant45°$ 时才能满足 $\tan\alpha<\frac{1}{\mu}$. 否则当 $\alpha>45°$ 时，则由式②知 $\sum F_x<0$，这与所设情况不符，即小车不可能沿斜面上滑. 可见 $\alpha\leqslant45°$ 是保证小车能够沿斜面上滑的条件之一（实际上 $\mu<\tan\alpha$ 也是其条件之一）.

分析：如果给定 $\mu>\tan\alpha$，则同上可讨论知，不论 μ 为何值，总有 $\alpha<45°$，才能保证小车沿斜面上滑.

若使小车翻倒，则使 $N_1<0$ 或 $N_2<0$，由于给定 $\frac{l}{h}>\tan\alpha$，所以总有 $N_2>0$，即小车不会在斜面上向下翻. 可见，$\frac{l}{h}>\tan\alpha$ 是保证小车在斜面上不向下翻的条件.

若使小车在斜面上向上翻倒，则使 $N_1<0$，这时可求得

$$v>\sqrt{\frac{\tan\alpha+\frac{l}{h}}{1-\frac{l}{h}\tan\alpha}Rg}$$

由上式知，必须有 $1-\frac{l}{h}\tan\alpha>0$，即 $\frac{l}{h}<\frac{1}{\tan\alpha}$，又由于题中给定

心得 体会 拓广 疑问

$\frac{l}{h}>\tan\alpha$，所以有$\frac{1}{\tan\alpha}>\tan\alpha$，即$\alpha<45°$；否则当$\alpha>45°$时，$\frac{l}{h}\tan\alpha-1>0$，由此可知，恒有$N_1>0$，与所设$N_1<0$矛盾，即小车不会在斜面上向上翻倒. 可见，$\alpha<45°$是保证小车在斜面上向上翻倒的条件之一. 所以在$\mu<\tan\alpha$，$\frac{l}{h}>\tan\alpha$的条件下：

小车下滑的条件为

$$v<\sqrt{\frac{\tan\alpha-\mu}{1+\mu\tan\alpha}Rg}$$

小车上滑的条件为

$$\alpha\leqslant 45°,\text{且 } v>\sqrt{\frac{\tan\alpha+\mu}{1-\mu\tan\alpha}Rg}$$

小车翻倒的条件为

$$\alpha<45°,\text{且 } v>\sqrt{\frac{\tan\alpha+\frac{l}{h}}{1-\frac{l}{h}\mu\tan\alpha}Rg}$$

综合以上分析得出结论：

由于$\mu<\tan\alpha$，$\frac{l}{h}>\tan\alpha$，即$\frac{l}{h}>\mu$，所以

$$\sqrt{\frac{\tan\alpha+\frac{l}{h}}{1-\frac{l}{h}\mu\tan\alpha}Rg}>\sqrt{\frac{\tan\alpha+\mu}{1-\mu\tan\alpha}Rg}$$

因此：

①若$\alpha<45°$，车在斜面上有上、下滑动和向上翻倒的可能：

1°当$v<\sqrt{\frac{\tan\alpha-\mu}{1+\mu\tan\alpha}Rg}$时，车沿斜面下滑；

2°当$\sqrt{\frac{\tan\alpha-\mu}{1+\mu\tan\alpha}Rg}\leqslant v\leqslant\sqrt{\frac{\tan\alpha+\mu}{1-\mu\tan\alpha}Rg}$时，车在斜面上平衡运动，不滑动；

3°当$\sqrt{\frac{\tan\alpha+\mu}{1-\mu\tan\alpha}Rg}<v\leqslant\sqrt{\frac{\tan\alpha+\frac{l}{h}}{1-\frac{l}{h}\tan\alpha}Rg}$时，车沿斜面上滑；

4°当$v>\sqrt{\frac{\tan\alpha+\frac{l}{h}}{1-\frac{l}{h}\tan\alpha}Rg}$时，车在斜面上既上滑，又向上翻倒.

②当$\alpha=45°$时，车不会在斜面上翻倒，只有可能上、下滑动：

心得 体会 拓广 疑问

1°当 $v<\sqrt{\dfrac{\tan\alpha+\mu}{1+\mu\tan\alpha}Rg}$时，车沿斜面下滑；

2°当$\sqrt{\dfrac{\tan\alpha-\mu}{1+\mu\tan\alpha}Rg}\leqslant v\leqslant\sqrt{\dfrac{\tan\alpha+\mu}{1-\mu\tan\alpha}Rg}$时，车在斜面上平衡运动，不滑动；

3°当 $v>\sqrt{\dfrac{\tan\alpha+\mu}{1-\mu\tan\alpha}Rg}$，车沿斜面上滑.

③若 $\alpha>45°$时，车既不会沿斜面上滑，也不会在斜面上翻倒：

1°当 $v<\sqrt{\dfrac{\tan\alpha-\mu}{1+\mu\tan\alpha}Rg}$时，车沿斜面下滑；

2°当 $v\geqslant\sqrt{\dfrac{\tan\alpha-\mu}{1+\mu\tan\alpha}Rg}$时，车在斜面上平衡运动，不滑动也不翻倒.

1.6 功和能

1.160 设这一过程中经过的时间为 t，M 滑行的距离为 s，M 的滑行速度为 v_M，所以

$$s=\frac{a_1}{a_y}h=\frac{m}{M+m}h\cot\alpha$$

参见 1.124 题解则有

$$s=\frac{1}{2}a_1t^2$$

$$h=\frac{1}{2}a_yt^2$$

m 对 M 所做的功为

$$\begin{aligned}W&=N\cos\alpha\cdot 0+N\sin\alpha\cdot s=N\cdot s\sin\alpha\\&=\frac{mMg\cos\alpha}{M+m\sin^2\alpha}\cdot\frac{m}{M+m}h\cot\alpha\cdot\sin\alpha\\&=\frac{Mm^2gh\cos^2\alpha}{(M+m)(M+m\sin^2\alpha)}\end{aligned}$$

或用下面的方法求出 W 为

$$\begin{aligned}W&=\frac{1}{2}Mv_M^2=\frac{1}{2}M(2a_1s)=Mh\cdot\frac{a_1^2}{a_y}\\&=\frac{Mm^2gh\cos^2\alpha}{(M+m)(M+m\sin^2\alpha)}\end{aligned}$$

1.161 设汽车在 A，B 两点时，绳子之间的夹角为 θ，则 $\theta=45°$，如图所示. v_B 可分解为沿绳子方向和垂直于绳子方向上的两个分速度，其大小分别为

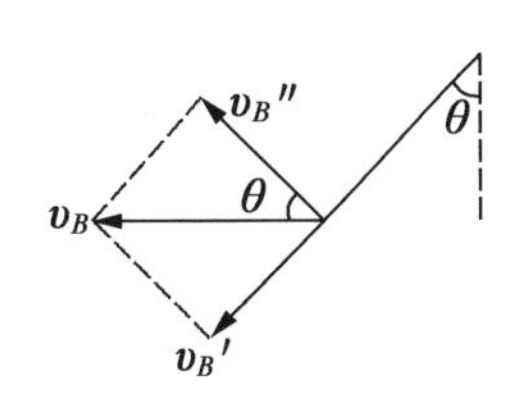

1.161 题解图

心得 体会 拓广 疑问

$$v_B' = v_B \sin\theta$$
$$v_B'' = v_B \cos\theta$$

则这时物体上升的速度为

$$v_{上} = v_B' = v_B \sin\theta$$

物体上升的高度为

$$h = \sqrt{l^2 + l^2} - l = (\sqrt{2} - 1)l$$

故由功能原理知所求的功为

$$W = \frac{1}{2}mv_{上}^2 + mgh = \frac{1}{4}mv_B^2 + (\sqrt{2} - 1)mgh$$

1.162 如图所示，设子弹在水平和竖直方向上的分速度分别为 v_x，v_y，则有

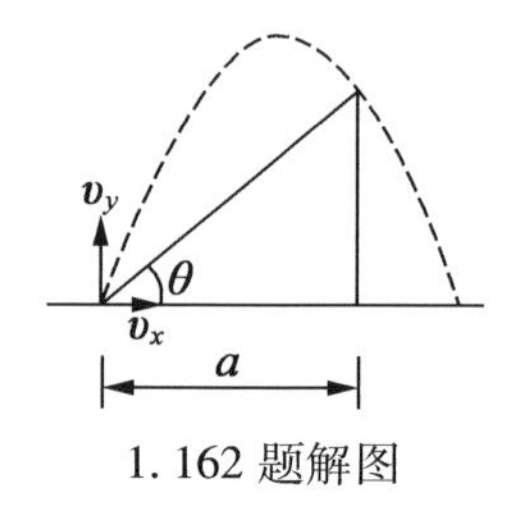

1.162 题解图

$$a = v_x \cdot t$$

$$a\tan\theta = v_y \cdot t - \frac{1}{2}gt^2$$

由以上两式得

$$v_y = v_x \tan\theta + \frac{ag}{2v_x}$$

因此发射子弹的能量为

$$E_K = \frac{1}{2}m(v_x^2 + v_y^2) = \frac{1}{2}m\left[v_x^2 + \left(v_x\tan\theta + \frac{ag}{2v_x}\right)^2\right]$$

$$= \frac{1}{2}m\left[(1+\tan^2\theta)v_x^2 + \frac{a^2g^2}{4v_x} + ag\tan\theta\right]$$

$$= \frac{1}{2}m\left[\left(\frac{v_x^2}{\cos^2\theta} + \frac{a^2g^2}{4v_x} - \frac{ag}{\cos\theta}\right) + \left(ag\tan\theta + \frac{ag}{\cos\theta}\right)\right]$$

$$= \frac{1}{2}m\left[\left(\frac{v_x}{\cos\theta} - \frac{ag}{2v_x}\right)^2 + \frac{1+\sin\theta}{\cos\theta}ag\right]$$

当 $\frac{v_x}{\cos\theta} - \frac{ag}{2v_x} = 0$ 时，E_k 最小为

$$E_{k\min} = \frac{1}{2}mga \cdot \frac{1+\sin\theta}{\cos\theta} = \frac{1}{2}mga \cdot \frac{\sin^2\frac{\theta}{2} + \cos^2\frac{\theta}{2} + 2\sin\frac{\theta}{2}\cos\frac{\theta}{2}}{\cos^2\frac{\theta}{2} - \sin^2\frac{\theta}{2}}$$

$$= \frac{1}{2}mga \cdot \frac{\left(\sin\frac{\theta}{2} + \cos\frac{\theta}{2}\right)^2}{\left(\cos\frac{\theta}{2} + \sin\frac{\theta}{2}\right)\left(\cos\frac{\theta}{2} - \sin\frac{\theta}{2}\right)}$$

$$= \frac{1}{2}mga \cdot \frac{1 + \tan\frac{\theta}{2}}{1 - \tan\frac{\theta}{2}}$$

1.163 由于要求的是球能下降的最大距离而不是球最后静

心得 体会 拓广 疑问

止的位置,所以不属于静力学问题;又因为球在运动过程中绳子中的张力是变化的,所以也不宜用牛顿第二定律来求解.但若考虑到整个过程中满足机械能守恒的条件,那么就可用机械能守恒定律来求解.

由于初、末两状态重物 G 和圆球 Q 的速度都为零,所以只考虑势能的变化.从题图中知,当 Q 下降时重物 G 上升的高度为

$$h' = \sqrt{l^2 + h^2} - l$$

故由机械能守恒有

$$0 = 2Gh' - Qh$$

由以上两式联立求得

$$h = \frac{4GQl}{4G^2 - Q^2}$$

1.164 用 m 代表小球的质量,设小球 P 第一次滑到斜面 B 上的高度为 h_1',由功能原理有

$$mg(h_1 - h_1') = (\mu_1 mg\cos\theta_1)\frac{h_1}{\sin\theta_1} + (\mu_2 mg\cos\theta_2)\frac{h_1'}{\sin\theta_2}$$

从而得

$$h_1' = \frac{1 - \mu_1\cot\theta_1}{1 + \mu_2\cot\theta_2}h_1$$

同样的道理求得小球 P 从斜面 B 上高度为 h_1' 处回到斜面 A 上的高度 h_2 为

$$h_2 = \frac{1 - \mu_2\cot\theta_2}{1 + \mu_1\cot\theta_1}h_1'$$

若设

$$\gamma = \frac{(1 - \mu_1\cot\theta_1)(1 - \mu_2\cot\theta_2)}{(1 + \mu_1\cot\theta_1)(1 + \mu_2\cot\theta_2)}$$

$$\beta = \frac{1 - \mu_1\cot\theta_1}{1 + \mu_2\cot\theta_2}$$

则可写出通式

$$h_n = \gamma^{n-1} \cdot h_1$$

$$h_n' = \beta h_n$$

从而求得小球 P 在斜面 A 上通过的总路程为

$$l_1 = \frac{h_1}{\sin\theta_1} + \frac{2h_2}{\sin\theta_1} + \frac{2h_3}{\sin\theta_1} + \cdots = \frac{2(1 + \gamma + \gamma^2 + \cdots)h_1 - h_1}{\sin\theta_1}$$

$$= \frac{2\left(\frac{1}{1-\gamma}\right)h_1 - h_1}{\sin\theta_1} = \frac{1+\gamma}{1-\gamma} \cdot \frac{h_1}{\sin\theta_1}$$

小球 P 在斜面 B 上通过的总路程为

$$l_2 = \frac{2h_1'}{\sin\theta_2} + \frac{2h_2'}{\sin\theta_2} + \frac{2h_3'}{\sin\theta_2} + \cdots = \frac{2\beta(1 + \gamma + \gamma^2 + \gamma^3 + \cdots)h_1}{\sin\theta_2}$$

心得 体会 拓广 疑问

$$=\frac{2\beta}{1-\gamma}\cdot\frac{h_1}{\sin\theta_2}$$

因此得出小球 P 在停止于 O 处前通过的总路程为

$$s=l_1+l_2$$
$$=\frac{1}{\mu_1\cot\theta_1+\mu_2\cot\theta_2}\cdot\left(\frac{1+\mu_1\mu_2\cot\theta_1\cot\theta_2}{\sin\theta_1}+\frac{1-\mu_1^2\cot^2\theta_1}{\sin\theta_2}\right)h_1$$

1.165 先将杆均匀分成无限小的 n 段,从离转轴向外数第 i 段的质量和速度分别用 m_i 和 v_i 表示,则该段动能为

$$E_{Ki}=\frac{1}{2}m_iv_i^2=\frac{1}{2}\times\frac{m}{n}\left(\frac{l}{n}i\omega\right)^2\quad(i=1,2,3,\cdots,n)$$

则杆的总动能为

$$E_K=\sum_{i=1}^{n}E_{Ki}=\frac{ml^2\omega^2}{2n^3}\sum_{i=1}^{n}i^2$$
$$=\frac{ml^2\omega^2}{2}\lim_{n\to\infty}\frac{1}{6}\left(1+\frac{1}{n}\right)\left(2+\frac{1}{n}\right)=\frac{ml^2\omega^2}{6}$$

1.166 如图所示,以水面第 i 层水柱为一微元,池水被分为 n 层,第 i 层水柱的半径为

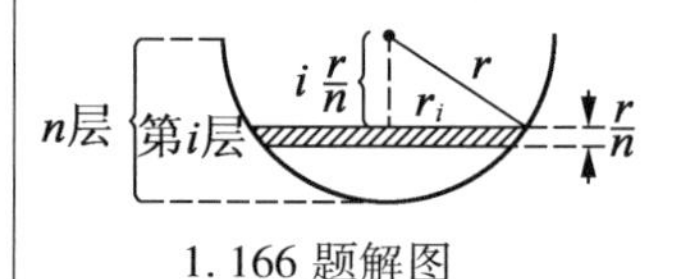

1.166 题解图

$$r_i=\sqrt{r^2-\left(i\frac{r}{n}\right)^2}$$

则这层水的质量为

$$m_i=\rho\pi r_i^2\cdot\frac{r}{n}=\rho\pi\left[r^2-\left(i\frac{r}{n}\right)^2\right]\cdot\frac{r}{n}$$

将这层水抽出去要做的最小功为

$$\Delta W=m_ig\left(i\frac{r}{n}\right)=\pi\rho gr^4\left(\frac{i}{n^2}-\frac{i^3}{n^4}\right)$$

所以将池内的水抽干至少要做的总功为

$$W=\sum_{i=1}^{n}\Delta W$$
$$=\pi\rho gr^4\left(\frac{1+2+3+\cdots+n}{n^2}-\frac{1^3+2^3+3^3+\cdots+n^3}{n^4}\right)$$
$$=\pi\rho gr^4\left[\frac{\frac{1+n}{2}n}{n^2}-\frac{\frac{n^2(n+4)^2}{4}}{n^4}\right]=\pi\rho gr^4\left(\frac{1}{4}-\frac{1}{4n^2}\right)$$

当 $n\to\infty$ 时

$$W=\frac{1}{4}\pi\rho gr^4$$

1.167 **解法一:**依题意阻力与铁钉进入木板的深度成线性正比,设比例系数为 k,并设第二次打击深度为 h,两次铁钉所受平均阻力分别为 $\bar{f}_1,\bar{f}_2$,则有

$$\bar{f}_1=\frac{0+ks}{2}=\frac{1}{2}ks\qquad①$$

心得 体会 拓广 疑问

$$\bar{f}_2=\frac{ks+k(s+h)}{2}=ks+\frac{1}{2}kh \qquad ②$$

由于打铁钉时,使铁钉所获得的能量全部用于克服阻力做功,且两次的能量相等,所以有

$$\bar{f}_1\cdot s=\bar{f}_2\cdot h \qquad ③$$

联立解式① ~ 式③得

$$h^2+2sh-s^2=0$$

从而求得 $h=(\sqrt{2}-1)s$(舍去负根).

解法二:参见解法一. 第一次打击后有

$$W_{阻}=\frac{1}{2}ks^2$$

第二次打击后有

$$2W_{阻}=\frac{1}{2}k(s+h)^2$$

由以上两式求得

$$h=(\sqrt{2}-1)s$$

1.168 如图所示,设发动机的拉力为 F,阻力与重力的比例系数为 k,最后一节车厢脱钩后行走距离为 l_1,关闭动力后火车前进的距离为 l_2,则有

$$F=kMg$$

1.168 题解图

解法一:设火车原行驶的速度为 v,脱钩后最后一节车厢的阻力加速度大小为 a_1,则有

$$l_1=\frac{v^2}{2a_1}=\frac{v^2}{2\cdot\frac{kmg}{m}}=\frac{v^2}{2kg}$$

火车在脱钩和关闭动力之间的加速度为 a_2,则

$$a_2=\frac{F-(M-m)kg}{M-m}=\frac{m}{M-m}kg$$

设火车在关闭动力时的速度为 v_1,则有

$$v_1^2=v^2+2a_2l=v^2+\frac{2m}{M-m}kgl$$

而

$$l_2=\frac{v_1^2}{2\cdot a_3}=\frac{v_1^2}{2\cdot\frac{(M-m)kg}{M-m}}=\frac{v^2+\frac{2m}{M-m}kgl}{2kg}$$

$$=\frac{v^2}{2kg}+\frac{m}{M-m}l$$

因此二者静止时之间的距离为

$$s=l+l_2-l_1=\frac{M}{M-m}l$$

心得 体会 拓广 疑问

解法二:同样设火车原来以匀速 v 行驶,由于火车是匀速行驶的,所以有

$$F = kMg \qquad ①$$

对车厢 m 由功能原理有

$$-kmgl_1 = 0 - \frac{1}{2}mv^2 \qquad ②$$

对脱钩后的火车,由功能原理有

$$Fl - k(M-m)g(l+l_2) = 0 - \frac{1}{2}(M-m)v^2 \qquad ③$$

由式②得

$$l_1 = \frac{v^2}{2kg}$$

由式①,式③得

$$l_2 = \frac{v^2}{2kg} + \frac{m}{M-m}l$$

因此静止时二者之间的距离为

$$s = l + l_2 - l_1 = \frac{M}{M-m}l$$

1.169 在第一种情形中,设小球的初速度为 v_1,则由机械能守恒有

$$\frac{1}{2} \cdot 2mv_1^2 = 2mgl$$

求得

$$v_1 = \sqrt{2gl}$$

在第二种情形中,小球 C 的初速度为 v_2,则小球 B 的初速度为$\frac{v_2}{2}$,由系统的机械能守恒有

$$\frac{1}{2}mv_2^2 + \frac{1}{2}m\left(\frac{v_2}{2}\right)^2 + mg \cdot \frac{l}{2} = 2mgl$$

求得

$$v_2 = \sqrt{\frac{12}{5}gl}$$

1.170 四个球子组成的系统的质量中心在轴心,在转动的过程中一直不变(因为四个球子是对称放的). 所以由整个系统的机械能守恒有

$$Mgh = \frac{1}{2}Mv^2 + 4 \times \frac{1}{2}mv_1^2 \qquad ①$$

而

$$v = \omega r \qquad ②$$

$$v_1 = \omega R \qquad ③$$

故联立式① ~ 式③解得

心得 体会 拓广 疑问

$$v=\sqrt{\frac{2Mghr^2}{Mr^2+4mR^2}}\approx 0.348(\mathrm{m/s})$$

$$\omega=\sqrt{\frac{2Mgh}{Mr^2+4mR^2}}\approx 69.6(\mathrm{rad/s})$$

$$v_1=\sqrt{\frac{2MghR^2}{Mr^2+4mR^2}}\approx 6.96(\mathrm{m/s})$$

1.171 如图所示，设物体绕 O_1 做圆周运动达到最高点 B 时，绳的张力为 T，速度为 v_B，OA 在碰到钉前瞬间的速度为 v_A，张力为 $T_{前}$，碰到钉后瞬间的张力为 $T_{后}$.

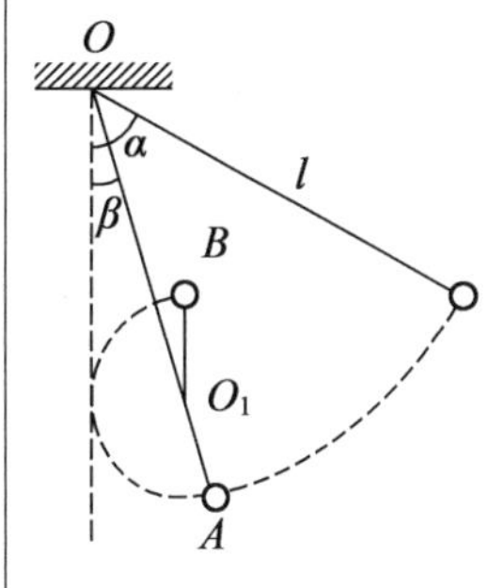

1.171 题解图

(1)小球到达点 B 时，由圆周运动定律有

$$T+mg=m\frac{v_B^2}{l-h} \quad ①$$

由机械能守恒定律有

$$mg[h\cos\beta-l\cos\alpha-(l-h)]=\frac{1}{2}mv_B^2 \quad ②$$

由式②知，若使 h 有最小值，则需使 v_B 有最小值；再由式①知，当 $T=0$ 时，v_B 有最小值，所以有

$$T=0 \quad ③$$

故联立式①~式③解得

$$\cos\alpha=\frac{h}{l}\left(\frac{3}{2}+\cos\beta\right)-\frac{3}{2} \quad ④$$

即
$$\alpha=\arccos\left[\frac{h}{l}\left(\frac{3}{2}+\cos\beta\right)-\frac{3}{2}\right]$$

(2)小球到达点 A，线 OA 碰到钉子时，由机械能守恒定律有

$$mgl(\cos\beta-\cos\alpha)=\frac{1}{2}mv_A^2 \quad ⑤$$

由式④，式⑤解得

$$v_A^2=g(l-h)\left(\frac{3}{2}+\cos\beta\right)$$

在线 OA 碰到钉子瞬间前后，由圆周运动定律有

$$T_{前}-mg\cos\beta=m\frac{v_A^2}{l}$$

$$T_{后}-mg\cos\beta=m\frac{v_A^2}{l-h}$$

所以

$$T_{后}-T_{前}=mv_A^2\left(\frac{1}{l-h}-\frac{1}{l}\right)=2mg\frac{h}{l}\left(\frac{3}{2}+\cos\beta\right)$$

1.172 设钉子位于点 O'，距悬点 O 距离为 h，小球被钉子挡住后做以 O' 为圆心的圆周运动至点 C 时绳中的张力变为 $T=0$，速度为 v_C，此后小球将不受绳的约束，做斜上抛运动，$O'C$ 与 $O'O$

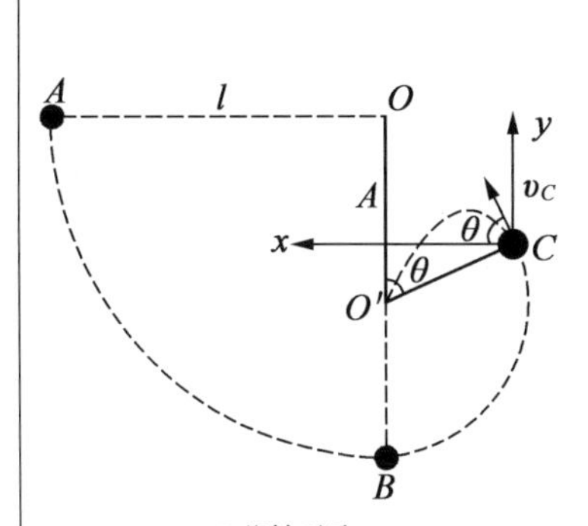

1.172 题解图

的夹角为 θ,如图所示. 在点 C 由圆周运动定律和机械能守恒分别有

$$T+mg\cos\theta=m\frac{v_C^2}{l-h} \quad ①$$

$$mgl=\frac{1}{2}mv_C^2+mg(l-h)(1+\cos\theta) \quad ②$$

而

$$T=0 \quad ③$$

建立以点 C 为原点,水平向左为 x 轴,竖直向上为 y 轴的直角坐标系. 则在 x 轴和 y 轴方向上由运动学公式分别有

$$(l-h)\sin\theta=v_Ct\cos\theta \quad ④$$

$$-(l-h)\cos\theta=v_Ct\sin\theta-\frac{1}{2}gt^2 \quad ⑤$$

由式④,式⑤得

$$g(l-h)\sin^2\theta=2v_C^2\cos\theta \quad ⑥$$

由式①,式③得

$$v_C^2=g(l-h)\cos\theta \quad ⑦$$

由式⑥,式⑦得

$$\tan\theta=\sqrt{2}$$

即

$$\cos\theta=\frac{1}{\sqrt{1+\tan^2\theta}}=\frac{\sqrt{3}}{3} \quad ⑧$$

将式⑦,式⑧代入式②可求得

$$h=(2\sqrt{3}-3)l$$

1.173 设绳子断裂时它和竖直方向夹角为 α,则由竖直方向上的受力平衡和圆周运动定律分别有

$$T\cos\alpha-mg=0$$

$$mg\tan\alpha=m\frac{v_0^2}{l\sin\alpha}$$

由以上两式求得

$$\alpha=\arccos\frac{1}{2}=60°,v_0=\sqrt{gl\cdot\frac{\cos^2\alpha}{\sin\alpha}}=6.7(\text{m/s})$$

(v_0 为绳子断裂时小球的速度).

再由机械能守恒有

$$\frac{1}{2}mv_0^2+mg(h-l\cos\alpha)=\frac{1}{2}mv^2$$

从而求得

$$h=\frac{v^2-v_0^2}{2g}+l\cos\alpha=6(\text{m})$$

心得 体会 拓广 疑问

因此小球落地时间为

$$t=\sqrt{\frac{2(h-l\cos\alpha)}{g}}=0.95(\mathrm{s})$$

小球落地点离抛出点的水平距离为

$$s=v_0t=6.4(\mathrm{m})$$

所以

$$R=\sqrt{(l\sin\alpha)^2+s^2}=6.9(\mathrm{m})$$

1.174 设小球到达某点 C 时绳子开始松弛，球在这时的速度和绳中的张力分别为 v 和 T. 由于 v 的方向垂直于 PC 向上，所以小球从点 C 开始在自身重力的作用下做抛射角为 α 的斜抛运动，如图所示. 在点 C 由机械能守恒和圆周运动定律分别有

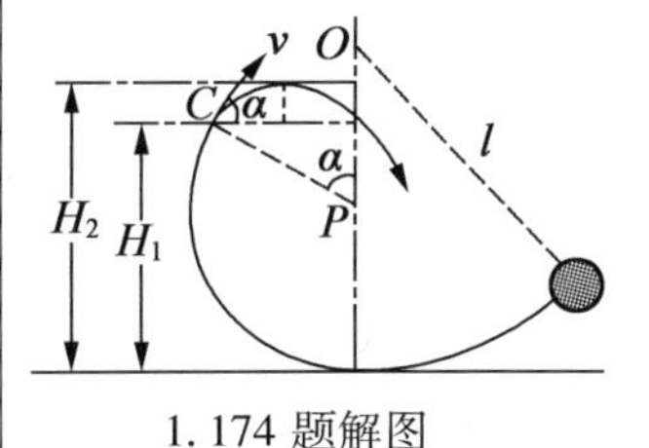

1.174 题解图

$$mgh(1-\cos\alpha)=\frac{1}{2}mv^2 \quad ①$$

$$T+mg\cos\alpha=m\frac{v^2}{h} \quad ②$$

而

$$\cos\alpha=\frac{H_1-h}{h} \quad ③$$

在小球脱离绳子的束缚，即绳子开始松弛时有

$$T=0 \quad ④$$

联立式①~式④可解得

$$\cos\alpha=\frac{2}{3}$$

$$H_1=\frac{5}{3}h$$

$$v=\sqrt{\frac{2}{3}gh}$$

再由斜抛运动所能达到的最大高度公式知

$$H_2-H_1=\frac{v}{2g}\sin^2\alpha$$

将 $\cos\alpha=\frac{2}{3}, H_1=\frac{5}{3}h, v=\sqrt{\frac{2}{3}gh}$ 代入上式可求得

$$H_2=\frac{50}{27}$$

$$h=\frac{25}{27}l$$

当然 H_2 也可以由机械能守恒

$$\frac{1}{2}m(v\sin\alpha)^2=mg(H_2-H_1)$$

来求得.

心得 体会 拓广 疑问

1.175 摆线被 A 阻挡后，摆球做以 A 为圆心，$l-a$ 为半径的圆周运动，设摆线与竖直线成角 α 时绳中的张力为 T，摆球的速度为 v. 则由圆周运动定律和机械能守恒分别有

$$T-mg\cos\alpha=m\frac{v^2}{l-a} \quad ①$$

$$mgl(1-\cos\theta)=\frac{1}{2}mv^2+mg[l-a\cos\varphi-(l-a)\cos\alpha] \quad ②$$

因为摆线不弯曲，所以有

$$T\geqslant 0 \quad ③$$

现在来细致地讨论摆球的运动，正碰后摆球的运动情况可能有三种：一是摆球能达到最高点的最大摆角为 $0<\alpha\leqslant\frac{\pi}{2}$，在此最高位置时 $v=0$，摆球开始回摆，以后便做分别以 O 和 A 为悬点的摆动；二是摆球能到达最高点的最大摆角为 $\alpha=\pi$，即摆球以 A 为中心做竖直面上的圆周运动；三是摆球能到达最高点的最大摆角为 $\frac{\pi}{2}<\theta<\pi$，如图所示，则摆球运动到某位置时，$T=0$，摆球将脱离圆周做斜上抛运动. 但第三种情况与题中要求的始终能使摆线有张力相矛盾，所以要分析摆球在前两种情况下到达最高位置时（临界状况）的运动.

（1）在第一种情况下 $0<\alpha\leqslant\frac{\pi}{2}$，摆球到达最高位置时

$$v=0$$

代入式①，式②后与式③联立解得

$$\cos\alpha=\frac{T}{mg}\geqslant 0$$

$$\cos\theta\geqslant\frac{a}{l}\cos\varphi$$

（2）在第二种情况下，摆球到达最高位置时 $\alpha=\pi$，这时

$$\cos\alpha=-1$$

代入式①，式②后与式③联立解得

$$\cos\theta\leqslant\frac{a}{l}\cos\varphi-\frac{3(l-a)}{2l}$$

综合（1），（2）的讨论知，摆球的运动始终能使摆线不弯曲的条件是

$$\frac{a}{l}\cos\varphi\leqslant\cos\theta\leqslant\frac{a}{l}\cos\varphi-\frac{3(l-a)}{2l}$$

1.176 设小球到达点 A 时的速度为 v，则速度 v 的方向沿点 A 的切线方向向上，即小球脱离点 A 后便在自身重力的作用下做抛射角为 α 的斜抛运动，落到点 B 时，其速度仍为 v，但方向沿点 B 的切线方向向下，所以小球仍能沿圆环做圆周运动. 在点 B 由机

械能守恒有

$$mg(h-R-R\cos\alpha)=\frac{1}{2}mv^2 \quad ①$$

在小球由点 A 到点 B 的运动过程中由圆周运动定律有

$$2R\sin\alpha=\frac{v^2\sin 2\alpha}{g} \quad ②$$

联立式①,式②解得

$$h=R(1+\cos\alpha+\frac{1}{2\cos\alpha})$$

因 $\cos\alpha>0$,所以当 $\cos\alpha=\frac{1}{2\cos\alpha}$时,即当 $\alpha=45°$时,$\cos\alpha+\frac{1}{2\cos\alpha}$有最小值,$H$ 也有最小值,其值为

$$h_{\min}=R(1+\sqrt{2})$$

1.177 设物体滑到某一位置开始离开球面时,球面对物体的正压力为 N,物体的速度为 v,如题图所示. 则由机械能守恒和圆周运动定律分别有

$$mgh=\frac{1}{2}mv^2$$

$$mg\cos\theta-N=m\frac{v^2}{R}$$

而

$$\cos\theta=\frac{R-h}{R}$$

在物体开始离开球面时,有

$$N=0$$

由以上各式求得

$$h=\frac{R}{3}$$

物体离开球面后做斜下抛运动.

1.178 小物块运动到某位置时,圆柱面对它的支持力已减小为零,之后便与圆柱面脱离而做抛物运动. 设在此临界位置时的临界角为 θ,此时小物块相对于圆柱面做圆周运动的速度为 v',如图所示. 则由机械能守恒和圆周运动定律分别有

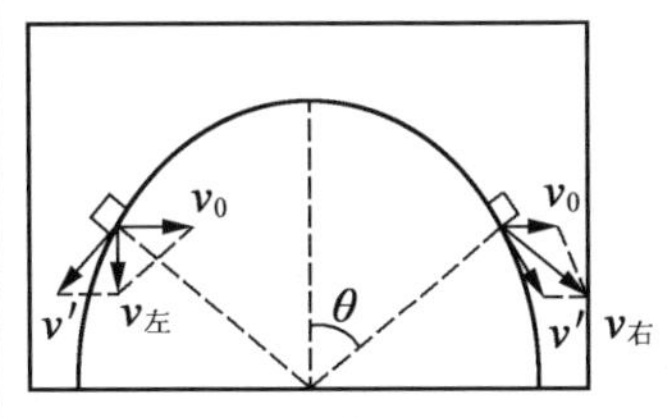

1.178 题解图

$$mgR(1-\cos\theta)=\frac{1}{2}mv'^2$$

$$mg\cos\theta=m\frac{v'^2}{R}$$

由以上两式联立求得

$$\cos\theta=\frac{2}{3}$$

$$v'=\sqrt{\frac{2}{3}gR}$$

心得 体会 拓广 疑问

(1)当物块向右滑时,物块相对于地面向右和向下的分速度分别为 $v_0+v'\cos\theta$ 和 $v'\sin\theta$,所以刚离开圆柱面时相对于地面的速度为

$$v_{右}^2=(v_0+v'\cos\theta)^2+(v'\sin\theta)^2=v_0^2+\frac{2}{3}gR+\frac{4}{3}v_0\sqrt{\frac{2}{3}gR}$$

当然,也可根据速度三角形(见题解图),由余弦定理求得

$$v_{右}^2=v_0^2+v'^2+2v_0v'\cos\theta=v_0^2+\frac{2}{3}gR+\frac{4}{3}v_0\sqrt{\frac{2}{3}gR}$$

因而圆柱面支持力对它所做的功为

$$W=\frac{1}{2}mv_{右}^2-\frac{1}{2}mv_0^2-mgR(1-\cos\theta)=\frac{2mv_0}{3}\sqrt{\frac{2}{3}gR}$$

(2)当物块向左滑时,由于物块相对于地面向左的速度为 $v'\cos\theta-v_0$,所以同(1)的方法可求得

$$W=-\frac{2mv_0}{3}\sqrt{\frac{2}{3}gR}$$

注意这时

$$v_{左}^2=v_0^2+v'^2-2v_0v'\cos\theta=v_0^2+\frac{2}{3}gR-\frac{4}{3}v_0\sqrt{\frac{2}{3}gR}$$

1.179 设圆拱受物体的正压力为 N,则由能量守恒和圆周运动定律分别有

$$\frac{1}{2}mv^2=mgR(1-\cos\alpha)$$

$$mg\cos\alpha-N=m\frac{v^2}{R}$$

当物体滑动掉入孔里时,$N\geqslant 0$,代入以上两式后联立解得

$$\cos\alpha\geqslant\frac{2}{3}$$

$$v=\sqrt{2gR(1-\cos\alpha)}$$

若 $\cos\alpha<\frac{2}{3}$,则物体只能沿抛物线轨道飞入圆拱中,设其飞行时间为 t,由水平方向和竖直方向上的运动学公式分别有

$$v\cos\alpha\cdot t=R\sin\alpha$$

$$v\sin\alpha\cdot t-\frac{1}{2}gt^2=R(1-\cos\alpha)$$

联立以上两式解得

$$v=\cos\frac{\alpha}{2}\sqrt{\frac{gR}{\cos\alpha}}$$

$$t=\frac{2\sin\frac{\alpha}{2}}{\cos\alpha}\sqrt{\frac{R}{g}}$$

心得 体会 拓广 疑问

1.180　在铁链和小球所组成的系统下滑的过程中,使系统下滑的力来源于垂在桌面下一段铁链的重量和小球 M 的重量. 而垂在桌面下一段铁链的长度又是不断增加的,所以此力是变力,这样只能用机械守恒定律来解题.

(1)取桌面以下 l 处为零势能面,并先研究第二种情形,即铁链两端拴上小球的情况,每一段铁链的质量中心必在其中点. 在放手前系统的动能 E_{K1} 为零,势能为 E_{P1},则:

桌面上段的铁链所具有的势能为 $\frac{(l-x_0)}{l}\cdot mgl$;

桌面下段的铁链所具有的势能为 $\frac{x_0}{l}\cdot mg(l-\frac{x_0}{2})$;

桌面上球所具有的势能为 Mgl;

桌面下球所具有的势能为 $Mg(l-x_0)$;

所以

$$E_{P1}=\frac{(l-x_0)}{l}mgl+\frac{x_0}{l}mg(l-\frac{x_0}{2})+Mgl+Mg(l-x_0)$$
$$=mgl(1-\frac{x_0^2}{2l^2})+Mgl(2-\frac{x_0}{l})$$

设在铁链上端刚离开桌面时,系统的速度为 v,则系统的动能为 $E_{K2}=\frac{1}{2}(m+2M)v^2$,势能为 E_{P2},则:

铁链的势能为 $mg\,\frac{l}{2}$;

上面球的势能为 Mgl;

下面球的势能为 0;

所以

$$E_{P2}=mg\,\frac{l}{2}+Mgl+0=mg\,\frac{l}{2}+Mgl$$

再由机械能守恒有

$$E_{K1}+E_{P1}=E_{K2}+E_{P2}$$

即

$$0+mgl(1-\frac{x_0^2}{2l^2})+Mgl(2-\frac{x_0}{l})=\frac{1}{2}(m+2M)v^2+mg\,\frac{l}{2}+Mgl$$

将上式整理后得

$$v=\sqrt{gl-\frac{(mx_0+2Ml)}{(m+2M)l}gx}=\sqrt{\frac{g(l-x_0)}{l}[m(l-x_0)+2Ml]}$$

在第一种情况时,将 $M=0$ 代入上式可求得此时速度为

$$v_0=\sqrt{gl-\frac{x^2}{l}g}=\sqrt{\frac{g}{l}(l^2-x^2)}$$

心得 体会 拓广 疑问

因为 $v_0^2 - v^2 = \frac{2M(l-x)}{(m+2M)l}gx_0 > 0$,所以有 $v_0 > v$.

(2)链条在下滑的过程中,做变加速运动,设在某一时刻,桌边下垂部分为 x,则:

在第一种情况下链条的加速度为

$$a_0 = \frac{\frac{x}{l}mg}{m} = \frac{x}{l}g$$

在第二种情况下链条和小球所组成的系统的加速度为

$$a = \frac{(M + \frac{x}{l}m)g}{m + 2M} = \frac{(Ml + mx)}{(m + 2M)l}g$$

因为 $$a_0 - a = \frac{M(2x - l)}{m + 2M}g$$

所以有:

①当 $x > \frac{l}{2}$ 时,$a_0 > a$;

②当 $x = \frac{l}{2}$ 时,$a_0 = a$;

③当 $x < \frac{l}{2}$ 时,$a_0 < a$.

(3)铁链两端未拴小球,当它离开桌面后便在自身重力的作用下做落体运动,由运动定律有

$$h - l = v_0 t + \frac{1}{2}gt^2$$

即

$$h = l + \frac{1}{2}gt^2 + (gl - \frac{x^2}{l})gt = l(1 + g^2 t) + \frac{1}{2}gt(t - \frac{2x^2}{l})$$

1.181　解法一:用牛顿第二定律解. 设楔子向下的加速度为 a_m,方体木块沿水平方向移动的加速度为 a_M,木块对楔子的支持力为 N,则楔子对木块的正压力为 N',分别取 m,任意 M 为研究对象,则由牛顿第二定律分别有

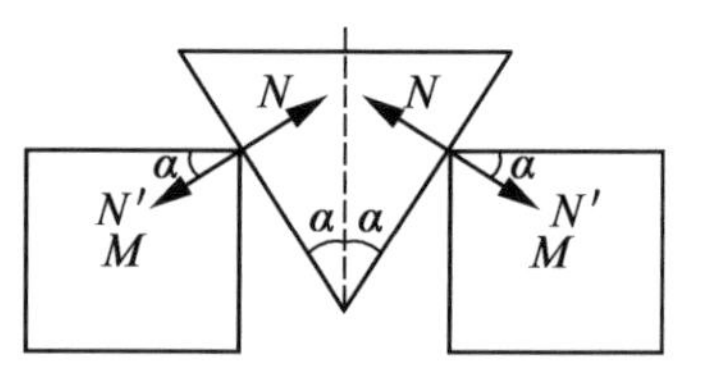

1.181 题解图

$$mg - 2N\sin\alpha = ma_m$$

$$N'\cos\alpha = Ma_M$$

而 $$N = N'$$

由于 m 只有向下的加速度,没有水平加速度,而 M 只有水平的加速度,没有竖直的加速度,并且 M 又一直是相对于 m 运动,所以有

$$a_M = a_m \tan\alpha$$

联立以上四式可解得

$$a_M = \frac{mg\tan\alpha}{m + 2M\tan^2\alpha}$$

心得 体会 拓广 疑问

解法二:用机械能守恒定律来解,参见解法一. 设在某一时刻 m 下降的高度为 h,速度为 v_m,则 M 在水平方向运动的距离为 $s=h\tan\alpha$,速度为 v_M,并且有

$$v_M^2=2a_M\cdot s=2a_Mh\tan\alpha$$

$$v_m^2=2a_mh$$

$$a_M=a_m\tan\alpha$$

由系统的机械能守恒有

$$mgh=2\cdot\frac{1}{2}Mv_M^2+\frac{1}{2}mv_m^2$$

联立以上四式可解得

$$a_M=\frac{mg\tan\alpha}{m+2M\tan^2\alpha}$$

说明 此题与 1.128 题为同一类型,但此题的条件比 1.128 题的条件减弱,因而也较简单.

1.182 解法一:设弹簧的劲度系数为 k,开始加上力 F 时弹簧的压缩量为 x_1,撤去力 F 后 m_1 弹起,m_2 被提起时弹簧的伸长量为 x_2,则有

$$F+m_1g=kx_1 \quad ①$$

$$m_2g=kx_2 \quad ②$$

由机械能守恒定律有

$$\frac{1}{2}kx_1^2=\frac{1}{2}kx_2^2+m_1g(x_1+x_2) \quad ③$$

联立式①~式③解得

$$(F+m_1g)^2-2m_1g(F+m_1g)-(2m_1m_2g^2+m_2^2g^2)=0$$

解得

$$F+m_1g=m_1g\pm(m_1+m_2)g$$

舍去负值得

$$F=(m_1+m_2)g$$

解法二:由于弹簧的对称性,故所需加的压力与在 m_1 上所加的,并能连同 m_2 提起时的拉力相等,即 $F=(m_1+m_2)g$.

1.183 物体通过的弧长为

$$s=l\varphi$$

物体下落的高度为

$$h=d\sin\theta$$

式中 d 为物体最后停止位置向边 MN 所引的垂线,即

$$d=l\sin(180°-\varphi)$$

由动能定理有

$$mgh-\mu mg\cos\theta\cdot s=0$$

故联立以上四式解得

心得 体会 拓广 疑问

$$\mu=\tan\theta\cdot\frac{\sin\varphi}{\varphi}$$

1.184 如图(a)所示,小球的质量用 m 表示,小球在平面 α 上运动时,受垂直于斜面向上的支持力为

$$N=mg\cos\varphi$$

受与运动方向相反的摩擦力为

$$f=\mu N=\mu mg\cos\varphi \quad ①$$

如图(b)所示,设小球在圆环顶点 C 时的运动速度为 v,它受到环对它的支持力为 N',方向沿斜面向下,则由圆周运动定律有

$$mg\sin\varphi+N'=m\frac{v^2}{R} \quad ②$$

再由能量守恒有

$$\frac{1}{2}mv_0^2-f\left(\frac{1}{2}\pi R\right)=\frac{1}{2}mv^2+mgR\sin\varphi \quad ③$$

若使小球在 C 处继续做圆周运动,必须满足

$$N'\geqslant 0 \quad ④$$

因此将式①代入式③,式④代入式②后,再联立式②,式③解得

$$v_0\geqslant\sqrt{(3\sin\varphi+\pi\mu\cos\varphi)Rg}$$

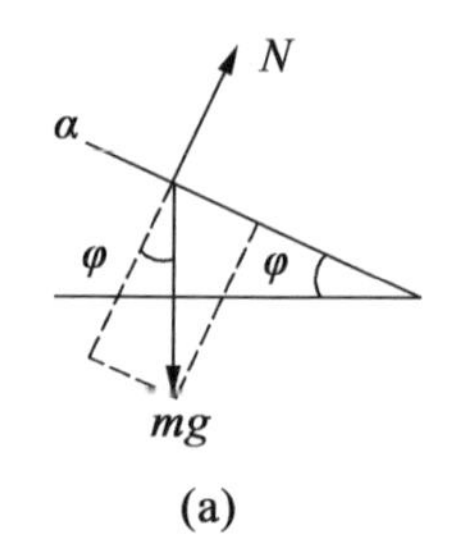

(a)

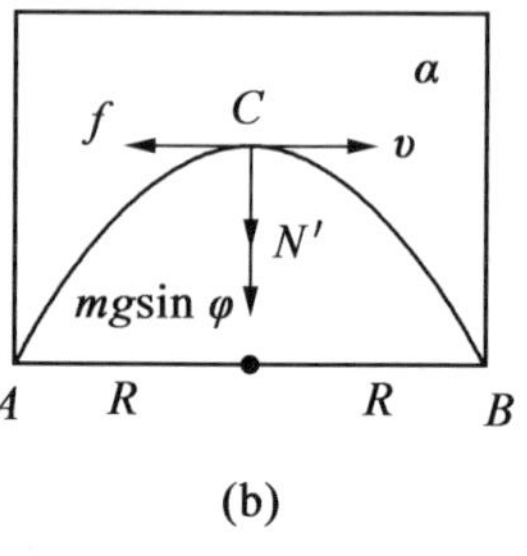

(b)

1.184 题解图

1.185 设小球在点 C 脱离圆环,这时的速度为 v,OC 与垂直于 AB 的半径成 α 角,如图所示. 注意到重力加速度沿斜面上的分量为 $g\sin\varphi$,则由圆周运动定律和机械能守恒定律分别有

$$mg\sin\varphi\cos\alpha=m\frac{v^2}{R} \quad ①$$

$$\frac{1}{2}mv_0^2=\frac{1}{2}mv^2+mgR\cos\alpha\sin\varphi \quad ②$$

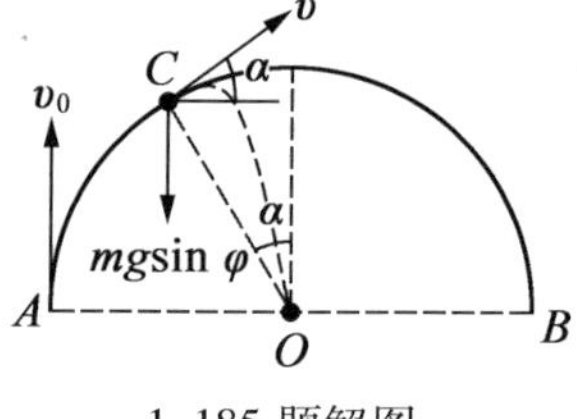

1.185 题解图

小球脱离圆环后便在斜面上做斜抛运动,由运动定律有

$$R\sin\alpha=v\cos\alpha\cdot t \quad ③$$

$$R\cos\alpha=-v\sin\alpha\cdot t+\frac{1}{2}g\sin\varphi\cdot t^2 \quad ④$$

由式①,式②得

$$\cos\alpha=\frac{v_0^2}{3gR\sin\varphi} \quad ⑤$$

$$v^2=\frac{1}{3}v_0^2 \quad ⑥$$

由式③,式④得

$$v^2=\frac{1}{2}gR\sin\varphi\left(\frac{1}{\cos\alpha}-\cos\alpha\right) \quad ⑦$$

联立式⑤~式⑦可求解得

$$v_0=\sqrt{\sqrt{3}gR\sin\varphi}$$

心得 体会 拓广 疑问

$$v=\frac{1}{3}\sqrt{\sqrt{3}gR\sin\varphi}$$

$$\alpha=\arccos\frac{\sqrt{3}}{3}=54.74°$$

1.186 在木块向左运动到某一时刻,设轻杆与地面之间的夹角为 θ,轻杆转动的瞬时角速度为 ω,木块向左运动的瞬时速度为 v,如图所示.则由能量守恒有

$$m_2gl(\sin\theta_0-\sin\theta)=\frac{1}{2}m_1v^2+\frac{1}{2}m_2(\omega l)^2$$

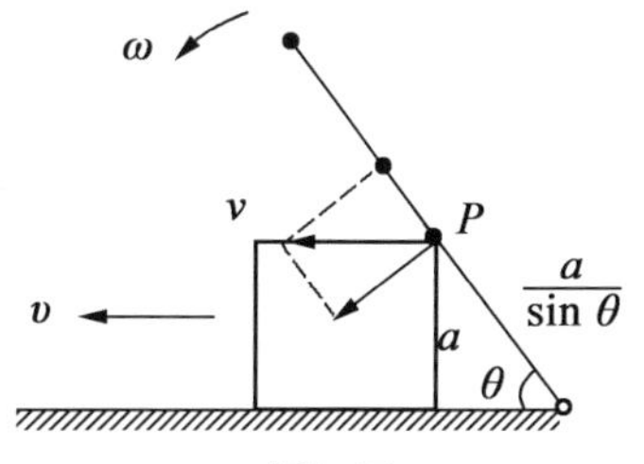

1.186 题解图

在木块与轻杆的接触点 P 处,沿垂直于轻杆方向上两者没有相对运动,所以

$$v\sin\theta-\omega\cdot\frac{a}{\sin\theta}=0$$

故由以上两式求得

$$v_1=\sqrt{\frac{2m_2gl(\sin\theta_0-\sin\theta)}{m_1+m_2\dfrac{l^2}{a^2}\sin^4\theta}}$$

在 θ 的取值范围内,θ 越小,根式中分子值越大,分母值越小.这意味着木块速度 v_1 在 θ 变小的运动过程中越来越大,故细杆对木块的斜压力一直存在,木块不会在遇细杆上端点(即小重物)之前离开细杆.

1.187 设当杆转至竖直位置时,杆的转动角速度为 ω,A,B 两球的线速度分别为 v_1 和 v_2,则由机械能守恒有

$$0=+\frac{1}{2}mv_1^2+\frac{1}{2}mv_2^2+mgr-mg\cdot 2r$$

而

$$v_1=\omega r$$

$$v_2=2\omega r$$

由以上各式得

$$\omega=\sqrt{\frac{2g}{5r}}$$

$$v_1=\sqrt{\frac{2}{5}gr}$$

$$v_2=2\sqrt{\frac{2}{5}gr}$$

小球 A 受到杆的作用力为 N_1,方向向上.则由圆周运动定律有

$$mg-N_1=m\frac{v_1^2}{r} \quad ①$$

小球 B 受到杆的作用力为 N_2,方向向上.则由圆周运动定律有

$$N_2 - mg = m\frac{v_2^2}{2r} \quad ②$$

将 v_1, v_2 的值分别代入式①,式②后联立解得

$$N_1 = \frac{3}{5}mg$$

$$N_2 = \frac{9}{5}mg$$

杆受到的总作用力是以上两个力的反作用力为

$$N = N_1' + N_2' = -N_1 + (-N_2) = -2.4mg$$

负值表示 N 的方向竖直向下.

1.188 设 m 滑至圆柱顶端时的速度为 v,它受到圆柱的支持力为 N,方向向左的绳中张力的作用,则对 m 由圆周运动定律和系统的机械能守恒定律分别有

$$mg - N = m\frac{v^2}{R}$$

$$0 = mgR - Mg\frac{\pi R}{2} + \frac{1}{2}(M+m)v^2$$

由以上两式解得

$$v = \sqrt{\frac{(\pi M - 2m)Rg}{M+m}}$$

$$N = \frac{(3m + M - \pi M)mg}{M+m}$$

m 对柱面的压力为 $N' = -N$,即大小与 N 相同,方向竖直向下.

1.189 如图所示,小车在与水平对称的 1,2 两处做微小位移,其微小角度为 $\Delta\alpha$ 时,可将力视为恒力,对 1,2 两处由圆周运动定律分别有

$$N_1 - mg\sin\alpha = m\frac{v^2}{R}$$

$$N_2 + mg\sin\alpha = m\frac{v^2}{R}$$

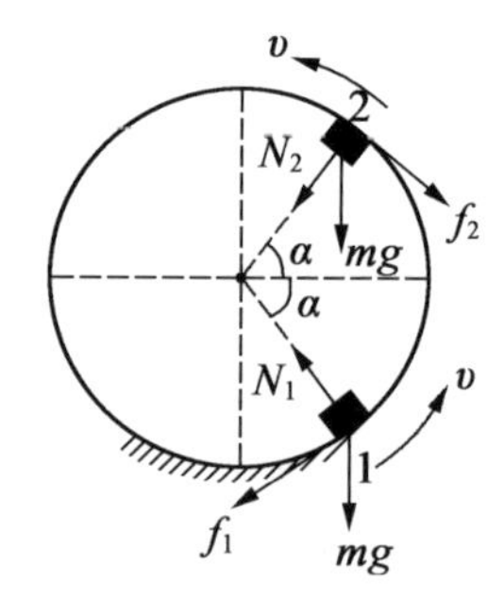

1.189 题解图

小车在 1,2 两处摩擦力的总功之和为

$$\Delta W_f = \Delta W_{f_1} + \Delta W_{f_2} = -\mu(N_1 + N_2)R\Delta\alpha$$

由以上三式得

$$\Delta W_f = -2\mu mv^2 \cdot \Delta\alpha$$

可见 ΔW_f 与 α 的大小无关,当 $\Delta\alpha = \frac{\pi}{2}$时

$$\Delta W_f = -\pi\mu mv^2$$

1.190 设薄壁圆筒受左、右斜面的支持力分别为 N_1 和 N_2,转动时受左、右斜面的摩擦力分别为 f_1 和 f_2,如图所示. 由圆筒在沿两斜面方向上的受力平衡分别有

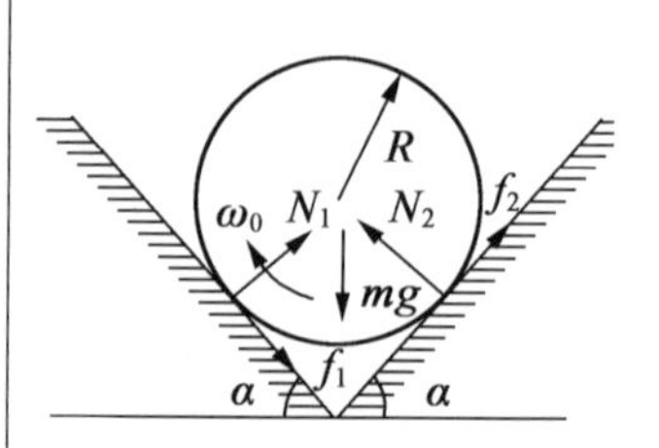

1.190 题解图

$$f_2+N_1-mg\sin 45°=0$$
$$f_1-N_2+mg\sin 45°=0$$

而

$$f_1=\mu N_1$$
$$f_2=\mu N_2$$

所以由以上各式解得

$$f_1=\frac{\sqrt{2}mg\mu(1-\mu)}{2(1+\mu^2)}$$
$$f_2=\frac{\sqrt{2}mg\mu(1+\mu)}{2(1+\mu^2)}$$

再由动能定理有

$$\frac{1}{2}m(\omega_0R)^2=(f_1+f_2)\cdot 2\pi Rn$$

(其中 n 表示圆筒转过的圈数). 因此将 f_1 和 f_2 的值代入上式可得

$$n=\frac{(1+\mu^2)\omega_0^2R}{4\sqrt{2}\pi\mu g}$$

1.191 两圆筒经过一段时间 t 后开始做无滑动的转动时,设质量分别为 m_1 和 m_2 的圆筒的角速度分别变为 ω_1 和 ω_2,两者在切点处有一对等值反向的作用力与反作用力,所以

$$m_1\frac{(\omega R-\omega_1R)}{t}=m_2\frac{\omega_2r}{t}$$

而

$$\omega_1R=\omega_2r$$

由以上两式求得

$$\omega_1=\frac{m_1}{m_1+m_2}\omega$$
$$\omega_2=\frac{m_1R}{(m_1+m_2)r}\omega$$

由动能定理知机械能转换成内能的大小为

$$\Delta E=\frac{1}{2}m_1(\omega R)^2-\frac{1}{2}m_1(\omega_1R)^2-\frac{1}{2}m_2(\omega_2r)^2$$
$$=\frac{m_1m_2}{2(m_1+m_2)}(\omega R)^2$$

1.192 (1)碰地后,环向下运动,棒被反弹后向上运动,设棒碰地瞬间的速度为 v_0,环被棒带动向上运动的加速度为 a_1,棒被反弹后向上运动的加速度为 a_2. 则对圆环和棒由能量守恒有

$$\frac{1}{2}\times 2mv_0^2=2mgh$$

对圆环和棒由运动定律分别有

心得 体会 拓广 疑问

$$kmg - mg = ma_1$$

$$kmg + mg = ma_2$$

设在两者相对静止时，环相对于棒的位移为 s，相对运动的时间为 t，共同的速度为 v，这时棒下端离地的高度为 h'. 则由动能定理有

$$\frac{1}{2}\times 2mv_0^2 - \frac{1}{2}\times 2mv^2 = mgh' + mg(h'-s) + kmgs$$

棒与圆环之间相对运动，由运动学公式有

$$s = \frac{(2v_0)^2}{2(a_1 + a_2)}$$

$$t = \frac{2v_0}{a_1 + a_2}$$

$$v = v_0 - a_1 t$$

由以上各式联立解得

$$v_0 = \sqrt{2gh}$$

$$v = \frac{\sqrt{2gh}}{k}$$

$$s = \frac{2h}{k}$$

$$t = \frac{\sqrt{2gh}}{kg}$$

$$h' = \frac{k-1}{k^2}h$$

(2)参照(1)的解，可计算出环每次在棒上相对运动的位移依次为

$$s_1 = \frac{2h}{k}, s_2 = \frac{2h}{k^2}, \cdots, s_{n-1} = \frac{2h}{k^{n-1}}, s_n = \frac{2h}{k^n}$$

所以棒碰地 $n-1$ 次和 n 次时，圆环相对于棒的位移为

$$S_{n-1} = s_1 + s_2 + \cdots + s_{n-1} = \frac{2h}{k}\cdot\frac{1-\frac{1}{k^{n-1}}}{1-\frac{1}{k}}$$

$$S_n = S_{n-1} + s_n = \frac{2h}{k}\cdot\frac{1-\frac{1}{k^n}}{1-\frac{1}{k}}$$

若碰 n 次圆环从棒上脱落，则使

$$S_{n-1} < l \leqslant S_n$$

由以上三式可得

$$\frac{1-\frac{1}{k^{n-1}}}{1-\frac{1}{k}}<\frac{kl}{2h}\leqslant\frac{1-\frac{1}{k^{n}}}{1-\frac{1}{k}}$$

1.193 (1)取平衡位置 O 为第一次到达和第二次到达即能停止的临界位置.

(i)当物体向左运动并正好停在点 O 处时,由动能定理有

$$\mu mgA_0=\frac{1}{2}kA_0^2$$

即

$$\mu=\frac{kA_0}{2mg} \quad ①$$

(ii)如果 $\mu<\frac{kA_0}{2mg}$,则物体将滑至点 O 左边距点 O 的距离为 l_1 的 B 处停止,由受力平衡和动能定理分别有

$$\frac{1}{2}k(A_0-l_1)=\mu mg \quad ②$$

$$\frac{1}{2}kA_0^2-\frac{1}{2}kl_1^2=\mu mg(A_0+l_1) \quad ③$$

若使物体能停住,则弹力不大于最大静摩擦力,即

$$kl_1\leqslant\mu mg \quad ④$$

由式②~式④求得

$$\mu\geqslant\frac{kA_0}{3mg} \quad ⑤$$

(iii)如果能满足式②,但 $\mu<\frac{kA_0}{3mg}$,则物体不会停在 B 处而要向右运动,μ 值越小往右滑动的距离越远. 设物体正好停在点 O 处,则有

$$\frac{1}{2}kl_1^2=\mu mgl_1 \quad ⑥$$

由式②,式⑥得 $\mu=\frac{kA_0}{4mg}$,即要求物体停在点 O 左方,则应满足

$$\mu>\frac{kA_0}{4mg} \quad ⑦$$

综合以上分析,物体停止在点 O 左方而不第二次经过点 O 的条件为

$$\frac{kA_0}{4mg}<\mu<\frac{kA_0}{2mg}$$

(2)当 $\frac{kA_0}{3mg}\leqslant\mu<\frac{kA_0}{2mg}$ 时,物体向左滑动直至停止而不返回. 由式②可求出最远停止点 B_1 到点 O 的距离为

心得 体会 拓广 疑问

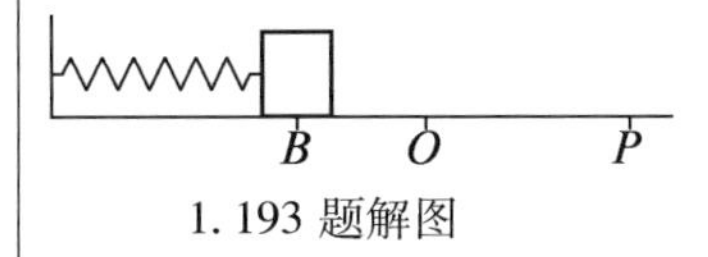

1.193 题解图

心得 体会 拓广 疑问

$$l=A_0-\frac{2\mu mg}{k}=\frac{A_0}{3}$$

当$\mu<\frac{kA_0}{3mg}$时，物体在点 B_1 的速度大于零，因此与 B_1 相应的 $\mu=\frac{kA_0}{3mg}$，$l_1=\frac{A_0}{3}$，如果停留在点 B_1 的左方，则物体在点 B_1 的弹力大于$\frac{kA_0}{3}$，而摩擦力 μmg 小于$\frac{kA_0}{3}$，弹力大于摩擦力，所以物体不可能停止而一定返回，最后停留在 O 和 B_1 之间. 所以无论 μ 值如何，物体停止点与点 O 的最大距离为$\frac{A_0}{3}$. 但这不是物体在运动过程中所能达到的左方最远值.

1.194 设活塞 D 即连杆 B 端以速度 v 通过一微小位移 Δx，与此同时，连杆 A 端以速度 v_A 绕点 C 做圆周运动转过一小段弧，v_A 方向与曲柄 CA 垂直. 若 A 端以速度 v_B 绕点 B 做圆周运动，则 v_A 是 v 与 v_B 的矢量和，如图所示. 由正弦定理有

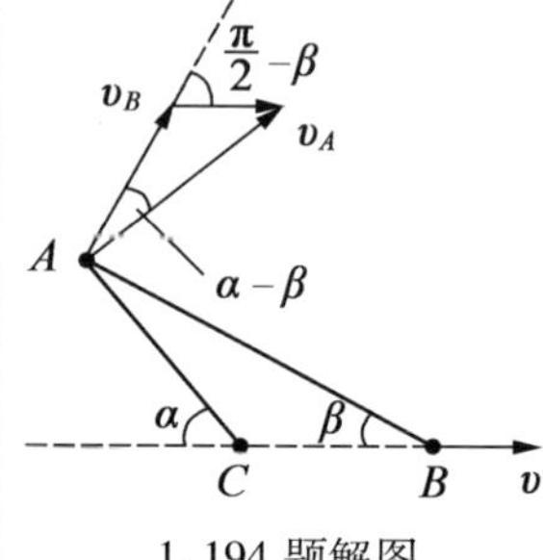

1.194 题解图

$$\frac{v_A}{\sin\left(\frac{\pi}{2}-\beta\right)}=\frac{v}{\sin(\alpha-\beta)}$$

在点 B 发生位移 Δx 的时间 Δt 内，点 A 在力 Q 方向上发生位移的大小为

$$\Delta y=v_A\Delta t\cos\alpha$$

由微元法有

$$P\cdot\Delta x-Q\cdot\Delta y$$

而

$$\Delta x=v\Delta t$$

故由以上四式联立解得

$$\frac{P}{Q}=\frac{1}{\tan\alpha-\tan\beta}$$

1.195 设小珠的质量为 m，在某一时刻 t 时，它与竖直方向的夹角为 θ，大圆环的半径用 R 表示.

先取其中一个小珠为研究对象，它受重力 mg 和大环的支持力 N 的作用，如图(a)所示. 由圆周运动定律和机械能守恒分别有

$$mg\cos\theta-N=m\frac{v^2}{R}$$

$$mgR(1-\cos\theta)=\frac{1}{2}mv^2$$

由以上两式求得

$$N=mg(3\cos\theta-2)$$

再取圆环为研究对象，它受自身重力 Mg，两个小珠各自的正

压力 N' 以及地面的支持力 N_0 的作用,如图(b)所示. 所以由受力平衡有

$$N_0 - 2(N'\cos\theta) - Mg = 0$$

而

$$N' = -N$$

当 θ 变为某数值时, N 开始变为负值,这时小珠对圆环的反作用力 N' 因有竖直向上的分力使圆环跳起,这时地面对它的支持力为零,即

$$N_0 = 0$$

所以由以上四式联立解得

$$6m\cos^2\theta - 4m\cos\theta + M = 0$$

解此方程得

$$\cos\theta = \frac{1}{3}\left(1 \pm \sqrt{1 - \frac{3M}{2m}}\right) \quad ①$$

由于 θ 有实数解,即要求

$$1 - \frac{3M}{2m} > 0$$

故求得

$$\frac{M}{m} < \frac{2}{3}$$

小珠如果不是串在圆环上而是放在圆环上,它将于 $\cos\theta_0 = \frac{2}{3}$ 时脱离圆环的约束而做抛物运动,所以圆环跳起时应有 $0 < \cos\theta < \frac{2}{3}$,即 $\theta_0 < \theta < \frac{\pi}{2}$. 式①中取正号时,对应的 θ 较小,这时圆环跳起;式①中取负号时,对应的 θ 较大,这是在圆环固定不动时,圆环有跳起趋势的第二个解,因此这个解在此题中是非物理解.

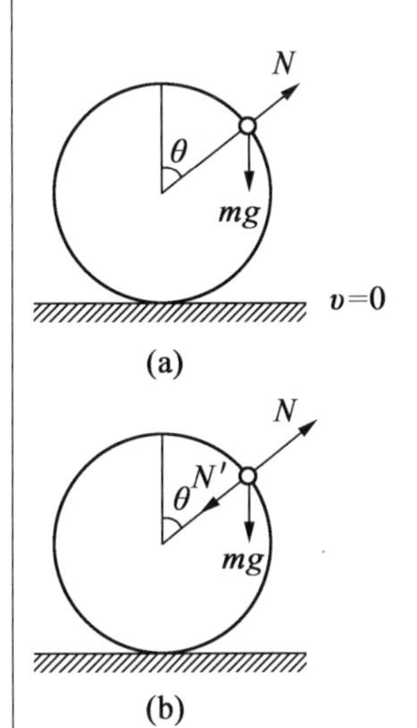

1.195 题解图

1.196 假定地球的质量和半径分别为 M 和 R,并取地球表面海水与两极连线的夹角为 φ 处,质量为 m 的海水为研究对象,并设此处海水的深度为 d,则其重力势能和惯性离心势能分别为

$$-\frac{mGM}{R+d},\ -\frac{1}{2}m[\omega(R+d)\sin\varphi]^2$$

所以此处海水的总势能为

$$E_P = -m\left[\frac{GM}{R+d} + \frac{1}{2}\omega^2(R+d)^2\sin^2\varphi\right]$$

在赤道处 $\varphi = 90°$, $d = d_{赤}$,所以

$$E_{P_{赤}} = -m\left[\frac{GM}{R+d_{赤}} + \frac{1}{2}\omega^2(R+d_{赤})^2\right] \quad ①$$

在两极处 $\varphi = 0$, $d = d_{极}$,所以

$$E_{P_{极}} = -m \cdot \frac{GM}{R+d_{极}} \quad ②$$

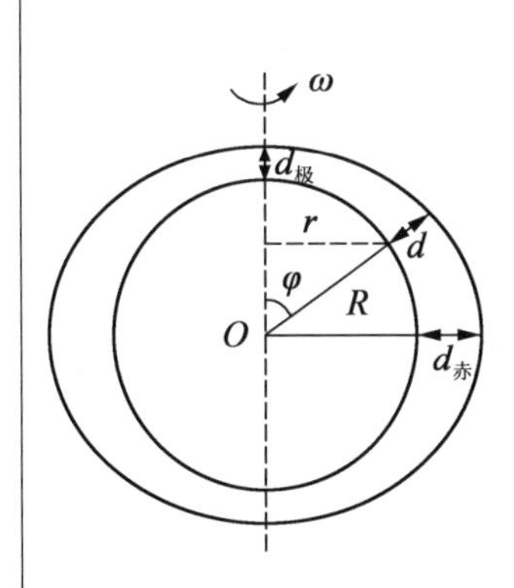

1.196 题解图

心得 体会 拓广 疑问

因为海水平衡时不可能不切向引力，从而海面上水受到的合力必定与地球表面垂直，整个海水表面构成一等势面，故有

$$E_{P_{赤}}=E_{P_{极}} \quad ③$$

将式①，式②代入式③后求得

$$GM\frac{d_{赤}-d_{极}}{R+R(d_{赤}+d_{极})+d_{赤}d_{极}}=\frac{1}{2}\omega^{2}(R+d_{赤})^{2}$$

由于 $g=\frac{GM}{R^2}$，$R>d_{赤}$，$R\gg d_{极}$，所以上式可化为

$$g(d_{赤}-d_{极})=\frac{1}{2}\omega^{2}R^{2} \quad ④$$

将 $R=6\ 400(\mathrm{km})$，$g=9.8(\mathrm{m/s})^2$，$\omega=\frac{2\pi}{24\times60\times60}$代入式④后可求得

$$d_{赤}-d_{极}\approx11(\mathrm{km})$$

1.197 (1)如图所示，设 m 在沿 F 方向运动的长度为 x 时，钢球第一次相碰，此时力 F 的作用点拉过长度为$(x+l)$，因钢球除有水平方向速度外，还有绕点 O 的瞬时速度 v_y，故由动能定理得

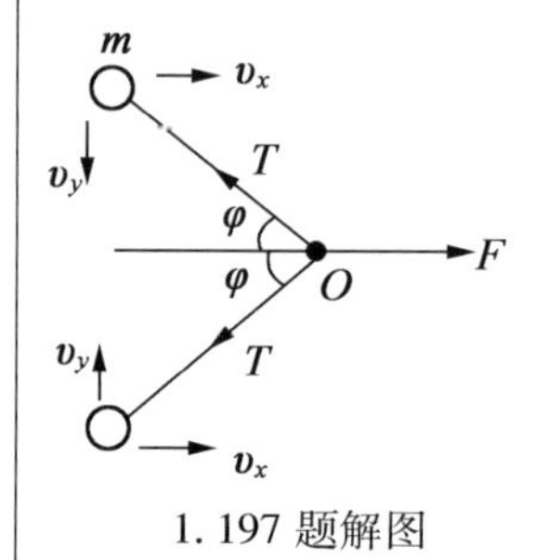

1.197 题解图

$$F(l+x)=2\times\frac{1}{2}m(v_x^2+v_y^2)=mv_x^2+mv_y^2$$

对系统在力 F 方向上应用牛顿第二定律和运动学公式分别有

$$F=2ma$$

$$v_x^2=2ax$$

联立以上三式解得

$$v_y=\sqrt{\frac{Fl}{m}}$$

(2)最后两球一起处于接触状态，因而失去了垂直于 F 方向的速度，故

$$\Delta E_K=2\times\frac{1}{2}mv_y^2=mv_y^2=Fl$$

1.198 (1)称上面的小球为球1，球心为 O_1，下面的三个小球分别为球2，球3，球4，对应的球心分别为 O_2，O_3，O_4. 联结 O_1，O_2，O_3，O_4 成为正四面体，则该四面体的每条棱长为 $2R$，如图(a)所示. 再设三角形 $O_2O_3O_4$ 的重心位置为 O，则从 O_1 作垂线必经过 O，设此垂线 O_1O 与 O_1O_2，O_1O_3，O_1O_4 之间的夹角为 α，则

$$O_2O=\frac{2}{3}\sqrt{(O_2O_3)^2-(\frac{1}{2}O_3O_4)^2}=\frac{2\sqrt{3}}{3}R$$

$$O_1O=\sqrt{(O_1O_2)^2-(O_2O)^2}=\frac{2\sqrt{6}}{3}R$$

从而易求得

心得 体会 拓广 疑问

$$\cos\alpha=\frac{\sqrt{6}}{3}$$

$$\sin\alpha=\frac{\sqrt{3}}{3}$$

先取小球 1 为研究对象. 设小球 1 与下面每个小球之间的正压力为 N,如图(a)所示. 取竖直向上为正方向,则由受力平衡有

$$\sum F=3N\cos\alpha-3mg=0$$

再取小球 2,3,4 为研究对象,如图(a),(b)所示. 取$\overline{O_2O}$的方向为正方向,则由受力平衡有

$$\sum F=2\Delta T\cos 30°-N\sin\alpha=0$$

将 $\sin\alpha,\cos\alpha$ 的值代入以上两式联立求得

$$N=\frac{\sqrt{6}}{2}mg$$

$$\Delta T=\frac{\sqrt{6}}{6}mg$$

(2)橡皮筋剪断后,球 1 开始向下运动,球 2,3,4 在球 1 压力的作用下做水平运动,开始时球 1 相对于球 2,3,4 的表面做圆周运动,运动一段时间后便与球 2,3,4 分离,分离的条件是相互间的作用力 $N=0$. 球 1 与下面三个小球分离后做自由落体运动,而由对称性可知球 2,3,4 的运动方向分别是沿 O 到 O_1,O_2,O_3 连线的延长线方向,且速度相同,如图(c)所示.

开始阶段,在球 1 相对于下面三个小球做圆周运动而未分离时,设某一时刻 O_1 的下降速度为 v_1,O_2 的运动速度为 v_2,在 $\mathrm{Rt}\triangle O_1O_2O$中,$\angle O_1O_2O=\theta(0<\theta<\alpha)$,随着 O_1 下降,角 θ 将逐渐减小,当角 θ 减小到一定值时,球 1 与下面的三个小球分离,在未分离之前,取小球 1 随 O_2,O_3,O_4 一起运动的参照系为惯性参照系,则 O_1 相对于 O_2 的运动是以 O_2 为圆心,O_2O_1为半径的圆周运动,并设此时相对运动的速度沿$\overline{O_2O_1}$方向和垂直于$\overline{O_2O_1}$方向向下的分速度分别为

$$v_{/\!/}=v_1\sin\theta-v_2\cos\theta$$

$$v_{\perp}=v_1\cos\theta+v_2\sin\theta$$

球 1 相对于球 2 做圆周运动的向心力为球 1 自身重量沿$\overline{O_1O_2}$方向的分力所提供,所以由圆周运动定律有

$$3mg\sin\theta-N=3m\cdot\frac{v_{\perp}^2}{2R}$$

此时,球 1 下降的高度为 $2R(\sin\alpha-\sin\theta)$,所以由机械能守恒有

$$\frac{1}{2}(3m)v_1^2+3\left(\frac{1}{2}mv_2^2\right)=(3m)g2R(\sin\alpha-\sin\theta)$$

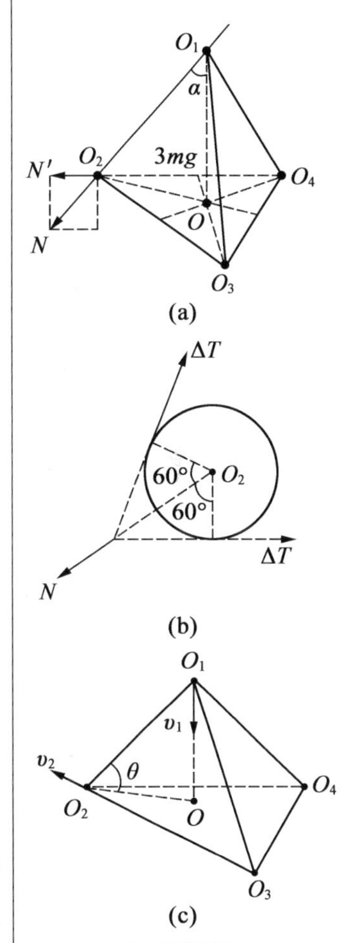

1. 198 题解图

在球1与球2,3,4分离的临界状态时有

$$v_{/\!/}=0$$

$$N=0$$

因此将 $\sin\alpha$ 的值代入以上各式得

$$v_1\sin\theta=v_2\cos\theta \quad ①$$

$$v_\perp=v_1\cos\theta+v_2\sin\theta \quad ②$$

$$g\sin\theta=\frac{v_\perp^2}{2R} \quad ③$$

$$v_1^2+v_2^2=4Rg\left(\frac{\sqrt{3}}{3}-\sin\theta\right) \quad ④$$

将式①~式③联立解得

$$v_1^2=2Rg\sin\theta\cos^2\theta \quad ⑤$$

$$v_2^2=2Rg\sin^3\theta \quad ⑥$$

$$v_\perp^2=2Rg\sin\theta \quad ⑦$$

将式⑤,式⑥代入式④后化简求得

$$\sin\theta=\frac{2\sqrt{6}}{9}$$

因此代入式⑤~式⑦求得

$$v_1^2=\frac{76\sqrt{6}}{243}Rg$$

$$v_2^2=\frac{32\sqrt{6}}{243}Rg$$

$$v_\perp^2=\frac{4\sqrt{6}}{9}Rg$$

当球1与球2,3,4分离后便做初速度为 v_1 的自由落体运动,落至桌面时下降的高度为 $2R\sin\theta$,所以由运动学公式知这时速度为

$$v=\sqrt{v_1^2-2g(2R\sin\theta)}=\frac{\sqrt{876\sqrt{6}Rg}}{27}$$

1.199 (1)设卫星的速度为 v,则由圆周运动定律有

$$G\frac{Mm}{r_0^2}=m\frac{v^2}{r_0}$$

$$v^2=\frac{GM}{r_0}$$

卫星的引力势能 E_P 和动能 E_K 分别为

$$E_P=-\frac{GMm}{r_0}$$

$$E_K=\frac{1}{2}mv^2=\frac{GMm}{2r_0}$$

心得 体会 拓广 疑问

总机械能为

$$E=E_P+E_K=-\frac{GMm}{2r_0}=-E_K$$

(2)设卫星旋转一周运动半径的增量为 Δr,则机械能的增量为(参见(1)解)

$$-f(2\pi r)=-\frac{GMm}{2(r+\Delta r)}-\left(-\frac{GMm}{2r}\right)$$

$$\Delta r=-\frac{4\pi fr^2(r+\Delta r)}{GMm}$$

由于 $\Delta r\ll r$,所以

$$\Delta r=\frac{4\pi fr^3}{GMm}$$

Δr 为负值,表明减小.

由(1)知 $E_K=-E=2\pi rf$ 为正值,表明 E_K 增加. 可见,旋转一周,阻力做负功一份,总能量减少一份,动能增加一份,因此引力势能减少两份.

1.200 (1)行星运行的椭圆轨迹如图所示,太阳位于焦点 S 处,设顶点 1,2,3 处的速度大小分别为 v_1,v_2,v_3,顶点 1,3 处的曲率半径分别为 r_1 和 r_3.

由顶点 1,2 之间的机械能守恒和开普勒第二定律分别有

$$\frac{1}{2}mv_1^2-G\frac{Mm}{A-C}=\frac{1}{2}mv_2^2-G\frac{Mm}{A+C}$$

$$v_1(A-C)=v_2(A+C)$$

其中 m 为行星质量,C 为焦点到椭圆中心的距离,C 与 A,B 的关系为

$$C=\sqrt{A^2-B^2}$$

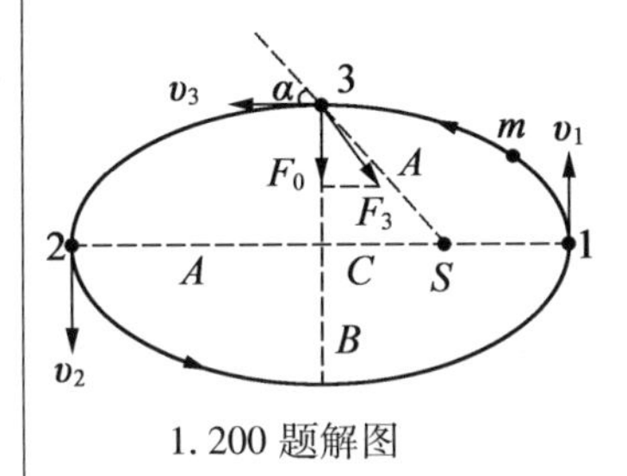

1.200 题解图

由于向心力是由万有引力所提供,所以有

$$G\frac{Mm}{(A-C)^2}=\frac{mv_1^2}{r_1}$$

由以上各式求得

$$v_1=\frac{A+C}{B}\sqrt{\frac{GM}{A}}$$

$$v_2=\frac{A-C}{B}\sqrt{\frac{GM}{A}}r_1\frac{B^2}{A}$$

设在顶点 3 处速度方向与矢径之间的夹角为 α,如图所示. 则由顶点 1,3 之间的机械能守恒和开普勒第三定律分别有

$$\frac{1}{2}mv_3^2-G\frac{Mm}{A}=\frac{1}{2}mv_1^2-G\frac{Mm}{A-C} \quad ①$$

$$v_3A\sin\alpha=v_1(A-C) \quad ②$$

由于向心力是由万有引力所提供,所以有

心得 体会 拓广 疑问

$$\left(\frac{GMm}{A^2}\right)\sin\alpha = \frac{mv_3^2}{r_3} \quad ③$$

而
$$\sin\alpha = \frac{B}{A}$$

所以将 $\sin\alpha, v_1$ 的值代入式① ~ 式③，并联立解式②，式③或式①，式③（式①，式②中只利用一个就可以了），可求得

$$v_3 = \sqrt{\frac{GM}{A}}$$

$$r_3 = \frac{A^2}{B}$$

（2）行星相对于太阳的矢径在单位时间内扫过的面积为

$$\frac{1}{2}v_1(A-C) = \frac{1}{2}v_3B$$

而椭圆的面积为 πAB，所以行星的轨道周期为

$$T = \frac{\pi AB}{\frac{1}{2}v_1(A-C)} = 2\pi A\sqrt{\frac{A}{GM}}$$

由此得

$$\frac{A^3}{T^2} = \frac{GM}{4\pi^2}（常量）$$

这就是开普勒第三定律.

1.201 设卫星在椭圆轨道上 A,B 两点的速度分别为 v_1,v_2，并分别与 A,B 两点的矢径方向垂直，所以由此两点的机械能守恒和开普勒第二定律分别有

$$\frac{1}{2}mv_1^2 - G\frac{Mm}{r_1} = \frac{1}{2}mv_2^2 - G\frac{Mm}{r_2}$$

$$v_1r_1 = v_2r_2$$

其中 m 表示卫星的质量. 由以上两式联立解得

$$v_1^2 = \frac{2GMr_2}{r_1(r_1+r_2)}$$

$$v_2^2 = \frac{2GMr_1}{r_2(r_1+r_2)}$$

卫星对地球的矢径在单位时间内扫过的面积，即面积速度为

$$\frac{1}{2}r_1v_1\sqrt{\frac{Gmr_1r_2}{2(r_1+r_2)}}$$

设椭圆轨迹的长轴和短轴分别为 a 和 b，则

$$a = \frac{1}{2}(r_1+r_2)$$

$$b = \sqrt{r_1r_2}$$

椭圆面积为

$$\pi ab=\frac{\pi}{2}(r_1+r_2)\sqrt{r_1r_2}$$

所以卫星的运行周期为

$$T=\frac{\pi ab}{\frac{1}{2}v_1r_1}=\pi(r_1+r_2)\sqrt{\frac{r_1+r_2}{2GM}}$$

点 A 到点 B 所需的时间为

$$t=\frac{T}{2}=\frac{\pi}{2}(r_1+r_2)\sqrt{\frac{r_1+r_2}{2GM}}$$

1.202 (1)飞船喷气前后的运行轨道见题图. 设火星和飞船的质量分别为 M 和 m,飞船在最近处和最远处离火星表面的距离分别为 $h_{近}$ 和 $h_{远}$,飞船在椭圆轨道上运行的速度为 v,则由喷气后点 P 和最远点之间的机械能守恒和开普勒第二定律分别有

$$\frac{1}{2}m[v_0^2+(\alpha v_0)^2]-G\frac{Mm}{R+H}=\frac{1}{2}mv^2-G\frac{Mm}{R+h_{远}} \quad ①$$

$$v_0(R+H)=v(R+h_{远}) \quad ②$$

飞船原来做圆周运动的向心力由万有引力所提供,所以

$$G\frac{Mm}{(R+H)^2}=m\frac{v_0^2}{R+H} \quad ③$$

由式②得

$$v=\frac{R+H}{R+h_{远}}v_0 \quad ④$$

由式③得

$$v_0=\sqrt{\frac{GM}{R+H}} \quad ⑤$$

将式④,式⑤代入式①后化简得

$$\left(\frac{R+H}{R+h_{远}}\right)^2-2\left(\frac{R+H}{R+h_{远}}\right)+(1-\alpha^2)=0$$

解以上方程得

$$\frac{R+H}{R+h_{远}}=1\pm\alpha$$

上式有两个解,实际上大者为飞船在远地点处离火星的距离,小者为飞船在近地点处离火星的距离,即

$$h_{远}=\frac{H+\alpha R}{1-\alpha}$$

$$h_{近}=\frac{H-\alpha R}{1+\alpha}$$

(2)设椭圆轨道的长轴半径为 A,则

$$2A=(h_{近}+R)+(h_{远}+R)$$

易求得

心得 体会 拓广 疑问

$$A=\frac{R+H}{1-\alpha^2}$$

飞船在喷气前做圆周运动的周期为

$$T_0=\frac{2\pi(R+H)}{v_0}=2\pi\sqrt{\frac{R+H}{GM}}$$

再设飞船喷气后做椭圆轨道运行的周期为 T,则由开普勒第二定律有

$$\left(\frac{T}{T_0}\right)^2=\left(\frac{A}{R+H}\right)^3$$

从而得

$$T=T_0\left(\frac{A}{R+H}\right)^{\frac{3}{2}}=2\pi\sqrt{\frac{R+H}{GM}}\left(\frac{1}{1-\alpha^2}\right)^{\frac{3}{2}}$$

1.203 据题设,小星体只受太阳的万有引力作用,小星体在运动过程中相对太阳的角动量守恒,开普勒第二定律正是这一守恒性的表现.

小星体机械能守恒,在无穷远处 $E_P=0$,$E=E_K$,抛物线和双曲线存在无穷远位置,故先讨论之.

这两种轨道与太阳的有限距离处,至少有一处小星体运动速度 $v>0$,于是根据开普勒第二定律可知,在任意有限位置处均有 $v>0$,即小星体不会在这两种轨道有限距离处停住后返回,而是要继续向远处运动,到达无穷远处. 无穷远处必有 $v\geqslant 0$,$E=E_K\geqslant 0$,因此抛物线、双曲线轨道均为 $E\geqslant 0$.

由题知,余下的椭圆轨道只能对应 $E<0$,即得:

判断 1:$E<0$ 为椭圆轨道.

双曲线 $$\frac{x^2}{a^2}-\frac{y^2}{b^2}=1$$

在无穷远处速度 v 的方向(即曲线的切线方向)与渐近线 $y=\frac{bx}{a}$ 的方向一致,故宜先讨论.

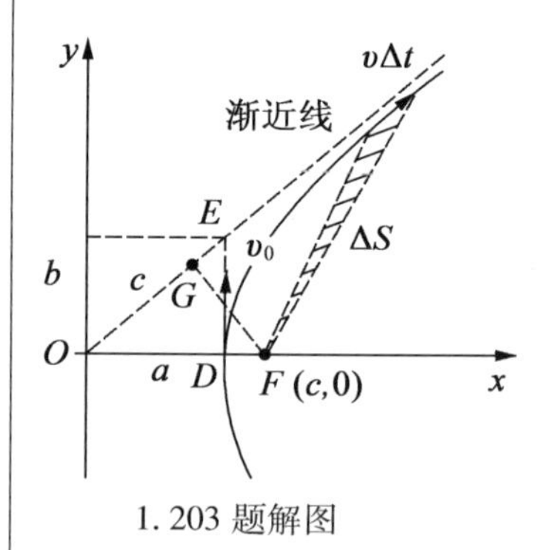

1.203 题解图

小星体在双曲线轨道上由太阳(在焦点 F 上)向其引出的矢径于单位时间扫过的面积 $\frac{\Delta S}{\Delta t}$ 为恒量,此恒量可用小星体在双曲线的顶点 $D(a,0)$ 处的参量来表述. 如图所示,有

$$\frac{\Delta S}{\Delta t}=\frac{1}{2}v_D(c-a)$$

$$c=\sqrt{a^2+b^2}$$

这种表述与小星体实际上是否经过点 D 无关,它是数学上的等效表述. 在其他位置,Δt 时间内行星经过位移量 $v\Delta t$,矢径扫过的面积 ΔS 为图中用平行斜线画出的三角形面积. 星体趋向无穷远时,$v_\infty\Delta t$ 逼近渐近线,三角形的底边 $v_\infty\Delta t$ 上的高即为焦点 $F(c,0)$ 到

心得 体会 拓广 疑问

渐近线的距离 $h = FG$. 因 Rt△OED 与 Rt△OFG 全等,故

$$h = FG = DE = b$$

无穷远处矢径在 Δt 时间内扫过的面积为

$$\Delta S = \frac{1}{2}(v_\infty \Delta t)h = \frac{1}{2}v_\infty b\Delta t$$

即有

$$\frac{\Delta S}{\Delta t} = \frac{1}{2}v_\infty b$$

与 $\frac{\Delta S}{\Delta t} = \frac{1}{2}v_D(c-a)$ 联立解得

$$v_\infty = \frac{c-a}{b}v_D = \frac{\sqrt{a^2+b^2}-a}{b}v_D > 0$$

因此 $E = E_K(\infty) > 0$. 由此得:

判断 2:$E > 0$ 为双曲线轨道;

据题文,最后得证.

判断 3:$E = 0$ 为抛物线轨道.

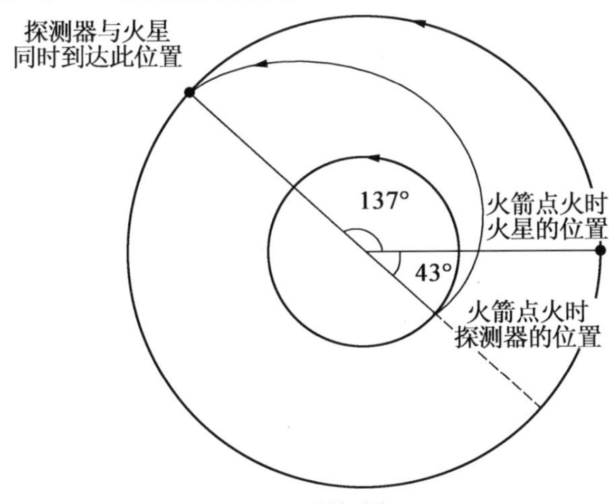

1.204 题解图

1.204 (1)设地球的质量为 M_e,探测器及其附加装置的总质量为 m,则探测器在地球表面的动能 E_K 和引力势能 E_P 分别为

$$E_K = \frac{1}{2}mv^2$$

$$E_P = -G\frac{M_e m}{R}$$

当探测器脱离地球由引力作用成为沿地球轨道运动的人造卫星时,可以认为探测器的引力势能 $E_P' = 0$;相对于地球的速度为零,因而 $E_K' = 0$,由机械能守恒有

$$\frac{1}{2}mv^2 - G\frac{M_e m}{R} = 0$$

心得 体会 拓广 疑问

$$v=\sqrt{\frac{2GM_e}{R_e}}=\sqrt{2gR_e}=11.2\times10^3(\text{m/s})$$

(2)为使探测器落到火星上,必须选择适当的时机点燃探测器上的火箭发动机,使得探测器沿椭圆轨道到达与火星轨道的相切点时,火星也恰好运行到这一点,为此,必须首先确定点燃火箭发动机时探测器与火星的相对位置,已知探测器在地球公转轨道上的运行周期 T_d 与地球公转周期相同

$$T_d=T_e=365(\text{天})$$

根据开普勒第三定律,火星的公转周期为

$$T_m=365\times\sqrt{(1.5)^3}\approx365\times1.838\approx671(\text{天})$$

而探测器的椭圆轨道上的长半轴为

$$\frac{R_0+1.5R_0}{2}=1.25R_0$$

所以探测器在椭圆轨道上的运行周期为

$$T_d'=365\times\sqrt{(1.25)^3}\approx365\times1.40\approx510(\text{天})$$

因此探测器从点燃火箭发动机至到达火星,所需时间为

$$\frac{T_d'}{2}\approx255(\text{天})$$

探测器在点燃火箭发动机前绕太阳转动的角速度为

$$\omega_d=\omega_c=360/365\approx0.986(°/\text{天})$$

火星绕太阳转动的角速度为

$$\omega_m=360/671\approx0.537(°/\text{天})$$

由于探测器运行至火星需255天,火星在此期间运行的角距离为

$$\frac{\omega_m T_d'}{2}\approx0.537\times255\approx137°$$

即探测器在椭圆轨道近日点发射时,火星应在其远日点的切点之前137°,即点燃火箭发动机时,探测器与火星的角距离应为180° - 137° = 43°.

已知某年3月1日零时探测器与火星的角距离为60°(火星在前,探测器在后),为使其角距离为43°,必须等待二者在各自轨道中运行至某个合适的位置,设二者到达合适位置,探测器又经历的天数为 t,则

$$60°-43°=\omega_d t-\omega_m t$$

$$t=\frac{60-43}{\omega_d-\omega_m}=\frac{17}{0.449}\approx38(\text{天})$$

故点燃火箭发动机的时刻应为当年3月1日之后38天,即同年的4月7日.

1.7 动 量

1.205 人下降时气球要上升,设软梯的长度至少为 l,气球相对于地面上升的高度为 h',则人下降的高度为 h,此过程所需的时间用 t 表示,并选速度向下为正方向,则由动量守恒有

$$0 = m\frac{h}{t} - M\frac{h'}{t}$$

得

$$h' = \frac{m}{M}h$$

因此

$$l = h + h' = (1 + \frac{m}{M})h$$

1.206 (1)设甲、乙两船原来运动的速度分别为 v_1, v_2,在交换物体后的速度分别为 v_1', v_2';甲、乙两船的质量分别为 M_1 和 M_2,并选取 v_1 的方向为正方向.

先以甲船和从乙船取出的麻袋所组成的系统为研究对象,则由麻袋落至甲船上前后的动量守恒有

$$(M_1 - m)v_1 - mv_2 = [(M_1 - m) + m]v_1'$$

由于

$$v_1' = 0$$

故有

$$(M_1 - m)v_1 - mv_2 = 0 \qquad ①$$

同样道理,再取乙船和从甲船取出的麻袋所组成的系统为研究对象,并由动量守恒得

$$mv_1 - (M_2 - m)v_2 = -[(M_2 - m) + m]v_2'$$

即

$$mv_1 - (M_2 - m)v_2 = -M_2v_2' \qquad ②$$

解由式①,式②所组成的方程组得

$$v_1 = \frac{M_2 m}{M_1M_2 - (M_1 + M_2)m}v_2' = 1(\text{m/s})$$

$$v_2 = \frac{M_2(M_1 - m)}{M_1M_2 - (M_1 + M_2)m}v_2' = 9(\text{m/s})$$

(2)交换麻袋前两船的能量和为

$$E_1 = \frac{1}{2}M_1v_1^2 + \frac{1}{2}M_2v_2^2 = 40\ 750(\text{J})$$

交换麻袋后两船的能量和为

$$E_2 = \frac{1}{2}M_2v_2'^2 = 36\ 125(\text{J})$$

能量损失为

心得 体会 拓广 疑问

$$\Delta E = E_1 - E_2 = 4\ 625(\mathrm{J})$$

能量损失的原因为:在这个完全非弹性碰撞的过程中,由于甲船和从乙船取出的麻袋,乙船和从甲船取出的麻袋这两个系统中,麻袋和船的速度由不同变为相同,因而麻袋要克服摩擦阻力相对于船移动一小段距离,即两个系统中都要克服摩擦阻力做功,这部分能量转变成热量.

1.207 设炮弹与车的总质量为 M,炮弹质量为 m,炮弹共有 n 发,第一发炮弹发射后车厢向左移动的距离为 l_1,则炮弹对地的位移为 $l-l_1$,由动量守恒有

$$m(l-l_1) = [M+(n-1)m]l_1$$

得

$$l_1 = \frac{ml}{M+nm}$$

同样方法可求出每次发射炮弹后车厢向左移动的距离均为

$$l_i = l_1 = \frac{ml}{M+nm}$$

所以发射 n 发炮弹后车厢向左移动的总距离为

$$s = nl_i = \frac{nml}{M+nm} < l$$

1.208 (1)分别用 $v_1, v_2, v_3, \cdots, v_N$ 表示第一,第二,第三,……,第 N 批气体喷出后火箭飞船的速度.则由动量守恒知第一批气体喷出火箭飞船后有

$$0 = (M-m)v_1 - mv \qquad ①$$

得

$$v_1 = \frac{m}{M-m}v$$

第二批气体喷出火箭飞船后有

$$(M-m)v_1 = (M-2m)v_2 - mv \qquad ②$$

联立式①,式②解得

$$v_2 = \frac{2m}{M-2m}v$$

第三批气体喷出火箭飞船后有

$$(M-2m)v_2 = (M-3m)v_3 - mv \qquad ③$$

联立式①~式③解得

$$v_3 = \frac{3m}{M-3m}v = 2(\mathrm{m/s})$$

……

同样道理可求得第 N 批气体喷出后火箭飞机的速度为

$$v_N = \frac{Nm}{M-Nm}v$$

(2)由于在第4 s末共喷次数为 $N=20\times4=80$(次),故由(1)

心得 体会 拓广 疑问

知

$$v_{80}=\frac{80m}{M-80m}v\approx56.3(\text{m/s})$$

1.209 飞船速度 v 是不变的,微流星与飞船做非弹性碰撞后,其速度由零增至与飞船相同的速度 v,设 Δm 为在时间 Δt 内与飞船相碰的微流星的质量,则由动量定理有

$$F\cdot\Delta t=\Delta(Mv)=v\cdot\Delta M \qquad ①$$

如果以 ρ 表示微流星的密度,则

$$\Delta M=vS\rho\cdot\Delta t \qquad ②$$

由式①,式②可得

$$F=v^2S\rho=(10\times10^3)^2\times50\times\frac{0.02\times10^{-3}}{1}=10^5(\text{N})$$

1.210 (1)设宇航员向飞船运动的方向为正方向,在喷出氧气后宇航员的质量和速度分别为 $M-m$ 和 v,人获得的速度为 v,喷出质量为 m 的氧气相对于飞船的速度为 $v-v_0$,所以由整个系统在喷气前后的动量守恒有

$$0=(M-m)v-m(v-v_0)$$

得

$$v=\frac{m}{M}v_0$$

因此得

$$t_1=\frac{d}{v}=\frac{Md}{mv_0} \qquad ①$$

(2)由于喷射氧气是在短时间内完成的,所以

$$t_2=\frac{m_0-m}{v_1} \qquad ②$$

(3)为了保证宇航员能成功地返回飞船,必须满足

$$t_2\geqslant t_1 \qquad ③$$

故联立解式①~式③,并注意到 $m_0\ll M,m_1\ll M$,有

$$m^2-m_0m+\frac{Mdv_1}{v_0}\leqslant0$$

解此一元二次不等式得

$$\frac{1}{2}\left(m_0-\sqrt{m_0^2-4\frac{v_1}{v_0}Md}\right)\leqslant m\leqslant\frac{1}{2}\left(m_0+\sqrt{m_0^2-4\frac{v_1}{v_0}Md}\right) \qquad ④$$

由式②,式④同样可求得

$$\frac{1}{2}\left[\frac{m_0}{v_1}-\sqrt{(\frac{m_0}{v_1})^2-\frac{4Md}{v_0v_1}}\right]\leqslant t_2\leqslant\frac{1}{2}\left[\frac{m_0}{v_1}+\sqrt{(\frac{m_0}{v_1})^2-\frac{4Md}{v_0v_1}}\right]$$

1.211 建立以水平向右为 x 轴,竖直向上为 y 轴的直角坐标系. 由于 m_1,m 所组成的系统在 x 轴,y 轴方向都不受外力的作用,所以系统在 x 轴,y 轴上的分动量都守恒,所以有

心得 体会 拓广 疑问

$$m_1v_0=m_1v_1\cos\theta_1+m_2v_2\cos\theta_2 \quad ①$$

$$0=m_1v_1\sin\theta_1-m_2v_2\sin\theta_2 \quad ②$$

又由于是弹性碰撞,所以由系统机械能守恒有

$$\frac{1}{2}m_1v_0^2=\frac{1}{2}m_1v_1^2+\frac{1}{2}m_2v_2^2 \quad ③$$

由式①,式②得

$$v_1=\frac{\sin\theta_2\cdot\tan\theta_1\cdot v_0}{\sin\theta_1\cdot(\sin\theta_2+\cos\theta_2\cdot\tan\theta_1)}$$

$$v_2=\frac{m_1\cdot\tan\theta_1\cdot v_0}{m_2(\sin\theta_2+\cos\theta_2\cdot\tan\theta_1)}$$

将 v_1,v_2 的值代入式③后整理可得

$$\tan\theta_1=\frac{\sin 2\theta_2}{\frac{m_1}{m_2}-\cos 2\theta_2}$$

1.212 在 A 与 B 碰撞的瞬时之前,将 v_0 分解为指向 B,C 的分速度分别为 v_{AB},v_{AC},则 v_{AB} 与 v_{AC} 互相垂直,如图所示.

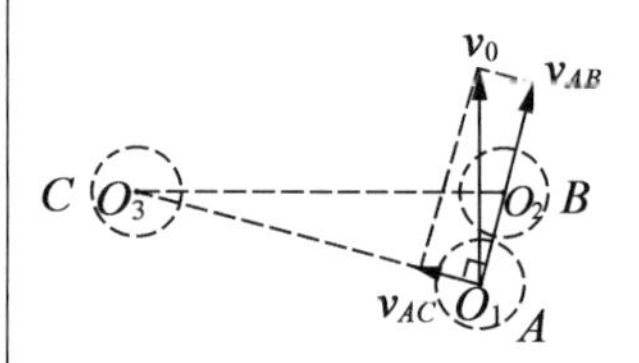

1.212 题解图

设 B 与 A 碰撞后的速度为 v_B,C 与 A 碰撞后的速度为 v_C. 由于两个质量相等的弹性体在发生正碰后,它们的速度互相交换. 所以在 A 先与 B 碰撞后 $v_B=v_{AB}$,然后 A 便以速度 v_{AC} 向 O_3 运动,并与 C 完全弹性碰撞后,$v_C=v_{AC}$,A 静止. 而由相似三角形知

$$\frac{v_{AC}}{v_0}=\frac{2R}{a}$$

即

$$v_{AC}=\frac{2R}{a}v_0$$

因此

$$v_C=v_{AC}=\frac{2R}{a}v_0$$

1.213 设在碰撞前的瞬间 m 的速度为 v,碰撞后瞬间 m 与 M 一起的速度为 v',则由动量守恒有(因为是非弹性碰撞,所以机械能不守恒)

$$mv=(m+M)v'$$

而

$$v=\sqrt{2gh}$$

所以由以上两式求得

$$v'=\frac{m}{m+M}\sqrt{2gh}$$

取桩的最低位置为零势能面,根据功能原理有

$$-Fs=0-\left[\frac{1}{2}(m+M)v'^2+(m+M)gs\right]$$

因此求得

$$F=(m+M)g+\frac{m^2gh}{(m+M)s}=\left[(m+M)+\frac{m^2}{m+M}\left(\frac{h}{s}\right)\right]g$$

心得 体会 拓广 疑问

1.214 (1)铁锤每次打击钉后一起运动的速度用 v 表示,由于接触的时间很短,可不计其他力的冲击作用,根据锤与钉系统在打击前后的动量守恒有

$$Mv_0=(M+m)v$$

这时系统具有的能量为

$$E_K=\frac{1}{2}(M+m)v^2=\frac{M^2v_0^2}{2(M+m)} \quad ①$$

这些动能消耗于钉子进入木板过程中克服木板阻力所做的功.设第一次、第二次、第三次打击后,钉子进入木板的深度分别为 l_1,l_2,l_3,钉子所受的平均阻力依次为 f,kf,k^2f,由功能关系知

$$E_K=fl_1=kfl_2=k^2fl_3 \quad ②$$

所以

$$l_2=\frac{1}{k}l_1$$

$$l_3=\frac{1}{k^2}l_1$$

由于经三次打击钉子恰好全部进入木板,即

$$l_1+l_2+l_3=l$$

所以由以上三式求得

$$l_1=\frac{k^2}{1+k+k^2}l$$

代入式②与式①联立解得

$$f=\frac{M^2v_0^2(1+k+k^2)}{2(M+m)k^2l}$$

(2)设需打击 n 次钉子才能全部进入木板,每次打击木板的深度依次为 l_1,l_2,l_3,…,l_n,钉子进入木板所受的平均阻力依次为 f,kf,k^2f,…,$k^{n-1}f$.同理,由功能关系知

$$E_K=fl_1=kfl_2=k^2fl_3=\cdots=k^{n-1}fl_n$$

于是得

$$l_2=\frac{1}{k}l_1$$

$$l_3=\frac{1}{k^2}l_1$$

$$\vdots$$

$$l_n=\frac{1}{k^{n-1}}l_1$$

因为

$$l_1+l_2+l_3+\cdots+l_n=l$$

所以由以上四式求得

心得 体会 拓广 疑问

$$\frac{l}{l_1}=1+\frac{1}{k}+\frac{1}{k^2}+\frac{1}{k^3}+\cdots+\frac{1}{k^{n-1}}=\frac{1-\frac{1}{k^n}}{1-\frac{1}{k}}$$

取对数求得

$$n=\frac{\lg\left[1-\frac{l}{l_1}(1-\frac{1}{k})\right]}{\lg\frac{1}{k}}$$

为使$\frac{l}{l_1}$的比值成立,则必须使上式中$1-\frac{l}{l_1}(1-\frac{1}{k})>0$,从而求得

$$l_1>(1-\frac{1}{k})$$

当求出的n不为整数时,由于打击次数为整数,所以为使钉子能全部敲入木板中,敲打的次数应为舍去小数后加1,数学表达式为$[n]+1$.

1.215 小滑块开始下滑时对碗无压力,下滑后对碗壁的压力逐渐增大,至最低点时速度最大,对碗的压力也最大. 由于地面是光滑的,所以下滑的过程中碗也会运动. 小滑块在碗边缘时,碗对地面有最小压力为

$$N_{\min}=Mg$$

设在碗的最低点时,小滑块和碗的速度分别为v和V,碗对小滑块竖直向上的支持力为N,并设小滑块在碗边缘时系统势能为零. 则由动量守恒和机械能守恒分别有

$$0=MV+mv$$

$$0=\frac{1}{2}MV^2+\frac{1}{2}mv^2$$

由以上两式解得

$$v=\sqrt{\frac{2MRg}{M+m}}$$

$$V=-\sqrt{\frac{2mRg}{M(M+m)}}$$

负号说明碗的运动方向与小滑块的运动方向相反.

可见在碗的最低点,小滑块相对于碗做圆周运动的相对速度为

$$u=v+|V|$$

对小滑块由圆周运动定律有

$$N-mg=m\frac{v^2}{R}$$

故由以上四式求得

心得 体会 拓广 疑问

$$N=\frac{m(2m+3M)g}{M}$$

这时小滑块对碗的压力是 N 的反作用力,即与 N 等值反向,所以碗对地的最大压力方向向下,其大小为

$$N_{\max}=Mg+N=\left(1+\frac{2m}{M}\right)(M+m)g$$

1.216 本题可分为两个阶段来解.

第一阶段,物体 m 下落的高度为 h_0 时绳子刚好拉直,若设这时物体 m 的速度为 v,则由机械能守恒定律有

$$mgh_0=\frac{1}{2}mv^2 \quad ①$$

第二阶段,物体 m 将绳子拉直后同 M 一起运动,设这时它们共同的速度为 v_0,由于绳子在拉紧的过程中受到很大的冲力作用而产生变形,所以机械能并不守恒;而又由于滑轮的质量和摩擦力均略去不计,所以左右两根绳子的张力始终是相同的.若设绳子在拉紧的过程中所受的张力,即物体 M 和 m 所受的冲力为 T,作用时间为 Δt,并选取速度向上为正方向,则分别对物体 M 和 m 用动量定理有

$$(T-Mg)\Delta t=Mv_0-0 \quad ②$$

$$(T-mg)\Delta t=-mv_0-(-mv) \quad ③$$

因为 mg,Mg 均远小于 T 而被忽略不计,故联立式①~式③可解得

$$v_0=\frac{m}{M+m}\sqrt{2gh_0} \quad ④$$

(1)若物体 m 不碰地,物体 M 能达到的最大高度为 h_1,由于在物体 M 达到最大高度 h_1 时,M 与 m 所组成系统的速度为零,所以由机械能守恒定律有

$$\frac{1}{2}(M+m)v_0^2+mgh_1=Mgh_1 \quad ⑤$$

联立式④,式⑤可解得

$$h_1=\frac{m^2}{M^2-m^2}h_0$$

m 不碰地的条件是 $h_1<h_0$,由此可求得这时必须有 $M>\sqrt{2}m$.

(2)若 $M<\sqrt{2}m$,则物体 m 落地时,M 与 m 所组成的系统的速度不为零,设其速度为 v_1,在 m 与地面相碰以后,绳中的张力即变为零,物体 M 做上抛运动,设其做上抛运动所能达到的高度为 h,则有

$$v_1^2=2gh \quad ⑥$$

物体 m 与地面相碰的瞬时之前的过程中,由 M 与 m 所组成的系统的机械能守恒有

$$mgh_0+\frac{1}{2}(M+m)v_0^2=Mgh_0+\frac{1}{2}(M+m)v_1^2 \quad ⑦$$

联立式④,式⑥,式⑦可解得

$$h=\frac{2m^2-M^2}{(M+m)^2}h_0$$

故物体 M 上升的最大高度为

$$H=h_0+h=\frac{m(2M+3m)}{(M+m)^2}h_0$$

1.217 由于 A 和 B 连在一起,所以可把 A 和 B 看作一个整体.

第一阶段,从系统开始运动到碰撞开始的瞬时之前.设这一过程所用时间为 t_1,A 和 B 的加速度为 a_1,末速度为 v_1,C 的加速度为 a_2,末速度为 v_2,则

$$a_1=\frac{m_Bg+f-\mu m_Ag}{m_A+m_B}=2(\mathrm{m/s^2})$$

$$a_2=\frac{mg-f}{m}=6(\mathrm{m/s^2})$$

$$t_1=\sqrt{\frac{2h_1}{a_2-a_1}}=1(\mathrm{s})$$

所以

$$v_1=a_1t_1=2(\mathrm{m/s});\ v_2=a_2t_1=6(\mathrm{m/s})$$

第二阶段,整个碰撞的瞬时过程,由于碰撞为完全非弹性的,所以机械能不守恒.设这一过程所需的极短时间为 Δt,C 与 B 碰撞所产生的冲力为 F,碰撞完成后,A,B,C 三者的共同速度为 v.由于绳中原来的张力 A 和 B 之间的内力可不考虑,同时在这一过程中 C 和绳子无相对运动,所以两者间的摩擦力也不存在.选择速度向下为正方向,则:

对 A 和 B,由动量定理有

$$(F+m_Bg-\mu m_Ag)\Delta t=(m_A+m_B)(v-v_1)$$

对 C 由动量定理有

$$(mg-F)\Delta t=m(v-v_2)$$

由于 m_Bg,μm_Ag,mg 均远小于 F 而忽略不计,所以由以上两式得

$$(m_A+m_B+m)v=(m_A+m_B)v_1+mv_2$$

即

$$v=\frac{(m_A+m_B)v_1+mv_2}{m_A+m_B+m}=2.5(\mathrm{m/s})$$

第三阶段,碰撞完成到物体 B 落地.设这一过程所用时间为 t_2,A,B,C 的共同加速度为 a,开始时物体 B 离地面的高度为 h,则

$$a=\frac{(m+m_B)g-\mu m_Ag}{m_A+m_B+m}=2.5(\mathrm{m/s^2})$$

心得 体会 拓广 疑问

$$h = vt_2 + \frac{1}{2}at_2^2 = 2.5t_2 + 1.25t_2^2 \quad ①$$

而

$$h = h_2 - \frac{1}{2}a_1 t_1^2 = 4.75 - \frac{1}{2} \times 2 \times 1^2 = 3.75(\text{m}) \quad ②$$

所以联立解式①,式②可得

$$t_2 = 1(\text{s})(舍去 t_2 = -3(\text{s}))$$

因此,物体 B 到达地面所需的全部时间为

$$t = t_1 + t_2 = 2(\text{s})$$

1.218 若 v_0 的大小刚好能使 m 运动到点 B 处,则 m 运动到点 B 时相对于 M 的速度为零,设此时两者相对于地面的共同速度为 v,则由水平方向上的动量守恒和整体的机械能守恒分别有

$$mv_0\cos\theta = (M+m)v$$

$$\frac{1}{2}mv_0^2 = \frac{1}{2}(M+m)v^2 + mgh$$

由以上两式联立解得

$$v_0 = \sqrt{\frac{2gh(M+m)}{M+m\sin^2\theta}}$$

$$v = m\cos\theta\sqrt{\frac{2gh}{(M+m)(M+m\sin^2\theta)}}$$

1.219 (1)设当质点滑到角度为 θ 时,半球向左运动的速度为 v_0,质点相对于半球运动的线速度为 v,则 v 必沿半球上该点的切线方向,且质点相对于平面向右和向下的速度分别为 $v\cos\theta - v_0$ 和 $v\sin\theta$. 由系统在水平方向的动量守恒和整体的机械能守恒分别有

$$0 = m(v\cos\theta - v_0) - Mv_0(选向右为正方向)$$

$$mgR(\cos\alpha - \cos\theta) = \frac{1}{2}m(v\cos\theta - v_0)^2 + \frac{1}{2}m(v\sin\theta)^2 + \frac{1}{2}Mv_0^2$$

联立解以上两式可求得

$$v^2 = \frac{2gR(M+m)(\cos\alpha - \cos\theta)}{M+m\sin^2\theta}$$

因此 $$\omega = \frac{v}{R} = \sqrt{\frac{2g(M+m)(\cos\alpha - \cos\theta)}{R(M+m\sin^2\theta)}}$$

(2)设此过程中,半球向左移动的距离为 s,则质点向右移动的距离为 $R(\sin\theta - \sin\alpha) - s$,所用时间为 t,则由系统在水平方向动量守恒有

$$0 = m\frac{R(\sin\theta - \sin\alpha) - s}{t} - M\frac{s}{t}$$

可求出在水平方向上,上半球左移和质点右移的位移量分别为

$$s = \frac{mR}{M+m}(\sin\theta - \sin\alpha)$$

心得 体会 拓广 疑问

$$R(\sin\theta-\sin\alpha)-s=\frac{MR}{M+m}(\sin\theta-\sin\alpha)$$

此题第二问也可这样来解(参见前面的解答)

$$0=m(v\cos\theta-v_0)-Mv_0$$

$$R(\sin\theta-\sin\alpha)=\frac{v\cos\theta}{2}t$$

$$s=\frac{v_0}{2}t$$

由后两式消去 t 后再与第一式联立求出 s(略).

1.220 第一阶段,子弹与砂袋发生完全非弹性碰撞,并设碰撞后两者的共同速度为 v_1,则由动量守恒有

$$mv=(m+M_1)v_1$$

第二阶段,子弹与砂袋发生完全非弹性碰撞后,在极短时间内,小车的速度由静止增加,砂袋包括子弹的速度由 v_1 减少,最后三者以共同的速度 v_2 运动,并使砂袋运动达到最大的角度 α. 在这段过程中,由 m,M_1,M_2 三者所组成的系统在水平方向动量守恒和机械能守恒分别有

$$(m+M_1)v_1=(m+M_1+M_2)v_2$$

$$\frac{1}{2}(m+M_1)v_1^2=\frac{1}{2}(m+M_1+M_2)v_2^2+(m+M_1)gl(1-\cos\alpha)$$

联立以上三式可解得

$$v=\frac{m+M_1}{m}\sqrt{\frac{(m+M_1+M_2)}{M_1}\cdot 2gl(1-\cos\alpha)}$$

1.221 在第一种情形中,小孩抛出石头所做的功是

$$W=\frac{1}{2}mv_1^2$$

在第二种情形中,设小孩抛出石头后得到向后的速度为 v_3,则由动量守恒定律有

$$0=mv_2-Mv_3(\text{选 } v_2 \text{ 的方向为正方向})$$

由于两种情形中小孩用的力是相同的,即他两次做的功是相同的,所以

$$W=\frac{1}{2}mv_2^2+\frac{1}{2}Mv_3^2$$

联立以上三式可解得

$$v_2=v_1\sqrt{\frac{M}{M+m}}$$

$$v_3=v_1\sqrt{\frac{m^2}{M(M+m)}}$$

由此可知石头对小孩的速度为

$$v = v_2 + v_3 = v_1\sqrt{\frac{M+m}{M}}$$

可见 v_2,v_3 均小于 v_1,而 v 大于 v_1.

在第一种情形中,小孩发出的功率为 $N_1 = Fv_1$,在第二种情形中,小孩发出的功率为 $N_2 = Fv$,而 $v > v_1$,所以有 $N_2 > N_1$.

1.222 人站在地面上立定跳高时,设起跳速度为 v_0,则由机械能守恒有

$$\frac{1}{2}mv_0^2 = mgH$$

人在称盘中再跳高时,设人向上的速度为 v,盘子向下的速度为 u,则由动量守恒定律有

$$0 = mv - (m+2M)u\text{(选 }v\text{ 的方向为正方向)}$$

由于在两种情形中跳高时,人所做的功相同,因此有

$$\frac{1}{2}mv_0^2 = \frac{1}{2}mv^2 + \frac{1}{2}(m+2M)u^2$$

人在盘中跳高时,设人的重心能升高 h,则由机械能守恒有

$$\frac{1}{2}mv_0^2 = mgh$$

联立以上四式消去 v_0,v,u 可解得

$$h = \frac{m+2M}{2(m+M)}H$$

1.223 设青蛙的起跳速度为 v_0,与木板的夹角为 θ,在青蛙起跳后,木板得到一个水平向后(相对于青蛙的运动方向)的速度 v_1. 选青蛙水平向前的速度方向为正方向,则由青蛙和木板所组成的系统在水平方向上动量守恒有

$$0 = mv_0\cos\theta - Mv_1$$

设青蛙在空中停留的时间为 t,则由斜抛运动的公式知

$$t = \frac{v_0\sin\theta}{g}$$

由于青蛙相对于木板向前的速度为 $v_0\cos\theta + v_1$,所以有

$$l = (v_0\cos\theta + v_1)t$$

联立以上三式消去 t,v_1 可解得

$$v_0 = \sqrt{\frac{Mgl}{(M+m)\sin 2\theta}}$$

可见当 $\theta = 45°$时,v_0 有最小值为

$$v_{0\min} = \sqrt{\frac{Mgl}{M+m}}$$

1.224 设人和物体在到达最高点时再落回地面所需的时间为 t,人在抛出物体后水平向前的速度为 v,则物体水平向前的速度为 $v-u$,如图所示. 由于人到达最高点在抛出物体瞬时之前,人

心得 体会 拓广 疑问

和物体共同沿水平方向向前的速度为 $v_0\cos\alpha$，而在竖直方向上的速度为零，所以由抛出物体前后水平方向上的动量守恒有

$$(M+m)v_0\cos\alpha = Mv + m(v-u)$$

而由物体斜抛运动公式知

$$t=\frac{v_0}{g}\sin\alpha$$

由于人抛出物体后在水平方向上的速度增量为

$$v-v_0\cos\alpha$$

所以人跳出的水平距离增加量为

$$l=(v-v_0\cos\alpha)t$$

联立以上三式可解得

$$l=\frac{m}{M+m}\cdot\frac{v_0u}{g}\sin\alpha$$

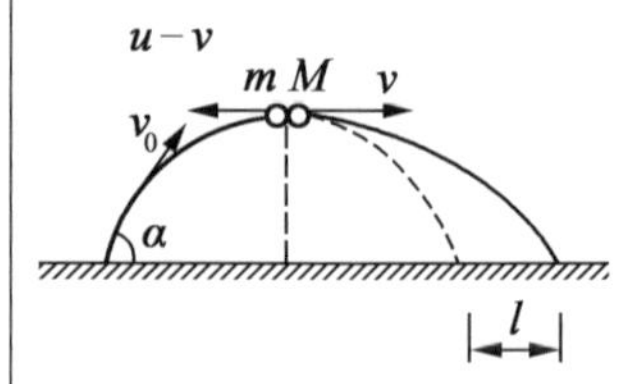

1.224 题解图

1.225 解法一：设炮弹的质量为 m，在爆炸时离发射点的水平距离为 l，爆炸后经过时间 t 落至地面，爆炸后第一块和第二块炮弹的水平速度分别为 v_1,v_2，如图所示. 由爆炸时炮弹在水平方向上的动量守恒有(这时只有水平速度)

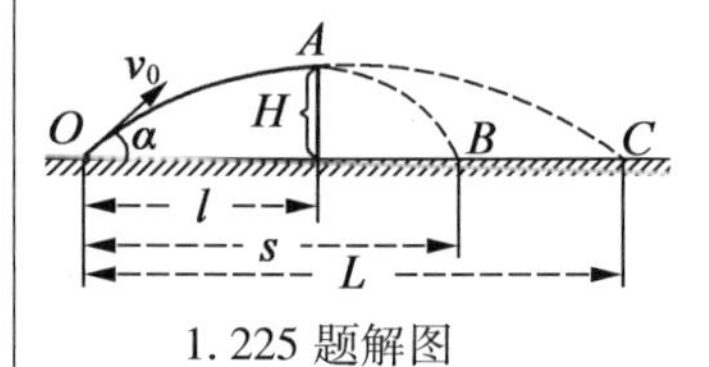

1.225 题解图

$$mv_0\cos\alpha=\frac{1}{2}mv_1+\frac{1}{2}mv_2 \quad ①$$

由斜抛运动公式知

$$l=\frac{1}{2}\cdot\frac{v_0^2}{g}\sin 2\alpha \quad ②$$

$$t=\frac{v_0}{g}\sin\alpha \quad ③$$

而

$$s=l+v_1t \quad ④$$

$$L=l+v_2t \quad ⑤$$

联立式①，式④，式⑤解得

$$L=2l+2v_0\cos\alpha\cdot t-s$$

将式②，式③代入上式后可得

$$L=\frac{2v_0^2}{g}\sin 2\alpha-s$$

解法二：(参见解法一及其图). 由于两碎块的重心如同未爆炸的炮弹运动一样，两碎块落地时，它们的重心和发射点也相距 $2l$. 所以由质心定理有

$$\frac{m}{2}(2l-s)=\frac{m}{2}(L-2l)$$

因此

$$L=4l-s=\frac{2v_0^2}{g}\sin 2\alpha-s$$

心得 体会 拓广 疑问

1.226 建立如图(a)所示的直角坐标系，并设炮弹的质量为m，在最高点时的水平速度为v_x. 在炮弹爆炸后，第一块碎片的竖直速度为v_{1y}，第二块碎片的水平速度和竖直速度分别为v_{2x}和v_{2y}，并且经过t时间后，第二块碎片落至地面. 由于炮弹在爆炸前后，自身的重量与爆炸的内力相比很小，所以略去不计. 由爆炸前后炮弹在x轴，y轴上的动量守恒分别有

$$mv_x=\frac{1}{2}mv_{2x} \quad ①$$

$$0=\frac{1}{2}mv_{1y}+\frac{1}{2}mv_{2y} \quad ②$$

而由运动定律知

$$s=v_{2x}t \quad ③$$

$$h=-v_{2y}t+\frac{1}{2}gt^2 \quad ④$$

$$h=-v_{1y}t_0+\frac{1}{2}gt_0^2 \quad ⑤$$

由式④，式⑤联立解得

$$\frac{h}{t_0t}=\frac{1}{2}g-\frac{(v_{1y}+v_{2y})}{t_0+t} \quad ⑥$$

联立式①~式③，式⑥可解得

$$v_x=\frac{sgt_0}{4h}$$

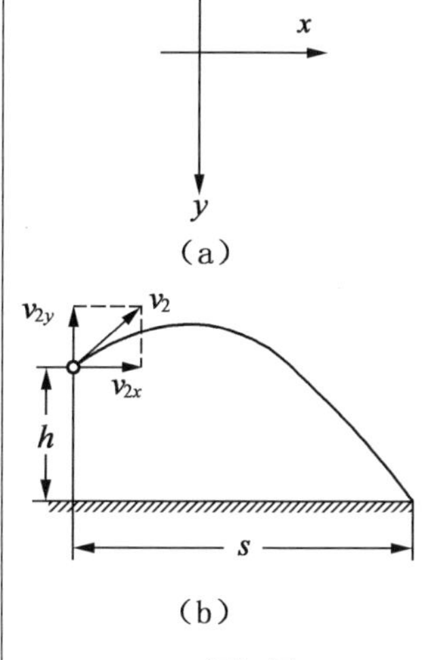

1.226 题解图

1.227 设炮弹在最高点爆炸后m_1，m_2的水平分速度分别为v_3和v_4，并经过时间t落至地面. 由于炮弹在最高点时只有水平方向的速度v_1，所以由水平方向上的动量守恒和爆炸前后能量守恒分别有

$$(m_1+m_2)v_1=m_1v_3+m_2v_4 \quad ①$$

$$\frac{1}{2}(m_1+m_2)v_1^2+E=\frac{1}{2}m_1v_3^2+\frac{1}{2}m_2v_4^2 \quad ②$$

由斜抛运动公式知

$$t=\frac{v_2}{g} \quad ③$$

而

$$s=|v_3-v_4|t \quad ④$$

故联立式①，式②解得

$$v_4=v_1\pm\sqrt{\frac{2m_1E}{m_2(m_1+m_2)}}$$

$$v_3=v_1\mp\sqrt{\frac{2m_2E}{m_1(m_1+m_2)}}$$

因此

心得 体会 拓广 疑问

$$|v_3 - v_4| = \sqrt{\frac{2E}{m_1 + m_2}}\left(\sqrt{\frac{m_2}{m_1}} + \sqrt{\frac{m_1}{m_2}}\right) = \sqrt{\frac{2E(m_1 + m_2)}{m_1 m_2}} \quad ⑤$$

将式②,式⑤代入式④可得

$$s = \frac{v_2}{g}\sqrt{\frac{2E(m_1 + m_2)}{m_1 m_2}}$$

1.228 两球从接近到有共同速度 v 的过程中, A,B 两球前进的距离分别为 s_1 和 s_2. 两球之间的相互作用力 F 为内力,则由动量守恒有

$$mv_0 = (m + 2m)v$$

对 A,B 两球由动能定理分别有

$$Fs_1 = \frac{1}{2}mv_0^2 - \frac{1}{2}mv^2$$

$$Fs_2 = \frac{1}{2} \times 2mv^2$$

两球不接触的条件为

$$s_1 - s_2 < l - 2r$$

联立以上各式可解得

$$v_0 < \sqrt{\frac{3F(l - 2r)}{m}}$$

1.229 设小球1和小球2的初速度分别为 v_1 和 v_2,质量相等的两个小球发生对心完全弹性碰撞后,将交换速度,因此两小球相遇一次就碰撞一次. 分别作出 a,b 两小球的 st 图,图中点 P 表示两球第一次相遇,点 Q 表示两球第二次相遇. 设 $AB = l$,要求两球在 AB 中点相遇,由图可知,a,b 两小球的路程分别为

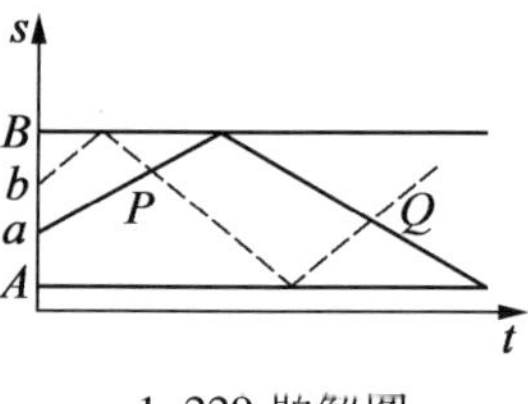

1.229 题解图

$$s_A = \frac{1}{6}l + nl \quad (n = 1, 2, 3, \cdots) \quad ①$$

$$s_B = \frac{5}{6}l + kl \quad (k = 1, 2, 3, \cdots) \quad ②$$

(1)要求两球的第二次碰撞是在 AB 中点迎面相碰,由图可知这时 $n = 1$,$k = 1$,所以 $s_A = \frac{7}{6}l$,$s_B = \frac{11}{6}l$. 可得

$$\frac{v_A}{v_B} = \frac{s_A}{s_B} = \frac{7}{11}$$

(2)要求两球的第五次碰撞是在 AB 中点迎面相碰,则在此之前已碰撞过四次,即两球中至少有一个的路程大于 $4l$ 小于 $5l$,所以 n,k 中至少有一个为4. 当 n 为奇数时,a 小球由 B 向 A 运动,当 n 为偶数时,a 小球由 A 向 B 运动;同理,当 k 为奇数时,b 小球由 A 向 B 运动,当 k 为偶数时,b 小球由 B 向 A 运动. 因此 n,k 必同时为偶数,n,k 的取值有如下五种可能:(4,0),(4,2),(4,4),(2,4),(0,4),将它们代入式①,式②后,参考(1)的方法可依次求得

心得 体会 拓广 疑问

$$\frac{v_1}{v_2}=\frac{5}{1},\frac{v_1}{v_2}=\frac{25}{17},\frac{v_1}{v_2}=\frac{25}{29},\frac{v_1}{v_2}=\frac{13}{29},\frac{v_1}{v_2}=\frac{1}{29}$$

1.230 解法一:如图所示,设第一次碰撞完成后,斜劈获得向左的速度为 v_1,小球获得的速度为 v_2,由入射角等于出射角知 v_2 的方向与水平方向的夹角为 $90°-2\alpha$,由于系统在水平方向上不受外力的作用,所以由水平方向上动量守恒有(选取向右为速度的正方向)

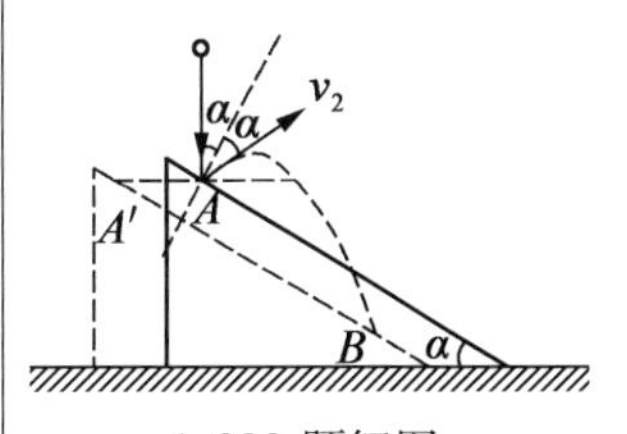

1.230 题解图

$$0=mv_2\cos(90°-2\alpha)-Mv_1$$

由于碰撞为完全弹性的,所以由机械能守恒有

$$mgh=\frac{1}{2}Mv_1^2+\frac{1}{2}mv_2^2$$

联立以上两式可解得

$$v_1=\frac{m}{M}\sin 2\alpha\cdot\sqrt{\frac{2Mgh}{M+m\sin^2 2\alpha}}$$

$$v_2=\sqrt{\frac{2Mgh}{M+m\sin^2 2\alpha}}$$

取斜面为参照物,在斜面上取第一次碰撞点 A 为原点,建立以水平向右为 x 轴,竖直向上为 y 轴的直角坐标系(活动坐标系),则小球在第一次碰撞完成后,相对于斜面运动的速度在 x 轴和 y 轴上的分量分别为

$$v_x=v_2\sin 2\alpha-(-v_1)=v_1+v_2\sin 2\alpha$$

$$v_y=v_2\cos 2\alpha$$

由位移公式有

$$x=v_xt=(v_1+v_2\sin 2\alpha)t \quad ①$$

$$y=v_yt-\frac{1}{2}gt^2=v_2\cos 2\alpha\cdot t-\frac{1}{2}gt^2 \quad ②$$

设小球第一次到第二次与斜面碰撞所用的时间为 t_0,相对于斜面上点 A 的位移为 x_0,y_0(y_0 为负值),则

$$\frac{|y_0|}{|x_0|}=\frac{-y_0}{x_0}=\tan\alpha \quad ③$$

将式①,式②代入式③后可求得

$$t_0=\sqrt{\frac{8h}{Mg(M+m\sin^2 2\alpha)}}(M+2m\sin^2\alpha)$$

因此

$$x_0=(v_1+v_2\sin 2\alpha)t_0=\frac{4(M+m)h}{M}\cdot\frac{M+2m\sin^2\alpha}{M+m\sin^2 2\alpha}\cdot\sin 2\alpha$$

$$y_0=-x_0\tan\alpha=-\frac{8(M+m)h}{M}\cdot\frac{M+2m\sin^2\alpha}{M+m\sin^2 2\alpha}\cdot\sin^2\alpha$$

由此得

$$s=\sqrt{|x_0|^2+|y_0|^2}=\frac{|x_0|}{\cos\alpha}=\frac{|y_0|}{\sin\alpha}$$
$$=\frac{8(M+m)h}{M}\cdot\frac{M+2m\sin^2\alpha}{M+m\sin^2 2\alpha}\cdot\sin\alpha$$

解法二：参见解法一. 取斜面为参照物，在斜面上取第一次碰撞的点 A 为原点，建立以沿斜面向下为 x 轴，垂直于斜面向上为 y 轴的直角坐标系（活动坐标系），则小球在第一次碰撞完成后相对于斜面运动的速度在 x 轴和 y 轴的分量分别为

$$v_x=v_2\cos(90°-\alpha)-(-v_1\cos\alpha)=v_2\sin\alpha+v_1\cos\alpha$$
$$v_y=v_2\sin(90°-\alpha)-(-v_1\sin\alpha)=v_2\cos\alpha+v_1\sin\alpha$$

而重力加速度在 x 轴，y 轴的分量分别为 $g\sin\alpha$ 和 $-g\cos\alpha$，因此由位移公式有

$$x=(v_2\sin\alpha+v_1\cos\alpha)\cdot t+\frac{1}{2}g\sin\alpha\cdot t^2 \quad ①$$

$$y=(v_2\cos\alpha+v_1\sin\alpha)\cdot t-\frac{1}{2}g\cos\alpha\cdot t^2 \quad ②$$

设小球第一次到第二次与斜面碰撞所用的时间为 t_0，相对于斜面上点 A 的位移为 x_0，y_0，则

$$y_0=0 \quad ③$$
$$x_0=s \quad ④$$

由解法一知

$$v_1=\frac{m}{M}\sin 2\alpha\sqrt{\frac{2Mgh}{M+m\sin^2 2\alpha}} \quad ⑤$$

$$v_2=\sqrt{\frac{2Mgh}{M+m\sin^2 2\alpha}} \quad ⑥$$

将式③～式⑥代入式①，式②并联立解得

$$t_0=\sqrt{\frac{8h}{Mg(M+m\sin^2 2\alpha)}}\cdot(M+2m\sin^2\alpha)$$
$$s=\frac{8(M+m)h}{M}\cdot\frac{M+2m\sin^2\alpha}{M+m\sin^2 2\alpha}\cdot\sin\alpha$$

1.231 设在 A，B 碰撞瞬时之前物体 A 的速度为 v，碰撞瞬时之后物体 A，B 的速度分别为 v_1，v_2. 在平衡时物体 A 将弹簧沿斜面压缩的距离为 x_0，所以在碰撞之前对物体 A 由胡克定律和机械能守恒定律分别有

$$mg\sin\theta=kx_0$$
$$\frac{1}{2}kx_0^2+\frac{1}{2}mv^2+mgs\sin\theta=\frac{1}{2}k(s+x_0)^2$$

联立以上两式解得

$$v=\sqrt{\frac{k}{m}}s$$

心得 体会 拓广 疑问

在 A,B 碰撞时，由于重力沿斜面的分力远小于碰撞冲力而略去不计，所以可视 A,B 沿斜面方向上所受的合外力为零. 因此由沿斜面方向上的动量守恒有

$$mv = mv_1 + mv_2$$

在碰撞前后由机械能守恒定律有

$$\frac{1}{2}mv^2 = \frac{1}{2}mv_1^2 + \frac{1}{2}mv_2^2$$

联立以上两式可解得

$$v_1 = 0$$

$$v_2 = v = \sqrt{\frac{k}{m}}s$$

再对物体 B 由机械能守恒有

$$\frac{1}{2}mv_2^2 = mgl\sin\theta$$

得
$$l = \frac{v_2^2}{2g\sin\theta} = \frac{ks^2}{2mg\sin\theta}$$

1.232 如图所示，两球下落时相互间没有挤压，大球先着地反向弹起，与正在下落的小球碰撞，使小球变为做竖直上抛运动，所有碰撞均为弹性碰撞. 设大、小两球碰撞后的速度分别为 v_M 和 v_m，并取竖直向上为速度的正方向，则由两球碰撞时的动量守恒和动能守恒分别有

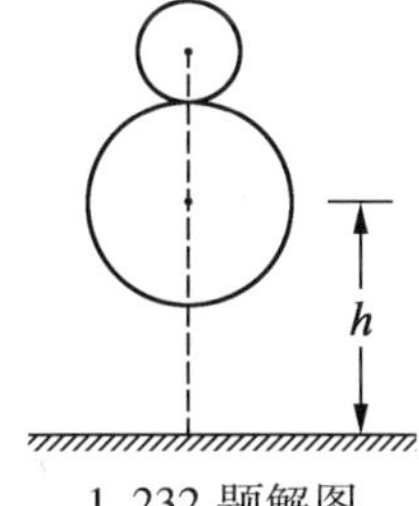

1.232 题解图

$$M\sqrt{2gh} - m\sqrt{2gh} = Mv_M + mv_m$$

$$\frac{1}{2}M(\sqrt{2gh})^2 + \frac{1}{2}m(\sqrt{2gh})^2 = \frac{1}{2}Mv_M^2 + \frac{1}{2}mv_m^2$$

联立以上两式解得

$$v_m = \frac{3M - m}{M + m} \cdot \sqrt{2gh}$$

$$v_M = \frac{M - 3m}{M + m} \cdot \sqrt{2gh}$$

由于 $m \ll M$，所以由以上两式得

$$v_m = 3\sqrt{2gh}$$

$$v_M = \sqrt{2gh}$$

由此求得小球弹起后可上升的高度为

$$H = \frac{v_m^2}{2g} = 9h$$

1.233 (1)设小球甲反弹后在斜面上上升的最大高度为 h'，第一次碰撞前后小球甲的速度分别为 v 和 v_1，小球乙第一次碰撞后的速度为 v_2. 取水平向右为速度的正方向，则由动量守恒和机械能守恒分别有

$$mv = 2mv_2 - mv_1$$

$$mgh = \frac{1}{2}mv^2$$

由题意

$$s = v_2 t$$

小球甲在斜面上上升后，由机械能守恒有

$$\frac{1}{2}mv_1^2 = mgh'$$

由以上四式联立解得

$$v_1 = \frac{2s}{t} - \sqrt{2gh}$$

$$h' = \frac{1}{2g}\left(\frac{2s}{t} - \sqrt{2gh}\right)^2$$

(2)由运动学公式知

$$\frac{h'}{\sin\alpha} = \frac{1}{2}g\sin\alpha \cdot t^2$$

将(1)中h'的值代入得

$$\alpha = \arcsin\left[\frac{1}{gt}\left(\frac{2s}{t} - \sqrt{2gh}\right)\right]$$

(3)第二次碰撞后的动量之和等于碰撞前的动量之和，设向右为正方向，则第二次碰撞之前的动量和为

$$P = mv_1 - 2mv_2 = -m\sqrt{2gh}$$

1.234 设在碰撞瞬时之前m_1的速度为v，碰撞完成之后m_1，m_2的速度分别为v_1，v_2，取向右为正方向. 在碰撞前由机械能守恒有

$$\frac{1}{2}kx_0^2 = \frac{1}{2}m_1 v^2$$

在碰撞时由动量守恒有

$$m_1 v = m_1 v_1 + m_2 v_2$$

由于碰撞为完全弹性的，所以由机械能守恒有

$$\frac{1}{2}m_1 v^2 = \frac{1}{2}m_1 v_1^2 + \frac{1}{2}m_2 v_2^2$$

或利用弹性恢复系数公式$e = -\frac{v_1 - v_2}{v} = 1$，结果与上式相同.

联立以上三式可解得

$$v_1 = \frac{m_1 - m_2}{m_1 + m_2}\sqrt{\frac{k}{m_1}}x_0 \quad ①$$

$$v_2 = \frac{2m_1}{m_1 + m_2}\sqrt{\frac{k}{m_1}}x_0 \quad ②$$

(1)若$m_1 < m_2$，则$v_1 < 0$，即v_1的方向向左，故在碰撞后m_1返

心得 体会 拓广 疑问

回，m_1 与弹簧发生弹性碰撞，由机械能守恒有

$$\frac{1}{2}m_1v_1^2=\frac{1}{2}kx^2$$

$$x=\sqrt{\frac{m_1}{k}}\cdot|v_1|=\frac{m_2-m_1}{m_1+m_2}x_0$$

若 $m_1=m_2$，则 $v_1=0$，即 m_1 停留在点 Q，这时 $x=0$.

(2)若 $m_1>m_2$，m_2 从 Q 到 R，由机械能守恒有

$$\frac{1}{2}m_2v_2^2=m_2gh$$

$$v_2=\sqrt{2gh} \quad ③$$

将式③代入式②可求得

$$x_0=(m_1+m_2)\sqrt{\frac{gh}{2m_1k}}$$

1.235 设双斜面在惯性参照系中的加速度为 a_0，向右为正方向；物体相对于斜面的加速度为 a_0，m_1 下降的方向为正方向；m_1，m_2 在惯性系中的加速度分别为 a_1 和 a_2，绳中的张力为 F，如图所示. 分别对 m_1 和 m_2 应用牛顿第二定律有

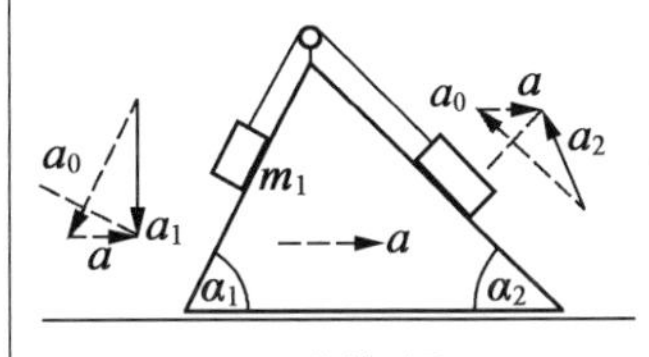

1.235 题解图

$$m_1(a_0-a\cos\alpha_1)=m_1g\sin\alpha_1-F \quad ①$$

$$m_2(a_0-a\cos\alpha_2)=F-m_2g\sin\alpha_2 \quad ②$$

由于分析斜面在惯性系中所受的力比较麻烦，所以用动量守恒原理来研究斜面的运动，而不用牛顿第二定律来研究. 设斜面在惯性系中向右的速度为 v，物体相对于斜面的速度为 v_0，故两物体在惯性系中的速度水平向左的分量分别为 $v_0\cos\alpha_1-v$ 和 $v_0\cos\alpha_2-v$，由动量守恒原理有

$$m_1(v_0\cos\alpha_1-v)+m_2(v_0\cos\alpha_2-v)=mv$$

而 $v=at$，故代入上式后可得

$$m_1(a_0\cos\alpha_1-a)+m_2(a_0\cos\alpha_2-a)=ma \quad ③$$

联立式①～式③可解得

$$a_0=\frac{(m_1+m_2+m)(m_1\sin\alpha_1-m_2\sin\alpha_2)}{(m_1+m_2)(m_1+m_2+m)-(m_1\cos\alpha_1+m_2\cos\alpha_2)^2}g$$

$$a=\frac{(m_1\cos\alpha_1+m_2\cos\alpha_2)(m_1\sin\alpha_1-m_2\sin\alpha_2)}{(m_1+m_2)(m_1+m_2+m)-(m_1\cos\alpha_1+m_2\cos\alpha_2)^2}g$$

可见当 $\frac{m_1}{m_2}=\frac{\sin\alpha_1}{\sin\alpha_2}$ 时，$a_0=a=0$，系统处于静止(或匀速直线运动)状态.

1.236 如图所示，取 m 和 M_1 整体为研究对象，设碰后瞬间相黏的速度为 v，则由动量守恒有

$$m\sqrt{2gh}=(m+M_1)v$$

在弹簧压缩并反弹的过程中，取 m，M_1，M_2，弹簧及地球为系

心得 体会 拓广 疑问

统. 以 M_1 的平衡位置为重力势能的零点，此时弹簧的压缩量为 x_0，当 m，M_1 升至最高点时，弹簧的伸长量为 x，则由机械能守恒有

$$\frac{1}{2}(m+M_1)v^2+\frac{1}{2}kx_0^2=(m+M_1)g(x_0+x)+\frac{1}{2}kx^2$$

而

$$kx_0=M_1g$$

当 m，M_1 反弹达到最高点时，刚好将 M_2 拉离地面，所以有

$$kx=M_2g$$

由以上四式解得

$$h=\frac{g}{2m^2k}(m+M_1)(M_1+M_2)(2m+M_1+M_2)$$

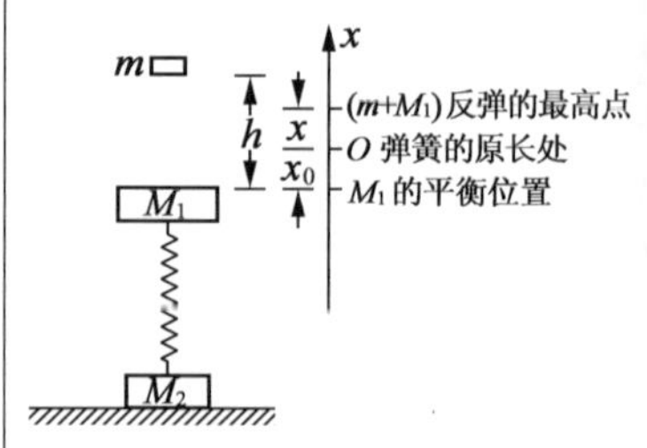

1.236 题解图

1.237 设在平板与弹簧静止时，弹簧被压缩的长度为 x_0，则由胡克定律有

$$kx_0=Mg$$

$$x_0=\frac{Mg}{k}$$

再设小球与平板发生碰撞瞬时之前的速度为 v，则

$$v=\sqrt{2gh}$$

(1)设碰撞完成后小球的速度为 v_1，平板的速度为 v_2，小球和平板碰撞后的共同速度为 v_0，并取速度向下为正方向. 由于在碰撞时，小球、平板的重力及弹簧的作用力远小于碰撞所产生的冲力而忽略不计，所以可视小球与平板所组成的系统在竖直方向上不受外力作用，则由动量守恒有

$$mv=mv_1+Mv_2 \quad ①$$

又因为碰撞为弹性的，所以由能量守恒有

$$\frac{1}{2}mv^2=\frac{1}{2}mv_1^2+\frac{1}{2}Mv_2^2 \quad ②$$

也可利用弹性恢复系数公式 $e=-\dfrac{v_1-v_2}{v-v_0}=1$，结果同式②. 将 v 的值代入式①，式②后得

$$v_1=-\frac{M-m}{M+m}\sqrt{2gh}\text{（负号表明方向向上）}$$

$$v_2=\frac{2m}{M+m}\sqrt{2gh}$$

因此在碰撞后小球能上升的最大高度为

$$H=\frac{v_1^2}{2g}=\left(\frac{M-m}{M+m}\right)^2h$$

对于平板、弹簧及地球所组成的系统机械能守恒有

$$\frac{1}{2}kx_0^2+Mgx_1+\frac{1}{2}Mv_2^2=\frac{1}{2}k(x_0+x_1)^2$$

心得 体会 拓广 疑问

将 x_0 及 v_2 的值代入上式后解得

$$x_1=\frac{2m}{M+m}\sqrt{\frac{2Mgh}{k}}$$

(2)同(1)中的分析，设小球和平板碰撞后的共同速度为 v_0，则由小球和平板所组成的系统的动量守恒和由平板、弹簧与地球所组成的系统的机械能守恒分别有

$$mv=(M+m)v_0$$

$$\frac{1}{2}kx_0^2+(M+m)gx_2+\frac{1}{2}(M+m)v_0^2=\frac{1}{2}k(x_0+x_2)^2$$

将 x_0 和 v_2 的值代入以上两式后联立解得

$$v_0=\frac{m}{M+m}\sqrt{2gh}$$

$$x_2=\frac{mg}{k}\left[1+\sqrt{1+\frac{2kh}{(M+m)g}}\right]$$

在碰撞前后小球和平板所组成的系统的动能之和的损失量为

$$\Delta E=\frac{1}{2}mv^2-\frac{1}{2}(M+m)v_0^2$$

将 v 和 v_0 的值代入上式可求得

$$\Delta E=\frac{Mmgh}{M+m}$$

1.238 (1)设在碰撞瞬时之前小球的水平速度和竖直速度分别为 v_x，v_y，弹簧的压缩量为 x_0；在碰撞完成之后小球和平板的竖直速度分别为 v_1，v_2，并选取速度向下为正方向，则

$$v_x=v_0$$

$$v_y=\sqrt{2gh}$$

$$x_0=\frac{Mg}{k}$$

在碰撞时，由小球和平板所组成的系统，由于在竖直方向的重力、弹力远小于碰撞冲力而忽略不计，所以可视此系统在竖直方向上不受外力的作用. 由动量守恒定律有

$$mv_y=mv_1+Mv_2 \quad ①$$

由于碰撞是弹性的，所以由能量守恒有

$$\frac{1}{2}mv_x^2+\frac{1}{2}mv_y^2=\frac{1}{2}mv_1^2+\frac{1}{2}mv_x^2+\frac{1}{2}Mv_2^2 \quad ②$$

也可利用竖直方向上的弹性恢复系数公式 $e=-\frac{v_1-v_2}{v_y-0}=1$，其结果同式②. 将 v_y 的值代入式①，式②后联立解得

$$v_1=-\frac{M-m}{M+m}\sqrt{2gh}\text{（负号表示方向向上）}$$

$$v_2=\frac{2m}{M+m}\sqrt{2gh}$$

心得 体会 拓广 疑问

碰撞结束后,再将平板、弹簧和小球作为一个系统,由机械能守恒有

$$\frac{1}{2}Mv_2^2+Mg(x-x_0)+\frac{1}{2}kx_0^2=\frac{1}{2}kx^2$$

将 x_0 及 v_2 的值代入上式可化简得

$$x^2-2\frac{Mg}{k}x-\frac{Mg}{k}\left[\frac{8m^2h}{(M+m)^2}-\frac{Mg}{k}\right]=0$$

解上述方程并取正值得

$$x=\frac{Mg}{k}+\frac{2m}{M+m}\sqrt{\frac{2Mgh}{k}}$$

(2)设小球自由下落至平板时所需的时间为 t_1,小球与平板碰撞之后做斜抛运动,再落至平板高度所需的时间为 t_2,则由运动公式知

$$t_1=\sqrt{\frac{2h}{g}}$$

$$t_2=\frac{2|v_1|}{g}=2\frac{M-m}{M+m}\sqrt{2gh}$$

为使小球与平板只有一次碰撞,则有

$$v_0t_1\leqslant l<v_0(t_1+t_2)$$

将 t_1,t_2 的值代入以上不等式可求得

$$\sqrt{\frac{g}{2h}}\cdot l\geqslant v_0>\sqrt{\frac{g}{2h}}\left(\frac{M+m}{3M-m}\right)\cdot l$$

1.239 设弹簧作用的时间为 t,作用结束后,m_1 和 m_2 的公共质心在线 OO' 上,且 m_1,m_2 及质心的速度分别为 v_1,v_2,v,m_1,m_2 及质心向前走过的路程分别为 s_1,s_2,s,如图所示. 并注意图中为使问题简化起见,将 m_1,m_2 的长度和原压缩后的弹簧长度都略去不计. 由于 m_1,m_2 及弹簧所组成的系统在水平方向上不受外力的作用,弹簧对 m_1,m_2 的作用力是系统的内力. 所以由动量守恒定律有

$$(m_1+m_2)v_0=m_1v_1+m_2v_2$$

即

$$\frac{m_1}{m_2}=\frac{v_1-v_0}{v_0-v_2} \qquad ①$$

由质心定理有

$$\frac{s_1-s}{s-s_2}=\frac{m_2}{m_1} \qquad ②$$

由运动公式知

$$s_1=v_1t \qquad ③$$

$$s_2=v_2t \qquad ④$$

$$s=vt \qquad ⑤$$

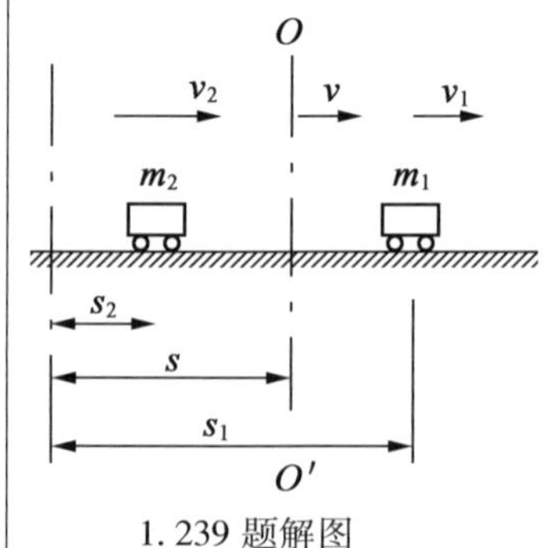

1.239 题解图

将式③～式⑤代入式②后与式①联立解得

$$\frac{v_1 - v}{v - v_2} = \frac{v_1 - v_0}{v_0 - v_2}$$

由上式可得

$$v = v_0$$

即质心的速度仍为 v_0.

1.240　(1)设物体和平板在完成碰撞后,物体刚好到达平板的右端,并且它们以共同的速度 v 前进,则由水平方向的动量守恒和功能原理分别有

$$mv_0 = (M + m)v \quad ①$$

$$-m\mu gl = \frac{1}{2}(M + m)v^2 - \frac{1}{2}mv_0^2$$

联立以上两式解得

$$l = \frac{Mv_0^2}{2\mu g(M + m)}$$

(2)设碰撞完成时,物体前进的距离为 s_1,再经 t s,物体又前进的距离为 s_2,则

$$s = s_1 + s_2 \quad ②$$

$$s_2 = vt \quad ③$$

对物体由功能原理有

$$-m\mu gs_1 = \frac{1}{2}mv^2 - \frac{1}{2}mv_0^2 \quad ④$$

故联立式①,式④解得

$$s_1 = \frac{M + 2m}{2\mu g(M + m)}v_0^2 \quad ⑤$$

联立式①,式③解得

$$s_2 = \frac{m}{M + m}v_0 t \quad ⑥$$

将式⑤,式⑥代入式②可得

$$s = \frac{M + 2m}{2\mu g(M + m)}v_0^2 + \frac{m}{M + m}v_0 t = \frac{v_0}{M + m}\left(\frac{M + 2m}{2\mu g}v_0 + mt\right)$$

1.241　当小车第一次与墙壁碰撞后,小车被原速弹回,而铁块的速度方向不变,所以两者之间有相对运动而存在滑动摩擦力,使铁块相对小车向右运动,小车向左做减速运动. 由于小车的质量小,加速度大,故在很短的时间内速度减为零,但当小车速度为零时,铁块的速度不为零,所以小车变为向右做加速运动,直到与铁块的速度相等为止. 当小车与墙壁再次相碰后,小车又变为向左运动,铁块始终向右运动 ……

(1)由于铁块和小车的动能最终是通过摩擦力做功转化为系统的内能,所以由能量守恒有

心得 体会 拓广 疑问

$$\frac{(M+m)}{2}v^2=\mu mgs$$

得

$$s=\frac{M+m}{m}\cdot\frac{v^2}{2\mu g}=5.4(\mathrm{m})$$

(2)设小车与墙壁第1次碰撞后，到小车与铁块相对静止时的速度为v_1，即两者以共同的速度v_1向墙壁运动，小车与墙壁第2次碰撞时的速度便为v_1，由系统在水平方向的动量守恒有

$$mv-Mv=(m+M)v_1$$

得

$$v_1=\frac{m-M}{m+M}v=\frac{1}{3}v$$

同理，设小车与墙壁第2次碰撞后到小车与铁块相对静止时的速度为v_2，即两者以共同的速度v_2向墙壁运动，小车与墙壁第3次碰撞时的速度便为v_2，同理可得

$$v_2=\frac{m-M}{m+M}v_1=\frac{1}{3^2}v$$

……

小车与墙壁发生第n次碰撞后的速度为

$$v_n=\frac{m-M}{m+M}v_{n-1}=\frac{1}{3^n}v$$

由于$n\to\infty$，所以$v_n\to 0$，即小车最终在墙壁处停止.

设小车与墙壁第1次碰撞后，远离墙壁左行的距离为s_1，则由动能定理有

$$-\mu mgs_1=0-\frac{1}{2}mv^2$$

得

$$s_1=\frac{Mv^2}{2\mu mg}$$

由于小车碰撞后都要返回墙壁处发生下次碰撞，小车每次碰撞后行走的路程为碰撞后远离墙壁左行距离的两倍，因此小车与墙壁第1～2次碰撞之间走过的路程为

$$S_1=2s_1=\frac{Mv^2}{\mu mg}$$

同理，由动能定理可求得小车第2～3次，第3～4次，…，第$n-1$～n次碰撞之间走过的路程依次为

$$S_2=\frac{1}{9}\times\frac{Mv^2}{\mu mg}$$

$$S_3=\frac{1}{9^2}\times\frac{Mv^2}{\mu mg}$$

$$\vdots$$

心得 体会 拓广 疑问

$$S_{n-1}=\frac{1}{9^{n-1}}\times\frac{Mv^2}{\mu mg}$$

因此小车的总路程则为

$$S=S_1+S_2+S_3+\cdots+S_{n-1}=\frac{Mv^2}{\mu mg}\left(1+\frac{1}{9}+\frac{1}{9^2}+\cdots+\frac{1}{9^{n-1}}\right)$$

$$=\frac{Mv^2}{\mu mg}\left[\frac{1-\left(\frac{1}{9}\right)^n}{1-\frac{1}{9}}\right]$$

当 $n\to\infty$ 时

$$S=\frac{Mv^2}{\mu mg}\left[\frac{1}{1-\frac{1}{9}}\right]=4.05(\mathrm{m})$$

1.242 本题可分为两个阶段来分析.

第一个阶段:子弹与木块 A 发生完全非弹性碰撞的整个过程. 并设此碰撞完成后,木块 A,B 的速度分别为 v_{OA},v_{OB}. 当子弹穿进木块 A 后由原来的速度减至 v_{OA},木块 A 的速度由零增至 v_{OA},若这一过程所用的时间为 t_0,则木块 A 的右移量为

$$l_1=\frac{0+v_{OA}}{2}t_0=\frac{1}{2}v_{OA}t_0$$

由于弹簧被压缩产生压力使木块 B 的速度由零增至 v_{OB},但 $v_{OA}\neq v_{OB}$,子弹和木块 A,B 所组的系统在水平方向不受力,所以由水平方向的动量守恒有

$$mv_0=(m+m_A)v_{OA}+m_Bv_{OB}$$

由于这个过程是在极短时间内完成的,即 $t_0\approx0$,弹簧的压缩量 $l_1\approx0$,因此 $v_{OB}\approx0$,这样可由上式求得

$$v_{OA}=\frac{m}{m+m_A}v_0$$

这就相对于忽略很小的弹簧内力(与子弹和木块 A 间较大的碰撞冲力相比),子弹和木块 A 所组成的系统不受外力作用的情况.

第二个阶段:这个阶段又分为两个过程,取子弹、木块 A,B 及弹簧整个系统为研究对象. 第一个过程是:在上一阶段完成后,再经过一定的时间,由于木块 A(包括子弹)具有初速度 v_{OA} 而右移 s_A,从而挤压弹簧,弹簧就会产生对木块 A,B 的挤压力,使木块 A 的速度减为 v_A,木块 B 的速度由静止增至 v_B,使得木块 B 右移 s_B,因此弹簧被压缩的长度为 $x=s_A-s_B$.

在这个弹簧被压缩,又在弹簧压力的作用下 v_A 逐渐减小,v_B 逐渐增大的过程中,由于开始时 $v_A>v_B$,所以随时间的增加,弹簧的压缩量 x 逐渐增加;当 $v_A=v_B$ 时,x 可达到最大值;随后由于 $v_A<v_B$,所以弹簧的压缩量 x 又逐渐减少,直至 $x=0$ 时,v_A 达到最

小值,v_B 达到最大值.

第二个过程是:紧接上一过程,由于 $v_A < v_B$,所以弹簧逐渐伸长,因此在弹簧拉力的作用下,v_A 又开始逐渐增大,v_B 逐渐减小,在这个过程中,由于开始时 $v_A < v_B$,所以随时间的增加,弹簧的伸长量 x 也逐渐增加,当 $v_A = v_B$ 时,弹簧的伸长量 x 可达到最大值;随后由于 $v_A > v_B$,所以弹簧的伸长量又逐渐减小,直至 $x=0$ 时,v_A 达到最大值,v_B 达到最小值.

之后,上述两个过程便开始交替出现,反复循环,但系统的质心速度不变,恒为 v_P,也就是说,木块 A(包括子弹)和木块 B 在围绕系统的质心做周期性的振动. 因此:

(1)取子弹、木块 A、木块 B 及弹簧为整个系统,由水平方向上的动量守恒有

$$mv_0 = (m + m_A + m_B)v_P$$

故

$$v_P = \frac{m}{m + m_A + m_B}v_0$$

(2)在第二个阶段的任一时刻,由水平方向上的动量守恒和系统的机械能守恒分别有

$$(m + m_A)v_{OA} = (m + m_A)v_A + m_B v_B$$

$$\frac{1}{2}(m + m_A)v_{OA}^2 = \frac{1}{2}(m + m_A)v_A^2 + \frac{1}{2}m_B v_B^2 + \frac{1}{2}kx^2$$

将 v_{OA} 的值代入以上两式则可化为

$$mv_0 = (m + m_A)v_A + m_B v_B \quad ①$$

$$\frac{1}{2}mv_0^2 = \frac{1}{2}(m + m_A)v_A^2 + \frac{1}{2}m_B v_B^2 + \frac{1}{2}kx^2 \quad ②$$

由前面的分析可知,当 $x=0$ 时,v_A 有最小值,v_B 有最大值;或 v_A 有最大值,v_B 有最小值. 因而将 $x=0$ 代入式①,式②后联立解得

$$v_{B_{\max}} = \frac{2m}{m + m_A + m_B}v_0$$

$$v_{A_{\min}} = \frac{m(m + m_A - m_B)}{(m + m_A)(m + m_A + m_B)}v_0$$

或

$$v_{B_{\min}} = 0$$

$$v_{A_{\max}} = v_{OA} = \frac{m}{m + m_A}v_0$$

(3)由前面的分析知,当 $v_A = v_B$ 时,弹簧的形变量 x(压缩量或伸长量)有最大值,故将 $v_A = v_B$ 代入式①,式②联立解得

$$x_{\max} = mv_0\sqrt{\frac{m_B}{(m + m_A)(m + m_A + m_B)k}}$$

$$v_A = v_B = \frac{m}{m + m_A + m_B}v_0$$

可见，这时木块 A（包括子弹）和木块 B 及弹簧的速度都与整个系统的质心速度相同.

1.243 设质点滑到底端时，相对于斜面的瞬时速度为 v_a，则 v_a 在水平方向和竖直方向的分量分别为 $v_a\cos\alpha$，$v_a\sin\alpha$.

（1）**解法一**：由于斜臂在此过程中右移的距离为 l，所以质点在此过程中左移的距离为 $h\cot\alpha - l$，如果设此过程所用的时间为 t，则

$$v_0 = \frac{l}{t}$$

$$v_a\cos\alpha = \frac{h\cot\alpha}{t}$$

由水平方向上的动量守恒有

$$0 = Mv_0 - m(v_a\cos\alpha - v_0)\text{（选取 } v_0 \text{ 的方向为正方向）}$$

联立以上三式可解得

$$l = \frac{m}{M+m}h\cot\alpha$$

解法二：参见解法一，由水平方向上的动量守恒有

$$0 = Mv_0 - m(v_a\cos\alpha - v_0)$$

再由运动学公式知

$$h\cot\alpha = \frac{0 + v_a\cos\alpha}{2}t$$

$$l = \frac{0+v_0}{2}t$$

由前两式联立解得

$$t = \frac{m}{M+m}\cdot 2h\cot\alpha$$

将 t 的值代入第三个式子后解得

$$l = \frac{m}{M+m}h\cot\alpha$$

解法三：选择如图(a)所示的坐标系. 设质点下滑前，斜劈、质点及系统的质心的坐标分别为 x_1，x_2，x_0，则由质心定理有

$$x_0 = \frac{Mx_1 + mx_2}{M+m}$$

当质点下滑后，斜劈、质点的坐标分别为 $(x_1 + l)$，$(x_2 + l - h\cot\alpha)$，设这时系统的质心坐标为 x_0'，则由质心定理有

$$x_0' = \frac{M(x_1 + l) + m(x_2 + l - h\cot\alpha)}{M+m}$$

由于开始时系统处于静止状态，而且下滑过程中系统不受外力的作用，因此有

$$x_0' = x_0$$

因此解得

$$l=\frac{m}{M+m}h\cot\alpha$$

(2)**解法一**:由系统在水平方向上的动量守恒和系统的机械能守恒分别有

$$0=Mv_0-m(v_a\cos\alpha-v_0)$$

$$mgh=\frac{1}{2}Mv_0^2+\frac{1}{2}mv^2$$

而

$$\begin{aligned}v^2&=(v_a\cos\alpha-v_0)^2+(v_a\sin\alpha)^2\\&=v_0^2+v_a^2-2v_0v_a\cos\alpha\end{aligned}$$

(当然也可参见图(b)用余弦定理得出).

联立以上三式可解得

$$v_0=m\cos\alpha\sqrt{\frac{2gh}{(M+m)(M+m\sin^2\alpha)}}$$

$$v=\sqrt{\frac{2gh(M^2+Mm\sin^2\alpha+m^2\sin^2\alpha)}{(M+m)(M+m\sin^2\alpha)}}$$

解法二:参见1.115题解.设在此下滑过程中,M在水平方向上的加速度为a,m在水平方向和竖直方向的加速度分别为a_1和a_2,则由运动定律有

$$N\sin\alpha=ma_1$$

$$mg-N\cos\alpha=ma_2$$

$$N\sin\alpha=Ma$$

由于质点相对于斜面在水平方向的加速度为a_1+a,在竖直方向的加速度为a_2,所以有

$$\frac{a_2}{a_1+a}=\tan\alpha$$

联立以上四式可解得

$$a_2=\frac{(M+m)g\sin^2\alpha}{M+m\sin^2\alpha} \tag{①}$$

因此质点到达斜面底端时的瞬时速度在竖直方向上的分量为

$$(v_a\sin\alpha)^2=2a_2h \tag{②}$$

由系统在水平方向上的动量守恒和系统的机械能守恒分别有

$$0=Mv_0-m(v_a\cos\alpha-v_0) \tag{③}$$

$$mgh=\frac{1}{2}Mv_0^2+\frac{1}{2}m(v_a\cos\alpha-v_0)^2+\frac{1}{2}m(v_a\sin\alpha)^2 \tag{④}$$

联立式①~式④可解得

$$v_0=m\cos\alpha\sqrt{\frac{2gh}{(M+m)(M+m\sin^2\alpha)}}$$

$$v_a=\sqrt{\frac{2(M+m)gh}{M+m\sin^2\alpha}}$$

因此

$$v=\sqrt{(v_a\cos\alpha-v_0)^2+(v_a\sin\alpha)^2}=\sqrt{v_0^2+v_a^2-2v_0v_a\cos\alpha}$$
$$=\sqrt{\frac{2gh(M^2+2Mm\sin^2\alpha+m^2\sin^2\alpha)}{(M+m)(M+m\sin^2\alpha)}}$$

(3)**解法一**:参见(2)知,由水平方向上的动量守恒有

$$0=Mv_0-m(v_a\cos\alpha-v_0)$$

而由于质点在水平方向和竖直方向上的速度分别为 $v_a\cos\alpha-v_0$,$v_a\sin\alpha$,所以有

$$\frac{v_a\sin\alpha}{v_a\cos\alpha-v_0}=\tan\beta$$

联立以上两式解得

$$\beta=\arctan(\frac{M+m}{M}\tan\alpha)$$

解法二:参照图(c).在速度三角形中应用正弦定理有

$$\frac{v}{\sin\alpha}=\frac{v_a}{\sin(180°-\beta)}$$

将(2)中解得的 v,v_a 的值代入上式可解得

$$\beta=\arcsin[\frac{(M+m)\sin\alpha}{\sqrt{M^2+2Mm\sin^2\alpha+m^2\sin^2\alpha}}]$$

其结果和解法一相同,读者可用三角变换公式

$$\sin\beta=\frac{1}{\sqrt{1+\frac{1}{\tan^2\beta}}}$$

验算得知.

心得 体会 拓广 疑问

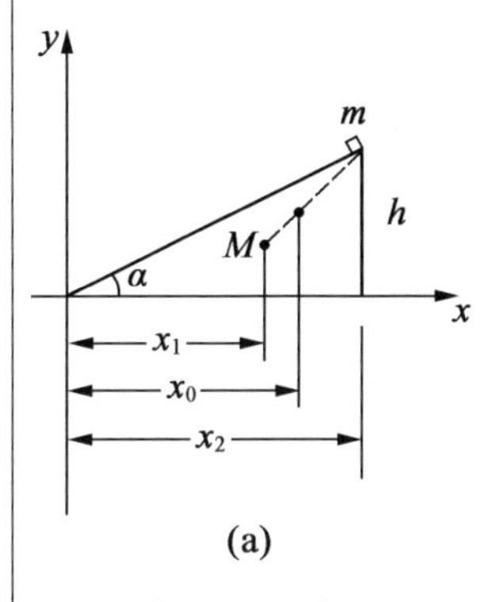

(a)

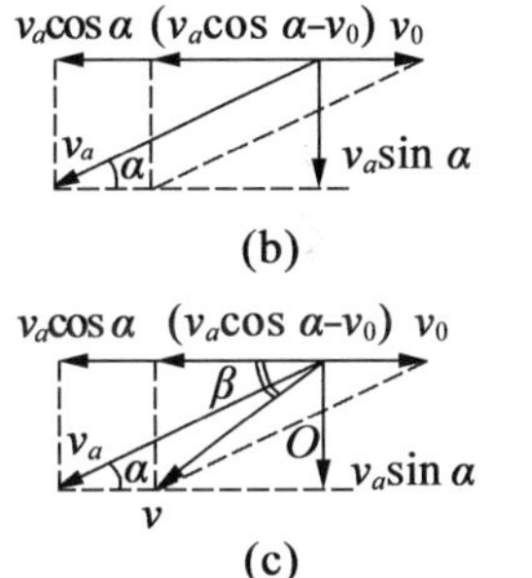

(b)

(c)

1.243 题解图

1.244 物块要能维持在斜面上做圆周运动,必须保持在最高点的重力沿斜面向下的分力刚好等于向心力.

(1)设子弹击中物块后同物块的共同速度为 v,子弹与物块做圆周运动达最高点时的共同速度为 u,则在最高点时由圆周运动定律有

$$(M+m)g\sin\theta=(M+m)\frac{u^2}{l}$$

设点 A 为零势能点,则由动量守恒和机械能守恒分别有

$$mv_0=(M+m)v$$

$$\frac{1}{2}(M+m)v^2=\frac{1}{2}(M+m)u^2+(M+m)g\cdot 2l\sin\theta$$

由以上各式解得

$$u=\sqrt{gl\sin\theta}$$

心得 体会 拓广 疑问

$$v=\sqrt{5gl\sin\theta}$$

$$v_0=\frac{M+m}{m}\sqrt{5gl\sin\theta}$$

(2)绳断后,物块与子弹一起做类似平抛运动:水平方向上以速度 v 做匀速直线运动,沿斜面向下方做初速度为零的匀加速直线运动,加速度设为 $g\sin\theta$,此段运动经过时间为 t,则由运动学公式有

$$s=vt$$

$$\frac{h}{\sin\theta}=\frac{1}{2}g\sin\theta\cdot t^2$$

联立解以上两式并将(1)中求得的 v 值代入解得

$$h=\frac{\sin\theta}{10}\cdot\frac{s^2}{l}$$

1.245 小球系在绳子上时,要使小球能完成圆周运动的条件为:小球在最高点 B 处绳中的张力为 $T\geqslant0$;当绳子用轻杆代替后,小球将受轻杆的约束,这时要使小球能完成圆周运动的条件为:小球在最高点 B 处的速度为 $v\geqslant0$.

先分析小球在任一点 C 时的运动情况,设此时的速度为 v,绳中的张力为 T,则由圆周运动定律和机械能守恒分别有

$$T+mg\sin\alpha\cos(\pi-\theta)=m\frac{v^2}{l} \quad ①$$

$$\frac{1}{2}mv_0^2=mgl(1-\cos\theta)\sin\alpha+\frac{1}{2}mv^2 \quad ②$$

由以上两式联立解得

$$T=m\frac{v_0^2}{l}+3mg\sin\alpha\cos\theta-2mg\sin\alpha \quad ③$$

(1)由上面的分析知,小球在点 B 处有

$$T\geqslant0 \quad ④$$

$$\theta=\pi \quad ⑤$$

将式④,式⑤代入式③可得

$$v_0\geqslant\sqrt{5gl\sin\alpha}$$

(2)将式④,式⑤代入式①可得

$$v\geqslant\sqrt{gl\sin\alpha}$$

因此这时的加速度为

$$a=\frac{v^2}{l}\geqslant g\sin\alpha$$

(3)式③即为所求.

(4)当绳子用轻杆代替后,由上面的分析知,小球在点 B 处有

$$v\geqslant0 \quad ⑥$$

$$\theta=\pi \quad ⑦$$

心得 体会 拓广 疑问

将式⑥,式⑦代入式②可得

$$v_0 \geqslant 2\sqrt{gl\sin\alpha}$$

1.246 (1)正碰后摆球的运动情况有三种可能:一是当最大摆角$0<\theta\leqslant\frac{\pi}{2}$时,摆球将以悬点为圆心来回摆动不止;二是摆球若能到达最高点,即最大摆角$\theta=\pi$,则摆球将做竖直面上的圆周运动;三是若最大摆角$\frac{\pi}{2}<\theta<\pi$,如图所示,则摆球运动到某位置,将脱离圆周做斜上抛运动. 而要想全面讨论,应先计算出$\theta=\frac{\pi}{2}$和$\theta=\pi$两种情况下摆球正碰后的速度u_0的值(临界值).

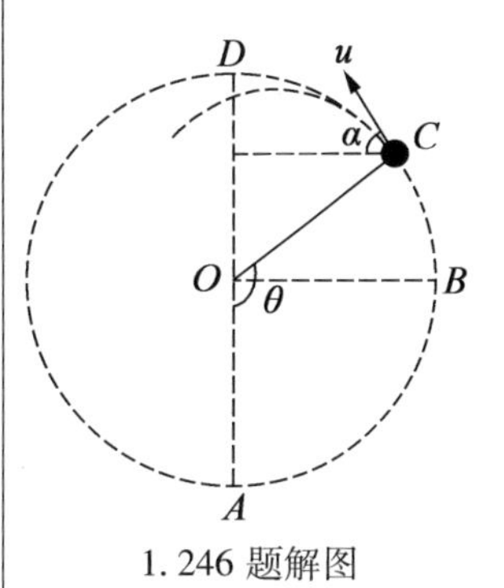

1.246 题解图

质点与摆球正碰后,当摆球运动到摆角为θ位置时,设摆球的速度为u,则由圆周运动定律有

$$T-(M+m)g\cos\theta=(M+m)\frac{u^2}{l}$$

由动量守恒和机械能守恒分别有

$$mv_0=(M+m)u_0$$

$$\frac{1}{2}(M+m)u_0^2=\frac{1}{2}(M+m)u^2+(M+m)gl(1-\cos\theta)$$

由以上三式得

$$u_0=\frac{m}{M+m}v_0 \qquad ①$$

$$u=\sqrt{u_0^2-2gl(1-\cos\theta)} \qquad ②$$

$$T=(M+m)\left(\frac{u_0^2}{l}-2g+3g\cos\theta\right) \qquad ③$$

因为$\theta=\frac{\pi}{2}$是$\cos\theta$的值由正变负的临界点,即重力沿细线的分力方向改变的临界点,所以讨论该点的运动情况. 摆球恰好能到达与悬点O等高的点B处时,则在此点$T=0$,如图所示. 这时$\theta=\frac{\pi}{2}$,即$\cos\theta=0$,代入式③可得

$$u_0=\sqrt{2gl}$$

(2)因为摆球到达最高点时细线中的张力最小,所以讨论该点的运动情况. 摆球恰好能到达最高点D时,则在此点$T=0$,如图所示. 这时$\theta=\pi$,即$\cos\theta=-1$,代入式③可得

$$u_0=\sqrt{5gl}$$

以上的两个u_0值即为讨论的临界值,现讨论如下:

(i)当$u_0\leqslant\sqrt{2gl}$时

$$u=\sqrt{u_0^2-2gl(1-\cos\theta)}\leqslant\sqrt{2gl\cos\theta}$$

因摆球静止时 $u=0$,所以有 $\sqrt{2gl\cos\theta}\geqslant 0$,即 $\cos\theta\geqslant 0$,可知

$$-\frac{\pi}{2}\leqslant\theta\leqslant\frac{\pi}{2}$$

这是一种以张角 $\alpha\leqslant\pi$ 的左右摆动. 这时 $g\cos\theta\geqslant 0$,所以由式②,式③得

$$T=(M+m)\left(\frac{u^2}{l}+3g\cos\theta\right)\geqslant 0$$

可见,这种摆动始终使绳子拉紧着.

(ii)当 $\sqrt{2gl}<u_0<\sqrt{5gl}$时,绳子松弛时 $T=0$,代入式③可得

$$\cos\theta=\frac{2gl-u_0^2}{3gl}$$

将条件 $\sqrt{2gl}<u_0<\sqrt{5gl}$代入上式后有

$$1<1-\frac{3}{2}\cos\theta<\frac{5}{2}$$

得$\frac{\pi}{2}<\theta<\pi$,即当初速度在区间($\sqrt{2gl}$, $\sqrt{5gl}$)中取某一值时,摆绳就要在 $\theta=\arccos\frac{2gl-u_0^2}{3gl}$处松弛. θ 的取值区间是$\left(\frac{\pi}{2},\pi\right)$. 当摆绳松弛时,摆球的速度由式②决定,$u$ 的方向与 θ 的关系为 $\alpha=\pi-\theta$. 这是一种以初速度为 u,抛射角为 α 的斜上抛运动,如图所示.

(iii)当 $u_0\geqslant\sqrt{5gl}$时,由式②,式③可得

$$T=(M+m)\left(\frac{u^2}{l}+g\cos\theta\right)\geqslant 3g(M+m)(1+\cos\theta)\geqslant 0$$

即当摆球初速度 $u_0\geqslant\sqrt{5gl}$时,摆角 θ 在一周内都使摆绳不松弛,因此在摆绳不断的条件下,摆球只能做以点 O 为中心,半径为 l 的圆周运动.

1.247 建立如图所示的直角坐标系,设经历时间 t,小球下滑的角度为 α,则小球的质心坐标为(x,y),环形槽的质心坐标为$(-x',y)$. 由水平方向的动量守恒有

$$0=mx+mx'$$

而由题解图知

$$x+x'=R\sin\alpha$$

$$y=R\cos\alpha$$

联立以上三式解得

$$\frac{x^2}{\left(\frac{MR}{M+m}\right)^2}+\frac{y^2}{R^2}=1$$

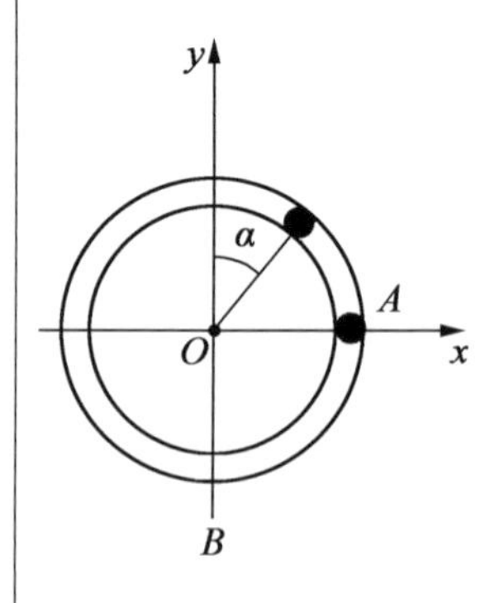

1.247 题解图

由上式可知小球的轨迹为椭圆,由椭圆的知识知其顶点 A,B 的曲率半径分别为

心得 体会 拓广 疑问

$$R_A=\frac{M+m}{M}R$$

$$R_B=\left(\frac{M}{M+m}\right)^2R$$

1.248　建立水平向右为 x 轴，竖直向上为 y 轴的直角坐标系，由系统的对称性可知环圈中心或者说环圈整体将仅沿 x 轴方向运动，设其速度为 v_0，两小球相对环心做圆轨道运动的角速度大小为 ω，A 球处于如图所示的角为 θ 方位时，相对水平面在 x 轴和 y 轴方向上的两个分速度分别为

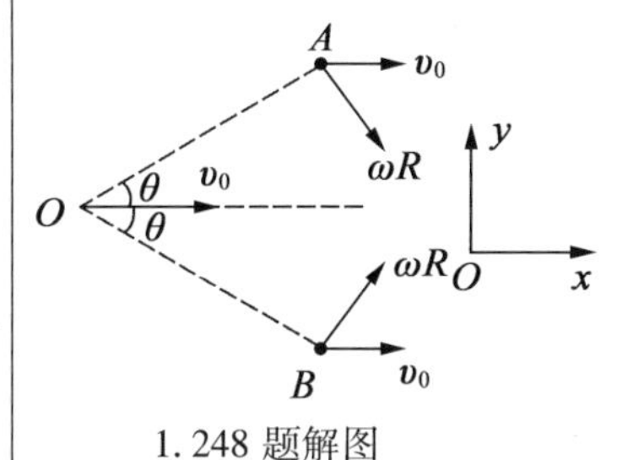

1.248 题解图

$$v_x=\omega R\sin\theta+v_0 \quad ①$$

$$v_y=-\omega R\cos\theta \quad ②$$

B 球运动与 A 球对称，所以此时它在水平方向和竖直方向的速度也分别为 v_x 和 v_y. 由系统在 x 轴方向上动量守恒和整体的机械能守恒分别有

$$2mv=mv_0+2mv_x \quad ③$$

$$2\times\frac{1}{2}mv^2=2\times\frac{1}{2}m(v_x^2+v_y^2)+\frac{1}{2}mv_0^2 \quad ④$$

将式①，式②代入式③，式④后联立解得

$$v_0=\frac{2}{3}\left(1-\frac{\sin\theta}{\sqrt{3-2\sin^2\theta}}\right)v$$

当两球距离为 R 时，将 $\theta=30°$代入上式可求得

$$v_0=\left(\frac{2}{3}-\frac{\sqrt{10}}{15}\right)v$$

1.249　(1)甲、乙两人通过抛球相互作用，对甲、小车及球所组成的系统，在水平方向上所受外力为零，因此，符合动量守恒定律. 甲第1次抛球给乙有

$$Mv_1=mv \quad ①$$

其中 v_1 为甲的后退速度. 乙第1次抛球给甲有

$$Mv_1+2mv=(M+2m)v_1' \quad ②$$

其中 v_1'为甲第1次接球时的后退速度. 甲第2次抛球给乙有

$$(M+2m)v_1'=Mv_2-2mv \quad ③$$

其中 v_2 为甲第2次抛出球后的速度.

联立式①~式③解得

$$Mv_2=5mv$$

$$v_2=\frac{5mv}{M}=\frac{5\times2v}{100}=\frac{v}{10}$$

(2)由式①知，甲抛出第1次后有

$$Mv_1=mv \quad ④$$

甲抛出第2次后有

$$Mv_2=5mv \quad ⑤$$

乙抛出第 2 次后有

$$Mv_2 + 4mv = (M + 4m)v_2' \quad ⑥$$

甲抛出第 3 次后有

$$(M + 4m)v_2' = Mv_3 - 4mv \quad ⑦$$

由式⑤ ~ 式⑦解得

$$Mv_3 = 13mv$$

同理可得,甲抛出第 4 次后有

$$Mv_4 = 29mv$$

综上分析,有

$$Mv_k = (2^{k+1} - 3)mv(\ k = 1,2,3,\cdots)$$

依题意,使甲再不能接到乙抛来的球的条件为:甲后退的速度 v_k 应大于小球抛出的速度 v,即

$$Mv_k = (2^{k+1} - 3)mv \geqslant Mv$$

将 $M = 100(\text{kg})$, $m = 2(\text{kg})$代入后求得

$$k \geqslant 5$$

也就是说,从第 1 次算起到甲抛出第 5 次开始,将再不能接到乙抛来的球.

1.250 (1)**解法一**:每个沙袋离手后与车组成的系统在水平方向上不受外力的作用,设空车出发的速度为 v_0,则第一个沙袋扔出手的速度为

$$v_1 = 2v_0$$

由水平方向上动量守恒有

$$Mv_0 - m \times 2v_0 = (M + m)v_1$$

由以上两式求得 $\quad v_1 = \dfrac{M - 2m}{M + m}v_0$

第二个沙袋扔出手的速度为

$$v_2 = 2 \times 2v_1 = 4v_1$$

由水平方向上动量守恒有

$$(M + m)v_1 - m \times 4v_1 = (M + 2m)v_2$$

从而由以上三式求得

$$v_2 = \frac{M - 3m}{M + 2m} \cdot \frac{M - 2m}{M + m}v_0$$

第三个沙袋扔出手的速度为

$$v_2 = 2 \times 3v_1 = 6v_1$$

由水平方向上动量守恒有

$$(M + 2m)v_2 - m \times 6v_2 = (M + 3m)v_3$$

从而可求得

$$v_3 = \frac{M - 4m}{M + 3m} \cdot \frac{M - 3m}{M + 2m} \cdot \frac{M - 2m}{M + m}v_0$$

……

同样可求出第 n 个沙袋扔出手的速度为

$$v_n=\frac{M-2m}{M+m}\cdot\frac{M-3m}{M+2m}\cdot\frac{M-4m}{M+3m}\cdot\cdots\cdot\frac{M-(n+1)m}{M+nm}v_0 \quad ①$$

若要车反向，则有 $v_n<0$，结合式①可知，仅分子中最小一项小于零即可，所以令

$$M-(n+1)m<0$$

求得
$$n>\frac{M}{m}-1=2.4,\text{取 } n=3$$

(2)当车反向后，车的总质量为 $M'=M+3m=90(\text{kg})$，车速为v_0'，以 v_0'为正方向，当有 n'个沙袋落到车上后，车速为 v_n'，同理可得

$$v_n'=\frac{M'-2m'}{M'+m'}\cdot\frac{M'-3m'}{M'+2m'}\cdot\cdots\cdot\frac{M'-(n+1)m'}{M'+nm'}v_0' \quad ②$$

只有当 $v_n'=0$ 时，才没有沙袋再扔到车上来，结合式②可知，仅分子中最小一项小于零即可，所以令

$$M'-(n+1)m'<0$$

求得
$$n'=\frac{M'}{m'}-1=8$$

此时车上堆放沙袋的个数为

$$N=n+n'=11$$

解法二：(1)当扔沙袋到车上后，若车反向，则第 n 个沙袋扔上车前的动量大小应大于此时车的动量大小，即

$$2nmv_{n-1}>[(n-1)m+M]v_{n-1}$$

求得
$$n>\frac{M}{m}-1=2.4,\text{取 } n=3$$

(2)同理，当车反向时，其总质量 $M'=M+3m=90(\text{kg})$，当第 n'个沙袋扔到车上时的动量与车的动量大小相等且方向相反时，车的速度会变为零，这时

$$2n'm'v_{n'-1}'>[M'+(n'-1)m']v_{n'-1}'$$

求得
$$n'=\frac{M'}{m'}-1=8$$

此时车上堆放沙袋的个数为

$$N=n+n'=11$$

1.251 当人从甲车跳到乙车后，可能有两种情况：第一种情况是甲、乙两车均向右运动；第二种情况是甲车先向左再向右运动，且乙车向右运动. 设人从甲车跳到乙车后，甲、乙两车的速度分别变为 v_1'和 v_2'，为避免两车相撞，在这两种情况下均应满足

$$v_1'\leqslant v_2' \quad ①$$

如果人从甲车跳到乙车瞬时之前甲车的速度用 v_1 表示，并取速度

向右为正方向，则

$$v_1 = \sqrt{2gh} \quad ②$$

在第一种情况下，对甲、乙两车由动量守恒分别有

$$(m_1 + M)v_1 = Mv' + m_1 v_1'$$

$$Mv' - m_2 v_0 = (m_2 + M)v_2'$$

由以上四式联立求得

$$v' \geqslant \frac{(m_1 + M)(m_2 + M)\sqrt{2gh} + m_1 m_2 v_0}{M(m_2 + M) + m_1 M} = 3.8(\text{m/s})$$

在第二种情况下，对甲、乙两车由动量守恒分别有

$$(m_1 + M)v_1 = Mv' - m_1 v_1'$$

$$Mv' - m_2 v_0 = (m_2 + M)v_2'$$

与式①，式②联立求得

$$v' \leqslant \frac{(m_1 + M)(m_2 + M)\sqrt{2gh} - m_1 m_2 v_0}{M(m_2 + M) - m_1 M} = 4.8(\text{m/s})$$

由以上分析知，v'的取值范围为[3.8,4.8].

1.252　解法一：设原物体 A 的初速度为 v_0，则 $E_{K0} = \frac{1}{2}mv_0^2$.

第 1 次碰撞有

$$mv_0 = (m + m)v_1 = 2mv_1$$

得 $v_1 = \frac{1}{2}v_0$.

第 2 次碰撞有

$$2mv_1 = (2m + 2m)v_2 = 4mv_2$$

得 $v_2 = \frac{1}{2}v_1 = \frac{1}{2^2}v_0$.

第 3 次碰撞有

$$2^2 mv_2 = (2^2 m + 2^2 m)v_3 = 2^3 mv_3$$

得 $v_3 = \frac{1}{2}v_2 = \frac{1}{2^3}v_0$.

……

第 n 次碰撞有

$$2^{n-1} mv_{n-1} = (2^{n-1} + 2^{n-1})mv_n = 2^n mv_n$$

得 $v_n = \frac{1}{2}v_{n-1} = \frac{1}{2^n}v_0$.

对于动能，则相应有

$$E_{K1} = \frac{1}{2} \times 2^1 mv_1^2 = \frac{1}{2}E_{K0}$$

$$E_{K2} = \frac{1}{2} \times 2^2 mv_2^2 = \frac{1}{2^2}E_{K0}$$

$$E_{K3}=\frac{1}{2}\times 2^3 mv_3^2=\frac{1}{2^3}E_{K0}$$

$$\vdots$$

$$E_{Kn}=\frac{1}{2}\times 2^n mv_n^2=\frac{1}{2^n}E_{K0}$$

解法二: 从碰撞全过程来分析,若以整个 n 个物体为系统,系统完成 n 次碰撞后的最终速度为 v_n,则由动量守恒有

$$mv_0=(m+m+2m+4m+\cdots+2^{n-1}m)v_n$$

得

$$v_n=\frac{v_0}{2^n}$$

因此

$$E_{Kn}=\frac{1}{2}\times 2^n m\times v_n^2=\frac{1}{2^n}E_{K0}$$

1.253 设木块 k 刚要受碰时大木块(以及与之为一体的各小木块)的速度为 v_k,木块 k 刚受碰后大木块(以及与之为一体的各小木块)的速度为 u_k,恒力为 F. 则根据功能原理和动量守恒分别有:

在木块 1 受碰前后

$$\frac{1}{2}(4m)v_1^2=Fl$$

$$4mv_1=(4+1)mu_1$$

在木块 2 受碰前后

$$\frac{1}{2}(4+1)mv_2^2=\frac{1}{2}(4+1)mu_1^2+Fl$$

$$(4+1)mv_2=(4+2)mu_2$$

在木块 3 受碰前后

$$\frac{1}{2}(4+2)mv_3^2=\frac{1}{2}(4+2)mu_2^2+Fl$$

$$(4+2)mv_3=(4+3)mu_3$$

……

在木块 k 受碰前后

$$\frac{1}{2}(4+k-1)mv_k^2=\frac{1}{2}(4+k-1)mu_{k-1}^2+Fl$$

$$(4+k-1)mv_k=(4+k)mu_3$$

因此

$$v_k^2=\frac{1}{4+k-1}\cdot\frac{2Fl}{m}+u_{k-1}^2=\frac{1}{4+k-1}\cdot\frac{2Fl}{m}+\frac{(4+k-2)^2}{(4+k-1)^2}v_{k-1}^2$$

$$=\frac{1}{4+k-1}\cdot\frac{2Fl}{m}+\frac{(4+k-2)^2}{(4+k-1)^2}\cdot\left[\frac{1}{4k+2}\cdot\frac{2Fl}{m}+\frac{(4+k-3)^2}{(4+k-2)^2}v_{k-2}^2\right]$$

$$=\cdots$$

心得 体会 拓广 疑问

$$=\frac{2Fl}{m}\cdot\frac{(4+k-1)+(4+k-2)+\cdots+(4+1)}{(4+k-1)^2}+\frac{4^2}{(4+k-1)^2}\cdot v_1^2$$

$$=\frac{2Fl}{m}\cdot\frac{(4+k-1)+(4+k-2)+\cdots+(4+1)+4}{(4+k-1)^2}$$

$$=\frac{Flk(k+7)}{m(k+3)^2}$$

注意到式中 $4v_1^2=\frac{2Fl}{m}$. 上式配方后有

$$v_k^2=\frac{Fl}{m}\left[\frac{(3+k)^2+(k+3)-12}{(k+3)^2}\right]$$

$$=\frac{Fl}{m}\left[1-\frac{1}{3}\left(\frac{1}{4}-\frac{6}{k+3}\right)^2+\frac{1}{3}\left(\frac{1}{4}\right)^2\right]$$

$$=\frac{Fl}{m}\left[\frac{49}{48}-\frac{1}{3}\left(\frac{1}{4}-\frac{6}{k+3}\right)^2\right]$$

由此可见,当 $\frac{1}{4}-\frac{6}{k+3}=0$ 时,v_k 最大,由此可得

$$k=21$$

此时 v_k 的最大值为

$$v_{21}=\sqrt{\frac{49}{48}\cdot\frac{Fl}{m}}$$

1.254 (1)由于第 n 号木块的初速度最大、动能最大,所以当第 n 号木块克服摩擦力运动到与木板速度刚好相等之前,其他所有的木块都已相对静止在木板上与木板同速度. 该系统在水平方向上不受外力,若第 n 号木块从开始运动到与木板速度刚好相等时的系统速度用 v 表示,则由水平方向上的动量守恒有

$$m(v_0+2v_0+3v_0+\cdots+nv_0)=2nmv \quad ①$$

若木块在木板上运动的加速度用 a 表示,则由运动定律有

$$\mu mg=ma \quad ②$$

对第 n 号木块由位移公式有

$$(nv_0)^2-v^2=2as_n \quad ③$$

由以上各式联立求得

$$s_n=\frac{(5n+1)(3n-1)}{32\mu g}$$

(2)第 $n-1$ 号木块在整个运动过程中达到最小速度 v_{n-1} 之前做减速运动,之后做加速运动,最终与木板同速,这时只有第 n 号木块还相对于木板运动,由水平方向上的动量守恒有

$$m(v_0+2v_0+3v_0+\cdots+nv_0)=[(n-1)m+nm]v_{n-1}+mv_n \quad ④$$

在此过程中,由于第 n 号木块与第 $n-1$ 号木块在木板上的运动时间相同,所受的摩擦力也相同,所以速度的改变量相同,即

$$nv_0-v_n=(n-1)v_0-v_{n-1} \quad ⑤$$

故由式④,式⑤联立解得

$$v_{n-1}=\frac{(n-1)(n+2)}{4n}v_0$$

1.255 先分析 A,B 两球在第一次碰撞后的情况,并分别用 v_{A1},v_{B1} 表示 A,B 两球碰撞后的速度,v_n 为第 n 个小球最终得到的速度. 由动量守恒和动能守恒分别有

$$Mv_0=Mv_{A1}+mv_{B1}$$

$$\frac{1}{2}Mv_0^2=\frac{1}{2}Mv_{A1}^2+\frac{1}{2}mv_{B1}^2$$

从而求得

$$v_{A1}=\frac{M-m}{M+m}v_0$$

$$v_{B1}=\frac{2M}{M+m}v_0$$

由于 B,C,D,…各小球的质量相同,碰撞后将交换速度,所以 B 与 C,C 与 D,…,第 $n-1$ 与第 n 个小球之间依次碰撞后,B,C,D,…,第 $n-1$ 个小球的速度都依次变为零,最终 B 球将速度 v_{B1} 传递给第 n 个球,即

$$v_n=v_{B1}=\frac{2M}{M+m}v_0$$

(2)再分析 A,B 两球之间经过第 2,3,…,n 次碰撞后的情况. 每经过一次碰撞,A 球的速度就要减小一些,B 球每次获得的速度都会依次传递给后面的小球. 设剩余的 B,C,D,…共 $n-1$ 个小球最终得到的速度依次为 v_1,v_2,…,v_{n-1}. A,B 两球经第二次碰撞后的速度分别用 v_{A2},v_{B2} 表示,同样由动量守恒和动能守恒可求得

$$v_{A2}=\left(\frac{M-m}{M+m}\right)^2v_0,\ v_{B2}=\frac{2M}{M+m}\left(\frac{M-m}{M+m}\right)v_0$$

同(1)的分析可知,最终 B 球将速度 v_{B2} 传递给第 $n-1$ 个小球,即

$$v_{n-1}=v_{B2}=\frac{2M}{M+m}\left(\frac{M-m}{M+m}\right)v_0$$

同样道理可依次求得

$$v_{A3}=\left(\frac{M-m}{M+m}\right)^3v_0$$

$$v_{n-2}=v_{B3}=\frac{2M}{M+m}\left(\frac{M-m}{M+m}\right)^2v_0$$

$$\vdots$$

$$v_{An}=\left(\frac{M-m}{M+m}\right)^nv_0$$

$$v_1=v_{Bn}=\frac{2M}{M+m}\left(\frac{M-m}{M+m}\right)^{n-1}v_0$$

因为 $v_n>v_{n-1}>\cdots>v_1>v_{An}$,所以每碰撞一次,排在最后的一个球

将依次滚出,不会参与下一次的相互碰撞,使相互碰撞的球不断减少,最后一次碰撞是第 n 次. 即 A,B 两球共发生 n 次碰撞,所以各球间都不会再互相碰撞,碰撞彻底结束.

1.256 (1)设 P 在碰撞前后的速度分别为 u_0,u_1,Q 在碰撞后的速度为 v_1,则由动量守恒和机械能守恒分别有(其中 u_1 的方向向左)

$$mu_0=-mu_1+Mv_1\text{(选 }u_0\text{ 的方向为正方向)}$$

$$\frac{1}{2}mu_0^2=\frac{1}{2}mu_1^2+\frac{1}{2}Mv_1^2$$

联立以上两式可解得

$$u_1=\frac{M-m}{M+m}u_0 \quad ①$$

$$v_1=\frac{2m}{m+M}u_0 \quad ②$$

(2)若使 P 在碰撞后沿原路返回,则有 $u_1>0$,即与所设的 u_1 与 u_0 的方向相反,这时 $M>m$.

由于曲面及平面都是光滑的,因此当 P 再次滑到第一次碰撞点处时,速度方向向右,大小仍为 u_1. 若使 P 能第二次与 Q 相碰,必须有 $u_1>v_1$,因此由式①,式②联立解得

$$\frac{m}{M}<\frac{1}{3}\text{(也满足 }M>m\text{)}$$

(3)设 P 与 Q 在碰撞后的速度分别为 u_2,v_2,由题意知 u_2 的方向向左,v_2 的方向向右,则由动量守恒和机械能守恒分别有

$$mu_1+Mv_1=-mu_2+Mv_2$$

$$\frac{1}{2}mu_1^2+\frac{1}{2}Mv_1^2=\frac{1}{2}mu_2^2+\frac{1}{2}Mv_2^2$$

将 u_1,v_1 的值分别代入以上两式后联立解得

$$u_2=\frac{(M-m)^2-4Mm}{(M+m)^2}v_0$$

若使 u_2 与所设方向相反,则有 $u_2>0$,即

$$(M-m)^2-4Mm>0$$

$$M^2-6Mm+m^2>0$$

$$[M-(3+\sqrt{8})m][M-(3-\sqrt{8})m]>0$$

解得

$$\frac{m}{M}<3-\sqrt{8}=3-2\sqrt{2}$$

$$\frac{m}{M}>3+\sqrt{8}$$

而第二个解与(2)不符,故舍去,所以只能取

$$\frac{m}{M}<3-2\sqrt{2}$$

心得 体会 拓广 疑问

1.257 取速度向右为正方向,设第一次碰撞后 A,B 两球的速度大小分别为 v_1,v_2,方向均假设向右,则由碰撞前后的动量守恒和能量守恒分别有

$$m_1v=m_1v_1+m_2v_2$$

$$\frac{1}{2}m_1v^2=\frac{1}{2}m_1v_1^2+\frac{1}{2}m_2v_2^2$$

由以上两式联立解得

$$v_1=\frac{m_1-m_2}{m_1+m_2}v \quad ①$$

$$v_2=\frac{2m_1}{m_1+m_2}v \quad ②$$

(1)第一种情况,当 $\frac{m_1}{m_2}>1$ 即 $m_1>m_2$ 时,v_1,v_2 的方向均向右,B 球碰墙后原速弹回向左运动,并与 A 球发生第二次碰撞,设第二次碰撞后 A,B 两球的速度大小分别为 v_1' 和 v_2',并仍假设它们的方向都向右,则由碰撞前后的动量守恒和能量守恒分别有

$$m_1v_1-m_2v_2=m_1v_1'+m_2v_2'$$

$$\frac{1}{2}m_1v_1^2+\frac{1}{2}m_2v_2^2=\frac{1}{2}m_1v_1'^2+\frac{1}{2}m_2v_2'^2$$

由以上两式联立解得

$$v_1'=\frac{(m_1-m_2)^2-4m_1m_2}{(m_1+m_2)^2}v \quad ③$$

$$v_2'=\frac{4m_1(m_1-m_2)}{(m_1+m_2)^2}v \quad ④$$

由以上两式可见 $v_2'>0$,说明在第二次碰撞后 B 球向右运动. 为使 A,B 两球不发生第三次碰撞,必须使 v_1' 的方向向左,而且使 B 球第二次碰墙弹回向左运动时追不上 A 球,这样就必须有

$$v_1'<0$$

$$|v_1'|\geqslant|v_2'|$$

将式③,式④分别代入以上两式后有

$$m_1^2-6m_1m_2+m_2^2<0$$

$$5m_1^2-10m_1m_2+m_2^2\leqslant 0$$

从而求得以上两个不等式的解分别为

$$3-2\sqrt{2}<\frac{m_1}{m_2}<3+2\sqrt{2}$$

$$1-\frac{2}{\sqrt{5}}\leqslant\frac{m_1}{m_2}\leqslant 1+\frac{2}{\sqrt{5}}$$

由以上两式并结合所给条件 $\frac{m_1}{m_2}>1$ 可得

$$1 < \frac{m_1}{m_2} \leqslant 1 + \frac{2}{\sqrt{5}}$$

(2)第二种情况，当$\frac{m_1}{m_2}=1$即$m_1=m_2$时，A球与B球第一次碰撞后交换速度，A球静止，B球以速度v向右运动；B球与墙第一次碰撞后又以原速弹回，并与A球发生第二次碰撞后再次交换速度，结果A球以速度v向左运动而B球静止. 这样，A，B两球只发生两次碰撞.

(3)第三种情况，当$\frac{m_1}{m_2}<1$即$m_1<m_2$时，A，B两球在发生第一次碰撞后，由式①，式②知$v_1<0$，$v_2>0$，说明A球向左运动而B球向右运动，B球第一次碰墙后原速弹回向左运动，若使它们能发生第二次碰撞，则必须使B球向左运动时能追上A球，这样就必须有

$$|v_2| > |v_1|$$

将式①，式②代入上式后求得

$$\frac{m_1}{m_2} > \frac{1}{3}$$

结合所给条件$\frac{m_1}{m_2}$可得

$$\frac{1}{3} < \frac{m_1}{m_2} < 1$$

在A，B两球第二次碰撞后，由于$m_2>m_1$，所以用同样的方法并结合式③，式④知，第二次碰撞后A，B两球的速度大小分别为$v_1'<0$，$v_2'<0$，这就说明A，B两球均向左运动，同时由于

$$|v_1'| - |v_2'| = v_2' - v_1' > 0$$

因此，两球不会产生第三次碰撞.

综合上面三种情况得出所求的结果为

$$\frac{1}{3} < \frac{m_1}{m_2} \leqslant 1 + \frac{2}{\sqrt{5}}$$

1.258 M滑行到某个木块时可以带动剩下数目为n的木块滑行，由功能定理有

$$\mu_1 Mg - \mu_2(m+M)g - n\mu_2 mg \geqslant 0$$

从而解得

$$n \leqslant 1.5$$

只能取整数$n=1$，即除M所在的那个木块外，只能再带动最后一个木块一起运动.

设M刚滑到第十个木块上时的速度为v'，而第十个木块运动的速度为V，设木块运动的距离为s，M运动的距离为$s+l$，

心得 体会 拓广 疑问

如图(a)所示. 对 M 和 m,由动能定理分别有

$$-\mu_1 Mg(s+l)=\frac{1}{2}Mv'^2-\frac{1}{2}Mv^2 \quad ①$$

$$\mu_1 Mgs-\mu_2(M+m)gs-\mu_2 mgs=\frac{1}{2}mV^2 \quad ②$$

小铅块做匀速运动,两木块做匀加速运动,对 M 和 m,由动量定理分别有

$$-\mu_1 Mgt=Mv'-Mv \quad ③$$

$$[\mu_1 Mg-\mu_2(M+m)g-\mu_2 mg]t=mV \quad ④$$

由式①~式④及已知条件易求得

$$v'=0.611(\mathrm{m/s}),V=0.212(\mathrm{m/s})$$

或

$$v'=-0.26(\mathrm{m/s}),V=0.23(\mathrm{m/s})$$

显然后一组解不合理,应舍去. 可见 $v'>V$,即 M 的速度大于木块的速度,M 将运动到第 10 个木块上.

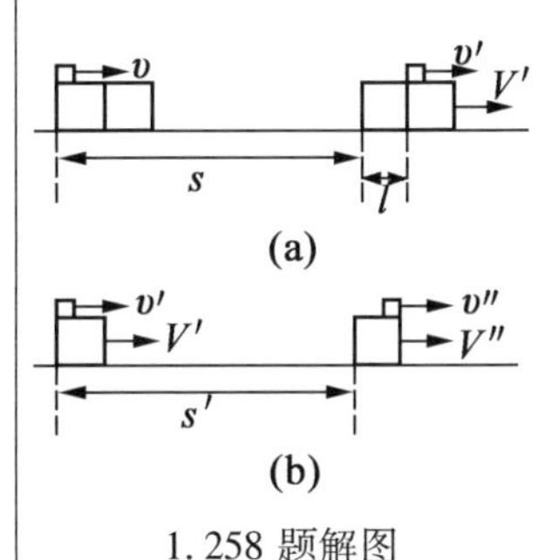

1.258 题解图

再设当 M 运动到第 10 个木块的边缘时速度设为 v'',这时木块的速度为 V'',M 将从第 10 个木块上滑下,如图(b)所示. 由于 M 的加速度始终为

$$a_M=-\mu_1 g=-2.0(\mathrm{m/s^2})$$

故由运动学公式可得

$$v''^2=v'^2+2a_M(s'+l)=-(1.63+4s')<0$$

求出的解不合理,说明 M 不能滑下第十个木块,最后只能停在它上面,并和它一起静止在地面上.

1.259 先对 M 与 m 的碰撞运用动量守恒定律(因碰撞是瞬间的,相互作用力远大于重力与摩擦力),则

$$Mv=(M+m)v_1$$

即

$$v_1=\frac{Mv}{M+m}$$

碰撞后系统的动能为

$$E_K=\frac{1}{2}(M+m)v_1^2=\frac{M}{M+m}\left(\frac{1}{2}Mv^2\right)$$

令 E_{K0} 表示原来的动能,则上式可改写为

$$E_K=\frac{ME_{K0}}{M+m}$$

再讨论本题中木块碰撞后结合体的动能. 在木块下滑时,势能的减少使其动能增加,而摩擦损耗又使动能减少,设各木块相距为 d(木块的大小不计),则木块 1 与木块 2 相碰之前,其动能为

$$E_{K0}=mgd\sin\theta=A$$

两者刚结合成一体后其动能为

$$E_{K1}=\frac{mE_{K0}}{m+m}=\frac{A}{2}$$

结合体 1,2 与木块 3 相碰前,设动能为 E'_{K1},则

$$E'_{K1}=E_{K1}+2mgd\sin\theta-2mgd\cos\theta\cdot\mu=E_{K1}+2(A-B)$$

设上式中 $B=\mu mgd\cos\theta$,则与木块 3 相碰后的动能为

$$E_{K2}=\frac{2mE'_{K1}}{2m+m}=\frac{2}{3}\left[\frac{A}{2}+2(A-B)\right]$$

依次可得结合体 1,2,3 与木块 4 相碰之前的动能为

$$E'_{K2}=E_{K2}+3(A-B)$$

若此结合体与木块 4 能相碰(即木块 4 能被撞),必须符合条件

$$E'_{K2}>0$$

在这种情况下,两者刚相撞之后的结合体 1,2,3,4 的动能应为

$$E_{K3}=\frac{3mE'_{K2}}{3m+m}=\frac{3}{4}\left\{\frac{2}{3}\left[\frac{A}{2}+2(A-B)\right]+3(A-B)\right\}$$

若要这个结合体不能与木块 5 相撞(不被撞),必须符合条件

$$E'_{K3}=E_{K3}+4(A-B)\leqslant 0$$

由以上各式联立解得

$$\frac{B}{A}<\frac{14}{13}$$

和

$$\frac{B}{A}\geqslant\frac{30}{29}$$

即

$$\frac{30}{29}\leqslant\frac{B}{A}<\frac{14}{13}$$

但因 $\frac{B}{A}=\frac{\mu mgd\cos\theta}{mgd\sin\theta}=\frac{\mu}{\tan\theta}=\sqrt{3}\mu$,故 μ 必须满足的条件为

$$\frac{30}{29\sqrt{3}}\leqslant\mu<\frac{14}{13\sqrt{3}}$$

即

$$0.597\leqslant\mu<0.622$$

1.260　解法一:A 与 B 刚发生第一次碰撞后,A 停下来不动,B 以初速度 v_0 向右运动,由于摩擦,B 向右做匀减速运动,而 C 向右做匀加速运动,两者速度逐渐接近直至相等,设 A,B,C 的质量皆为 m,B,C 达到相同速度 v_1 时,B 移动的路程为 s_1,C 移动的路程为 s_2.

先用功能关系和动量守恒定律求解.

(1)对 B,C 组成的系统,由动量守恒定律得

$$mv_0=2mv_1$$

对 B,由动能定理得

$$\mu mgs_1 = \frac{1}{2}mv_0^2 - \frac{1}{2}mv_1^2$$

由式①得

$$v_1 = \frac{1}{2}v_0$$

代入式②得

$$s_1 = \frac{3v_0^2}{8\mu g}$$

根据条件 $v_0 < \sqrt{2\mu gl}$ 得

$$s_1 < \frac{3}{4}l$$

可见,在 B,C 达到相同速度 v_1 时,B 尚未与 A 发生第二次碰撞. B 与 C 将以速度 v_1 一起向右匀速运动一段距离 $l-s_1$ 后才与 A 发生第二次碰撞,如图(a)所示.

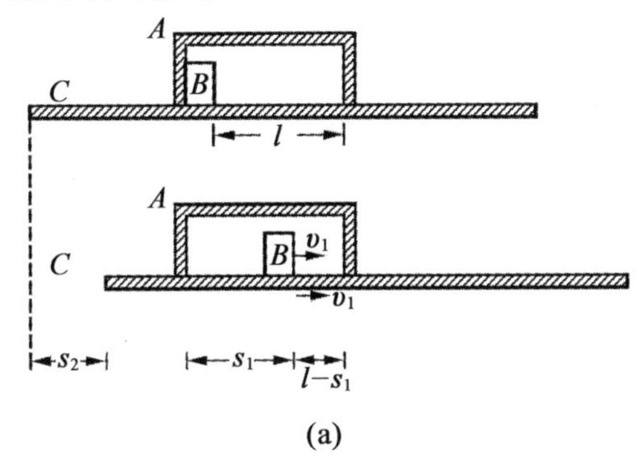

(a)

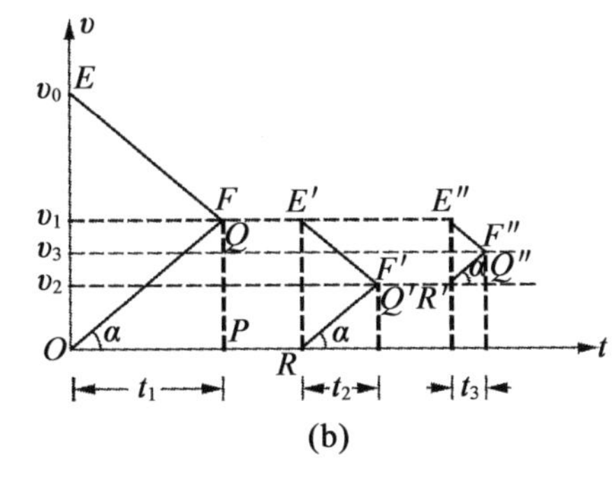

(b)

1.260 题解图

对 C 运用动能定理得

$$\mu mgs_2 = \frac{1}{2}mv_1^2$$

$$s_2 = \frac{v_0^2}{8\mu g}$$

因此在第一次到第二次碰撞瞬间,C 移动的路程为

$$s = s_2 + l - s_1 = l - \frac{v_0^2}{4\mu g}$$

(2)由上面的讨论可知，在刚要发生第二次碰撞时，A 静止，B，C 的速度均为 v_1. 刚碰撞后，B 静止，A，C 的速度均为 v_1，由于摩擦，B 将加速，C 将减速，直至达到相同的速度 v_2，由动量守恒定律得

$$mv_1 = 2mv_2$$

$$v_2 = \frac{1}{2}v_1 = \frac{1}{4}v_0$$

因为 A 的速度 v_1 大于 B 的速度 v_2，故第三次碰撞发生在 A 的左壁. 刚碰撞后，A 的速度变为 v_2，B 的速度变为 v_1，C 的速度仍为 v_2，由于摩擦，B 减速，C 加速，直至达到相同的速度 v_3，由动量守恒定律，得

$$mv_1 + mv_2 = 2mv_3$$

$$v_3 = \frac{3}{8}v_0$$

故刚要发生第四次碰撞时，A，B，C 的速度分别为

$$v_A = v_2 = \frac{1}{4}v_0$$

$$v_B = v_C = v_3 = \frac{3}{8}v_0$$

解法二：用动量定理和平均速度公式求解.

(1)对 B，C 组成的系统，由动量守恒，得

$$mv_0 = 2mv_1 \quad ①$$

设 B 的速度从 v_0 变到 v_1 所用的时间为 t_1，对 B 运用动量定理，得

$$-\mu mgt_1 = mv_1 - mv_0 \quad ②$$

因 B 做匀速直线运动，所以

$$s_1 = \frac{v_0 + v_1}{2}t_1 \quad ③$$

由式① ~ 式③解得

$$s_1 = \frac{3v_0^2}{8\mu g}$$

根据条件 $v_0 < \sqrt{2\mu gl}$，得

$$s_1 < \frac{3}{4}l \quad ④$$

通过对式④的分析可知(同解法一分析)，在第一次到第二次碰撞瞬间，C 移动的路程为 $s = s_2 + l - s_1$，因为 $s_2 = \frac{v_1}{2}t_1$，所以

$$s = \frac{v_1}{2}t_1 + l - s_1 \quad ⑤$$

联立式① ~ 式③，式⑤得

心得 体会 拓广 疑问

$$s = l - \frac{v_0^2}{4\mu g}$$

(2)在 A,B 发生第二次、第三次碰撞后,对 A,B,C 的运动分析同解法一. 设在第二次碰撞后,B 的速度从零变到 v_2,所需的时间为 t_2. 对 B 运用动量定理,得

$$\mu mgt_2 = mv_2 \quad ⑥$$

对 C 运用动量定理,得

$$-\mu mgt_2 = mv_2 - mv_1 \quad ⑦$$

由式⑥,式⑦解得

$$v_2 = \frac{v_1}{2} = \frac{v_0}{4}$$

再设第三次碰撞后,B 的速度从 v_1 变到 v_3,所需的时间为 t_3,则由动量定理,对 B 和 C 分别有

$$-\mu mgt_3 = mv_3 - mv_1 \quad ⑧$$

$$-\mu mgt_2 = mv_2 - mv_1 \quad ⑨$$

由式⑧,式⑨可解得

$$v_3 = \frac{v_1 + v_2}{2} = \frac{3}{8}v_0$$

综上分析,得

$$v_A = v_2 = \frac{1}{4}v_0$$

$$v_B = v_C = v_3 = \frac{3}{8}v_0$$

解法三:用 $v-t$ 图像解,见图(b).

(1)对 B,C 组成的系统,由动量守恒,得

$$mv_0 = 2mv_1$$

$$v_1 = \frac{1}{2}v_0$$

又因 B 以加速度 $a_B = \frac{\mu mg}{m} = \mu g$ 做初速度为 v_0 的匀减速运动,其 $v-t$ 图像如图(b)中的 EF 所示,木板 C 在 t_1 时间内以加速度 $a_C = \mu g$ 做初速度为零的匀加速运动,其 $v-t$ 图像如图(b)中的 OQ 所示.

由图像知:梯形 $EFPO$ 的面积为 B,C 达到相同速度 v_1 时,B 移动的路程 s_1,$\triangle OQP$ 的面积为 C 在同一时间 t_1 内移动的路程 s_2,则

$$s_1 = \frac{(QP + OE)}{2} \times OP = \frac{\frac{v_0}{2} + v_0}{2} \times t_1 = \frac{3}{4}v_0 t_1$$

$$s_2=\frac{1}{2}QP\times OP=\frac{\frac{v_0}{2}}{2}\times t_1=\frac{1}{4}v_0t_1$$

又由图像知

$$\tan\alpha=\frac{v_1}{t_1}a_C=\mu g$$

所以

$$t_1=\frac{v_1}{\mu g}=\frac{v_0}{2\mu g}$$

$$s_1=\frac{3}{4}v_0t_1=\frac{3v_0^2}{2\mu g}$$

根据条件 $v_0<\sqrt{2\mu gl}$,得

$$s_1<\frac{3}{4}l$$

因此

$$s=s_2+l-s_1=l-\frac{v_0^2}{4\mu g}$$

(2)由解法一的分析可知,在 A,B 发生第二次碰撞后,A 的速度变为 v_1,B 以加速度 μg 做初速度为零的匀加速运动,C 以加速度 μg 做初速度为 v_1 的匀减速运动,直至达到相同速度 v_2,因此,B,C 的 $v-t$ 图像分别为图(b)中的RQ'和$E'F'$.

因为 B,C 的加速度大小相等,所以RQ'和$E'F'$的斜率大小相等,因而由 $v-t$ 图像可得

$$\frac{v_2}{t_2}=\frac{v_1-v_2}{t_2}$$

解得

$$v_2=\frac{v_1}{2}=\frac{v_0}{4}$$

在 A,B 发生第三次碰撞后,同理可作出 B,C 的 $v-t$ 图像分别如图(b)中的$E''F''$和$R'Q''$所示,并且有

$$\frac{v_3-v_2}{t_3}=\frac{v_1-v_3}{t_3}$$

解得

$$v_3=\frac{v_1+v_2}{2}=\frac{3}{8}v_0$$

故

$$v_A=v_2=\frac{1}{4}v_0$$

$$v_B=v_C=v_3=\frac{3}{8}v_0$$

心得 体会 拓广 疑问

说明 题中 A,B 间的碰撞,需把它们看作弹性碰撞. 由碰撞前后系统的动量守恒和动能守恒,有

$$m_1v_1+m_2v_2=m_1v_1'+m_2v_2'$$

$$\frac{1}{2}m_1v_1^2+\frac{1}{2}m_2v_2^2=\frac{1}{2}m_1v_1'^2+\frac{1}{2}m_2v_2'^2$$

解得

$$v_1'=\frac{(m_1-m_2)v_1+2m_2v_2}{m_1+m_2}$$

$$v_2'=\frac{(m_2-m_1)v_2+2m_1v_1}{m_1+m_2}$$

当 $m_1=m_2$ 时,$v_1'=v_2,v_2'=v_1$,即两球碰后互换速度. 由此可见,无论是运动球与静止球相碰,或两运动球相撞,在弹性碰撞后都将互换速度.

1.261 (1)设第 1,2,3,…,n 次碰撞后,小球的速度依次变为 $v_1,v_2,v_3,\cdots,v_n$,车厢的速度依次变为 $u_1,u_2,u_3,\cdots,u_n$,并取速度向右的方向为正方向. 由于小球和车厢的质量相等,所以由水平方向的动量守恒有

$$v_0=v_1+u_1=v_2+u_2=\cdots=v_n+u_n \quad ①$$

根据碰撞定律,第一次碰撞有

$$v_1-u_1=ev_0$$

第二次碰撞有

$$v_2-u_2=-e(v_1-u_1)=-(-e)^2v_0$$

第三次碰撞有

$$v_3-u_3=-e(v_2-u_2)=-(-e)^3v_0$$

……

第 n 次碰撞有

$$v_n-u_n=-e(v_{n-1}-u_{n-1})=-(-e)^nv_0 \quad ②$$

由式①,式②可得

$$v_n=\frac{1}{2}[1-(-e)^n]v_0$$

$$u_n=\frac{1}{2}[1+(-e)^n]v_0$$

由于 $0<e<1$,故 v_n,u_n 都与 v_0 同向.

(2)设小球从开始运动到第 1 次,第 1 次到第 2 次,第 2 次到第 3 次,……,第 $n-1$ 次到第 n 次碰撞的时间间隔依次为 $t_1,t_2,t_3,\cdots,t_n$. 则由运动学公式知

$$t_1=\frac{l}{2v_0}$$

$$t_2=\frac{l}{v_1-u_1}=\frac{l}{ev_0}$$

心得 体会 拓广 疑问

$$t_3=\frac{l}{v_2-u_2}=\frac{l}{e^2v_0}$$

$$\vdots$$

$$t_n=\frac{l}{v_{n-1}-u_{n-1}}=\frac{l}{e^{n-1}v_0}$$

因此所求时间为

$$t=t_1+t_2+t_3+\cdots+t_n=\frac{l}{v_0}(1+\frac{1}{e}+\frac{1}{e^2}+\cdots+\frac{1}{e^{n-1}}-\frac{1}{2})$$

$$=\frac{l}{v_0}\left[\frac{1-\frac{1}{e^n}}{1-\frac{1}{e}}-\frac{1}{2}\right]$$

(3)由于小球和车厢的质量都为 m,所以共损失的机械能为

$$\Delta E=\frac{1}{2}mv_0^2-(\frac{1}{2}mv_n^2+\frac{1}{2}mu_n^2)=\frac{1-e^{2n}}{4}mv_0^2$$

可见,若经过无数次碰撞, $n\to\infty$, $e^{2n}\to 0$,则 $\Delta E=\frac{1}{2}\times\frac{1}{2}mv_0^2$,即系统的机械能损失50%.

1.262 (1)用 m 表示 A,B 及 C 的质量,当物块 A 以初始速度 v_0 向右运动时,A 受到木板 C 的滑动摩擦力而减速,木板 C 则受到 A 的滑动摩擦力和物块 B 的摩擦力(由于 B 与 C 之间有相对滑动趋势,故产生了静摩擦力)而做加速运动,B 则因受 C 的摩擦力 f 作用而加速. 设 A,B 及 C 三者的加速度分别为 a_A,a_B 和 a_C,则由牛顿第二定律有

$$\mu mg=ma_A$$

$$\mu mg-f=ma_C$$

$$f=ma_B$$

而

$$a_B=a_C$$

由以上几式求得

$$f=\frac{1}{2}\mu mg$$

它小于最大静摩擦力 μmg,可见 A,B 之间不发生相对运动. 若物块 A 刚好与物块 B 不发生碰撞,因为物块 B 与木板 C 无相对运动,所以物块 A 运动到物块 B 所在处时,此时三者的速度均相同,现设为 v_1,由动量守恒有

$$mv_0=3mv_1$$

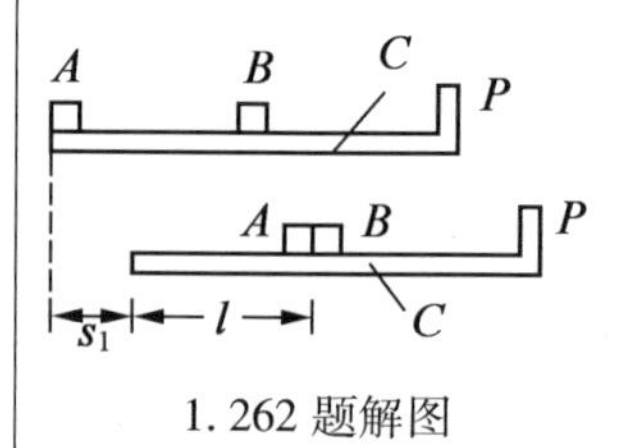

1.262 题解图

设此过程中木板 C 运动的路程为 s_1,A 相对于 C 运动的路程为 l,则物块 A 运动的路程为 s_1+l,如图所示. 则由动能定理有

心得 体会 拓广 疑问

$$\frac{1}{2}mv_1^2-\frac{1}{2}mv_0^2=-\mu mg(s_1+l)$$

$$\frac{1}{2}(2m)v_1^2=\mu mgs_1$$

由以上三式联立解得

$$v_0=\sqrt{3\mu gl}$$

即物块 A 与 B 发生碰撞的条件是

$$v_0>\sqrt{3\mu gl}$$

(2)设 A 与 B 碰撞前，A,B,C 三者的瞬时速度分别为 v_A,v_B 和 v_C,则应有

$$v_A>v_B=v_C \quad ①$$

在 A 与 B 发生碰撞的极短时间内,木板 C 对它们摩擦力的冲量可以忽略不计,故在碰撞过程中 A 与 B 构成的系统动量守恒,而木板 C 的速度不变. 设碰撞后瞬间 A,B,C 三者的速度分别为 v_A',v_B' 和 v_C',因为 A,B 间的碰撞是弹性的,系统的机械能守恒,且二者质量相等,所以碰撞后 A,B 交换速度,即

$$v_A'=v_B,v_B'=v_A,v_C'=v_C \quad ②$$

由式①,式②可知,A 与 C 速度相等,保持相对静止,而 B 相对于 A,C 向右运动,以后发生的过程与第(1)问中的过程相似,由物块 B 替换 A 继续向右运动.

若物块 B 刚好与挡板 P 不发生碰撞,则物块 B 以速度 v_B'从木板 C 的中点运动到挡板 P 时,B 与 C 的速度相等. 又因 A 与 C 的速度是相等的,所以 A,B,C 三者的速度相等. 设此时三者的速度为 v_2,由动量守恒有

$$mv_0=3mv_2 \quad ③$$

A 以初速度 v_0 开始运动,接着与 B 发生完全弹性碰撞. 碰撞后,A 相对于 C 静止,在 B 到达 P 处的过程中,先是 A 相对于 C 运动的路程为 l,接着是 B 相对于 C 运动的路程为 l,同(1)中相似,由动能定理有

$$\frac{1}{2}(3m)v_2^2-\frac{1}{2}mv_0^2=-\mu mg\cdot 2l \quad ④$$

由式③,式④联立解得

$$v_0=\sqrt{6\mu gl}$$

即物块 A 与 B 碰撞后,物块 B 再与挡板 P 发生碰撞的条件是

$$v_0>\sqrt{6\mu gl}$$

(3)物块 B 与挡板 P 发生弹性碰撞后,物块 B 与 A 在木板 C 上再发生碰撞,设碰撞前瞬间三者的速度分别为 v_A'',v_B''和 v_C'',则应有

$$v_B''>v_A''=v_C'' \quad ⑤$$

设碰撞后瞬间 A,B,C 三者的速度分别为 v'''_A,v'''_B 和 v'''_C，则与(2)同理应有

$$v'''_B=v''_C,v'''_C=v''_B,v'''_A=v''_A \tag{6}$$

由式⑤，式⑥可知，B 与 P 刚碰撞后，物块 A 与 B 的速度相等，都小于木板 C 的速度，即

$$v'''_C>v'''_A=v'''_B \tag{7}$$

在以后的运动过程中，木板 C 以较大的加速度向右做减速运动，而物块 A 和 B 以相同且较小的加速度向右做加速运动，加速度的大小分别为

$$a_C=2\mu g$$

$$a_A=a_B=\mu g$$

加速过程将持续到三者速度同为$\frac{1}{3}v_0$，向右做匀速运动，或者木块 A 从木板 C 上掉了下来，因此物块 B 与 A 在木板 C 上不可能再发生碰撞.

(4)若 A 刚好没从木板 C 上掉下来，即 A 到达 C 的左端时，速度变为与 C 相同，设这时三者的速度同为 v_3，则由动量守恒有

$$3mv_3=mv_0 \tag{8}$$

A 以初速度 v_0 在木板 C 的左端开始运动，经过 B 与 P 相碰，直到 A 刚好没从木板 C 的左端掉下来，这一整个过程中，系统内部先是 A 相对于 C 的运动路程为 l，接着 B 相对于 C 的运动路程为 l，B 与 P 相碰后直到 A 刚好没从木板上掉下来，A 与 B 相对于 C 的路程也为 l. 则由动能定理有

$$\frac{1}{2}(3m)v_3^2-\frac{1}{2}mv_0^2=-\mu mg\cdot 4l \tag{9}$$

由式⑧，式⑨联立解得

$$v_0=\sqrt{12\mu gl}$$

即当物体 A 从 C 上掉下的条件是

$$v_0>\sqrt{12\mu gl}$$

(5)设 A 刚要从木板 C 上掉下来时，A,B,C 三者的速度分别为 v''''_A,v''''_B 和 v''''_C，则应有

$$v''''_A=v''''_B<v''''_C \tag{10}$$

参考(4)，由动量守恒有

$$mv_0=2mv''''_A+mv''''_C$$

由动能定理有

$$\frac{1}{2}(2m)v''''^2_B+\frac{1}{2}mv''''^2_C-\frac{1}{2}mv_0^2=-\mu mg\cdot 4l$$

当物块 A 从木块 C 上掉下来后，若物块 B 刚好不会从木板 C 上掉下，即当 C 的左端赶上 B 时，B 与 C 的速度相等，设此速度为

心得 体会 拓广 疑问

v_4,则由动量守恒有

$$mv''''_B + mv''''_C = 2mv_4$$

在此过程中,由动能定理有

$$\frac{1}{2}(2m)v_4^2 - \frac{1}{2}mv''''^2_B - \frac{1}{2}mv''''^2_C = -\mu mgl$$

由以上四式联立求得

$$v_0 = \sqrt{16\mu gl}$$

即物块 B 从木板 C 上掉下来的条件是

$$v_0 > \sqrt{16\mu gl}$$

1.263 (1)在车厢开始运动到 $t_0 = 2(\mathrm{s})$ 时的情况. 这时小物块相对于车厢向左运动,作用于小物块的摩擦力向右,作用于车厢的摩擦力向左,大小为 f. 设车厢向右的加速度为 a_{B1},小物块向右的加速度为 a_{A1},则对车厢由运动公式有

$$s = \frac{1}{2}a_{B1}t_0^2$$

对小物块和车厢,由运动定律分别有

$$f = m_A a_{A1}$$
$$F - f = m_B a_{B1}$$

由以上各式得

$$a_{A1} = \frac{F - m_B \cdot \frac{2s}{t_0^2}}{m_A} = 2.25(\mathrm{m/s^2})$$

$$a_{B1} = \frac{2s}{t^2} = 2.5(\mathrm{m/s^2})$$

$$f = F - m_B \cdot \frac{2s}{t_0^2} = 25(\mathrm{N})$$

(2)小物块与车厢左壁第一次碰撞前瞬时的情况. 由于 $a_{A1} < a_{B1}$,所以小物块相对于车厢向左运动,设经过时间 t_1 与车厢的左壁发生碰撞,则由运动学公式有

$$\frac{1}{2}(a_{B1} - a_{A1})t_1^2 = l$$

得

$$t_1 = \sqrt{\frac{2l}{a_{B1} - a_{A1}}}$$

这时小物块与车厢的速度分别为

$$v_{A1} = a_{A1}t_1 = a_{A1}\sqrt{\frac{2l}{a_{B1} - a_{A1}}}$$

$$v_{B1} = a_{B1}t_1 = a_{B1}\sqrt{\frac{2l}{a_{B1} - a_{A1}}}$$

(3)小物块与车厢左壁第一次发生弹性碰撞瞬时的情况. 分

别以 u_{A1} 和 u_{B1} 表示碰撞后的速度,并假设 u_{A1} 和 u_{B1} 方向向右,由于碰撞的时间很短,外力 F 的冲量可忽略不计,所以由动量守恒和动能守恒分别有

$$m_A v_{A1} + m_B v_{B1} = m_A u_{A1} + m_B u_{B1}$$

$$\frac{1}{2} m_A v_{A1}^2 + \frac{1}{2} m_B v_{B1}^2 = \frac{1}{2} m_A u_{A1}^2 + \frac{1}{2} m_B u_{B1}^2$$

由以上两式得

$$u_{A1} - u_{B1} = -(v_{A1} - v_{B1}) = \sqrt{2l(a_{B1} - a_{A1})}$$

这说明碰撞前后两者相对速度的大小不变,而相对速度的方向相反.

(4)从第一次碰撞到两者速度相等,即两者相对静止时的情况. 从上式可以看出,经第一次碰撞后两者的速度方向都向右,且 $u_{A1} > u_{B1}$,所以这时作用于小物块的摩擦力向左,作用于车厢的摩擦力向右,大小仍为 f. 设小物块向左和车厢向右的加速度分别为 a_{A2} 和 a_{B2},则由运动定律有

$$f = m_A a_{A2}$$

$$F + f = m_B a_{B2}$$

由此解得

$$a_{A2} = \frac{f}{m_A} = 2.25(\mathrm{m/s^2})$$

$$a_{B2} = \frac{F+f}{m_B} = 5.5(\mathrm{m/s^2})$$

碰撞后,小物块做匀减速直线运动,车厢做匀加速直线运动,设再经过时间 t_1' 后两者的速度相等,即两者相对静止,即

$$u_{A1} - a_{A2} t_1' = u_{B1} + a_{B2} t_1'$$

这时小物块与车厢左壁之间的距离增大为 l_1,则由运动学公式有

$$u_{A1} t_1' - \frac{1}{2} a_{A2} t_1'^2 = u_{B1} t_1' + \frac{1}{2} a_{B2} t_1'^2 + l_1$$

结合(3)并由以上两式联立求得

$$t_1' = \frac{u_{A1} - u_{B1}}{a_{A2} + a_{B2}} = \frac{\sqrt{2l(a_{B1} - a_{A1})}}{a_{A2} + a_{B2}} = 0.09(\mathrm{s})$$

$$l_1 = k^2 l$$

式中
$$k = \sqrt{\frac{a_{B1} - a_{A1}}{a_{A2} + a_{B2}}} = \sqrt{\frac{1}{31}} < 1$$

可见 $l_1 < l$,即小物块不会与车厢的右壁发生碰撞.

(5)小物块与车厢的左壁发生第二次碰撞的情况. 小物块与车厢第一次相等的速度用 v_1 表示,车厢始终受力 F 的作用而加速,它将拖着小物块向右加速运动,其情况与第一次碰撞前相似. 这时小物块的速度小于车厢的速度,即小物块相对于车厢向左运

动,所以作用于小物块的摩擦力向右,其加速度大小等于 a_{A1},方向向右;作用于车厢的摩擦力向左,其加速度大小等于 a_{B1},方向也向右. 但这时小物块与车厢左壁的距离为 l_1,因为 $a_{A1} < a_{B1}$,所以此距离不断减小至零而发生第二次碰撞. 设这个过程所经过的时间为 t_2,则由运动学公式有

$$t_2 = \sqrt{\frac{2l_1}{a_{B1} - a_{A1}}} = \sqrt{\frac{2k^2 l}{a_{B1} - a_{A1}}} = kt_1 = 0.51(\text{s})$$

第二次碰撞前瞬间小物块和车厢的速度分别为

$$v_{A2} = v_1 + a_{A1}t_2$$

$$v_{B2} = v_1 + a_{B1}t_2$$

因此求得

$$v_{A2} - v_{B2} = (a_{A1} - a_{B1})t_2 = k(v_{A1} - v_{B1})$$

这就是说,二者在第二次碰撞前的速度之差小于第一次碰撞前的速度之差. 设第二次碰撞的瞬间小物块与车厢的速度分别为 u_{A2} 和 u_{B2},则

$$u_{A2} - u_{B2} = -(v_{A2} - v_{B2}) = k(v_{B1} - v_{A1})$$

第二次碰撞后,小物块以加速度 a_{A2} 做减速运动,车厢以加速度 a_{B2} 做加速运动,设再经过时间 t_2' 后两者的速度相等,即两者相对静止,则有

$$u_{A2} - a_{A2}t_2' = u_{B2} + a_{B2}t_2'$$

这时小物块与车厢左壁之间的距离变为 l_2,则由运动学公式有

$$u_{A2}t_2' - \frac{1}{2}a_{A2}t_2'^2 = u_{B2}t_2' + \frac{1}{2}a_{B2}t_2'^2 + l_2$$

结合(3),并由以上两式联立求得

$$t_2' = \frac{u_{A2} - u_{B2}}{a_{A2} + a_{B2}} = k\frac{v_{B1} - v_{A1}}{a_{A2} + a_{B2}} = kt_1' = 0.016(\text{s})$$

$$l_2 = k^4 l$$

所以自车厢开始运动到二者第二次相对静止经历的总时间为

$$T_2 = t_1 + t_1' + t_2 + t_2' = 3.43(\text{s})$$

(6)小物块与车厢的左壁发生第三次碰撞的情况. 小物块与车厢左壁之间的距离变为 l_2 时,二者相对静止,但车厢始终受力 F 的作用而继续加速,所以它将拖着小物块向右加速运动. 这时小物块的加速度 a_{A1} 和车厢的加速度 a_{B1} 的方向都向右. 但由于 $a_{B1} > a_{A1}$,小物块将与车厢左壁发生第三次碰撞,设这个过程所经过的时间为 t_3,再经过时间 t_3' 二者第三次相对静止. 则按照上面的方法可求得

$$t_3 = kt_2 = k^2 t_1$$

$$t_3' = kt_2' = k^2 t_1'$$

同理有

$$v_{A3}-v_{B3}=k^2(v_{A1}-v_{B1})$$

由此推知,在第 n 次碰撞时有

$$t_n=k^{n-1}t_1$$

$$t_n'=k^{n-1}t_1'$$

$$v_{An}-v_{Bn}=k^{n-1}(v_{A1}-v_{B1})$$

可以看出,当 $n\to\infty$ 时,下一次碰撞前二者的速度趋于相等,即小物块将贴近在车厢的左壁上,不再分开.

(7)在 $t=4(\text{s})$ 末时,小物块和车厢的运动. 由上面的讨论知,自开始到二者第 n 次相对静止,经历的总时间为

$$T_n=t_1+t_1'+t_2+t_2'+t_3+t_3'+\cdots+t_n+t_n'=\frac{1-k^n}{1-k}(t_1+t_1')$$

当 $n\to\infty$ 时,$k^n\approx0$,这时再将 t_1,t_1'的值代入上式可求得

$$T_\infty=3.56<t=4(\text{s})$$

所以在 $T_\infty=3.56(\text{s})$时,小物块已与车厢的左壁贴在一起不再发生碰撞,并以相同的速度运动,直到 $t=4(\text{s})$时的共同速度设为 v,则由动量定理有

$$Ft=(m_A+m_B)v$$

$$v=\frac{Ft}{m_A+m_B}=9.6(\text{m/s})$$

1.264 题中给的物理现象有四个过程:一是物体 A 运动到物体 B 处;二是物体 A 和物体 B 碰撞;三是碰撞后物体 A 和物体 B 一起向左运动并压缩弹簧,后又在弹簧压力的作用下一起向右运动再回到物体 B 原来停止的位置,这时它们仍有一定的共同速度;四是在它们回到物体 B 原来停止的位置后,由于物体 B 受弹簧拉力的作用使物体 A 开始与物体 B 分离,最后物体 A 回到原来停止的位置静止,而物体 B 在弹力和摩擦力的作用下做阻尼振动.

在第一个过程中,若物体 A 的质量和末速度分别用 m 和 v_1 表示,则由机械能守恒有

$$\frac{1}{2}mv_0^2=\frac{1}{2}mv_1^2+mgl_1\mu \quad ①$$

在第二个过程中,由于碰撞时间极短,若两物体碰撞后的共同速度用 v_2 表示,则由动量守恒有

$$mv_1=(m+m)v_2 \quad ②$$

在第三个过程中,若两物体的共同末速度用 v_3 表示,则由机械能守恒有

$$\frac{1}{2}(m+m)v_2^2=\frac{1}{2}(m+m)v_3^2+(m+m)g(2l_2)\mu \quad ③$$

在第四个过程中,则由机械能守恒有

心得 体会 拓广 疑问

$$\frac{1}{2}mv_3^2 = mgl_1\mu \qquad ④$$

由式②,式④解得

$$v_2^2 = 2g(l_1 + 2l_2)\mu \qquad ⑤$$

再由式②,式⑤解得

$$v_1^2 = 8g(l_1 + 2l_2)\mu$$

代入式①后求得

$$v_0^2 = \sqrt{2g(5l_1 + 8l_2)\mu}$$

1.265 题中给的物理现象有四个过程:一是物块由点 A 自由下落至钢板处;二是物块与钢板发生碰撞;三是碰撞后物块与钢板一起向下运动,并压缩弹簧,后又在弹簧弹力的作用下向上运动,回到点 O;四是质量换为 $2m$ 的物块与钢板碰撞后再回到点 O,此时它们仍有一定的速度,由于钢板受弹簧拉力的作用使质量为 $2m$ 的物块开始与钢板分离,然后质量为 $2m$ 的物块从点 O 继续向上做竖直上抛运动上升到某一高度,而钢板则做简谐振动.

在第一个过程中,若物块的质量和末速度分别用 m 和 v_0 表示,由机械能守恒有

$$mg \cdot 3h_0 = \frac{1}{2}mv_0^2 \qquad ①$$

在第二个过程中,由于碰撞时间极短,若两物体碰撞后的共同速度用 v_1 表示,故由动量守恒有

$$mv_0 = (m + m)v_1 \qquad ②$$

在第三个过程中,物块与钢板一起向下运动回到点 O 的过程中,设弹力做功为 E_P,则由动能定理有

$$-(m + m)gh_0 + E_P = 0 - \frac{1}{2}(m + m)v_1^2 \qquad ③$$

在第四个过程中,若物块质量为 $2m$ 时,物块与钢板发生碰撞后的共同速度用 v_2 表示,物块与钢板一起向下运动至最低点后,再回到点 O 时的共同向上的速度用 v 表示,则由动量守恒和动能定理分别有

$$2mv_0 = (2m + m)v_2 \qquad ④$$

$$-(2m + m)gh_0 + E_P = \frac{1}{2}(2m + m)v^2 - \frac{1}{2}(2m + m)v_2^2 \qquad ⑤$$

由式①,式②解得

$$v_1 = \frac{1}{2}\sqrt{6gh_0} \qquad ⑥$$

由式①,式④解得

$$v_2 = \frac{2}{3}\sqrt{6gh_0} \qquad ⑦$$

再由式⑤-式③消去 E_P,再将式⑤,式⑥带入整理可得

$$v^2 = gh_0$$

物块自点 O 开始与钢板分离做竖直上抛运动，设上升高度为 h，则根据竖直上抛运动规律得

$$h = \frac{v^2}{2g} = \frac{1}{2}h_0$$

1.266 由对称性可知，点 C 的速度也必沿 CA 方向，设其大小为 v_C. D 的速度可以分解为平行于 v 的分速度和垂直于 v 的分速度，其大小分别设为 v_{D1} 和 v_{D2}. 同样，B 的速度也可以类似地分解为平行和垂直于 v 的两个分速度，其大小设为 v_{B1} 和 v_{B2}，如图所示. 根据对称性知

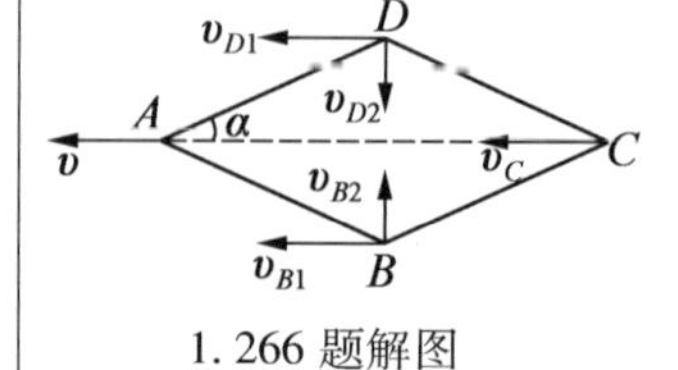

1.266 题解图

$$v_{B1} = v_{D1} \quad ①$$

$$v_{B2} = v_{D2} \quad ②$$

由于绳子不可伸长，A 沿 DA 的分速度和 D 沿 DA 的分速度一定相等，C 沿 CD 的分速度和 D 沿 CD 的分速度相等，即

$$v\cos\alpha = v_{D1}\cos\alpha + v_{D2}\sin\alpha \quad ③$$

$$v_C\cos\alpha = v_{D1}\cos\alpha - v_{D2}\sin\alpha \quad ④$$

再设绳子 AD 给质点 D 的冲量大小为 I_1，绳子 DC 给质点 C 的冲量大小为 I_2，注意到绳子 DC 给质点 D 的冲量大小同样也是 I_2，并且各冲量的方向均沿绳子方向. 由对称性可判定，绳子 AB 给质点 B 的冲量大小也是 I_1，绳子 BC 给质点 B 和质点 C 的冲量大小都是 I_2. 质点 D 在平行于和垂直于 v 的方向上以及质点 C 在平行于 v 的方向上，由动量守恒分别有

$$mv_{D1} = I_1\cos\alpha - I_2\cos\alpha \quad ⑤$$

$$mv_{D2} = I_1\sin\alpha + I_2\sin\alpha \quad ⑥$$

$$mv_C = 2I_2\cos\alpha \quad ⑦$$

由式①~式⑦联立解得

$$v_{D1} = \frac{v}{1+2\sin^2\alpha}$$

$$v_{D2} = \frac{v\sin^2\alpha}{1+2\sin^2\alpha}$$

$$v_C = \frac{v\cos 2\alpha}{1+2\sin^2\alpha}$$

根据以上结果和式①，式②，求得此系统的总动量为

$$P = mv + 2mv_{D1} + mv_C = \frac{4mv}{1+2\sin^2\alpha}$$

方向沿 CA 方向.

因此系统的总动能为

$$E = E_A + E_B + E_D + E_C = \frac{1}{2}m(v^2 + 2v_{D1}^2 + 2v_{D2}^2 + v_C^2)$$

心得 体会 拓广 疑问

$$=\frac{2mv^2}{1+2\sin^2\alpha}$$

1.267 设小球 B 被拉紧时的速度为 v_A,v_A 与水平方向的夹角为 θ,如图所示. 则由水平方向的动量守恒有(竖直方向上由于受槽的限制所以不守恒)

$$mv_0=mv_A\cos\theta+mv_B \quad ①$$

由于绳子不伸长,所以 A,B 两球沿绳子方向上的速度分量相同,即

$$v_A\cos(30°+\theta)=v_B\cos 30° \quad ②$$

又由于拉紧时只受绳中的张力作用,而 A 球在垂直于绳的方向上不受力,速度在此方向上的分量不变,所以又有

$$v_0\sin 30°=v_A\sin(30°+\theta) \quad ③$$

由式①,式③得

$$v_A=\frac{v_B}{\sqrt{3}\sin\theta} \quad ④$$

由式②,式④得

$$\tan\theta=\frac{\sqrt{3}}{4}\left(\theta=\arctan\frac{\sqrt{3}}{4}=23.2°\right) \quad ⑤$$

再由式①,式④,式⑤联立解得

$$v_B=\frac{v_0}{1+\frac{1}{\sqrt{3}\tan\theta}}=\frac{3}{7}v_0$$

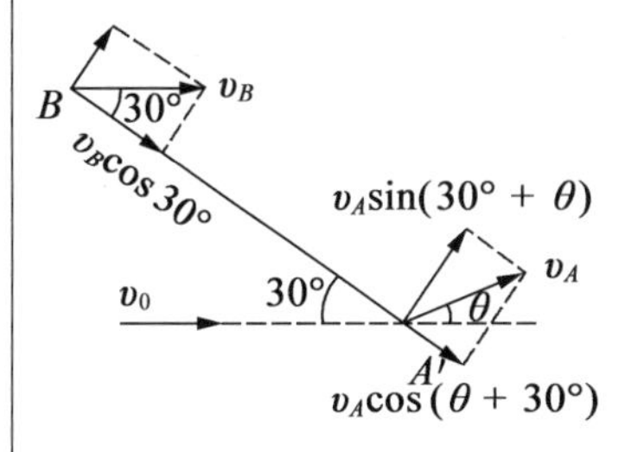

1.267 题解图

1.268 设受冲击后 A,B,C 三个质点开始运动时的速度分别为 v_1,v_2,v_3,由于除 C 受冲击外三个质点所受的只有绳中的张力,所以 v_3 必沿 BC 方向,v_1 必沿 AB 方向,并设 v_2 与 BC 间的夹角为 θ,如图所示. 则由 BC 方向和垂直于 BC 方向上的动量守恒分别有

$$I=m_1v_1\cos\alpha+m_2v_2\cos\theta+m_3v_3 \quad ①$$

$$0=-m_1v_1\sin\alpha+m_2v_2\sin\theta \quad ②$$

由于绳子不伸长,所以对于 BC 段和 AB 段绳子分别有

$$v_2\cos\theta=v_3 \quad ③$$

$$v_2\cos(\theta+\alpha)=v_1 \quad ④$$

将式④打开后可得

$$v_2\cos\theta(\cos\alpha-\tan\theta\sin\alpha)=v_1 \quad ⑤$$

由式②,式⑤消去 v_2 求得

$$\tan\theta=\frac{m_1\sin\alpha\cos\alpha}{m_2+m_1\sin^2\alpha}$$

由式①~式③消去 v_2,v_3 后整理得

$$I=v_1\left[m_1\cos\alpha+\frac{m_1(m_2+m_3)\sin\alpha}{m_2}\cdot\frac{1}{\tan\theta}\right]$$

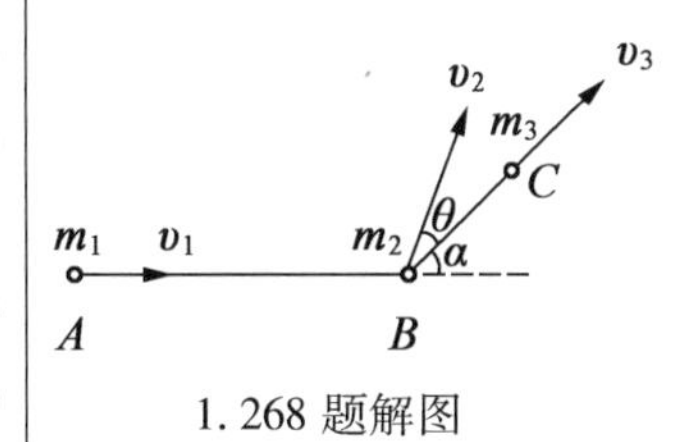

1.268 题解图

心得 体会 拓广 疑问

再将 $\tan\theta$ 的值代入上式整理后解得

$$v_1=\frac{I\cdot m\cos\alpha}{m_2(m_1+m_2+m_3)+m_1m_3\sin^2\alpha}$$

1.269 设 B,C,D 三个小球在水平方向上的分速度大小分别为 v_{B1},v_{C1},v_{D1}，在竖直方向上的分速度大小分别为 v_{B2},v_{C2},v_{D2}，它们的方向如图所示. 在由 B,C,D 三个小球组成的系统中，由于受到绳 AB 的冲量沿 BA 方向，所以由与 BA 垂直方向上的动量守恒有

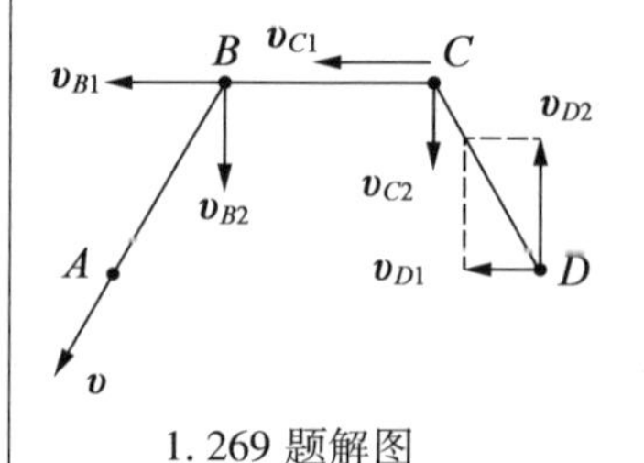

1.269 题解图

$$0=(m_Bv_{B1}+m_Cv_{C1}+m_Dv_{D1})\cos 30°+ m_Bv_{B2}\cos 60°+m_Cv_{C2}\cos 60°+m_Dv_{D2}\cos 60° \quad ①$$

在 C,D 两个小球组成的系统中，由于受到 BC 绳的冲量沿 CB 方向，所以由与 CB 垂直方向上的动量守恒有

$$0=m_Cv_{C2}-m_Dv_{D2} \quad ②$$

由于 D 小球受到 CD 绳的冲量沿 DC 方向，所以由与 DC 垂直方向上的动量守恒有

$$0=m_Dv_{D1}\sin 60°-m_Dv_{D2}\sin 30° \quad ③$$

由于 AB 段绳子不能伸长，所以

$$v-(v_{B1}\cos 60°+v_{B2}\cos 30°)=0 \quad ④$$

由于 BC 段绳子不能伸长，所以

$$v_{B1}-v_{C1}=0 \quad ⑤$$

由于 CD 段绳子不能伸长，所以

$$(v_{C1}\cos 60°-v_{C2}\cos 30°)-(v_{D1}\cos 60°+v_{D2}\cos 30°)=0 \quad ⑥$$

由式④得

$$v_{B2}=\frac{1}{\sqrt{3}}(2v-v_{B1}) \quad ⑦$$

将式②，式③，式⑤代入式⑥后可得

$$v_{B1}=7v_{D1} \quad ⑧$$

将式②，式⑤代入式⑦后可得

$$\sqrt{3}(2v_{B1}+v_{D1})=v_{B2} \quad ⑨$$

将式⑦，式⑧代入式⑨后可得

$$45v_{D1}=2v-v_{B1} \quad ⑩$$

再将式⑧代入式⑩后求得

$$v_{D1}=\frac{v}{26} \quad ⑪$$

因此再结合式③可求得

$$v_D=\sqrt{v_{D1}^2+v_{D2}^2}=2v_{D1}=\frac{v}{13}$$

v_D 的方向沿 DC 方向.

联立解式②，式③，式⑥，式⑪可得

心得 体会 拓广 疑问

$$v_{C1}=\frac{7}{26}v$$

$$v_{C2}=\frac{\sqrt{3}}{26}v$$

从而求得

$$v_C=\sqrt{v_{C1}^2+v_{C2}^2}=\frac{1}{\sqrt{13}}v$$

v_C 与水平方向的夹角为

$$\alpha=\arctan\frac{v_{C2}}{v_{C1}}=\arctan\frac{\sqrt{3}}{7}$$

1.270 C 球与壁碰后静止，由对称性知，A 球的速度方向必沿 AC 方向，B，D 两球只能绕 C 球旋转，如图所示. 设碰后 C 球受壁的冲量为 I，受 DC，BC 杆的冲量均为 I'，由于 B，D 二球速度大小相等为

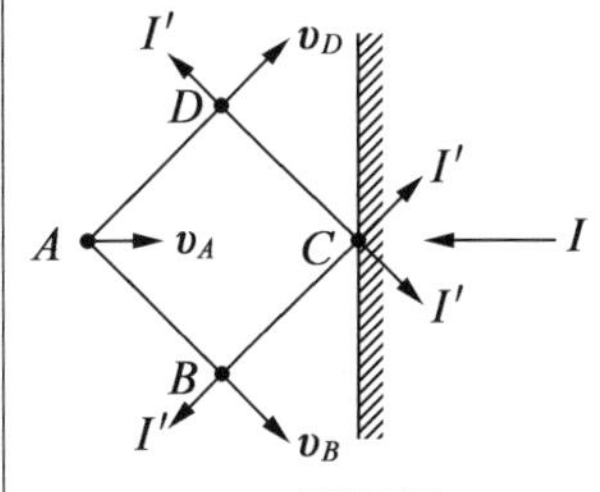

1.270 题解图

$$v_B=v_D=v_A\cos 45°=\frac{\sqrt{2}}{2}v_A \tag{1}$$

所以对整个系统，由水平方向上的动量定理有

$$4mv-I=mv_A+mv_B\cos 45°+mv_D\cos 45° \tag{2}$$

对 C 球，由水平方向上的动量定理有

$$mv-I+2I'\cos 45°=0 \tag{3}$$

对 B 球，由 BC 方向上的动量定理有

$$mv_B\cos 45°-I'=0 \tag{4}$$

虽然 B 球还受到杆 AB 上冲量的作用，但它并不改变 B 球在 BC 方向上的动量.

由式③，式④求得

$$I'=\frac{\sqrt{2}}{2}mv \tag{5}$$

$$I=2mv \tag{6}$$

将式①，式⑥代入式②后求得

$$v_A=v$$

1.271 设垃圾桶可停留的最大高度为 h，水柱到达此高度时的速度为 v，此时在很小的时间 $\Delta t'$ 内，冲到桶底的水的质量为 m，它受桶底的平均冲力为 F，则

$$m=\frac{\Delta m}{\Delta t}\cdot\Delta t'$$

由运动学公式有

$$v^2=v_0^2-2gh$$

水柱喷到桶底后，以相同的速度反弹，则由动量定理有

$$F\Delta t'=-mv-mv$$

心得 体会 拓广 疑问

再设垃圾桶受到质量为 m 的水的冲力为 F'，则 F'为 F 的反作用力，即

$$F' = -F$$

若使垃圾桶能倒顶在空中，则作用在桶底的冲力与桶的重力相平衡，即

$$F' \quad G = 0$$

联立以上各式解得

$$h = \frac{1}{2g}\left[v_0^2 - \left(\frac{G}{2\dfrac{\Delta m}{\Delta t}}\right)^2\right]$$

1.272 在这瞬时，地面受到两个力的作用：落地那部分链条给地面的压力 ρgs 和落地那部分链条末端（即最后与地面接触的那一端）在这瞬时，对地面方向向下的冲力 F，即地面受力为

$$N = \rho gs + F \qquad ①$$

现取下落过程中，落地那部分链条的末端为研究对象，设其在与地面接触瞬时之前的速度为 v，所受地面方向向上的冲力为F'，在微小的时间 Δt 内又继续下落一微小距离 Δs. 取向上为正方向，把质量看作变量，把速度近似地视为恒量，则由动量定理有

$$(F' - \rho g\Delta s)\Delta t = 0 - \rho\Delta s \cdot v \qquad ②$$

F 与 F'为一对作用力与反作用力，即

$$F' = -F \qquad ③$$

而

$$\frac{\Delta s}{\Delta t} = v \qquad ④$$

$$v^2 = 2gs \qquad ⑤$$

由于 $\rho g\Delta s \ll F'$可忽略不计，故将式③～式⑤代入式②后与式①联立解得

$$F = -F' = 2\rho gs$$

$$N = 3\rho gs$$

1.273 设左边细线下落的高度为 h 时，所需时间为 t，如图所示. 则左边线的速度为 $v = gt$，在左边细线中取一小段 $AB = \Delta x$，则 AB 段的质量为

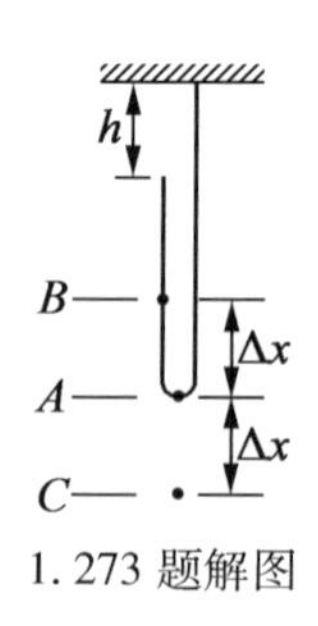

1.273 题解图

$$\Delta m = \frac{M}{l}\Delta x$$

再设 AB 段速度由 v 变为零的时间为 Δt，由于 Δt 很小，故忽略重力的冲量，在这段过程中，设 AB 段受到第二只钩子方向向上的冲力为 F'，则由动量定理有

$$F'\Delta t = \frac{M}{l}\Delta x(0 - v)$$

若 AB 段对第二只钩子产生方向向下的冲力用 F 表示，则 F

与F'为一对作用力与反作用力,即

$$F = -F'$$

由于左边细线下落的高度为 h 时,右边细线只增长了$\frac{1}{2}h$,故细线长度的增长率为

$$\frac{\Delta x}{\Delta t} = \frac{1}{2}v = \frac{1}{2}gt$$

由以上三式联立解得

$$F = -F' = \frac{M(gt)^2}{2l} \quad ①$$

在左边细线下落的高度为 h 时,右边细线的长度为 $L = \frac{1}{2}l + \frac{1}{2}h = \frac{1}{2}l + \frac{1}{4}gt^2$,故其重力则为

$$G = \frac{Mg}{l}L = \frac{Mg}{l}\left(\frac{1}{2}l + \frac{1}{4}gt^2\right) \quad ②$$

F 随左边细线下落的时间 t 的增大而增大,而左边细线下落的最大时间为

$$t = \sqrt{\frac{2l}{g}} \quad ③$$

为使钩子不至于脱落的条件是

$$N \geqslant G + F \quad ④$$

因此,将式①~式③代入式④可求得

$$N \geqslant 2Mg$$

即钩子受到的最大作用力为 $2Mg$.

1.274 由于 A,C 两球的质量相等,碰撞后交换速度,所以碰后小球 A 获得方向向右的速度 v,而小球 B,C 的速度为零. 碰后小球 A 便做以 O 为圆心的圆周运动,设其向心加速度为 a_1,其方向向上,上、下两段绳子的张力分别为 T_1 和 T_2,如图(a)所示,则由圆周运动定律有

$$T_1 - T_2 - m_1 g = m_1 a_1$$

小球 m_2 相对于地面的速度为零,但相对于小球 m_1 的速度大小为 v,且方向向左;小球 m_2 的运动是以小球 m_1 为圆心,l_2 为半径的圆周运动. 设其相对于小球 m_1 做圆周运动的向心加速度为 a,其方向向上,小球 m_2 运动的绝对加速度为 a_2,其方向向上,那么小球 m_2 的实际运动是小球 m_1 的运动与小球 m_2 相对于小球 m_1 运动的叠加,其方向向上,如图(b)所示,所以由运动定律有

$$T_2 - m_2 g = m_2 a_2$$

而

$$a_1 = \frac{v^2}{l_1}$$

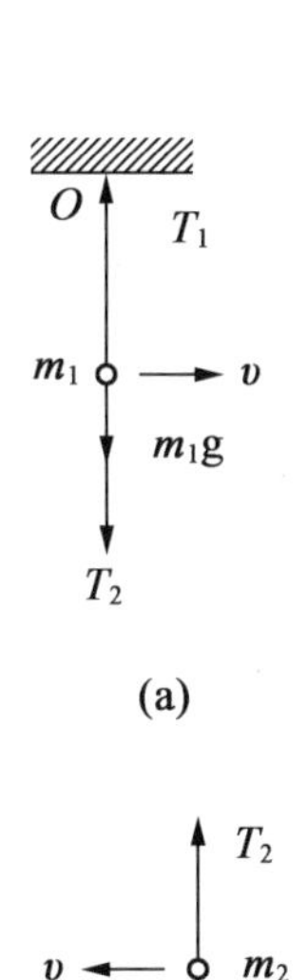

1.274 题解图

心得 体会 拓广 疑问

$$a=\frac{v^2}{l_2}$$

$$a_2=a_1+a$$

故联立解以上各式得

$$T_1=(m_1+m_2)g+(\frac{m_1+m_2}{l_1}+\frac{m_2}{l_2})v^2$$

$$T_2=m_2(g+\frac{1}{l_1}+\frac{1}{l_2})v^2$$

$$a=(\frac{1}{l_1}+\frac{1}{l_2})v^2$$

1.275 设在两小球 m 互碰前的瞬间，M 和 m 的加速度大小分别为 a_M（方向与 v 相反）和 a_m（方向与 v 相同），球 m 相对于球 M 做圆周运动的向心加速度大小为 a（方向与 v 相同），由于绳的长度不变，所以 m 沿绳方向和垂直于绳方向的速度分别为 v_1 和 v_2. 对 M 和 m 运用运动定律分别有

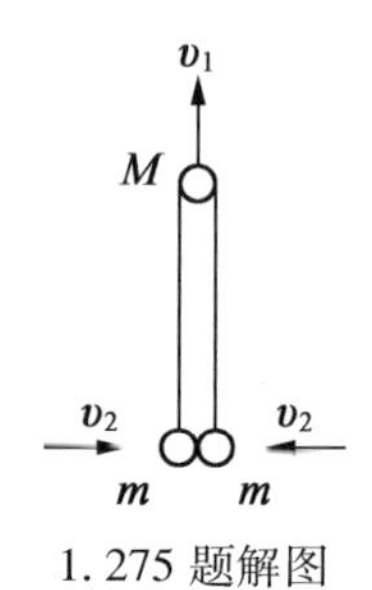

1.275 题解图

$$2T=Ma_M$$

$$T=ma_m$$

$$a=\frac{v_2^2}{b}$$

而

$$a_m=a-a_M$$

故联立解以上各式有

$$T=\frac{M}{M+2m}\cdot(m\frac{v_2^2}{b}) \quad ①$$

再由沿速度 v 方向上的动量守恒和整体的能量守恒分别有

$$Mv=(M+2m)v_1$$

$$\frac{1}{2}Mv^2=\frac{1}{2}Mv_1^2+2\times\frac{1}{2}m(v_1^2+v_2^2)$$

由以上两式解得

$$v_2^2=\frac{M}{M+2m}v^2 \quad ②$$

将式②代入式①后求得

$$T=\frac{M^2mv^2}{(M+2m)^2b}$$

1.276 设小球的速度和杆的张力分别为 v 和 T.

（1）在轻杆倒至于水平位置时，由于系统在水平方向不受外力，所以水平方向上动量守恒，小球与木板水平分速度的方向相反；但又由于小球固定在轻杆上，轻杆固定在木板上，且轻杆不能伸长，所以小球与木板在水平方向的分速度又是相同的. 因此，它们在水平方向上的速度只能均为零，也就是说 v 的方向只能是竖直向下的. 若这时小球的加速度大小用 a_m 表示，方向向左，木板的

心得 体会 拓广 疑问

加速度大小用 a_M 表示,方向向右,小球相对于木板上点 A 做圆周运动的加速度用 a_0 表示,方向向左,则

$$a_0 = a_m + a_M \quad ①$$

由机械能守恒有

$$mgh = \frac{1}{2}mv^2 \quad ②$$

由直线运动定律有

$$T = ma_m \quad ③$$

$$T = ma_M \quad ④$$

由圆周运动定律有

$$a_0 = \frac{v^2}{l} \quad ⑤$$

由式①,式⑤联立解得

$$a_0 = 2g$$

将 $a_0 = 2g$ 代入式①后再与式③,式④联立解得

$$a_m = \frac{2M}{M+m}g$$

$$a_M = \frac{2m}{M+m}g$$

$$T = \frac{2Mm}{M+m}g$$

(2)由于点 A 与地面间有足够大的摩擦力,所以轻杆的下端点 A 处不会滑动,只能转动. 但当转到一定角度时,轻杆所受的压力转变为张力,在此临界位置轻杆中的张力为零,因此点 A 与地面间的摩擦力也开始消失. 若继续转动,由于轻杆张力的作用就会使点 A 抬起,小球便不受轻杆的控制开始做斜下抛运动,轻杆跟随小球一起运动,杆中没有张力,即 $T = 0$,如图所示. 在此临界位置时,轻杆与竖直方向的夹角用 θ 表示,小球的速度用 v_0 表示,则由机械能守恒和圆周运动定律分别有

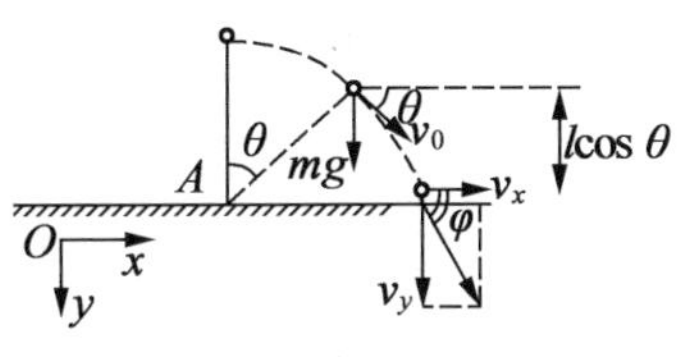

1.276 题解图

$$mgl(1-\cos\theta) = \frac{1}{2}mv_0^2$$

$$mg\cos\theta = m\frac{v_0^2}{l}$$

由以上两式联立求得

$$\theta = \arccos\frac{2}{3}$$

$$v_0 = \sqrt{\frac{2}{3}gl}$$

小球接近地面时,水平方向和竖直方向的分速度分别用 v_x 和 v_y 表示,则由运动学公式有

$$v_x = v_0\cos\theta = \frac{2}{3}\sqrt{\frac{2}{3}gl}$$

$$v_y = \sqrt{(v_0\sin\theta)^2 + 2gl\cos\theta} = \frac{2}{3}\sqrt{\frac{23}{6}gl}$$

因此

$$v = \sqrt{v_x^2 + v_y^2} = \sqrt{2gl}$$

v 与水平方向的夹角为

$$\varphi = \arctan\frac{v_y}{v_x} = \arctan\frac{1}{2}\sqrt{23}$$

1.277 设 A 与 B,C 分离瞬间,A 下落的速度为 v_A,B,C 的速度分别为 v_B 和 v_C,A,B 中心连线与竖直方向的夹角为 α,如图(a)所示.由于三个球的中心连线成正三角形,如图(b)所示,所以 A 触及桌面时下落的距离为

$$h = 2r(\cos 60° - \cos\alpha) \quad ①$$

由水平方向上的动量守恒和系统的机械能守恒分别有

$$m_Bv_B - m_Cv_C = 0 \quad ②$$

$$m_Agh = \frac{1}{2}m_Av_A^2 + \frac{1}{2}m_Bv_B^2 + \frac{1}{2}m_Cv_C^2 \quad ③$$

在 A 与 B 分离前,A 与 B 的中心间距保持不变(恒为 $2r$),所以 v_A,v_B 在 A,B 连心线上的投影应当相等,即

$$v_A\cos\alpha = v_B\sin\alpha \quad ④$$

在 A,B 分离的瞬间,B 对 A 的弹力为零,A 相对于 B 做圆周运动,则由牛顿第二定律有

$$m_Ag\cos\alpha = \frac{m_A(v_A\sin\alpha + v_B\cos\alpha)^2}{2r} \quad ⑤$$

由式①~式③联立解得

$$v_A^2 + v_B^2 = 2gr(\sqrt{3} - 2\cos\alpha) \quad ⑥$$

由式④~式⑥联立解得

$$\cos\alpha = \frac{\sqrt{3}}{3}$$

$$v_A^2 = \frac{4}{9}\sqrt{3}gr$$

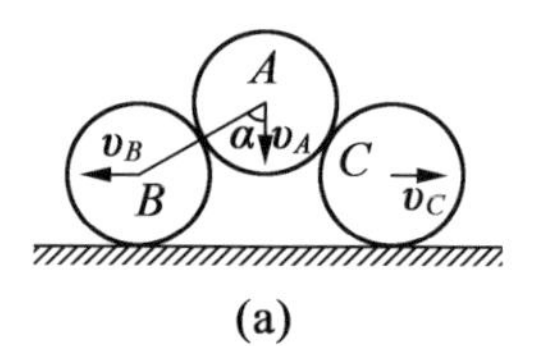

(a)

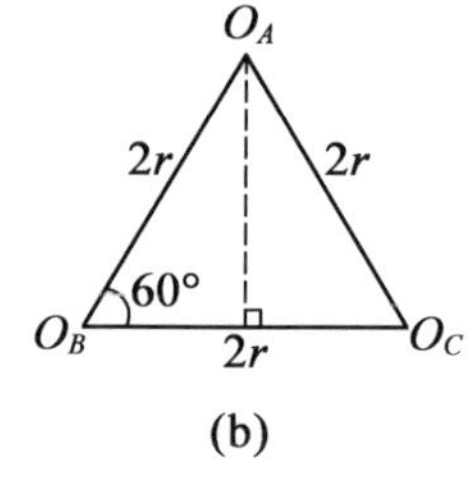

(b)

1.277 题解图

A 离开 B,C 以后便做初速度为 v_A 的竖直下抛运动,故由运动学公式可求得触及桌面时的速度为

$$v_A' = \sqrt{v_A^2 + 2g\cdot 2r\cos\alpha} = \frac{4}{3}\sqrt{\sqrt{3}gr} \approx 1.75\sqrt{gr}$$

说明 实际上此题与1.198题同类,但此题解运用了动量守恒的知识解题,所以解题方法更简单些.

1.278 在 x 轴方向,由于小球受到摩擦力的作用,即外力的

心得 体会 拓广 疑问

作用,所以碰撞前后速度有变化;在 y 轴方向受重力和地面的平均冲力的作用,所以动量有变化,由动量定理有:

在 x 轴方向

$$-\mu Nt = mv'\sin\theta' - mv\sin\theta \quad ①$$

在 y 轴方向

$$(N-mg)t = mv'\cos\theta' - (-mv\cos\theta) \quad ②$$

而

$$e = \frac{mv'\cos\theta' - 0}{mv\cos\theta - 0} \quad ③$$

由于 mg 远小于N而略去不计,故联立解式①~式③可得

$$\tan\theta' = \frac{1}{e}[\tan\theta - \mu(1+e)]$$

$$v' = \frac{ev\cos\theta}{\cos\theta'} = v\cos\theta\cdot\sqrt{e^2+[\tan\theta-\mu(1+e)^2]^2}$$

1.279 设从投射球到碰到墙所需的时间为 t_0,球撞到墙上的高度为 h,碰墙瞬时之前球在竖直方向的速度为 v_{0y}',则由斜抛运动位移公式知,在水平方向和竖直方向上分别有

$$t_0 = \frac{l}{v_0\cos\alpha} \quad ①$$

$$h = v_0\sin\alpha\cdot t_0 - \frac{1}{2}gt_0^2 \quad ②$$

由运动学公式有

$$v_{0y}' = v_0\sin\alpha - gt_0 \quad ③$$

球碰墙后,设水平方向速度变为 v_x,竖直方向的速度变为 v_y,则 v_x 的大小为

$$v_x = \frac{1}{2}v_0\cos\alpha \quad ④$$

若再经时间 t,球回到手中,则由斜抛运动公式得

$$t = \frac{l}{v_x} \quad ⑤$$

$$-h = v_yt - \frac{1}{2}gt^2 \quad ⑥$$

若墙面对球水平方向的冲力为 N,则球对墙面水平方向的冲力为 N'. 由作用力与反作用力的关系有

$$N' = -N \quad ⑦$$

由于墙面对球的作用时间 Δt 极短,所以由水平方向和竖直方向上的动量定理分别有

$$N\Delta t = -mv_x - mv_0\cos\alpha \quad ⑧$$

$$(\mu N')\Delta t = mv_{0y} - mv_{0y}' \quad ⑨$$

将式①代入式②,式③后分别得

$$h = l\tan\alpha - \frac{gl^2}{2v_0^2\cos^2\alpha} \tag{⑩}$$

$$v'_{0y} = v_0\sin\alpha - \frac{gl}{v_0\cos\alpha} \tag{⑪}$$

由式④~式⑥,式⑩联立解得

$$v_y = \frac{5gl}{4v_0\cos\alpha} - \frac{1}{2}v_0\sin\alpha \tag{⑫}$$

将式④代入式⑧,式⑪和式⑫代入式⑨后,再联立解式⑦~式⑨得

$$v_0 = \sqrt{\frac{3gl}{2\cos\alpha(\sin\alpha - \mu\cos\alpha)}}$$

1.280 战士斜向上跳起,可视为两个分运动:在水平方向上,以速度 $v_0\cos\theta$ 做匀速直线运动;在竖直方向上,以初速度 $v_0\sin\theta$ 做竖直上抛运动. 脚蹬墙面的过程中,在水平方向上,正压力的冲量使人的动量变为零;在竖直方向上,最大静摩擦力的冲量使人向上的动量增加. 人体重心升高的高度由两部分组成:一是初速度为 $v_0\sin\theta$ 的竖直上抛运动所升高的高度;二是脚蹬墙面后,在竖直方向上,速度增加,并以此速度继续竖直上升的高度.

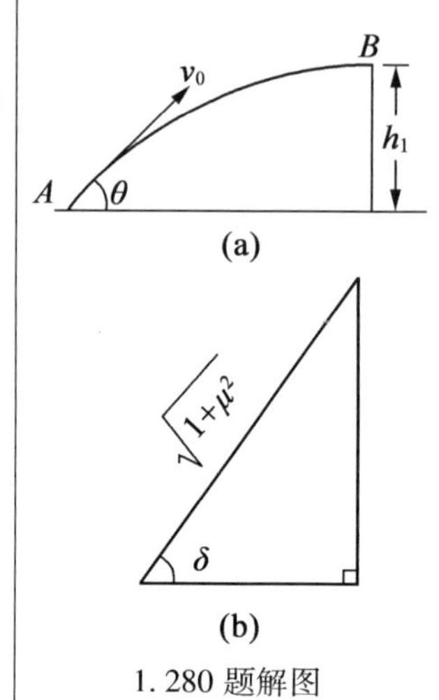

1.280 题解图

如图(a)所示,人以 θ 角起跳,经时间 t,重心由 A 移动到 B. 这时人的速度的水平分量与竖直分量分别为

$$v_{水平} = v_0\cos\theta$$

$$v_{竖直} = v_0\sin\theta - gt$$

重心升高

$$h_1 = s_0\tan\theta - \frac{g}{2}\cdot\left(\frac{s_0}{v_0\cos\theta}\right)^2$$

脚蹬墙面,利用最大静摩擦力的冲量可使人(质量为 M)向上增加的动量为

$$\Delta(MV_{竖直}) = M\Delta V_{竖直} = \sum \mu N(t)\Delta t = \mu\sum N(t)\Delta t$$

其中,$N(t)$ 为人与墙面间的正压力,$\mu N(t)$ 为由 $N(t)$ 产生的最大静摩擦力.

由题意知,正压力的冲量恰可使人的水平分动量变为零,即

$$\sum N(t)\Delta t - Mv_{水平} = 0$$

故

$$\Delta v_{竖直} = \mu v_{水平}$$

人的重心在点 B 时,蹬墙后,其重心的竖直方向的速度为

$$v_{竖直} + \Delta v_{竖直} = v_{竖直} + \mu v_{水平}$$

并以此为初速度继续升高

$$h_2 = \frac{(v_{竖直} + \mu v_{水平})^2}{2g}$$

人体重心总共升高

心得 体会 拓广 疑问

$$h=h_1+h_2=\frac{v_0^2(\mu\cos\theta+\sin\theta)^2}{2g}-\mu s_0$$

上式可改写为

$$h=\left(\frac{v_0^2}{2g}\right)(1+\mu^2)\left(\frac{\mu}{\sqrt{1+\mu^2}}\cos\theta+\frac{1}{\sqrt{1+\mu^2}}\sin\theta\right)^2-\mu s_0$$

由图(b)的直角三角形可得

$$\sin\delta=\frac{\mu}{\sqrt{1+\mu^2}}$$

$$\cos\delta=\frac{1}{\sqrt{1+\mu^2}}$$

代入上式可求得

$$h=\left(\frac{v_0^2}{2g}\right)(1+\mu^2)\sin^2(\theta+\delta)-\mu s_0$$

当$\theta+\delta=\frac{\pi}{2}$时,$h$ 最大,即起跳角 $\theta=\frac{\pi}{2}-\delta$,亦即 $\theta=\arctan\left(\frac{1}{\mu}\right)$时,人体重心总升高最大.

1.281 设三个球碰后动量均相同且为 P,所以第二个球在与第三个球碰前就具有动量 $2P$. 所以第二个球与第三个球碰撞时,由机械能守恒有

$$\frac{(2P)^2}{2m_2}=\frac{P^2}{2m_2}+\frac{P^2}{2m_3}$$

同理,第一个球与第二个球碰撞前的动量为 $3P$,根据能量守恒有

$$\frac{(3P)^2}{2m_1}=\frac{P^2}{2m_1}+\frac{(2P)^2}{2m_2}$$

由以上两式得

$$m_2=\frac{m_1}{2} \qquad ①$$

$$m_3=\frac{m_1}{6} \qquad ②$$

设碰后三个球上升的高度依次为 h_1,h_2,h_3,则由机械能守恒有

$$\frac{(3P)^2}{2m_1}=m_1gh$$

$$\frac{P^2}{2m_1}=m_1gh_1$$

$$\frac{P^2}{2m_2}=m_1gh_2$$

$$\frac{P^2}{2m_3}=m_1gh_3$$

将式①,式②代入以上四式后联立解得

心得 体会 拓广 疑问

$$h_1 = \frac{h}{9}$$

$$h_2 = \frac{4h}{9}$$

$$h_3 = 4h$$

1.282 m_3 与 m_1 碰后沿垂直于绳方向的速度分别为 v' 和 v_1，则由动量守恒有

$$m_3 v = m_3 v' + m_1 v_1$$

而

$$e = \frac{v_1 - v'}{v}$$

由以上两式消去 v' 得

$$v_1 = \frac{m_3}{m_1 + m_3}(1+e)v$$

m_3 与 m_1 碰后，m_1 和 m_2 所组成的系统既有平动又有转动，为求绳中的张力，现讨论质心系的运动情况. 由于此时 m_2 的速度 $v_2 = 0$，所以质心沿垂直于绳方向的速度大小为

$$v_C = \frac{m_1 v_1 + m_2 v_2}{m_1 + m_2} = \frac{m_1}{m_1 + m_2} v_1$$

小球 m_1 离质心的距离为

$$l_1 = \frac{m_2}{m_1 + m_2} l$$

因此，由圆周运动定律知，绳的张力 T 满足关系式

$$T = m_1 \frac{(v_1 - v_C)^2}{l_1} = \frac{m_1 m_2 m_3^2}{l(m_1 + m_2)(m_1 + m_3)^2}(1+e)^2 v^2$$

1.283 球 1 与墙碰撞，受到墙的冲量 I 的作用，结果整个“哑铃”获得与冲量 I 相应的动量 P，其方向垂直于墙（墙是光滑的）. 动量 P 沿杆方向的分量被两个球所平分，而垂直于杆方向上的分量全部传递给球 1. 碰后，球 1 的动量为 P_1，由动量定理，在沿杆和垂直于杆方向上的分量分别为

$$P_{1x} = \left(\frac{P}{2} - P_1\right)\frac{\sqrt{2}}{2} \quad ①$$

$$P_{1y} = (P - P_1)\frac{\sqrt{2}}{2} \quad ②$$

碰后，球 2 的动量为 P_2，由动量定理，在沿杆和垂直于杆方向上的分量分别为

$$P_{2x} = \left(\frac{P}{2} - P_1\right)\frac{\sqrt{2}}{2} \quad ③$$

$$P_{2y} = \frac{\sqrt{2}}{2} P_1 \quad ④$$

由于球 1 与墙碰撞是弹性碰撞，故由系统的动能守恒有

心得 体会 拓广 疑问

$$E_{K0}=E_{K1}+E_{K2}$$

即

$$2\frac{P_0^2}{2m}=\frac{1}{2m}(P_{1x}^2+P_{1y}^2)+\frac{1}{2m}(P_{2x}^2+P_{2y}^2) \quad ⑤$$

将式①~式④代入式⑤可求得

$$P=\frac{8}{3}P_1$$

所以"哑铃"离开墙时具有动量

$$P'=P-2P_1=\frac{2}{3}P_1$$

设碰后"哑铃"质心的速度为v',则由速度与动量间的关系知$v'=\frac{1}{3}v_0$. 而两个球以速度$v=\frac{2\sqrt{2}}{3}v_0$绕质心做圆周运动.

1.284 设传送带的速度即发动机的线速度为v,料斗供满整个传送带所需的时间为$\frac{l}{v}$,则整个传送带上沙石的质量为

$$m=u\frac{l}{v}$$

整个传送带上的沙石重力沿传送带方向上的分力为

$$F_1=mg\sin\alpha$$

料斗送来的静止沙石对传送带沿传送方向的冲力为

$$F_2=\frac{\Delta m}{\Delta t}v=uv$$

再设主动轮的转矩为M,则由传送带的力矩平衡有

$$\sum M=(F_1+F_2)R-M=0$$

由以上各式联立解得

$$M=\left(\frac{ugl\sin\alpha}{v}+uv\right)R \quad ①$$

当括号中两项相等时,即$v=\sqrt{gl\sin\alpha}$时,M有最小值为

$$M_{\min}=2uR\sqrt{gl\sin\alpha}$$

(2)由(1)知,发动机转矩最小时传送带的速度为

$$v=\sqrt{gl\sin\alpha}$$

当速度偏大时,尽管传送带上传送的沙石的动量减小使F_1减小,但由式①可以看出,在单位时间内增加沙石的动量又使F_2增大,总效果将使M增大才能保证匀速传递沙石. 同理,当速度偏小时,F_2减小而F_1增大,总效果仍是M增大才能保证匀速传递砂石.

1.285 在微小的时间Δt内,有Δm的沙子落入卡车A中,取Δm与卡车A作为研究对象,设系统在Δm的沙子落到卡车A后

心得 体会 拓广 疑问

的共同速度为 v_A',则由系统在 Δm 的沙子落到卡车 A 前后,水平方向上的动量守恒有

$$Mv_A+\Delta mv_B=(M+\Delta m)v_A'$$

得

$$v_A'=\frac{Mv_A+\Delta mv_B}{M+\Delta m}$$

由于 $\Delta m\ll M$,所以

$$v_A'-v_A=\frac{\Delta m(v_B-v_A)}{M+\Delta m}\approx\frac{\Delta m}{M}(v_B-v_A)$$

设卡车 A 的加速度为 a,则

$$a=\lim_{\Delta t\to 0}\frac{v_A'-v_A}{\Delta t}=\frac{\Delta m}{\Delta t}\cdot\frac{1}{M}(v_B-v_A)=k\cdot\frac{1}{M}(v_B-v_A)$$

可见当 $v_B=v_A$ 时,不管 k 多大,都有 $a=0$,即当卡车 A 与卡车 B 同向、同速行驶时,沙子抽至卡车 A 上不会影响 A 车的速度.

1.286 解法一:质点从点 a 运动到点 b 所需的时间为 $t=\frac{\pi}{\omega}$,绳子的张力 T 沿竖直方向上的分量为 $T_y=mg$,其冲量为

$$I_y=T_yt$$

绳子的张力 T 沿水平半径方向上的分量为 T_x,大小不变,方向随质点运动方向的变化而变化,但是始终指向圆心. 设 T_x 在半个周期内每段微小时间为 Δt,则

$$\Delta t=\frac{t}{n}=\frac{\pi}{n\omega}$$

其中 $n\to\infty$,则此时间内的冲量

$$I_{ix}=\frac{T_xt}{n}$$

如图(a)所示.

这些微小冲量的大小相同但方向不同,将这些冲量按矢量合成的原则作出首尾相连的图形,如图(b)所示,即合矢量是这些微小矢量和所组成的半圆直径,这个矢量半圆的周长为

$$n\frac{T_xt}{n}=\frac{I_x\pi}{2}$$

从而由以上各式联立求得

$$I=\sqrt{I_x^2+I_y^2}=\frac{mg}{\omega}\cdot\sqrt{\pi^2+4\tan^2\theta}$$

其方向与竖直方向的夹角为

$$\alpha=\arctan\frac{I_x}{I_y}=\frac{2\tan\theta}{\pi}$$

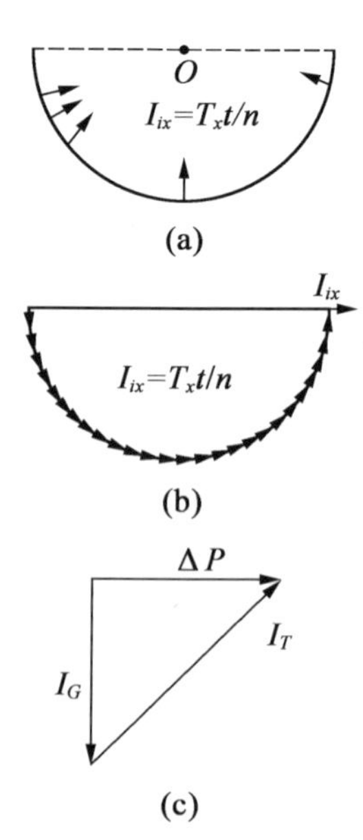

1.286 题解图

解法二:圆锥摆中的质点做匀速圆周运动,在半个周期内质点的速度方向转过了角度 π,由动量定理可知,合外力的冲量等于其

动量的增加,即

$$\Delta P = -mv - mv = -2mv$$

它在水平方向与轨迹圆相切.

重力的冲量为

$$I_G = \frac{mg\pi}{\omega}$$

方向竖直向下.

绳拉力的冲量为 I_T,如图(c)所示,由矢量合成有

$$I_T = \sqrt{I_G^2 + (\Delta P)^2}$$

而
$$\omega^2 R = g\tan\theta$$

故由以上各式求得

$$I_T = \frac{mg}{\omega}\cdot\sqrt{\pi^2 + 4\tan^2\theta}$$

其方向与竖直方向的夹角为

$$\alpha = \arctan\frac{\Delta P}{I_G} = \frac{2\tan\theta}{\pi}$$

1.287 小球的总数一定,小球数线密度之比与碰撞平板时小球落点的圆周长有密切关系,因此关键应是求圆的半径.第一次与圆板碰撞后,小球沿圆周切向方向产生水平速度,第二次与圆板碰撞后,除原水平方向的初速度外,又产生以落点为圆周的新的切向方向的水平分速度,新的水平合速度是两者的矢量和.水平落点的距离与小球腾空的时间有关.在计算中应注意球与板碰撞中因摩擦产生的切向速度大小是否已达到圆板落点的线速度了,可讨论而定.

(1)设小球总数为 N,第一次碰撞时小球数线密度为 $\lambda = \frac{N}{2\pi R}$.在这些小球中任取一个,它与平板相碰前垂直向下的速度为 $v_0 = \sqrt{2gh}$.设碰撞过程历时 Δt,平均法向作用力为 N,根据题设,碰撞后小球垂直向上的速度大小仍为 v_0.小球与平板刚接触时尚无水平方向的速度,而平板被碰点有切向速度,大小为 $u_1 = \omega R$.这样便会因相对滑动而使小球受到沿相对速度 u_1 方向的滑动摩擦力 $f = \mu N$ 的作用.由于 N 很大,f 对小球作用的结果是使得小球在 Δt 内获得水平沿 u_1 方向的速度,其大小记为 v_1,显然 $v_1 \leqslant u_1$,因为一旦 v_1 达到 u_1 的值,相对运动不再存在,滑动摩擦力也随之消失.下面分两种情况讨论:

(i)在 Δt 末时刻,v_1 仍小于 u_1,即小球与平板被碰点之间的相对速度未能达到零值,那么应有$\bar{f} = \mu\overline{N}$,$\bar{f}\Delta t = mv_1$,式中$\bar{f}$为 Δt 时间内 f 的平均值,结合$\overline{N}\Delta t = 2mv_0$ 及 $v_0 = \sqrt{2gh}$可得

心得 体会 拓广 疑问

$$v_1 = 2\mu v_0 = 2\mu\sqrt{2gh} \quad ①$$

该式只有在 $2\mu\sqrt{2gh} < \omega R$ 时才成立.

(ii)在 Δt 末或更早一些时刻,v_1 已达到 u_1 值,即小球与平板被碰点已相对静止,则$\bar{f} \leqslant \mu\bar{N}$,无论$\bar{f}$取何值,碰撞后恒有

$$v_1 = u_1 = \omega R \quad ②$$

既然$\bar{f} \leqslant \mu\bar{N}$,$\bar{f}$所能提供的 v_1 自然不能超过在$\bar{f} = \mu\bar{N}$时所提供的 $2\mu\sqrt{2gh}$ 值,因此式②只能在 $2\mu\sqrt{2gh} \geqslant \omega R$ 的情况下成立.

第一次碰撞后,小球以 v_0 为垂直方向速度,v_1 为水平方向速度做斜抛运动,因飞行时间 $t_1 = 2\sqrt{\dfrac{2h}{g}}$,故可算得两种情况下的水平射程

$$l_1 = v_1 t_1 = \begin{cases} 8\mu h,\text{当 } 2\mu\sqrt{2gh} < \omega R \text{ 时} & ③ \\ 2\omega R\sqrt{\dfrac{2h}{g}},\text{当 } 2\mu\sqrt{2gh} \geqslant \omega R \text{ 时} & ④ \end{cases}$$

所有小球在第二次落到平板上时形成以 $R_1 = \sqrt{R^2 + l_1^2}$ 为半径的圆

$$R_1 = \sqrt{R^2 + l_1^2} = \begin{cases} \sqrt{R^2 + (8\mu h)^2},\text{当 } 2\mu\sqrt{2gh} < \omega R \text{ 时} & ⑤ \\ R\sqrt{1 + \dfrac{8\omega^2 h}{g}},\text{当 } 2\mu\sqrt{2gh} \geqslant \omega R \text{ 时} & ⑥ \end{cases}$$

此时小球的分布仍是均匀的,小球数线密度为 λ_1. 故本题所求的比值为

$$\sigma_1 = \frac{\lambda_1}{\lambda} = \frac{R}{R_1} = \begin{cases} \left[1 + \left(\dfrac{8\mu h}{R}\right)^2\right]^{-\frac{1}{2}},\text{当 } 2\mu\sqrt{2gh} < \omega R \text{ 时} & ⑦ \\ \left(1 + \dfrac{8\omega^2 h}{g}\right)^{-\frac{1}{2}},\text{当 } 2\mu\sqrt{2gh} \geqslant \omega R \text{ 时} & ⑧ \end{cases}$$

(2)如果取式⑦的结果,那么在 $\sigma_1 = \dfrac{1}{\sqrt{2}}$ 时,$h = \dfrac{R}{8\mu}$,则由 $2\mu\sqrt{2gh} < \omega R$ 可得 $2\mu\sqrt{2g\dfrac{R}{8\mu}} < \omega R$,即得 $R > \dfrac{\mu g}{\omega^2}$,这与题设条件 $R < \dfrac{\mu g}{\omega^2}$ 是矛盾的.

如果取式⑧的结果,那么当 $\sigma_1 = \dfrac{1}{\sqrt{2}}$ 时,$h = \dfrac{g}{8\omega^2}$,由 $2\mu\sqrt{2gh} \geqslant \omega R$ 得 $2\mu\sqrt{2g\dfrac{g}{8\omega^2}} \geqslant \omega R$,即 $R \leqslant \dfrac{\mu g}{\omega^2}$,这与 $R \geqslant \dfrac{\mu g}{\omega^2}$ 矛盾,与题设条件 $R < \dfrac{\mu g}{\omega^2}$ 相符. 因此取 $2\mu\sqrt{2gh} > \omega R$,$h = \dfrac{g}{8\omega^2}$,将 h 的值代入式④可得

$$l_1 = 2\omega R\sqrt{\frac{2h}{g}} = R$$

心得 体会 拓广 疑问

由 $\sigma_1=\frac{R}{R_1}=\frac{1}{\sqrt{2}}$得到

$$R_1=\sqrt{2}R$$

第二次碰撞过程中,每个小球在垂直方向上仍有$\overline{N}\Delta t=2mv_0$. 碰撞开始时,小球水平方向速度为 v_1 以及平板被碰点的速度为 u_2,如图(a)所示. 小球对平板被碰点相对速度的大小为

$$u_2'=\sqrt{u_2^2+v_1^2-2u_2v_1\cos\varphi}=\sqrt{2v_1^2+v_1^2-2\sqrt{2}v_1^2\times\frac{\sqrt{2}}{2}}=v_1=\omega R$$

既然相对速度大小也为 ωR,那么在 $2\mu\sqrt{2gh}>\omega R$ 的条件下,由(1)问的讨论可知,平板为小球提供的摩擦力必朝 u_2'的反方向,而且能使小球与平板被碰点在 Δt 结束前已处于相对静止状态. 因此第二次碰撞后小球相对地面为参照系的水平方向的速度即为

$$v_2=u_2,v_2=\omega R_1=\sqrt{2}v_1$$

其水平射程

$$l_2=2v_2\sqrt{\frac{2h}{g}}=2\sqrt{2}v_1\times\sqrt{\frac{2h}{g}}=\sqrt{2}l_1=R_1$$

于是第三次相碰时,这群小球对应的圆的半径为 R_2,如图(b)所示

$$R_2=\sqrt{2}R_1=2R$$

小球数线密度为 λ_2,则

$$\lambda_2=\frac{N}{2\pi R_2}$$

故所求的比值为

$$\sigma_2=\frac{\lambda_2}{\lambda}=\frac{R}{R_2}=\frac{1}{2}$$

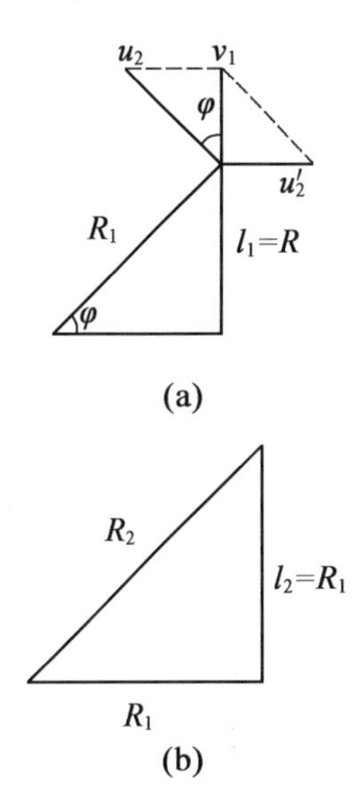

1.287 题解图

1.288 (1)先求速度. 飞船 A,B 的质量用 m 表示,太阳的质量用 M 表示,地球绕太阳运动的速度用 v_0 表示,地心与太阳之间的距离用 R 表示. 由于地球绕太阳做圆周运动的向心力由太阳对它的万有引力所提供,所以由圆周运动定律可求得

$$v_0=\sqrt{\frac{GM}{R}}$$

设 A 被发射后的速度增量为 v_A,并设 v_A 与 v_0 同方向,由于 A 恰好逃离太阳系,所以它的总机械能为零,即

$$\frac{1}{2}m(v_0+v_A)^2-G\frac{Mm}{R}=0$$

设 B 被发射后的速度增量为 v_B,由于 B 恰好落向太阳的中心,所以它的切向速度为零,即

$$v_0+v_B=0$$

得

$$v_B=-v_0$$

心得 体会 拓广 疑问

负值表示 v_B 与 v_0 的方向相反，即 B 被反向发射，由以上各式可联立求得

$$v_A=(\sqrt{2}-1)\sqrt{\frac{GM}{R}}$$

$$v_B=-\sqrt{\frac{GM}{R}}$$

(2)再求发射做功. 取空间站未发射前与 A 和 B 一起以速度 v_0 运动的惯性系为参照系. 因为 R 很大，所以在短时间内设空间站的质量为 M_0，空间站把 A 发射后获得的速度相对于该惯性系为 v_1，由发射 A 前后的动量守恒有

$$0=mv_A+(M_0-m)v_1$$

由于 $M_0\gg m$，所以得

$$v_1=-\frac{m}{M_0}v_A$$

在该惯性系中火箭发射时 A 做功为(注意：$M_0\gg m$)

$$W_A=\frac{1}{2}mv_A^2+\frac{1}{2}(M_0-m)v_1^2\approx\frac{1}{2}mv_A^2$$

同样的方法可求出发射 B 时火箭做功为

$$W_B=\frac{1}{2}mv_B^2\left(1+\frac{m}{M_0}\right)\approx\frac{1}{2}mv_B^2$$

由于 $v_B^2>v_A^2$，所以

$$W_B>W_A$$

1.289 分别用 M，G 表示月球的质量和万有引力常数，则

$$g=\frac{GM}{R^2}$$

设宇宙飞船原来的速度大小为 v_0，由于它做圆周运动的向心力由月球对它的万有引力所提供，所以

$$G\frac{Mm}{(R+h)^2}=m\frac{v^2}{R+h}$$

由以上两式得

$$v_0=R\sqrt{\frac{g}{R+h}}=1\ 652(\mathrm{m/s})$$

(1)飞船在点 X 处向相反方向喷气后，便在椭圆轨道上运行，椭圆主轴的两个端点就是 X 和 A，设在 X 和 A 处的速度大小分别为 v_a 和 v_A，如图(a)所示. 由于喷出气体的质量远小于飞船的质量，所以由开普勒第二定律和能量守恒分别有

$$v_a(R+h)=v_AR$$

$$\frac{1}{2}mv_a^2-G\frac{Mm}{R+h}=\frac{1}{2}mv_A^2-G\frac{Mm}{R}$$

联立解以上两式并将 g 的表达式代入可得

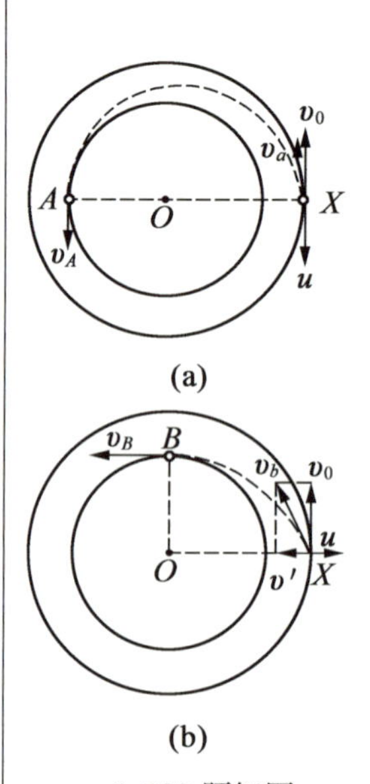

1.289 题解图

$$V_a=\sqrt{\frac{2gR^3}{(2R+h)(R+h)}}=1\ 628(\mathrm{m/s})$$

$$V_A=\sqrt{\frac{2gR(R+h)}{2R+h}}=1\ 724(\mathrm{m/s})$$

在 X 处,喷射出燃料相对于月球的速度大小为 $u-v_a$,方向与 v_a 的方向相反,设燃料的质量为 m',并取 v_0 的方向为正方向,则由喷射前后的动量守恒有

$$mv_0=(m-m')v_a-m'(u-v_a)$$

从而得

$$m'=\frac{v_0-v_a}{v_0+u-v_a}m=28.7(\mathrm{kg})$$

(2)飞船获得指向月球中心的动量,说明是沿圆周运动的半径向外喷气的,如图(b)所示. 喷气后,设飞船获得指向月球中心的速度大小为 v',合速度为 v_b(而沿切向的速度仍为 v_0),到达点 B 的速度大小为 v_B,参考(1)的解有

$$v_0(R+h)=v_BR$$

$$\frac{1}{2}mv_b^2-G\frac{Mm}{R+h}=\frac{1}{2}mv_B^2-G\frac{Mm}{R}$$

而

$$v_b^2=v_0^2+v'^2$$

故联立解以上三式,并分别将 g,v_0,v_B 的表达式代入可求得

$$v_b=\sqrt{\frac{R^2+h^2}{R+h}g}=1\ 655(\mathrm{m/s})$$

$$v'=h\sqrt{\frac{g}{R+h}}=97(\mathrm{m/s})$$

$$v_B=\frac{R+h}{R}v_0=1\ 749(\mathrm{m/s})$$

参考(1)的解法,由喷气前后飞船和气体沿径向(OX 方向)的动量守恒有

$$0=(m-m')v'-m'(u-v')$$

得

$$m'=\frac{v'}{v+2v'}m=114(\mathrm{kg})$$

在(2)问中,飞船在喷气后有可能做椭圆运动,也有可能做抛物线或双曲线运动,这个圆锥曲线的顶点为 B,焦点为 O,但由于 $\sqrt{gR}<v_B<\sqrt{2}\cdot\sqrt{gR}$,所以飞船的实际运行轨迹为椭圆.

1.290 A,B 的质量分别用 m_1 和 m_2 表示,太阳的质量用 M 表示. 设 A,B 合为新星体后的质心 C 离太阳中心的距离为 R,在 A,B 之间的强烈相互作用下而迅速吸合为一体的瞬间,可忽略太阳沿径向对 A,B 的万有引力,可视 A,B 所组成的系统在径向所受

的合外力为零. 设 A,B 合为一体前做圆周运动的速度分别为 v_1 和 v_2,合为一体后的瞬间速度为 v,则由动量守恒有

$$m_1v_1+m_2v_2=(m_1+m_2)v$$

合为一体前,A 做圆周运动的向心力由太阳对它的万有引力所提供,所以有

$$G\frac{Mm_1}{R_1^2}=m_1\frac{v_1^2}{R_1}$$

由质心定理知

$$R=\frac{m_1R_1+m_2R_2}{m_1+m_2}$$

B 做抛物线运动时的机械能为零,即

$$\frac{1}{2}mv_2^2-G\frac{Mm_2}{R_2}=0$$

将 $R_2=2R_1$ 代入以上各式后联立求得

$$v=v_1=v_2=\sqrt{\frac{GM}{R_1}}$$

$$R=\frac{(m_1+2m_2)R_1}{m_1+m_2}$$

新星体的径向速度为零,其机械能为

$$E=\frac{1}{2}(m_1+m_2)v^2-G\frac{M(m_1+m_2)}{R}=-\frac{1}{2}G\frac{Mm_1(m_1+m_2)}{(m_1+2m_2)R_1}<0$$

故新星体的运动轨道必为椭圆.

1.291 如图所示,其中用斜直线覆盖的内圆为地球,其外面为飞船离开后宇航站的椭圆轨道,再外面则是飞船与宇航站开始时的椭圆轨道,最外面的是飞船的新椭圆轨道.

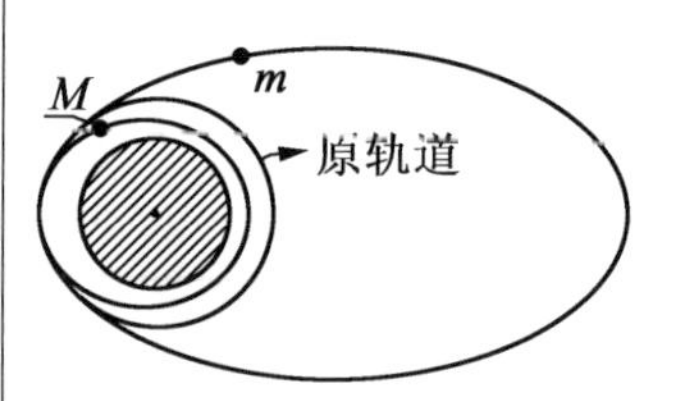

1.291 题解图

设宇航站与飞船分离前的共同速度大小为 v_0,分离后宇航站与飞船的速度大小分别为 v_1 和 v_2,地球的质量用 M_e 表示. 飞船被发射前与宇航站一起做圆周运动的向心力由地球对它们的万有引力所提供,所以有

$$G\frac{M_e(M+m)}{(nR)^2}=(M+m)\frac{v_0^2}{nR} \quad ①$$

由飞船被发射前后的动量守恒有

$$(M+m)v_0=Mv_1+mv_2 \quad ②$$

分离后,宇航站在远地点时的速度为 v_1,与地心间的距离为 nR;设其在近地点时的速度大小和与地心之间的距离分别为 v_1' 和 r. 则由开普勒第二定律和机械能守恒分别有

$$v_1(nR)=v_1'r \quad ③$$

$$\frac{1}{2}Mv_1^2-G\frac{M_eM}{nR}=\frac{1}{2}Mv_1'^2-G\frac{M_eM}{r} \quad ④$$

心得 体会 拓广 疑问

分离后，飞船在近地点时的速度为 v_2，与地心间的距离为 nR；远地点时与地心间的距离为 $8nR$，设远地点时的速度大小为 v_2'. 则由开普勒第二定律和机械能守恒分别有

$$v_2(nR)=v_2'(8nR) \quad ⑤$$

$$\frac{1}{2}mv_2^2-G\frac{M_em}{nR}=\frac{1}{2}mv_2'^2-G\frac{M_em}{8nR} \quad ⑥$$

分离后，宇航站和飞船的新轨道周期分别用 T_1，T_2 表示，则它们相应的长半轴为$\frac{nR+r}{2}$，$\frac{nR+8nR}{2}$. 所以由开普勒第三定律有

$$\left(\frac{nR+8nR}{nR+r}\right)^3=\left(\frac{T_2}{T_1}\right)^2 \quad ⑦$$

若使飞船运行一周后恰好能与宇航站相遇，则必须使$\frac{T_2}{T_1}$为正整数，即

$$\frac{T_2}{T_1}=k(k=1,2,3,\cdots) \quad ⑧$$

而 $$R<r<nR \quad ⑨$$

故由式①得

$$v_0=\sqrt{\frac{GM_e}{nR}} \quad ⑩$$

由式②得

$$\frac{m}{M}=\frac{v_1-v_0}{v_0-v_2} \quad ⑪$$

由式③，式④联立解得

$$v_1=\sqrt{\frac{2r}{nR+r}}\cdot\sqrt{\frac{GM_e}{nR}}=v_0\sqrt{\frac{2r}{nR+r}} \quad ⑫$$

由式⑤，式⑥联立解得

$$v_2=\frac{4}{3}\sqrt{\frac{GM_e}{nR}}=\frac{4}{3}v_0 \quad ⑬$$

由式⑦，式⑧联立解得

$$r=\frac{9-k^{\frac{2}{3}}}{k^{\frac{2}{3}}}nR \quad ⑭$$

由式⑪~式⑭联立解得

$$\frac{m}{M}=3-\sqrt{2(9-k^{\frac{2}{3}})} \quad ⑮$$

由式⑨，式⑭联立解得

$$9.5<k<11.2$$

由于 k 为整数，所以只能取 $k=10$ 或 $k=11$，这样由式⑮可求得

$$\frac{m}{M}=0.048$$

或

$$\frac{m}{M}=0.153$$

1.292 设航天飞船与登月器脱离前一起运动的速度大小为 v_0，脱离后登月器与航天飞船的速度大小分别为 v_1 和 v_2，月球的质量用 M_0 表示. 由于航天飞船与登月器脱离前一起做圆周运动的向心力由月球对它的引力所提供，所以

$$G\frac{M_0(M+m)}{(3R_m)^2}=(M+m)\frac{v_0^2}{3R_m} \quad ①$$

而月球表面的重力加速度为

$$g_m=\frac{GM_0}{R_m^2}$$

即

$$\frac{GM_0}{R_m}=g_mR_m=2.82\times10^6(\mathrm{m^2/s^2}) \quad ②$$

由航天飞船脱离登月器前后的动量守恒有

$$(M+m)v_0=mv_1+mv_2 \quad ③$$

脱离后，登月器在近地点和远地点时离月球中心的距离分别为 R_m 和 $3R_m$，在远地点时的速度为 v_1，设其在近地点即月球表面时的速度为 v_1'，则由开普勒第二定律和机械能守恒分别有

$$v_1(3R_m)=v'R_m \quad ④$$

$$\frac{1}{2}mv_1^2-G\frac{M_0m}{3R_m}=\frac{1}{2}mv_1'^2-G\frac{M_0m}{R_m} \quad ⑤$$

脱离后，航天飞船在近地点时离月球中心的距离和速度分别为 nR_m 和 v_2，设在远地点时离月球中心的距离和速度分别为 nR_m 和 v_2'，则由开普勒第二定律和机械能守恒分别有

$$v_2(3R_m)=v_2'(nR_m) \quad ⑥$$

$$\frac{1}{2}Mv_2^2-G\frac{M_0M}{3R_m}=\frac{1}{2}Mv_2'^2-G\frac{M_0M}{nR_m} \quad ⑦$$

脱离前，登月器和航天飞船一起做圆周运动的周期用 T_0 表示；脱离后登月器和航天飞船的周期分别用 T_1 和 T_2 表示，登月器和航天飞船做椭圆运动的长半轴分别为 $\frac{3R_m+R_m}{2}$，$\frac{3R_m+nR_m}{2}$. 所以由开普勒第三定律和圆周运动的周期公式分别有

$$(\frac{T_1}{T_2})^2=\left[\frac{\frac{1}{2}(3R_m+R_m)}{3R_m}\right]^3 \quad ⑧$$

$$\left(\frac{T_2}{T_0}\right)^2=\left[\frac{\frac{1}{2}(3R_m+nR_m)}{3R_m}\right]^3 \quad ⑨$$

心得 体会 拓广 疑问

$$T_0=\frac{2\pi(3R_m)}{v_0} \quad ⑩$$

若使航天飞船运行 k 周后恰好能与登月器在脱离点对接，则登月器在月球表面停留的时间应为

$$t=kT_2-T_1(k=1,2,3,\cdots) \quad ⑪$$

由式①，式②，式⑩联立求得

$$T_0=6\pi R\sqrt{\frac{3R_m}{GM_0}}=33\ 812(\mathrm{s})=9.4(\mathrm{h})$$

由式③～式⑤联立解得

$$v_1=\frac{v_0}{\sqrt{2}}$$

$$v_2=\left(\frac{3}{2}-\frac{1}{2\sqrt{2}}\right)v_0$$

将上面 v_1,v_2 的表达式代入式⑥，式⑦后联立解得

$$n=\frac{3}{2\left(\frac{v_0}{v_2}\right)^2-1}\approx5.75$$

再将 T_0,n 的值代入式⑧，式⑨后联立求得

$$T_1=0.54T_0=5.1(\mathrm{h})$$

$$T_2=1.76T_0=16.5(\mathrm{h})$$

当 $k=1$ 时，将 T_1,T_2 的值代入式⑪可求出 t 的最小值为

$$t_{\min}=T_2-T_1=11.4(\mathrm{h})$$

1.8 机械振动

1.293 设在摆长为 l_1,l_2,l_0 时的振动周期分别为 T_1,T_2,T_0，在题中所说的“相同时间内”摆钟完成全振动的次数分别为 n_1，n_2,n_0. 则“相同时间”为

$$n_1T_1=n_2T_2=n_0T_0 \quad ①$$

两种情况下时间差的关系为

$$n_1T_0-n_1T_1=n_2T_2-n_2T_0 \quad ②$$

而

$$T_1=2\pi\sqrt{\frac{l_1}{g}} \quad ③$$

$$T_2=2\pi\sqrt{\frac{l_2}{g}} \quad ④$$

$$T_0=2\pi\sqrt{\frac{l_0}{g}} \quad ⑤$$

故由式①，式②可得

$$T_0=\frac{2T_1T_2}{T_1+T_2}$$

将式③~式⑤代入上式可得

$$l_0=\frac{4l_1l_2}{(\sqrt{l_1}+\sqrt{l_2})^2}$$

1.294 在这段时间内,A 以点 O 为振动中心,其振动方程为

$$ma=k(l-l_0-x)-Mg\sin\theta=-kx$$

所以其振动周期为

$$T=2\pi\sqrt{\frac{m}{k}}$$

因此求得

$$t=\frac{T}{4}=\frac{\pi}{2}\sqrt{\frac{m}{k}}$$

可见重力沿斜面的分力 $mg\sin\theta$ 是常力,它只改变系统的平衡位置,而不改变其振动规律.

1.295 小球和绳子成为单摆,设 A,B 两球的摆动周期分别为 T_1 和 T_2,则

$$T_1=2\pi\sqrt{\frac{l}{g}},\ T_2=2\pi\sqrt{\frac{\frac{l}{4}}{g}}=\pi\sqrt{\frac{l}{g}}$$

开始时经过$\frac{T_2}{4}$后,小球 B 和小球 A 产生第一次碰撞,由于它们是完全相同的弹性小球,所以碰撞后两球交换速度,即 B 球静止,A 球摆动.

同样分析可知,以后每经过$\frac{1}{2}(T_1+T_2)$,小球碰撞两次,所以到第五次碰撞所需时间为

$$t=\frac{T_2}{4}+2\times\frac{1}{2}(T_1+T_2)=\frac{13\pi}{4}\sqrt{\frac{l}{g}}$$

1.296 取 C 为坐标原点,竖直向下为 x 轴.设物体向下的位移为 x,杠杆 AB 向下的转角为 θ,则 k_1,k_2 两弹簧的伸长量分别为 $L\theta$ 和 $x-l\theta$.由杠杆 AB 的平衡条件有

$$\sum M_A=k_1L\theta\cdot L-k_2(x-l\theta)\cdot l=0 \quad ①$$

物体的运动方程为

$$ma=-k_2(x-l\theta) \quad ②$$

由式①得

$$\theta=\frac{k_2lx}{k_1L^2+k_2l^2}$$

将 θ 的值代入式②有

心得 体会 拓广 疑问

$$ma = -\frac{k_1k_2L^2}{k_1L^2 + k_2l^2}x = -kx$$

所以系统的振动周期为

$$T = 2\pi\sqrt{\frac{m}{k}} = \frac{2\pi}{L}\sqrt{\frac{m\cdot(k_1L^2 + k_2l^2)}{k_1k_2}}$$

1.297 其摆动的周期由两部分合成:竖直方向右边以摆长 l 运动的半个周期和竖直方向左边以摆长 $l-h$ 运动的半个周期. 因此其周期为

$$T = \frac{1}{2}\left(2\pi\sqrt{\frac{l}{g}} + 2\pi\sqrt{\frac{l-h}{g}}\right) = \pi\left(\sqrt{\frac{l}{g}} + \sqrt{\frac{l-h}{g}}\right)$$

1.298 由于该摆是以点 A 为固定点,并在斜面上摆动的,所以其摆长和重力加速度沿斜面上的分量分别为

$$l' = l\cos\theta$$

$$g' = g\sin\alpha$$

根据单摆的周期公式求得

$$T = 2\pi\sqrt{\frac{l'}{g'}} = 2\pi\sqrt{\frac{l\cos\theta}{g\sin\alpha}}$$

1.299 **解法一**:摆球处在平衡位置时,在重力加速度和运动加速度的作用下,小球所受的合力即为绳中的张力 F. 当摆球处于平衡位置时,F 的切向分力为零;当摆球偏过一小角度后,F 的切向分力是摆球振动的恢复力.

根据牛顿第二定律,求得摆球做简谐振动时的加速度为

$$a_{合} = \frac{F}{m}$$

再由摆球做简谐振动时的周期公式得

$$T = 2\pi\sqrt{\frac{l}{a_{合}}} = 2\pi\sqrt{\frac{ml}{F}}$$

分别将 1.111 题中四种情况下的 F 的值代入上式即可求得:

(1) $T = 2\pi\sqrt{\dfrac{l}{\sqrt{a^2 + g^2}}}$;

(2) $T = 2\pi\sqrt{\dfrac{l}{g\cos\theta}}$;

(3) $T = 2\pi\sqrt{\dfrac{l}{\sqrt{g^2 + a^2 + 2ag\sin\theta}}}$;

(4) $T = 2\pi\sqrt{\dfrac{l}{\sqrt{g^2 + a^2 - 2ag\sin\theta}}}$.

解法二:可根据四种情况下 g 和 a 的大小及其方向,用解析法或三角法直接求出在摆球处于平衡位置时沿绳子方向上的合加速

度 $a_{合}$ 的大小和方向(可参照 1.111 题中求 T 的方法). 然后再根据单摆的周期公式 $T=2\pi\sqrt{\dfrac{l}{a_{合}}}$,从而求出答案. 解法略.

1.300 如图所示,由于水平摆是以摇轴为固定轴而做水平摆动的,所以该摆的摆长为物体到摇轴间的距离 AB. 将物体的重量分解为沿 AB 方向的分力 P_1 和垂直于 AB 方向的分力 P_2. 由于摆的振动方向固定,所以 P_2 对摆的振动没有影响. 因此,此题就相当于以 AB 为摆长,以 P_1 为摆球重量的单摆做自由振动的情况. 由于

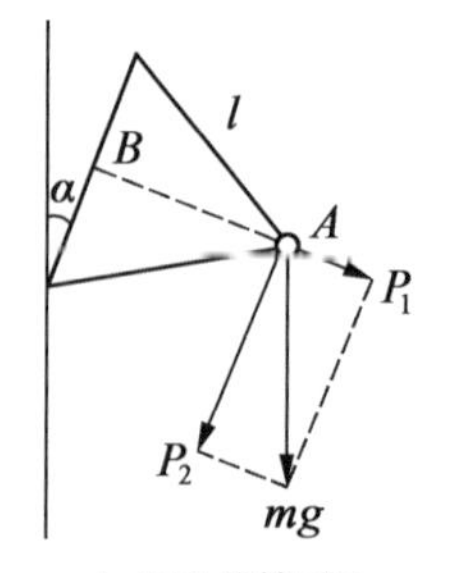

1.300 题解图

$$AB=\frac{\sqrt{3}}{2}l$$

$$P_1=mg\sin\alpha$$

因此摆的振动周期为

$$T=2\pi\sqrt{\frac{\frac{\sqrt{3}}{2}l}{g\sin\alpha}}=2\pi\sqrt{\frac{\sqrt{3}l}{2g\sin\alpha}}$$

1.301 当框架处于静止状态时,作用于框架的各个力对转轴 C 的力矩代数和在任何时刻都应等于零,当松鼠在导轨上运动时,松鼠对杆 AB 有一压力,其大小等于松鼠的重力;为使框架平衡,松鼠必须对杆 AB 施一水平方向的力,该力的力矩与松鼠重力的力矩相等,而方向相反,对于松鼠,在竖直方向上受到的合力为零;在水平方向上将受到杆 AB 对它的反作用力,松鼠就在该水平力作用下运动,其运动特征由该力的特点所决定.

先以刚性框架为研究对象,如图所示. 设在某一时刻,松鼠离杆 AB 的中点 O 的距离为 x,松鼠在竖直方向对导轨的作用力等于松鼠受到的重力 mg,m 为松鼠的质量. 此重力对转轴 C 的力矩的大小为 mgx,方向为顺时针方向. 为使框架平衡,松鼠必须另对杆 AB 施一水平方向的力 F,且 F 对转轴 C 的力矩应与竖直方向的重力产生的力矩大小相等,方向相反,即当表示松鼠位置的坐标 x 为正时,F 沿 x 的正方向;

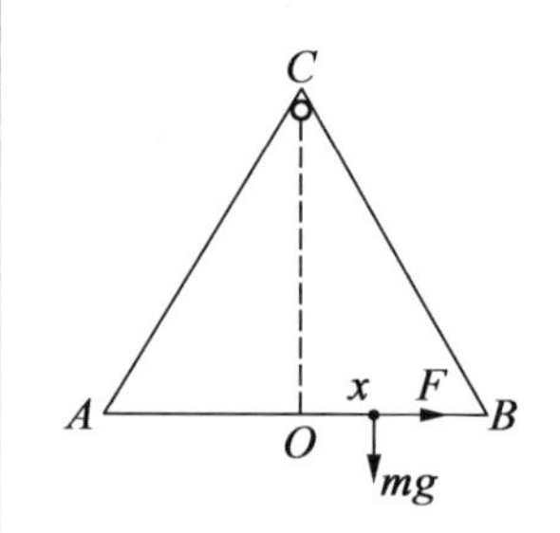

1.301 题解图

当 x 为负时,F 沿 x 的负方向,并满足平衡条件

$$mgx=Fl\sin 60^\circ=\frac{\sqrt{3}}{2}Fl \quad ①$$

式中 l 为杆的长度,所以

$$F=\frac{2mg}{\sqrt{3}l} \quad ②$$

即松鼠在水平方向上作用于杆 AB 的力,要因松鼠所在的位置不同而进行调整,保证满足式②.

再以松鼠为研究对象,松鼠在运动过程中,沿竖直方向受到的

心得 体会 拓广 疑问

合力为零,在水平方向受到杆 AB 的作用力为 F',根据牛顿第三定律,此力为 F 的反作用力,即

$$F' = -\frac{2mg}{\sqrt{3}l}x = -kx \quad ③$$

$$k = \frac{2mg}{\sqrt{3}l} \quad ④$$

即松鼠在水平方向受到的作用力 F'的大小与松鼠离开杆 AB 的中点 O 的位移成正比,方向总是指向点 O,所以松鼠在具有上述性质的力 F'作用下的运动应是以点 O 为平衡位置的简谐运动,其振动周期为

$$T = 2\pi\sqrt{\frac{m}{k}} = 2\pi\sqrt{\frac{\sqrt{3}l}{2g}} = 2.64(\mathrm{s})$$

当松鼠运动到杆 AB 的两端时,它应反向运动,按简谐运动的规律,到达两端时,速度必须为零,所以松鼠做简谐运动的振幅不能大于$\frac{1}{2}$,即振幅应小于或等于$\frac{l}{2}=1.00(\mathrm{m})$(振幅等于1.00 m与把松鼠视作质点相对应).

由以上的论证可知:松鼠在导轨 AB 上的运动是以 AB 的中点 O 为平衡位置,振幅不大于 1 m,周期为 2.64 s 的简谐运动.

1.302 用 m 表示环或重物的质量,在固定重物前,设环在振动过程中所达到的最大高度为 h_0,此时其动能为零;振动中处于某一高度 h 时,以 v_1 表示此时环上任意点的速度,则由机械能守恒有

$$mgh_0 = \frac{1}{2}mv_1^2 + mgh$$

在固定重物后,仍设环在振动过程中所达到的最大高度为 h_0,振动中处于某一高度 h 时,以 v_2 表示此时环上任意点的速度,环心的速度可忽略为零,所以由机械能守恒有

$$2mgh_0 = \frac{1}{2}mv_2^2 + 2mgh$$

比较以上两式有 $v_2 = \sqrt{2v_1}$,故在固定重物前后环做微小扭转振动的周期之比为

$$\frac{T_1}{T_2} = \frac{\sqrt{2}}{1}$$

1.303 设 m_1 和 m_2 第一次碰撞后的速度分别为 v_1 和 v_2,则由动量守恒和机械能守恒分别有

$$m_1v_0 = m_1v_1 + m_2v_2$$

$$\frac{1}{2}m_1v_0^2 = \frac{1}{2}m_1v_1^2 + \frac{1}{2}m_2v_2^2$$

心得 体会 拓广 疑问

从而求得

$$v_1 = -\frac{1}{3}v_0$$

$$v_2 = \frac{2}{3}v_0$$

碰撞后的 m_2 运动到位置Ⅲ时与 m_3 相碰. 因为 m_2 和 m_3 的质量相等,碰撞后交换速度,所以碰撞后的 m_2 停在Ⅲ处. 而 m_3 以速度 v_2 运动.

等到 m_3 运动到位置Ⅰ时,由速度、路程和时间三者的关系知,这时正好 m_1 也返回到Ⅰ处,m_3 与 m_1 相碰过程中速度变化的情况正如上述 m_1 和 m_2 在Ⅱ处相碰时的逆过程,即碰后 m_3 停在Ⅰ处,而 m_1 又以 v_0 的速度顺时针运动,待 m_1 再运动到位置Ⅱ时,和开始时相比,正好是三个球顺时针依次换了一下位置,而速度和开始时相同,这就是说,到此时共经历了一周期的$\frac{1}{3}$. 下面求周期 T.

m_1 第一次由Ⅰ到Ⅱ运动所需的时间为

$$t_1 = \frac{\frac{2}{3}\pi R}{v_0} = \frac{4}{3}(\mathrm{s})$$

m_1 和 m_2 相碰后回到Ⅰ所需的时间为

$$t_2 = \frac{\frac{2}{3}\pi R}{|v_1|} = 4(\mathrm{s})$$

m_1 和 m_3 相碰后再回到Ⅱ所需的时间为

$$t_3 = t_1 = \frac{4}{3}(\mathrm{s})$$

由此得

$$T = 3(t_1 + t_2 + t_3) = 20(\mathrm{s})$$

1.304 (1)A,B,C 三个球在碰撞前后瞬间的运动发生在 xOy 平面内,设刚碰完后 A 球的速度大小为 v_A,B,C 两球的速度分别是 v_B 和 v_C,v_B,v_C 在 x 轴方向和 y 轴方向上的分速度的大小分别为 $v_{Bx},v_{By};v_{Cx},v_{Cy}$,如图所示. 由 x 轴方向和 y 轴方向上的动量守恒定律分别有

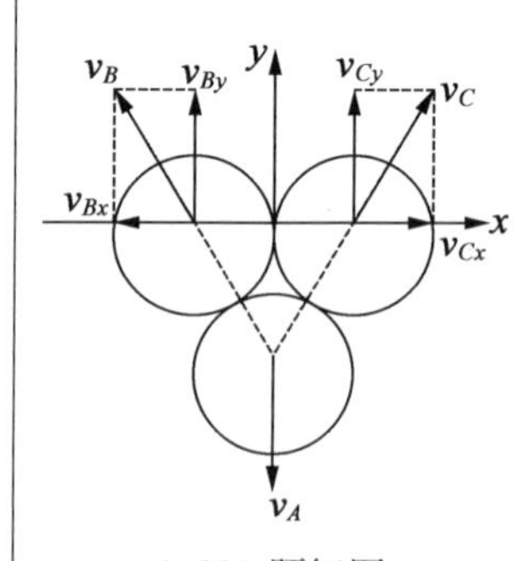

1.304 题解图

$$mv_{Cx} - mv_{Bx} = 0 \quad ①$$

$$mv_{AO} = mv_{By} + mv_{Cy} - mv_A \quad ②$$

在碰撞过程中,由于球面是光滑的,所以 A 球对 B 球的作用力沿 A,B 两球的连心方向,A 球对 C 球的作用力沿 A,C 两球的连心线方向. 由几何关系有

$$v_{Bx} = v_{By}\tan\frac{\pi}{6} \quad ③$$

心得 体会 拓广 疑问

$$v_{Cx}=v_{Cy}\tan\frac{\pi}{6} \quad ④$$

由对称关系有

$$v_{By}=v_{Cy} \quad ⑤$$

联立解式①～式⑤易求得

$$v_{Bx}=v_{Cx}=1.27(\mathrm{m/s})$$

$$v_{By}=v_{Cy}=2.20(\mathrm{m/s})$$

故

$$v_B=v_C=\sqrt{v_{Bx}^2+v_{By}^2}=\sqrt{v_{Cx}^2+v_{Cy}^2}=2.54(\mathrm{m/s})$$

设 C 球在 $x>0,y>0,z>0$ 空间中的最大位移为 OQ，点 Q 在 z 轴的坐标为 z_Q，则由机械能守恒有

$$\frac{1}{2}mv_C^2=mgz_Q$$

得

$$z_Q=\frac{v_C^2}{2g}=0.32(\mathrm{m})$$

点 Q 到 z 轴的距离为

$$QD=\sqrt{l^2-(l-z_Q)^2}$$

故 C 球的最大位移为

$$OQ=\sqrt{z_Q^2+OD^2}=\sqrt{2lz_Q}=1.13(\mathrm{m})$$

由对称性可知 B 球在 $x<0,y<0,z<0$ 的空间内的最大位移为

$$OP=OQ=1.13(\mathrm{m})$$

(2)当 B,C 两球各到达最大位移后，便做回到点 O 的运动，并发生两球间的碰撞，两球第一次返回到点 O 碰撞前的速度大小和方向分别为

$$v_{Bx}=1.27(\mathrm{m/s})$$

方向沿 x 轴的正方向

$$v_{By}=2.20(\mathrm{m/s})$$

方向沿 y 轴的负方向

$$v_{Cx}=1.27(\mathrm{m/s})$$

方向沿 x 轴的负方向

$$v_{Cy}=2.20(\mathrm{m/s})$$

方向沿 y 轴的负方向.

设碰撞后的速度分别为 v_{B1} 和 v_{C1}，它们对应的分速度的大小分别为 v_{B1x},v_{B1y} 和 v_{C1x},v_{C1y}，由于两球在碰撞过程中的相互作用力只可能沿 x 轴方向，故碰撞后沿 y 轴方向的速度大小和方向均保持不变，即

$$v_{B1y}=v_{By} \quad ⑥$$

方向沿 y 轴的负方向

心得 体会 拓广 疑问

$$v_{C1y}=v_{Cy} \quad ⑦$$

方向沿 y 轴的负方向.

碰撞过程中,由 x 轴方向上的动量守恒有

$$mv_{C1x}-mv_{B1x}=mv_{Bx}-mv_{Cx}$$

注意到 $v_{Cx}=v_{Bx}$,故得

$$v_{C1x}=v_{B1x} \quad ⑧$$

即碰撞后两球在 x 轴方向上的分速度大小相等,方向相反,具体数值取决于碰撞过程中是否有机械能损失,这可由 A 球与 B,C 两球同时碰撞时是否有机械能损失来判断.

A 与 B,C 两球同时碰撞时,三者的机械能在碰撞前后分别为

$$E_1=\frac{1}{2}mv_{AO}^2=8(\mathrm{J})$$

$$E_2=\frac{1}{2}mv_A^2+\frac{1}{2}mv_B^2+\frac{1}{2}mv_C^2=6.59(\mathrm{J})$$

可见 $E_2<E_1$,表明在碰撞过程中有机械能损失,小球的材料不是完全弹性体,故 B,C 两球碰撞过程中也有机械能损失,即

$$\frac{1}{2}m(v_{B1x}^2+v_{B1y}^2)+\frac{1}{2}m(v_{C1x}^2+v_{C1y}^2)<$$
$$\frac{1}{2}m(v_{Bx}^2+v_{By}^2)+\frac{1}{2}m(v_{Cx}^2+v_{Cy}^2)$$

由式⑥~式⑧得

$$v_{B1x}=v_{C1x}<v_{Bx}=v_{Cx}$$

或

$$v_{B1}=v_{C1}<v_B=v_C$$

当 B,C 两球第二次回到点 O 时,两球发生第二次碰撞,设碰撞后两球的速度分别为 v_{B2} 和 v_{C2},它们对应的分速度的大小分别为 v_{B2x},v_{B2y} 和 v_{C2x},v_{C2y},则有

$$v_{B2y}=v_{C2y}=v_{B1y}=v_{C1y}$$
$$v_{B2x}=v_{C2x}<v_{B1x}=v_{C1x}$$

或

$$v_{B2}<v_{B1}$$
$$v_{C2}<v_{C1}$$

由此可见,B,C 两球每经过一次碰撞,沿 x 轴方向的分速度变小,即

$$v_{Bx}=v_{Cx}>v_{B1x}=v_{C1x}>v_{B2x}=v_{C2x}>v_{B3x}=v_{C3x}>\cdots$$

而 y 轴方向的分速度的大小保持不变,即

$$v_{By}=v_{Cy}=v_{B1y}=v_{C1y}=v_{B2y}=v_{C2y}=v_{B3y}=v_{C3y}=\cdots$$

当两球反复碰撞足够次数后,沿 x 方向的分速度变为零,只有沿 y 轴方向的分速度,设碰撞的次数为 n,则有

$$v_{Bnx}=v_{Cnx}=0$$

$$v_{Bny}=v_{Cny}=v_{By}=2.20(\mathrm{m/s}) \quad ⑨$$

即最后 B,C 两球一起在 xOy 平面内摆动,经过最低点的速度由式⑨给出,最高点的坐标为 z_{Qn},则由机械能守恒有

$$\frac{1}{2}mv_{Cny}^2=mgz_{Qn}$$

得

$$z_{Qn}=\frac{v_{Cny}^2}{2g}=0.24(\mathrm{m})$$

最高点的 y 坐标为

$$y_{Qn}=\pm\sqrt{l^2-(l-z_{Qn})^2}=\pm\sqrt{(2l-z_{Qn})z_{Qn}}=\pm 0.95(\mathrm{m})$$

摆动周期为

$$T=2\pi\sqrt{\frac{l}{g}}=2.84(\mathrm{s})$$

1.305 (1)系统由压缩状态释放后,m_1,m_2 在弹性力的作用下一起运动,当到达平衡位置时,设 m_1 和 m_2 的共同速度为 v_0,则由机械能守恒有

$$\frac{1}{2}kx_0^2=\frac{1}{2}(m_1+m_2)v_0^2$$

此后,m_1 在弹簧拉力的作用下做减速运动,m_2 则以速度 v_0 做惯性运动,因而两物体分离开来. 设 m_1 所能达到的最大位移即振幅为 A,则由机械能守恒有

$$\frac{1}{2}m_1v_0^2=\frac{1}{2}kA^2$$

联立解以上两式可得

$$A=\pm x_0\sqrt{\frac{m_1}{m_1+m_2}}$$

(2)振动周期为

$$T=2\pi\sqrt{\frac{m_1}{k}}$$

由第一式求得

$$v_0=\sqrt{\frac{k}{m_1+m_2}}x_0$$

由题意必有

$$\frac{2x}{v_0}=n\cdot\frac{T}{2}$$

所以将 T,v_0 的值代入上式可求得

$$x=\frac{\sqrt{2}}{4}n\pi x_0(n=1,2,3,\cdots)$$

1.306 (1)设振子通过平衡位置时的速度为 v,这时 m'与 m 黏在一起后的共同速度为 v_1,则由机械能守恒和水平方向上的动量守恒分别有

$$\frac{1}{2}kA^2=\frac{1}{2}mv^2$$

$$mv=(m+m')v_1$$

在此之后,系统的振子质量为 $m+m'$,设其振幅为 A_1,则由机械能守恒有

$$\frac{1}{2}(m+m')v_1^2=\frac{1}{2}kA_1^2$$

联立以上三式解得

$$A'=A\sqrt{\frac{m}{m+m'}}$$

系统的振动周期为

$$T=2\pi\sqrt{\frac{m+m'}{k}}$$

(2)由于泥块与振子之间为完全非弹性碰撞,所以机械能的损失量为

$$\Delta E=\frac{1}{2}kA^2-\frac{1}{2}kA'^2=\frac{m'}{m+m'}\cdot\frac{1}{2}kA^2$$

(3)由于 m 达到最大振幅时的速度为零,所以 m'与 m 碰撞前后系统在水平方向上的动量均为零,即未有改变. 因而系统的振幅没有改变,若设在这种情况下系统通过平衡位置时的速度为 v_2,则由机械能守恒有

$$\frac{1}{2}kA^2=\frac{1}{2}(m+m')v_2^2$$

从而求得

$$v_2=\pm\sqrt{\frac{k}{m+m'}}A$$

振动周期为

$$T=2\pi\sqrt{\frac{m+m'}{k}}$$

1.307 参见 1.294 题解可知弹簧的振动周期为

$$T=2\pi\sqrt{\frac{m}{k}}$$

由于小车在沿斜面分力 $Mg\sin\alpha$ 的作用下始终和弹簧不分离,所以小车即为振子. 设弹簧的最大压缩量为 x,系统处于平衡位置时,弹簧所受的压缩量为 x_0,则由机械能守恒和受力平衡分别有

$$mg(h + x\sin\alpha) = \frac{1}{2}kx^2 \quad ①$$

$$kx_0 = mg\sin\alpha \quad ②$$

由式①解得

$$x = \frac{mg\sin\alpha}{k} \pm \sqrt{\left(\frac{mg\sin\alpha}{k}\right)^2 + \frac{2mgh}{k}}$$

将式②代入上式即为

$$x = x_0 \pm \sqrt{\left(\frac{mg\sin\alpha}{k}\right)^2 + \frac{2mgh}{k}}$$

所以弹簧的振幅为

$$A = \sqrt{\left(\frac{mg\sin\alpha}{k}\right)^2 + \frac{2mgh}{k}}$$

1.308 设物体落到杯子里与杯子发生碰撞瞬时之前的速度为 v_0，则由机械能守恒有

$$mgh = \frac{1}{2}mv_0^2 \quad ①$$

(1)设杯子起初的位置为坐标原点，竖直向下为 x 轴，并设在碰撞后杯子向下的最大位移为 x，处于新的平衡位置为 x_0，则由平衡条件和机械能守恒分别有

$$x_0 = \frac{mg}{k} \quad ②$$

$$mgh + mgx = \frac{1}{2}kx^2 \quad ③$$

由式③解得

$$x = \frac{mg}{k} \pm \sqrt{\left(\frac{mg}{k}\right)^2 + \frac{2mgh}{k}}$$

将式②代入上式即可化为

$$x = x_0 \pm \sqrt{\left(\frac{mg}{k}\right)^2 + \frac{2mgh}{k}}$$

上式表明：正根为向下的最大位移，负根为向上的最大位移. 因而杯子的振幅为

$$A = \sqrt{\left(\frac{mg}{k}\right)^2 + \frac{2mgh}{k}}$$

(2)设物体与杯子碰撞之后，共同向下的速度为 v，由于碰撞的时间极短，物体和杯子的重量及弹簧的弹力与碰撞的冲力相比较小而忽略不计，所以由竖直方向上的动量守恒有

$$mv_0 = (M + m)v \quad ④$$

再设杯子在弹簧未产生伸长时的位置为坐标原点，竖直向下为 x 轴，在杯子重力的作用下，弹簧的伸长量为 a；在碰撞瞬时之后，杯子向下的最大位移为 x，新的平衡位置为 x_0，则由平衡条件

和机械能守恒分别有

$$a = \frac{Mg}{k} \quad ⑤$$

$$x_0 = \frac{(M+m)g}{k} \quad ⑥$$

$$\frac{1}{2}(M+m)v^2 + (M+m)g(x-a) + \frac{1}{2}ka^2 = \frac{1}{2}kx^2 \quad ⑦$$

由式①,式④联立求得

$$v = \frac{m}{M+m}\sqrt{2gh} \quad ⑧$$

将式⑤,式⑧代入式⑦后求得

$$x = \frac{(M+m)g}{k} \pm \sqrt{\left(\frac{mg}{k}\right)^2 + \frac{2m^2gh}{(M+m)k}}$$

因此杯子围绕新的平衡位置做自由振动的振幅为

$$A = \sqrt{\left(\frac{mg}{k}\right)^2 + \frac{2m^2gh}{(M+m)k}}$$

1.309 解法一:(1)由于子弹和木块 A 完成碰撞的过程所需时间很短,所以可以认为这段时间内弹簧未发生形变. 设这时木块 A(包括子弹)和木块 B 距系统质心的距离分别为 l_A,l_B,相应段的弹簧的劲度系数分别为 k_A,k_B,弹簧的原长用 l 表示,则由质心定理有

$$(m+m_A)l_A = m_Bl_B \quad ①$$

又

$$l_A + l_B = l \quad ②$$

由弹簧的劲度系数与长度的关系可知

$$k_A = \frac{l}{l_A}k \quad ③$$

由式①,式②求出 l_A 的值代入式③可求得

$$k_A = \frac{m+m_A+m_B}{m_B}k$$

因此木块 A(包括子弹)的振动周期为

$$T_A = 2\pi\sqrt{\frac{m+m_A}{k_A}} = 2\pi\sqrt{\frac{(m+m_A)\cdot m_B}{(m+m_A+m_B)\cdot k}}$$

同理可求得

$$T_B = T_A$$

因此可知系统的振动周期为

$$T = T_A = T_B = 2\pi\sqrt{\frac{(m+m_A)\cdot m_B}{(m+m_A+m_B)\cdot k}}$$

(2)由 1.242 题解可知,在这一过程中,系统的振动刚好经过半个周期. 对于木块 A(包括子弹)来说,由于它在弹簧变力的作用

心得 体会 拓广 疑问

下，速度由 $v_{A_{\max}}$ 逐渐变为 $v_{A_{\min}}$，可以近似地认为木块 A 的速度是均匀减小的，其平均速度为

$$\overline{v_A}=\frac{1}{2}(v_{A_{\max}}+v_{A_{\min}})=v_P$$

同理可知，木块 B 的平均速度为

$$\overline{v_B}=v_P$$

因此，在这一过程中木块 A（包括子弹）、木块 B 和系统质心所前进的距离相同，都为

$$s=v_P\cdot\frac{T}{2}=\frac{\pi m v_0}{m+m_A+m_B}\sqrt{\frac{(m+m_A)m_B}{(m+m_A+m_B)k}}$$

解法二：(1)由解法一知

$$(m+m_A)l_A=m_Bl_B$$

设在系统振动的任意时刻，木块 A（包括子弹）和木块 B 已相对于系统质心向前（右）的位移分别为 x_A，x_B，则这时由质心定理有

$$(m+m_A)(l_A-x_A)=m_B(l_B+x_B)$$

由以上两式化简得

$$-(m+m_A)x_A=m_Bx_B$$

故求得弹簧的压缩量为

$$x=x_A-x_B=\frac{m+m_A+m_B}{m_B}x_A=-\frac{m+m_A+m_B}{m+m_A}x_B$$

木块 A（包括子弹）和木块 B 的受力分别为

$$F_A=-kx=-\frac{m+m_A+m_B}{m_B}\cdot kx_A=-k_Ax_A$$

$$F_B=kx=-\frac{m+m_A+m_B}{m+m_A}\cdot kx_B=-k_Bx_B$$

由此可求得木块 A（包括子弹）和木块 B 的振动周期分别为

$$T_A=2\pi\sqrt{\frac{m+m_A}{k_A}}=2\pi\sqrt{\frac{(m+m_A)m_B}{(m+m_A+m_B)k}}$$

$$T_B=2\pi\sqrt{\frac{m_B}{k_B}}=2\pi\sqrt{\frac{(m+m_A)m_B}{(m+m_A+m_B)k}}$$

可见 $T=T_A=T_B$.

(2)同解法一.

解法三：参见解法二，设木块 A（包括子弹）和木块 B 的振动加速度分别为 a_A，a_B，并设其方向都向右，则参见解法二有振动方程

$$(m+m_A)a_A=-k(x_A-x_B)$$
$$m_Ba_B=k(x_A-x_B)$$

所以得

心得 体会 拓广 疑问

$$a_A - a_B = -k(x_A - x_B)\left(\frac{1}{m+m_A} + \frac{1}{m_B}\right)$$

设

$$a = a_A - a_B, x = x_A - x_B, \frac{1}{M} = \frac{1}{m+m_A} + \frac{1}{m_B}$$

则上式可化为

$$Ma = -kx$$

所以振动周期为

$$T = 2\pi\sqrt{\frac{M}{k}} = 2\pi\sqrt{\frac{(m+m_A)m_B}{(m+m_A+m_B)k}}$$

下同解法一.

1.310 从开始到物体 2 和物体 3 第一次相碰经过的时间为

$$t_1 = \frac{l}{2v}$$

由于物体 2 和物体 3 的质量相同,所以在第一次碰后都以速度 v 返回,而物体 1 和物体 4 仍保持原来的运动状态. 也就是说,每个弹簧系统的两个振子都以速度 v 相向运动,即每个系统的质心都处于静止状态,而振子则围绕系统的质心振动,其振动周期为

$$T = \frac{2\pi}{\omega} = 2\pi\sqrt{\frac{m}{2k}}$$

所以物体 2 和物体 3 从第一次到第二次相碰经过的时间为

$$t_2 = \frac{T}{2} = \pi\sqrt{\frac{m}{2k}}$$

物体 2 和物体 3 第二次相碰是由于振动造成的,所以在第二次相碰前,每个系统的两个振子相对于静止的质心以速度 v 相向运动(开始振动),相碰瞬时弹簧处于自然长度. 相碰后,每个系统的两个振子都以速度 v 向相同的方向运动,因而两个系统便开始分离,两个系统都不再振动. 所以物体 2 和物体 3 从第二次相碰到两个系统间距为 l 时,经过的时间为

$$t_3 = \frac{l}{2v}$$

因此,共经过的时间为

$$t = t_1 + t_2 + t_3 = \frac{l}{v} + \pi\sqrt{\frac{m}{2k}}$$

1.311 设振子的加速度为 a,物体的速度为 v,对应的位移为 A(即振幅). 对于物体 m_2,为使其不相对于物体 m_1 滑动,则有

$$m_2 a \leqslant \mu m_2 g$$

对于两物体,由振动方程有

$$(m_1 + m_2)a = -kA$$

由机械能守恒有

心得 体会 拓广 疑问

$$\frac{1}{2}kA^2=\frac{1}{2}(m_1+m_2)v^2$$

联立以上三式解得

$$v\leqslant\sqrt{\frac{m_1+m_2}{k}}\cdot\mu g$$

即物体的最大速度为

$$v_{\max}=\sqrt{\frac{m_1+m_2}{k}}\cdot\mu g$$

1.312 设弹簧的劲度系数为 k,则整个系统振动的频率为

$$\omega=\sqrt{\frac{k}{M+m}}$$

在薄板和物体振动到最高位置时,薄板在弹簧拉力的作用下有最大的向下加速度为

$$a=\omega^2A$$

为不使物体和薄板脱离,必须有

$$a\leqslant g$$

联立以上三式可解得

$$k\leqslant\frac{(M+m)g}{A}$$

1.313 (1)取 O 为坐标原点,水平向左为 x 轴.设 A,B 两轮对木杆的正压力和摩擦力分别为 N_1,N_2 和 f_1,f_2,如图所示.若木杆在水平方向向左的位移为 x,那么分别以 A,B 两轮与杆的接触点为支点,由力矩平衡有

$$\sum M_A=N_2\cdot 2d-Mg(d-x)=0 \quad ①$$

$$\sum M_B=Mg(d+x)-N_1\cdot 2d=0 \quad ②$$

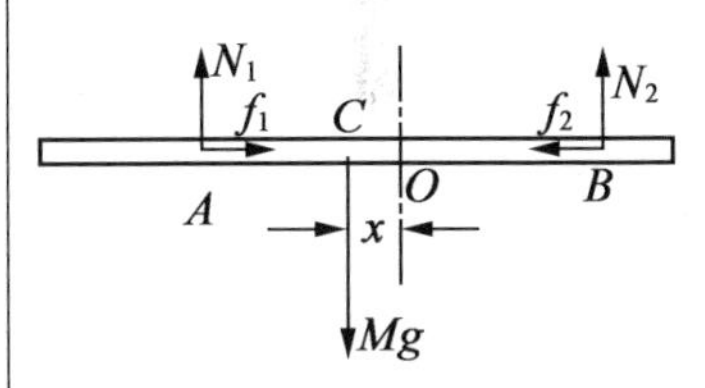

1.313 题解图

又

$$f_1=\mu N_1 \quad ③$$

$$f_2=\mu N_2 \quad ④$$

故将式③,式④代入式①,式②后联立解得

$$f_1=\frac{1}{2}\mu Mg(1+\frac{x}{d})$$

$$f_2=\frac{1}{2}\mu Mg(1-\frac{x}{d})$$

木杆的质心 C 所受的合外力为

$$F=f_2-f_1=-\frac{\mu Mg}{d}x$$

可见 F 与位移 x 的方向相反,即木杆做简谐振动.

(2)设木杆运动的加速度为 a,则由以上分析知木杆做简谐振动的方程为

心得 体会 拓广 疑问

$$Ma = -\frac{\mu Mg}{d}x = -kx$$

因此其振动周期为

$$T = 2\pi\sqrt{\frac{M}{k}} = 2\pi\sqrt{\frac{d}{\mu g}}$$

(3)设木杆运动的最大速度为 v,由于木杆的最大位移为 l,所以由机械能守恒有

$$\frac{1}{2}Mv^2 = \frac{1}{2}kl^2$$

$$v = \sqrt{\frac{k}{M}}A = \sqrt{\frac{\mu g}{d}} \cdot l$$

(4)由于 $m \ll M$,所以无论小物体放在木杆上的什么位置,对振动的影响都可忽略不计. 木杆在振动中的最大加速度为

$$a = \frac{kl}{M} = \frac{l}{d}\mu g$$

设物体与木杆间的摩擦系数为 μ_s,为使小物体不在木杆上滑动,必须有

$$ma \leqslant \mu_s mg$$

从而求得

$$\mu_s \geqslant \frac{a}{g} = \frac{l}{d}\mu$$

所以物体与木杆间的最小摩擦系数为

$$\mu_{s_{\min}} = \frac{l}{d}\mu$$

1.314 取竖直向上为 x 轴,题图(b)中重物的位置即平衡位置为坐标原点,重物的质量用 m 表示,则挂上重物前后底端的高度差异,即振幅为

$$A = 6l_0\left(\sin\frac{\beta}{2} - \sin\frac{\alpha}{2}\right)$$

其振动方程为

$$x = A\cos\omega t$$

当重物在振动过程中通过平衡位置时达到最大速度,其值为

$$v = A\omega$$

当重物在振动过程中到达到最低点时,由机械能守恒有

$$\frac{1}{2}mA = \frac{1}{2}mv^2$$

由后三式联立求得

$$\omega = \sqrt{\frac{g}{h}}$$

再将第一式代入求得

心得 体会 拓广 疑问

$$T=\frac{2\pi}{\omega}=2\pi\sqrt{\frac{6l_0}{g}\left(\sin\frac{\beta}{2}-\sin\frac{\alpha}{2}\right)}$$

1.315 弹簧的自由长度用 l_0 表示，系统受到向右的拉力 F 后，中间弹簧的受力和形变量分别用 F_2 和 Δl_2 表示，其他4根弹簧的受力和形变量分别用 F_1 和 Δl_1 表示，如图所示. 则

$$F_1=k\Delta l_1$$

$$F_2=k\Delta l_2$$

$$F_1=F_2$$

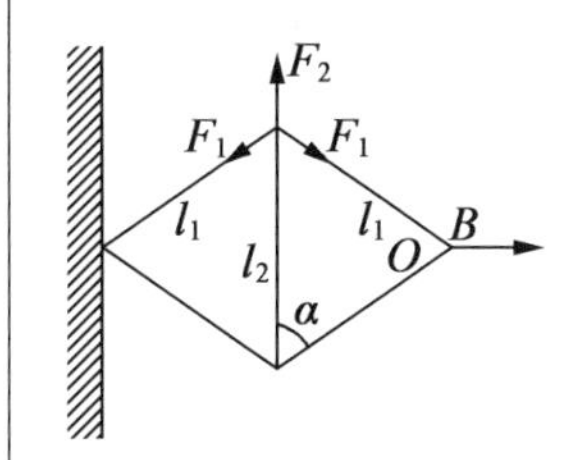

1.315 题解图

由于系统由两个正三角形组成，当小幅振动时，在三根弹簧组成的相互关联点处各弹簧之间的夹角几乎不变，所以

$$F=2F_1\sin\alpha\approx 2F_1\sin 60^\circ=\sqrt{3}k\Delta l_1$$

由前三式可得 $\Delta l_1=\Delta l_2$，所以根据图中的几何关系并略去 $(\Delta l_1)^2$ 项后，求得点 B 受力后的位移量为

$$x=2\sqrt{(l_0-\Delta l_1)^2-\left(\frac{l_0-\Delta l_1}{2}\right)^2}-2\times l_0\sin 60^\circ\approx\frac{5\sqrt{3}}{3}k\Delta l_1$$

因此

$$F=\frac{3}{5}kx$$

其振动周期为

$$T=2\pi\sqrt{\frac{5m}{3k}}$$

1.316 当子弹进入木块以后，子弹将以不变的力 F 作用在木块上. 若木块在达到最大速度之前，F 并不消失，即子弹一直处在木块内的相对运动状态，则木块受到两个力的作用：弹力和子弹给予木块的力 F. 由于 F 为常力，所以木块仍将做竖直方向的简谐振动. 又因为弹力的平衡位置在点 O 处，所以 F 将把平衡位置移至点 O'，点 O 和点 O' 之间的距离为

$$OO'=\frac{F}{k} \quad ①$$

木块第一次向上运动的过程中，速度可能达到的最大值为 v_{max}，就是木块在新平衡位置 O' 处的速度值. 由木块绕点 O' 振动时的能量守恒有

$$\frac{1}{2}k\,OO'^2=\frac{1}{2}Mv_{max}^2$$

由以上两式解得

$$v_{max}=\frac{F}{\sqrt{kM}} \quad ②$$

以上结论基于条件：木块到达 O' 之前，子弹一直处于在木块内运动的状态，若子弹速度过小，木块未到达点 O' 时，子弹已停在

心得 体会 拓广 疑问

木块内;若子弹速度过大,木块未到达点 O' 时,子弹已穿透木块.以上情况均不能使木块达到可能达到的最大速度.

子弹进入木块中做匀减速运动的加速度的绝对值为

$$a_m=\frac{F}{m} \quad ③$$

为使子弹的初速度足够大,必须有

$$v_0-a_mt\geqslant v_{\max} \quad ④$$

木块自开始向上运动到 O' 所经历的时间为

$$t=\frac{1}{4}T=\frac{\pi}{2}\sqrt{\frac{M}{k}} \quad ⑤$$

所以将式②,式③,式⑤代入式④解得

$$v_0\geqslant\frac{F}{\sqrt{kM}}+\frac{\pi F}{2m}\sqrt{\frac{M}{k}} \quad ⑥$$

为使子弹的初速度不能过大,即在时间 t 内的位移不能超过 $OO'+b$,必须有

$$v_0t-\frac{1}{2}a_mt^2\leqslant OO'+b$$

将式①,式③,式⑤代入上式后解得

$$v_0\leqslant\frac{8mF+8mkb+MF\pi^2}{4\pi m\sqrt{kM}} \quad ⑦$$

由式⑥,式⑦得

$$\frac{F}{\sqrt{kM}}+\frac{\pi F}{2m}\sqrt{\frac{M}{k}}\leqslant v_0\leqslant\frac{8mF+8mkb+MF\pi^2}{4\pi m\sqrt{kM}}$$

整理后得

$$8mF-\pi^2MF+8mkb-4\pi mF\geqslant 0 \quad ⑧$$

由题中所给的条件 $kb\geqslant 2F$,有

$$8mkb>4\pi mF \quad ⑨$$

由题中所给的另一个条件 $\frac{m}{M}\geqslant\frac{5}{4}$,有

$$8mF>\pi^2MF \quad ⑩$$

由式⑨,式⑩可以判定式⑧成立. 所以综合以上分析可知,子弹的初速度应满足的条件为

$$\frac{F}{\sqrt{kM}}+\frac{\pi F}{2m}\sqrt{\frac{M}{k}}\leqslant v_0\leqslant\frac{8mF+8mkb+MF\pi^2}{4\pi m\sqrt{kM}}$$

而木块可于 O' 处达到最大可能的速度为式②.

1.317 (1)设该质点的质量为 m,地球中心为坐标原点,沿隧道并远离球心向某一方向为 x 轴,则当物体在 x 轴上的位移为 x 时,作用在物体上的力可由 1.149 题解知

$$F=-\frac{4\pi}{3}G\rho mx$$

心得 体会 拓广 疑问

因为 F 的方向与 x 的方向相反,F 的大小与 x 成正比,所以质点做简谐振动.

(2)由(1)知该质点的振动方程为

$$ma = -\frac{4\pi}{3}G\rho mx$$

故其振动周期为

$$T = 2\pi\sqrt{\frac{m}{\frac{4}{3}\pi G\rho m}} = \pi\sqrt{\frac{3}{\pi G\rho}}$$

设质点过地球中心时的速度为 v,则由机械能守恒有

$$\frac{1}{2}(\frac{4\pi}{3}G\rho m)R^2 = \frac{1}{2}mv^2 (R\text{ 为地球半径})$$

即

$$v = 2R\sqrt{\frac{\pi}{3}G\rho}$$

设卫星以第一宇宙速度 v_1,周期 T_1 绕地面运转,由于卫星离地面的高度远小于地球的半径 R,且其运转的向心力由地球对它的万有引力所提供,因此有

$$G\frac{(\frac{4}{3}\pi R^3\rho)m}{R^2} = m\frac{v_1^2}{R}$$

从而求得

$$v_1 = 2R\sqrt{\frac{\pi}{3}G\rho}$$

故

$$T_1 = \frac{2\pi R}{v_1} = \sqrt{\frac{3}{\pi G\rho}}$$

可见

$$v = v_1$$
$$T = T_1$$

1.318 假设待发射的卫星位于通道内距离地心 O 为 r 的点 P 处,r 与通道的中垂线 OC 间的夹角为 θ,地球的密度用 ρ 表示,则半径为 r 的地球所对应的质量为

$$M' = \frac{4}{3}\rho\pi r^3$$

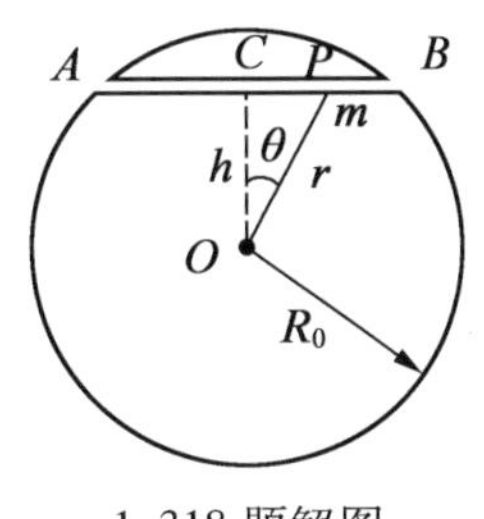

1.318 题解图

卫星在该处受到地球的引力为

$$F = G\frac{M'm}{r^2}$$

此引力沿通道方向的分力为

$$F' = F\sin\theta$$

若卫星的位置离通道中点 C 的距离用 x 表示,则由几何关系

有

$$\sin\theta = \frac{x}{r}$$

若地球的质量用 M_0 表示，则卫星在地面上的重力为

$$mg = G\frac{M_0 m}{R_0^2} \quad ①$$

由以上各式得

$$g = \frac{4}{3}\pi G\rho R_0$$

$$F' = \frac{mg}{R_0}x$$

可见，F' 与弹簧的弹力有同样的性质，相应的“劲度系数”为

$$k = \frac{mg}{R_0} \quad ②$$

物体将以点 C 为平衡位置做简谐振动，振动周期为

$$T = 2\pi\sqrt{\frac{m}{k}} = 2\pi\sqrt{\frac{R_0}{g}}$$

取 $x=0$ 处为零势能点，设位于通道出口处的卫星由静止到达 $x=0$ 处的速度为 v_0，地心到通道的距离用 h 表示，则由能量守恒有

$$\frac{1}{2}k(R_0^2 - h^2) = \frac{1}{2}mv_0^2 \quad ③$$

假设让质量为 M 的物体静止于 A 处，质量为 m 的物体静止于 B 处，将它们同时释放后，因它们的振动周期相同，所以它们将同时到达通道中心点 C 处，并发生弹性碰撞. 碰撞瞬时之前，两物体速度的大小都是 v_0，方向相反；刚碰撞瞬时之后，设质量为 M 的物体的速度为 v_1，卫星的速度为 v，并规定速度方向由 A 向 B 为正方向. 则由动量守恒和能量守恒分别有

$$Mv_0 - mv_0 = Mv_1 + mv \quad ④$$

$$\frac{1}{2}Mv_0^2 + \frac{1}{2}mv_0^2 = \frac{1}{2}Mv_1^2 + \frac{1}{2}mv^2 \quad ⑤$$

再设待发射的卫星碰撞后回到通道出口 B 处的速度为 u，u 的方向沿着通道，则由能量守恒有

$$\frac{1}{2}mv^2 = \frac{1}{2}mu^2 + \frac{1}{2}k(R_0^2 - h^2) \quad ⑥$$

根据题意，u 的大小恰能使小卫星绕地球做圆周运动，则由圆周运动定律有

$$G\frac{M_0 m}{R_0^2} = m\frac{u^2}{R_0} \quad ⑦$$

由式②，式③得

心得 体会 拓广 疑问

$$v_0^2=\frac{R_0^2-h^2}{R_0}g \quad ⑧$$

可见，卫星到达通道中心 C 的速度与卫星自身的质量无关.

由式④，式⑤得

$$v=\frac{3M-m}{M+m}v_0 \quad ⑨$$

将式②，式⑧，式⑨代入式⑥得

$$u^2=\frac{8M(M-m)(R_0^2-h^2)}{(M+m)^2R_0} \quad ⑩$$

将式⑩代入式⑦后与式①联立解得

$$h=\frac{R_0}{2}\sqrt{\frac{7M^2-10Mm-m^2}{2M(M-m)}}=0.925R_0=5.92\times10^6(\mathrm{m})$$

1.319 每颗子弹射入靶盒，子弹与靶盒系统的动量守恒，靶盒及其中的子弹做简谐运动，从能量转化的角度分析，系统离开点 O 运动时，系统的动能转化为弹簧的弹性势能，从时间的角度分析，靶盒离开点 O 到又回到点 O 历经半个周期，为使靶盒在停止射击后维持来回运动，一方面受发射子弹数的限制；另一方面靶盒离开点 O 的最远距离不能超过距离 s.

(1)在第一颗子弹打入靶盒的极短时间内，系统的动量守恒，设打入后靶盒获得的速度为 v_1，则有

$$mv_0=(M+m)v_1 \quad ①$$

$$v_1=\frac{m}{M+m}v_0$$

由于靶盒在滑动过程中机械能守恒，所以靶盒回到点 O 时，速度大小仍为 v_1，但方向相反，当第二颗子弹射入靶盒后，设靶盒的速度为 v_2，则有

$$mv_0-(M+m)v_1=(M+2m)v_2$$

$$v_2=0 \quad ②$$

当第三颗子弹射入靶盒后，设靶盒的速度为 v_3，则有

$$mv_0=(M+3m)v_3 \quad ③$$

$$v_3=\frac{m}{M+3m}v_0$$

靶盒回到点 O 时的速度仍为 v_3，但方向相反. 当第四颗子弹射入靶盒后，设靶盒的速度为 v，则有

$$mv_0-(M+3m)v_3=(M+4m)v_4$$

$$v_4=0$$

由上可知，凡第奇数颗子弹射入靶后，靶盒都会开始运动，但由于靶盒内子弹数增多，启动时的速度和振动的振幅都将减小，周期则增大；凡第偶数颗子弹射入靶盒后，它将立即停在点 O 处.

当第一颗子弹射入靶盒后，靶盒及其中的子弹的动能为

$$E_{K1}=\frac{1}{2}(M+m)v_1^2 \tag{5}$$

若靶盒离开点 O 的最远距离为 x_1，则弹簧的势能为

$$E_{P1}=\frac{1}{2}kx_1^2 \tag{6}$$

由 $E_{K1}=E_{P1}$ 得

$$x_1=v_1\sqrt{\frac{M+m}{k}}=\frac{mv_0}{\sqrt{k(M+m)}}=0.50(\text{m})$$

第二颗子弹射入后，靶盒停在点 O 处，故

$$x_2=0(\text{m})$$

由此类推得

$$x_3=v_3\sqrt{\frac{M+3m}{k}}=\frac{mv_0}{\sqrt{k(M+3m)}}=0.42(\text{m})$$

$$x_4=0(\text{m})$$

$$x_5=v_5\sqrt{\frac{M+5m}{k}}=\frac{mv_0}{\sqrt{k(M+5m)}}=0.37(\text{m})$$

$$x_6=0(\text{m})$$

用 Δt_i 表示第 i 颗子弹射入靶后，靶盒离开点 O 又回到点 O 所经历的时间，T_i 表示对应的振动周期，则有

$$\Delta t_1=\frac{1}{2}T_1=\frac{1}{2}\times 2\pi\sqrt{\frac{M+m}{k}}=5\pi\times 10^{-2}(\text{s})$$

$$\Delta t_2=0(\text{s})$$

$$\Delta t_3=\frac{1}{2}T_3=\frac{1}{2}\times 2\pi\sqrt{\frac{M+3m}{k}}=6\pi\times 10^{-2}(\text{s})$$

$$\Delta t_4=0(\text{s})$$

$$\Delta t_5=\frac{1}{2}T_5=\frac{1}{2}\times 2\pi\sqrt{\frac{M+5m}{k}}=6.7\pi\times 10^{-2}(\text{s})$$

(2)要使靶盒在停止射击后维持来回运动，则发射的子弹数 n 必须为奇数，即

$$n=2l-1 \tag{7}$$

其中 l 为正整数. 这时靶盒做简谐运动，其振幅即为靶盒离开点 O 的最远距离，应有

$$s\geqslant x_n=\frac{mv_0}{\sqrt{k(M+nm)}} \tag{8}$$

由式⑦，式⑧可得

$$l\geqslant\frac{mv_0^2}{2ks^2}-\frac{M+m}{2m}=8.5$$

所以

$$l=9$$

心得 体会 拓广 疑问

$$n=17$$

1.320 将物体视为质点，以弹簧为原长时物体的位置 O 为坐标原点，物体的运动轨迹为 x 轴，并选取向右为正方向，如图所示. 物体在水平面上做直线运动，它受到弹力与摩擦力的作用，取力的正方向与 x 的正方向一致，则物体运动时所受的合力为

$$F=F_{弹}+F_{摩}=-2kx\pm\mu mg$$

物体向左运动时，摩擦力向右，第二项取正号；物体向右运动时，摩擦力向左，第二项取负号.

当物体向左(右)运动时，设在 $x=a(x=-a)$ 处所受合外力为零，即

$$-2k(\pm a)\pm\mu mg=0$$

由此得

$$2ka=\mu mg$$

即

$$a=\frac{\mu mg}{2k}$$

当 x 处于 $\pm a$ 之间的区域时，即当 $-a<x<+a$ 时，物体所受弹力的大小小于最大静摩擦力(即为 μmg，与滑动摩擦力相同)，在此区域内物体一旦速度为零，便永远停止在那里，因为引起运动趋势的弹力将被静摩擦力抵消掉.

当物体在 x_0 处由静止释放向左运动时，物体所受合外力为

$$F=-2kx+\mu mg=-2k(x-a)$$

由上式可知，物体在做简谐运动，其平衡点为 $x-a=0$，即在 $x=+a$处，其振幅为

$$A_1=x_0-a$$

周期为

$$T_1=2\pi\sqrt{\frac{m}{2k}}$$

物体一直运动到最左端，即第一个振动过程的最末点 x_1 处，这时其速度为零，点 x_1 在点 $x=+a$ 的左方并与点 $x=+a$ 的距离为振幅 A_1，则

$$x_1=a-A_1$$

物体由点 x_1 向右运动时，即不再是上述的简谐运动，因为这时摩擦力反向，物体所受的合力变为

$$F=-2kx-\mu mg=-2k(x+a)$$

同理可知，这个新的简谐运动平衡点为 $x+a=0$，即在 $x=-a$ 处，其振幅为

$$A_2=A_1-2a=x_0-3a$$

周期为

$$T_2=2\pi\sqrt{\frac{m}{2k}}=T_1$$

心得 体会 拓广 疑问

直到运动到右端第二个振动过程的最末点 x_2 处,则

$$x_2 = A_2 - a = x_0 - 4a$$

第三个振动过程又是另一振幅的同频简谐运动,以后以此类推,由图可以看出

$$A_1 = x_0 - a$$
$$A_2 = A_1 - 2a = x_0 - 3a$$
$$A_3 = A_2 - 2a = x_0 - 5a$$
$$\vdots$$
$$A_n = x_0 - (2n-1)a$$

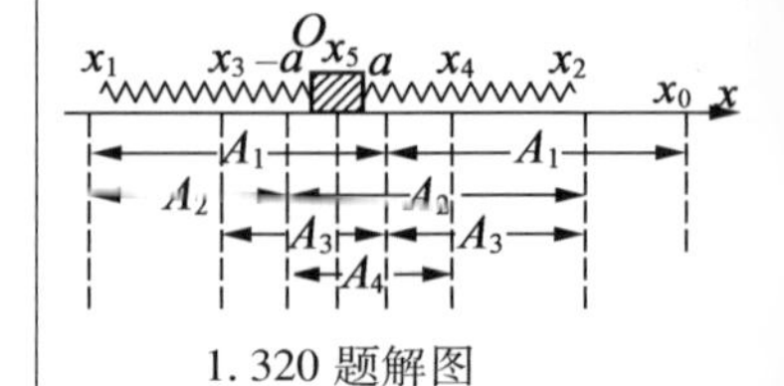

1.320 题解图

而

$$x_1 = -(A_1 - a) = -(x_0 - 2a)$$
$$x_2 = +(A_2 - a) = +(x_0 - 4a)$$
$$x_3 = -(A_3 - a) = -(x_0 - 6a)$$
$$\vdots$$
$$x_n = (-1)^n (x_0 - 2na)$$

下面回答本题的四个问题:

若 $x_0 < a$,则物体将于 x_0 处静止不动.

若 $x_0 > a$,则物体将做上面分析的振动. 这时:

(1)物体停止运动的条件是当其位置在 $-a < x < a$ 时其速度为零,即某一个振动过程的末点 x_N 落入 $-a$ 与 $+a$ 之间,而前一个振动过程的末端 x_{N-1} 尚在此区间之外. 这样的 N 应满足

$$A_{N-1} > 2a; A_N < 2a$$

即

$$x_0 - [2(N-1) - 1]a > 2a$$
$$x_0 - (2N-1)a < 2a$$

亦即

$$x_0 + a > 2Na$$
$$x_0 - a < 2Na$$

由此可得

$$\frac{x_0 - a}{2a} < N < \frac{x_0 - a}{2a} + 1$$

即物体完成的振动过程数 N 大于 $\frac{x_0 - a}{2a}$ 的最小整数,亦可写成

$$N = \mathrm{Int}\,\frac{x_0 + a}{2a}$$

(2)物体每次振动过程均为周期相同的简谐运动的一部分,其周期为

$$T_1 = T_2 = T_3 = \cdots = 2\pi\sqrt{\frac{m}{2k}}$$

而每个振动过程均历时半个周期,因此物体在停止运动前共用时

心得 体会 拓广 疑问

间为

$$t_{总}=N\cdot\frac{1}{2}T=N\pi\sqrt{\frac{m}{2k}}$$

N 为满足 $N=\mathrm{Int}\dfrac{x_0+a}{2a}$ 的整数.

(3)物体停止的位置即为第 N 个振动过程的最末点 x_N

$$x_N=(-1)^N(x_0-2Na)$$

(4)物体克服摩擦力所做的功有两种计算方法:

第一种:摩擦力所做的功等于物体开始时的能量与停止时的能量之差,而这两个时刻物体只有弹性势能,于是

$$W=\frac{1}{2}\times 2kx_0^2-\frac{1}{2}\times 2kx_N^2=k[x_0^2-(x_0-2Na)^2]=4kNa(x_0-Na)$$

第二种:直接用摩擦力乘以物体走过的总路程来求,即

$$\begin{aligned}W&=\mu mg(2A_1+2A_2+\cdots+2A_N)\\&=\mu mg\{(x_0-a)+(x_0-3a)+\cdots+[x_0-(2N-1)a]\}\\&=4ka\{Nx_0-[1+3+\cdots+(2N-1)a]\}\\&=4kNa(x_0-Na)\end{aligned}$$

1.321 小球与板之间接触面光滑,所以板摆动时小球无水平方向的运动(相对于地面),而只是相对于板在水平方向运动.设板的小摆角为 θ,此时板与小球之间的正压力为 N,板的质心做圆周运动的速度为 v,向心加速度为 $a_{心}$,切向加速度为 $a_{切}$,如图(a)所示,小球向上运动的速度为 v_y,加速度为 a_y,则由能量守恒有

$$\frac{1}{2}Mv^2+\frac{1}{2}mv_0^2+(M+m)gl(1-\cos\theta)=\frac{1}{2}Mv_0^2 \quad ①$$

取板的质心为研究对象,如图(b)所示,则由质心在径向和切向的运动定律分别有

$$a_{心}=\frac{v^2}{l} \quad ②$$

$$(Mg+N)\sin\theta=-Ma_{切} \quad ③$$

再取小球为研究对象,由竖直方向上的运动定律有

$$N-mg=ma_y \quad ④$$

由几何关系知

$$v_y=v\sin\theta \quad ⑤$$

$$a_y=a_{心}\cos\theta+a_{切}\sin\theta \quad ⑥$$

再设 θ 角的角加速度为 β,则

$$\beta=\frac{a_{切}}{l} \quad ⑦$$

由式③,式④得

$$(M+m)g\sin\theta=-Ma_{切}-ma_y\sin\theta \quad ⑧$$

由式①,式②,式⑤,式⑥可得

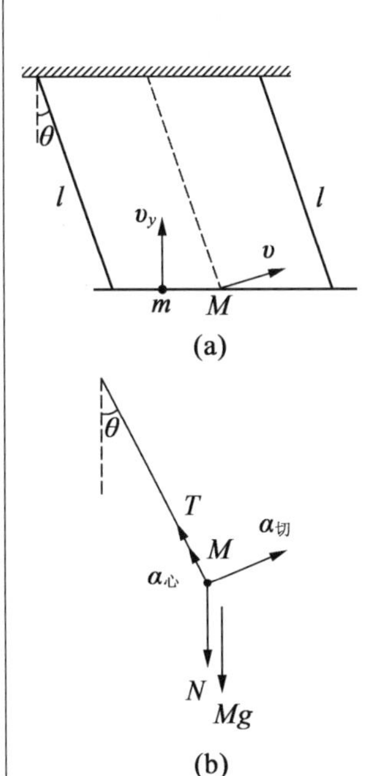

1.321 题解图

心得 体会 拓广 疑问

$$a_y=\frac{Mv_0^2-2(M+m)gl(1-\cos\theta)}{l(M+m\sin^2\theta)}\cos\theta+a_{切}\sin\theta \quad ⑨$$

由式⑦~式⑨可得

$$\beta=-\frac{\sin\theta}{l(M+m\sin^2\theta)}\times$$

$$\left[(M+m)g+m\frac{Mv_0^2-2(M+m)gl(1-\cos\theta)}{l(M+m\sin^2\theta)}\cos\theta\right]$$

由于 v_0 和 θ 均很小,即 $v_0\approx0,\sin\theta\approx\theta,\cos\theta\approx1$,且 $m\sin^2\theta\ll M$,所以上式可写为

$$\beta=-\frac{M+m}{M}\cdot\frac{g}{l}\theta$$

因而摆动的角频率和周期可分别求得

$$\omega=\sqrt{\frac{M+m}{M}\cdot\frac{l}{g}}$$

$$T=\frac{2\pi}{\omega}=2\pi\sqrt{\frac{M}{M+m}\cdot\frac{l}{g}}$$

1.322 (1)系统在摆动的过程中,机械能 E 守恒.质点的速度用 v 表示,角速度为$\frac{\Delta\theta}{\Delta t}$,则系统的动能 E_K 和势能 E_P 分别为

$$E_K=2\times\frac{1}{2}mv^2=m\left(2R\sin\frac{\varphi}{2}\cdot\frac{\Delta\theta}{\Delta t}\right)^2=4mR^2\sin^2\frac{\varphi}{2}\left(\frac{\Delta\theta}{\Delta t}\right)^2$$

$$E_P=2mgR(1-\cos\varphi)(1-\cos\theta)$$

由三角变换公式 $\sin^2\frac{\theta}{2}=\frac{1-\cos\theta}{2}$知,当 θ 很小时,$1-\cos\theta=2\sin^2\frac{\theta}{2}\approx2\times\left(\frac{\theta}{2}\right)^2=\theta^2$,因此

$$E=E_K+E_P=\frac{1}{2}\left(8mR^2\sin^2\frac{\varphi}{2}\right)\left(\frac{\Delta\theta}{\Delta t}\right)^2+\frac{1}{2}[2mgR(1-\cos\varphi)]\theta^2$$

由上式可知,系统的小角度摆动为简谐振动,其固有频率为

$$\omega^2=\frac{2mgR(1-\cos\varphi)}{8mR^2\sin^2\frac{\varphi}{2}}=\frac{g}{2R}$$

其周期为

$$T=\frac{2\pi}{\omega}=2\pi\sqrt{\frac{2R}{g}}$$

(2)同(1)的分析可知,这时系统的动能 E_K 和势能 E_P 分别为

$$E_K=\frac{1}{2}mv_A^2+\frac{1}{2}mv_B^2=\frac{1}{2}m\left(2R\cos\frac{\varphi}{2}\cdot\frac{\Delta\theta}{\Delta t}\right)^2+\frac{1}{2}m\left(2R\sin\frac{\varphi}{2}\cdot\frac{\Delta\theta}{\Delta t}\right)^2$$

$$=\frac{1}{2}\times(4mR^2)\left(\frac{\Delta\theta}{\Delta t}\right)^2$$

$$E_P=2mgR(1-\cos\varphi)(1-\cos\theta)=\frac{1}{2}(2mgR)\theta^2$$

心得 体会 拓广 疑问

系统的机械能守恒表达式为

$$E=E_K+E_P=\frac{1}{2}(4mR^2)(\frac{\Delta\theta}{\Delta t})^2+\frac{1}{2}(2mgR)\theta^2$$

系统做小角度摆动为简谐振动,其固有频率和周期分别为

$$\omega^2=\frac{2mgR}{4mR^2}=\frac{g}{2R}$$

$$T=\frac{2\pi}{\omega}=2\pi\sqrt{\frac{2R}{g}}$$

说明 由(1)和(2)可知,系统做简谐振动的周期仅与圆环的半径有关,而与两相同质点的对称位置、φ 角以及质点质量的大小都无关. 也就是说,只要对称于环心 O 的任意对质点,或者圆环的质量对称于环心 O 均匀分布,系统做小角度摆动的周期都是相同的.

1.323 (1)当点 P 在坐标原点 O 时,$\varphi=0$;当点 P 到达坐标原点(x,y)时,圆滚过 φ 角,圆弧 AD 与直线段 BD 的长度相等. 所以点 P 的坐标为

$$x=BD+R\sin\varphi=R(\varphi+\sin\varphi)$$
$$y=R(1-\sin\varphi)$$

(2)系统在摆动的过程中,机械能 E 守恒. 分别用 $m,\Delta s$ 及 h 表示珠子的质量与点 O 间距离的微小增量及它在 y 轴上的坐标,并取 s 向右的方向为正方向. 则珠子的运动速度为$\frac{\Delta s}{\Delta t}$,其机械能表达式为

$$E=\frac{1}{2}m(\frac{\Delta s}{\Delta t})^2+mgh \tag{①}$$

因为

$$\begin{aligned}\Delta s&=\sqrt{(\Delta x)^2+(\Delta y)^2}\\&=\sqrt{[R(\Delta\varphi+\Delta\sin\varphi)]^2+(-R\Delta\cos\varphi)^2}\\&=\sqrt{[R\Delta\varphi(1+\cos\varphi)]^2+(R\sin\varphi\cdot\Delta\varphi)^2}\\&=\sqrt{2R^2(\Delta\varphi)^2(1+\cos\varphi)}=\sqrt{4R^2(\Delta\varphi)^2\cos^2\frac{\varphi}{2}}\\&=2R\cos\frac{\varphi}{2}\cdot\Delta\varphi\end{aligned}$$

所以

$$\begin{aligned}s&=\sum\Delta s=2R\sum_{\varphi=0}^{\varphi}\cos\frac{\varphi}{2}\cdot\Delta\varphi\\&=4R\sum_{\varphi=0}^{\varphi}\cos\frac{\varphi}{2}\cdot\Delta(\frac{\varphi}{2})\\&=4R\sum_{\varphi=0}^{\varphi}\Delta\sin\frac{\varphi}{2}\end{aligned}$$

心得 体会 拓广 疑问

$$=4R\sin\frac{\varphi}{2}$$

从而得

$$h=R(1-\cos\varphi)=2R\sin^2\frac{\varphi}{2}=2R\cdot\left(\frac{s}{4R}\right)^2=\frac{s^2}{8R} \qquad ②$$

将式②代入式①有

$$E=\frac{1}{2}m\left(\frac{\Delta s}{\Delta t}\right)^2+\frac{1}{2}\left(\frac{mg}{4R}\right)s^2$$

上式表示此珠子在滚线上绕平衡位置点 O 的摆动是简谐振动，且对 s 没有大小的限制，只要在滚线上摆动即可. 其振动周期为

$$T=2\pi\sqrt{\frac{m}{\frac{mg}{4R}}}=2\pi\sqrt{\frac{4R}{g}}=4\pi\sqrt{\frac{R}{g}}$$

说明 从上式可以看出，在点 O 处的曲率半径为 $4R$，在摆幅较小时，它与摆长和此曲率半径等长的单摆振动周期相同. 单摆的摆弧与 MN 交点在 x 轴的坐标为 $2\sqrt{3}R$，而珠子在滚线上摆动的轨迹与 MN 交点在 x 轴的坐标则为 πR，如图所示.

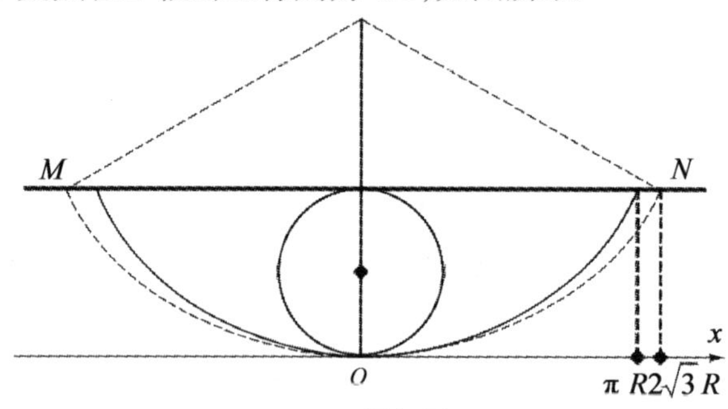

1.323 题解图

1.324 设 A，B 各自质量均为 m，弹簧的劲度系数为 k_0，细线被烧断前弹簧伸长量为 Δl_0；细线烧断后弹簧的振动周期和频率分别为 T 和 ω，这时弹簧的劲度系数变为 k.

(1)烧断前有

$$mg=k_0\Delta l_0 \qquad ①$$

(2)烧断后，取 A，B 所组成的系统为研究对象，忽略弹簧的质量，系统的质心 C 始终位于弹簧的中心并做自由落体运动. 由于烧断前弹簧有拉力，所以在烧断后的瞬时，弹簧处于伸长状态，A，B 便围绕其质心 C 做振动，A，B 相对于质心 C 只受半根弹簧的作用，这时对于 A，B 有

$$k=2k_0 \qquad ②$$

根据式①，式②求得

$$T=\frac{2\pi}{\omega}=\frac{2\pi}{\sqrt{\frac{k}{m}}}=2\pi\sqrt{\frac{\Delta l_0}{2g}}=0.25(\text{s})$$

心得 体会 拓广 疑问

当 B 恰好触地时，弹簧做周期振动的伸长量刚好也为 0.3 m，说明系统已经下落的时间为

$$t_n = nT(n=1,2,3,\cdots)$$

这时质心 C 下落的距离为

$$h_n = \frac{1}{2}gt_n^2 = \frac{1}{2}g(nT)^2 \quad ③$$

由于三脚架离地的高度仅为 1 m，所以

$$h_n \leqslant 1(\text{m}) \quad ④$$

由式③，式④求得

$$n=1$$

$$h_1 = 0.3(\text{m})$$

B 球与橡皮泥发生完全非弹性碰撞后，由能量守恒有

$$mgh_1 + \frac{1}{2}k_0\Delta l_0^2 + mg(\Delta l_0 + \Delta l) = \frac{1}{2}k\Delta l^2$$

结合式②有

$$\Delta l^2 - 2\Delta l_0\Delta l - (2h_1 + 3\Delta l_0)l_0 = 0$$

再结合式①和 $h_1 = 0.3(\text{m})$ 解得

$$\Delta l = 0.18(\text{m})$$

1.325 箱子未下落时，弹簧伸长量 Δl_1 满足

$$\Delta l_1 = \frac{mg}{k}$$

当箱子自由下落时，系统质心将做加速度为 g 的自由落体运动，由于箱子与小球质量相等，所以质心始终处于弹簧的中点. 在质心系中，由于质心加速度引起的惯性力与重力平衡，因此 m 和 M 均在质心系中只受弹簧力的作用，m 和 M 均在半根弹簧作用下相对质心做简谐振动，对应的劲度系数均为

$$k_1 = 2k$$

所以振动周期均为

$$T = 2\pi\sqrt{\frac{m}{k_1}} = 2\pi\sqrt{\frac{\Delta l_1}{2g}}$$

由于箱子着地时，弹簧长度正好与初始未下落时的弹簧长度相等，说明下落过程中 m 和 M 均经历了 n(自然数)个振动周期，即经历的时间为

$$t_n = nT(n=1,2,3,\cdots)$$

(1) h 的最小值为

$$h = \frac{1}{2}gt_1^2 = \frac{1}{2}gT^2 = \pi^2\Delta l_1 = \frac{\pi^2 mg}{k}$$

(2) 箱子着地后静止，小球将在整个弹簧的弹力和重力的共同作用下做简谐振动，即在弹力与重力作用下的平衡位置做简谐振动. 由于箱子刚着地时弹簧长度与箱子未下落时相等，因此，箱

子刚落地时,小球正好处于平衡位置. 设此时小球的速度为 v,振幅为 A,则由运动学公式和能量守恒分别有

$$v = gT$$

$$\frac{1}{2}kA^2 = \frac{1}{2}mv^2$$

将 T 和 Δl_1 的值代入以上两式后联立求得

$$A = \frac{\sqrt{2}\pi mg}{k}$$

当小球刚接触箱底而未发生碰撞时

$$l = l_0 + \Delta l_1 + A = l_0 + (1 + \sqrt{2}\pi)\frac{mg}{k}$$

1.326 本题可分为两个过程来解:

第一个过程:物体在 BC 段做简谐振动. 设这段运动从 B 到 C 再回到 B 所需的时间为 t_1,由 C 到 B 所需时间为 t_0,则

$$t_1 = 2t_0 \quad ①$$

以平衡位置 O 为原点,竖直向上为 x 轴,则物体所受的力为弹力与重力的合力,参照 1. 294 题和 1. 308 题解可知此合力为 $F = -kx$,因此物体做简谐振动的方程为

$$x = c \cdot \cos(\omega t + \varphi) \quad ②$$

由于

$$\omega = \sqrt{\frac{k}{m}}$$

$$mg = kd \quad ③$$

且当 $t = 0$ 时,$x = -c$,所以式②可进一步化为

$$x = c\cos\left(\sqrt{\frac{g}{d}} \cdot t + \pi\right)$$

再将 $x = d$ 代入上式可求得

$$t_0 = \sqrt{\frac{d}{g}}(\pi - \theta) \quad \left(舍去\ t_0 = \sqrt{\frac{d}{g}}(\theta - \pi)\right)$$

故由式①得

$$t_1 = 2\sqrt{\frac{d}{g}}(\pi - \theta)$$

第二个过程:物体在 BA 段做竖直上抛运动,设物体到达点 B 时的速度为 v,则由机械能守恒有

$$\frac{1}{2}k(d + c)^2 = \frac{1}{2}mv^2 + mg(d + c) \quad ④$$

联立解式③,式④可得

$$v = \sqrt{\frac{c^2 - d^2}{d} \cdot g}$$

若使物体到达最高点时不与点 A 相碰,则应有

心得 体会 拓广 疑问

$$\frac{1}{2}mv^2 < mgl_0$$

将 v 的值代入上式可求得

$$d(d+2l_0) > c^2$$

物体由点 B 上升再落回点 B 所需的时间为

$$t_2 = 2\frac{v}{g} = 2\sqrt{\frac{d}{g}}\cdot\frac{\sqrt{c^2-d^2}}{d}$$

所以所求的时间为

$$t = t_1 + t_2 = 2\sqrt{\frac{d}{g}}(\pi - \theta + \tan\theta)$$

其中

$$\tan\theta = \sqrt{(\frac{c}{d})^2 - 1} = \sqrt{\frac{1}{\cos^2\theta} - 1}$$

1.327　如图所示，假设 O' 为弹簧在自由状态下端点的位置，O 为小车在弹簧上振动时平衡点的位置，A 和 B 为弹簧达到最大振幅时的端点位置. 则运动可分为两个过程：

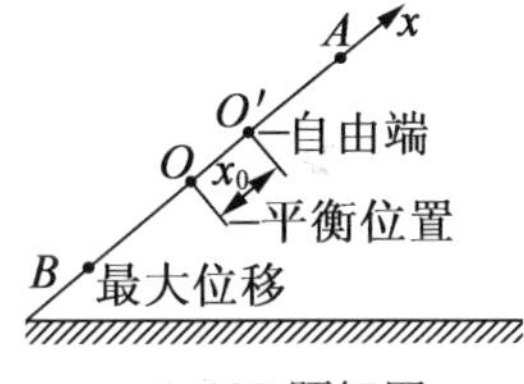

1.327 题解图

第一个过程：小车在点 O' 撞击弹簧并和弹簧一起振动，然后回到点 O'，这时小车被弹簧弹出而沿斜面向上运动，而弹簧的端点继续运动至点 A 后又回到点 O' 不动. 这一阶段称为简谐振动阶段. 第二阶段：小车从点 O' 沿斜面上升到最大高度 h 处，再回到点 O' 第二次撞击弹簧. 通过不断地重复以上两个阶段便会发生第三次，第四次，……小车撞击弹簧. 由 1.307 题计算结果知

$$x_0 = \frac{mg\sin\alpha}{k}$$

$$A = \sqrt{(\frac{mg\sin\alpha}{k})^2 + \frac{2mgh}{k}}$$

$$T = 2\pi\sqrt{\frac{m}{k}}$$

设弹簧从点 A 返回到点 O' 所需的时间为 t_1，小车从高度为 h 处下滑到 O' 处所需的时间为 t_2，系统的振动方程为

$$x = A\cos(\frac{2\pi}{T}t + \varphi_0)$$

现取点 A 为时间的起点，则到 O' 时有

$$x_0 = A\cos(\frac{2\pi}{T}t_1)$$

$$t = \frac{T}{2\pi}\arccos\frac{x_0}{A} = \sqrt{\frac{m}{k}}\arccos(\frac{1}{\sqrt{1+\frac{2hk}{mg\sin^2\alpha}}})$$

由运动学公式知

心得 体会 拓广 疑问

$$t_2=\sqrt{\frac{2h\sin\alpha}{g\sin\alpha}}=\sqrt{\frac{2h}{g}}$$

因此所求的时间为

$$t=T-2t_1+2t_2=2\sqrt{\frac{m}{k}}\cdot\left[\pi-\arccos\left(\frac{1}{\sqrt{1+\frac{2hk}{mg\sin^2\alpha}}}\right)\right]+2\sqrt{\frac{2h}{g}}$$

1.328 设物体 A 的加速度为 a,方向向下. 物体 B 的加速度为 a,方向向上. 物体 C 相对于物体 B 方向向下的加速度为 a',绳中的张力为 T,弹簧的拉力为 F,弹簧的伸长量为 Δl,如图(a),(b),(c)所示. 则对 A,B,C 三个物体由运动定律分别有

$$2mg-T=2ma \qquad ①$$

$$T-mg-F=ma \qquad ②$$

$$mg-F=m(a'-a) \qquad ③$$

平衡时有

$$F=k(l+\Delta l) \qquad ④$$

而

$$k=\frac{mg}{l} \qquad ⑤$$

由式① + ②可得

$$mg-F=3ma$$

将式④,⑤代入上式可求得

$$a=-\frac{k}{3m}\Delta l \qquad ⑥$$

再将式④,⑤,⑥代入式③后可求得

$$a'=-\frac{4k}{3m}\Delta l$$

因此,物体 C 相对于物体 B 的振动频率为

$$\omega=\sqrt{\frac{4k}{3m}}=\sqrt{\frac{4q}{3l}}$$

平衡位置在弹簧伸长为 $x_0=\frac{mg}{k}=l$ 处,建立以平衡位置为坐标原点,竖直向下为 x 轴,则初始位置时 $x=-l,v=0$. 令物体 C 相对于物体 B 的振动方程为

$$x=A\sin\left(\sqrt{\frac{4g}{3l}}t+\varphi_0\right)$$

$$v=A\sqrt{\frac{4g}{3l}}\cos\left(\sqrt{\frac{4g}{3l}}t+\varphi_0\right)$$

将初始条件代入得

$$A=\sqrt{x^2+(\frac{v}{\omega})^2}=l$$

$$\varphi_0=-\frac{\pi}{2}$$

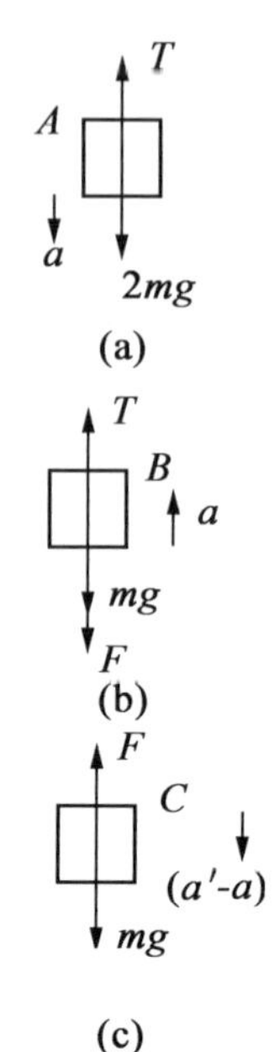

1.328 题解图

心得 体会 拓广 疑问

因此,物体 C 相对于物体 B 的振动规律为

$$x = l\sin\left(\sqrt{\frac{4g}{3l}}t - \frac{\pi}{2}\right)$$

1.329 圆环下落至碰撞前的速度为

$$v_1 = \sqrt{2gh} = g\sqrt{\frac{2m}{k}}$$

设环与盘碰撞后的共同速度为 v_2,则由动量守恒有

$$mv_1 = 2mv_2$$

环与盘碰撞后一起做简谐振动的周期为

$$T = 2\pi\sqrt{\frac{2m}{k}}$$

未碰撞前弹簧的形变量为

$$x_1 = \frac{mg}{k}$$

碰撞后系统在平衡位置时弹簧的形变量为

$$x_2 = \frac{2mg}{k}$$

可见初始位置离平衡位置的距离为

$$x_2 - x_1 = \frac{mg}{k}$$

简谐振动如图所示,环与盘的运动可以看作从图中 M 到 N 的过程,N 对应最低点,$OM = \frac{mg}{k}$,它对应的圆周运动是质点从 P 沿弧 PAN 运动到 N,对应半径转过的角度为 $\pi - \varphi$. 振幅用 A 表示,由机械能守恒有

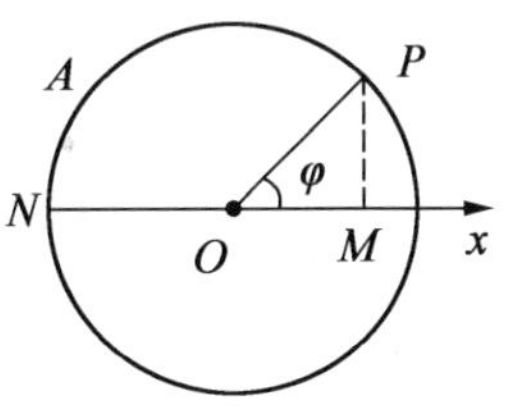

1.329 题解图

$$\frac{1}{2}\times 2mv_2^2 + 2mg\left(\frac{mg}{k} + A\right) + \frac{1}{2}k\left(\frac{mg}{k}\right)^2 = \frac{1}{2}k\left(\frac{2mg}{k} + A\right)^2$$

得

$$A = \frac{\sqrt{2}mg}{k}$$

初相位用 φ 表示,由图中几何关系有

$$\cos\varphi = \frac{OM}{OP} = \frac{\frac{mg}{k}}{\frac{\sqrt{2}mg}{k}} = \frac{\sqrt{2}}{2}$$

$$\varphi = \frac{\pi}{4}$$

则
$$\pi - \varphi = \frac{3\pi}{4}$$

于是从振动开始到最低点的时间为

心得 体会 拓广 疑问

$$t_1=\frac{\pi-\varphi}{2\pi}T=\frac{3\pi}{4}\sqrt{\frac{2m}{k}}$$

圆环下落至碰撞前的时间为

$$t_2=\sqrt{\frac{2h}{g}}=\sqrt{\frac{2m}{k}}$$

共经历的时间为

$$t=t_1+t_2=(1+\frac{3\pi}{4})\sqrt{\frac{2m}{k}}$$

1.330 质点在实际运动时细线的长度要发生变化. 沿 OB, OC 方向建立直角坐标系,设质点运动至任意位置(r,θ)时,绳中的张力为f,加速度和受力情况如图所示. 由牛顿第二定律有

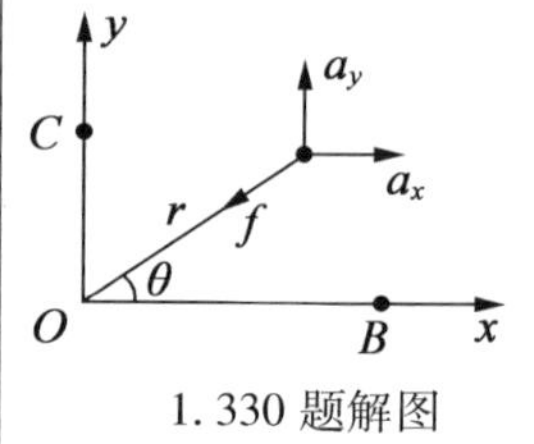

1.330 题解图

$$ma_x=-f\cos\theta=-kx$$
$$ma_y=-f\sin\theta=-ky$$

可见质点在 x,y 两个方向上都做简谐振动,平衡位置为点 O,两者的周期均为

$$T=2\pi\sqrt{\frac{m}{k}}$$

(1)质点从点 B 转过 90°至点 C 所需的时间为

$$t=\frac{T}{4}=\frac{\pi}{2}\sqrt{\frac{m}{k}}$$

(2)OB 段的长度用 l 表示,质点到达 C 时转动的角速度用 ω 表示,由于在 y 轴方向上的速度为零,所以点 C 的速度就是它在 x 轴方向做简谐运动的最大速度,即

$$v_C=\omega l=l\sqrt{\frac{k}{m}}$$

设 $OC=y$,由 B,C 两处的机械能守恒有

$$\frac{1}{2}mv_C^2+\frac{1}{2}ky^2=\frac{1}{2}mv^2+\frac{1}{2}kl^2$$

由以上两式求得

$$y=v\sqrt{\frac{m}{k}}$$

1.331 从能量的观点来讨论,将重力看成内力,液柱作为一个整体在振荡过程中只受重力作用,机械能守恒. 取两边液面高度相等处为平衡位置,当液柱沿管轴的位移为 s 时,其势能的增量等于边长为 s 的液柱从左臂的 $O'B$ 位置搬至右臂的 OA 位置的过程中重力所做的功. 在此过程中,该段液柱的重心升高了 $h=\frac{1}{2}(h_1+h_2)$,该段液柱的质量为$\frac{s}{l}m$,故重力所做的功,即势能为

$$E_P=\frac{s}{l}mg\cdot\frac{1}{2}(h_1+h_2)$$

心得 体会 拓广 疑问

由图中几何关系可知

$$h_1 = s\sin\alpha$$

$$h_2 = s\sin\beta$$

代入上式得

$$E_P = \frac{s^2}{2l}mg(\sin\alpha + \sin\beta)$$

则系统的频率为

$$\omega = \sqrt{\frac{2E_P}{ms^2}} = \sqrt{\frac{g(\sin\alpha + \sin\beta)}{l}}$$

故周期为

$$T = \frac{2\pi}{\omega} = 2\pi\sqrt{\frac{l}{g(\sin\alpha + \sin\beta)}}$$

1.332 由于弹簧很软，初始时球体做自由落体运动，弹簧的长度很快变为原长度的数倍，所以原长度在后续运动中可以忽略不计. 在这样近似的情况下，球体在水平和竖直两个方向上均做简谐振动，球体刚刚释放时初速度为零，它到达悬挂点正下方时，水平振动刚好经过$\frac{1}{4}$周期. 同时，竖直方向的运动也相应地完成$\frac{1}{4}$周期，如图所示. 球体到达悬挂点正下方的平衡位置时，距点 O 的距离为$\frac{mg}{k}$（远大于弹簧的原长度）.

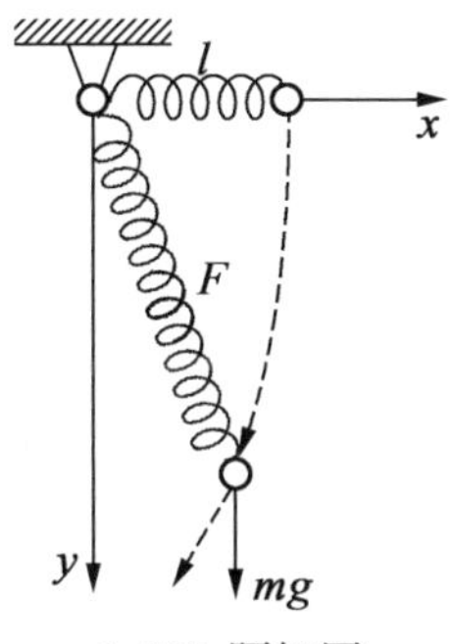

1.332 题解图

建立如图所示的直角坐标系，则球体在点(x,y)处的运动方程为

$$ma_x = -k(\sqrt{x^2+y^2} - l)\frac{x}{\sqrt{x^2+y^2}}$$

$$ma_y = -k(\sqrt{x^2+y^2} - l)\frac{y}{\sqrt{x^2+y^2}} + mg$$

在小球运动的初期，弹簧的伸长量远小于原长度 l，弹簧的弹力可忽略不计. 另一方面，当 $\sqrt{x^2+y^2} \gg l$ 时，弹簧的原长 l 可以忽略不计，因此小球的运动方程可以化简为

$$ma_x = -kx$$

$$ma_y = -ky + mg$$

这两个方程描述周期相同的简谐振动，平衡位置分别为 x 轴方向的原点处和 y 轴方向坐标为 $y_0 = \frac{mg}{k}$处.

由振动的初始条件有

$$x(t) = l\cos\left(\sqrt{\frac{k}{m}}\cdot t\right)$$

$$y(t) = \frac{mg}{k}\left[1 - \cos\left(\sqrt{\frac{k}{m}}\cdot t\right)\right]$$

心得 体会 拓广 疑问

小球位于悬挂点正下方时，$x_0 = x(t) = 0$，$y = y_0 = \dfrac{mg}{k}$，与前面的结论一致.

1.333 A，B 的运动有几个阶段. 刚撤去力 F 后，系统做简谐振动，此后 B 跳离 A，B 与 A 分离后可能会再次相遇，并且碰撞后重新合并或再度分开，等等.

设在加上压力 F 后弹簧的形变量为 x_{AB}，撤去压力 F 时，A 和 B 的共同速度为 v_{AB}，则由胡克定律和机械能守恒定律分别有（见图(a)）

$$F + mg = kx_{AB}$$

$$\frac{1}{2}kx_{AB}^2 = \frac{1}{2}k\left(\frac{2mg}{k}\right)^2 + \frac{1}{2}(2m)v_{AB}^2$$

首先来讨论物块 B 的运动情况. B 脱离 A 后做竖直上抛运动，其上升的最大高度为

$$h_1 = \frac{v_{AB}^2}{2g}$$

由以上各式求得

$$x_{AB} = \frac{\sqrt{4 + 2\pi^2} + 2}{k}mg$$

$$v_{AB} = \pi\sqrt{\frac{m}{k}}g$$

$$h_1 = \frac{\pi^2}{2k}mg$$

所以 B 相对初始位置上升的最大高度为

$$h_B = x_{AB} + h_1 = \left(2 + \sqrt{4 + 2\pi^2} + \frac{\pi^2}{2}\right)\frac{mg}{k}$$

物块 B 从离开 A 到落回 B 与 A 的分离处所经历的时间为

$$t_B = \frac{2v_{AB}}{g} = 2\pi\sqrt{\frac{m}{k}}$$

再来讨论平台 A 的运动情况. B 与 A 离开后，A 处于平衡位置时，弹簧的形变量为 x_0，振动时弹簧的最大形变量为 x_m（即 A 相对于其平衡位置的最大位移），则有

$$mg = kx_0$$

$$\frac{1}{2}mv_{AB}^2 = \frac{1}{2}kx_m^2 - \frac{1}{2}kx_0^2$$

由以上两式求得

$$x_m = \frac{\sqrt{1 + \pi^2}}{k}mg$$

所以 A 相对于初始位置上升的最大距离为

$$h_A = x_{AB} + x_m - x_0 = \left(\sqrt{4 + 2\pi^2} + \sqrt{1 + \pi^2} + 1\right)\frac{mg}{k}$$

心得 体会 拓广 疑问

A,B 分离后,A 的振动周期恰好为

$$T=2\pi\sqrt{\frac{m}{k}}=t_B$$

也就是说,A 与 B 在分离处第一次相遇,发生弹性碰撞,速度互换,A 向下振动,B 竖直上抛. A 与 B 第二次在分离处相遇时,具有共同向下的速度,又重新一起做简谐振动. 以后再重复以上的过程,其运动情况与时间的关系见图(b).

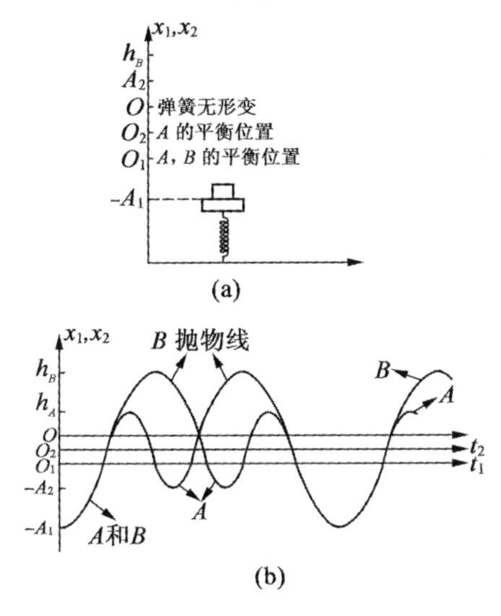

1.333 题解图

1.334 设 A 球的平衡位置 O' 与点 O 间的距离为 x_0,如图(a)所示,则

$$x_0=\frac{mg}{k}=\frac{2}{9}a$$

以 O 为原点,取竖直向下为正方向,则 A 球偏离平衡位置向下的位移为 x 时,A 球所受的恢复力为

$$F=-k(x_0+x)+mg=-kx$$

故 A 球做简谐振动.

设小球由释放运动到球心 O 时,其速度大小为 v_0,则由机械能守恒有

$$\frac{1}{2}ka^2=mga+\frac{1}{2}mv_0^2$$

$$v_0^2=\frac{5}{2}ga$$

此后,小球只受重力作用,做竖直上抛运动,它上升到球壳的顶部时位移为 a,这时小球的速度为

$$v^2=v_0^2-2ga=\frac{1}{2}ga>0$$

显然,小球将与球壳相碰,由于它们两者的质量相等,所以碰撞后

两者速度交换，结果球壳做上抛运动，小球做落体运动，经历时间 t 后绳子被拉直，这时设 A 和 B 对地面的位移分别为 h_A 和 h_B，则

$$h_A=\frac{1}{2}gt^2$$

$$h_B=v\cdot t-\frac{1}{2}gt^2$$

而 $$h_A+h_B=a$$

所以由以上三式联立求得

$$t=\sqrt{\frac{2a}{g}}$$

$$h_A=a$$

$$h_B=0$$

这就说明在绳被刚好拉直时，A 球回到原球心位置，B 球壳刚好落在地面与地面发生完全非弹性碰撞而静止. 此时 A 球的速度为

$$v_0=\sqrt{2ga}$$

A 球继续向下运动，设它离开平衡位置的最大位移为 x，则由机械能守恒有

$$\frac{1}{2}mv_0^2+\frac{1}{2}kx_0^2=\frac{1}{2}kx^2$$

将 x_0 和 v_0 的值代入上式求得

$$x=\frac{2\sqrt{10}}{9}a$$

由于 $x=x_0<a$，所以小球不会与球壳的底部碰撞，同时，小球做简谐振动，其振动周期为

$$T=2\pi\sqrt{\frac{m}{k}}=\frac{2\pi}{3}\sqrt{\frac{2a}{g}}$$

同理，可以写出 A 球的振动方程，参见图(b)

$$x=\frac{2}{9}\sqrt{10}a\cos\omega t$$

$$v=-\sqrt{\frac{9g}{2a}}\cdot\frac{2\sqrt{10}}{9}a\sin\omega t=-\frac{2\sqrt{5}}{3}\sqrt{ga}\sin\omega t$$

当小球再向上振动到点 O 时，$x=-\frac{2}{9}a$，所以

$$\cos\omega t=-\frac{1}{\sqrt{10}}$$

$$\sin\omega t=\frac{3}{\sqrt{10}}$$

再代入振动方程，求得这时

$$\omega t=\pi-\arccos\frac{1}{\sqrt{10}}$$

心得 体会 拓广 疑问

$$v_{01} = -\sqrt{2ga}$$

即小球从最低点经过时间 $t = \frac{\sqrt{2}}{3}\sqrt{\frac{a}{g}}(\pi - \arccos\frac{1}{\sqrt{10}})$后,运动到点 O 处,然后又做竖直上抛运动. 并设竖直上抛后再回到点 O 所经历的时间为 t,上升的最大位移为 h_m,则

$$t_1 = \frac{v_0}{g} = 2\sqrt{\frac{2a}{g}}$$

$$h_m = \frac{v_{01}^2}{2g}$$

可见小球上升到最大高度时刚好到达球壳的顶部,但由于它的速度为零,所以它与球壳不发生碰撞,即 B 保持静止,A 做周期性运动:竖直上抛和简谐振动,其周期(参见图(c))为

$$T' = 2t + t_1 = \frac{2}{3}\sqrt{\frac{2a}{g}}(\pi - \arccos\frac{1}{\sqrt{10}}) + 2\sqrt{\frac{2a}{g}}$$

小球和球壳的运动情况如图(c)所示.

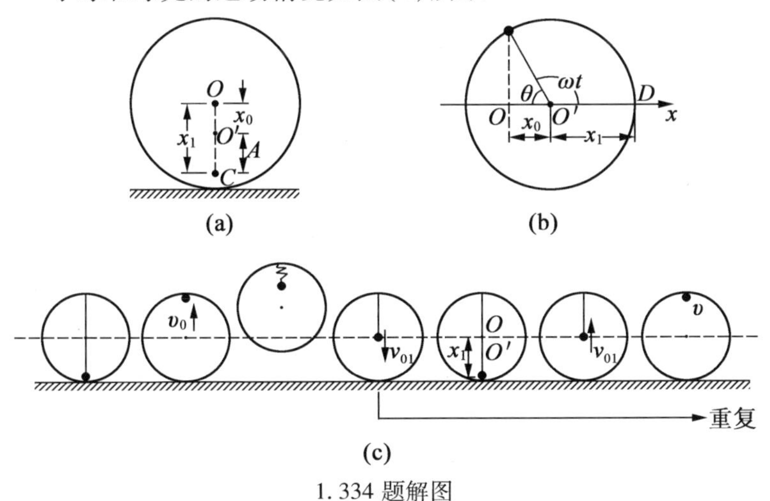

1.334 题解图

1.9 流体力学

1.335 设左、右两管的截面积分别为 S_1 和 S_2,并用$\rho_水$ 和$\rho_汞$分别代表水的密度和水银的密度. 由水和水银分界处的压强平衡有

$$\rho_水(h_0 + h_1) = \rho_汞(h_1 + h_2)$$

由于左管水银下降的体积和右管水银上升的体积相等,所以有

$$h_1 S_1 = h_2 S_2$$

而由题意 $$S_1 = \frac{1}{3}S_2$$

心得 体会 拓广 疑问

故联立以上三式解得

$$h_2 = \frac{\rho_{水}}{4\rho_{汞} - 3\rho_{水}} h_0 \approx 0.58(\mathrm{cm})$$

$$h_1 = \frac{\rho_{水}}{3(4\rho_{汞} - 3\rho_{水})} h_0 \approx 0.19(\mathrm{cm})$$

1.336 (1)由于球受自身重力和上、下层液体对它的浮力作用而平衡，所以有

$$V\rho = V_1\rho_1 + V_2\rho_2$$

又 $$V = V_1 + V_2$$

所以联立解以上两式可得

$$V_1 = \frac{\rho_2 - \rho}{\rho_2 - \rho_1} V$$

$$V_2 = \frac{\rho - \rho_1}{\rho_2 - \rho_1} V_1$$

①若 $\rho = \rho_1$，则可求得 $V_1 = V, V_2 = 0$；

②若 $\rho = \rho_2$，则可求得 $V_1 = 0, V_2 = V$.

(2)由于 $V_1 = V_2$，所以将(1)中 V_1, V_2 的值代入上式可求得

$$\rho = \frac{\rho_1 + \rho_2}{2} = 7.25(\mathrm{kg/m^3})$$

1.337 设冰的质量为 m_2 g，铁的质量为 m_1 g，软木的质量为 m_2 g，并已知水的密度为 $\rho_1 = 1 \times 10^3(\mathrm{kg/m^3})$，铁的密度为 $\rho_2 = 7.8 \times 10^3(\mathrm{kg/m^3})$. 设冰未溶解时在水中部分的体积为 V_1，则由受力平衡有

$$V_1\rho_1 g = (m + m_1)g$$

由此得

$$V_1 = \frac{m + m_1}{\rho_1}$$

冰溶解后，变成水的体积为$\frac{m}{\rho_1}$，铁的体积为$\frac{m_1}{\rho_2}$，所以总体积为

$$V_2 = \frac{m}{\rho_1} + \frac{m_1}{\rho_2}$$

由于 $\rho_2 > \rho_1$，所以 $V_2 < V_1$，即水面下降.

(2)用(1)的方法可求得冰未溶解前在水中的体积为

$$V_1 = \frac{m}{\rho_1}(\text{气泡的质量略去不计})$$

而冰溶解后变成水的体积为

$$V_2 = \frac{m}{\rho_1}$$

可见 $V_1 = V$，即水面无变化.

(3)同(1)的方法可求得冰未溶解前在水中的体积为

心得 体会 拓广 疑问

$$V_1 = \frac{m + m_2}{\rho_1}$$

冰溶解后，变成水的体积为$\frac{m}{\rho_1}$，软木的密度比水的密度小，这时只有一部分浸入水中，其体积为$\frac{m_2}{\rho_1}$，所以总体积为

$$V_2 = \frac{m}{\rho_1} + \frac{m_2}{\rho_2}$$

可见 $V_1 = V_2$，即水面无变化.

也就是说在上述三种情况下，水都不会溢出.

1.338 在木块放入水中平衡时，由于$\rho = \frac{1}{2}\rho_0$，所以通过受力平衡可求得这时木块浸入水中的高度为$\frac{h}{2}$，又因 $S_1 = 2S_2$，因此又可求得这时桶里的水面升高了$\frac{h}{4}$.

可见当木块全部浸入水里时，桶里的水面又升高了$\frac{h}{4}$，木块被压下的高度为$\frac{h}{2} - \frac{h}{4} = \frac{h}{4}$. 若将木块压至桶底，则还需将木块下压的高度为 $h + \frac{h}{4} + \frac{h}{4} - h = \frac{h}{2}$. 由于外力等于浮力 F 与重力 G 之差，所以这一过程中外力所做的功为

$$W = \frac{F - G}{2} \cdot \frac{h}{4} + (F - G) \cdot \frac{h}{2} = \frac{5}{8}(F - G)h$$

$$= \frac{5}{8}(\rho_0 - \rho)S_2 hg \cdot h = \frac{5}{16}\rho_0 S_2 h^2 g$$

1.339 设活塞在压力 F 的作用下移动的距离为 l，则流过液体的质量为

$$m = (\frac{d}{2})^2 \pi l\rho = \frac{\pi}{4}d^2 l\rho$$

由功能原理有

$$Fl = \frac{1}{2}mv^2$$

联立以上两式可解得

$$v = \sqrt{\frac{8F}{\pi d^2 \rho}}$$

1.340 设小球 A，B 碰撞瞬时之前，A 球的速度为 v，碰撞瞬时之后 A，B 两球的速度分别为 v_1，v_2；小球 B 落至水面时的竖直速度为 v_3，所经历的时间为 t_1，在水中运动的时间为 t_2. 由动量守恒和机械能守恒有

$$m_1v=m_1v_1+m_2v_2$$

$$\frac{1}{2}m_1v^2=\frac{1}{2}m_1v_1^2+\frac{1}{2}m_2v_2^2$$

$$m_1gR=\frac{1}{2}m_1v^2$$

联立解得

$$v_1=-\frac{m_2-m_1}{m_1+m_2}\sqrt{2gR}=-2.4(\mathrm{m/s})$$

(负号表示速度是向左的)

$$v_2=\frac{2m_1}{m_1+m_2}\sqrt{2gR}=1.6(\mathrm{m/s})$$

由运动学公式知

$$v_3=\sqrt{2gH}=10(\mathrm{m/s})$$

$$t_1=\sqrt{\frac{2H}{g}}=1(\mathrm{s})$$

B 球在水中运动,由机械能守恒有

$$m_2gh-\frac{m_2}{\rho}\rho_0gh=0-\frac{1}{2}m_2v_3^2$$

从而再结合运动学公式求得

$$h=\frac{v_3^2}{2(\frac{\rho_0}{\rho}-1)g}=5(\mathrm{m})$$

$$t_2=\frac{v_3}{\dfrac{\dfrac{m_2\rho_0g}{\rho}-m_2g}{m_2}}=2(\mathrm{s})$$

故

$$s=v_2(t_1+t_2)=4.8(\mathrm{m})$$

1.341 取钢球为研究对象:它受自身重力 mg(方向向下),粘滞阻力 $6\pi\eta Rv$(方向向上)和浮力$\frac{4}{3}\pi R^3\rho_2g$(方向向上)的作用而下降.

(1)由牛顿第二定律有

$$mg-6\pi\eta Rv-\frac{m}{\rho_1}\rho_2g=m\cdot\frac{g}{2} \quad ①$$

又

$$m=\frac{4}{3}\pi R^3\rho_1(m\ 为钢球的质量) \quad ②$$

故由式①,式②联立解得

$$v=\frac{R^2g}{9\eta}(\rho_1-2\rho_2)\approx0.77\times10^{-2}(\mathrm{m/s})$$

心得 体会 拓广 疑问

(2)由于钢球的速度是不断增加的,所以粘滞阻力也不断增加,这又使加速度不断减小,因而当加速度为零时,速度达到最大值,这时由牛顿第二定律有

$$mg-6\pi\eta Rv_{max}-\frac{m}{\rho_1}\rho_2 g=0 \quad ③$$

由式②,式③联立解得

$$v_{max}=\frac{2R^2g}{9\eta}(\rho_1-\rho_2)\approx 1.9\times 10^{-2}(\mathrm{m/s})$$

1.342　(1)以U形管为参照系,系统的加速度方向向右,管内所有液体都受惯性力 $F_{惯}$ 的作用,惯性力方向向左.液体在管内相对静止,左右两管的液面产生高度差,如图(a)所示.取右管的右下方为原点,x 轴方向向左建立坐标,取U形管底部一个小圆柱体内的液体为研究对象,设圆柱体的截面积为 ΔS,圆柱体的长为 x,则其质量为 $\rho x\Delta S$,则

$$F_{惯}=\rho x\Delta Sa$$

设圆柱体两端上方的液面高度差为 Δh,则由压强公式知圆柱体两端的压力差为

$$F=\rho\cdot\Delta hg\cdot\Delta S$$

由平衡条件 $F=F_{惯}$ 得

$$\Delta h=\frac{a}{g}x$$

两管液面最大高度差为

$$\Delta h_{max}=\frac{a}{g}(l+4r)$$

(2)如图(b)所示,参照(1)的解法建立如图所示的坐标系,同样在 x 轴处取一长为 x 的细小圆柱体为研究对象,则由两端的压力差与惯性力平衡有

$$\rho\cdot\Delta hg\cdot\Delta S=\rho x\Delta S\cdot\frac{x}{2}\cdot\omega^2$$

得

$$\Delta h=\frac{\omega^2}{2g}x^2$$

两管液面最大高度差为

$$\Delta h_{max}=\frac{\omega^2}{2g}(l+4r)^2$$

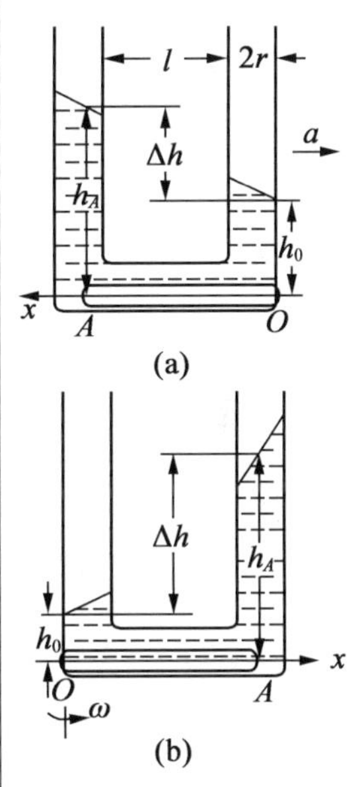

1.342 题解图

1.343　取水桶为参照系,由于惯性离心力的作用,在转动系内的液体处于平衡状态,即在桶的边缘部分水面升高,中心凹陷,如图所示.建立如图所示的直角坐标系,并沿 x 轴截取一截面积为 Δs 的小圆柱体,其长度为 x,P 端点离水面的高度为 y,则圆柱体两端的压力差为

$$F=\rho yg\cdot\Delta S$$

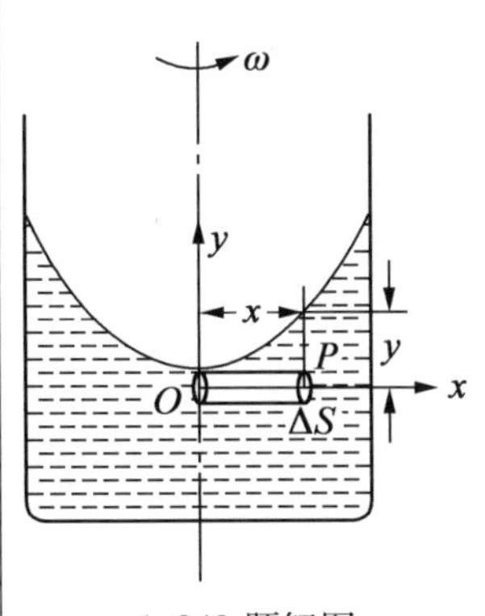

1.343 题解图

小圆柱体受到的惯性离心力为

$$F_{惯} = (\rho \cdot \Delta S \cdot x) \cdot \frac{x}{2}\omega^2$$

因此,由平衡条件

$$F = F_{惯}$$

得
$$y = \frac{\omega^2}{2g}x^2$$

可见水桶中液体的液面是一旋转抛物面.

1.344 (1)液面的平衡位置为 O,这时玻璃管内的液面等高.设液体的密度为 ρ,玻璃管的横截面积为 S,竖直向上为 x 轴的正方向,则液面离开平衡位置的位移为 x 时,液体受到指向平衡位置的力 F 就是右管高出左管的液柱的重力,方向与 x 轴的方向相反,所以

$$F = -2\rho gS \cdot x = -kx$$

因为 $2\rho gS$ 为一常量,所以上式表明液柱受到一个大小与位移 x 成正比,方向与位移方向相反的作用力,因此液柱的振动是简谐振动.

(2)简谐振动的周期公式为

$$T = 2\pi\sqrt{\frac{m}{k}}$$

式中 $k = 2\rho gS$. 因为是整个 U 形管内的液体振动,所以 $m = \rho Sl$,从而得

$$T = 2\pi\sqrt{\frac{\rho Sl}{2\rho gS}} = \pi\sqrt{\frac{2l}{g}}$$

1.345 如图所示,当木块浮于水面平衡时,取水面为坐标原点 O,并设此时木块没入水中的深度为 l,水的密度为 ρ,则平衡时有

$$\rho gSl = Mg$$

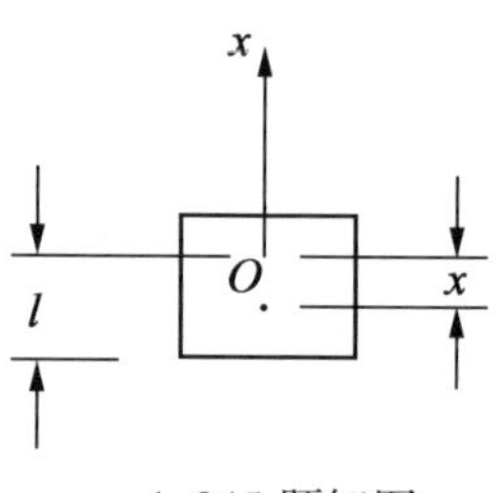

1.345 题解图

若以 O 为坐标原点,竖直向上为 x 轴,则当木块向上位移为 x 时,所受的合力为

$$F = \rho gS(l - x) - Mg = -\rho gS \cdot x = -kx$$

由于木块所受合力的大小与位移 x 成正比,方向与位移方向相反,所以木块的振动为简谐振动,其振动方程为

$$Ma = -\rho gSx$$

因此振动周期为

$$T = 2\pi\sqrt{\frac{M}{k}} = 2\pi\sqrt{\frac{M}{\rho gS}}$$

1.346 因大容器较浅,可以认为水从小孔流出后落到玻璃板瞬时之前的速度为匀速,大小为

$$v = \sqrt{2gh}$$

心得 体会 拓广 疑问

若水接触玻璃板的面积用 S 表示,则经过微小的时间 Δt 后,落下的水的质量为

$$\Delta m=\rho S v'\Delta t$$

设水对玻璃板的冲力和压强分别为 F 和 P,则

$$F=PS$$

玻璃板对水的冲力 F' 与 F 为一对作用力与反作用力,则

$$F'=-F$$

由竖直方向上的动量定理有

$$F'=\Delta m\left(-v'\cos\frac{\alpha}{2}-v\right)$$

因此将前几式代入上式可求得

$$P=\rho\sqrt{2gh}\left(v'\cos\frac{\alpha}{2}+v\right)=6\times10^{3}(\text{Pa})$$

1.347 设向下流的水流量为 q,则向上流的水流量为 $Q-q$. 所以由沿挡板方向上的动量守恒有

$$Qv\cos\theta=(Q-q)v-qv$$

若水对挡板作用的单位时间用 Δt 表示,则挡板对水的冲力为 $N'=-N$,由垂直于挡板方向上的动量定理有

$$N'\Delta t=0-(\rho Qv\Delta t\sin\theta)$$

由以上三式联立解得

$$q=\frac{1-\cos\theta}{2}Q$$

$$N=-N'=\rho Qv\sin\theta$$

1.348 设木棒截面边长为 $2a$,浸入水中的深度为 $2b$,重心为 G. 设想木棒倾斜一小角度 θ,未倾斜前浮心为 M_0,倾斜后浮心移动到 M 处,如图所示. 如果 M 在过 G 铅垂线的右方,重力与浮力的力矩将使木棒恢复到原来的正立位置,平衡就是稳定的. 建立如图所示的 x 轴坐标系,原点取在水面与过 G 的对称面的交点,则由图可知,G 的坐标为

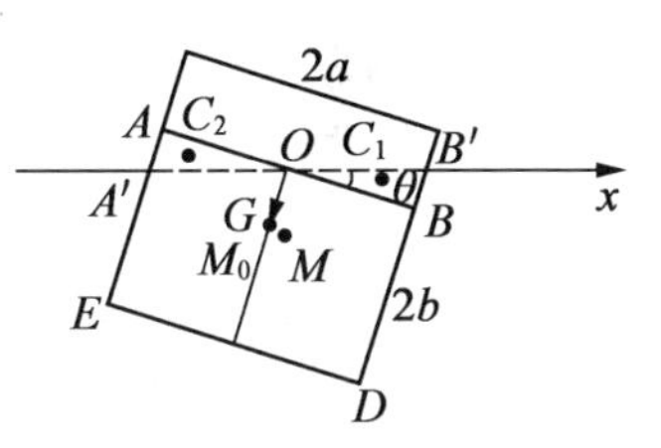

1.348 题解图

$$x_G=-(2b-a)\sin\theta\approx-(2b-a)\theta$$

M_0 的坐标为

$$x_{M_0}=-b\sin\theta\approx b\theta$$

M_0 为矩形 $ABDE$ 的重心,而 M 则为梯形 $A'B'DE$ 的重心,梯形 $A'B'DE$ 可以看成在矩形 $ABDE$ 上加一个 $\triangle OBB'$,再减去一个 $\triangle OAA'$. 矩形 $ABDE$ 的面积为 $2a\cdot2b$, $\triangle OBB'$ 和 $\triangle OAA'$ 的面积都为 $\frac{1}{2}a\cdot a\tan\theta\approx\frac{1}{2}a^2\theta$. 于是点 M 的坐标为

$$x_M=\frac{4abx_{M_0}+\frac{1}{2}a^2\theta\cdot\frac{2}{3}a+\left(-\frac{1}{2}a^2\theta\right)\left(-\frac{2}{3}a\right)}{4ab}$$

$$= x_{M_0} + \frac{1}{6} \times \frac{a^2\theta}{b} = -b\theta + \frac{a^2}{6b}\theta$$

稳定平衡的条件为

$$x_M > x_G$$

将 x_G 和 x_{M_0} 的表达式代入得

$$-b\theta + \frac{a^2}{6b}\theta > -(2b-a)\theta$$

即

$$6b^2 - 6ab + a^2 > 0$$

解此一元二次不等式得

$$b > \frac{a}{3-\sqrt{3}}$$

或

$$b < \frac{a}{3+\sqrt{3}}$$

因为木棒为稳定平衡，其密度为 $\rho = \frac{b}{a}$，所以代入上式可得

$$\rho > \frac{1}{3-\sqrt{3}} \approx 0.79$$

或

$$\rho < \frac{1}{3+\sqrt{3}} \approx 0.21$$

1.349 (1)开始时冰块受向上的合力

$$F(1) = \rho_2 HSg - \rho_1 HSg$$

的作用，式中 S 为冰块圆截面积，冰块获得向上的加速度为

$$a(1) = \frac{F(1)}{\rho_1 HS} = \frac{(\rho_2 - \rho_1)}{\rho_1}$$

冰块顶部上升到水面所经历的时间为

$$T(1) = \sqrt{\frac{2h'}{a(1)}} = \sqrt{\frac{\rho_1 H}{\rho_2 g}}$$

此时速度为

$$v(1) = \sqrt{2a(1)h'} = (\rho_2 - \rho_1)\sqrt{\frac{gH}{\rho_1\rho_2}}$$

冰块顶部上升到水面上方高度为 h 处时，所受向上的合力为

$$F(2) = \rho_2 g(H-h)S - \rho_1 gHS = (\rho_2 - \rho_1)gHS - \rho_2 ghS$$

设到达高度为 h_0 处受力平衡，则有

$$h_0 = \frac{(\rho_2 - \rho_1)H}{\rho_2}$$

引入以平衡点为原点，竖直向上为 y 轴的坐标系，即有

$$y = h - h_0$$

则

心得 体会 拓广 疑问

$$F(2)=(\rho_2-\rho_1)gHS-\rho_2g(y+h_0)S=-\rho_2gSy$$

这是一个线性恢复力,冰块将做简谐振动,振动表达式为

$$y=A\cos(\omega t+\varphi_0)$$

$$\omega=\sqrt{\frac{\rho_2gS}{\rho_1HS}}=\sqrt{\frac{\rho_2g}{\rho_1H}}$$

振动速度为

$$v_y=-\omega A\sin(\omega t+\varphi_0)$$

振动的初位置和初速度分别为

$$y(0)=-h_0,v_y(0)=v(1)$$

即有

$$A\cos\varphi_0=-h_0$$

$$-\omega A\sin\varphi_0=v(1)$$

因

$$A\sin\varphi_0=\frac{-v(1)}{\omega}=\cdots=-h_0$$

故可解得

$$A=\sqrt{2}h_0,\varphi_0=\pi+\frac{\pi}{4}$$

经过时间 t_2,冰块顶部上升到平衡位置上方的振幅处(此时冰块顶部在水面上方 $h_0+A=h_0+\sqrt{2}h_0$ 处),冰块速度减为零,t_2 满足

$$\sqrt{2}h_0=A\cos(\omega t_2+\varphi_0)=\sqrt{2}h_0\cos\left(\omega t_2+\pi+\frac{\pi}{4}\right)$$

即有

$$\omega t_2+\pi+\frac{\pi}{4}=2k\pi(k=1,2,3,\cdots)$$

当 $k=1$ 时,对应最小的非零 t_2 为

$$t_2=\frac{3\pi}{4\omega}$$

$\left(t_2\text{ 即为}\frac{3}{8}\text{个振动周期}\right)$. 计算可得

$$t_2=\frac{3}{4}\pi\sqrt{\frac{\rho_1H}{\rho_2g}}$$

而后,冰块将竖直下落,故竖直向上运动的时间为

$$t=t_1+t_2=\left(1+\frac{3}{4}\pi\right)\sqrt{\frac{\rho_1H}{\rho_2g}}$$

因运动方向上所受的阻力均被略去,故冰块下落运动为上升运动的逆过程,所经过的时间与 t 相等. 这样,便得到冰块的运动周期为

$$T_1=2t=\left(2+\frac{3}{2}\pi\right)\sqrt{\frac{\rho_1H}{\rho_2g}}$$

(2)设冰山的正方形底面边长为 a,所受重力大小为

$$G=\frac{1}{3}\rho_1a^2Hg$$

冰山排开海水的体积为

$$\frac{1}{3}a^2\left(H-\frac{h^3}{H^2}\right)$$

对应浮力为

$$F=\frac{1}{3}\rho_2 a^2\left(H-\frac{h^3}{H^2}\right)g$$

平衡时

$$F=G$$

即可解得

$$H=\sqrt[3]{\frac{\rho_2}{\rho_2-\rho_1}}h$$

建立竖直向下为 y 轴的坐标系，冰山从平衡位置沿 y 轴偏移小量 y 时，所受浮力为

$$F=\frac{1}{3}\rho_2 a^2\left[H-\frac{(h-y)^3}{H^2}\right]g\approx\frac{1}{3}\rho_2 a^2\left(H-\frac{h^3}{H^2}+\frac{2h^2}{H^2}y\right)g$$

冰山沿 y 轴方向的合力便为

$$G-F=-\rho_2 a^2\frac{h^2}{H^2}gy$$

这是一个线性恢复力，考虑到冰山质量为 $m=\frac{1}{3}\rho_1 a^2 H$，因此冰山做简谐振动的角频率为

$$\omega=\sqrt{\frac{\rho_2 a^2\frac{h^2}{H^2}g}{m}}=\sqrt{\frac{2(\rho_2-\rho_1)g}{\rho_1 h}}$$

小幅振动的周期为

$$T_2=\frac{2\pi}{\omega}=2\pi\sqrt{\frac{\rho_1 h}{3(\rho_2-\rho_1)g}}$$

1.350 (1)用 S 表示木棍的横截面积，用 t_1 表示木棍从静止开始到其下端到达两液体交界面为止的过程中所需的时间，木棍受向下的重力$\frac{\rho_1+\rho_2}{2}lSg$ 和向上的浮力 $\rho_1 lSg$ 的作用. 由牛顿第二定律可知，其下落的加速度为

$$a_1=\frac{\rho_2-\rho_1}{\rho_1+\rho_2}g \quad ①$$

且

$$\frac{3}{4}l=\frac{1}{2}a_1 t_1^2 \quad ②$$

由此解得

$$t_1=\sqrt{\frac{3l(\rho_1+\rho_2)}{2(\rho_2-\rho_1)g}} \quad ③$$

心得 体会 拓广 疑问

(2)木棍下端开始进入下面液体后,用l'表示木棍在上面液体中的长度,这时木棍所受的重力不变,仍为$\frac{\rho_1+\rho_2}{2}lSg$,但浮力变为$\rho_1 l'Sg+\rho_2(l-l')Sg$. 当$l=l'$时,浮力小于重力;当$l'=0$时,浮力大于重力. 可见有一个合力为零的平衡位置,用l_0'表示在此平衡位置时,木棍在上面液体中的长度,则此时有

$$\frac{1}{2}(\rho_1+\rho_2)lSg=\rho_1 l_0'Sg+\rho_2(l-l_0')Sg \quad ④$$

由此可得

$$l_0'=\frac{1}{2}l \quad ⑤$$

即木棍的中点处于两液体交界面处时,木棍处于平衡状态.

取一坐标系,其原点位于交界面上,竖直向上为z轴,则当木棍在坐标原点时所受的合力为零,当中点坐标为z时所受的合力为

$$-\frac{1}{2}(\rho_1+\rho_2)lSg+\left[\rho_1\left(\frac{1}{2}l+z\right)Sg+\rho_2\left(\frac{1}{2}l-z\right)Sg\right]$$
$$=-(\rho_2-\rho_1)Sgz=-kz$$

式中

$$k=(\rho_2-\rho_1)Sg \quad ⑥$$

这时木棍的运动方程为

$$-kz=\frac{1}{2}(\rho_1+\rho_2)lSa_z$$

$$a_z=-\frac{2(\rho_2-\rho_1)gz}{(\rho_1+\rho_2)l}=-\omega^2 z$$

$$\omega^2=\frac{2(\rho_2-\rho_1)g}{(\rho_1+\rho_2)l} \quad ⑦$$

式中a_z为沿z方向的加速度.

由此可知木棍的运动为简谐振动,其周期为

$$T=\frac{2\pi}{\omega}=2\pi\sqrt{\frac{(\rho_1+\rho_2)l}{2(\rho_2-\rho_1)g}} \quad ⑧$$

为了求出同时在两种液体中运动的时间,应先求出振动的振幅A. 木棍下端刚进入下面液体时,其速度为

$$v=a_1t_1 \quad ⑨$$

由机械能守恒有

$$\frac{1}{2}\left[\frac{1}{2}(\rho_1+\rho_2)Sl\right]v^2+\frac{1}{2}kz^2=\frac{1}{2}kA^2 \quad ⑩$$

式中$z=\frac{1}{2}l$为此时木棍中心距坐标原点的距离.

由式①,式③,式⑨求出v,再将v和式⑥中的k代入式⑩后求

心得 体会 拓广 疑问

得

$$A=l$$

由此可知,木棍下端开始进入下面液体到木棍中心到达坐标原点所走的路程是振幅的一半,从题解图中可知,所对应的角 $\theta=30^\circ$,对应的时间为$\frac{T}{12}$. 因此木棍从下端开始进入下面液体到上端进入下面液体所用的时间,即木棍中心从 $z=\frac{1}{2}l$ 到 $z=-\frac{1}{2}l$ 所用的时间为

$$t_2=2\frac{T}{12}=\frac{\pi}{3}\sqrt{\frac{(\rho_1+\rho_2)l}{2(\rho_2-\rho_1)g}}$$

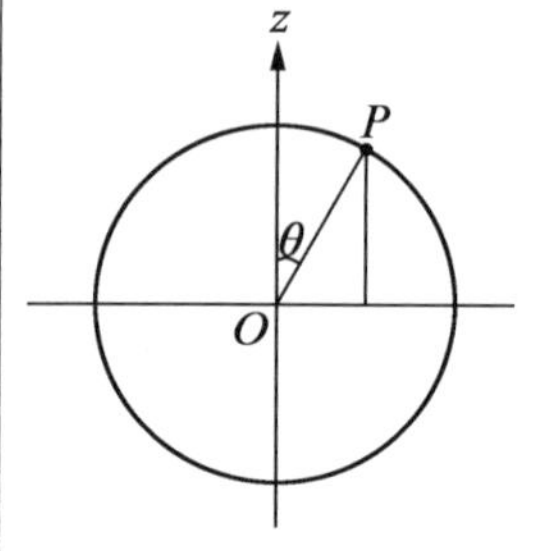

1.350 题解图

(3)从木棍全部浸入下面液体开始,受力情况的分析和(1)中类似,只是浮力大于重力,所以木棍做匀减速运动,加速度的数值与 a_1 一样,其过程与(1)中的情况成相反对称,所用时间为

$$t_3=t_1$$

(4)所求的总时间为

$$t=t_1+t_2+t_3=t_2+2t_1=\frac{6\sqrt{6}+\sqrt{2}\pi}{6}\sqrt{\frac{(\rho_1+\rho_2)l}{(\rho_2-\rho_1)g}}$$

刘培杰数学工作室

已出版(即将出版)图书目录——初等数学

书　　名	出版时间	定　价	编号
新编中学数学解题方法全书(高中版)上卷(第2版)	2018—08	58.00	951
新编中学数学解题方法全书(高中版)中卷(第2版)	2018—08	68.00	952
新编中学数学解题方法全书(高中版)下卷(一)(第2版)	2018—08	58.00	953
新编中学数学解题方法全书(高中版)下卷(二)(第2版)	2018—08	58.00	954
新编中学数学解题方法全书(高中版)下卷(三)(第2版)	2018—08	68.00	955
新编中学数学解题方法全书(初中版)上卷	2008—01	28.00	29
新编中学数学解题方法全书(初中版)中卷	2010—07	38.00	75
新编中学数学解题方法全书(高考复习卷)	2010—01	48.00	67
新编中学数学解题方法全书(高考真题卷)	2010—01	38.00	62
新编中学数学解题方法全书(高考精华卷)	2011—03	68.00	118
新编平面解析几何解题方法全书(专题讲座卷)	2010—01	18.00	61
新编中学数学解题方法全书(自主招生卷)	2013—08	88.00	261
数学奥林匹克与数学文化(第一辑)	2006—05	48.00	4
数学奥林匹克与数学文化(第二辑)(竞赛卷)	2008—01	48.00	19
数学奥林匹克与数学文化(第二辑)(文化卷)	2008—07	58.00	36′
数学奥林匹克与数学文化(第三辑)(竞赛卷)	2010—01	48.00	59
数学奥林匹克与数学文化(第四辑)(竞赛卷)	2011—08	58.00	87
数学奥林匹克与数学文化(第五辑)	2015—06	98.00	370
世界著名平面几何经典著作钩沉——几何作图专题卷(上)	2009—06	48.00	49
世界著名平面几何经典著作钩沉——几何作图专题卷(下)	2011—01	88.00	80
世界著名平面几何经典著作钩沉(民国平面几何老课本)	2011—03	38.00	113
世界著名平面几何经典著作钩沉(建国初期平面三角老课本)	2015—08	38.00	507
世界著名解析几何经典著作钩沉——平面解析几何卷	2014—01	38.00	264
世界著名数论经典著作钩沉(算术卷)	2012—01	28.00	125
世界著名数学经典著作钩沉——立体几何卷	2011—02	28.00	88
世界著名三角学经典著作钩沉(平面三角卷Ⅰ)	2010—06	28.00	69
世界著名三角学经典著作钩沉(平面三角卷Ⅱ)	2011—01	38.00	78
世界著名初等数论经典著作钩沉(理论和实用算术卷)	2011—07	38.00	126
发展你的空间想象力	2017—06	38.00	785
走向国际数学奥林匹克的平面几何试题诠释(上、下)(第1版)	2007—01	68.00	11,12
走向国际数学奥林匹克的平面几何试题诠释(上、下)(第2版)	2010—02	98.00	63,64
平面几何证明方法全书	2007—08	35.00	1
平面几何证明方法全书习题解答(第1版)	2005—10	18.00	2
平面几何证明方法全书习题解答(第2版)	2006—12	18.00	10
平面几何天天练上卷·基础篇(直线型)	2013—01	58.00	208
平面几何天天练中卷·基础篇(涉及圆)	2013—01	28.00	234
平面几何天天练下卷·提高篇	2013—01	58.00	237
平面几何专题研究	2013—07	98.00	258

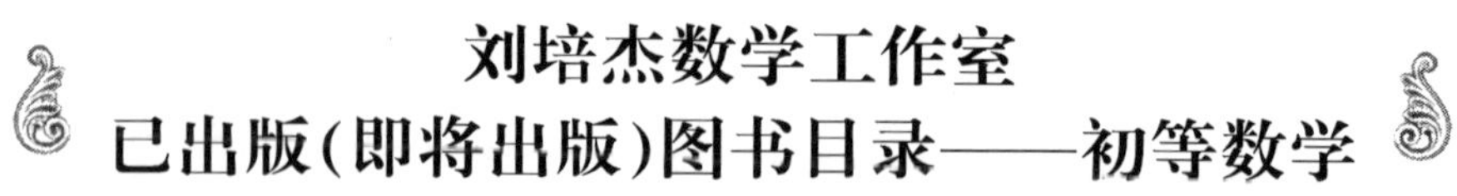

刘培杰数学工作室
已出版(即将出版)图书目录——初等数学

书　　名	出版时间	定　价	编号
最新世界各国数学奥林匹克中的平面几何试题	2007—09	38.00	14
数学竞赛平面几何典型题及新颖解	2010—07	48.00	74
初等数学复习及研究(平面几何)	2008—09	58.00	38
初等数学复习及研究(立体几何)	2010—06	38.00	71
初等数学复习及研究(平面几何)习题解答	2009—01	48.00	42
几何学教程(平面几何卷)	2011—03	68.00	90
几何学教程(立体几何卷)	2011—07	68.00	130
几何变换与几何证题	2010—06	88.00	70
计算方法与几何证题	2011—06	28.00	129
立体几何技巧与方法	2014—04	88.00	293
几何瑰宝——平面几何 500 名题暨 1000 条定理(上、下)	2010—07	138.00	76,77
三角形的解法与应用	2012—07	18.00	183
近代的三角形几何学	2012—07	48.00	184
一般折线几何学	2015—08	48.00	503
三角形的五心	2009—06	28.00	51
三角形的六心及其应用	2015—10	68.00	542
三角形趣谈	2012—08	28.00	212
解三角形	2014—01	28.00	265
三角学专门教程	2014—09	28.00	387
图天下几何新题试卷.初中(第 2 版)	2017—11	58.00	855
圆锥曲线习题集(上册)	2013—06	68.00	255
圆锥曲线习题集(中册)	2015—01	78.00	434
圆锥曲线习题集(下册·第 1 卷)	2016—10	78.00	683
圆锥曲线习题集(下册·第 2 卷)	2018—01	98.00	853
论九点圆	2015—05	88.00	645
近代欧氏几何学	2012—03	48.00	162
罗巴切夫斯基几何学及几何基础概要	2012—07	28.00	188
罗巴切夫斯基几何学初步	2015—06	28.00	474
用三角、解析几何、复数、向量计算解数学竞赛几何题	2015—03	48.00	455
美国中学几何教程	2015—04	88.00	458
三线坐标与三角形特征点	2015—04	98.00	460
平面解析几何方法与研究(第 1 卷)	2015—05	18.00	471
平面解析几何方法与研究(第 2 卷)	2015—06	18.00	472
平面解析几何方法与研究(第 3 卷)	2015—07	18.00	473
解析几何研究	2015—01	38.00	425
解析几何学教程.上	2016—01	38.00	574
解析几何学教程.下	2016—01	38.00	575
几何学基础	2016—01	58.00	581
初等几何研究	2015—02	58.00	444
十九和二十世纪欧氏几何学中的片段	2017—01	58.00	696
平面几何中考.高考.奥数一本通	2017—07	28.00	820
几何学简史	2017—08	28.00	833
四面体	2018—01	48.00	880
平面几何证明方法思路	2018—12	68.00	913
平面几何图形特性新析.上篇	2019—01	68.00	911
平面几何图形特性新析.下篇	2018—06	88.00	912
平面几何范例多解探究.上篇	2018—04	48.00	910
平面几何范例多解探究.下篇	2018—12	68.00	914
从分析解题过程学解题:竞赛中的几何问题研究	2018—07	68.00	946
二维、三维欧氏几何的对偶原理	2018—12	38.00	990
星形大观及闭折线论	2019—03	68.00	1020

刘培杰数学工作室

已出版(即将出版)图书目录——初等数学

书　　名	出版时间	定　价	编号
俄罗斯平面几何问题集	2009—08	88.00	55
俄罗斯立体几何问题集	2014—03	58.00	283
俄罗斯几何大师——沙雷金论数学及其他	2014—01	48.00	271
来自俄罗斯的 5000 道几何习题及解答	2011—03	58.00	89
俄罗斯初等数学问题集	2012—05	38.00	177
俄罗斯函数问题集	2011—03	38.00	103
俄罗斯组合分析问题集	2011—01	48.00	79
俄罗斯初等数学万题选——三角卷	2012—11	38.00	222
俄罗斯初等数学万题选——代数卷	2013—08	68.00	225
俄罗斯初等数学万题选——几何卷	2014—01	68.00	226
俄罗斯《量子》杂志数学征解问题 100 题选	2018—08	48.00	969
俄罗斯《量子》杂志数学征解问题又 100 题选	2018—08	48.00	970
463 个俄罗斯几何老问题	2012—01	28.00	152
《量子》数学短文精粹	2018—09	38.00	972
谈谈素数	2011—03	18.00	91
平方和	2011—03	18.00	92
整数论	2011—05	38.00	120
从整数谈起	2015—10	28.00	538
数与多项式	2016—01	38.00	558
谈谈不定方程	2011—05	28.00	119
解析不等式新论	2009—06	68.00	48
建立不等式的方法	2011—03	98.00	104
数学奥林匹克不等式研究	2009—08	68.00	56
不等式研究(第二辑)	2012—02	68.00	153
不等式的秘密(第一卷)	2012—02	28.00	154
不等式的秘密(第一卷)(第 2 版)	2014—02	38.00	286
不等式的秘密(第二卷)	2014—01	38.00	268
初等不等式的证明方法	2010—06	38.00	123
初等不等式的证明方法(第二版)	2014—11	38.00	407
不等式・理论・方法(基础卷)	2015—07	38.00	496
不等式・理论・方法(经典不等式卷)	2015—07	38.00	497
不等式・理论・方法(特殊类型不等式卷)	2015—07	48.00	498
不等式探究	2016—03	38.00	582
不等式探秘	2017—01	88.00	689
四面体不等式	2017—01	68.00	715
数学奥林匹克中常见重要不等式	2017—09	38.00	845
三正弦不等式	2018—09	98.00	974
同余理论	2012—05	38.00	163
[x]与{x}	2015—04	48.00	476
极值与最值. 上卷	2015—06	28.00	486
极值与最值. 中卷	2015—06	38.00	487
极值与最值. 下卷	2015—06	28.00	488
整数的性质	2012—11	38.00	192
完全平方数及其应用	2015—08	78.00	506
多项式理论	2015—10	88.00	541
奇数、偶数、奇偶分析法	2018—01	98.00	876
不定方程及其应用. 上	2018—12	58.00	992
不定方程及其应用. 中	2019—01	78.00	993
不定方程及其应用. 下	2019—02	98.00	994

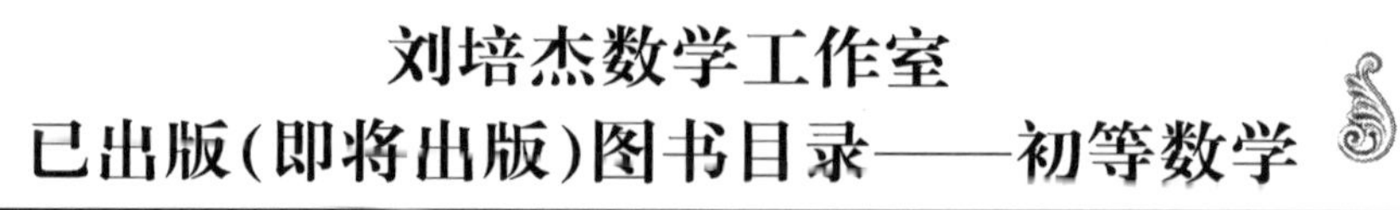

刘培杰数学工作室
已出版(即将出版)图书目录——初等数学

书　　名	出版时间	定　价	编号
历届美国中学生数学竞赛试题及解答(第一卷)1950—1954	2014—07	18.00	277
历届美国中学生数学竞赛试题及解答(第二卷)1955—1959	2014—04	18.00	278
历届美国中学生数学竞赛试题及解答(第三卷)1960—1964	2014—06	18.00	279
历届美国中学生数学竞赛试题及解答(第四卷)1965—1969	2014—04	28.00	280
历届美国中学生数学竞赛试题及解答(第五卷)1970—1972	2014—06	18.00	281
历届美国中学生数学竞赛试题及解答(第六卷)1973—1980	2017—07	18.00	768
历届美国中学生数学竞赛试题及解答(第七卷)1981—1986	2015—01	18.00	424
历届美国中学生数学竞赛试题及解答(第八卷)1987—1990	2017—05	18.00	769

书　　名	出版时间	定　价	编号
历届 IMO 试题集(1959—2005)	2006—05	58.00	5
历届 CMO 试题集	2008—09	28.00	40
历届中国数学奥林匹克试题集(第 2 版)	2017—03	38.00	757
历届加拿大数学奥林匹克试题集	2012—08	38.00	215
历届美国数学奥林匹克试题集:多解推广加强	2012—08	38.00	209
历届美国数学奥林匹克试题集:多解推广加强(第 2 版)	2016—03	48.00	592
历届波兰数学竞赛试题集.第 1 卷,1949~1963	2015—03	18.00	453
历届波兰数学竞赛试题集.第 2 卷,1964~1976	2015—03	18.00	454
历届巴尔干数学奥林匹克试题集	2015—05	38.00	466
保加利亚数学奥林匹克	2014—10	38.00	393
圣彼得堡数学奥林匹克试题集	2015—01	38.00	429
匈牙利奥林匹克数学竞赛题解.第 1 卷	2016—05	28.00	593
匈牙利奥林匹克数学竞赛题解.第 2 卷	2016—05	28.00	594
历届美国数学邀请赛试题集(第 2 版)	2017—10	78.00	851
全国高中数学竞赛试题及解答.第 1 卷	2014—07	38.00	331
普林斯顿大学数学竞赛	2016—06	38.00	669
亚太地区数学奥林匹克竞赛题	2015—07	18.00	492
日本历届(初级)广中杯数学竞赛试题及解答.第 1 卷(2000~2007)	2016—05	28.00	641
日本历届(初级)广中杯数学竞赛试题及解答.第 2 卷(2008~2015)	2016—05	38.00	642
360 个数学竞赛问题	2016—08	58.00	677
奥数最佳实战题.上卷	2017—06	38.00	760
奥数最佳实战题.下卷	2017—05	58.00	761
哈尔滨市早期中学数学竞赛试题汇编	2016—07	28.00	672
全国高中数学联赛试题及解答:1981—2017(第 2 版)	2018—05	98.00	920
20 世纪 50 年代全国部分城市数学竞赛试题汇编	2017—07	28.00	797
高中数学竞赛培训教程:平面几何问题的求解方法与策略.上	2018—05	68.00	906
高中数学竞赛培训教程:平面几何问题的求解方法与策略.下	2018—06	78.00	907
高中数学竞赛培训教程:整除与同余以及不定方程	2018—01	88.00	908
高中数学竞赛培训教程:组合计数与组合极值	2018—04	48.00	909
国内外数学竞赛题及精解:2016~2017	2018—07	45.00	922
许康华竞赛优学精选集.第一辑	2018—08	68.00	949

书　　名	出版时间	定　价	编号
高考数学临门一脚(含密押三套卷)(理科版)	2017—01	45.00	743
高考数学临门一脚(含密押三套卷)(文科版)	2017—01	45.00	744
新课标高考数学题型全归纳(文科版)	2015—05	72.00	467
新课标高考数学题型全归纳(理科版)	2015—05	82.00	468
洞穿高考数学解答题核心考点(理科版)	2015—11	49.80	550
洞穿高考数学解答题核心考点(文科版)	2015—11	46.80	551

刘培杰数学工作室

已出版(即将出版)图书目录——初等数学

书 名	出版时间	定 价	编号
高考数学题型全归纳:文科版.上	2016—05	53.00	663
高考数学题型全归纳:文科版.下	2016—05	53.00	664
高考数学题型全归纳:理科版.上	2016—05	58.00	665
高考数学题型全归纳:理科版.下	2016—05	58.00	666
王连笑教你怎样学数学:高考选择题解题策略与客观题实用训练	2014—01	48.00	262
王连笑教你怎样学数学:高考数学高层次讲座	2015—02	48.00	432
高考数学的理论与实践	2009—08	38.00	53
高考数学核心题型解题方法与技巧	2010—01	28.00	86
高考思维新平台	2014—03	38.00	259
30分钟拿下高考数学选择题、填空题(理科版)	2016—10	39.80	720
30分钟拿下高考数学选择题、填空题(文科版)	2016—10	39.80	721
高考数学压轴题解题诀窍(上)(第2版)	2018—01	58.00	874
高考数学压轴题解题诀窍(下)(第2版)	2018—01	48.00	875
北京市五区文科数学三年高考模拟题详解:2013～2015	2015—08	48.00	500
北京市五区理科数学三年高考模拟题详解:2013～2015	2015—09	68.00	505
向量法巧解数学高考题	2009—08	28.00	54
高考数学万能解题法(第2版)	即将出版	38.00	691
高考物理万能解题法(第2版)	即将出版	38.00	692
高考化学万能解题法(第2版)	即将出版	28.00	693
高考生物万能解题法(第2版)	即将出版	28.00	694
高考数学解题金典(第2版)	2017—01	78.00	716
高考物理解题金典(第2版)	即将出版	68.00	717
高考化学解题金典(第2版)	即将出版	58.00	718
我一定要赚分:高中物理	2016—01	38.00	580
数学高考参考	2016—01	78.00	589
2011～2015年全国及各省市高考数学文科精品试题审题要津与解法研究	2015—10	68.00	539
2011～2015年全国及各省市高考数学理科精品试题审题要津与解法研究	2015—10	88.00	540
最新全国及各省市高考数学试卷解法研究及点拨评析	2009—02	38.00	41
2011年全国及各省市高考数学试题审题要津与解法研究	2011—10	48.00	139
2013年全国及各省市高考数学试题解析与点评	2014—01	48.00	282
全国及各省市高考数学试题审题要津与解法研究	2015—02	48.00	450
新课标高考数学——五年试题分章详解(2007～2011)(上、下)	2011—10	78.00	140,141
全国中考数学压轴题审题要津与解法研究	2013—04	78.00	248
新编全国及各省市中考数学压轴题审题要津与解法研究	2014—05	58.00	342
全国及各省市5年中考数学压轴题审题要津与解法研究(2015版)	2015—04	58.00	462
中考数学专题总复习	2007—04	28.00	6
中考数学较难题、难题常考题型解题方法与技巧.上	2016—01	48.00	584
中考数学较难题、难题常考题型解题方法与技巧.下	2016—01	58.00	585
中考数学较难题常考题型解题方法与技巧	2016—09	48.00	681
中考数学难题常考题型解题方法与技巧	2016—09	48.00	682
中考数学中档题常考题型解题方法与技巧	2017—08	68.00	835
中考数学选择填空压轴好题妙解365	2017—05	38.00	759

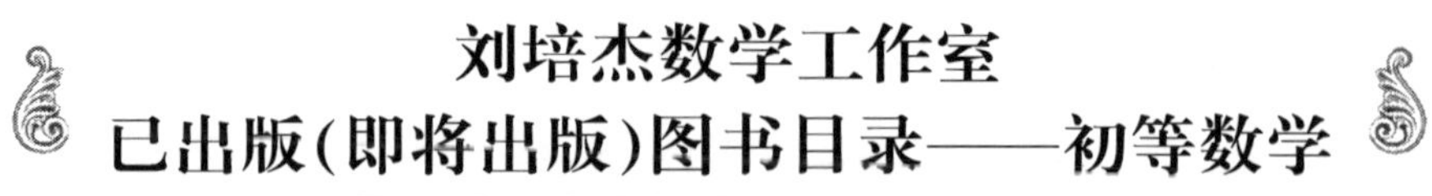

刘培杰数学工作室
已出版(即将出版)图书目录——初等数学

书　　名	出版时间	定　价	编号
中考数学小压轴汇编初讲	2017—07	48.00	788
中考数学大压轴专题微言	2017—09	48.00	846
北京中考数学压轴题解题方法突破(第4版)	2019—01	58.00	1001
助你高考成功的数学解题智慧:知识是智慧的基础	2016—01	58.00	596
助你高考成功的数学解题智慧:错误是智慧的试金石	2016—04	58.00	643
助你高考成功的数学解题智慧:方法是智慧的推手	2016—04	68.00	657
高考数学奇思妙解	2016—04	38.00	610
高考数学解题策略	2016—05	48.00	670
数学解题泄天机(第2版)	2017—10	48.00	850
高考物理压轴题全解	2017—04	48.00	746
高中物理经典问题25讲	2017—05	28.00	764
高中物理教学讲义	2018—01	48.00	871
2016年高考文科数学真题研究	2017—04	58.00	754
2016年高考理科数学真题研究	2017—04	78.00	755
初中数学、高中数学脱节知识补缺教材	2017—06	48.00	766
高考数学小题抢分必练	2017—10	48.00	834
高考数学核心素养解读	2017—09	38.00	839
高考数学客观题解题方法和技巧	2017—10	38.00	847
十年高考数学精品试题审题要津与解法研究.上卷	2018—01	68.00	872
十年高考数学精品试题审题要津与解法研究.下卷	2018—01	58.00	873
中国历届高考数学试题及解答.1949—1979	2018—01	38.00	877
历届中国高考数学试题及解答.第二卷,1980—1989	2018—10	28.00	975
历届中国高考数学试题及解答.第三卷,1990—1999	2018—10	48.00	976
数学文化与高考研究	2018—03	48.00	882
跟我学解高中数学题	2018—07	58.00	926
中学数学研究的方法及案例	2018—05	58.00	869
高考数学抢分技能	2018—07	68.00	934
高一新生常用数学方法和重要数学思想提升教材	2018—06	38.00	921
2018年高考数学真题研究	2019—01	68.00	1000
新编640个世界著名数学智力趣题	2014—01	88.00	242
500个最新世界著名数学智力趣题	2008—06	48.00	3
400个最新世界著名数学最值问题	2008—09	48.00	36
500个世界著名数学征解问题	2009—06	48.00	52
400个中国最佳初等数学征解老问题	2010—01	48.00	60
500个俄罗斯数学经典老题	2011—01	28.00	81
1000个国外中学物理好题	2012—04	48.00	174
300个日本高考数学题	2012—05	38.00	142
700个早期日本高考数学试题	2017—02	88.00	752
500个前苏联早期高考数学试题及解答	2012—05	28.00	185
546个早期俄罗斯大学生数学竞赛题	2014—03	38.00	285
548个来自美苏的数学好问题	2014—11	28.00	396
20所苏联著名大学早期入学试题	2015—02	18.00	452
161道德国工科大学生必做的微分方程习题	2015—05	28.00	469
500个德国工科大学生必做的高数习题	2015—06	28.00	478
360个数学竞赛问题	2016—08	58.00	677
200个趣味数学故事	2018—02	48.00	857
470个数学奥林匹克中的最值问题	2018—10	88.00	985
德国讲义日本考题.微积分卷	2015—04	48.00	456
德国讲义日本考题.微分方程卷	2015—04	38.00	457
二十世纪中叶中、英、美、日、法、俄高考数学试题精选	2017—06	38.00	783

刘培杰数学工作室

已出版(即将出版)图书目录——初等数学

书　　名	出版时间	定　价	编号
中国初等数学研究　2009 卷(第 1 辑)	2009—05	20.00	45
中国初等数学研究　2010 卷(第 2 辑)	2010—05	30.00	68
中国初等数学研究　2011 卷(第 3 辑)	2011—07	60.00	127
中国初等数学研究　2012 卷(第 4 辑)	2012—07	48.00	190
中国初等数学研究　2014 卷(第 5 辑)	2014—02	48.00	288
中国初等数学研究　2015 卷(第 6 辑)	2015—06	68.00	493
中国初等数学研究　2016 卷(第 7 辑)	2016—04	68.00	609
中国初等数学研究　2017 卷(第 8 辑)	2017—01	98.00	712
几何变换(Ⅰ)	2014—07	28.00	353
几何变换(Ⅱ)	2015—06	28.00	354
几何变换(Ⅲ)	2015—01	38.00	355
几何变换(Ⅳ)	2015—12	38.00	356
初等数论难题集(第一卷)	2009—05	68.00	44
初等数论难题集(第二卷)(上、下)	2011—02	128.00	82,83
数论概貌	2011—03	18.00	93
代数数论(第二版)	2013—08	58.00	94
代数多项式	2014—06	38.00	289
初等数论的知识与问题	2011—02	28.00	95
超越数论基础	2011—03	28.00	96
数论初等教程	2011—03	28.00	97
数论基础	2011—03	18.00	98
数论基础与维诺格拉多夫	2014—03	18.00	292
解析数论基础	2012—08	28.00	216
解析数论基础(第二版)	2014—01	48.00	287
解析数论问题集(第二版)(原版引进)	2014—05	88.00	343
解析数论问题集(第二版)(中译本)	2016—04	88.00	607
解析数论基础(潘承洞,潘承彪著)	2016—07	98.00	673
解析数论导引	2016—07	58.00	674
数论入门	2011—03	38.00	99
代数数论入门	2015—03	38.00	448
数论开篇	2012—07	28.00	194
解析数论引论	2011—03	48.00	100
Barban Davenport Halberstam 均值和	2009—01	40.00	33
基础数论	2011—03	28.00	101
初等数论 100 例	2011—05	18.00	122
初等数论经典例题	2012—07	18.00	204
最新世界各国数学奥林匹克中的初等数论试题(上、下)	2012—01	138.00	144,145
初等数论(Ⅰ)	2012—01	18.00	156
初等数论(Ⅱ)	2012—01	18.00	157
初等数论(Ⅲ)	2012—01	28.00	158

刘培杰数学工作室
已出版(即将出版)图书目录——初等数学

书　　名	出版时间	定　价	编号
平面几何与数论中未解决的新老问题	2013—01	68.00	229
代数数论简史	2014—11	28.00	408
代数数论	2015—09	88.00	532
代数、数论及分析习题集	2016—11	98.00	695
数论导引提要及习题解答	2016—01	48.00	559
素数定理的初等证明.第2版	2016—09	48.00	686
数论中的模函数与狄利克雷级数(第二版)	2017—11	78.00	837
数论:数学导引	2018—01	68.00	849
范式大代数	2019—02	98.00	1016
解析数学讲义.第一卷,导来式及微分、积分、级数	2019—04	88.00	1021
解析数学讲义.第二卷,关于几何的应用	2019—04	68.00	1022
解析数学讲义.第三卷,解析函数论	2019—04	78.00	1023
数学精神巡礼	2019—01	58.00	731
数学眼光透视(第2版)	2017—06	78.00	732
数学思想领悟(第2版)	2018—01	68.00	733
数学方法溯源(第2版)	2018—08	68.00	734
数学解题引论	2017—05	58.00	735
数学史话览胜(第2版)	2017—01	48.00	736
数学应用展观(第2版)	2017—08	68.00	737
数学建模尝试	2018—04	48.00	738
数学竞赛采风	2018—01	68.00	739
数学技能操握	2018—03	48.00	741
数学欣赏拾趣	2018—02	48.00	742
从毕达哥拉斯到怀尔斯	2007—10	48.00	9
从迪利克雷到维斯卡尔迪	2008—01	48.00	21
从哥德巴赫到陈景润	2008—05	98.00	35
从庞加莱到佩雷尔曼	2011—08	138.00	136
博弈论精粹	2008—03	58.00	30
博弈论精粹.第二版(精装)	2015—01	88.00	461
数学 我爱你	2008—01	28.00	20
精神的圣徒　别样的人生——60位中国数学家成长的历程	2008—09	48.00	39
数学史概论	2009—06	78.00	50
数学史概论(精装)	2013—03	158.00	272
数学史选讲	2016—01	48.00	544
斐波那契数列	2010—02	28.00	65
数学拼盘和斐波那契魔方	2010—07	38.00	72
斐波那契数列欣赏(第2版)	2018—08	58.00	948
Fibonacci数列中的明珠	2018—06	58.00	928
数学的创造	2011—02	48.00	85
数学美与创造力	2016—01	48.00	595
数海拾贝	2016—01	48.00	590
数学中的美	2011—02	38.00	84
数论中的美学	2014—12	38.00	351

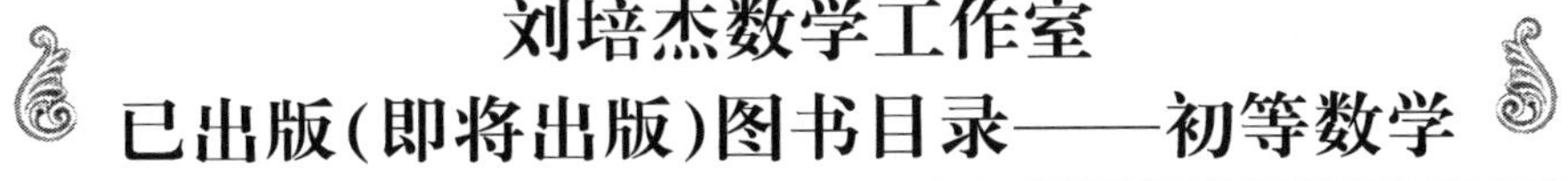

刘培杰数学工作室
已出版(即将出版)图书目录——初等数学

书　　名	出版时间	定　价	编号
数学王者　科学巨人——高斯	2015—01	28.00	428
振兴祖国数学的圆梦之旅:中国初等数学研究史话	2015—06	98.00	490
二十世纪中国数学史料研究	2015—10	48.00	536
数字谜、数阵图与棋盘覆盖	2016—01	58.00	298
时间的形状	2016—01	38.00	556
数学发现的艺术:数学探索中的合情推理	2016—07	58.00	671
活跃在数学中的参数	2016—07	48.00	675
数学解题——靠数学思想给力(上)	2011—07	38.00	131
数学解题——靠数学思想给力(中)	2011—07	48.00	132
数学解题——靠数学思想给力(下)	2011—07	38.00	133
我怎样解题	2013—01	48.00	227
数学解题中的物理方法	2011—06	28.00	114
数学解题的特殊方法	2011—06	48.00	115
中学数学计算技巧	2012—01	48.00	116
中学数学证明方法	2012—01	58.00	117
数学趣题巧解	2012—03	28.00	128
高中数学教学通鉴	2015—05	58.00	479
和高中生漫谈:数学与哲学的故事	2014—08	28.00	369
算术问题集	2017—03	38.00	789
张教授讲数学	2018—07	38.00	933
自主招生考试中的参数方程问题	2015—01	28.00	435
自主招生考试中的极坐标问题	2015—04	28.00	463
近年全国重点大学自主招生数学试题全解及研究.华约卷	2015—02	38.00	441
近年全国重点大学自主招生数学试题全解及研究.北约卷	2016—05	38.00	619
自主招生数学解证宝典	2015—09	48.00	535
格点和面积	2012—07	18.00	191
射影几何趣谈	2012—04	28.00	175
斯潘纳尔引理——从一道加拿大数学奥林匹克试题谈起	2014—01	28.00	228
李普希兹条件——从几道近年高考数学试题谈起	2012—10	18.00	221
拉格朗日中值定理——从一道北京高考试题的解法谈起	2015—10	18.00	197
闵科夫斯基定理——从一道清华大学自主招生试题谈起	2014—01	28.00	198
哈尔测度——从一道冬令营试题的背景谈起	2012—08	28.00	202
切比雪夫逼近问题——从一道中国台北数学奥林匹克试题谈起	2013—04	38.00	238
伯恩斯坦多项式与贝齐尔曲面——从一道全国高中数学联赛试题谈起	2013—03	38.00	236
卡塔兰猜想——从一道普特南竞赛试题谈起	2013—06	18.00	256
麦卡锡函数和阿克曼函数——从一道前南斯拉夫数学奥林匹克试题谈起	2012—08	18.00	201
贝蒂定理与拉姆贝克莫斯尔定理——从一个拣石子游戏谈起	2012—08	18.00	217
皮亚诺曲线和豪斯道夫分球定理——从无限集谈起	2012—08	18.00	211
平面凸图形与凸多面体	2012—10	28.00	218
斯坦因豪斯问题——从一道二十五省市自治区中学数学竞赛试题谈起	2012—07	18.00	196

刘培杰数学工作室
已出版(即将出版)图书目录——初等数学

书　　名	出版时间	定　价	编号
纽结理论中的亚历山大多项式与琼斯多项式——从一道北京市高一数学竞赛试题谈起	2012—07	28.00	195
原则与策略——从波利亚"解题表"谈起	2013—04	38.00	244
转化与化归——从三大尺规作图不能问题谈起	2012—08	28.00	214
代数几何中的贝祖定理(第一版)——从一道 IMO 试题的解法谈起	2013—08	18.00	193
成功连贯理论与约当块理论——从一道比利时数学竞赛试题谈起	2012—04	18.00	180
素数判定与大数分解	2014—08	18.00	199
置换多项式及其应用	2012—10	18.00	220
椭圆函数与模函数——从一道美国加州大学洛杉矶分校(UCLA)博士资格考题谈起	2012—10	28.00	219
差分方程的拉格朗日方法——从一道 2011 年全国高考理科试题的解法谈起	2012—08	28.00	200
力学在几何中的一些应用	2013—01	38.00	240
高斯散度定理、斯托克斯定理和平面格林定理——从一道国际大学生数学竞赛试题谈起	即将出版		
康托洛维奇不等式——从一道全国高中联赛试题谈起	2013—03	28.00	337
西格尔引理——从一道第 18 届 IMO 试题的解法谈起	即将出版		
罗斯定理——从一道前苏联数学竞赛试题谈起	即将出版		
拉克斯定理和阿廷定理——从一道 IMO 试题的解法谈起	2014—01	58.00	246
毕卡大定理——从一道美国大学数学竞赛试题谈起	2014—07	18.00	350
贝齐尔曲线——从一道全国高中联赛试题谈起	即将出版		
拉格朗日乘子定理——从一道 2005 年全国高中联赛试题的高等数学解法谈起	2015—05	28.00	480
雅可比定理——从一道日本数学奥林匹克试题谈起	2013—04	48.00	249
李天岩—约克定理——从一道波兰数学竞赛试题谈起	2014—06	28.00	349
整系数多项式因式分解的一般方法——从克朗耐克算法谈起	即将出版		
布劳维不动点定理——从一道前苏联数学奥林匹克试题谈起	2014—01	38.00	273
伯恩赛德定理——从一道英国数学奥林匹克试题谈起	即将出版		
布查特—莫斯特定理——从一道上海市初中竞赛试题谈起	即将出版		
数论中的同余数问题——从一道普特南竞赛试题谈起	即将出版		
范·德蒙行列式——从一道美国数学奥林匹克试题谈起	即将出版		
中国剩余定理:总数法构建中国历史年表	2015—01	28.00	430
牛顿程序与方程求根——从一道全国高考试题解法谈起	即将出版		
库默尔定理——从一道 IMO 预选试题谈起	即将出版		
卢丁定理——从一道冬令营试题的解法谈起	即将出版		
沃斯滕霍姆定理——从一道 IMO 预选试题谈起	即将出版		
卡尔松不等式——从一道莫斯科数学奥林匹克试题谈起	即将出版		
信息论中的香农熵——从一道近年高考压轴题谈起	即将出版		
约当不等式——从一道希望杯竞赛试题谈起	即将出版		
拉比诺维奇定理	即将出版		
刘维尔定理——从一道《美国数学月刊》征解问题的解法谈起	即将出版		
卡塔兰恒等式与级数求和——从一道 IMO 试题的解法谈起	即将出版		
勒让德猜想与素数分布——从一道爱尔兰竞赛试题谈起	即将出版		
天平称重与信息论——从一道基辅市数学奥林匹克试题谈起	即将出版		
哈密尔顿—凯莱定理:从一道高中数学联赛试题的解法谈起	2014—09	18.00	376
艾思特曼定理——从一道 CMO 试题的解法谈起	即将出版		

刘培杰数学工作室

已出版(即将出版)图书目录——初等数学 

书　　名	出版时间	定　价	编号
阿贝尔恒等式与经典不等式及应用	2018—06	98.00	923
迪利克雷除数问题	2018—07	48.00	930
贝克码与编码理论——从一道全国高中联赛试题谈起	即将出版		
帕斯卡三角形	2014—03	18.00	294
蒲丰投针问题——从2009年清华大学的一道自主招生试题谈起	2014—01	38.00	295
斯图姆定理——从一道“华约”自主招生试题的解法谈起	2014—01	18.00	296
许瓦兹引理——从一道加利福尼亚大学伯克利分校数学系博士生试题谈起	2014—08	18.00	297
拉姆塞定理——从王诗宬院士的一个问题谈起	2016—04	48.00	299
坐标法	2013—12	28.00	332
数论三角形	2014—04	38.00	341
毕克定理	2014—07	18.00	352
数林掠影	2014—09	48.00	389
我们周围的概率	2014—10	38.00	390
凸函数最值定理:从一道华约自主招生题的解法谈起	2014—10	28.00	391
易学与数学奥林匹克	2014—10	38.00	392
生物数学趣谈	2015—01	18.00	409
反演	2015—01	28.00	420
因式分解与圆锥曲线	2015—01	18.00	426
轨迹	2015—01	28.00	427
面积原理:从常庚哲命的一道CMO试题的积分解法谈起	2015—01	48.00	431
形形色色的不动点定理:从一道28届IMO试题谈起	2015—01	38.00	439
柯西函数方程:从一道上海交大自主招生的试题谈起	2015—02	28.00	440
三角恒等式	2015—02	28.00	442
无理性判定:从一道2014年“北约”自主招生试题谈起	2015—01	38.00	443
数学归纳法	2015—03	18.00	451
极端原理与解题	2015—04	28.00	464
法雷级数	2014—08	18.00	367
摆线族	2015—01	38.00	438
函数方程及其解法	2015—05	38.00	470
含参数的方程和不等式	2012—09	28.00	213
希尔伯特第十问题	2016—01	38.00	543
无穷小量的求和	2016—01	28.00	545
切比雪夫多项式:从一道清华大学金秋营试题谈起	2016—01	38.00	583
泽肯多夫定理	2016—03	38.00	599
代数等式证题法	2016—01	28.00	600
三角等式证题法	2016—01	28.00	601
吴大任教授藏书中的一个因式分解公式:从一道美国数学邀请赛试题的解法谈起	2016—06	28.00	656
易卦——类万物的数学模型	2017—08	68.00	838
“不可思议”的数与数系可持续发展	2018—01	38.00	878
最短线	2018—01	38.00	879
幻方和魔方(第一卷)	2012—05	68.00	173
尘封的经典——初等数学经典文献选读(第一卷)	2012—07	48.00	205
尘封的经典——初等数学经典文献选读(第二卷)	2012—07	38.00	206
初级方程式论	2011—03	28.00	106
初等数学研究(Ⅰ)	2008—09	68.00	37
初等数学研究(Ⅱ)(上、下)	2009—05	118.00	46,47

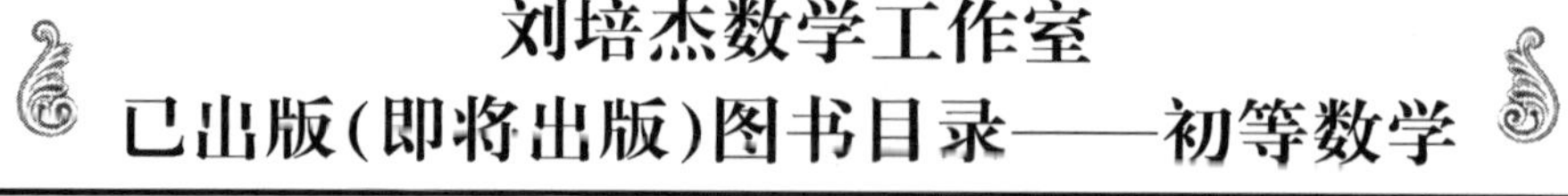

刘培杰数学工作室
已出版(即将出版)图书目录——初等数学

书 名	出版时间	定 价	编号
趣味初等方程妙题集锦	2014—09	48.00	388
趣味初等数论选美与欣赏	2015—02	48.00	445
耕读笔记(上卷):一位农民数学爱好者的初数探索	2015—04	28.00	459
耕读笔记(中卷):一位农民数学爱好者的初数探索	2015—05	28.00	483
耕读笔记(下卷):一位农民数学爱好者的初数探索	2015—05	28.00	484
几何不等式研究与欣赏.上卷	2016—01	88.00	547
几何不等式研究与欣赏.下卷	2016—01	48.00	552
初等数列研究与欣赏·上	2016—01	48.00	570
初等数列研究与欣赏·下	2016—01	48.00	571
趣味初等函数研究与欣赏.上	2016—09	48.00	684
趣味初等函数研究与欣赏.下	2018—09	48.00	685

书 名	出版时间	定 价	编号
火柴游戏	2016—05	38.00	612
智力解谜.第1卷	2017—07	38.00	613
智力解谜.第2卷	2017—07	38.00	614
故事智力	2016—07	48.00	615
名人们喜欢的智力问题	即将出版		616
数学大师的发现、创造与失误	2018—01	48.00	617
异曲同工	2018—09	48.00	618
数学的味道	2018—01	58.00	798
数学千字文	2018—10	68.00	977

书 名	出版时间	定 价	编号
数贝偶拾——高考数学题研究	2014—04	28.00	274
数贝偶拾——初等数学研究	2014—04	38.00	275
数贝偶拾——奥数题研究	2014—04	48.00	276

书 名	出版时间	定 价	编号
钱昌本教你快乐学数学(上)	2011—12	48.00	155
钱昌本教你快乐学数学(下)	2012—03	58.00	171

书 名	出版时间	定 价	编号
集合、函数与方程	2014—01	28.00	300
数列与不等式	2014—01	38.00	301
三角与平面向量	2014—01	28.00	302
平面解析几何	2014—01	38.00	303
立体几何与组合	2014—01	28.00	304
极限与导数、数学归纳法	2014—01	38.00	305
趣味数学	2014—03	28.00	306
教材教法	2014—04	68.00	307
自主招生	2014—05	58.00	308
高考压轴题(上)	2015—01	48.00	309
高考压轴题(下)	2014—10	68.00	310

书 名	出版时间	定 价	编号
从费马到怀尔斯——费马大定理的历史	2013—10	198.00	Ⅰ
从庞加莱到佩雷尔曼——庞加莱猜想的历史	2013—10	298.00	Ⅱ
从切比雪夫到爱尔特希(上)——素数定理的初等证明	2013—07	48.00	Ⅲ
从切比雪夫到爱尔特希(下)——素数定理100年	2012—12	98.00	Ⅲ
从高斯到盖尔方特——二次域的高斯猜想	2013—10	198.00	Ⅳ
从库默尔到朗兰兹——朗兰兹猜想的历史	2014—01	98.00	Ⅴ
从比勃巴赫到德布朗斯——比勃巴赫猜想的历史	2014—02	298.00	Ⅵ
从麦比乌斯到陈省身——麦比乌斯变换与麦比乌斯带	2014—02	298.00	Ⅶ
从布尔到豪斯道夫——布尔方程与格论漫谈	2013—10	198.00	Ⅷ
从开普勒到阿诺德——三体问题的历史	2014—05	298.00	Ⅸ
从华林到华罗庚——华林问题的历史	2013—10	298.00	Ⅹ

刘培杰数学工作室

已出版(即将出版)图书目录——初等数学

书　　名	出版时间	定　价	编号
美国高中数学竞赛五十讲.第1卷(英文)	2014—08	28.00	357
美国高中数学竞赛五十讲.第2卷(英文)	2014—08	28.00	358
美国高中数学竞赛五十讲.第3卷(英文)	2014—09	28.00	359
美国高中数学竞赛五十讲.第4卷(英文)	2014—09	28.00	360
美国高中数学竞赛五十讲.第5卷(英文)	2014—10	28.00	361
美国高中数学竞赛五十讲.第6卷(英文)	2014—11	28.00	362
美国高中数学竞赛五十讲.第7卷(英文)	2014—12	28.00	363
美国高中数学竞赛五十讲.第8卷(英文)	2015—01	28.00	364
美国高中数学竞赛五十讲.第9卷(英文)	2015—01	28.00	365
美国高中数学竞赛五十讲.第10卷(英文)	2015—02	38.00	366
三角函数(第2版)	2017—04	38.00	626
不等式	2014—01	38.00	312
数列	2014—01	38.00	313
方程(第2版)	2017—04	38.00	624
排列和组合	2014—01	28.00	315
极限与导数(第2版)	2016—04	38.00	635
向量(第2版)	2018—08	58.00	627
复数及其应用	2014—08	28.00	318
函数	2014—01	38.00	319
集合	即将出版		320
直线与平面	2014—01	28.00	321
立体几何(第2版)	2016—04	38.00	629
解三角形	即将出版		323
直线与圆(第2版)	2016—11	38.00	631
圆锥曲线(第2版)	2016—09	48.00	632
解题通法(一)	2014—07	38.00	326
解题通法(二)	2014—07	38.00	327
解题通法(三)	2014—05	38.00	328
概率与统计	2014—01	28.00	329
信息迁移与算法	即将出版		330
IMO 50年.第1卷(1959—1963)	2014—11	28.00	377
IMO 50年.第2卷(1964—1968)	2014—11	28.00	378
IMO 50年.第3卷(1969—1973)	2014—09	28.00	379
IMO 50年.第4卷(1974—1978)	2016—04	38.00	380
IMO 50年.第5卷(1979—1984)	2015—04	38.00	381
IMO 50年.第6卷(1985—1989)	2015—04	58.00	382
IMO 50年.第7卷(1990—1994)	2016—01	48.00	383
IMO 50年.第8卷(1995—1999)	2016—06	38.00	384
IMO 50年.第9卷(2000—2004)	2015—04	58.00	385
IMO 50年.第10卷(2005—2009)	2016—01	48.00	386
IMO 50年.第11卷(2010—2015)	2017—03	48.00	646

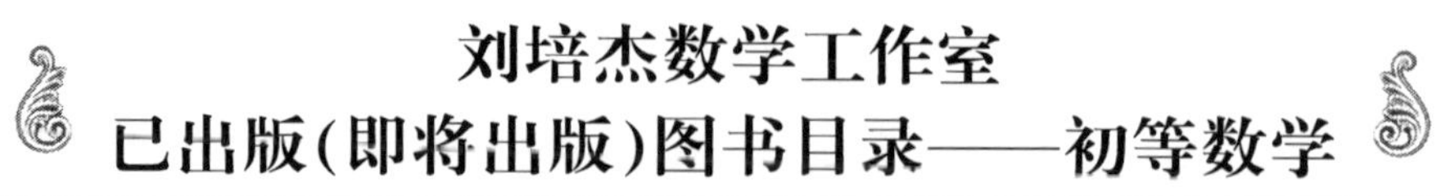

刘培杰数学工作室
已出版(即将出版)图书目录——初等数学

书　　名	出版时间	定　价	编号
数学反思(2006—2007)	即将出版		915
数学反思(2008—2009)	2019—01	68.00	917
数学反思(2010—2011)	2018—05	58.00	916
数学反思(2012—2013)	2019—01	58.00	918
数学反思(2014—2015)	2019—03	78.00	919
历届美国大学生数学竞赛试题集.第一卷(1938—1949)	2015—01	28.00	397
历届美国大学生数学竞赛试题集.第二卷(1950—1959)	2015—01	28.00	398
历届美国大学生数学竞赛试题集.第三卷(1960—1969)	2015—01	28.00	399
历届美国大学生数学竞赛试题集.第四卷(1970—1979)	2015—01	18.00	400
历届美国大学生数学竞赛试题集.第五卷(1980—1989)	2015—01	28.00	401
历届美国大学生数学竞赛试题集.第六卷(1990—1999)	2015—01	28.00	402
历届美国大学生数学竞赛试题集.第七卷(2000—2009)	2015—08	18.00	403
历届美国大学生数学竞赛试题集.第八卷(2010—2012)	2015—01	18.00	404
新课标高考数学创新题解题诀窍:总论	2014—09	28.00	372
新课标高考数学创新题解题诀窍:必修1～5分册	2014—08	38.00	373
新课标高考数学创新题解题诀窍:选修2—1,2—2,1—1,1—2分册	2014—09	38.00	374
新课标高考数学创新题解题诀窍:选修2—3,4—4,4—5分册	2014—09	18.00	375
全国重点大学自主招生英文数学试题全攻略:词汇卷	2015—07	48.00	410
全国重点大学自主招生英文数学试题全攻略:概念卷	2015—01	28.00	411
全国重点大学自主招生英文数学试题全攻略:文章选读卷(上)	2016—09	38.00	412
全国重点大学自主招生英文数学试题全攻略:文章选读卷(下)	2017—01	58.00	413
全国重点大学自主招生英文数学试题全攻略:试题卷	2015—07	38.00	414
全国重点大学自主招生英文数学试题全攻略:名著欣赏卷	2017—03	48.00	415
劳埃德数学趣题大全.题目卷.1:英文	2016—01	18.00	516
劳埃德数学趣题大全.题目卷.2:英文	2016—01	18.00	517
劳埃德数学趣题大全.题目卷.3:英文	2016—01	18.00	518
劳埃德数学趣题大全.题目卷.4:英文	2016—01	18.00	519
劳埃德数学趣题大全.题目卷.5:英文	2016—01	18.00	520
劳埃德数学趣题大全.答案卷:英文	2016—01	18.00	521
李成章教练奥数笔记.第1卷	2016—01	48.00	522
李成章教练奥数笔记.第2卷	2016—01	48.00	523
李成章教练奥数笔记.第3卷	2016—01	38.00	524
李成章教练奥数笔记.第4卷	2016—01	38.00	525
李成章教练奥数笔记.第5卷	2016—01	38.00	526
李成章教练奥数笔记.第6卷	2016—01	38.00	527
李成章教练奥数笔记.第7卷	2016—01	38.00	528
李成章教练奥数笔记.第8卷	2016—01	48.00	529
李成章教练奥数笔记.第9卷	2016—01	28.00	530

刘培杰数学工作室

已出版(即将出版)图书目录——初等数学

书　　名	出版时间	定　价	编号
第19～23届"希望杯"全国数学邀请赛试题审题要津详细评注(初一版)	2014—03	28.00	333
第19～23届"希望杯"全国数学邀请赛试题审题要津详细评注(初二、初三版)	2014—03	38.00	334
第19～23届"希望杯"全国数学邀请赛试题审题要津详细评注(高一版)	2014—03	28.00	335
第19～23届"希望杯"全国数学邀请赛试题审题要津详细评注(高二版)	2014—03	38.00	336
第19～25届"希望杯"全国数学邀请赛试题审题要津详细评注(初一版)	2015—01	38.00	416
第19～25届"希望杯"全国数学邀请赛试题审题要津详细评注(初二、初三版)	2015—01	58.00	417
第19～25届"希望杯"全国数学邀请赛试题审题要津详细评注(高一版)	2015—01	48.00	418
第19～25届"希望杯"全国数学邀请赛试题审题要津详细评注(高二版)	2015—01	48.00	419
物理奥林匹克竞赛大题典——力学卷	2014—11	48.00	405
物理奥林匹克竞赛大题典——热学卷	2014—04	28.00	339
物理奥林匹克竞赛大题典——电磁学卷	2015—07	48.00	406
物理奥林匹克竞赛大题典——光学与近代物理卷	2014—06	28.00	345
历届中国东南地区数学奥林匹克试题集(2004～2012)	2014—06	18.00	346
历届中国西部地区数学奥林匹克试题集(2001～2012)	2014—07	18.00	347
历届中国女子数学奥林匹克试题集(2002～2012)	2014—08	18.00	348
数学奥林匹克在中国	2014—06	98.00	344
数学奥林匹克问题集	2014—01	38.00	267
数学奥林匹克不等式散论	2010—06	38.00	124
数学奥林匹克不等式欣赏	2011—09	38.00	138
数学奥林匹克超级题库(初中卷上)	2010—01	58.00	66
数学奥林匹克不等式证明方法和技巧(上、下)	2011—08	158.00	134,135
他们学什么:原民主德国中学数学课本	2016—09	38.00	658
他们学什么:英国中学数学课本	2016—09	38.00	659
他们学什么:法国中学数学课本.1	2016—09	38.00	660
他们学什么:法国中学数学课本.2	2016—09	28.00	661
他们学什么:法国中学数学课本.3	2016—09	38.00	662
他们学什么:苏联中学数学课本	2016—09	28.00	679
高中数学题典——集合与简易逻辑·函数	2016—07	48.00	647
高中数学题典——导数	2016—07	48.00	648
高中数学题典——三角函数·平面向量	2016—07	48.00	649
高中数学题典——数列	2016—07	58.00	650
高中数学题典——不等式·推理与证明	2016—07	38.00	651
高中数学题典——立体几何	2016—07	48.00	652
高中数学题典——平面解析几何	2016—07	78.00	653
高中数学题典——计数原理·统计·概率·复数	2016—07	48.00	654
高中数学题典——算法·平面几何·初等数论·组合数学·其他	2016—07	68.00	655

刘培杰数学工作室
已出版(即将出版)图书目录——初等数学

书　　名	出版时间	定　价	编号
台湾地区奥林匹克数学竞赛试题.小学一年级	2017—03	38.00	722
台湾地区奥林匹克数学竞赛试题.小学二年级	2017—03	38.00	723
台湾地区奥林匹克数学竞赛试题.小学三年级	2017—03	38.00	724
台湾地区奥林匹克数学竞赛试题.小学四年级	2017—03	38.00	725
台湾地区奥林匹克数学竞赛试题.小学五年级	2017—03	38.00	726
台湾地区奥林匹克数学竞赛试题.小学六年级	2017—03	38.00	727
台湾地区奥林匹克数学竞赛试题.初中一年级	2017—03	38.00	728
台湾地区奥林匹克数学竞赛试题.初中二年级	2017—03	38.00	729
台湾地区奥林匹克数学竞赛试题.初中三年级	2017—03	28.00	730
不等式证题法	2017—04	28.00	747
平面几何培优教程	即将出版		748
奥数鼎级培优教程.高一分册	2018—09	88.00	749
奥数鼎级培优教程.高二分册.上	2018—04	68.00	750
奥数鼎级培优教程.高二分册.下	2018—04	68.00	751
高中数学竞赛冲刺宝典	2019—04	68.00	883
初中尖子生数学超级题典.实数	2017—07	58.00	792
初中尖子生数学超级题典.式、方程与不等式	2017—08	58.00	793
初中尖子生数学超级题典.圆、面积	2017—08	38.00	794
初中尖子生数学超级题典.函数、逻辑推理	2017—08	48.00	795
初中尖子生数学超级题典.角、线段、三角形与多边形	2017—07	58.00	796
数学王子——高斯	2018—01	48.00	858
坎坷奇星——阿贝尔	2018—01	48.00	859
闪烁奇星——伽罗瓦	2018—01	58.00	860
无穷统帅——康托尔	2018—01	48.00	861
科学公主——柯瓦列夫斯卡娅	2018—01	48.00	862
抽象代数之母——埃米·诺特	2018—01	48.00	863
电脑先驱——图灵	2018—01	58.00	864
昔日神童——维纳	2018—01	48.00	865
数坛怪侠——爱尔特希	2018—01	68.00	866
当代世界中的数学.数学思想与数学基础	2019—01	38.00	892
当代世界中的数学.数学问题	2019—01	38.00	893
当代世界中的数学.应用数学与数学应用	2019—01	38.00	894
当代世界中的数学.数学王国的新疆域(一)	2019—01	38.00	895
当代世界中的数学.数学王国的新疆域(二)	2019—01	38.00	896
当代世界中的数学.数林撷英(一)	2019—01	38.00	897
当代世界中的数学.数林撷英(二)	2019—01	48.00	898
当代世界中的数学.数学之路	2019—01	38.00	899

刘培杰数学工作室

已出版(即将出版)图书目录——初等数学

书　　名	出版时间	定　价	编号
105 个代数问题:来自 AwesomeMath 夏季课程	2019－02	58.00	956
106 个几何问题:来自 AwesomeMath 夏季课程	即将出版		957
107 个几何问题:来自 AwesomeMath 全年课程	即将出版		958
108 个代数问题:来自 AwesomeMath 全年课程	2019－01	68.00	959
109 个不等式:来自 AwesomeMath 夏季课程	2019－04	58.00	960
国际数学奥林匹克中的 110 个几何问题	即将出版		961
111 个代数和数论问题	即将出版		962
112 个组合问题:来自 AwesomeMath 夏季课程	即将出版		963
113 个几何不等式:来自 AwesomeMath 夏季课程	即将出版		964
114 个指数和对数问题:来自 AwesomeMath 夏季课程	即将出版		965
115 个三角问题:来自 AwesomeMath 夏季课程	即将出版		966
116 个代数不等式:来自 AwesomeMath 全年课程	2019－04	58.00	967
紫色慧星国际数学竞赛试题	2019－02	58.00	999
澳大利亚中学数学竞赛试题及解答(初级卷)1978～1984	2019－02	28.00	1002
澳大利亚中学数学竞赛试题及解答(初级卷)1985～1991	2019－02	28.00	1003
澳大利亚中学数学竞赛试题及解答(初级卷)1992～1998	2019－02	28.00	1004
澳大利亚中学数学竞赛试题及解答(初级卷)1999～2005	2019－02	28.00	1005
澳大利亚中学数学竞赛试题及解答(中级卷)1978～1984	2019－03	28.00	1006
澳大利亚中学数学竞赛试题及解答(中级卷)1985～1991	2019－03	28.00	1007
澳大利亚中学数学竞赛试题及解答(中级卷)1992～1998	2019－03	28.00	1008
澳大利亚中学数学竞赛试题及解答(中级卷)1999～2005	2019－03	28.00	1009
澳大利亚中学数学竞赛试题及解答(高级卷)1978～1984	即将出版		1010
澳大利亚中学数学竞赛试题及解答(高级卷)1985～1991	即将出版		1011
澳大利亚中学数学竞赛试题及解答(高级卷)1992～1998	即将出版		1012
澳大利亚中学数学竞赛试题及解答(高级卷)1999～2005	即将出版		1013
天才中小学生智力测验题.第一卷	2019－03	38.00	1026
天才中小学生智力测验题.第二卷	2019－03	38.00	1027
天才中小学生智力测验题.第三卷	2019－03	38.00	1028
天才中小学生智力测验题.第四卷	2019－03	38.00	1029
天才中小学生智力测验题.第五卷	2019－03	38.00	1030
天才中小学生智力测验题.第六卷	2019－03	38.00	1031
天才中小学生智力测验题.第七卷	2019－03	38.00	1032
天才中小学生智力测验题.第八卷	2019－03	38.00	1033
天才中小学生智力测验题.第九卷	2019－03	38.00	1034
天才中小学生智力测验题.第十卷	2019－03	38.00	1035
天才中小学生智力测验题.第十一卷	2019－03	38.00	1036
天才中小学生智力测验题.第十二卷	2019－03	38.00	1037
天才中小学生智力测验题.第十三卷	2019－03	38.00	1038

联系地址:哈尔滨市南岗区复华四道街 10 号　**哈尔滨工业大学出版社刘培杰数学工作室**

网　　址:http://lpj.hit.edu.cn/

邮　　编:150006

联系电话:0451－86281378　　13904613167

E-mail:lpj1378@163.com